BIM 信息与建筑空间火灾特性

王跃强　著

中国建材工业出版社

图书在版编目（CIP）数据

BIM信息与建筑空间火灾特性/王跃强著．--北京：中国建材工业出版社，2022.12

ISBN 978-7-5160-3558-0

Ⅰ．①B…　Ⅱ．①王…　Ⅲ．①建筑火灾—应用软件 Ⅳ．①TU998.1-39

中国版本图书馆CIP数据核字（2022）第139499号

内容提要

本书从建筑师的角度，使用BIM软件与FDS软件对建筑空间的火灾特性进行了研究。根据建筑设计原理选取基本空间与组合空间作为研究对象，建立Revit模型提取空间的火灾特性信息。建立PyroSim模型，在相同的火灾场景下使用同一标准火源对建筑空间进行火灾模拟，分析建筑空间达到火灾危险状态的时间及烟气发展规律。制定了建筑全生命周期BIM防火平台的体系框架与设计阶段BIM防火平台的工作流程，并进行了BIM防火平台操作界面和功能菜单的初步开发。本书可供建筑设计与消防工程相关专业师生及研究人员阅读参考。

BIM信息与建筑空间火灾特性

BIM Xinxi yu Jianzhu Kongjian Huozai Texing

王跃强　著

出版发行：中国建材工业出版社

地　　址：北京市海淀区三里河路11号

邮　　编：100831

经　　销：全国各地新华书店

印　　刷：北京印刷集团有限责任公司

开　　本：787mm×1092mm　1/16

印　　张：20.25

字　　数：380千字

版　　次：2022年12月第1版

印　　次：2022年12月第1次

定　　价：82.00元

本社网址：www.jccbs.com，微信公众号：zgjcgycbs

请选用正版图书，采购、销售盗版图书属违法行为

本书如有印装质量问题，由我社市场营销部负责调换，联系电话：(010) 57811387

作者简介

王跃强　同济大学工学博士，上海城建职业学院副教授，国家一级注册建筑师，中国建筑学会会员，中国建筑学会建筑防火综合技术分会火灾风险评估专委会委员。

2013年开始从事BIM教学与科研工作，将BIM技术与建筑火灾风险评估相结合，基于BIM对建筑空间的火灾特性进行了基础性研究，提出了基于BIM的建筑防火信息交互平台，制定了BIM防火平台的体系框架与工作流程，并对BIM防火平台进行了初步开发。已发表论文20余篇，其中核心论文8篇，主持完成了多项与BIM相关的研究课题，编著有《Revit建筑设计基础教程》等。

序　言

建筑信息模型（Building Information Modeling，BIM），是在计算机辅助设计（CAD）等技术基础上发展起来的多维模型信息集成技术，是对建筑工程物理特征和功能特性信息的数字化承载和可视化表达。它可以使建设项目的所有参与方（包括政府主管部门）在项目从概念产生到完全拆除的整个生命周期内，都能够在模型中操作信息和在信息中操作模型，从而从根本上改变从业人员依靠符号、文字形式、图纸进行项目建设和运营管理的工作方式，实现在建设项目全生命周期中更加直观、明了地管理建筑信息，从而提高工作效率、减少错误并降低风险。

王跃强同志长期从事 BIM 技术相关领域的研究，并把其应用到建筑防火设计与评估中，有自己独到的见解。BIM 技术在建筑防火设计中，可以为建筑设计人员提供更加科学、合理的火灾性能评估以及各种防火措施。《BIM 信息与建筑空间火灾特性》一书正是以这个目标为出发点，在编写过程中，力求重点突出、语言精练，注重理论联系实际，同时配有大量图片及案例，是一本不可多得的技术工具书。

该书可作为本科高校、高职高专院校建筑设计、土木工程、安全工程、工程管理等相关专业的教学用书，也可作为建筑类、土木工程类、消防工程类和工程管理类等工程技术人员的参考用书。

同济大学教授　陈保胜

2022 年 9 月

前　言

建筑空间是建筑学的主要研究对象，在对建筑空间的诸多研究中，建筑师很少涉及建筑空间火灾特性研究，这就造成了建筑师在方案设计过程中只能被动地去满足防火规范要求，而不能充分发挥其空间设计的主动性。建筑防火性能化设计的基本思想是以建筑物的火灾性能为评价依据，而不是以简单地满足规范条文为导向，这就为建筑师提供了灵活的创作空间。但性能化设计本身还存在较多的局限与不足，制约了性能化设计的发展与推广。近年来，新兴的 BIM 技术凭借强大的数字化技术优势，已在建筑设计、施工、节能和概预算等方面得到了广泛应用。本书采用将 BIM 技术与性能化设计相结合的研究方法，从建筑师的角度对建筑空间的火灾特性展开研究。

所谓从建筑师的角度是指按照建筑学的基本原理，在性能化设计研究时更关注建筑空间的功能性及建筑材料、构造等建筑细节，而不是将建筑空间看作简单的几何模型，同时还探讨了建筑师对于空间设计与火灾性能评价的互动。本书根据建筑设计原理定义了基本空间与组合空间，并将其作为研究对象。建筑空间火灾特性是指在标准火源下空间中烟气温度与高度、CO 浓度和能见度的变化情况与分布规律。

第一，建筑火灾荷载调查是性能化设计的基础研究，本书对若干住宅和高校学生宿舍的火灾荷载进行了调查研究，并使用 SPSS 软件对调查数据进行分析，所得结果作为本次研究火灾模拟参数的取值依据。(附录 A 与附录 B)

第二，针对当前性能化设计的局限与不足，本书提出了建立基于 BIM 的建筑防火信息交互平台的研究思路，从两个层面分别制定了建筑全生命周期 BIM 防火平台的体系框架与设计阶段 BIM 防火平台的工作流程，制定了基于 BIM 的建筑防火性能化设计的基本步骤与主要内容，并在此基础上进行了 BIM 防火平台操作界面与功能菜单的初步开发。(附录 C)

第三，从建筑师的角度对建筑空间火灾特性进行了研究。①使用 Revit 软件建立基本空间与组合空间的 BIM 模型，通过明细表功能提取研究所需的建筑空间信息；②使用 PyroSim 软件建立基本空间与组合空间的 FDS 模型，设置标准火源和测量工具进行火灾模拟，得到建筑空间火灾云图与烟气特性曲线。(第 3 章)

第四，对基本空间的火灾特性进行分析。①对建筑空间信息、火灾云图与烟气特性曲线进行分析，总结得到建筑空间火灾特性指标（轰燃临界热释放速率$\dot{Q}_f$、轰燃时间 T_F、轰燃后火灾持续的时间t_c、1m 处 CO 浓度达到危险状态所需的时间 T_{CO}、1.2m 处能见度达到危险状态所需的时间 T_v、1.5m 处温度达到危险状态所需的时间 T_a、顶板下 0.3m 处温度达到危险状态所需的时间 T_b、烟气层降至 0.5m 所需的时间 T_h、下层烟气温度达到 60℃所需的时间 T_d、下层烟气最高温度 T_1、上层烟气温度达到 180℃所需的时间 T_u和上层烟气最高温度 T_2)；②使用 SPSS 软件对基本空间各火灾特性指标进行定量分析，分别得到了 T_v、T_h、T_d、T_1、T_u、T_2 6 项火灾特性指标与建筑空间要素（净面积、净高、通风因子）的数学关系式，作为建筑空间火灾性能评价的依据。（第 4 章）

第五，对组合空间的火灾特性进行分析。①组合空间的火灾云图指标比较，在相同的开窗尺寸与开窗数量下，对 3 种空间组合方式下火灾云图指标的变化情况进行了比较；②组合空间开窗尺寸对能见度指标 T_v 的影响，在相同开窗数量与不同开窗尺寸下，对 3 种组合空间中 T_v 的变化情况进行了比较；③组合空间开窗数量对能见度指标 T_v 的影响，在相同开窗尺寸与不同开窗数量下，对 3 种组合空间中 T_v 的变化情况进行了比较。（第 5 章）

第六，对建筑空间火灾特性定量研究的成果进行了应用。以可变住宅 9 种户型作为评价对象，从建筑师方案设计的角度，研究了相同框架单元下不同的内部空间划分形式对建筑空间火灾性能的影响，比较分析了普通住宅的火灾特性规律，规定了建筑空间火灾性能评价指标，提出了空间火灾性能评价流程和火灾性能综合评价值 T_Z，绘制建筑空间火灾性能表现图作为建筑师认知与评价其设计方案空间火灾性能的依据。（第 6 章）

本书以 BIM 技术与性能化设计相结合的研究方法为建筑师提供了较为直观的建筑防火性能评估依据。基于 BIM 的建筑防火管理平台代表了性能化设计的发展方向，有可能会给现行的消防管理体系带来变革。同时，本书对建筑空间火灾特性的研究进一步完善了建筑学的学科体系，增强了建筑学研究的科学性，丰富了对建筑空间的认知角度与深度。由于作者研究能力所限，书中不足之处，敬请读者批评指正（lhqfly@163. com）。

谨以此书献给所有给予我关心和帮助的老师、家人和朋友们。

王跃强

2022 年 5 月

目 录

1 绪　论

1.1 研究问题与基本概念

1.1.1 研究问题

建筑空间是建筑学研究的核心问题，甚至从某种意义上讲，建筑的本质即是空间[①]，建筑学即是从各个角度[②]对建筑空间进行研究的学科。单从建筑技术角度来看，建筑师往往更关注建筑空间的声、光、热、生态、节能等问题的研究，而对于建筑空间火灾特性的研究和认知较少，这就造成了建筑师在方案设计过程中只能被动地去满足防火规范要求，而不能按照建筑空间火灾特性规律主动地发挥创造力来解决建筑防火问题。本书研究的核心问题为：从建筑师的角度来研究与认知建筑空间的火灾特性。

1.1.2 基本概念

本书建筑空间火灾特性研究包括基本空间与组合空间的火灾特性研究。由于火灾是在时间或空间上失去控制的燃烧所造成的灾害，火灾的发生与发展是一个受多种因素综合作用的复杂过程。所以本研究的前提设为：将复杂的火灾过程分解为若干简单模型，这些简单模型具有明确的因果关系和可重复性，通过对足够数量简单模型的研究，以达到对复杂火灾过程的认知。

所谓基本空间是指从建筑学的角度能满足单一使用功能的最小空间，它是组成各类建筑物的基本"细胞"，如住宅的卧室和起居室、旅馆的客房、中小学的教室、幼儿园的活动室等，根据建筑空间理论，基本空间及其门窗尺寸总是处在一定范围之内。所谓组合空间是指根据建筑空间理论的 3 种空间组合方式（串联式、放射式和走道式）对基

---

① 老子在《道德经》中就对建筑的空间性进行了精辟论述："埏埴以为器，当其无，有器之用。凿户牖以为室，当其无，有室之用。故有之以为利，无之以为用"。

② 建筑空间的研究角度大致包括：从哲学角度对于建筑空间本体论的研究，从历史角度对于建筑空间演变过程的研究，从美学角度对于建筑空间艺术性的研究，从人类学角度对于建筑空间文化性的研究，从自然环境角度对于建筑空间地域适应性的研究，从社会学角度对于建筑空间社会性的研究，从经济学角度对于建筑空间经济性的研究，从土木工程角度对于建筑空间结构特性的研究，从城市规划角度对于建筑空间城市性的研究，以及从建筑技术角度对于建筑空间各种技术特性的研究等。

本空间进行组合后得到的空间，如走道式的旅馆建筑、串联式的展览建筑等。所谓火灾特性是指在标准火源下各类基本空间及不同组合空间中烟气的温度与高度、CO浓度和能见度的变化情况与空间分布状态等。

1.2 研究意义与目标

纵观人类与火灾斗争的历史，每当出现新的防火技术与方法时，人类的控火能力就会相应得到提升，建筑火灾发生的概率就会大大降低，如避雷针和封火山墙在建筑上的大量使用就有效地避免了城市大规模火灾的发生，可卷携式消防水带及消防车的发明则解决了消防用水的输送问题，主动式消防系统的应用则提高了建筑物的整体防火性能①。日臻完善的消防制度和消防体系更已成为了现代城市与建筑必不可少的防火屏障。

当前建筑防火性能化设计与BIM技术在建筑领域的应用已逐渐显露出其各自的优势，代表了建筑领域发展的新方向，本书将BIM技术与防火性能化设计相结合，在研究建筑空间的火灾特性的同时，试图探索一种建筑防火设计的新思路，其研究意义体现为：①在现有社会发展水平下，如果能够建立起更加高效、可靠的建筑防火设计、评价及管理平台，就有可能给现行的消防制度和体系带来变革，从而将大大降低火灾发生的概率，进一步增强人们的控火能力；②建筑空间的火灾特性研究能够进一步完善建筑学的学科体系，增强建筑学研究的科学性，丰富人们对建筑空间的认知角度与深度。

本书的研究目标包括：①将消防工程学与建筑学的理论相结合，从建筑师的角度来研究建筑空间的火灾特性，并通过BIM技术使建筑师能够在方案设计过程中直观地了解建筑空间的火灾性能，充分发挥性能化设计的优势，将建筑师从规范导向中解放出来，回归设计导向和空间研究本身；②借助BIM技术来进一步完善性能化设计方法，初步建立基于BIM的建筑防火信息交互平台体系框架，最终实现对建设项目从方案设计到施工建造，再到使用管理各个阶段防火信息的共享与评价，制定基于BIM的建筑防火性能化设计的基本步骤与主要内容，有针对性地采取有效防火措施，以期将大量普通民用建筑火灾发生的概率降低。

---

① 约翰·古德斯布洛姆·火与文明［M］. 乔修峰，译. 广州：花城出版社，2006：14-21.

1.3 研究思路

1.3.1 研究框架

本书拟从两个层面对建筑防火性能化设计展开研究：①宏观层面：将 BIM 技术与建筑防火性能化设计方法相结合，提出基于 BIM 的建筑防火信息交互平台体系框架；②微观层面：以建筑空间的火灾特性作为本书研究的核心问题，采用建筑空间理论与 BIM 技术相结合的研究思路，借助 FDS 火灾动力学模拟工具和 SPSS 统计分析工具对建筑空间的火灾特性进行定性和定量研究，所得结果作为建筑空间火灾性能评价的依据。

本书的研究框架如下：

第 1 章绪论。①提出研究的核心问题，界定研究对象，提出与核心问题相关的研究内容；②明确研究意义与目标；③阐明研究思路、研究框架及逻辑。

第 2 章相关的研究理论。①建筑学的空间理论作为建筑空间的界定依据，既决定了研究中基本空间及其门窗的几何尺寸，也决定了组合空间的组合方式；②消防工程学理论作为研究建筑空间的火灾荷载、火灾热释放速率、轰燃理论、火灾危险性指标、火灾场景及性能化设计的理论依据；③BIM 相关理论作为 BIM 防火平台的研究基础。

第 3 章基于 BIM 的建筑空间火灾特性研究。设定模拟研究的前提条件，使用 Revit 软件建立基本空间与组合空间的 BIM 模型，提取与火灾特性相关的空间信息。使用 PyroSim软件建立空间的 FDS 模型进行火灾模拟，并制定对模拟结果进行处理的基本原则与方法。

第 4 章基本空间火灾特性。对基于 Revit 信息提取的基本空间的火灾特性进行列表和描述，对基于 PyroSim 火灾模拟的基本空间火灾特性进行列表和描述，使用 SPSS 软件对基本空间火灾云图和烟气发展特性进行定量分析。

第 5 章组合空间的火灾特性。对组合空间的火灾特性进行列表和描述，组合空间开窗尺寸与开窗数量对能见度指标 T_v 的影响进行初步定量研究。

第 6 章基于 BIM 的建筑空间火灾性能评价。①使用 Revit 建立可变住宅的 BIM 模型；②制定基于 BIM 的建筑空间火灾性能评价指标；③使用 SPSS 软件对可变住宅 9 种户型的 BIM 信息与火灾特性进行定量分析；④讨论可变住宅 9 种户型对建筑空间火灾性能的影响，制定建筑空间火灾性能评价流程并绘制建筑空间火灾性能表现图。

1.3.2 技术路线

基于 BIM 的建筑防火性能化研究如图 1.1 所示。

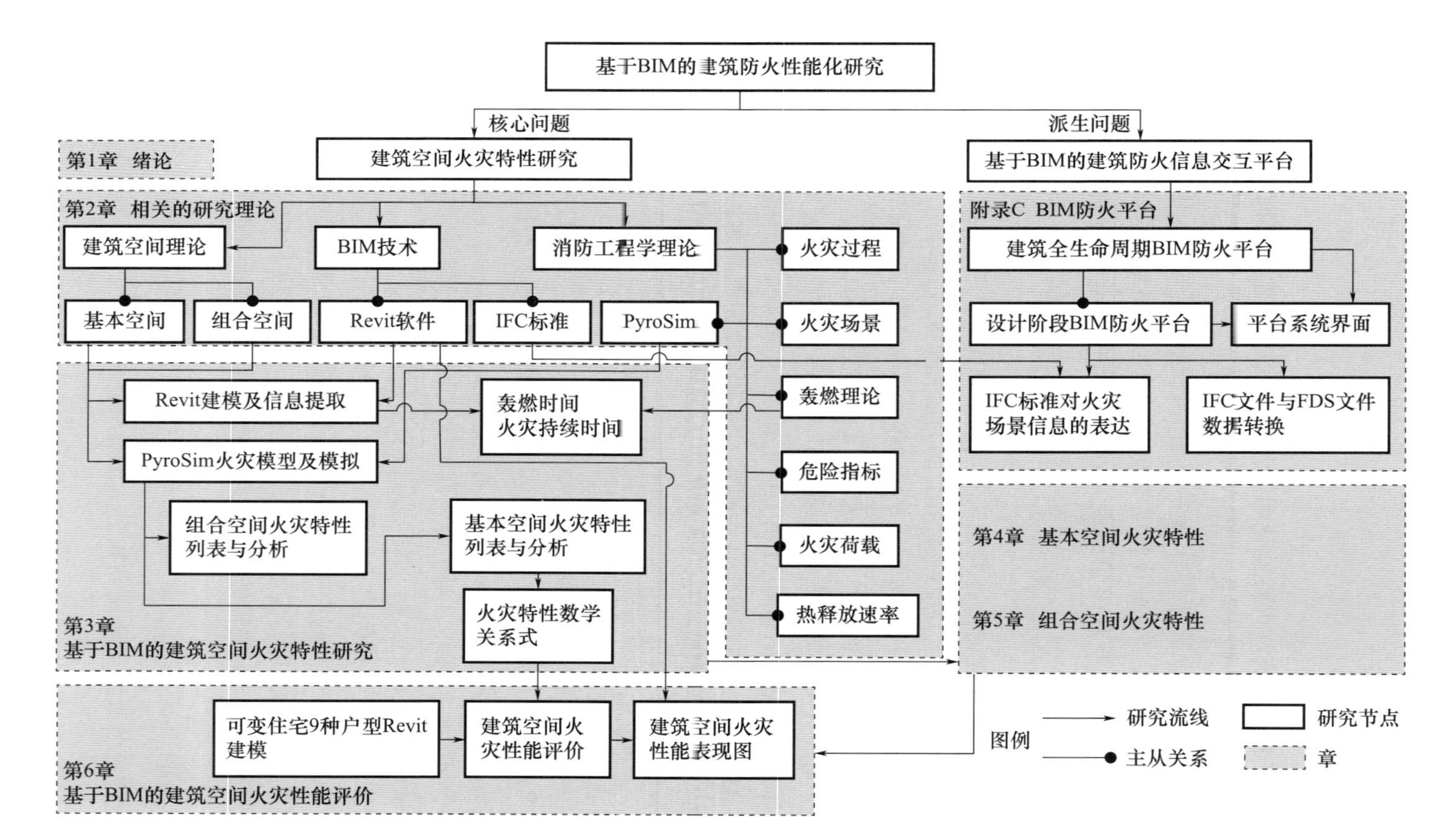

基于BIM的建筑防火性能化研究
核心问题
派生问题
第1章 绪论
建筑空间火灾特性研究
基于BIM的建筑防火信息交互平台
第2章 相关的研究理论
建筑空间理论
BIM技术
消防工程学理论
基本空间
组合空间
Revit软件
IFC标准
PyroSim
火灾过程
火灾场景
轰燃理论
危险指标
火灾荷载
热释放速率
Revit建模及信息提取
PyroSim火灾模型及模拟
轰燃时间
火灾持续时间
组合空间火灾特性
列表与分析
基本空间火灾特性
列表与分析
火灾特性数学
关系式
第3章
基于BIM的建筑空间火灾特性研究
附录C BIM防火平台
建筑全生命周期BIM防火平台
设计阶段BIM防火平台
平台系统界面
IFC标准对火灾
场景信息的表达
IFC文件与FDS文件
数据转换
第4章 基本空间火灾特性
第5章 组合空间火灾特性
可变住宅9种户型Revit
建模
建筑空间火
灾性能评价
建筑空间火灾
性能表现图
第6章
基于BIM的建筑空间火灾性能评价
图例
研究流线
主从关系
研究节点
章

图 1.1 技术路线图

第2章 相关的研究理论

2.1 建筑空间理论

2.1.1 功能对基本空间的规定性

建筑学是研究建筑空间的科学，而建筑空间在很大程度上是由建筑功能来规定的①，根据建筑学的一般原理，功能对建筑空间的规定性主要表现在“量”“形”“质”三个方面②。

1. 功能规定空间的“量”

所谓空间的“量”是指空间的大小和容量。在建筑设计中，一般以平面面积作为空间大小的设计依据。根据功能需要，一个空间要满足基本的人体尺度，并达到理想的舒适程度，其面积和空间容量应当有一个合适的上限和下限。例如在普通住宅设计中，起居室面积在15～20m^2，卧室面积在10～20m^2，卫生间面积在5～15m^2等；在公共建筑设计中，50人的普通教室需要50～60m^2，普通旅馆的标准间面积一般在25～35m^2等。

2. 功能规定空间的“形”

所谓空间的“形”是指空间的形状。空间的“形”同样也受功能的制约，例如剧场空间因为声学要求而应尽量避免扇形墙面，普通教室因为视听要求而应避免出现过长或过宽的平面尺寸，幼儿园活动室因为使用的灵活性而要求其平面尽量接近于正方形，会议室设计为长方形则更有利于长会议桌的摆放等。

3. 功能规定空间的“质”

所谓空间的“质”，主要是指满足采光、日照和通风等要求，不同的功能需求决定了各类建筑的朝向和开窗大小，例如为了满足建筑采光和通风的需求，普通居室的窗地比为1/8～1/10，而阅览室的窗地比为1/4～1/6，普通教室介于两者之间，为1/6～1/8。

2.1.2 功能对组合空间的规定性

一般来说，建筑物都是由各种不同功能房间组成，房间与房间之间只有在功能上互

① 张文忠．公共建筑设计原理［M］．北京：中国建筑工业出版社，2005：26-42.

② 彭一刚．建筑空间组合论［M］．北京：中国建筑工业出版社，2008：13-16.

相联系才能成为完整的建筑，即建筑功能规定了建筑空间的组织方式。空间组合的主要方式包括①②：

1. 串联式组合空间

各使用空间按一定顺序互相串通，首尾相接连成整体。此种组合形式的空间关系紧密且有明确的秩序性，通常适用于博物馆、美术馆等观展性建筑类型（图 2.1）。

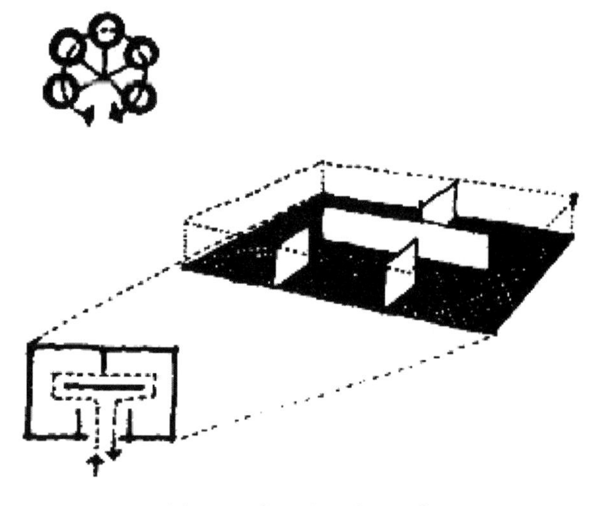

图 2.1　串联式组合空间③

2. 放射式组合空间

以中厅为组织中心，其余使用空间呈辐射状态与中厅连通，人流既可以分散到各使用空间也可以积聚到中厅。此种组合空间通常适用于人流较集中的公共建筑，如火车站、图书馆等建筑类型（图 2.2）。

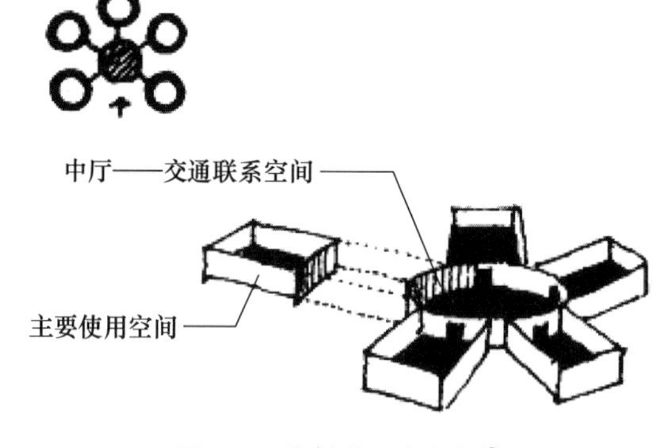

图 2.2　放射式组合空间④

① 彭一刚．建筑空间组合论［M］．北京：中国建筑工业出版社，2008：16-19.

② 张文忠．公共建筑设计原理［M］．北京：中国建筑工业出版社，2005：26-42.

③④ 彭一刚．建筑空间组合论［M］．北京：中国建筑工业出版社，2008：117.

3. 走道式组合空间

由一条狭长的专用交通空间来联系各使用空间，此种组合方式将使用空间与交通空间明确分开，既保证了使用空间的独立性，又使各空间保持必要的功能联系，通常适用于宿舍、办公、学校和旅馆等建筑类型（图 2.3）。

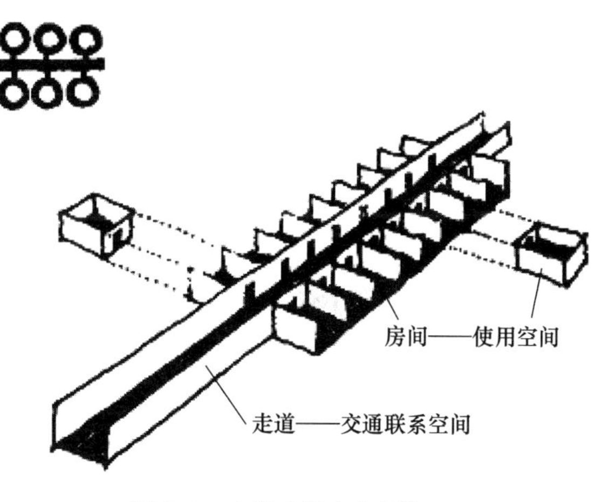

图 2.3 走道式组合空间①

2.2 消防工程学相关理论

2.2.1 火灾荷载

火灾荷载是指空间内所有可燃物燃烧时所产生的总热量值②。火灾荷载在一定空间内的分布往往是不均匀的，其分布特征会对火灾的蔓延途径、速度、危害程度等起决定作用，研究中使用火灾荷载密度来描述火灾荷载在空间中的分布状态。火灾荷载密度是指空间内所有可燃材料完全燃烧时所产生的总热量值与该空间的建筑面积之比，单位为 MJ/m^2。

建筑火灾荷载可分为三种③：

①固定式火灾荷载，指房间的结构构件和装修构件等可燃易燃材料（如木结构、墙纸、吊顶、木地板、门窗等）完全燃烧所产生的总热量值，其具有时间和空间上的稳定性，可以较为准确地计算出来。

固定式火灾荷载密度q_1计算公式为：

① 彭一刚. 建筑空间组合论［M］. 北京：中国建筑工业出版社，2008：117.

② 可燃物是火灾发生的必要条件，没有可燃物就没有火灾，可燃物越多发生火灾的可能性就越大、火灾的危害程度也就越高，因而需要采取的防火安全措施也应越严格。火灾荷载是对可燃物多少进行定量描述的物理量，理论计算的火灾荷载是可燃物完全燃烧所能释放的最大热量，实际上火灾荷载受到可燃物的质量、厚度、表面积、热值、摆放方式及位置等因素的影响而小于理论计算值。热值是单位质量的可燃物完全燃烧时所释放的总热量，用来描述可燃物的燃烧性能。

③ 李引擎. 建筑防火性能化设计［M］. 北京：化学工业出版社，2005：27-33.

$$q_1=\frac{\sum M_i H_i}{A} \tag{2.1}$$

式中　q_1——固定式火灾荷载密度，MJ/m^2；

M_i——室内某固定可燃物的质量，kg；

H_i——室内某固定可燃物的热值，MJ/kg；

A——建筑面积，m^2。

②活动式火灾荷载，指为了房间的正常使用而另外布置的位置和数量可变性较大的可燃物完全燃烧所产生的总热量值。活动式火灾荷载因不同的空间使用要求，其位置和数量会出现较大差异，即使同一功能空间也会因时间段不同而出现分布差异。活动式火灾荷载的计算方法是对单件物品进行整体热值测定，然后进行汇总统计。

活动式火灾荷载密度q_2计算公式为：

$$q_2=\frac{\sum n_i}{A} \tag{2.2}$$

式中　q_2——活动式火灾荷载密度，MJ/m^2；

n_i——单件物品整体热值，MJ；

A——建筑面积，m^2。

③临时性火灾荷载，指房间使用者临时带来的可燃物完全燃烧所产生的总热量值，一般建筑物可以不考虑此类物品。

综上所述，建筑总火灾荷载密度 q 可表示为：

$$q=q_1+q_2 \tag{2.3}$$

2.2.2　火灾热释放速率

1. 概念

火灾中可燃物燃烧放热需要一个时间过程，相同火灾荷载燃烧时间越短说明燃烧越猛烈，研究中使用火灾热释放速率（Heat Release Rate，HRR）来描述火灾荷载在时间上的分布状态。火灾热释放速率是指火灾中单位时间内可燃物燃烧所释放的热量值，单位为 kW 或 MW。

火灾热释放速率的理论计算公式为：

$$\dot{Q}_c=\varphi \cdot m \cdot \Delta H_c \tag{2.4}$$

式中　$\dot{Q}_c$——火灾热释放速率，kW；

φ——燃烧效率因子，反映了可燃物不完全燃烧的程度；

m——可燃物燃烧速率，kg/s；

ΔH_c——可燃物的热值，kJ/kg。

实际火灾中的 HRR 与理论计算值可能存在较大差距，这是因为：①火灾中的可燃物组分变化很大；②热值是物质完全燃烧时放出的热量，而实际火灾中物品大都不会完全燃烧。所以随着火灾场景的不同，燃烧效率因子一般在 0.3～0.9 范围内变化[①]。

① 霍然，胡源，李元洲．建筑火灾安全工程导论［M］．合肥：中国科学技术大学出版社，2009：72.

2. t^2 火模型

由于实际火灾中的 HRR 会随时间发生复杂变化，不可能对其进行准确计算，于是研究人员提出了各种火灾增长模型来描述 HRR 随时间变化的情况，以便对火灾进行定量研究。在各种火灾增长模型中以非稳态的 t^2 火模型最具代表性，其表达式为[①]：

$$\dot{Q}=\alpha(t-t_0)^2 \tag{2.5}$$

式中 $\dot{Q}$——火灾热释放速率，kW；

α——火灾增长系数，kW/s^2；

t——火灾发生的时间，s；

t_0——开始有效燃烧所需的时间（阴燃时间），s。

在一般研究中处于安全考虑，阴燃时间可不计，取 $t_0=0$，故式（2.5）可表示为：

$$\dot{Q}=\alpha t^2 \tag{2.6}$$

火灾增长系数 α 受室内火灾荷载密度和室内装修材料燃烧性能等级的影响，可由下式得到：

$$\alpha=\alpha_f+\alpha_m \tag{2.7}$$

式中 $\alpha_f=2.6\times10^{-6}q^{5/3}$，$kW/s^2$；

q——室内火灾荷载密度，MJ/m^2；

α_m——由室内装修材料的燃烧性能等级来确定（表 2.1）。

表 2.1 α_m与室内装修材料燃烧性能等级[②][③]

室内装修材料燃烧性能等级	α_m（kW/s^2）	材料品种
A 级不燃材料	0.0035	花岗石、黏土砖、混凝土制品、玻璃、陶瓷等
B_1 级难燃材料	0.014	纸面石膏板、水泥刨花板、硬质 PVC 塑料地板等
B_2 级可燃材料	0.056	天然木材、木质人造板、塑纤板、聚乙烯塑料制品等
B_3 级易燃材料	0.35	有机玻璃、泡沫塑料等

由于α_f和α_m的计算较为繁杂，美国消防协会（NFPA）定义了四种类型的火灾增长曲线：慢速型、中速型、快速型和超快速型（图 2.4），将四种类型火灾增长曲线的火灾增长系数 α 取固定值（表 2.2）。

① 范维澄，孙金华，陆守香，等．火灾风险评估方法学［M］．北京：科学出版社，2004：58-59，270-271.

② 我国建筑材料及制品燃烧性能分级方法曾在 2006 年进行过调整，将《建筑材料燃烧性能分级方法》（GB 8624—1997）中的 A、B_1、B_2 和 B_3 四级改变为《建筑材料及制品燃烧性能分级》（GB 8624—2006）中的 A1、A2、B、C、D、E、F 七级，但从《建筑材料及制品燃烧性能分级》（GB 8624—2006）的实施情况看，存在燃烧性能分级过细，与我国工程实际不相匹配等问题，所以 2012 年颁布的《建筑材料及制品燃烧性能分级》（GB 8624—2012）重新将建筑材料及制品燃烧性能分级定为 A、B_1、B_2 和 B_3 四级。

③ 范维澄，孙金华，陆守香，等．火灾风险评估方法学［M］．北京：科学出版社，2004：245.

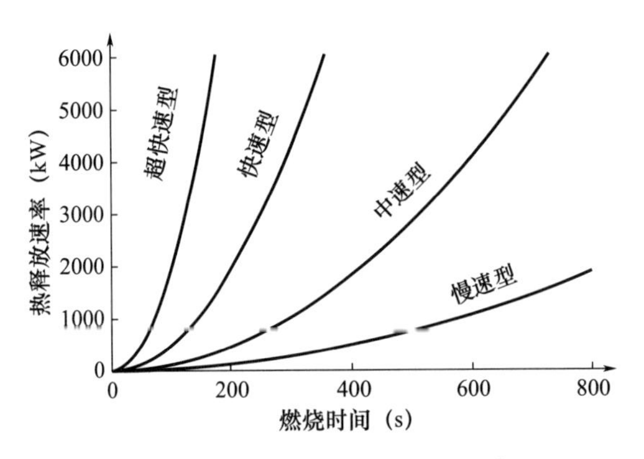

图 2.4　四种类型火灾增长曲线[①]

表 2.2　四种 t^2 火的火灾增长系数 α 值[②]

火灾类别	代表性材料	火灾增长系数（kW/s^2）	热释放速率达 1MW 的时间（s）
慢速型	厚重的木制品	0.0029	584
中速型	棉质、聚酯床垫	0.0113	292
快速型	装满的邮件袋，泡沫塑料	0.0469	146
超快速型	易燃的软垫家具，油池火	0.1878	73

3. HRR 取值

火灾中热释放速率的变化是很复杂的，即使按照 NFPA 定义的四种类型火灾增长曲线来计算也稍显复杂，实际火灾模拟中设定的火灾增长曲线一般会做保守考虑，根据火灾中最不利状况而将 HRR 设为固定值，其取值方法有四种：①火灾模型中设有喷淋系统的，根据喷淋的启动时间（Detact Time）和 t^2 火公式计算得到的最大值作为固定值；②根据建筑内总火灾荷载与火灾持续时间计算得到的平均值作为固定值；③根据上海市制定的《上海市建筑防排烟技术规程》（DGJ08-88—2006）中对各类场所规定的火灾热释放速率进行取值（表 2.3）；④对于发生轰燃的火灾过程，一般取轰燃的临界热释放速率作为固定值。

表 2.3　各类场所的火灾热释放速率取值表[③]

场所与特性	热释放速率 $\dot{Q}_c$（MW）	场所与特性	热释放速率 $\dot{Q}_c$（MW）
设有喷淋的商场	3		
设有喷淋的办公室、客房	1.5	无喷淋的办公室、客房	6
设有喷淋的公共场所	2.5	无喷淋的公共场所	8
设有喷淋的汽车库	1.5	无喷淋的汽车库	3

① 霍然，胡源，李元洲．建筑火灾安全工程导论［M］．合肥：中国科学技术大学出版社，2009：82.

② 李引擎．建筑防火性能化设计．北京：化学工业出版社，2005：42.

③ 公安部上海消防研究所．上海市建筑防排烟技术规程 DGJ08-88—2006［S］．上海：上海市建设和交通委员会，2006：14.

续表

场所与特性	热释放速率 $\dot{Q}_c$（MW）	场所与特性	热释放速率 $\dot{Q}_c$（MW）
设有喷淋的中庭	1	无喷淋的中庭	4
设有喷淋的超市、仓库	4	无喷淋的超市、仓库	20
设有喷淋的厂房	1.5	无喷淋的厂房	8

注：设有快速响应喷头的场所可按本表减少 40%。

2.2.3 室内火灾过程

火灾理论一般将室内火灾过程分为三个阶段[①]：初期增长阶段（ignition and growth）、充分发展阶段（fully-developed）和衰减阶段（decay）（图 2.5）。

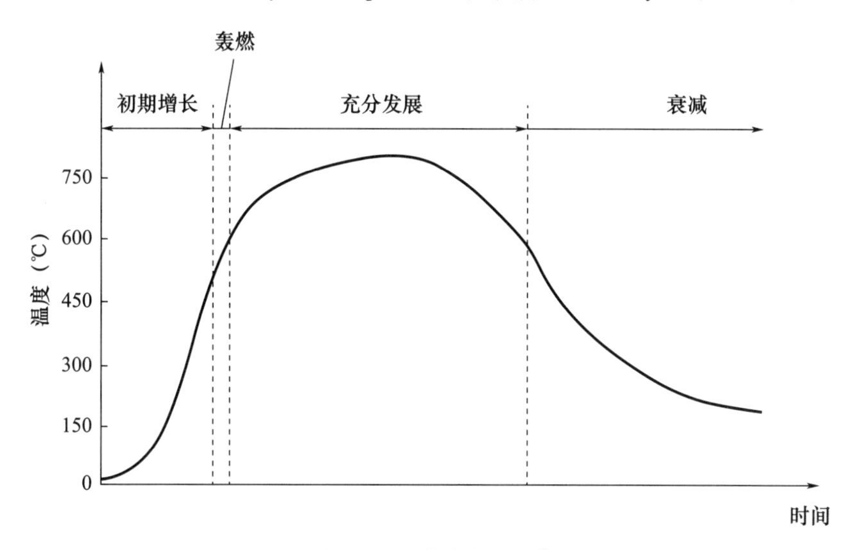

图 2.5 室内火灾过程[②]

1. 初期增长阶段

从起火点位置出现明火算起，并呈敞开式自由燃烧状态，火焰由周边可燃物延烧传播，火焰的对流作用将燃烧产生的热量、碳烟粒子、水蒸气、二氧化碳、一氧化碳和其他有毒气体带到房间上部，并从火焰底部卷吸氧气以维持燃烧。此阶段室内温度差别较大，火焰附近出现高温，室内氧气浓度一般处于正常值（21%），火势的蔓延速度受到周边可燃物的燃烧特性、热分解温度、分解速率、数量、分布状况、曝火面积和通风条件等因素的影响。

2. 充分燃烧阶段

随着火灾持续燃烧一定时间后，室内温度急剧上升，顶棚处形成热烟气层，如果顶棚为可燃材料则会迅速被引燃，此时顶棚会向下方辐射大量热量，加速下部可燃物的燃烧；如果顶棚为不燃或难燃材料则其对于火势的影响会小很多。随着烟气层内的可燃气体、固体颗粒、液滴积聚愈来愈多，当起火房间温度达到一定值时，聚积在房间内的可

① 王学谦．建筑防火设计手册［M］．北京：中国建筑工业出版社，2007：11-13.

② 范维澄，孙金华，陆守香，等．火灾风险评估方法学［M］．北京：科学出版社，2004：45.

燃气体会突然起火，整个房间都会充满火焰，房间内所有可燃物表面猛烈燃烧，室内温度快速上升，火焰、高温烟气会从起火房间的开口大量喷出，这种现象称为轰燃。轰燃标志着火灾进入充分燃烧阶段。

3. 衰减阶段

随着室内可燃物及挥发物质的不断减少，火灾热释放速率降低，温度逐渐下降。当室内平均温度降到火灾温度最高值的80%时，则认为火灾进入衰减阶段，当房间内的可燃物被耗尽，室内外温度趋于一致时，火灾结束。

2.2.4 轰燃理论

轰燃有两个特点：①轰燃是室内空间所特有的一种燃烧现象，室外一般不会发生轰燃；②轰燃会引起与火源不直接接触的可燃物表面的燃烧。轰燃发生后，由于室内可燃物大量燃烧，氧气含量急剧降低，有毒烟气弥漫，室内人员很难逃生，消防队员也很难进入内部施救，故研究者一般都将轰燃时间作为评价建筑空间火灾危险性的重要指标之一。对轰燃现象的研究途径主要有火灾试验和理论分析两种。

1. 轰燃的火灾试验

火灾试验中，判定轰燃发生的临界条件主要有三种：①以到达地面的热通量达到一定值为条件；②以顶棚下的烟气温度达到一定值为条件；③通风口处是否有火焰喷出。由于试验条件和方法的差异，不同学者对上述临界条件提出了不同的判定值，如Fang J B等[①]认为当到达地面的热通量值为17～33kW/m²或顶棚下的烟气温度值为450～600℃时发生轰燃；Budnick E K等[②]提出的判定值分别为15kW/m²或630～770℃；Quintiere J G等[③]提出的判定值分别为17.7～25kW/m²或600℃等。研究者通常采用的轰燃临界条件为：当到达地面的热通量为20kW/m²或者顶棚下的烟气温度值达到600℃时发生轰燃[④]。

2. 轰燃的理论分析

理论分析上，判定轰燃发生的临界条件为：当火灾中的热释放速率超过轰燃临界热释放速率时会发生轰燃。一些学者认为轰燃临界热释放速率$\dot{Q}_f$与下列因素有关：①房间的内表面积（A_t）；②通风口的面积（A_w）；③通风口的有效高度（h_w）；④围护结构的有效传热系数K；⑤通风状况等。

Babrauskas V[⑤] 提出的轰燃临界热释放速率$\dot{Q}_f$计算公式为：

$$\dot{Q}_f=750A_w\sqrt{h_w} \tag{2.8}$$

① FANG J B. Fire buildup in a room and the role of interior finish materials [M]. US Dept. of Commerce, National Bureau of Standards, 1975.

② BUDNICK E K, KLEIN D B. Mobile home fire studies: summary and recommendations [M]. National Bureau of Standards, 1979: A1-A12.

③ QUINTIERE J G, MCCAFFREY B J. The burning of wood and plastic cribs in an enclosure [M]. US Department of Commerce, National Bureau of Standards, 1980.

④ 范维澄，孙金华，陆守香，等. 火灾风险评估方法学 [M]. 北京：科学出版社，2004：52-53.

⑤ BABRAUSKAS V. Estimating room flashover potential [J]. Fire Technology, 1980, 16 (2): 94-103.

McCaffrey B J[1] 提出的轰燃临界热释放速率$\dot{Q}_f$计算公式为：

$$\dot{Q}_f = 610\sqrt{KA_tA_w\sqrt{h_w}} \tag{2.9}$$

Thomas P H[2] 提出的轰燃临界热释放速率$\dot{Q}_f$计算公式为：

$$\dot{Q}_f = 378A_w\sqrt{h_w} + 7.8A_t \tag{2.10}$$

式中 A_t——房间的内表面积，包括墙壁、顶棚、地板的面积，需扣除通风口面积，m^2；

A_w——通风口的面积，$A_w = h_w \times B_w$，m^2；

B_w——通风口宽度，m；

h_w——通风口有效高度，m；

当房间中有多个通风口时，A_w为所有通风口的面积之和，h_w为各个通风口高度按其面积的加权平均值，$h_w =(h_1A_1 + h_2A_2 + \cdots)/A_w$，其中$A_1$、$A_2$…为各通风口面积[3]。

K——围护结构的有效传热系数，即围护结构材料的导热系数λ与材料厚度d的比值，kW/(m^2·K)；

当围护结构有多种传热系数时，按其面积的加权平均值计，$K=(K_1S_1 + K_2S_2 + \cdots)/S$，其中$S_1$、$S_2$…为各围护结构表面积，$S = S_1 + S_2 + \cdots$。

$A_w\sqrt{h_w}$——通风因子[4]，$m^{5/2}$。

根据相关研究[5]，当$A_t \approx 45\ A_w\sqrt{h_w}$且传热系数$K$的平均值约为0.03时，McCaffrey公式与Thomas公式可分别简化为：$\dot{Q}_f = 710\ A_w\sqrt{h_w}$和$\dot{Q}_f = 730\ A_w\sqrt{h_w}$，它们与Babrauskas公式$\dot{Q}_f = 750\ A_w\sqrt{h_w}$基本一致，说明这三个公式具有较高的相关性和一致性。

3. 轰燃后火灾持续时间

川越邦雄（K. Kawagoe）等[6]通过火灾试验，发现轰燃后木垛类可燃物的燃烧速率与通风口面积和形状的关系可用下式描述：

$$\dot{m} = 5.5A_w\sqrt{h_w} \tag{2.11}$$

式中 $\dot{m}$——木垛类可燃物的燃烧速率，kg/min；

---

① MCCAFFREY B J，Quintiere J G，Harkleroad M F. Estimating room temperatures and the likelihood of flashover using fire test data correlations [J]. Fire Technology，1981，17 (2)：98-119.

② THOMAS P H. Testing products and materials for their contribution to flashover in rooms [J]. Fire and Materials，1981，5 (3)：103-111.

③ 朱春玲，王卫东，季广其，等．实体建筑火灾轰燃条件的计算与验证 [J]. 墙材革新与建筑节能，2012 (3)：38-41.

④ 通风因子是一个用来综合描述建筑空间开口状况的物理量，火灾中的轰燃临界热释放速率、可燃物燃烧速率等评价指标都与其有密切关系。另外，通风因子会影响到室内的火灾状态（燃料控制型火灾或通风控制型火灾），如果房间通风良好，整个火灾过程则受可燃物燃烧状况的影响，火灾最终会随着可燃物燃烧殆尽而熄灭，称为燃料控制型火灾；如果房间通风状况较差，整个火灾过程则会受氧气量的影响，火灾会随着氧气的消耗而减弱甚至熄灭，称为通风控制型火灾。

⑤ 陈爱平，乔纳森·弗朗西斯．室内轰燃预测方法研究 [J]. 爆炸与冲击，2003，23 (4)：368-374.

⑥ KAWAGOE K，SEKINE T. Estimation of fire temperature-time curve in rooms [M]. Building Research Institute，Ministry of Construction，Japanese Government，1963.

$A_w\sqrt{h_w}$——通风因子，$m^{5/2}$。

假设室内所有可燃物都会发生燃烧，那么轰燃后火灾持续时间为①：

$$t_c=\frac{\dot{q}A}{5.5A_w\sqrt{h_w}} \tag{2.12}$$

式中 t_c——轰燃后火灾持续时间，min；

$\dot{q}$——用等效发热量的标准木材重量表示的火灾荷载密度，kg/ m^2；

A——建筑面积，m^2；

$A_w\sqrt{h_w}$——通风因子，$m^{5/2}$。

一般标准木材的单位发热量约为18MJ/kg，则

$$\dot{q}=\frac{q}{18} \tag{2.13}$$

式中 q——室内火灾荷载密度，MJ/m^2。

由式（2.12）和式（2.13）可得轰燃后火灾持续时间（时间单位换算为秒）为：

$$t_c=\frac{qA}{18\times5.5A_w\sqrt{h_w}}\times60=\frac{20qA}{33A_w\sqrt{h_w}} \tag{2.14}$$

式中 t_c——轰燃后火灾持续时间，s；

q——室内火灾荷载密度，MJ/m^2；

A——建筑面积，m^2；

$A_w\sqrt{h_w}$——通风因子，$m^{5/2}$。

2.2.5 火灾危险性指标

据统计，建筑火灾中约75%～85%的人员死亡是由烟气所导致的②，烟气对人员所造成的直接危害主要表现在三个方面③：①热作用，火焰及热烟气的辐射热会对人员造成灼伤，起火点附近的烟气温度可达到800℃以上，当人体接受的热辐射通量超过2.5kW/m^2时，将会对人体造成严重灼伤，故火灾评价中常以房间顶板下0.3m处烟气层温度达到180℃作为热辐射危险指标；如果烟气层与人体直接接触则有可能对人造成直接烧伤，故火灾评价中常以1.5m处烟气层温度达到60℃作为烟气热对流危险指标；②毒性，火灾烟气中含有大量的有毒成分，如CO、CO_2、HCN、SO_2等，毒气有可能导致人员失去行动力能力或直接造成人员伤亡，故火灾评价中常以烟气层距地板高度小于2m时，CO_2浓度不超过1%（10000×10^{-6}）或CO浓度不超过0.25%（2500×10^{-6}）作为烟气毒性危险指标；③遮光性，火灾烟气中含有大量的固体颗粒，具有一定的遮光性，会大大降低建筑物中的能见度④，严重影响人员的安全疏散和消防员的灭火救援，

---

① 张树平．建筑防火设计［M］．北京：中国建筑工业出版社，2008：29.

② 霍然，袁宏永．性能化建筑防火分析与设计［M］．合肥：安徽科学技术出版社，2003：219-222.

③ 不同国家和研究机构对于烟气的危险指标有不同的规定，如根据空间尺寸的大小，烟气层危险高度规定为1.5～2.1m不等，烟气层低于2m时对流热危险性指标规定为50～80℃不等，烟气毒性危险指标规定为一氧化碳浓度（450～550）$\times10^{-6}$或（1000～3000）$\times10^{-6}$不等，本书是针对小空间的火灾特性研究，故选取常用指标作为研究依据。

④ 能见度指的是人们在一定环境下刚刚看到某个物体的最远距离，其与烟气的颜色、物体的亮度、背景的亮度及观察者对光线的敏感程度有关。

故火灾评价中常以烟气层距地板高度小于 2m 时，大空间的能见度不小于 10m 或小空间的能见度不小于 5m 作为烟气遮光性的危险指标。

2.2.6 火灾场景

火灾场景是在大量的火灾调查数据和试验数据的基础上抽象出来的具有典型特征的火灾模型[①]，是对建筑火灾发展过程的一种描述。设置火灾场景应考虑的因素包括[②]：①火灾前的建筑状况，如周边环境、建筑结构、功能分区、建筑材料、使用人员、火灾荷载及消防设施等；②点火源的状况，如点火源的温度、能量及其对可燃物的暴露时间和接触面积等；③初始可燃物的状况，如可燃物的状态、表面积与质量比、排列方式及可燃物的热解产物等；④二次可燃物的状况，如与初始可燃物的接近程度、二次可燃物的数量、分布、表面积与质量比等；⑤蔓延的可能性，火势向其他空间蔓延的情况受到起火源位置、防火隔断状况、自然通风状况、建筑消防系统等因素的影响；⑥目标物体的状况，如建筑内重点保护对象的位置和特性等；⑦建筑内的人员状态，如人员的数量、性别、年龄、能力、清醒程度、身体及精神状况、行动能力、对建筑的熟悉程度以及是否受过消防培训等；⑧统计数据，如该建筑或同类型建筑的火灾历史统计数据、目前的使用情况等。火灾模拟中对特定火灾场景的设置，通常使用热释放速率、火灾增长曲线、物质分解物和分解率等参数来定量描述以上因素。

2.2.7 性能化设计

1. 建筑防火性能化设计

建筑防火性能化设计[③]（以下简称性能化设计）是运用消防工程学的原理与方法，制定建筑物防火体系应达到的性能目标，根据建筑物的结构、用途、内部装修及火灾荷载等具体情况，由设计者根据建筑物不同的空间条件、功能条件及其他相关条件，自由选择为达到消防安全目标而采取各种防火措施，并将其有机地组织起来，构成该建筑物的总体防火设计方案，然后对建筑火灾危险性和危害性[④]进行定量的预测和评估，从而得出最优化的防火设计方案，为建筑物提供最合理的防火保护。其性能目标包括[⑤]：一旦火灾发生不至于把整幢建筑烧垮；一旦火灾发生只限制于局部范围之中，不至于向其他部位蔓延；一旦火灾发生消防人员能及时到达并安全营救；一旦火灾发生建筑物内部的人员能安全疏散，人们的生命财产不受损失等。

2. 建筑防火性能化设计的基本范式

（1）性能化设计的基本流程

性能化设计的基本流程为：①评估设计方案的现状；②根据建筑物的性质和功能，确定满足使用要求所需的消防安全目标，如对于民用建筑，其消防安全目标是保障建筑

① 谢正良．大空间建筑性能化防火设计研究［D］．上海：同济大学，2007：26.

② 刘方．建筑防火性能化设计［M］．重庆：重庆大学出版社，2007：102-103.

③ 刘方．建筑防火性能化设计［M］．重庆：重庆大学出版社，2007：6.

④ 火灾危险性（Fire risk），是指发生火灾的可能性；火灾危害性（Fire hazard），是指发生火灾可能造成的后果。

⑤ 陈保胜，周健．高层建筑安全疏散设计［M］．上海：同济大学出版社，2004：86.

内人员的生命安全；③将消防安全目标进行量化，如火灾中烟气温度、CO浓度和能见度等达到危险状态的时间；④根据建筑火灾荷载等信息确定火灾场景，如选取热释放速率、火灾增长曲线、物质分解率等参数；⑤选择性能化软件进行模拟，对设计方案进行安全评估，如将火灾中达危险状态的时间与建筑中人员安全疏散时间进行比较；⑥选定最合理的设计方案，编写评估报告。性能化设计的基本流程如图2.6所示。

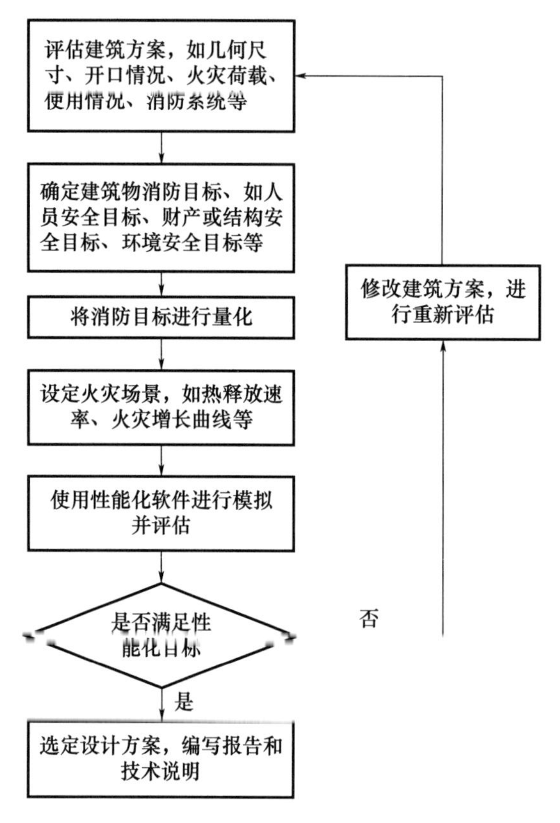

图2.6　性能化设计的基本流程[①]

（2）人员安全疏散时间比较

性能化设计中最重要的目标是保障建筑内人员的生命安全，即在火灾烟气未达到危险状态之前，将建筑内的人员疏散到安全区域，这取决于两个特征时间[②]：①火灾达到危险状态所需的时间，称为可用疏散时间（Available Safety Egress Time，ASET）；②人员疏散到安全区域所需要的时间，称为所需疏散时间（Required Safety Egress Time，RSET）。如果人员能在火灾达到危险状态之前全部疏散到安全区域，即所需疏散时间（RSET）小于可用疏散时间（ASET），则认为建筑物的防火设计是安全的。

人员安全疏散的两个特征时间比较如图2.7所示，人员所需疏散时间（RSET）主要包括：①觉察前时间 T_a，由于建筑内刚发生火灾时，探测系统或现场人员未必能及时发现，只有当火灾增大到一定规模时，探测系统或现场人员才能发出报警信号，建筑

① 霍然，袁宏永．性能化建筑防火分析与设计［M］．合肥：安徽科学技术出版社，2003：81.
② 霍然，袁宏永．性能化建筑防火分析与设计［M］．合肥：安徽科学技术出版社，2003：216-218.

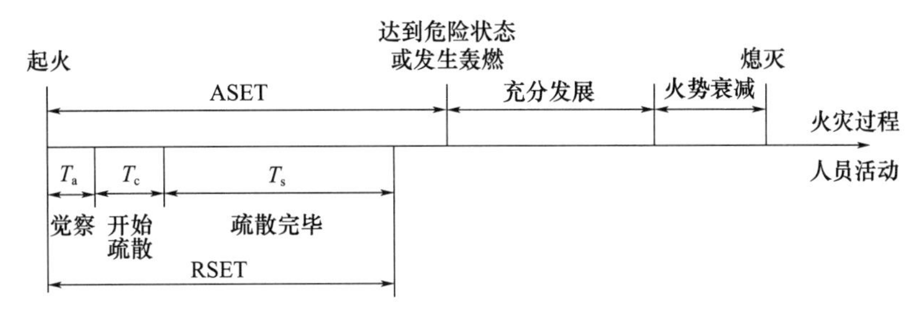

图 2.7 人员安全疏散的两个特征时间比较[①]

内其他人员才能察觉；②觉察后到开始采取疏散行动的时间 T_c，这一时间段内人员会进行确认火灾发生、行动前准备和选择如何逃生等活动；③从开始疏散到所有人员疏散完毕的时间 T_s。人员安全疏散的基本条件为：

$$ASET > RSET = T_a + T_c + T_s \tag{2.15}$$

2.2.8 火灾模拟软件

1. CFD 软件

计算流体动力学[②]（Computational Fluid Dynamics，CFD）是近代流体力学、数值数学和计算机科学相结合的产物，它以计算机为工具，应用各种离散化的数学方法，对流体力学的各类问题进行数值实验、计算机模拟和分析研究，以解决各种实际工程问题。

CFD 软件是根据计算流体动力学的基本原理所开发的，用于对气体流动、传热、化学反应和燃烧等现象进行计算机模拟的软件总称。CFD 软件一般由前处理器、求解器和后处理器三部分组成。前处理器用来几何建模、划分网格和输入相关参数；求解器用来确定控制方程、选择离散方法、选择数值计算方法并进行计算求解；后处理器用来显示计算结果，如可视化的温度场、速度场、压力场等。常用的 CFD 软件包括：Fluent、Phoenics、Star-CD、CFX、FDS 等。

2. FDS 与 PyroSim 软件

（1）FDS 软件

FDS[③]（Fire Dynamics Simulator，火灾动力学模拟工具）是由美国国家标准技术研究院（National Institute of Standards and Technology，NIST）开发的一种 CFD 软件，用来模拟火灾下的烟气流动和热量传递等过程。FDS 是基于火灾热驱动的流体运动模型，采用场模型[④]模拟的方法将对象空间划分为精细的三维计算单元，每个计算单元内

① 资料来源：霍然，袁宏永．性能化建筑防火分析与设计［M］．合肥：安徽科学技术出版社，2003：218.

② 百度词条——CFD．［EB/OL］．［2015-6-7］．http：//baike. baidu. com/link? url = 6Kugi _ YJRjx5puZVCMHeSg9F39ntMjJQLQvFKlTHLWsVUy-FNaanpZlV02 _ CTwGPTZvwMb0wwlF1b9ctHqFWLKYa0mMeVnANSNTY atsPTSC.

③ 百度词条——FDS，［EB/OL］．［2015-6-7］．http：//baike. baidu. com/link? url＝39 _ 75UEBuqbVVNPRWN _ 4rVI3qJN-G1bjeaHnezx0QcRxmiimkoPJ8X1TArsclWmtvNdT0XrahDgCp75YCCI1pa.

④ 火灾模型可分为概率模型和确定模型两大类，其中确定模型又包括：经验模型（Experiential Model）、区域模型（Zone Model）、场模型（Field Model）和网络模型（Net-works）。场模型将空间划分为一系列网格，针对每个网格求解质量、动量和能量守恒方程，得到火灾过程中状态参数的空间分布及随时间的变化情况。

都遵循能量和质量守恒定律[①]。FDS 主要采用 Navier-Stokes 方程[②]和大涡模拟（Large-Eddy Simulation，LES）技术[③]。FDS 使用子模型解决火场其他相关现象的模拟计算，如热辐射子模型、自动喷淋子模型等[④]。

FDS 是命令行软件，没有图形用户界面（Graphical User Interface，GUI），FDS 文件采用简单的文本格式来描述火灾场景，如建筑物尺寸、材料特性、计算域、网格、边界条件、火灾曲线、设备和输出结果等。可以通过 SmokeView 工具软件来直接观察 FDS 的火灾模拟结果，如三维模型、烟气流动、温度、风速、热辐射、能见度和气体浓度分布等。

（2）PyroSim 软件

为了解决 FDS 没有图形用户界面且命令行编写工作量大等问题，美国 Thunderhead Engineering 公司于 2002 年推出了 PyroSim 软件。PyroSim 将 FDS 与 SmokeView 集成在一起，采用了图形用户界面（GUI），其提供了良好的建模工具、视图方式、材料和燃烧信息库等功能，方便用户建立真实准确的建筑模型和火灾场景，同时支持 FDS、DXF、IFC 等文件格式的导入。

2.3 BIM 相关理论

2.3.1 BIM 概述

1 基本概念

BIM 是 Building Information Modeling[⑤]（建筑信息模型）的简称，是对建筑物在不同阶段各方面信息的一种数字化表达。BIM 通过数字化技术在计算机中建立三维虚拟模型，此模型可提供建筑全生命周期的所有信息，这些信息能够在综合数字环境中保持不断更新并可为各阶段使用者提供访问。

BIM 具有几方面内涵：①建筑信息数据库，BIM 不仅记录了建筑的几何特性（Geometric Characteristic），还记录了建筑的功能特性（Functional Characteristic），如材料特性、物理性能、防火性能、耐久性、结构构造及设备性能等；②协同过程，BIM 可记录一个建设项目从策划、设计到施工建设，再到使用、运营，直至拆除的全生命周期

---

① COX，G.，KUMAR，S.（2002）. Modeling enclosure fires using CFD. Section 3 / Chapter 8，The SFPE Handbook of Fire Engineering，3rd edition（DiNenno ed.），NFPA，Quincy，MA.

② Navier-Stokes 方程是描述粘性不可压缩流体动量守恒的运动方程，适用于热驱动、低流速的燃烧过程中烟气和热量转移的模拟。

③ 流体力学中重要的数值模拟研究方法主要有三种：大涡模拟（Large-Eddy Simulation，LES）、直接数值模拟（Direct Numerical Simulation，DNS）和雷诺平均模拟（Reynolds Average Navier-Stokes，RANS），大涡模拟的基本思想是通过精确求解某个尺度以上所有湍流尺度的运动，从而捕捉到许多非稳态、非平衡过程中出现的大尺度效应和拟序结构，其克服了直接数值模拟导致的运算量过大等问题。

④ MCGRATTAN，K B，editor（2005a），“Fire Dynamics Simulator（Version 4）Technical Reference Guide”. NIST Special Publication 1018. National Institute of Standards and Technology，USA.

⑤ 有学者指出 BIM 中的“M”指代“Modeling”，而不是名词“Model”，说明英语语境下的 BIM 代表了一个动态的建筑信息集成过程。

的所有信息，BIM 是一个随着建筑物的生长变化而不断更新的协同过程；③设计和管理平台，BIM 可为包括开发商、业主、设计师、承包商、施工方、管理部门等在内的相关各方提供一个交互平台，在建设项目的不同阶段，各方根据自己的责任和权利来提供和获取相关的信息（图 2.8）；④新的设计思想和技术革命，正如 CAD 在过去 30 多年中对建筑领域产生了重大而深刻的影响一样，BIM 也同样是未来建筑领域新变革的代表。

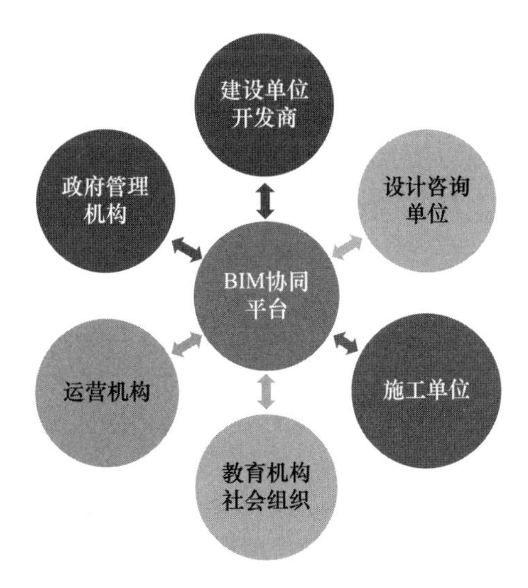

图 2.8　BIM 作为建设项目各参与方的协同平台[①]

2. BIM 的技术优势

（1）CAD 文件在不同阶段会出现信息损失的情况，这导致了设计人员不得不在 CAD 制图方面花费大量时间和精力，而 BIM 真正实现了信息的无损传递，可以将设计人员从大量重复工作中解放出来，从而保证了方案创作的时间。

（2）BIM 不仅记录了建筑的各种空间信息，还可以记录建筑的时间信息，为实现建筑全生命周期管理提供了技术保障。

（3）BIM 技术采用结构化的信息形式[②]和面向对象[③]的设计方法，可以准确、及时、高效地实现建设项目各阶段、各专业之间的信息交互。

（4）BIM 可以与云计算、智能建筑、数字城市、物联网等新技术形成良好的技术互动，如可通过云技术在移动终端实现 BIM 的数据交换，从而打破了传统图纸的时空限制。

---

① 葛文兰 . BIM 第二维度——项目不同参与方的 BIM 应用 [M]. 北京：中国建筑工业出版社，2011：7.

② 结构化信息形式（Structured Form）是指能够被计算机自动识别和直接理解的信息，其优点是信息传递效率高、错误少、无需过多依赖人工解释和转换。与此相对的是 CAD 所采用的非结构化信息形式（Unstructured Form），其无法被计算机直接识别和理解，必须依靠人工解释、处理与传递。

③ 面向对象的设计方法（Object-Oriented Method）是基于对象概念，以对象为中心，以类和继承为构造机制，来认识、理解和刻画客观世界，并进行构建的设计方法，如建筑模型的表达不再是简单的线条、圆弧、样条曲线等几何元素的组合，而是具有属性的一些事物在建成环境里的合理组织，是实体建筑构件（如门、窗、楼板、墙体等）和抽象概念（如关系、空间、构造、约束、维护等）的符合建造逻辑的形式表达。

3. BIM对性能化设计的技术补充

（1）针对性强。性能化设计的基本思想是根据各建筑物的特点制定不同的防火设计方案，但限于技术制约，对各建筑物相关信息的提取需要消耗大量的人力，针对大量普通建筑物制定不同防火方案的性能化设计几乎无法实现，而通过BIM技术可轻易提取各建筑物的相关信息，为其性能化设计提供数据支撑。

（2）灵活性强。借助BIM技术，性能化设计可根据工程实际和业主需求灵活调整性能化目标和防火设计内容，建筑物的各阶段都可能会出现迥异于最初设计的特殊情形，只有灵活的防火设计方案才能保障建筑物的防火安全性能。

（3）科学性高。BIM具有开放的信息标准，可保证建筑全生命周期中信息传递的准确性，不仅可在设计阶段为性能化设计提供真实可靠的数据，也可在使用阶段为建筑消防监督和管理提供准确信息，从而提高建筑火灾安全性能评价的科学性。另外，建立基于BIM的火灾基础数据库，可以弥补我国在此方面的欠缺，从而实现新的技术跨越。

（4）整体性好。借助BIM技术将建筑物内的各种消防措施进行整合，从总体上对建筑物进行安全评价，而不是孤立地满足消防规范条文，并能及时向设计人员提供直观的评价反馈，便于方案优化。

（5）开放性高。性能化设计是一个动态开放的设计过程，没有固定的规范，其设计可根据建筑物的具体情况进行及时调整，BIM技术同样具有开放的信息交互特征，各参与方都可以提供和获取所需信息，这就为新技术、新材料和新产品在性能化设计中的应用提供了可能。

（6）参数化设计。在BIM软件二次开发的基础上，可以利用BIM软件的参数化设计直接建立火灾场景，从而省去了人工建模的繁重工作。同时也可根据BIM的技术特点开发适合我国国情的性能化设计软件。

（7）可构建基于BIM的性能化防火平台。构建BIM防火平台后，可实现设计软件与性能评估的无缝对接，如在建筑师完成方案后，BIM防火平台可提供直观的火灾性能评价结果，对方案提出优化建议，使建筑师在方案设计过程中掌握了主动权。

2.3.2 BIM软件

当前主流的BIM软件有：美国Autodesk公司的Revit系列软件①、美国Bentley公司的Bentley系列软件②、匈牙利Graphisoft公司的ArchiCAD系列软件③及美国Gehry

---

① Revit软件最初由美国的Revit Technology公司开发，2002年该公司被Autodesk公司收购，Revit遂成为Autodesk公司的产品之一。2008年，Autodesk公司分别针对建筑、结构和设备专业陆续发布了Revit Architecture、Revit Structure和Revit MEP三款设计软件。2013年，Autodesk公司又将此三款软件集成到Revit 2013中，方便了三个专业的建筑模型信息共享。

② 2001年Bentley公司在发布的MicroStation V8中应用了与BIM的概念类似的全建筑信息模型（Single Building Model，SBM），之后又在MicroStation V8平台上开发了Bentley Architecture等BIM系列软件。

③ 早在1982年Graphisoft公司就提出了虚拟建筑（Virtual Building，VB）的概念，VB的核心思想是利用数字技术生成虚拟建筑及环境，可看作为BIM思想的雏形。ArchiCAD系列软件是目前主流的BIM软件之一。

Technologies 公司的 Digital Project 系列软件[①]等。

本书使用 Revit 软件作为建筑空间建模和信息提取的工具，其特点主要包括：①完全基于面向对象的建模方式，使用 Revit 进行建筑设计是一个不断将建筑构件添加到模型的过程，其能够全面、如实地表现建筑师的设计思想[②]；②参数化设计，Revit 自带了许多建筑构件图元，建筑师通过输入参数来控制建筑构件的各种信息，并且各类构件之间有内在的智能关联；③参数化的修改引擎，Revit 可以使用户对建筑设计任何部分的更改能够双向地传播到所有视图，引起关联变更，保证所有图纸的一致性，实现了图纸与模型、图纸与图纸的无缝对接，大大提高了工作效率；④真正的协同设计，Revit 内嵌的大型数据库支持多人在同一建筑数据模型上的协同设计，建筑师通过 Revit 工作集实现在同一建筑模型中的协同工作，随时可将他们的工作集签入或签出项目；⑤能够实时输出工程量、建筑、结构构件等各种明细表，可支持多种性能化分析软件，支持多种文件格式等；⑥Revit 提供了丰富的应用程序接口（Application Programming Interface，API），用户可以使用任何与 .NET 兼容的语言（C＃、C＋＋）等对 Revit 进行二次开发，实现用户所需的特殊功能[③]。

---

① Digital Project 软件的前身是法国达索（Dassault）航空公司针对航空工业设计开发的 CATIA 三维设计软件，著名美国建筑师弗兰克·盖里（Frank Gehry）早在 20 世纪 90 年代就开始将 CATIA 软件应用到其建筑设计中，2002 年盖里创办了 Gehry Technologies，并在 CATIA 软件的基础上开发了 Digital Project 系列软件。

② 赵红红．信息化建筑设计——Autodesk Revit [M]. 北京：中国建筑工业出版社，2005：27-28.

③ 欧特克（中国）软件研发有限公司．Autodesk Revit 二次开发基础教程 [M]. 上海：同济大学出版社，2015：1.

3
基于 BIM 的建筑空间火灾特性研究

消防工程师在对建筑物进行火灾安全评估时，往往更关注数学模型与几何模型，而忽略了诸如建筑功能、构造及材料等建筑细节。同时，建筑师由于缺乏消防工程学的专业知识，其在从事建筑方案设计时，只能被动地满足各种防火规范要求，而不得不放弃一些可以争取的“话语权”，束缚了建筑师的创造力。

消防工程学的相关理论认为影响火灾严重性的因素大致包括六个方面[①]：①可燃材料的燃烧性能；②可燃材料的数量（火灾荷载）；③可燃材料的分布；④着火房间开口的面积和形状；⑤着火房间的大小和形状；⑥着火房间的热工性能。由此可见，六个影响因素中的后三个是直接由建筑师的设计方案所决定的，故本研究认为建筑师在进行方案设计时不能仅充当防火规范执行者的角色，而应该从建筑师的角度积极介入到建筑空间火灾特性的研究中。

当前有关建筑防火性能化的研究主要是针对建筑个案的性能评价研究，由于建筑个案研究受到诸多不确定因素及研究者的主观因素影响，而缺少一般性和普遍性意义上的建筑空间火灾特性讨论。本研究拟对一般建筑空间及其组合空间的火灾特性进行比较研究，研究中尽量避免具体火灾场景的性能化讨论，而使用同一标准火源来比较研究建筑空间的火灾特性。同时，本研究拟从建筑师的角度出发，着重于方案设计对于建筑空间火灾性能的影响研究，对于基本空间与组合空间的研究仅考虑自然通风状态下建筑空间的火灾特性。

3.1 基本空间与组合空间

1. 概念界定

18 世纪末，法国建筑师迪朗（J. N. L Durand）开创了原型类型学（Archetype Typology），迪朗认为各类建筑物都是由最基本的建筑空间单元组成，只要能找到建筑空间的基本构成元素和构成方式，即空间原型，就可以对千变万化的建筑空间进行深入认知，迪朗为此建立了一套构图系统（图 3.1），试图“用一种科学的形式语言来解释建筑的空间现象”[②]。迪朗的类型学研究是单纯从建筑形式的角度出发对建筑元素及构件

---

① 张树平．建筑防火设计［M］．北京：中国建筑工业出版社，2008：30-31.

② Leandro Madrozo，Swiss Federal Institute of Technology．“Durand and the Science of Achitecture”．Journal of Architectural Education，Volume 48，No. 1，Sep 1994.

进行分类，从而建立起一套建筑“元语言”的组合理论①。

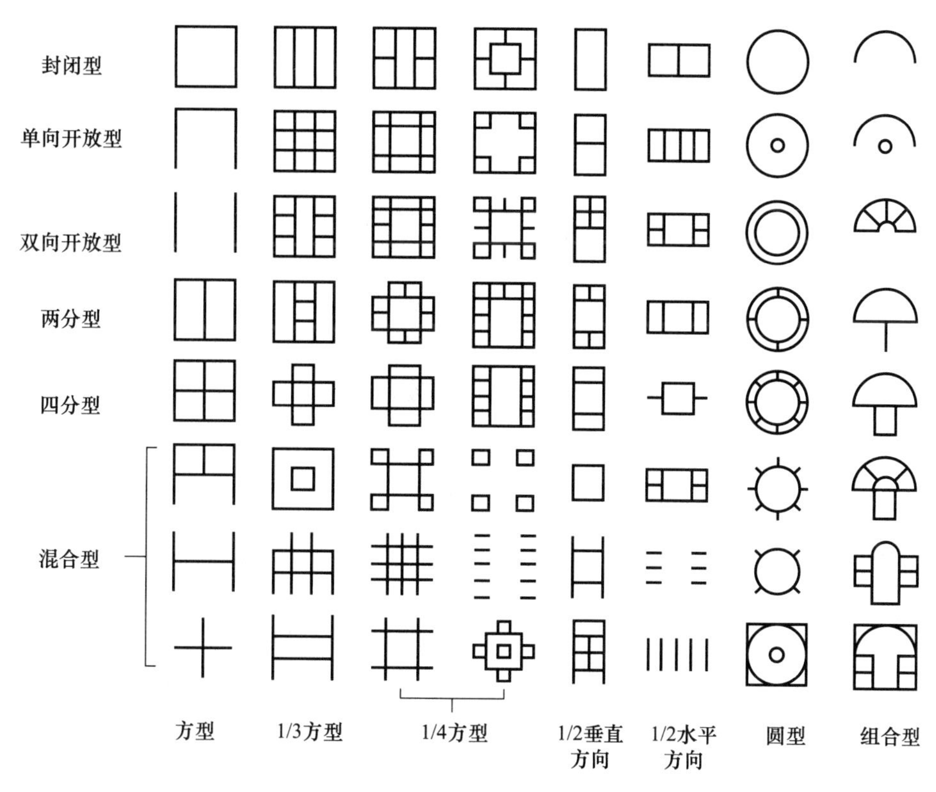

图 3.1　迪朗的构图系统③

本研究受到“空间原型”研究思路的启发，认为对建筑空间复杂火灾过程的认知，可以从最简单、最基本空间的火灾特性研究入手，然后再对基本空间按照一定的空间组合方式进行组合，来研究简单组合空间的火灾特性，以循序渐进的方式达到对建筑空间火灾特性的认知。将建筑空间火灾特性问题分为基本空间火灾特性与组合空间火灾特性两方面，首先，从基本空间对于火灾烟气蔓延和温度变化的影响入手，按照由简单到复杂的原则，对各类常用建筑进行“解构”分析，得到各类建筑基本空间的火灾特性。其次，根据建筑空间理论中的串联式、放射式和走道式 3 种基本空间组合方式来研究组合空间的火灾特性。最后，使用 SPSS 软件对基本空间的火灾特性进行定量分析，为 BIM 防火平台中建筑空间火灾性能评价提供量化依据。

基本空间（single-function space）的定义为：从建筑学的角度能满足单一使用功能的最小空间，它是组成各类建筑物的基本“细胞”，如住宅的卧室和起居室、旅馆的客房、中小学的教室、幼儿园的活动室等。基本空间具有功能唯一，不宜再划分出下级功

① “元”是类型学中的一个重要概念，最初由波兰哲学家塔尔斯在对语言学的研究中提出，塔尔斯将被描述语言称为“目标语言”或“对象语言”（Objective-language），将描述语言称为“元语言”（Meta-language），将在不同层次上研究所产生的逻辑问题称为“元逻辑”（Meta-logic）。建筑类型学中“元语言”是指描述某一类建筑的类型模式，而“对象语言”是指被描述的某一类建筑，从各类建筑中提取类型模式的过程称为“元设计”，利用“元语言”进行具体形态的建筑设计过程称为“对象设计”。

② 汪丽君．建筑类型学［M］．天津：天津大学出版社，2005：19.

能空间，其空间尺寸及门窗尺寸由使用功能确定，故本研究中基本空间及其门窗的尺寸总是处在一定范围之内，其取值会直接影响到建筑空间的火灾特性。

组合空间（multi-function space）的定义为：按照串联式、放射式和走道式3种基本空间组合方式进行组合后得到的空间，如串联式的展览建筑空间、走道式的旅馆建筑空间等，相同的基本空间按不同方式进行组合后，对于建筑火灾的发展过程会有不同的影响，各种组合空间所表现出来的火灾特性会有差异。

2. 基本空间模型

（1）基本空间的分类

根据建筑学的设计原理将基本空间按使用功能分为两类：①住宅类建筑，如起居室、卧室、餐厅、书房、厨房、卫生间和学生宿舍等；②公建类建筑，如旅馆客房、办公室、普通教室、合班教室等。上述空间功能单一，其空间尺寸和门窗尺寸按功能要求都处于一定的范围之内，如普通卧室的开间一般在3～4m，进深一般在3～5m，门的尺寸一般在1m×2m，窗的宽高一般在1.2～1.8m等，这些指标的不同组合会直接影响到空间的火灾特性，本研究对住宅类基本空间采用取空间尺寸上下限值的办法来研究其可能对应的火灾特性值的变化范围，将取下限值的空间定义为“经济型”，取上限值的空间定义为“舒适型”，如本研究中经济型卧室的尺寸为2.7m×3.2m，舒适型卧室的尺寸为3.6m×4.8m，基本反映了普通卧室的空间变化范围，与空间上下限值所对应的火灾特性值就可以反映卧室空间的火灾变化情况。本研究对于学生宿舍和公建类基本空间则是按照人数或使用功能进行分类研究，如将学生宿舍分为两人间、四人间和八人间。另外，研究中基本空间的建筑面积都在200平方米以下，同时为了便于建模和数据比较，基本空间都设置为长方体，而暂不考虑其他形状。

（2）基本空间的建模

本研究根据建筑空间理论，即功能对建筑空间在“量”“形”“质”三方面的规定性，并参考《建筑设计资料集（第二版）》所列举的一般常用数值来选取基本空间及其门窗的尺寸，使用Revit软件建立基本空间的BIM模型。以起居室基本空间为例，《建筑设计资料集.3（第二版）》中建议中型起居室的开间一般为3100～3300mm，进深为4400～5100mm，大型起居室开间一般为4900～5700mm，进深为4100～4500mm（图3.2），本研究设定经济型起居室的开间为3100mm，进深为4400mm，净高为2700mm，最小门洞尺寸为800mm×2000mm，最小窗洞尺寸为1200mm×1200mm；舒适型起居室的开间为5700mm，进深为4500mm，净高为3000mm，最小门洞尺寸为1500mm×2500mm，最小窗洞尺寸为3600mm×1800mm，如图3.3所示①。本研究其他基本空间的尺寸都按上述方法进行取值。

① 图3.3中标示了墙体名称，门所在墙体称为门墙，窗所在墙体称为窗墙，方便下节Revit对墙体进行信息提取时使用。

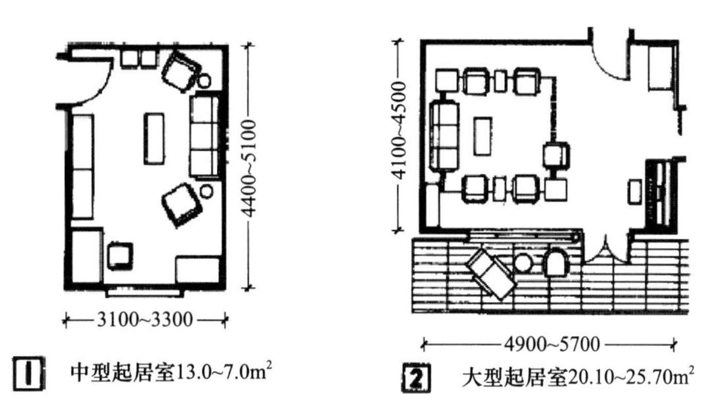

图 3.2　起居室尺寸范围①

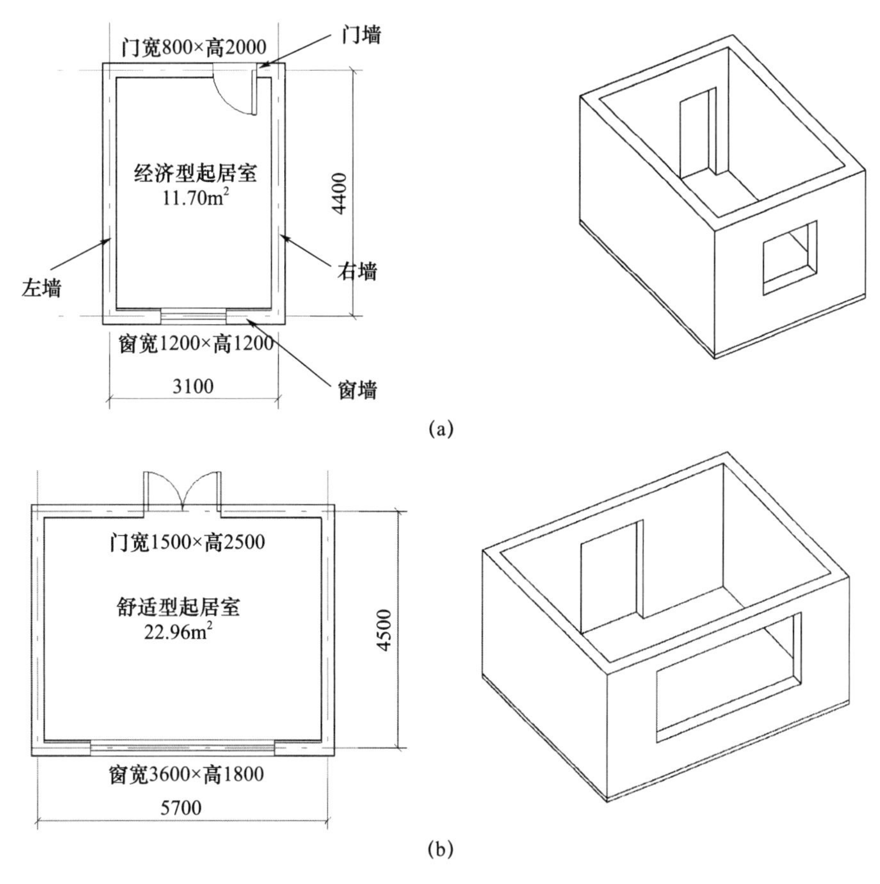

图 3.3　经济型起居室与舒适型起居室 BIM 模型

3. 组合空间模型

本研究根据建筑空间理论，选取串联式、放射式和走道式 3 种基本空间组合方式，同时为了便于建模和比较，采用 4m×4m 空间和 4m×8m 空间作为组合空间的基本单

① 资料来源：《建筑设计资料集》编委会. 建筑设计资料集 .3 [M]. 2 版 . 北京：中国建筑工业出版社，1994：132.

元，选取 5 个基本单元进行排列组合，将火源室命名为 R1，其余空间依次命名为 R2、R3、R4、R5，门洞尺寸统一定为宽 1m×高 2m，窗洞尺寸设为 1m×1m、1.2m×1.2m、1.5m×1.5m、2m×1.5m 四种，如图 3.4 所示为串联式组合空间，其火源室位于左边第一间，基本单元 4m×4m，窗洞尺寸 1.5m×1.5m；图 3.5 所示为放射式组合空间，其火源室位于中心，基本单元 4m×4m，窗洞尺寸 1.2m×1.2m；图 3.6 所示为走道式组合空间，其火源室位于左边第一间，基本单元 4m×8m，窗洞尺寸 2m×1.5m。

本研究根据不同空间大小、不同空间组合方式，不同窗洞大小及不同开窗数量等多种可能情形进行排列组合，分别进行模拟，比较各种组合情况的火灾特性，如相同基本单元与相同窗洞尺寸，在不同组合方式下的火灾特性；相同组合方式与相同基本单元，在不同窗洞尺寸下的火灾特性；相同组合方式与相同窗洞尺寸，在不同基本单元时的火灾特性；相同组合方式、相同窗洞尺寸与相同基本单元，在不同开窗数量下的火灾特性等。

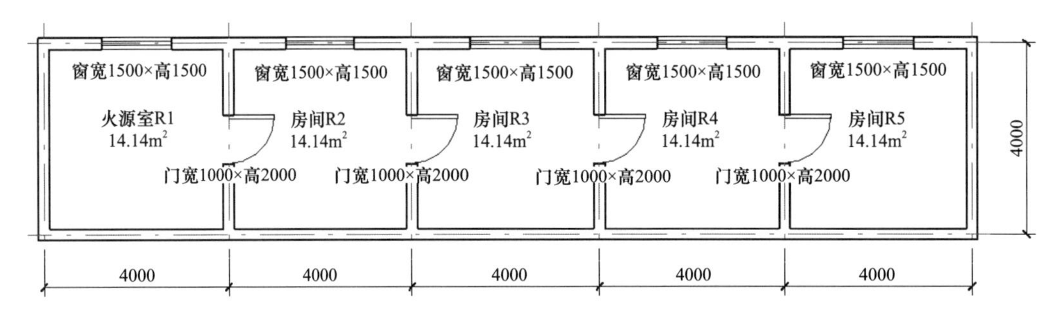

图 3.4　串联式组合空间，基本单元 4m×4m，窗 1.5m×1.5m

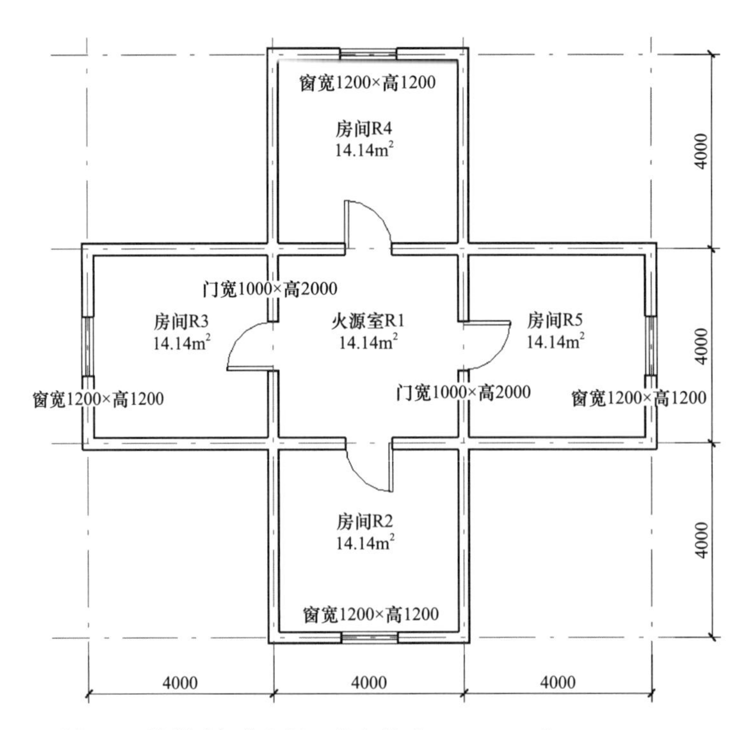

图 3.5　放射式组合空间，基本单元 4m×4m，窗 1.2m×1.2m

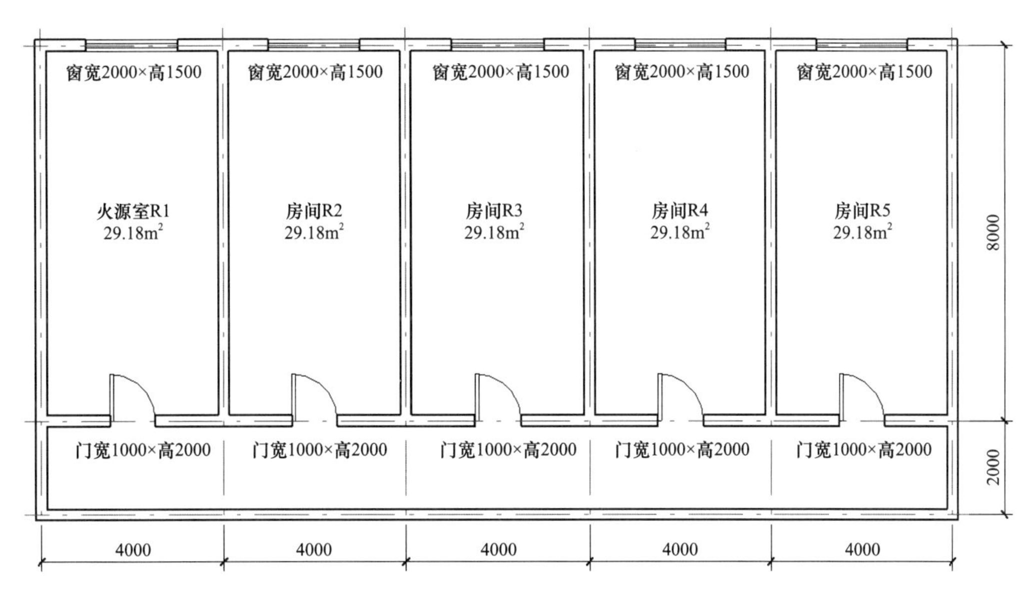

图 3.6　走道式组合空间，基本单元 4m×8m，窗 2m×1.5m

3.2　Revit 模型的信息提取及处理

建立基本空间的 BIM 模型后，通过 Revit 软件可方便地实现对空间尺寸、门窗尺寸和围护结构热工性能等信息的提取，根据消防工程学的相关原理和附录 B 调研所得的火灾荷载数据可计算基本空间的火灾特性参数，如通风因子、房间内表面积、围护结构的传热系数、轰燃临界热释放速率、火灾增长系数、轰燃时间、轰燃后火灾持续时间等，实现对基本空间火灾特性的初步研究。

1. Revit 信息提取的优势

消防工程师进行火灾模拟时往往会将建筑空间简化为几何模型，本研究从建筑师的角度使用 Revit 建模，在不忽略围护结构材料、构造等细节的前提下，对建筑空间火灾特性进行研究。人工计算建筑空间信息不仅效率低、易出错，而且当面对大量房间或不规则房间建筑信息的计算时，人工计算就更难满足要求，而 Revit 软件的信息提取功能正可解决此技术瓶颈，实现对建筑信息的准确、高效处理。

2. Revit 信息提取的步骤

本研究在使用 Revit 建立基本空间 BIM 模型时，考虑了围护结构的材料和构造参数设置，Revit 对基本空间的几何尺寸、门窗尺寸与围护结构热工信息的提取流程如图 3.7所示。

3. Revit 建模及信息提取

（1）设置围护结构的材料参数

本研究参照《建筑物理》① 附录 1 中建筑材料的热工指标对 Revit 模型围护结构材

① 柳孝图．建筑物理［M］．2 版．北京：中国建筑工业出版社，2000：369-372.

料（如黏土砖、水泥砂浆、现浇混凝土和聚苯板等）的热工参数进行设定，墙体保温层聚苯板的热工参数（导热系数、比热容、密度、发射率等）设置如图3.8所示，除热工参数外Revit还可设定材料的力学参数（膨胀系数、模量、泊松比、强度等），但与消防工程学相关的材料参数（材料燃烧热值、燃烧速率等）无法直接设置，需要进行Revit二次开发后进行设置。

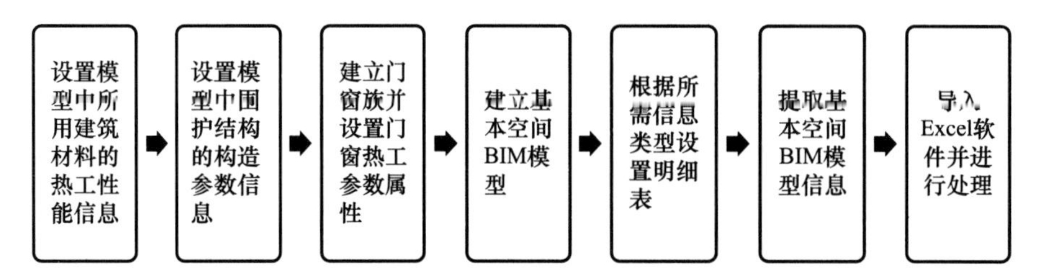

图3.7　Revit对基本空间信息提取流程

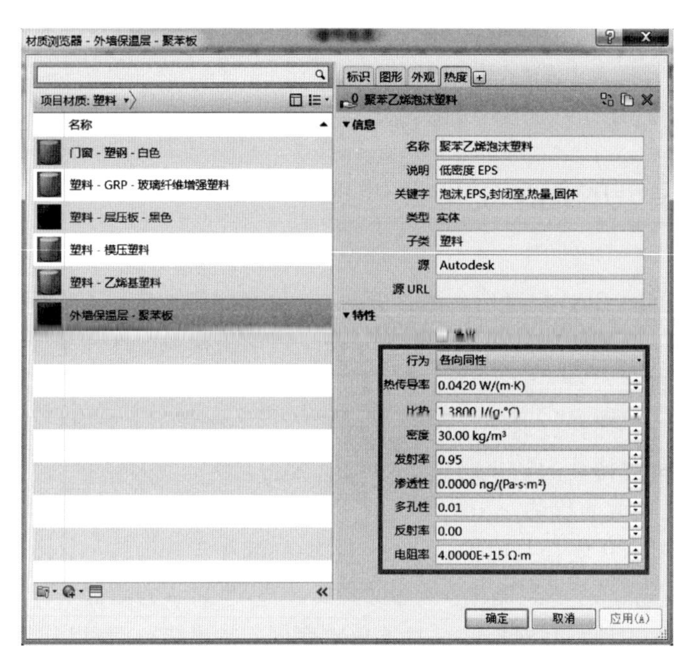

图3.8　设置墙体保温材料的热工参数

（2）设置围护结构的构造参数

本研究设置窗墙为外墙，其构造层次为10mm水泥砂浆+240mm黏土砖砌体+40mm聚苯板内保温层+10mm水泥砂浆，共300mm厚（图3.9）；其余墙体为内墙，构造层次为10mm水泥砂浆+240mm黏土砖砌体+10mm水泥砂浆，共260mm厚；楼板为10mm水泥砂浆+80mm现浇混凝土+10mm水泥砂浆，共100mm厚。

（3）设置门窗构造及其热工参数

由于需要统计房间的有效传热系数，本研究在参考《建筑物理》[①] 门窗保温的相关

① 柳孝图．建筑物理［M］．2版．北京：中国建筑工业出版社，2000：68.

内容和 Revit 数据库中自带门窗的传热系数值后，设置门的构造为“法式门—木质门框—装单层玻璃”，其传热系数为 5.3089W/（m^2 · K），设置窗的构造为“家用双层玻璃—SC=0.2”，其传热系数为 3.1292W/（m^2 · K），如图 3.10 所示。

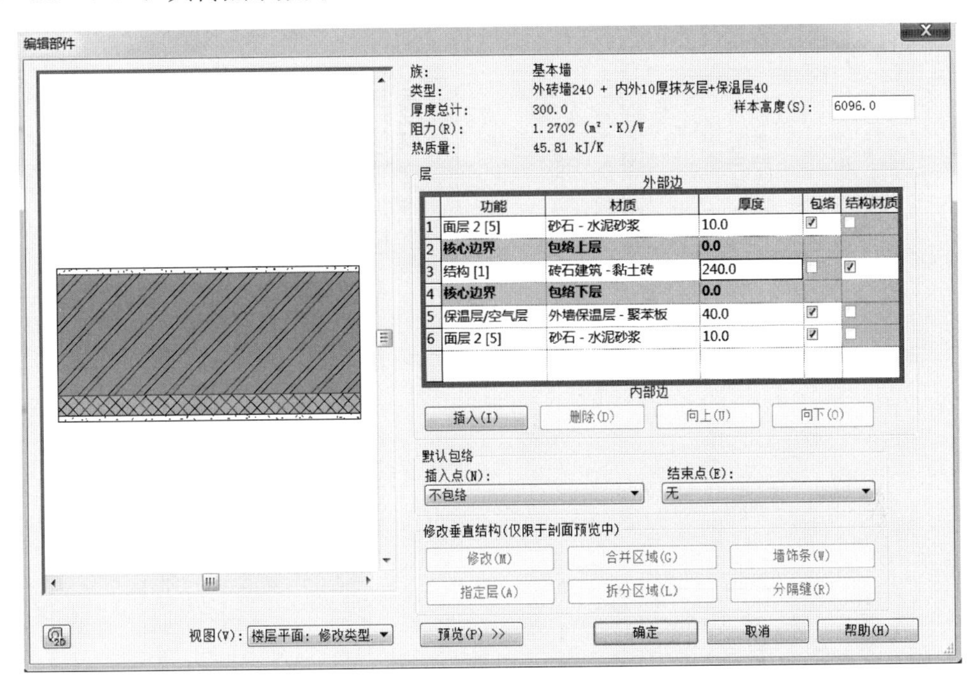

图 3.9　设置外墙的构造参数

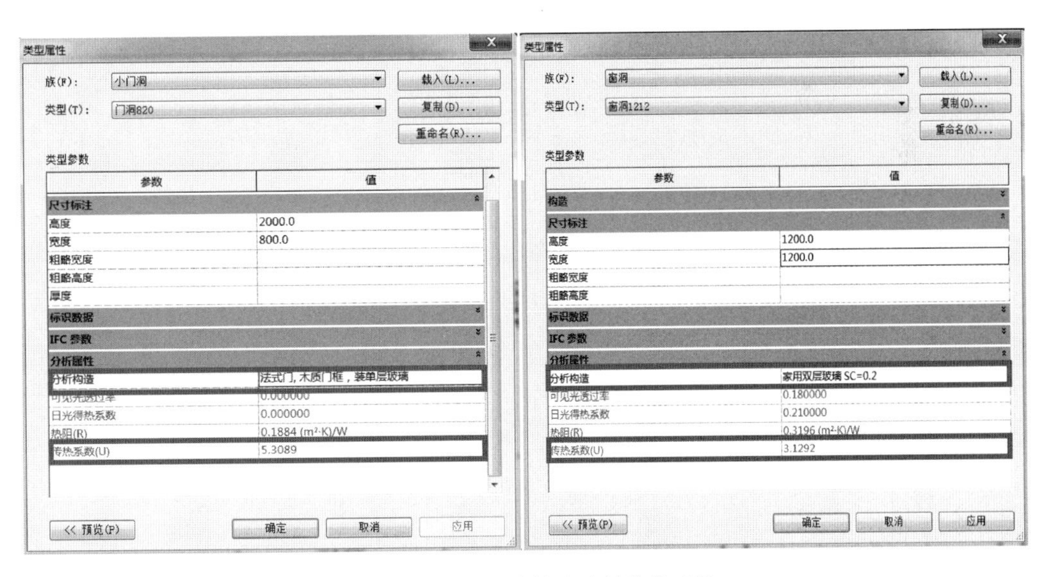

图 3.10　设置门窗构造及其传热系数

（4）按照步骤（1）～（3）设定参数后，建立基本空间的 Revit 模型，见表 3.1 和表 3.2。

表 3.1 住宅类基本空间的 Revit 模型

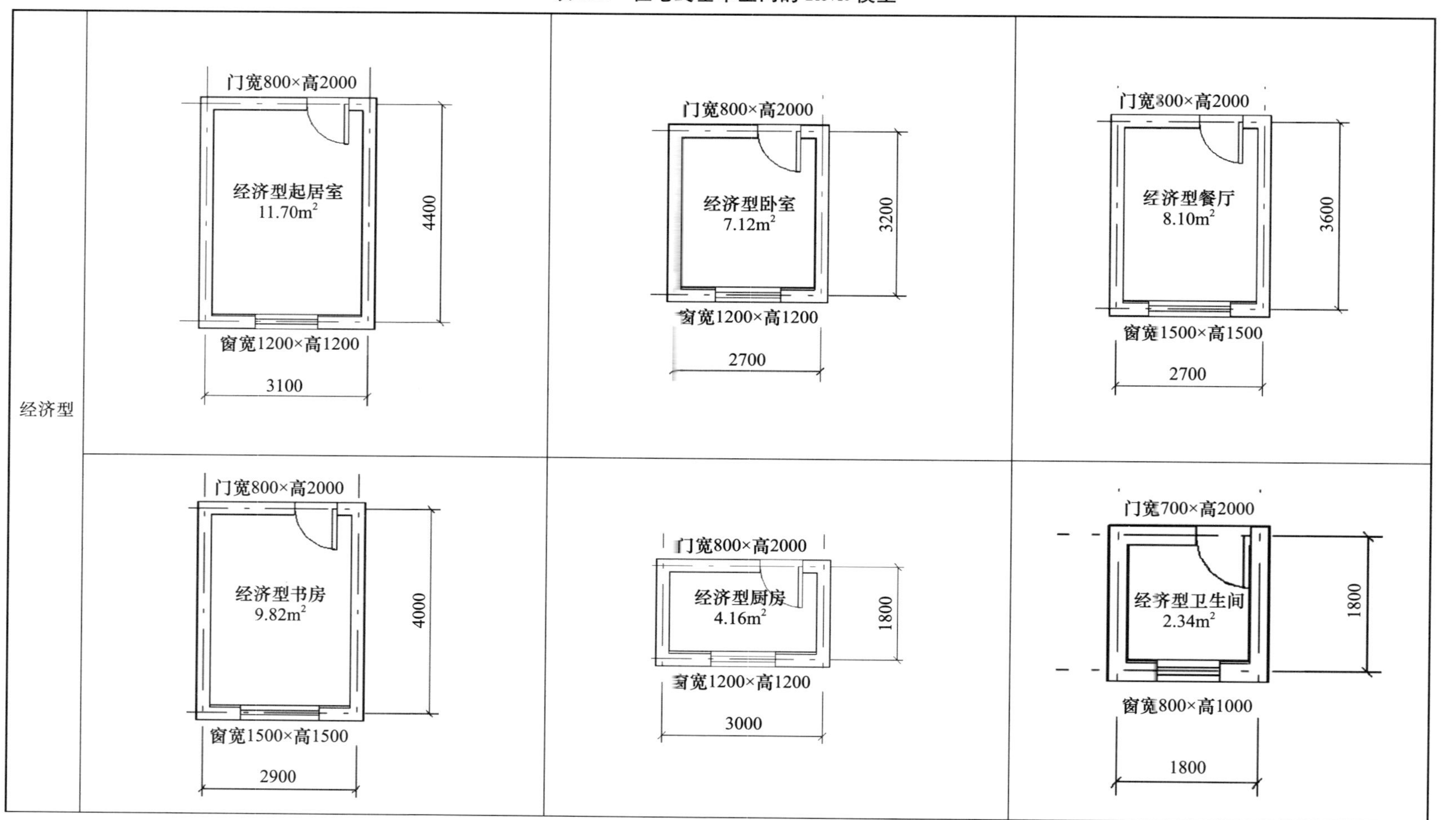

续表

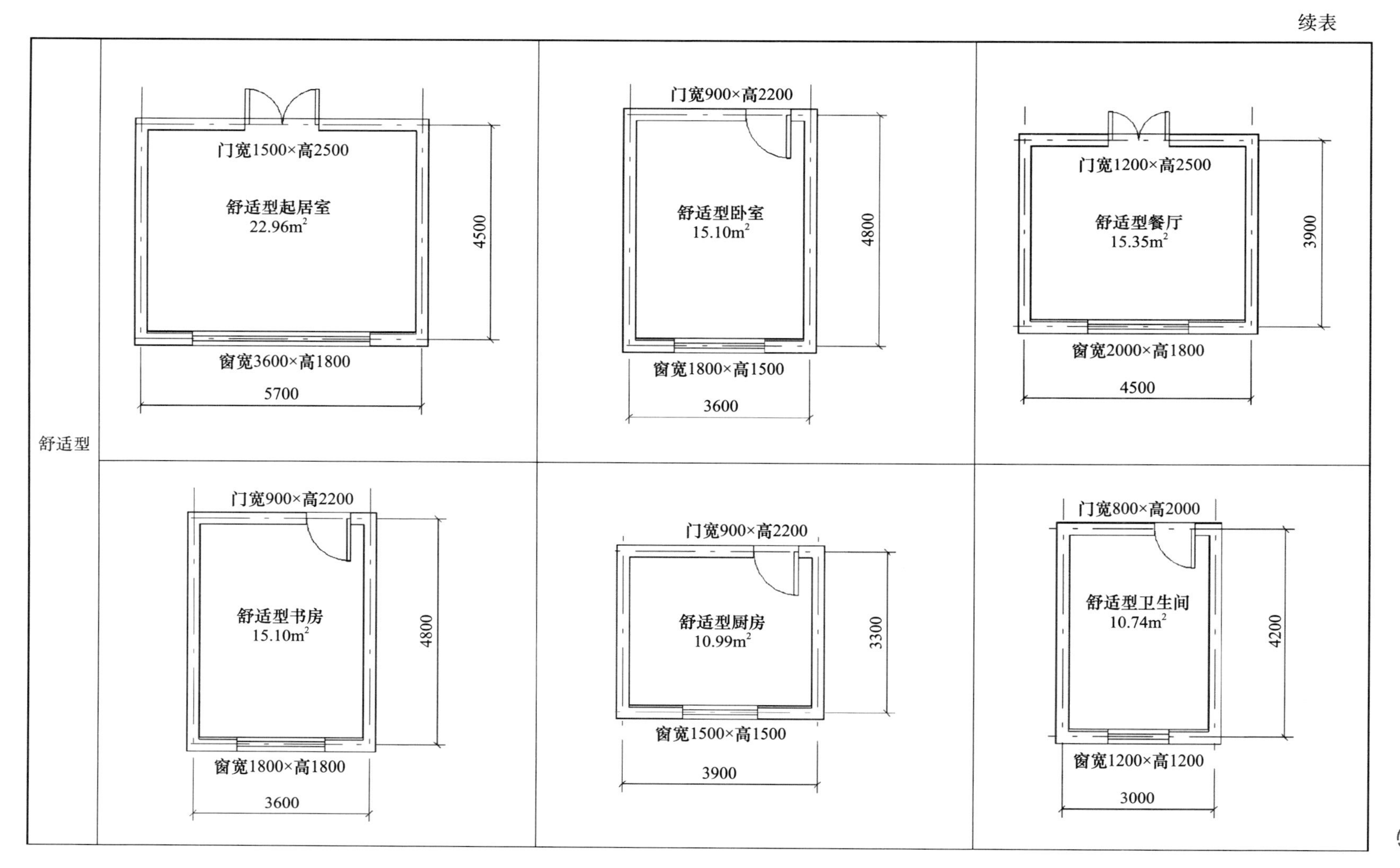
舒适型
门宽1500×高2500
舒适型起居室
22.96m²
4500
窗宽3600×高1800
5700
门宽900×高2200
舒适型卧室
15.10m²
4800
窗宽1800×高1500
3600
门宽1200×高2500
舒适型餐厅
15.35m²
3900
窗宽2000×高1800
4500
门宽900×高2200
舒适型书房
15.10m²
4800
窗宽1800×高1800
3600
门宽900×高2200
舒适型厨房
10.99m²
3300
窗宽1500×高1500
3900
门宽800×高2000
舒适型卫生间
10.74m²
4200
窗宽1200×高1200
3000

续表

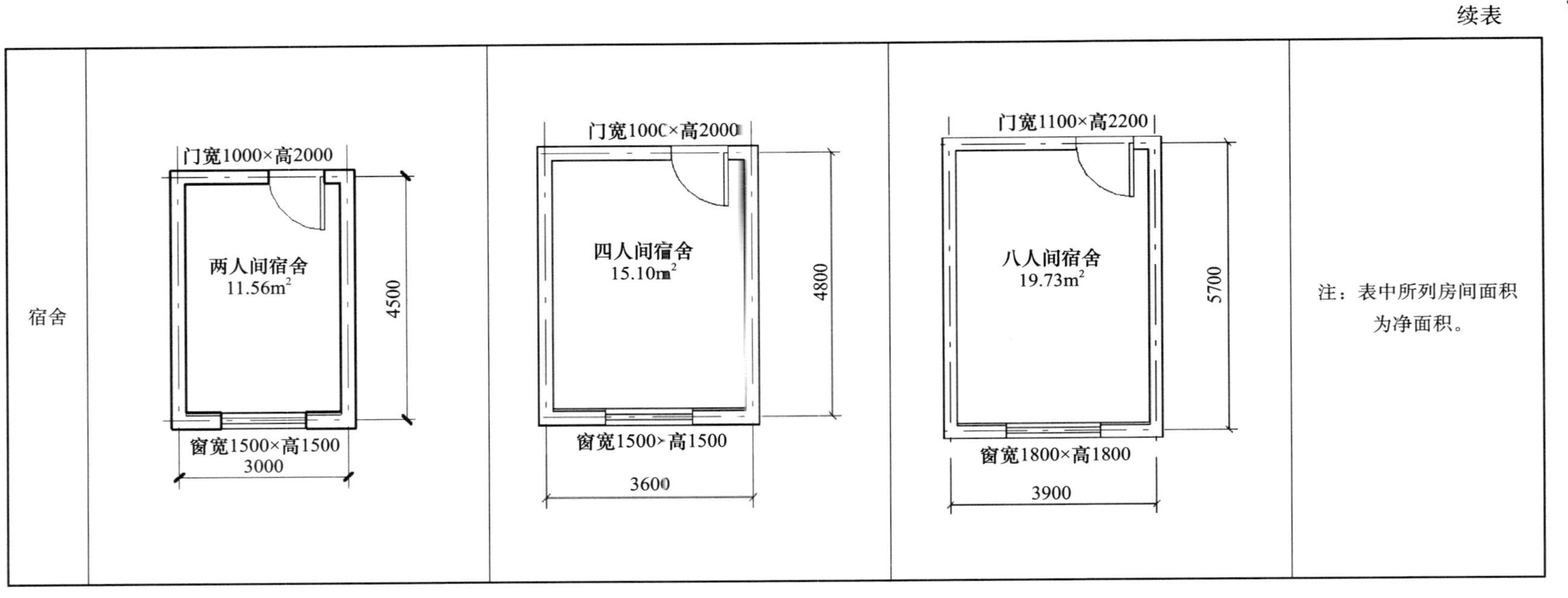
宿舍
门宽1000×高2000
两人间宿舍
11.56m²
4500
窗宽1500×高1500
3000
门宽100C×高2000
四人间宿舍
15.10m²
4800
窗宽1500>高1500
3600
门宽1100×高2200
八人间宿舍
19.73m²
5700
窗宽1800×高1800
3900
注：表中所列房间面积为净面积。

表 3.2　公建类基本空间的 Revit 模型

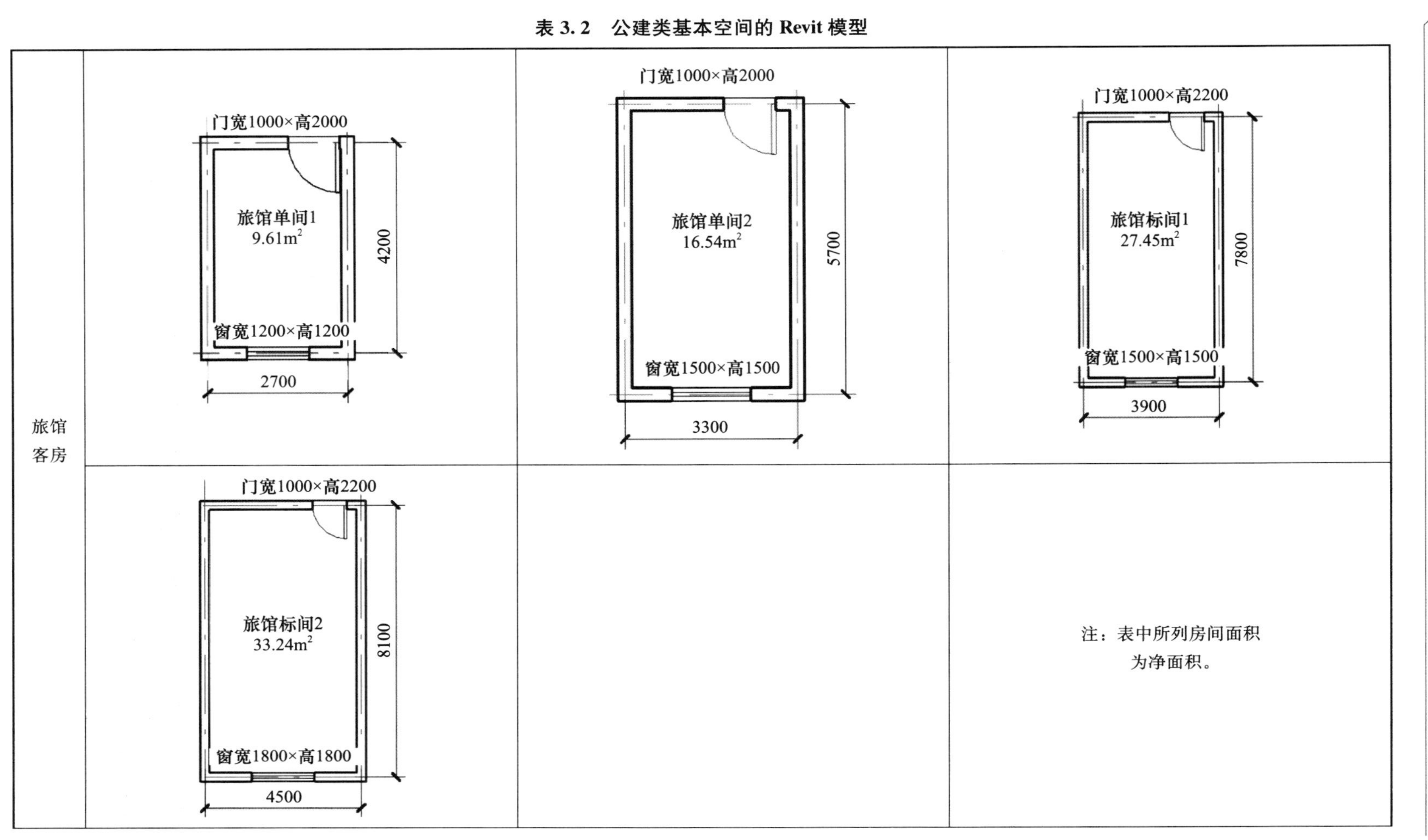

续表

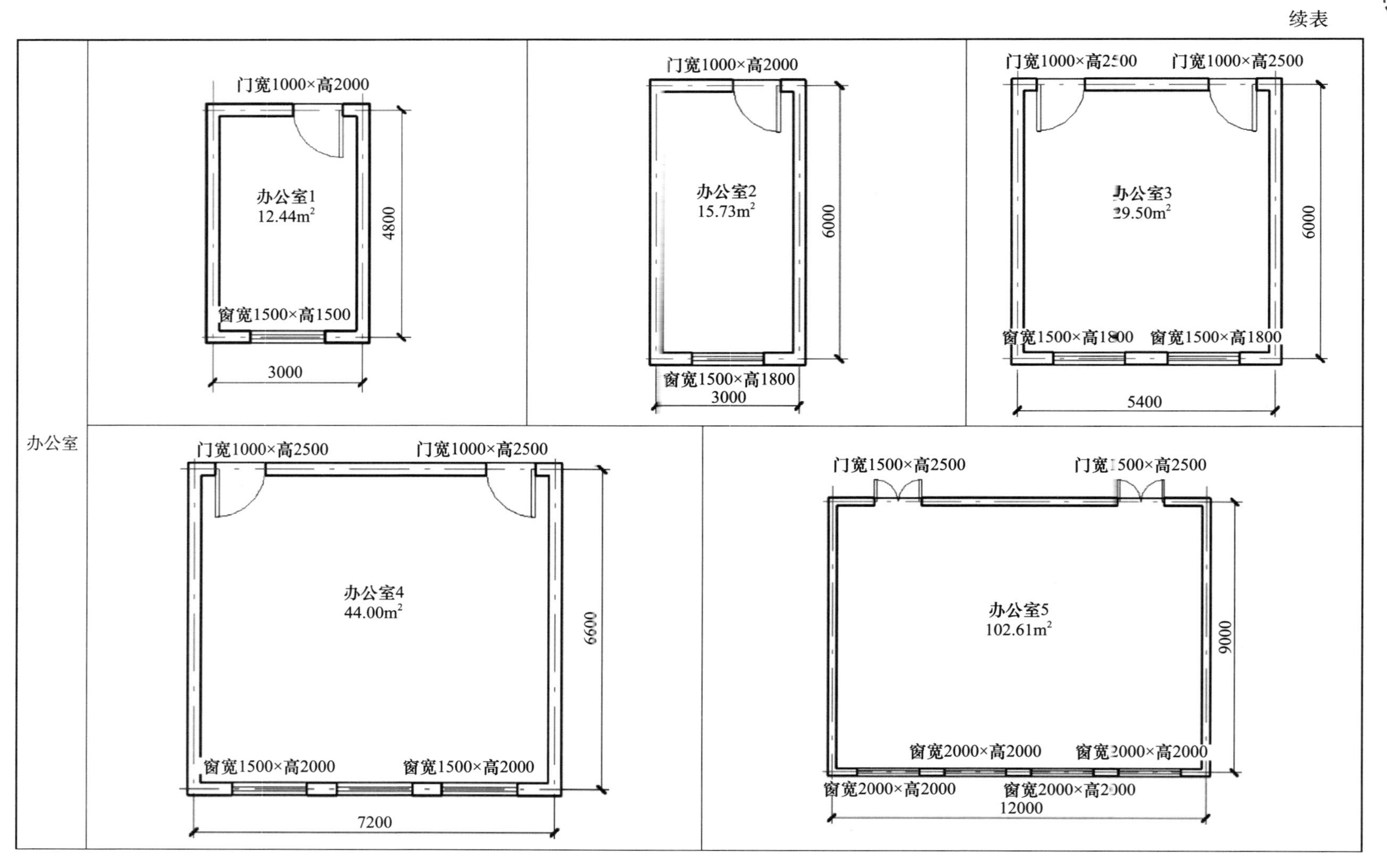
办公室
门宽1000×高2000
办公室1
12.44m²
4800
窗宽1500×高1500
3000
门宽1000×高2000
办公室2
15.73m²
6000
窗宽1500×高1800
3000
门宽1000×高2500
门宽1000×高2500
办公室3
29.50m²
6000
窗宽1500×高1800
窗宽1500×高1800
5400
门宽1000×高2500
门宽1000×高2500
办公室4
44.00m²
6600
窗宽1500×高2000
窗宽1500×高2000
7200
门宽1500×高2500
门宽1500×高2500
办公室5
102.61m²
9000
窗宽2000×高2000
窗宽2000×高2000
窗宽2000×高2000
窗宽2000×高2000
12000

续表

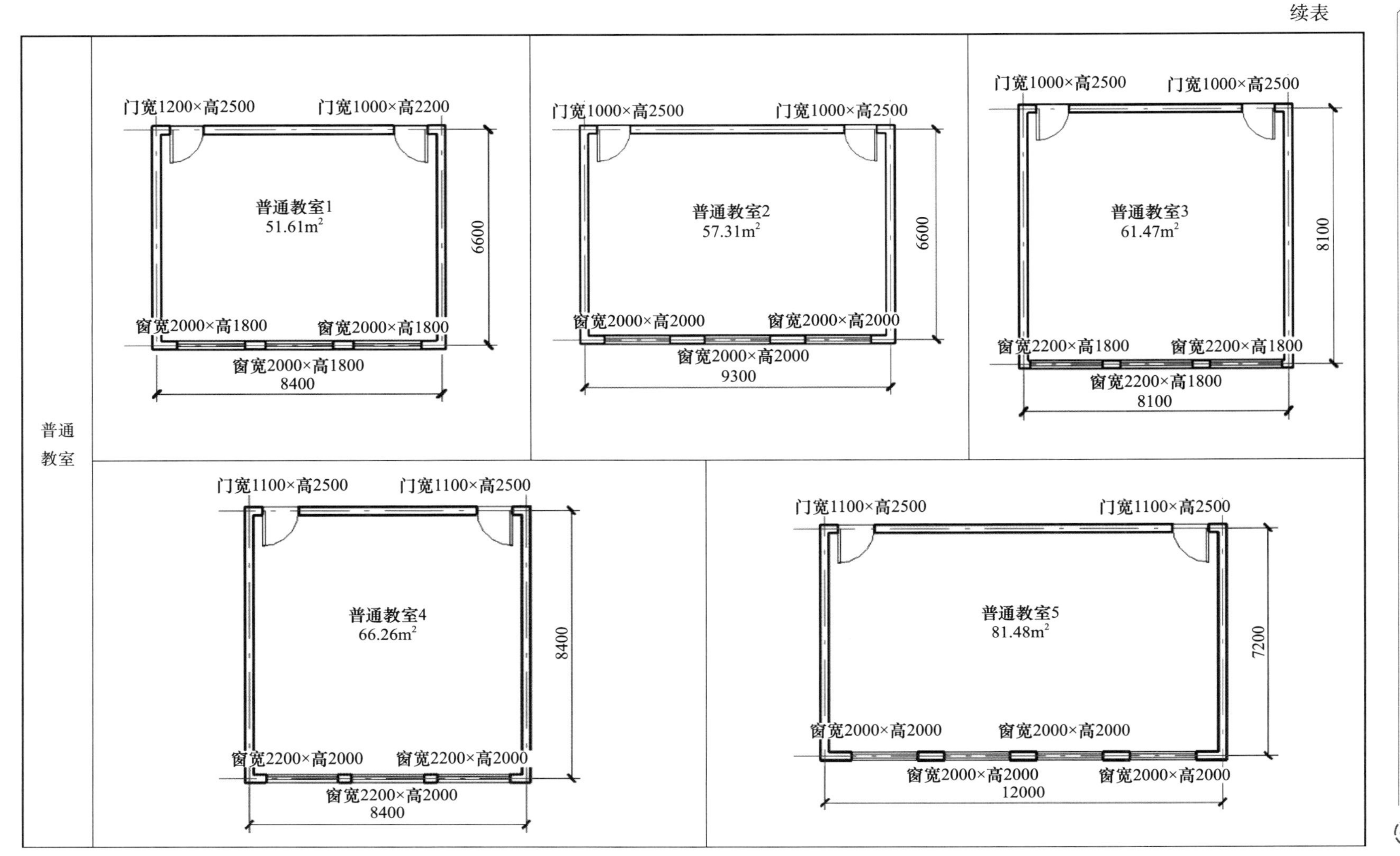
普通教室
门宽1200×高2500
门宽1000×高2200
普通教室1
51.61m²
6600
窗宽2000×高1800
窗宽2000×高1800
窗宽2000×高1800
8400
门宽1000×高2500
门宽1000×高2500
普通教室2
57.31m²
6600
窗宽2000×高2000
窗宽2000×高2000
窗宽2000×高2000
9300
门宽1000×高2500
门宽1000×高2500
普通教室3
61.47m²
8100
窗宽2200×高1800
窗宽2200×高1800
窗宽2200×高1800
8100
门宽1100×高2500
门宽1100×高2500
普通教室4
66.26m²
8400
窗宽2200×高2000
窗宽2200×高2000
窗宽2200×高2000
8400
门宽1100×高2500
门宽1100×高2500
普通教室5
81.48m²
7200
窗宽2000×高2000
窗宽2000×高2000
窗宽2000×高2000
窗宽2000×高2000
12000

续表

合班教室	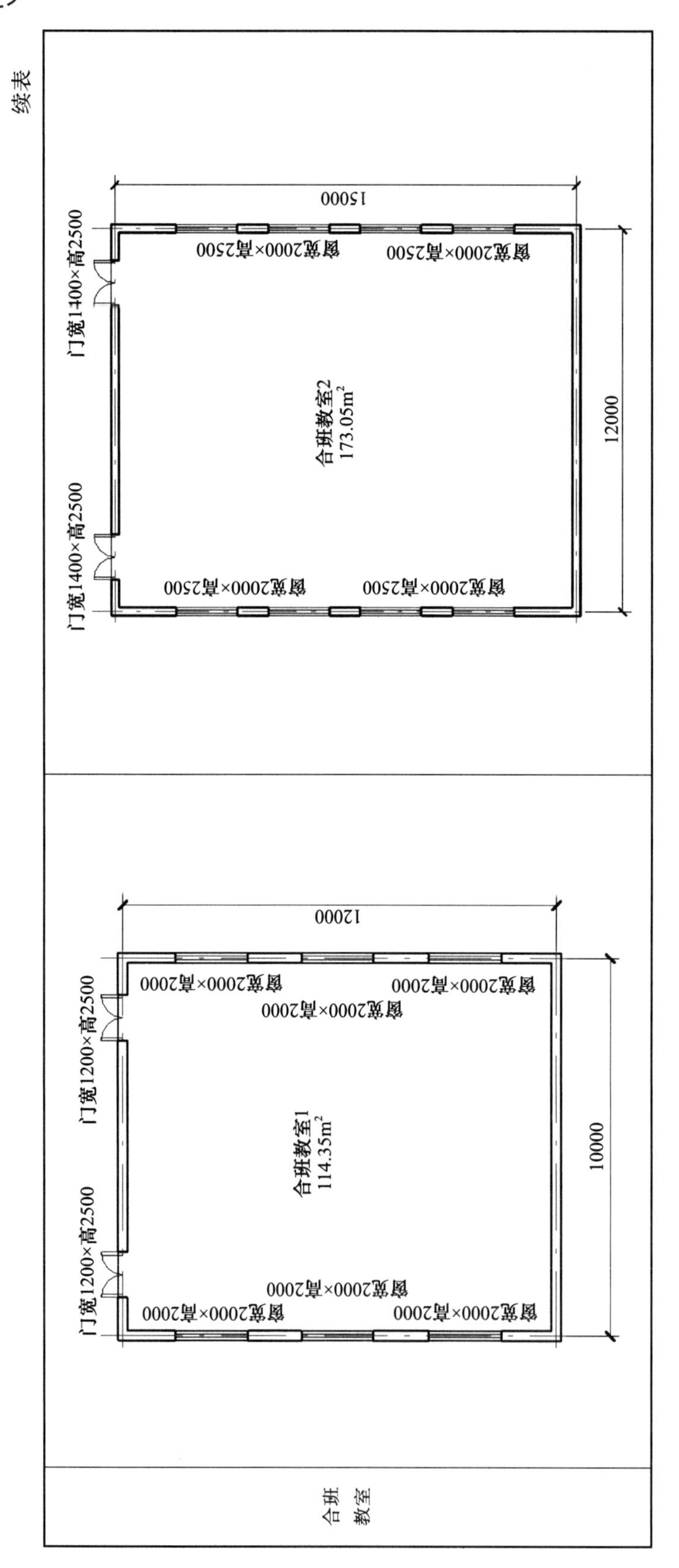

合班教室2
173.05m²
15000
12000
门宽1400×高2500
门宽1400×高2500
窗宽2000×高2500
窗宽2000×高2500
窗宽2000×高2500
窗宽2000×高2500
合班教室1
114.35m²
12000
10000
门宽1200×高2500
门宽1200×高2500
窗宽2000×高2000
窗宽2000×高2000
窗宽2000×高2000
窗宽2000×高2000
窗宽2000×高2000
窗宽2000×高2000

(5) 设置明细表

Revit 的明细表功能可将所提取的建筑构件图元信息以表格形式进行显示，如本研究分别建立了门明细表、窗明细表、墙明细表、墙材质明细表、房间和房间样式明细表[①]等，其中，门明细表可统计各类型门的宽度、高度、门洞面积和传热系数等信息（表 3.3），墙明细表可统计墙体的长度、厚度、面积和传热系数等信息（表 3.4）。

表 3.3 门明细表信息提取

<门明细表>

A	B	C	D	E	F	G
	门洞尺寸					
门类型	宽度	高度	门洞面积	传热系数(U)	热阻(R)	合计
门洞720	0.70 m	2.00 m	1.40 m^2	5.3089	0.1884 (m^2·K	1
门洞820	0.80 m	2.00 m	1.60 m^2	5.3089	0.1884 (m^2·K	6
门洞922	0.90 m	2.20 m	1.98 m^2	5.3089	0.1884 (m^2·K	3
门洞1020	1.00 m	2.00 m	2.00 m^2	5.3089	0.1884 (m^2·K	2
门洞1122	1.10 m	2.20 m	2.42 m^2	5.3089	0.1884 (m^2·K	1
门洞1225	1.20 m	2.50 m	3.00 m^2	5.3089	0.1884 (m^2·K	1
门洞1525	1.50 m	2.50 m	3.75 m^2	5.3089	0.1884 (m^2·K	1

表 3.4 墙体信息提取

<墙明细表>

A	B	C	D	E	F	G	H
标记	长度	厚度	面积	体积	传热系数(U)	热阻(R)	功能
左墙	4.4 m	0.26 m	13.10 m^2	3.41 m^3	3.1466	0.3178 (m^2·K)/W	内部
门墙	3.1 m	0.26 m	7.08 m^2	1.84 m^3	3.1466	0.3178 (m^2·K)/W	内部
右墙	4.4 m	0.26 m	12.38 m^2	3.22 m^3	3.1466	0.3178 (m^2·K)/W	内部
窗墙	3.1 m	0.30 m	6.51 m^2	1.95 m^3	0.7873	1.2702 (m^2·K)/W	外部

利用 Revit 的房间明细表和房间样式明细表，可以提取房间的净周长、净面积、净体积、房间的功能、名称和编号等信息，还可用颜色填充来直观表示房间的各种属性信息。房间明细表的设置如图 3.11 所示，当房间明细表中的可用字段不能满足信息提取的需求时，可通过“添加参数”和“计算值”的方法加入所需的信息条目，如本研究通过加入计算值“墙体内表面积＝周长×房间标示高度（净高）－门洞面积－窗洞面积”后，Revit 可自动计算基本空间所有墙体的内表面积之和。还可通过创建“房间样式明细表”的方法在项目的“实例属性”或“类型属性”中增加所需的参数条目，由用户在建立模型时设定其参数值。

(6) 基本空间信息提取及处理

本研究对各类基本空间的信息提取包括：空间尺寸、门窗尺寸、墙体外表面积[②]、

---

① Revit 的“房间”是基于墙、楼板、屋顶等构件所围合而成的封闭区域，是对模型空间进行描述的一种图元，可用来描述房间的各种信息与特性，如房间名称、功能、编号、面积等，本书在第 6 章专门利用 Revit 的房间填色功能，实现对建筑方案中各房间火灾性能的评价。

② 本研究使用墙体外表面积进行加权计算，得到围护结构有效传热系数。

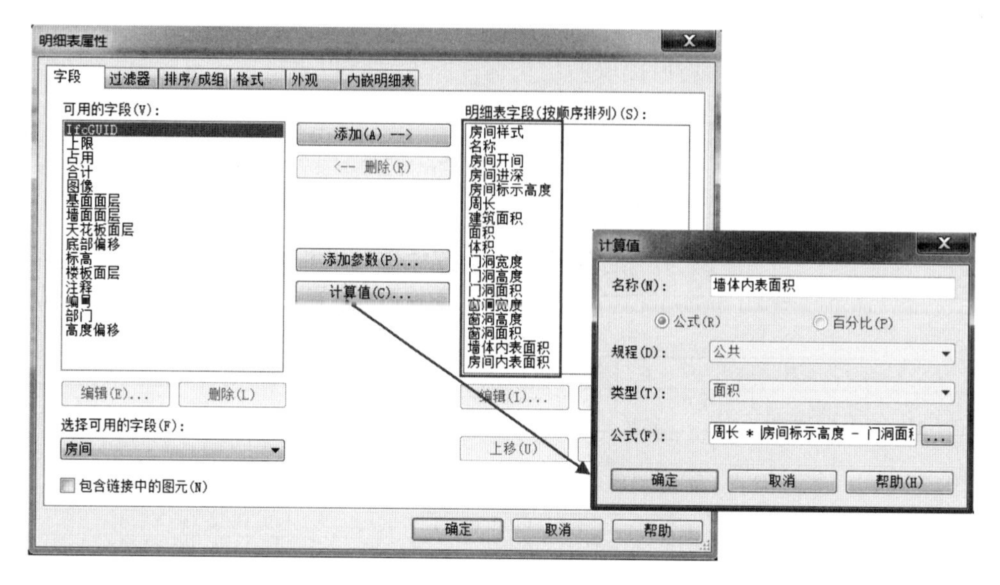

图 3.11　房间明细表设置

墙体及门窗的传热系数①等。由于 Revit 对所提取信息的处理功能还较弱，所以将提取的信息导入到 Excel 中进行处理，通过 Excel 可得到基本空间的建筑面积、净面积、通风口面积、通风口等效高度、通风因子、房间内表面积和有效传热系数等空间信息（表 3.5～表 3.8）。

3.3　PyroSim 火灾模型及模拟分析

本研究使用 PyroSim 火灾模型进行建筑空间火灾特性研究的基本思路为：在相同的火灾场景（标准火源）下对各类建筑空间进行火灾模拟，将模拟结果进行比较分析，得到建筑空间与其火灾特性的定量关系。所谓建筑空间火灾特性是指在标准火源下各基本空间及不同组合空间中烟气温度与高度、CO 浓度和能见度的变化情况及其空间分布状态。所谓标准火源是指在相同的火灾场景下设定的单一火源，其具有基本固定的火灾增长曲线、热释放速率和燃烧产物等。由于各类建筑空间的火灾荷载密度基本处在相同数量级，研究中设定各类建筑空间内发生相似的火灾过程，而暂不考虑建筑空间中具体可燃物的种类、分布状态、燃烧特性和蔓延过程等，所以将单一火源抽象为置于起火房间地板中心的一个长方体木垛发生燃烧，房间分隔体不参与燃烧且相邻空间不发生延烧（图 3.12）。

① 围护结构的传热系数是描述房间保温性能的重要参数，McCaffrey 轰燃计算公式考虑了传热系数与临界热释放速率的关系，故本研究提取了基本空间围护结构的传热系数。

表 3.5　住宅类基本空间信息

基本空间		空间尺寸			建筑面积	房间净面积	门洞尺寸			窗洞尺寸			通风口面积	通风口等效高度	通风因子	墙体内表面积	房间内表面积
		开间（m）	进深（m）	净高（m）	（m^2）	（m^2）	宽度（m）	高度（m）	面积（m^2）	宽度（m）	高度（m）	面积（m^2）	A_w（m^2）	h_w（m）	$A_w h_w^{1/2}$	A_s（m^2）	A_t（m^2）
起居室	经济型	3.1	4.4	2.7	13.64	11.70	0.8	2.0	1.60	1.2	1.2	1.44	3.04	1.62	3.87	34.54	57.95
	舒适型	5.7	4.5	3.0	25.65	22.96	1.5	2.5	3.75	3.6	1.8	6.48	10.23	2.06	14.67	47.73	93.64
卧室	经济型	2.7	3.2	2.7	8.64	7.12	0.8	2.0	1.60	1.2	1.2	1.44	3.04	1.62	3.87	25.9	40.16
	舒适型	3.6	4.8	3.0	17.28	15.10	0.9	2.2	1.98	1.8	1.5	2.70	4.68	1.80	6.27	42.48	72.67
餐厅	经济型	2.7	3.6	2.7	9.72	8.10	0.8	2.0	1.60	1.5	1.5	2.25	3.85	1.71	5.03	27.25	43.46
	舒适型	4.5	3.9	3.0	17.55	15.35	1.2	2.5	3.00	2.0	1.8	3.60	6.60	2.12	9.61	40.56	71.26
书房	经济型	2.9	4.0	2.7	11.60	9.82	0.8	2.0	1.60	1.5	1.5	2.25	3.85	1.71	5.03	30.49	50.14
	舒适型	3.6	4.8	3.0	17.28	15.10	0.9	2.2	1.98	1.8	1.8	3.24	5.22	1.95	7.29	41.94	72.13
厨房	经济型	3.0	1.8	2.5	5.40	4.16	0.8	2.0	1.60	1.2	1.2	1.44	3.04	1.62	3.87	18.26	26.59
	舒适型	3.9	3.3	2.7	12.87	10.99	0.9	2.2	1.98	1.5	1.5	2.25	4.23	1.83	5.72	31.73	53.72
卫生间	经济型	1.8	1.8	2.5	3.24	2.34	0.7	2.0	1.40	0.8	1.0	0.80	2.20	1.64	2.81	13.1	17.78
	舒适型	3.0	4.2	2.7	12.60	10.74	0.8	2.0	1.60	1.2	1.2	1.44	3.04	1.62	3.87	32.92	54.41
宿舍	两人间	3.0	4.5	3.0	13.50	11.56	1.0	2.0	2.00	1.5	1.5	2.25	4.25	1.74	5.60	37.51	60.64
	四人间	3.6	4.8	3.3	17.28	15.10	1.0	2.0	2.00	1.5	1.5	2.25	4.25	1.74	5.60	47.63	77.82
	八人间	3.9	5.7	3.3	22.23	19.73	1.1	2.2	2.42	1.8	1.8	3.24	5.66	1.97	7.95	54.14	93.59

表 3.6　住宅类基本空间围护结构有效传热系数

基本空间		左墙		门墙		右墙		窗墙		地板		顶板		门		窗		房间外表面积 (m^2)	有效传热系数 [W/(m^2·K)]
		面积 (m^2)	传热系数 [W/(m^2·K)]	面积 (m^2)	传热系数 [W/(m^2·K)]	面积 (m^2)	传热系数 [W/(m^2·K)]	面积 (m^2)	传热系数 [W/(m^2·K)]	面积 (m^2)	传热系数 [W/(m^2·K)]	面积 (m^2)	传热系数 [W/(m^2·K)]	面积 (m^2)	传热系数 [W/(m^2·K)]	面积 (m^2)	传热系数 [W/(m^2·K)]		
起居室	经济型	13.10	3.1466	7.08	3.1466	12.38	3.1466	6.51	0.7873	15.72	14.8187	15.72	14.8187	1.60	5.3089	1.44	3.1292	73.55	7.97
	舒适型	14.82	3.1466	13.92	3.1466	14.01	3.1466	10.38	0.7873	28.49	14.8187	28.49	14.8187	3.75	5.3089	6.48	3.1292	120.34	8.54
卧室	经济型	9.74	3.1466	5.96	3.1466	9.02	3.1466	5.39	0.7873	10.30	14.8187	10.30	14.8187	1.60	5.3089	1.44	3.1292	53.75	7.45
	舒适型	15.75	3.1466	9.18	3.1466	14.94	3.1466	7.65	0.7873	19.61	14.8187	19.61	14.8187	1.98	5.3089	2.70	3.1292	91.42	8.00
餐厅	经济型	10.86	3.1466	5.96	3.1466	10.14	3.1466	4.58	0.7873	11.48	14.8187	11.48	14.8187	1.60	5.3089	2.25	3.1292	58.35	7.61
	舒适型	12.96	3.1466	10.95	3.1466	12.15	3.1466	9.54	0.7873	19.90	14.8187	19.90	14.8187	3.00	5.3089	3.60	3.1292	92.00	8.02
书房	经济型	11.98	3.1466	6.52	3.1466	11.26	3.1466	5.14	0.7873	13.52	14.8187	13.52	14.8187	1.60	5.3089	2.25	3.1292	65.79	7.81
	舒适型	15.75	3.1466	9.18	3.1466	14.94	3.1466	7.11	0.7873	19.61	14.8187	19.61	14.8187	1.98	5.3089	3.24	3.1292	91.42	8.02
厨房	经济型	5.41	3.1466	6.20	3.1466	4.73	3.1466	5.68	0.7873	6.78	14.8187	6.78	14.8187	1.60	5.3089	1.44	3.1292	38.62	6.99
	舒适型	10.02	3.1466	8.94	3.1466	9.30	3.1466	7.94	0.7873	14.89	14.8187	14.89	14.8187	1.98	5.3089	2.25	3.1292	70.21	7.89
卫生间	经济型	5.41	3.1466	3.28	3.1466	4.73	3.1466	3.20	0.7873	4.28	14.8187	4.28	14.8187	1.40	5.3089	0.80	3.1292	27.38	6.63
	舒适型	12.54	3.1466	6.80	3.1466	11.82	3.1466	6.23	0.7873	14.60	14.8187	14.60	14.8187	1.60	5.3089	1.44	3.1292	69.63	7.88
宿舍	两人间	14.82	3.1466	7.30	3.1466	14.01	3.1466	6.24	0.7873	15.58	14.8187	15.58	14.8187	2.00	5.3089	2.25	3.1292	77.78	7.69
	四人间	17.27	3.1466	10.24	3.1466	16.39	3.1466	9.11	0.7873	19.61	14.8187	19.61	14.8187	2.00	5.3089	2.25	3.1292	96.48	7.71
	八人间	20.33	3.1466	10.84	3.1466	19.45	3.1466	9.14	0.7873	24.88	14.8187	24.88	14.8187	2.42	5.3089	3.24	3.1292	115.18	8.05

表3.7 公建类基本空间信息

基本空间	空间尺寸			建筑面积 (m²)	房间净面积 (m²)	门洞尺寸			窗洞尺寸			通风口面积 A_w (m²)	通风口等效高度 h_w (m)	通风因子 $A_w h_w^{1/2}$	墙体内表面积 A_s (m²)	房间内表面积 A_t (m²)
	开间 (m)	进深 (m)	净高 (m)			宽度 (m)	高度 (m)	面积 (m²)	宽度 (m)	高度 (m)	面积 (m²)					
旅馆单间1	2.7	4.2	2.7	11.34	9.61	1.0	2.0	2.00	1.2	1.2	1.44	3.44	1.67	4.44	31.01	50.24
旅馆单间2	3.3	5.7	3.0	18.81	16.54	1.0	2.0	2.00	1.5	1.5	2.25	4.25	1.74	5.60	46.63	79.71
旅馆标间1	3.9	7.8	3.3	30.42	27.45	1.0	2.2	2.20	1.5	1.5	2.25	4.45	1.85	6.05	69.34	124.23
旅馆标间2	4.5	8.1	3.3	36.45	33.24	1.0	2.2	2.20	1.8	1.8	3.24	5.44	1.96	7.62	74.29	140.77
办公室1	3.0	4.8	3.0	14.40	12.44	1.0	2.0	2.00	1.5	1.5	2.25	4.25	1.74	5.60	39.43	64.31
办公室2	3.0	6.0	3.3	18.00	15.73	1.0	2.0	2.00	1.5	1.8	2.70	4.70	1.89	6.45	51.27	82.72
办公室3	5.4	6.0	3.6	32.40	29.50	2.0	2.5	5.00	3.0	1.8	5.40	10.40	2.14	15.20	67.94	126.94
办公室4	7.2	6.6	3.6	47.52	44.00	2.0	2.5	5.00	4.5	2.0	9.00	14.00	2.18	20.66	81.62	169.62
办公室5	12.0	9.0	4.5	108.0	102.61	3.0	2.5	7.50	8.0	2.0	16.00	23.50	2.16	34.53	160.82	366.04
普通教室1	8.4	6.6	3.3	55.44	51.61	2.0	2.2	4.40	6.0	1.8	10.80	15.20	1.92	21.04	80.37	183.58
普通教室2	9.3	6.6	3.6	61.38	57.31	2.0	2.5	5.00	6.0	2.0	12.00	17.00	2.15	24.91	93.74	208.36
普通教室3	8.1	8.1	3.6	65.61	61.47	2.0	2.5	5.00	6.6	1.8	11.88	16.88	2.01	23.92	96.02	218.95
普通教室4	8.4	8.4	3.9	70.56	66.26	2.2	2.5	5.50	6.6	2.0	13.20	18.70	2.15	27.40	108.28	240.80
普通教室5	12.0	7.2	3.9	86.40	81.48	2.2	2.5	5.50	8.0	2.0	16.00	21.50	2.13	31.36	124.20	287.16
合班教室1	10.0	12.0	4.2	120.0	114.35	2.4	2.5	6.00	12.0	2.0	24.00	30.00	2.10	43.47	150.43	379.13
合班教室2	12.0	15.0	4.8	180.0	173.05	2.8	2.5	7.00	16.0	2.5	40.00	47.00	2.50	74.31	207.21	553.30

表 3.8　公建类基本空间围护结构有效传热系数

基本空间	左墙		门墙		右墙		窗墙		地板		顶板		门		窗		房间外表面积（m²）	有效传热系数［W/（m²·K）］
	面积（m²）	传热系数［W/（m²·K）］	面积（m²）	传热系数［W/（m²·K）］	面积（m²）	传热系数［W/（m²·K）］	面积（m²）	传热系数［W/（m²·K）］	面积（m²）	传热系数［W/（m²·K）］	面积（m²）	传热系数［W/（m²·K）］	面积（m²）	传热系数［W/（m²·K）］	面积（m²）	传热系数［W/（m²·K）］		
旅馆单间 1	12.04	3.1466	5.29	3.1466	11.34	3.1466	5.15	3.1466	13.20	14.8187	13.20	14.8187	2.00	2.1944	1.44	6.7013	63.66	8.04
旅馆单间 2	17.88	3.1466	7.90	3.1466	17.10	3.1466	6.87	3.1466	21.22	14.8187	21.22	14.8187	2.00	2.1944	2.25	6.7013	96.44	8.35
旅馆标间 1	26.60	3.1466	10.67	3.1466	25.74	3.1466	9.76	3.1466	33.53	14.8187	33.53	14.8187	2.20	2.1944	2.25	6.7013	144.28	8.61
旅馆标间 2	27.59	3.1466	12.65	3.1466	26.73	3.1466	10.75	3.1466	39.79	14.8187	39.79	14.8187	2.20	2.1944	3.24	6.7013	162.74	8.91
办公室 1	15.18	3.1466	7.00	3.1466	14.40	3.1466	5.97	3.1466	16.50	14.8187	16.50	14.8187	2.00	2.1944	2.25	6.7013	79.80	8.05
办公室 2	20.66	3.1466	7.90	3.1466	19.80	3.1466	6.34	3.1466	20.41	14.8187	20.41	14.8187	2.00	2.1944	2.70	6.7013	100.22	7.98
办公室 3	22.54	3.1466	14.44	3.1466	21.60	3.1466	13.10	3.1466	35.43	14.8187	35.43	14.8187	5.00	2.1944	5.40	6.7013	152.94	8.65
办公室 4	24.70	3.1466	20.92	3.1466	23.76	3.1466	15.98	3.1466	51.18	14.8187	51.18	14.8187	5.00	2.1944	9.00	6.7013	201.72	9.20
办公室 5	41.67	3.1466	46.50	3.1466	40.50	3.1466	36.83	3.1466	113.50	14.8187	113.50	14.8187	7.50	2.1944	16.00	6.7013	416.06	9.64
普通教室 1	22.64	3.1466	23.32	3.1466	21.78	3.1466	16.06	3.1466	59.41	14.8187	59.41	14.8187	4.40	2.1944	10.80	6.7018	217.82	9.67
普通教室 2	24.70	3.1466	28.48	3.1466	23.76	3.1466	20.54	3.1466	65.58	14.8187	65.58	14.8187	5.00	2.1944	12.00	6.7018	245.64	9.53
普通教室 3	30.10	3.1466	24.16	3.1466	29.16	3.1466	16.34	3.1466	69.89	14.8187	69.89	14.8187	5.00	2.1944	11.88	6.7018	256.42	9.66
普通教室 4	33.77	3.1466	27.26	3.1466	32.76	3.1466	18.55	3.1466	75.00	14.8187	75.00	14.8187	5.50	2.1944	13.20	6.7018	281.04	9.52
普通教室 5	29.09	3.1466	41.30	3.1466	28.08	3.1466	29.79	3.1466	91.46	14.8187	91.46	14.8187	5.50	2.1944	16.00	6.7018	332.68	9.72
合班教室 1	39.49	3.1466	36.00	3.1466	38.40	3.1466	40.91	3.1466	125.8	14.8187	125.80	14.8187	6.00	2.1944	24.00	6.7018	436.38	10.06
合班教室 2	53.25	3.1466	50.60	3.1466	52.00	3.1466	56.35	3.1466	187.10	14.8187	187.10	14.8187	7.00	2.1944	40.00	6.7018	633.38	10.26

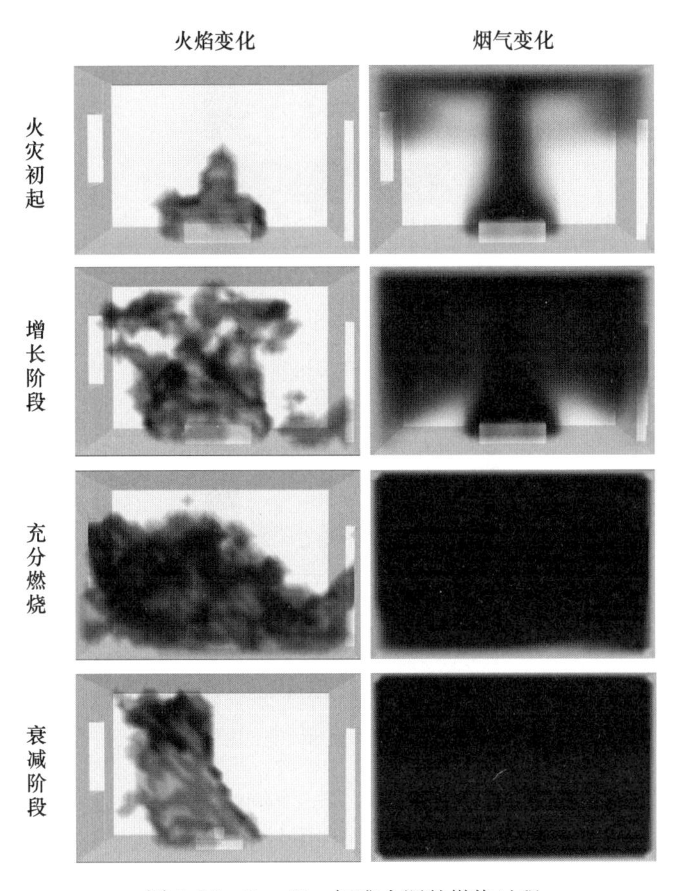

图 3.12　PyroSim 标准火源的燃烧过程

本研究使用 PyroSim 软件进行火灾模拟的基本步骤如图 3.13 所示。

图 3.13　PyroSim 火灾模拟的基本步骤

1. 建立模型

以经济型起居室为例，使用 PyroSim 软件的建模工具，建立如图 3.14 所示空间模型，坐标原点置于房间的左下角，开间尺寸为 3.1m，进深尺寸为 4.4m，窗墙与门墙的厚度均为 240mm，左右两侧墙设为网格边界，墙体表面属性设为惰性表面（inert）。门窗洞口外的网格边界设为烟气可不受阻碍而自由排出的开敞边界。为了便于描述空间中各方位烟气的波动特点，规定门墙所在方位为北向，窗墙所在方位为南向。网格数设为 20（开间）×45（进深）×18（高度）=16200 个，空间计算网格大小约 0.15m，可达到中等精度模拟水平。

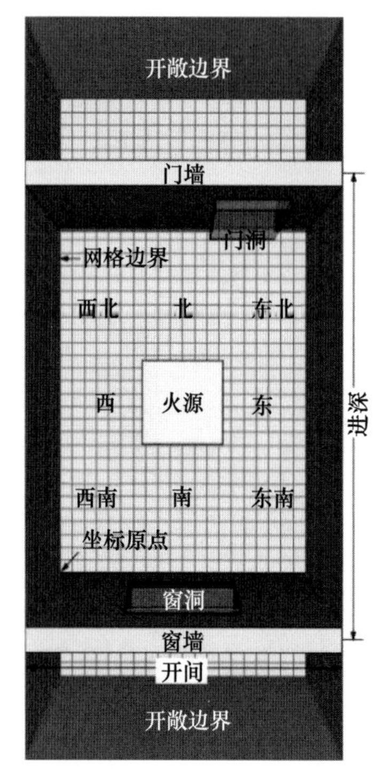

图 3.14　PyroSim空间模型

2. 设置火灾场景（标准火源）

选取 PyroSim 软件数据库中的黄松木（yellow pine）作为木垛材料，其燃烧热值设为 18MJ/kg，密度为 640kg/m³，燃烧速度为 0.1kg/m²・s，木垛体积为 1m×1m×0.2m=0.2m³，质量为 0.2m³×640kg/m³=128kg，总热值（火灾荷载）为 128kg×18MJ/kg=2304MJ，可持续燃烧 1280s（约 20min），平均热释放速率为 2304MJ/1280s=1.8MW，燃料的燃烧速度按 t^2 增长，390s 时（室内火灾发生轰燃一般在起火后 6～7min，故取 390s 作为本模拟的轰燃时间）达到最大热释放速率。黄松木燃烧的发烟量、CO 产量及其他参数按 PyroSim 软件的默认值（图 3.15）。

使用该标准火源进行模拟可得到如图 3.16 所示的火灾增长曲线，模拟的火灾过程包括：增长阶段、充分发展阶段和衰减阶段，火灾热释放速率呈 t^2 增长，在 390s 时达到最大热释放速率约 4500kW（4.5MW），然后进入稳定燃烧阶段，随着燃料不断消耗，在 1000s 左右燃烧进入衰减阶段，1280s 左右燃烧逐渐熄灭。标准火源燃烧增长阶段的火灾增长系数约为 $4500/(390)^2=0.03$，介于快速型（0.0469）与中速型（0.0113）之间，符合本研究基本空间的火灾类型。模拟的最大热释放速率高于理论计算的轰燃临界热释放速率值，可认为基本空间会发生轰燃。

3. 设置测量工具

本研究描述建筑空间火灾特性的定量指标包括：①烟层充满整个空间的时间；②下部烟气温度达到 60℃的时间；③上部烟气温度达到 180℃的时间；④烟气中 CO 浓度高于 0.25%的时间；⑤烟气能见度低于 5m 的时间；⑥烟气温度最大值等。PyroSim 软件的切片工具（Slices）和层分区设备（Layer Zoning Device）两种测量工具可满足上述定量指标的测量要求。

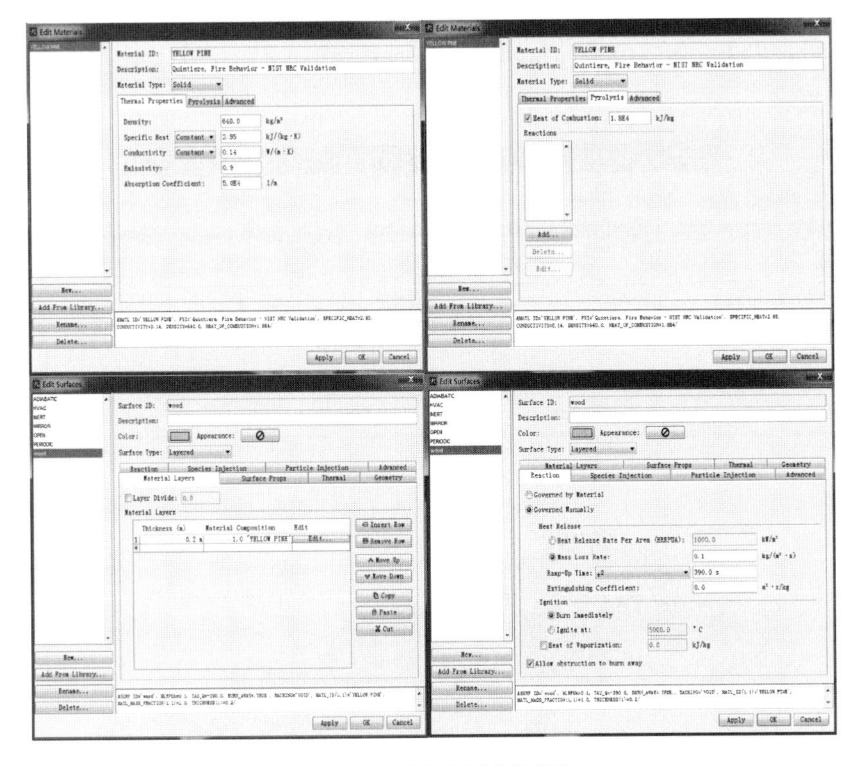

图 3.15　标准火源参数设置

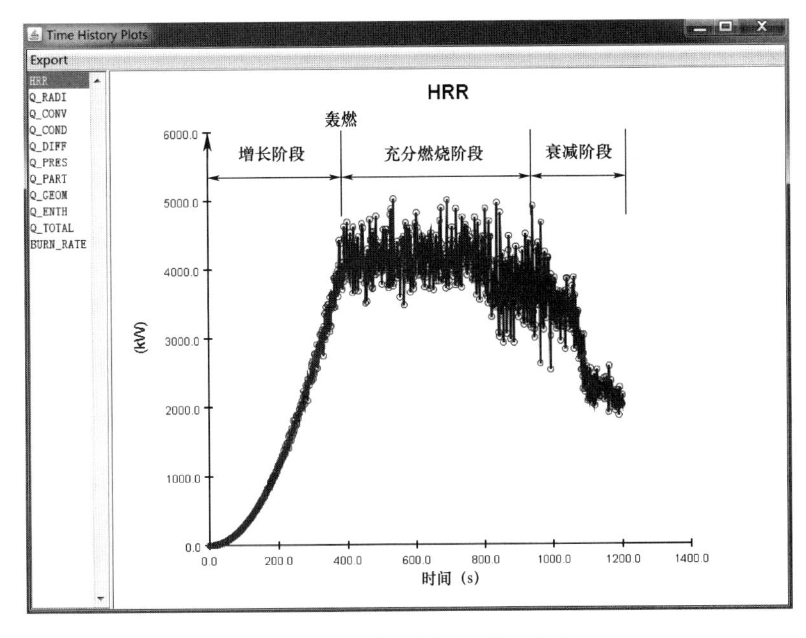

图 3.16　标准火源火灾增长曲线

(1) 切片工具参数设置

由于火灾中烟气运动是一个动态过程，每个时间点不同位置其特性值都会变化，尤其是小空间变化更为剧烈，为了进行比较研究，需要测量空间内固定位置的特性值变化情况（图 3.17）。本研究设置切片的位置如图 3.18 所示，由低到高依次为：1m 处 CO 浓度（质量分数 Mass Fraction）、1.2m 处能见度（Visibility）、1.5m 处温度[①]和顶板下 0.3m 处温度[②]。

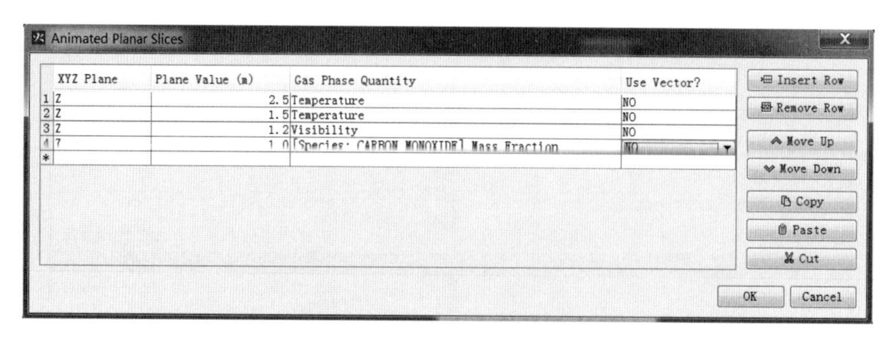

图 3.17　切片工具参数设置

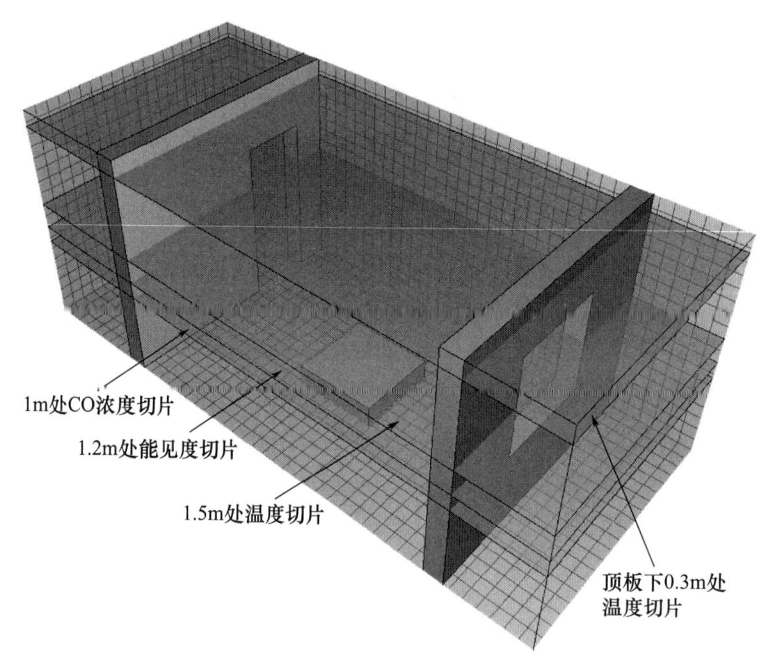

图 3.18　切片位置示意

（2）层分区设备参数设置（图 3.19）

火灾烟气高度变化状况决定了人员可用疏散时间（ASET），火灾模拟中使用房间上部高温烟气与下部常温气体间的相对位置来描述烟气高度的变化。PyroSim 的层分区设备可用来测量此相对位置及上、下部的烟气温度，层分区设备是一维线性测量工具，沿建筑高度方向布置，为了较全面评价空间中烟气的变化状况，本研究分别在距离火源中心点

① 火灾疏散中人们一般呈低头弯腰姿势前进，故下层温度切片选取 1.5m 处是考虑人体身高的因素，能见度切片选取 1.2m 处是考虑人眼的位置，CO 浓度切片选取 1.0m 处是考虑人俯身呼吸时口鼻的位置。

② 本研究采用净高减去 0.3m 的位置作为上部烟气切片位置，可参见第 2 章 2.2.5 火灾危险性指标。

约 1.4m 处的东南、东北和西北、西南 4 个方位各设置一个层分区设备[①]（图 3.20）。

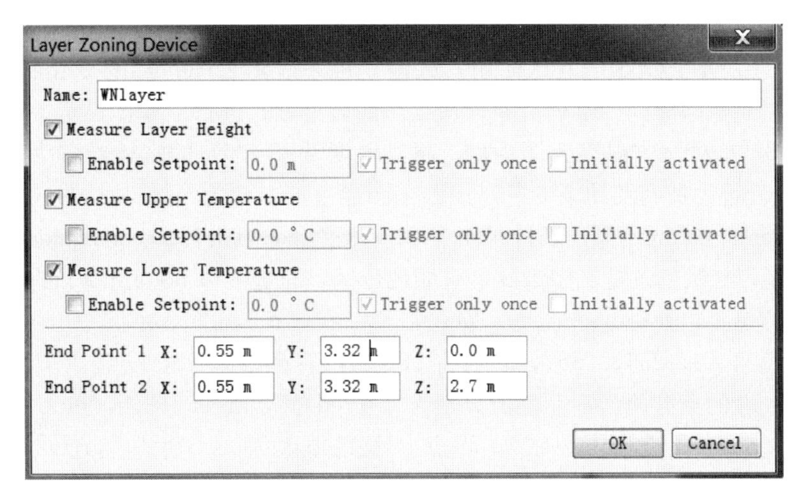

图 3.19　层分区设备参数设置

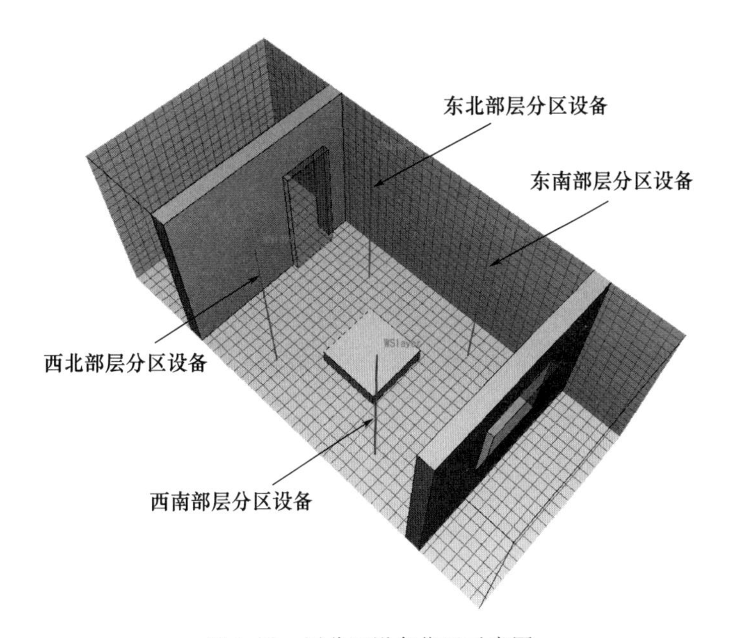

图 3.20　层分区设备位置示意图

4. 按照此前步骤 1.～3. 设定参数后进行模拟计算

5. 处理模拟结果

（1）火灾云图处理

切片工具模拟可得各切片位置的测量指标随时间变化的二维等值面图（以下简称云图），不同时刻图像形态都会发生变化，说明切片位置的测量值每时每刻都在变化，房间内达到危险状态的位置和范围也都呈变化状态，为了比较各类空间的火灾特性，需要

① 由于室内烟气的流动是一个动态过程，室内各点不会同时达到危险状态，故本研究通过置于基本空间 4 个方位的层分区设备来测量空间中烟气高度及温度的变化情况。

规定统一的危险判断标准，本研究采用切片位置各指标达到危险值范围超过房间面积的50%所对应的时刻作为危险时间。

如图 3.21 所示 PyroSim 默认使用彩虹渐变色来表示云图指标的变化状况和程度，为了能直观得到危险时间，本研究将火灾云图的显色方式进行了重新设定。以经济型起居室顶板下 0.3m 处火灾温度云图为例，将其温度低于 180℃的区域设置为蓝色，高于180℃的区域设置为黄到红的渐变色，设置云图显色的方法为（图 3.22）：打开 Smokeview[①] 的 Colorbar editor 工具，选择 blue->red split 色条，点击 New colorbar，将 blue->red split 进行复制，默认色条是在中点处进行颜色分区，通过调整 node index 的数值可以控制颜色分区的位置，如将 node index 数值由 128（0，255，255）调整为 55，会得到一个新的插入点 A（0，255，255），之后将 128 的位置再改为 55，得到点 B，此时 node index 数值为 55 的点有两个，颜色值分别为 A（red=0，green=255，blue=255）和 B（red=255，green=255，blue=0），将点 A 颜色值改为（red=0，green=0，blue=255），就可得到预期颜色值，保存设置（Save settings），可得到后缀为 .ini 的配置文件，将此文件拷贝到其他模拟文件所在的文件夹中，并改为与模拟文件相同的文件名就可继续使用。

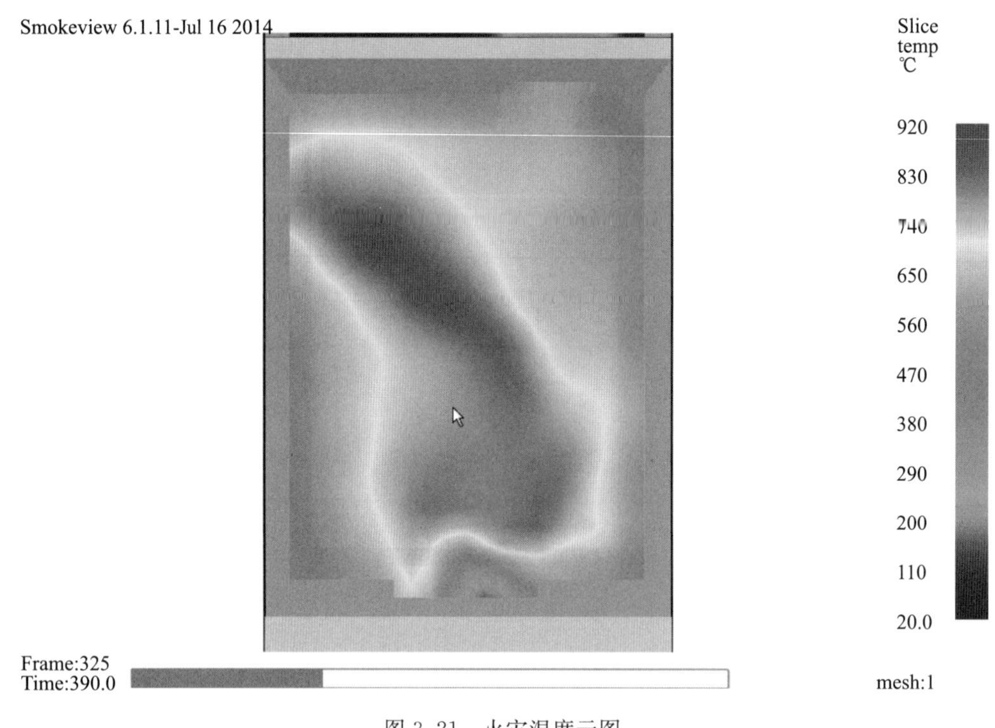

图 3.21 火灾温度云图

如图 3.23 所示，发生火灾 121s 时经济型起居室顶板下 0.3m 处的火灾温度云图，蓝色区域为低于 180℃的范围，黄红色为高于 180℃的范围，当 121s 时黄红色区域超过

① Smokeview 是用来对 FDS 火灾模拟结果实现可视化的工具软件，利用 Smokeview 可以查看 FDS 模拟的温度、压力、风速、烟气运动和各种示踪粒子流的二维或三维图像。

房间面积的 50%，本研究认为此时房间达到危险状态，121s 即为上部烟气温度达到危险状态的时间。

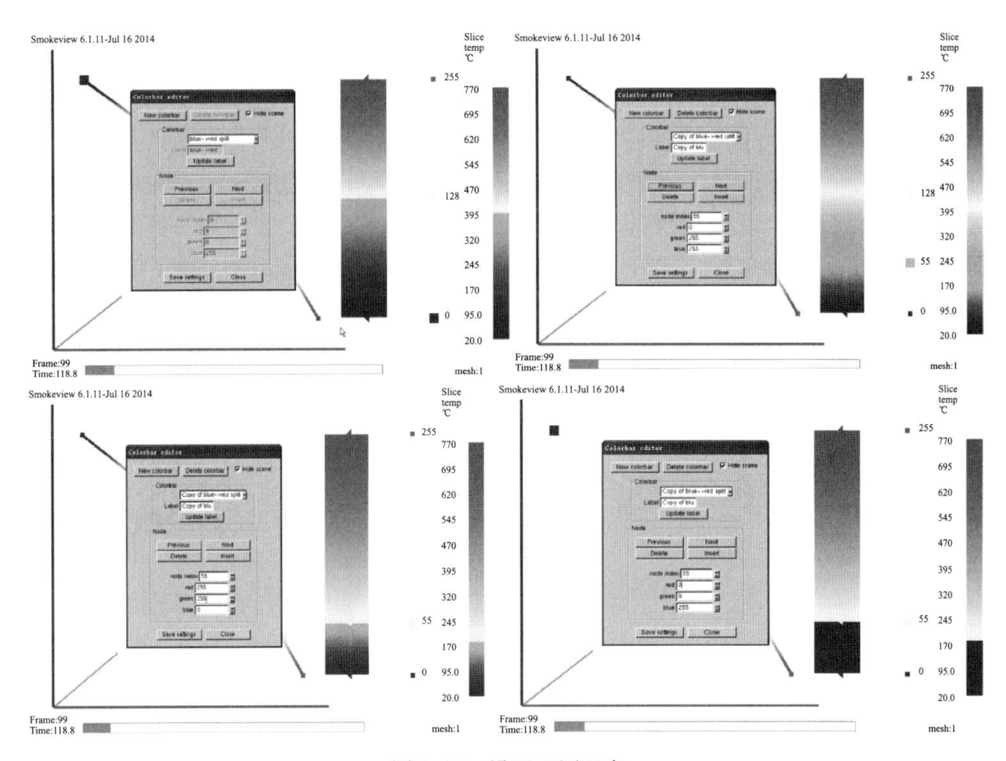

图 3.22 设置云图显色

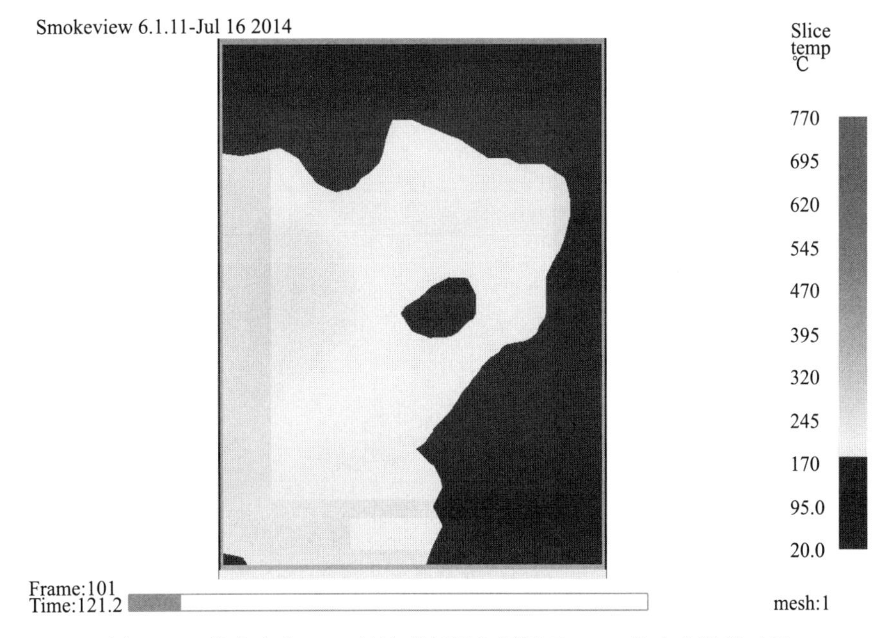

图 3.23 发生火灾 121s 经济型起居室顶板下 0.3m 处火灾温度云图

(2) 层分区设备数据处理

利用层分区设备可以分别得到建筑空间中西北、东南、东北和西南 4 个方位烟气的烟层高度及上、下部烟气温度随时间变化的曲线(烟气特性曲线)。表 3.9 中列出了层分区设备模拟所得的经济型起居室 4 个方位烟层高度和上、下部烟气温度随时间变化的曲线。本研究对烟气特性曲线的一些特征点进行取值,作为建筑空间火灾特性的定量研究依据,所取特征点包括(表 3.9 中红色标记线所示):①烟层高度降至距地板 0.5m 所对应的时间[①];②下部烟气温度达到 60℃所对应的时间;③上部烟气温度达到 180℃所对应的时间;④400s 左右轰燃状态所对应的温度;⑤其他发生突变的位置等。另外,个别曲线中会出现明显的异常值,本研究在取值时会进行剔除,对于曲线值的变化范围,本研究一般根据其波动范围的中值进行取值。

表 3.9 经济型起居室烟气特性曲线

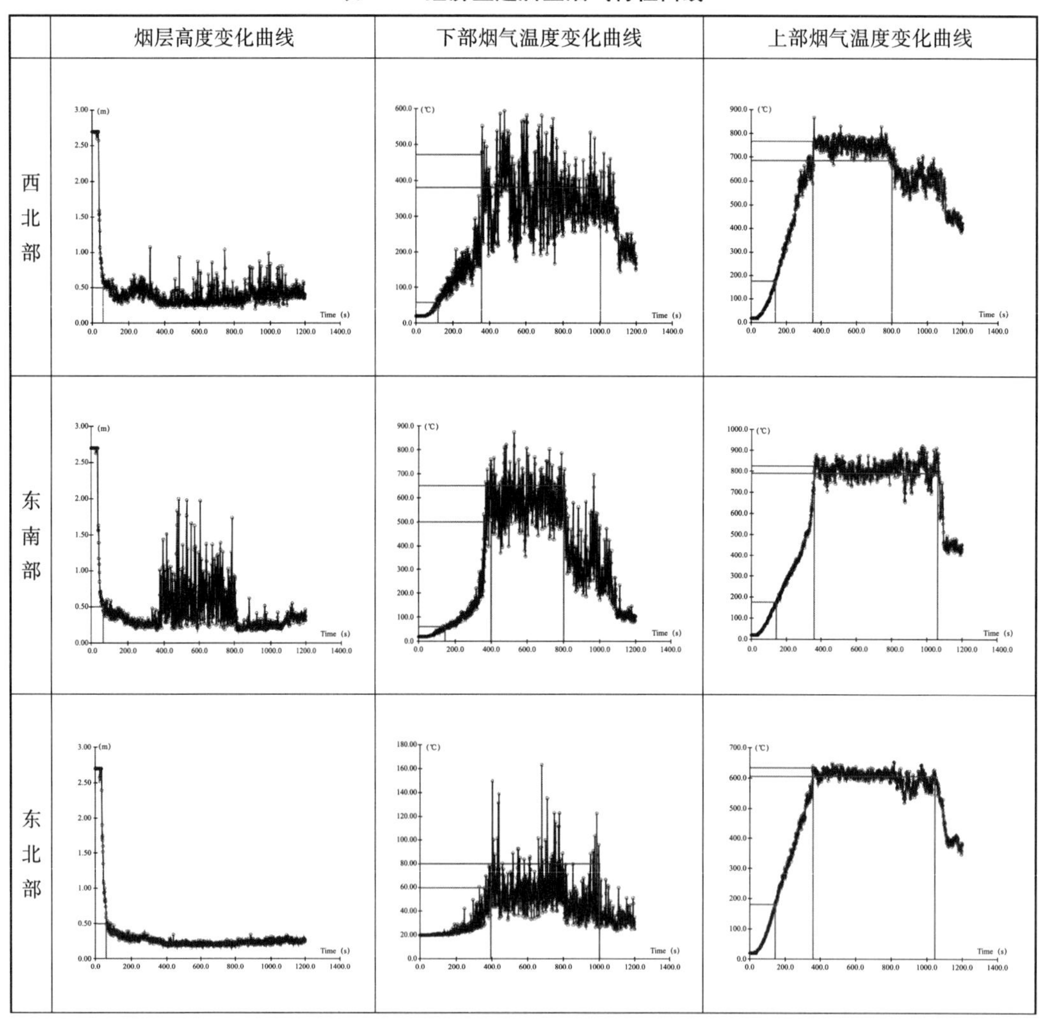

	烟层高度变化曲线	下部烟气温度变化曲线	上部烟气温度变化曲线
西北部			
东南部			
东北部			

① 当烟层高度降至距地板 0.5m 高度位置时,本研究即认为烟气已经充满整个空间,此时烟气会对人员的安全疏散造成严重影响。

续表

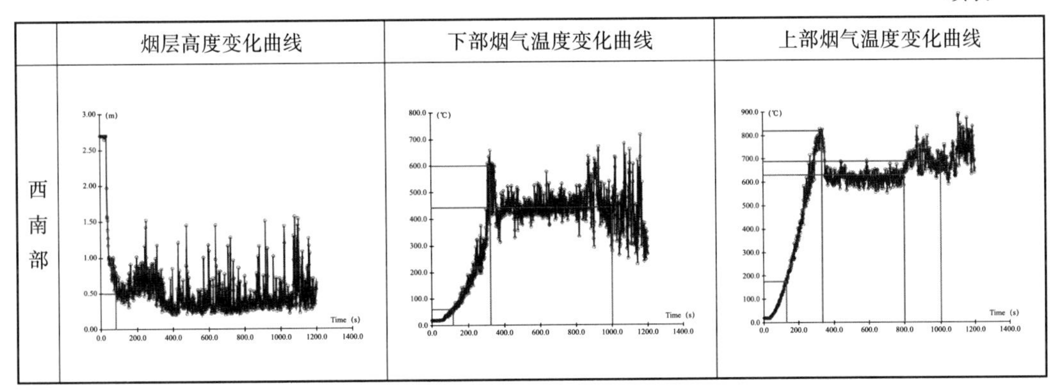

	烟层高度变化曲线	下部烟气温度变化曲线	上部烟气温度变化曲线
西南部			

4
基本空间火灾特性

4.1 基于 Revit 信息提取的基本空间火灾特性

1. 概述

本研究基于 Revit 信息提取的基本空间火灾特性包括：轰燃临界热释放速率、轰燃时间和轰燃后火灾持续时间 3 个量化指标，根据消防工程学的相关理论在计算此 3 个量化指标时，需要通过 Revit 模型提取得到建筑的空间尺寸、门窗尺寸、围护结构热工性能和火灾荷载密度等信息。

本研究将附录 B 表 B14～表 B16 的调查结果进行整理后得到住宅类基本空间火灾荷载密度值（表 4.1），对公建类火灾荷载密度的取值则参照相关资料，如办公建筑火灾荷载密度采用王能胜①的调查数据 497.2MJ/m²，旅馆建筑采用郭子东等②的调查数据 516.3MJ/m²，学校建筑采用 CIB W14③ 的建议值 285MJ/m²。另外，住宅与学校建筑的室内装修燃烧等级定为 A 级，α_m取 0.0035，办公和旅馆建筑的室内装修燃烧等级定为 B_1 级，α_m取 0.014。

表 4.1　住宅类基本空间火灾荷载密度值

基本空间	面积区间（m²）	火灾荷载密度平均值（MJ/m²）
起居室（客厅）	$A<20$	437.03
	$20 \leqslant A<30$	400.13
卧室	$A<10$	1009.33
	$15 \leqslant A<20$	620.04
餐厅和厨房	$A<10$	967.20
	$10 \leqslant A<15$	647.53
	$15 \leqslant A<20$	796.29

① 王能胜．基于火灾荷载的高层建筑性能化设计研究 [D]．重庆：重庆大学，2013：20.

② 郭子东，徐丰煜，吴立志，等．宾馆客房的火灾荷载调查及其数据统计分析 [J]．安全与环境学报，2011，11 (5)：149-153.

③ THOMAS P H. Design guide：Structure fire safety CIB W14 Workshop report [J]. Fire Safety Journal，1986，10 (2)：77-137.

续表

基本空间	面积区间（m²）	火灾荷载密度平均值（MJ/m²）
书房	$10 \leqslant A < 15$	696.54
	$A \geqslant 15$	429.19
卫生间	$A < 5$	358.08
	$A \geqslant 10$	197.49
学生宿舍	两人间	325.08
	四人间	406.35
	八人间	487.62

注：A 为基本空间面积。

2. 基于 Revit 信息提取的基本空间火灾特性

住宅和公建类基本空间火灾特性见表 4.2～表 4.5。

表 4.2　住宅类基本空间火灾特性

基本空间		空间尺寸			建筑面积（m²）	通风因子 $A_w h_w^{1/2}$	房间内表面积 A_t（m²）	有效传热系数［kW/（m²·K）］	火灾荷载密度（MJ/m²）	火灾增长系数		
		开间（m）	进深（m）	净高（m）						α_f	α_m	α
起居室	经济型	3.1	4.4	2.7	13.64	3.87	57.95	0.00797	437.03	0.0654	0.0035	0.0689
	舒适型	5.7	4.5	3.0	25.65	14.67	93.64	0.00854	400.13	0.0565	0.0035	0.0600
卧室	经济型	2.7	3.2	2.7	8.64	3.87	40.15	0.00745	1009.33	0.2641	0.0035	0.2676
	舒适型	3.6	4.8	3.0	17.28	6.27	72.67	0.00800	620.04	0.1172	0.0035	0.1207
餐厅	经济型	2.7	3.6	2.7	9.72	5.03	43.46	0.00761	967.20	0.2459	0.0035	0.2494
	舒适型	4.5	3.9	3.0	17.55	9.61	71.26	0.00802	796.29	0.1779	0.0035	0.1814
书房	经济型	2.9	4.0	2.7	11.60	5.03	50.14	0.00781	696.54	0.1423	0.0035	0.1458
	舒适型	3.6	4.8	3.0	17.28	7.29	72.13	0.00802	429.19	0.0635	0.0035	0.0670
厨房	经济型	3.0	1.8	2.5	5.40	3.87	26.59	0.00699	967.20	0.2459	0.0035	0.2494
	舒适型	3.9	3.3	2.7	12.87	5.72	53.72	0.00789	647.53	0.1260	0.0035	0.1295
卫生间	经济型	1.8	1.8	2.5	3.24	2.81	17.78	0.00663	358.08	0.0469	0.0035	0.0504
	舒适型	3.0	4.2	2.7	12.60	3.87	54.41	0.00788	197.49	0.0174	0.0035	0.0209
宿舍	两人间	3.0	4.5	3.0	13.50	5.60	60.64	0.00769	325.08	0.0400	0.0035	0.0435
	四人间	3.6	4.8	3.3	17.28	5.60	77.82	0.00771	406.35	0.0580	0.0035	0.0615
	八人间	3.9	5.7	3.3	22.23	7.95	93.59	0.00805	487.62	0.0785	0.0035	0.0820

表 4.3　住宅类基本空间火灾轰燃特性

基本空间		空间尺寸			建筑面积 (m^2)	轰燃临界热释放速率 Q_f（kW）			轰燃时间 t（s）			轰燃后火灾持续时间 t_c（s）
		开间 (m)	进深 (m)	净高 (m)		Babraus-kas 公式	McCaff-rey 公式	Thomas 公式	Babraus-kas 公式	McCaff-rey 公式	Thomas 公式	
起居室	经济型	3.1	4.4	2.7	13.64	2903	816	1915	205	109	167	933
	舒适型	5.7	4.5	3.0	25.65	11003	2089	6276	428	187	323	424
卧室	经济型	2.7	3.2	2.7	8.64	2903	656	1776	104	50	81	1365
	舒适型	3.6	4.8	3.0	17.28	4704	1165	2938	197	98	156	1035
餐厅	经济型	2.7	3.6	2.7	9.72	3773	787	2241	123	56	95	1132
	舒适型	4.5	3.9	3.0	17.55	7204	1429	4187	199	89	152	882
书房	经济型	2.9	4.0	2.7	11.60	3773	856	2293	161	77	125	973
	舒适型	3.6	4.8	3.0	17.28	5469	1253	3319	286	137	223	616
厨房	经济型	3.0	1.8	2.5	5.40	2903	517	1670	108	46	82	818
	舒适型	3.9	3.3	2.7	12.87	4289	950	2581	182	86	141	883
卫生间	经济型	1.8	1.8	2.5	3.24	2111	351	1202	205	83	154	250
	舒适型	3.0	4.2	2.7	12.60	2903	786	1887	373	194	300	390
宿舍	两人间	3.0	4.5	3.0	13.50	4199	986	2589	311	151	244	475
	四人间	3.6	4.8	3.3	17.28	4199	1118	2723	261	135	210	760
	八人间	3.9	5.7	3.3	22.23	5960	1492	3734	270	135	213	827

表 4.4　公建类基本空间火灾特性

基本空间	空间尺寸			建筑面积 (m^2)	通风因子 $A_w h_w^{1/2}$	房间内表面积 A_t（m^2）	有效传热系数 [kW/(m^2・K)]	火灾荷载密度 (MJ/m^2)	火灾增长系数		
	开间 (m)	进深 (m)	净高 (m)						α_f	α_m	α
旅馆单间 1	2.7	4.2	2.7	11.34	4.44	50.24	0.00804	516.30	0.0864	0.0140	0.1004
旅馆单间 2	3.3	5.7	3.0	18.81	5.60	79.71	0.00835	516.30	0.0864	0.0140	0.1004
旅馆标间 1	3.9	7.8	3.3	30.42	6.05	124.23	0.00861	516.30	0.0864	0.0140	0.1004
旅馆标间 2	4.5	8.1	3.3	36.45	7.62	140.77	0.00891	516.30	0.0864	0.0140	0.1004
办公室 1	3.0	4.8	3.0	14.40	5.60	64.31	0.00805	497.20	0.0811	0.0140	0.0951
办公室 2	3.0	6.0	3.3	18.00	6.45	82.72	0.00798	497.20	0.0811	0.0140	0.0951
办公室 3	5.4	6.0	3.6	32.40	15.20	126.94	0.00865	497.20	0.0811	0.0140	0.0951
办公室 4	7.2	6.6	3.6	47.52	20.66	169.62	0.00920	497.20	0.0811	0.0140	0.0951
办公室 5	12.0	9.0	4.5	108.00	34.53	366.04	0.00964	497.20	0.0811	0.0140	0.0951
普通教室 1	8.4	6.6	3.3	55.44	21.04	183.58	0.00967	285.00	0.0321	0.0035	0.0356
普通教室 2	9.3	6.6	3.6	61.38	24.91	208.36	0.00953	285.00	0.0321	0.0035	0.0356
普通教室 3	8.1	8.1	3.6	65.61	23.92	218.95	0.00966	285.00	0.0321	0.0035	0.0356
普通教室 4	8.4	8.4	3.9	70.56	27.40	240.80	0.00952	285.00	0.0321	0.0035	0.0356

续表

基本空间	空间尺寸			建筑面积 (m^2)	通风因子 $A_w h_w^{1/2}$	房间内表面积 A_t (m^2)	有效传热系数 [kW/(m^2·K)]	火灾荷载密度 (MJ/m^2)	火灾增长系数		
	开间 (m)	进深 (m)	净高 (m)						α_f	α_m	α
普通教室 5	12.0	7.2	3.9	86.40	31.36	287.16	0.00972	285.00	0.0321	0.0035	0.0356
合班教室 1	10.0	12.0	4.2	120.00	43.47	379.13	0.01006	285.00	0.0321	0.0035	0.0356
合班教室 2	12.0	15.0	4.8	180.00	74.31	553.30	0.01026	285.00	0.0321	0.0035	0.0356

表 4.5 公建类基本空间火灾轰燃特性

基本空间	空间尺寸			建筑面积 (m^2)	轰燃临界热释放速率 Q_f (kW)			轰燃时间 t (s)			轰燃后火灾持续时间 t_c (s)
	开间 (m)	进深 (m)	净高 (m)		Babrauskas 公式	McCaffrey 公式	Thomas 公式	Babrauskas 公式	McCaffrey 公式	Thomas 公式	
旅馆单间 1	2.7	4.2	2.7	11.34	3329	817	2070	182	90	144	799
旅馆单间 2	3.3	5.7	3.0	18.81	4199	1177	2738	205	108	165	1051
旅馆标间 1	3.9	7.8	3.3	30.42	4535	1552	3254	213	124	180	1574
旅馆标间 2	4.5	8.1	3.3	36.45	5715	1886	3978	239	137	199	1497
办公室 1	3.0	4.8	3.0	14.40	4199	1038	2618	210	104	166	775
办公室 2	3.0	6.0	3.3	18.00	4840	1259	3084	226	115	180	841
办公室 3	5.4	6.0	3.6	32.40	11401	2492	6736	346	162	266	642
办公室 4	7.2	6.6	3.6	47.52	15498	3465	9134	404	191	310	693
办公室 5	12.0	9.0	4.5	108.00	25901	6732	15909	522	266	409	942
普通教室 1	8.4	6.6	3.3	55.44	15779	3728	9385	666	324	513	455
普通教室 2	9.3	6.6	3.6	61.38	18682	4291	11041	725	347	557	426
普通教室 3	8.1	8.1	3.6	65.61	17937	4337	10748	710	349	550	474
普通教室 4	8.4	8.4	3.9	70.56	20551	4836	12236	760	369	586	445
普通教室 5	12.0	7.2	3.9	86.40	23522	5707	14095	813	400	629	476
合班教室 1	10.0	12.0	4.2	120.00	32606	7854	19390	957	470	738	477
合班教室 2	12.0	15.0	4.8	180.00	55735	12527	32406	1251	593	954	418

3. 住宅类基本空间火灾特性分析

(1) 住宅类基本空间轰燃临界热释放速率$\dot{Q}_f$

根据表 4.3 可绘制住宅类基本空间轰燃临界热释放速率$\dot{Q}_f$分布图（图 4.1），图 4.1 中列出了 3 种$\dot{Q}_f$计算公式的计算值分布，Babrauskas 公式计算的轰燃临界热释放速率$\dot{Q}_f$最高，McCaffrey 公式最低，而 Thomas 公式介于两者之间，3 种计算公式的计算值变化趋势基本一致，说明它们具有同构性，Thomas 公式的计算值代表性更高、应用也最多。图 4.1 中显示舒适型起居室与舒适型餐厅的$\dot{Q}_f$较高，原因是两者的空间面积和门窗洞口尺寸较大，而卫生间、厨房的空间尺寸和门窗洞口尺寸都较小，造成了其$\dot{Q}_f$也较小，说明面积越大、门窗洞口越大的空间不易发生轰燃，而空间越小、越封闭则其发生轰燃的可能性越大。另外，舒适型空间的$\dot{Q}_f$较经济型空间普遍要高一些，基本空间的轰燃临界热释放速率$\dot{Q}_f$大多为同一数量级，说明小空间轰燃受功能类型的影响较小。

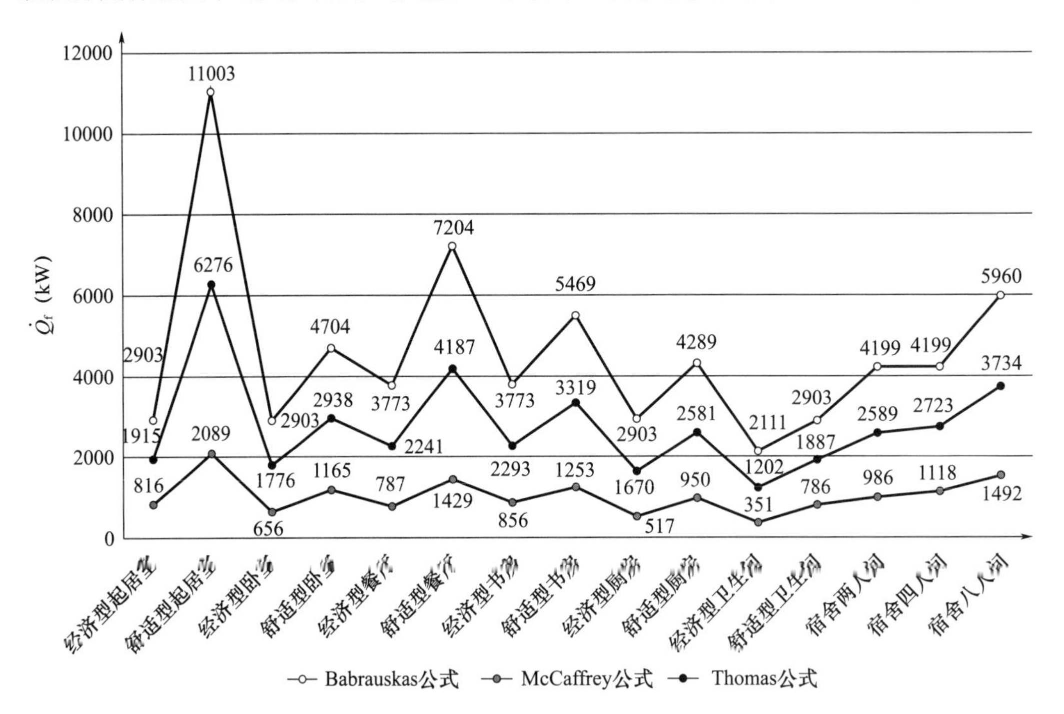

图 4.1　住宅类基本空间轰燃临界热释放速率$\dot{Q}_f$分布图

（2）住宅类基本空间轰燃时间

由图 4.2 可知，Thomas 公式计算得到的轰燃时间较适中，可以作为空间火灾性能评价的指标。舒适型起居室与舒适型卫生间的轰燃时间较长，原因是舒适型起居室的轰燃临界热释放速率$\dot{Q}_f$较高，而舒适型卫生间的$\dot{Q}_f$虽较低，但其火灾增长系数只有 0.0209，造成了其轰燃时间较长，由此可得建筑面积大、火灾荷载密度小的空间轰燃时间较长，相对安全，而对于面积较小的空间在进行防火设计时应注意控制其火灾荷载密度。另外，住宅类基本空间的轰燃时间一般在 100～300s，火灾增长系数 α 主要在 0.06～0.25，介于快速型（0.04689）与超快速型（0.1878）之间，一旦发生火灾，火势发展较快，危害较大。

（3）住宅类基本空间 Thomas 轰燃时间 T_F

由图 4.3 可见，厨房、卧室与餐厅的轰燃时间相对较短，基本处在 80～150s，主要原因是这 3 类空间的火灾荷载密度较大。另外，这 3 类空间还存在使用明火和电器设备较多等问题，是住宅消防的重点区域。

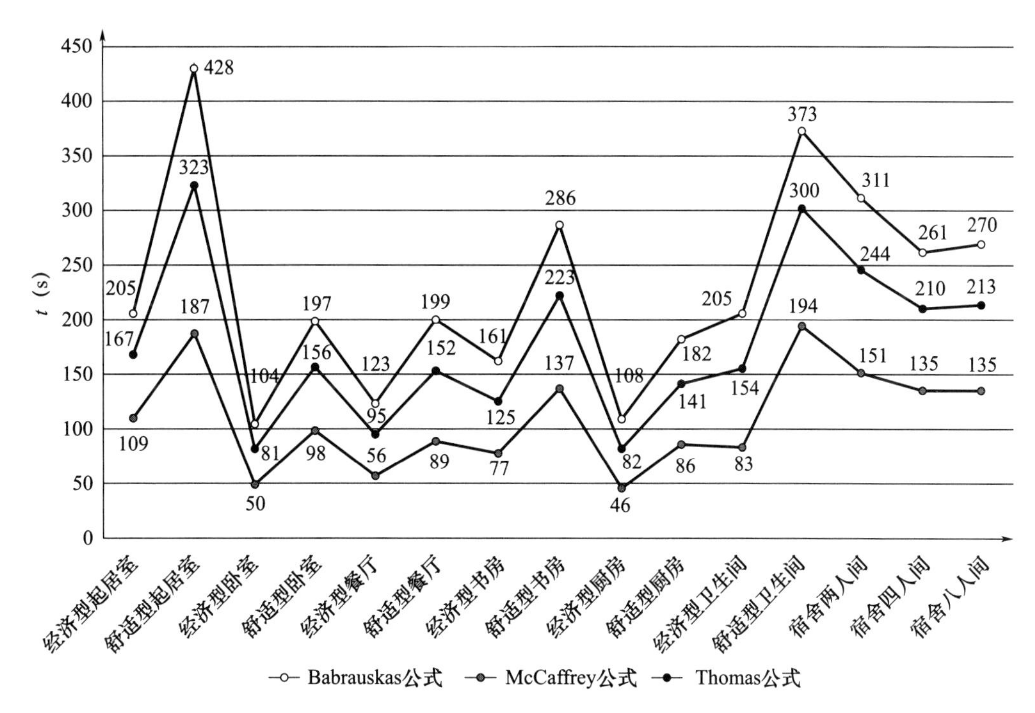

图 4.2 住宅类基本空间轰燃时间 t 分布图

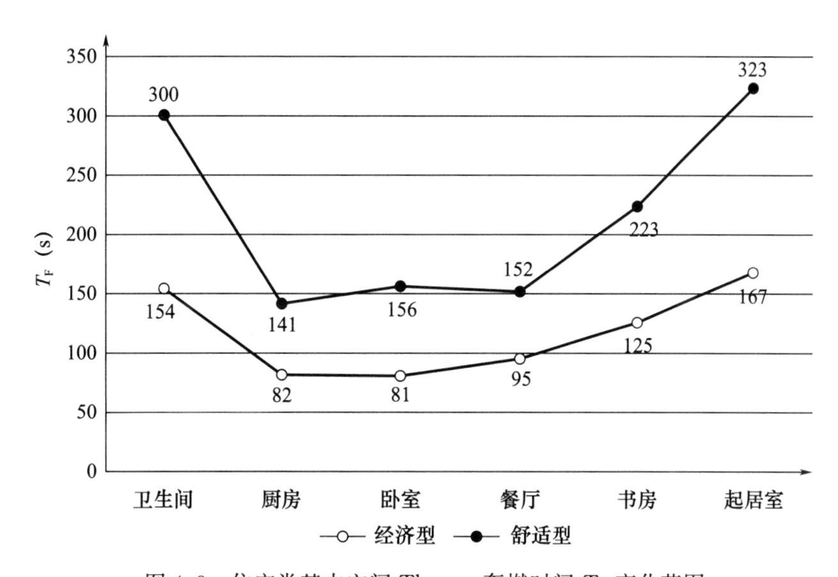

图 4.3 住宅类基本空间 Thomas 轰燃时间 T_F 变化范围

（4）住宅类基本空间轰燃后火灾持续时间

由第 2 章式（2.12）中轰燃后火灾持续时间计算公式 $t_c=\dfrac{\dot{q}A}{5.5A_w\sqrt{h_w}}$可知，基本空间的火灾荷载越大、通风因子越小，火灾持续时间 t_c越长。由图 4.4 可见，舒适型起居室与经济型卫生间的 t_c较小，原因是舒适型起居室的通风因子较大，而经济型卫生间的火灾荷载较小。在住宅类基本空间中经济型卧室的火灾持续时间最长，主要原因是经济型卧室的火灾荷载较大（衣物类和被褥类等可燃物较多），并且通风因子相对较小。

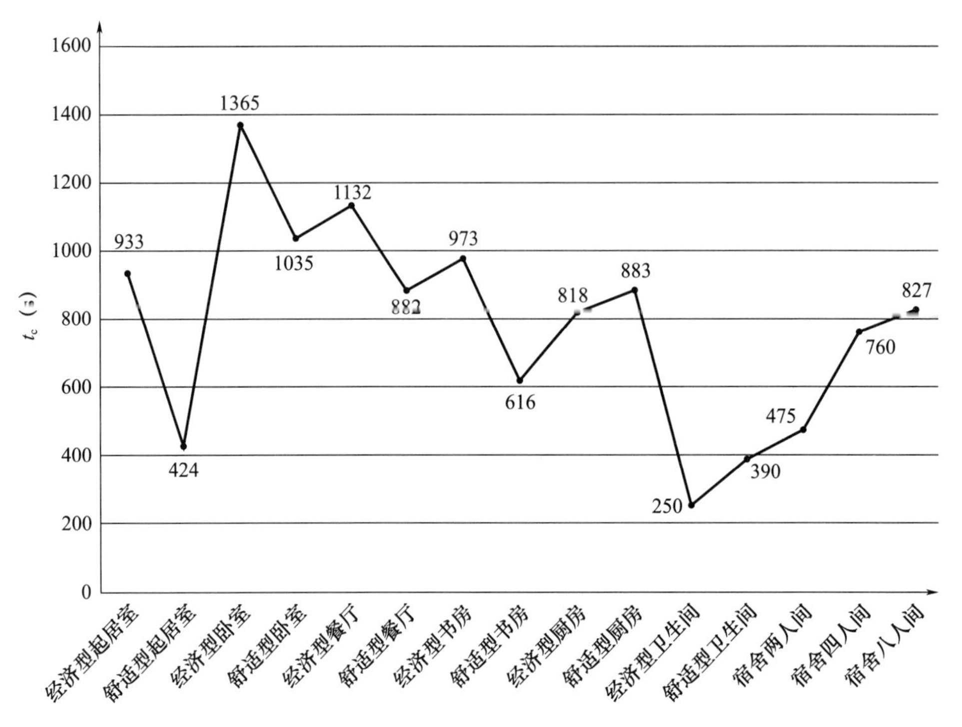

图 4.4　住宅类基本空间轰燃后火灾持续时间 t_c

4.2　基于 PyroSim 火灾模拟的基本空间火灾特性

本研究使用 PyroSim 软件对基本空间火灾时的烟气温度与高度、CO 浓度和能见度等火灾特性指标进行模拟研究。PyroSim 切片工具可得到 4 项火灾特性指标（火灾云图指标）：①T_{CO}——起火后 1m 处 CO 浓度达到危险状态所需的时间（s）；②T_v——起火后 1.2m 处能见度达到危险状态所需的时间（s）；③T_a——起火后 1.5m 处温度达到危险状态所需的时间（s）；④T_b——起火后顶板下 0.3m 处温度达到危险状态所需的时间（s）。PyroSim层分区设备可得到 5 项火灾烟气特性指标：①T_h——起火后烟气层降至 0.5m 所需的时间（s）；②T_d——起火后下层烟气温度达到 60℃所需的时间（s）；③T_1——下层烟气最高温度（℃）；④T_u——起火后上层烟气温度达到 180℃所需的时间（s）；⑤T_2——上层烟气最高温度（℃）。

本研究分别使用火灾特性表与火灾烟气特性曲线表列出了各基本空间火灾特性指标（表 4.6～表 4.67），其中，火灾特性表包括基本空间的 Revit 模型、PyroSim 模型、空间基本信息、Thomas 轰燃时间、火灾增长曲线和火灾云图等，火灾烟气特性曲线表包括层分区设备测量得到的 4 个方位火灾烟气特性曲线及对烟气变化的现象描述和分析总结等。

表 4.6　经济型起居室火灾特性

基本指标	空间尺寸			门洞尺寸			窗洞尺寸			建筑面积（m^2）	房间净面积（m^2）	火灾荷载密度（MJ/m^2）	通风因子 $A_w h_w^{1/2}$	Thomas 公式	
	开间（m）	进深（m）	净高（m）	宽度（m）	高度（m）	面积（m^2）	宽度（m）	高度（m）	面积（m^2）					轰燃临界热释放速率 Q_f（kW）	轰燃时间 T_F（s）
	3.1	4.4	2.7	0.8	2.0	1.60	1.2	1.2	1.44	13.64	11.70	437.03	3.87	1915	167

平面图

Revit 模型

PyroSim 模型

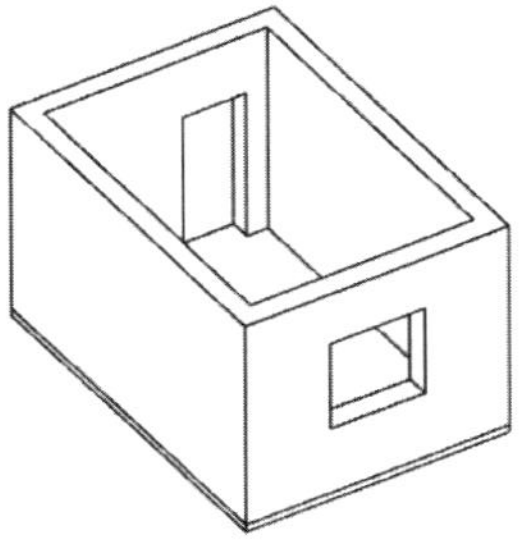

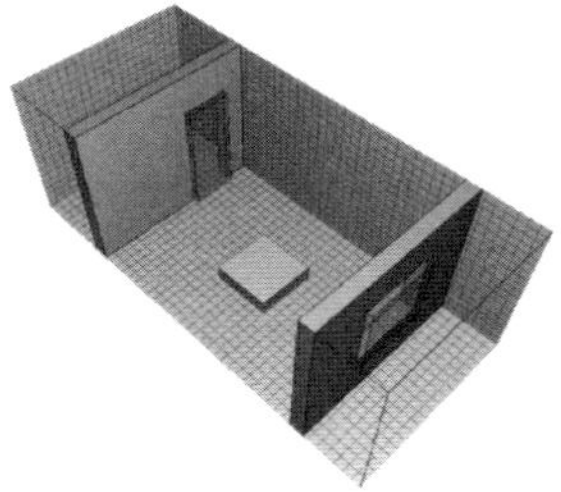

火灾增长曲线

1m 处 CO 浓度达到危险状态时间 $T_{CO}=275s$

1.2m 处能见度达到危险状态时间 $T_v=35s$

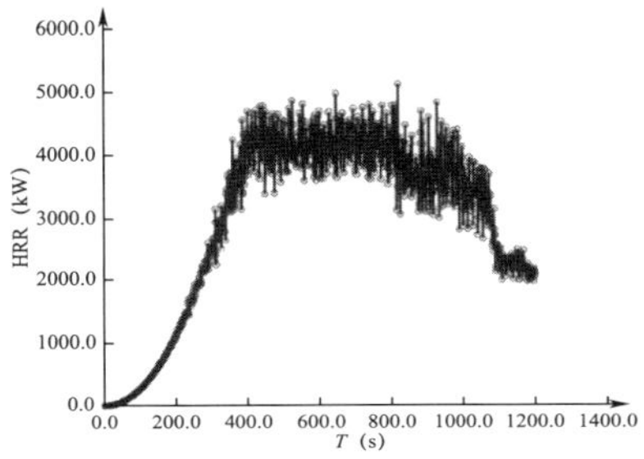

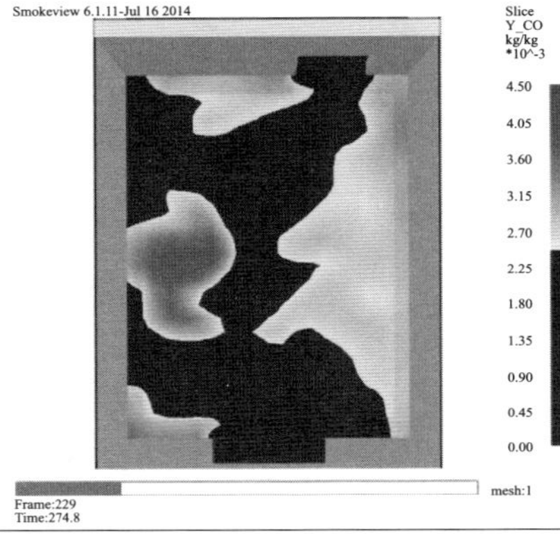

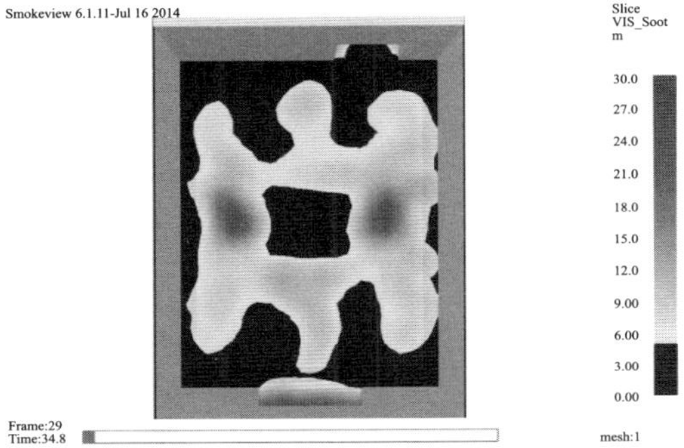

续表

基本指标	空间尺寸			门洞尺寸			窗洞尺寸			建筑面积（m^2）	房间净面积（m^2）	火灾荷载密度（MJ/m^2）	通风因子 $A_w h_w^{1/2}$	Thomas 公式	
	开间（m）	进深（m）	净高（m）	宽度（m）	高度（m）	面积（m^2）	宽度（m）	高度（m）	面积（m^2）					轰燃临界热释放速率 $\dot{Q}_f$（kW）	轰燃时间 T_F（s）
	3.1	4.4	2.7	0.8	2.0	1.60	1.2	1.2	1.44	13.64	11.70	437.03	3.87	1915	167

1.5m 处温度达到危险状态时间 $T_a = 78s$	顶板下 0.3m 处温度达到危险状态时间 $T_b = 121s$	备注
Smokeview 6.1.11-Jul 16 2014 Slice temp ℃ 920 830 740 650 560 470 380 290 200 110 20.0 mesh:1 Frame:65 Time:78.0	Smokeview 6.1.11-Jul 16 2014 Slice temp ℃ 770 695 620 545 470 395 320 245 170 95.0 20.0 mesh:1 Frame:101 Time:121.2	FDS 计算网格大小：0.155m×0.156m×0.15m 最大 HRR 平均值 4.5MW

表 4.7　经济型起居室火灾烟气特性曲线

	烟层高度变化曲线及现象描述		下部烟气温度变化曲线及现象描述		上部烟气温度变化曲线及现象描述		分析总结
西北部	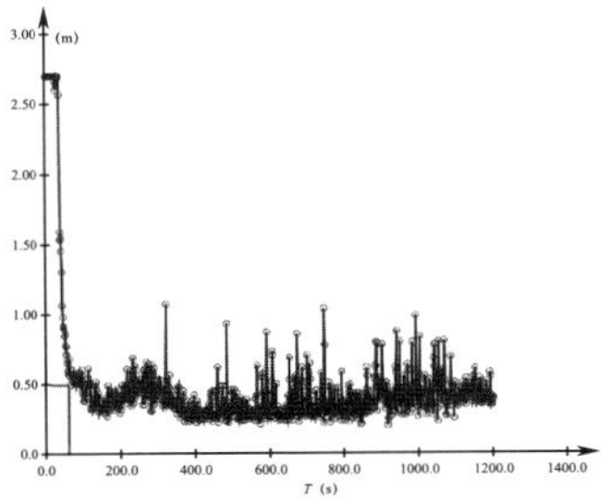	T_h = 70s，烟层底部位置主要在 0.3～0.7m 范围内波动	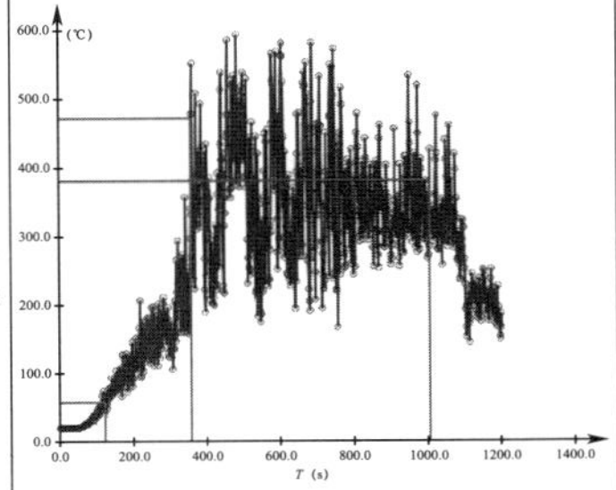	T_d＝120s，370s 出现温度突升，之后剧烈波动，最高温度约 600℃	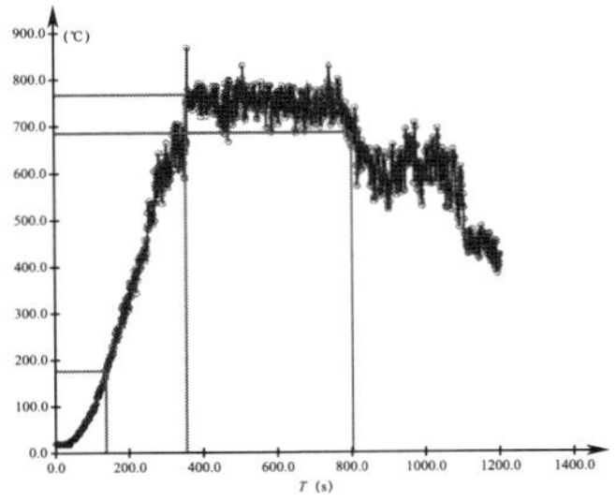	T_u = 120s，350s 达到 780℃，800s 后温度呈阶梯状下降，最高温度约 800℃	火灾发生 75s 左右烟气充满整个空间，东南部和西南部烟气波动明显。198s 左右下部烟气达到 60℃，东北部下部烟气约在 400s 达到 60℃且温度较低
东南部	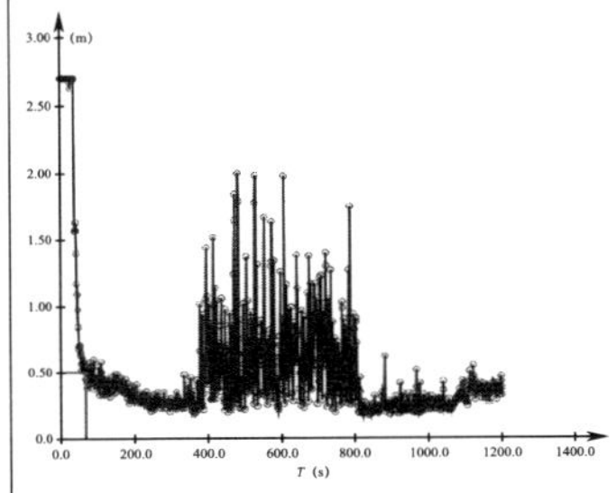	T_h = 75s，烟层底部位置在 400～800s 有较大起伏，其余时间段烟气波动较小	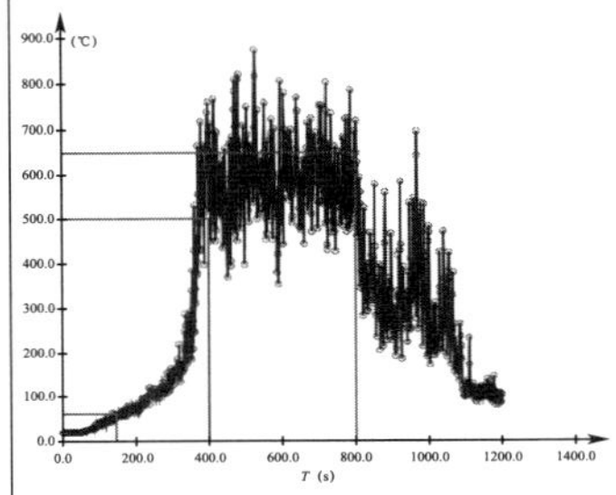	T_d＝150s，400～800s 烟气温度有较大波动，后逐渐衰减，最高温度约 900℃	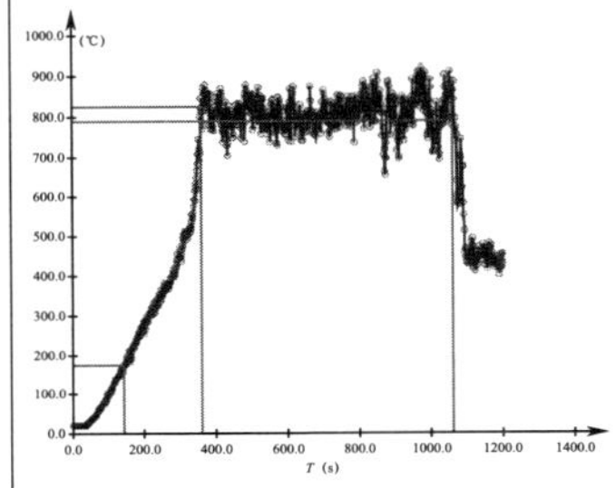	T_u = 120s，350s 达到 820℃，1050s 后温度衰减很快，最高温度约 900℃	

续表

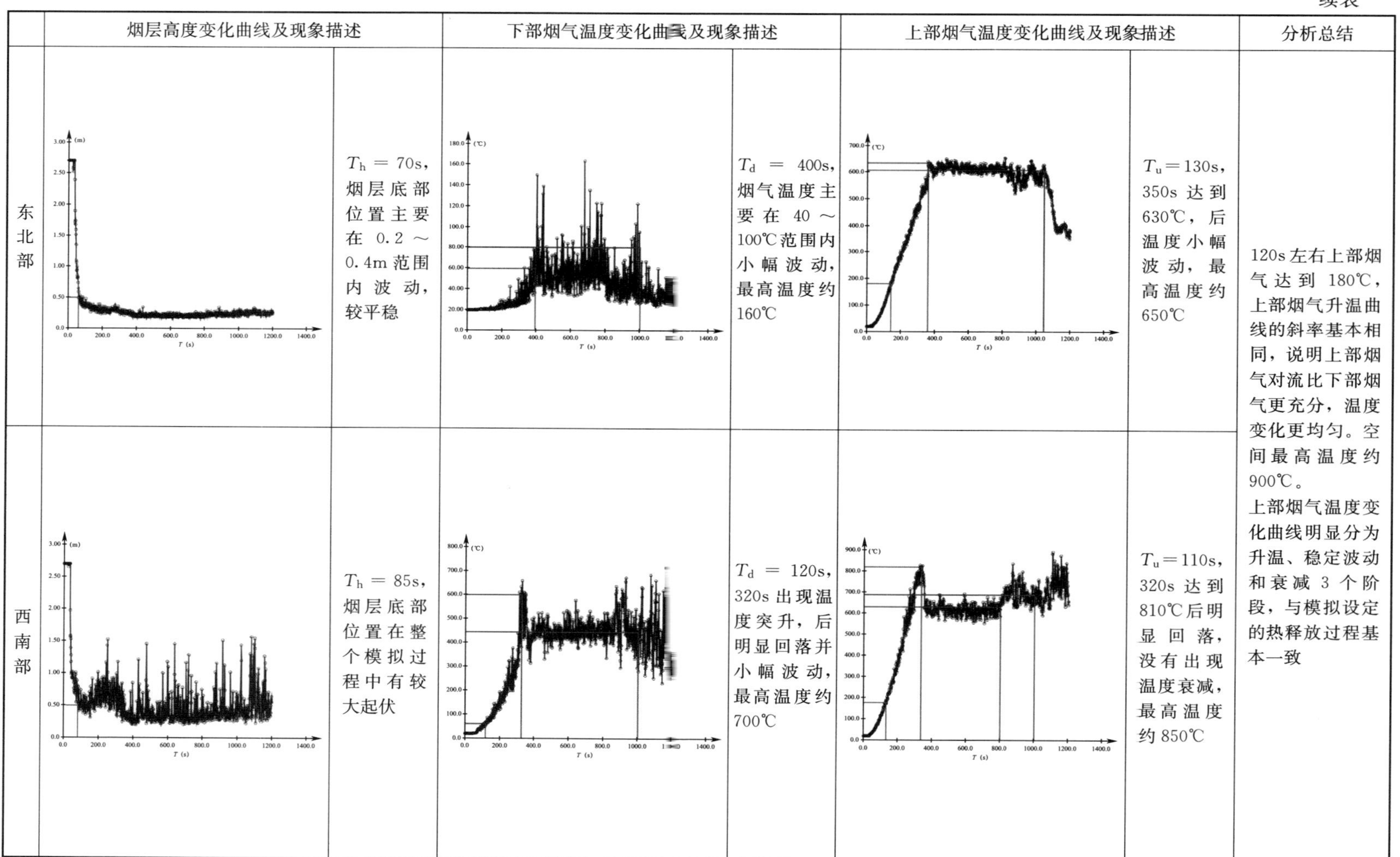

	烟层高度变化曲线及现象描述		下部烟气温度变化曲线及现象描述		上部烟气温度变化曲线及现象描述		分析总结
东北部		T_h = 70s，烟层底部位置主要在 0.2～0.4m 范围内波动，较平稳		T_d = 400s，烟气温度主要在 40～100℃范围内小幅波动，最高温度约 160℃		T_u = 130s，350s 达到 630℃，后温度小幅波动，最高温度约 650℃	120s 左右上部烟气达到 180℃，上部烟气升温曲线的斜率基本相同，说明上部烟气对流比下部烟气更充分，温度变化更均匀。空间最高温度约 900℃。 上部烟气温度变化曲线明显分为升温、稳定波动和衰减 3 个阶段，与模拟设定的热释放过程基本一致
西南部		T_h = 85s，烟层底部位置在整个模拟过程中有较大起伏		T_d = 120s，320s 出现温度突升，后明显回落并小幅波动，最高温度约 700℃		T_u = 110s，320s 达到 810℃后明显回落，没有出现温度衰减，最高温度约 850℃	

表 4.8　舒适型起居室火灾特性

基本指标	空间尺寸			门洞尺寸			窗洞尺寸			建筑面积（m^2）	房间净面积（m^2）	火灾荷载密度（MJ/m^2）	通风因子 $A_w h_w^{1/2}$	Thomas 公式	
	开间（m）	进深（m）	净高（m）	宽度（m）	高度（m）	面积（m^2）	宽度（m）	高度（m）	面积（m^2）					轰燃临界热释放速率 Q_f（kW）	轰燃时间 T_F（s）
	5.7	4.5	3.0	1.5	2.5	3.75	3.6	1.8	6.48	25.65	22.96	400.13	14.67	6276	323

平面图

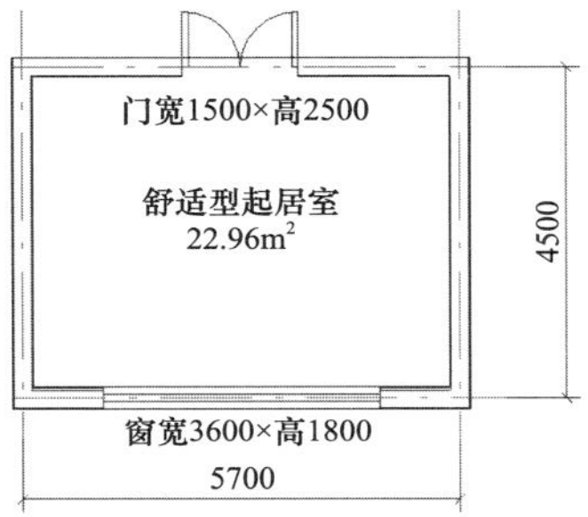

Revit 模型

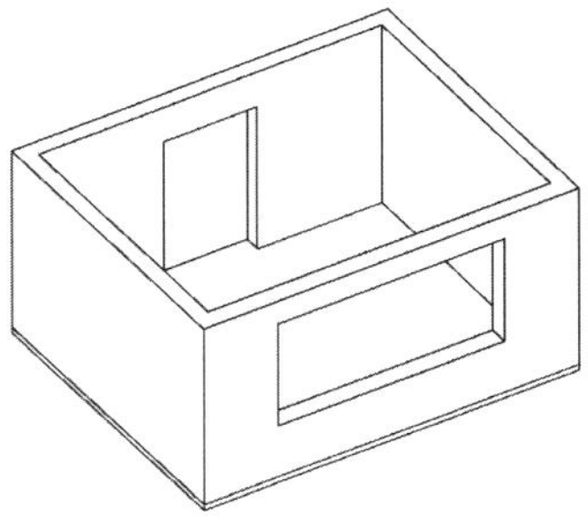

PyroSim 模型

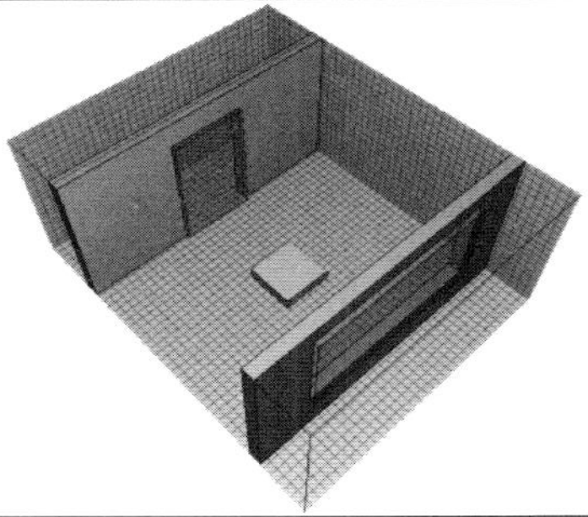

火灾增长曲线

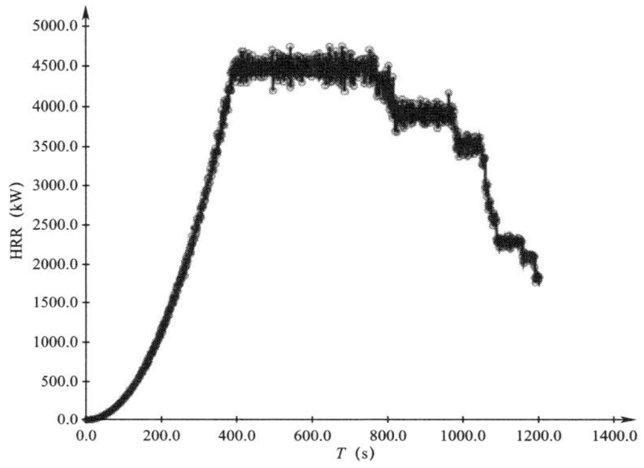

1m 处 CO 浓度未达到危险状态

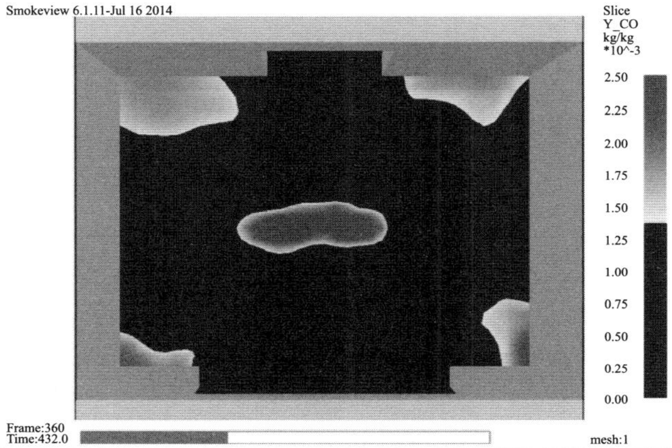

续表

基本指标	空间尺寸			门洞尺寸			窗洞尺寸			建筑面积（m^2）	房间净面积（m^2）	火灾荷载密度（MJ/m^2）	通风因子 $A_w h_w^{1/2}$	Thomas 公式	
	开间（m）	进深（m）	净高（m）	宽度（m）	高度（m）	面积（m^2）	宽度（m）	高度（m）	面积（m^2）					轰燃临界热释放速率 $\dot{Q}_f$（kW）	轰燃时间 T_F（s）
	5.7	4.5	3.0	1.5	2.5	3.75	3.6	1.8	6.48	25.65	22.96	400.13	14.67	6276	323

1.2m 处能见度达到危险状态时间 $T_v=103s$

1.5m 处温度达到危险状态时间 $T_a=151s$

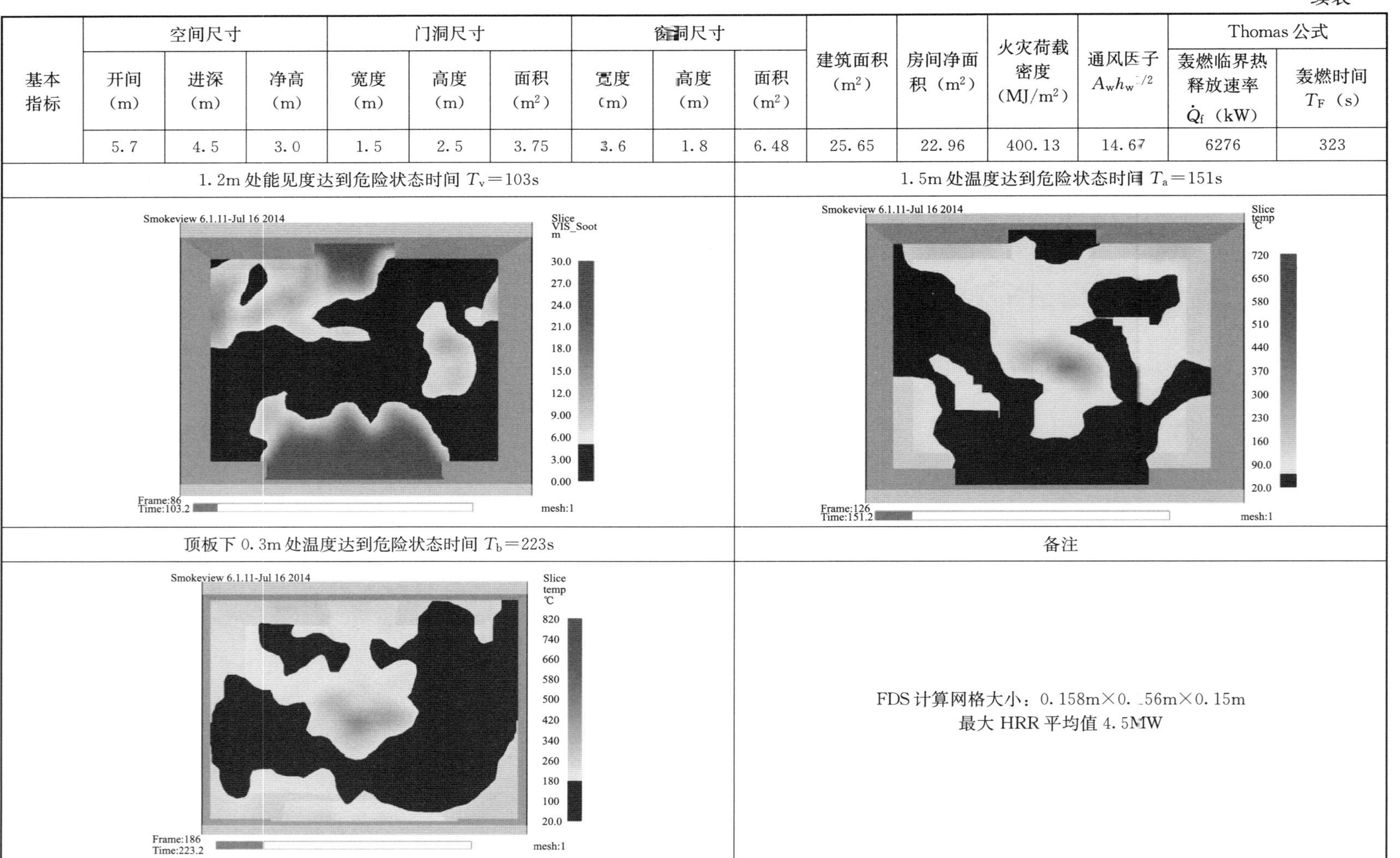

顶板下 0.3m 处温度达到危险状态时间 $T_b=223s$

备注

FDS 计算网格大小：0.158m×0.[illegible]56m×0.15m
最大 HRR 平均值 4.5MW

表 4.9 舒适型起居室火灾烟气特性曲线

	烟层高度变化曲线及现象描述		下部烟气温度变化曲线及现象描述		上部烟气温度变化曲线及现象描述		分析总结
西北部	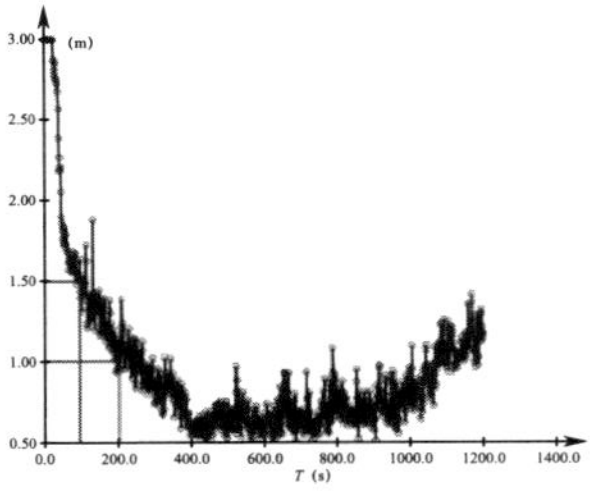	烟层底部位置主要在 0.5～1.0m 范围内波动，1000s 后有所回升	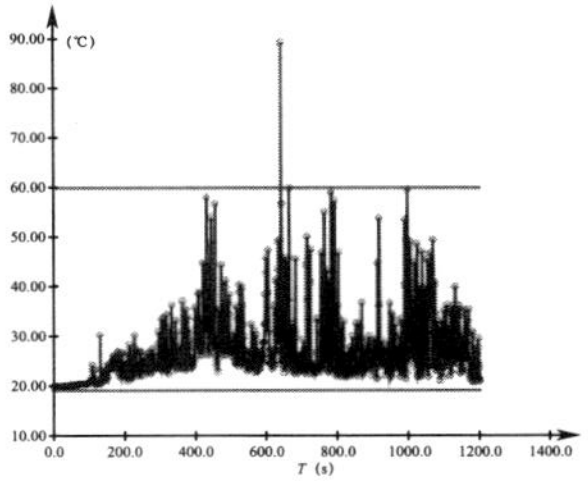	烟气温度主要在 20～60℃ 范围内波动	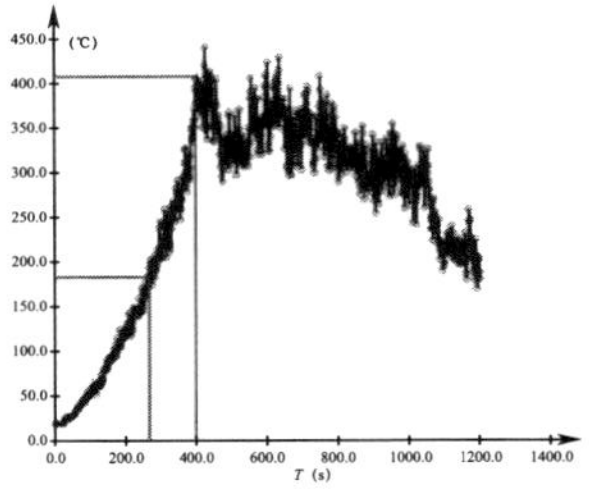	T_u＝260s，400～600s 温度有起伏，之后温度逐渐衰减，最高温度约 440℃	整个模拟过程中烟气层都处于 0.5m 之上。350s 左右下部烟气达到 60℃，而西北部和东北部下部烟气没有达到 60℃，原因是舒适型起居室的建筑面积、净高度和通风因子较经济型起居室均增大
东南部	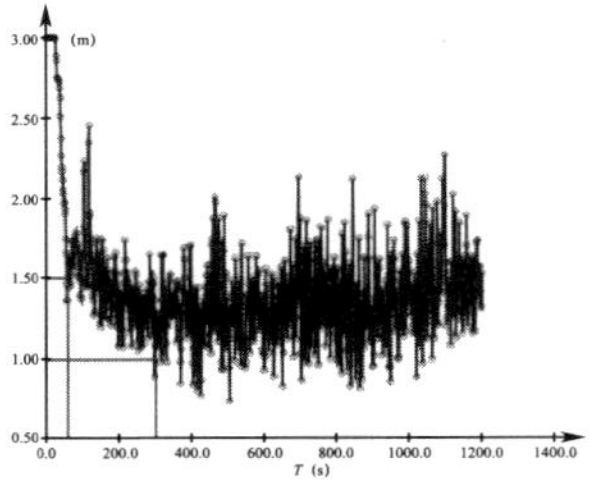	烟层底部位置主要在 0.8～1.8m 范围内波动	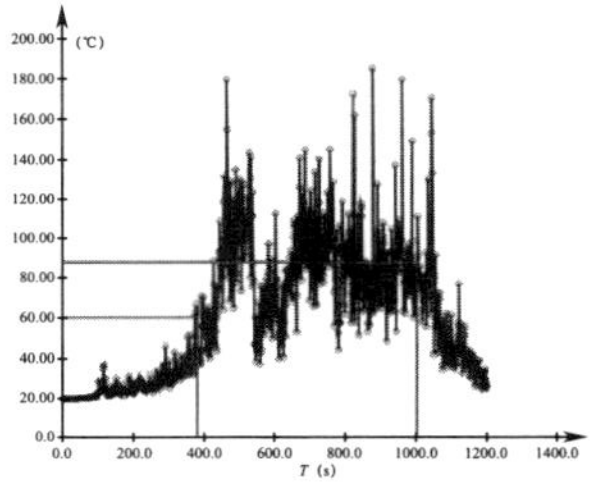	T_d ＝ 390s，400～600s 温度有明显起伏，最高温度约 180℃	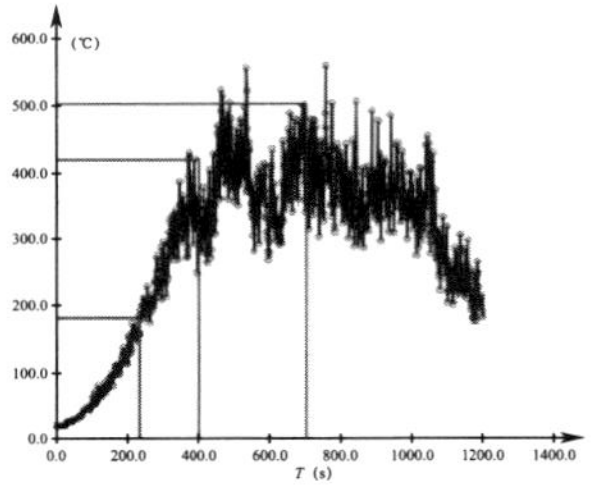	T_u＝220s，400～700s 温度有较明显的起伏，最高温度约 550℃	

续表

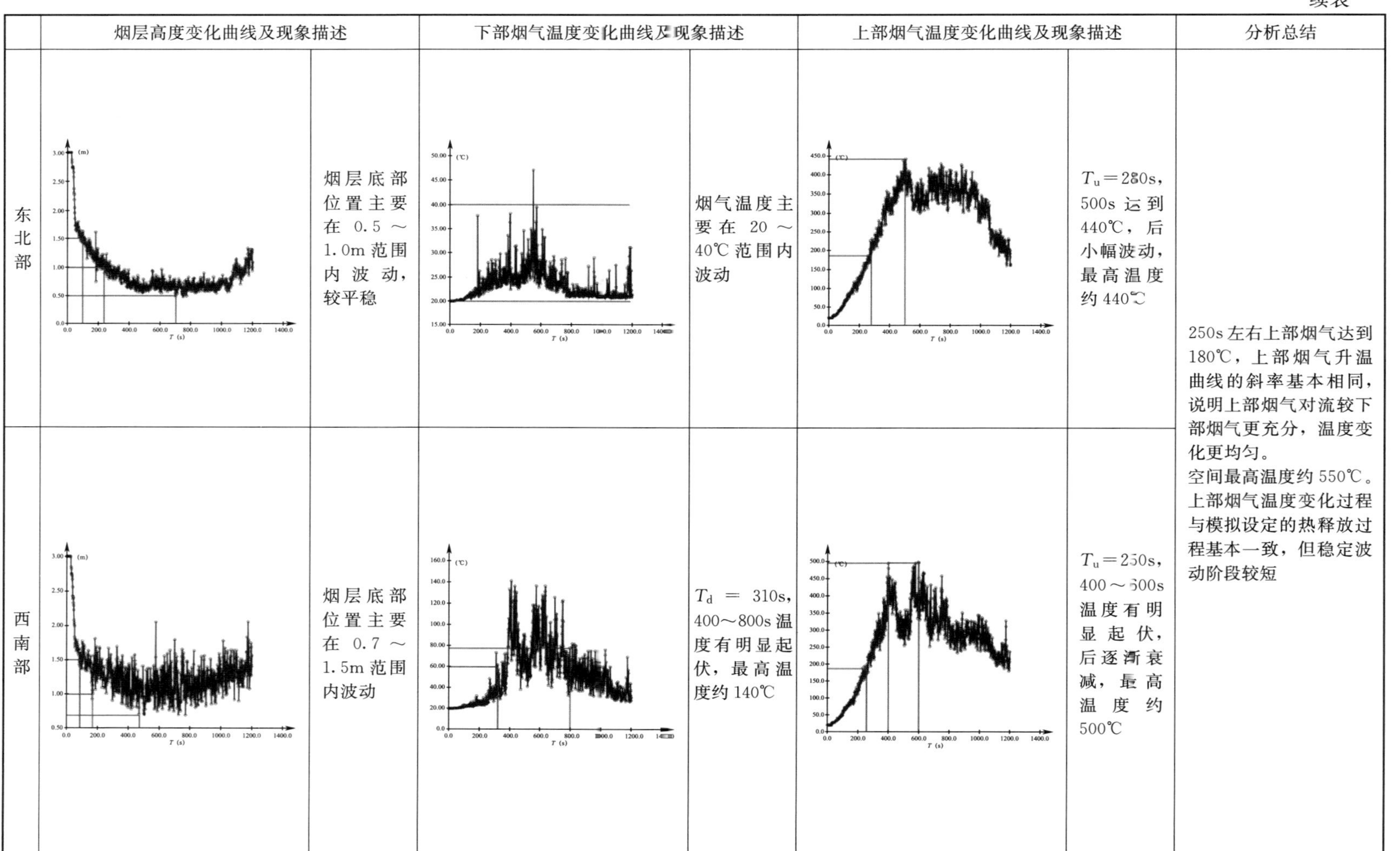

	烟层高度变化曲线及现象描述		下部烟气温度变化曲线及现象描述		上部烟气温度变化曲线及现象描述		分析总结
东北部		烟层底部位置主要在0.5～1.0m范围内波动，较平稳		烟气温度主要在20～40℃范围内波动		T_u＝280s，500s达到440℃，后小幅波动，最高温度约440℃	250s左右上部烟气达到180℃，上部烟气升温曲线的斜率基本相同，说明上部烟气对流较下部烟气更充分，温度变化更均匀。 空间最高温度约550℃。 上部烟气温度变化过程与模拟设定的热释放过程基本一致，但稳定波动阶段较短
西南部		烟层底部位置主要在0.7～1.5m范围内波动		T_d＝310s，400～800s温度有明显起伏，最高温度约140℃		T_u＝250s，400～600s温度有明显起伏，后逐渐衰减，最高温度约500℃	

表 4.10　经济型卧室火灾特性

基本指标	空间尺寸			门洞尺寸			窗洞尺寸			建筑面积（m^2）	房间净面积（m^2）	火灾荷载密度（MJ/m^2）	通风因子 $A_w h_w^{1/2}$	Thomas 公式	
	开间（m）	进深（m）	净高（m）	宽度（m）	高度（m）	面积（m^2）	宽度（m）	高度（m）	面积（m^2）					轰燃临界热释放速率 Q_f（kW）	轰燃时间 T_F（s）
	2.7	3.2	2.7	0.8	2.0	1.60	1.2	1.2	1.44	8.64	7.12	1009.33	3.87	1776	81
平面图						Revit 模型					PyroSim 模型				
火灾增长曲线						1m 处 CO 浓度达到危险状态时间 T_{CO}=246s					1.2m 处能见度达到危险状态时间 T_v=30s				

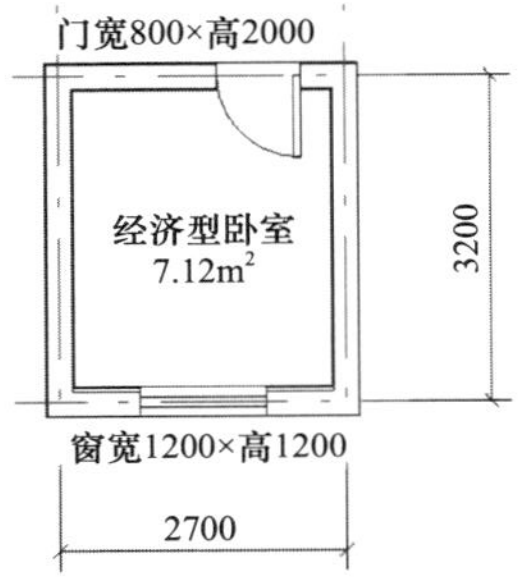

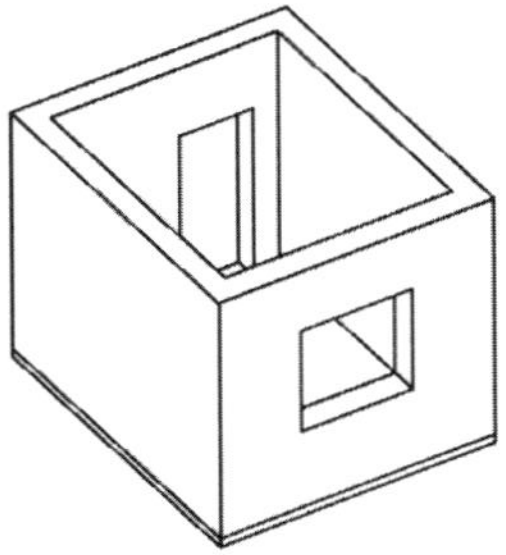

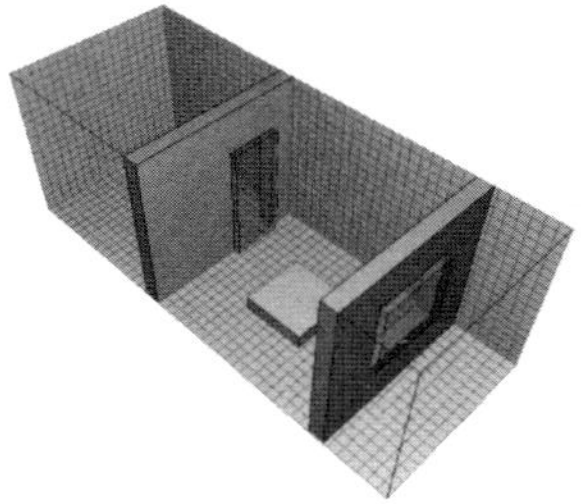

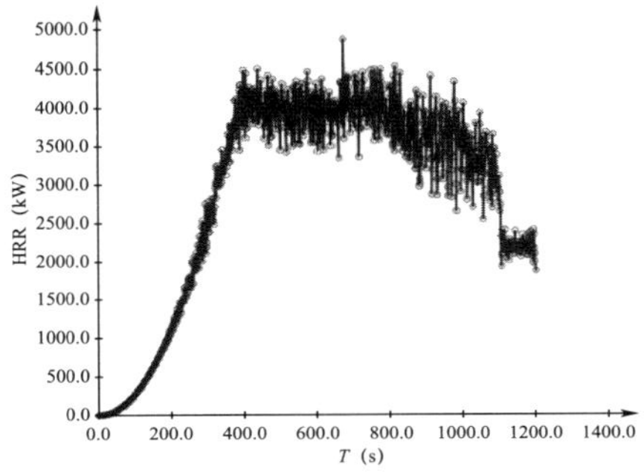

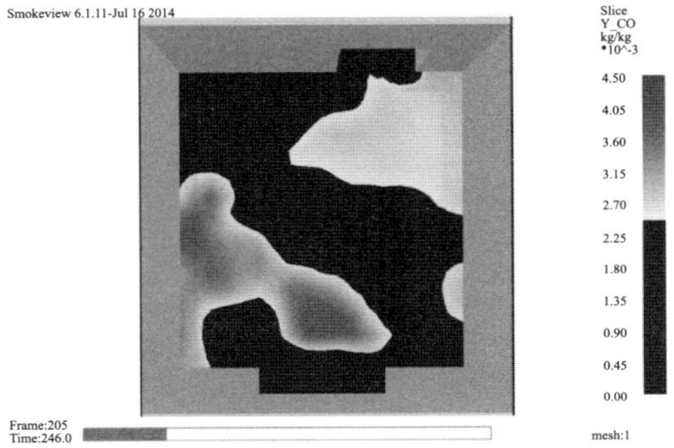

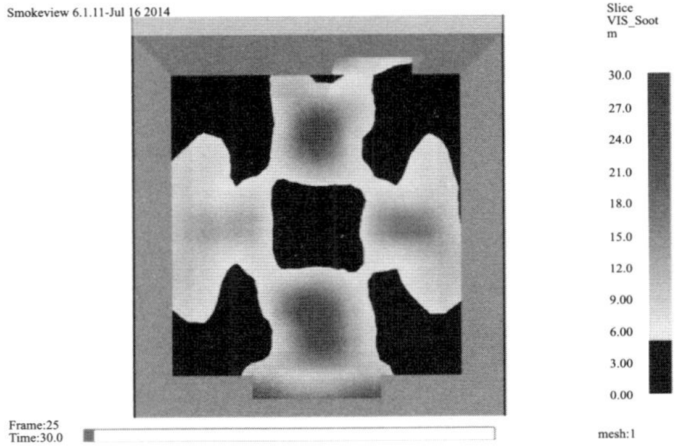

续表

<table>
<tr><td rowspan="2">基本指标</td><td colspan="3">空间尺寸</td><td colspan="3">门洞尺寸</td><td colspan="3">窗洞尺寸</td><td rowspan="2">建筑面积（m²）</td><td rowspan="2">房间净面积（m²）</td><td rowspan="2">火灾荷载密度（MJ/m²）</td><td rowspan="2">通风因子 $A_w h_w^{1/2}$</td><td colspan="2">Thomas 公式</td></tr>
<tr><td>开间（m）</td><td>进深（m）</td><td>净高（m）</td><td>宽度（m）</td><td>高度（m）</td><td>面积（m²）</td><td>宽度（m）</td><td>高度（m）</td><td>面积（m²）</td><td>轰燃临界热释放速率 $\dot{Q}_f$（kW）</td><td>轰燃时间 T_F（s）</td></tr>
<tr><td></td><td>2.7</td><td>3.2</td><td>2.7</td><td>0.8</td><td>2.0</td><td>1.60</td><td>1.2</td><td>1.2</td><td>1.44</td><td>8.64</td><td>7.12</td><td>1009.33</td><td>3.87</td><td>1776</td><td>181</td></tr>
<tr><td colspan="6">1.5m 处温度达到危险状态时间 T_a=72s</td><td colspan="7">顶板下 0.3m 处温度达到危险状态时间 T_b=116s</td><td colspan="3">备注</td></tr>
<tr><td colspan="6"></td><td colspan="7"></td><td colspan="3">FDS 计算网格大小：0.15m×0.156m×0.15m
最大 HRR 平均值 4.0MW</td></tr>
</table>

表 4.11　经济型卧室火灾烟气特性曲线

	烟层高度变化曲线及现象描述		下部烟气温度变化曲线及现象描述		上部烟气温度变化曲线及现象描述		分析总结
西北部	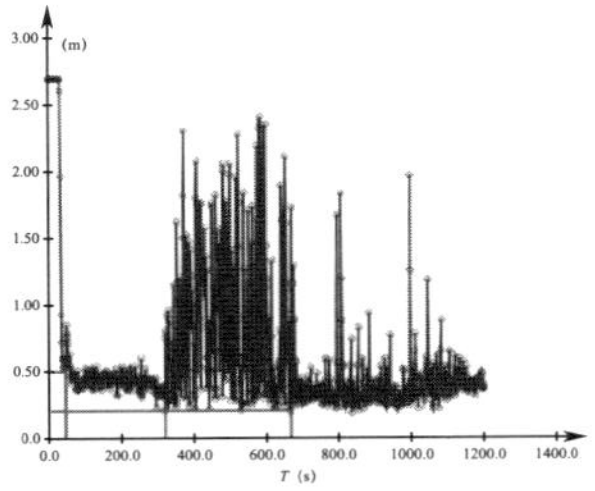	T_h = 50s，烟层底部位置在 310～680s 有较大起伏	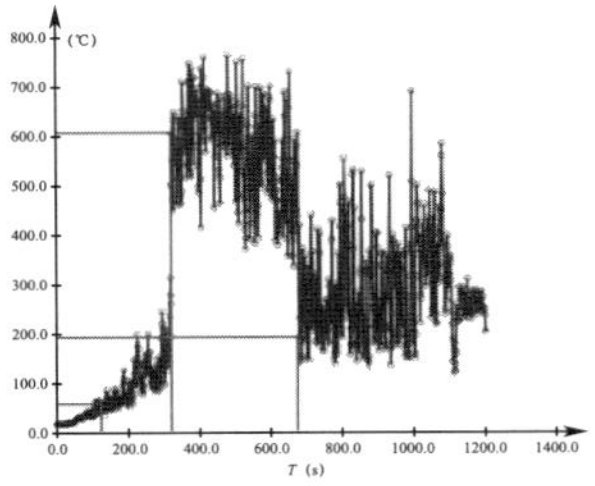	T_d＝110s，310s 出现温度突升，之后剧烈波动，最高温度约 750℃	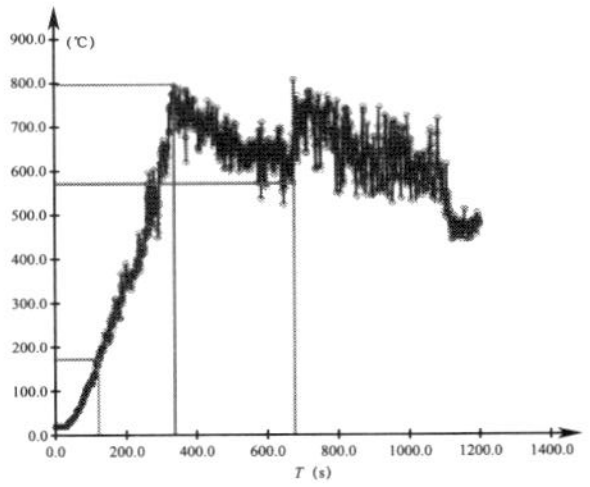	T_u＝120s，340s 达到约 800℃，670s 出现温度波谷，最高温度约 800℃	火灾发生 50s 左右烟气充满整个空间，西北部和西南部烟气波动明显。 110s 左右下部烟气达到 60℃，各方位均出现温度突升现象，且发生的时间有差异
东南部	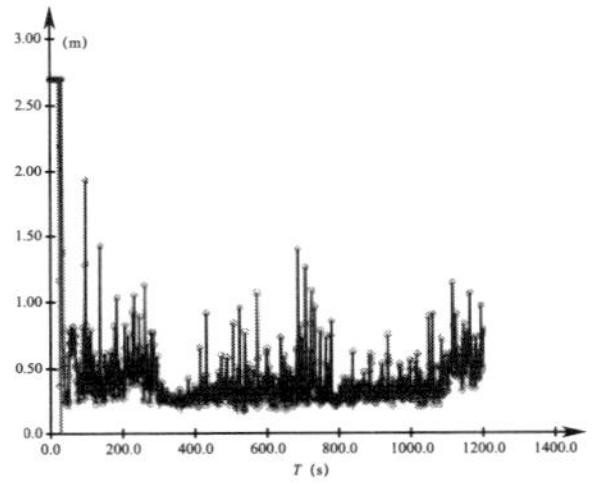	T_h = 40s，烟层底部位置主要在 0.2～0.8m 范围内波动	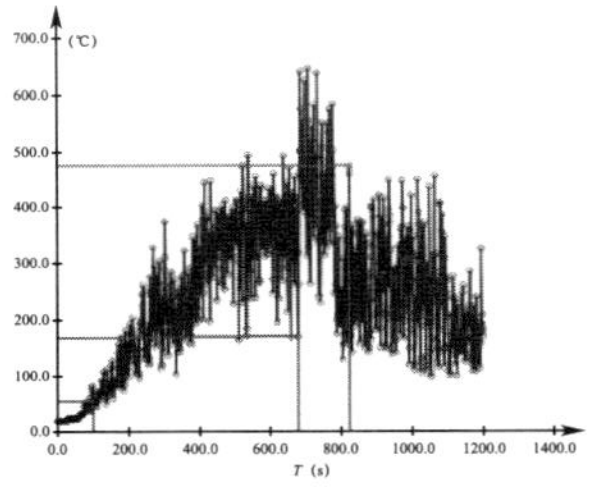	T_d＝100s，680s 出现温度突升，800s 温度大幅回落，最高温度约 650℃	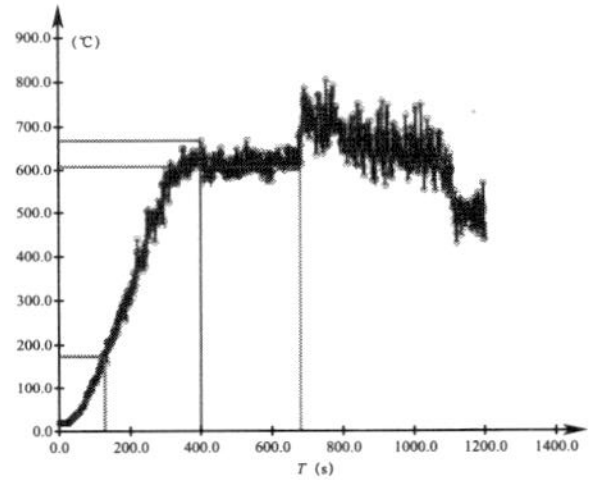	T_u＝120s，400s 达到约 680℃，680s 出现温度突升，最高温度约 800℃	

续表

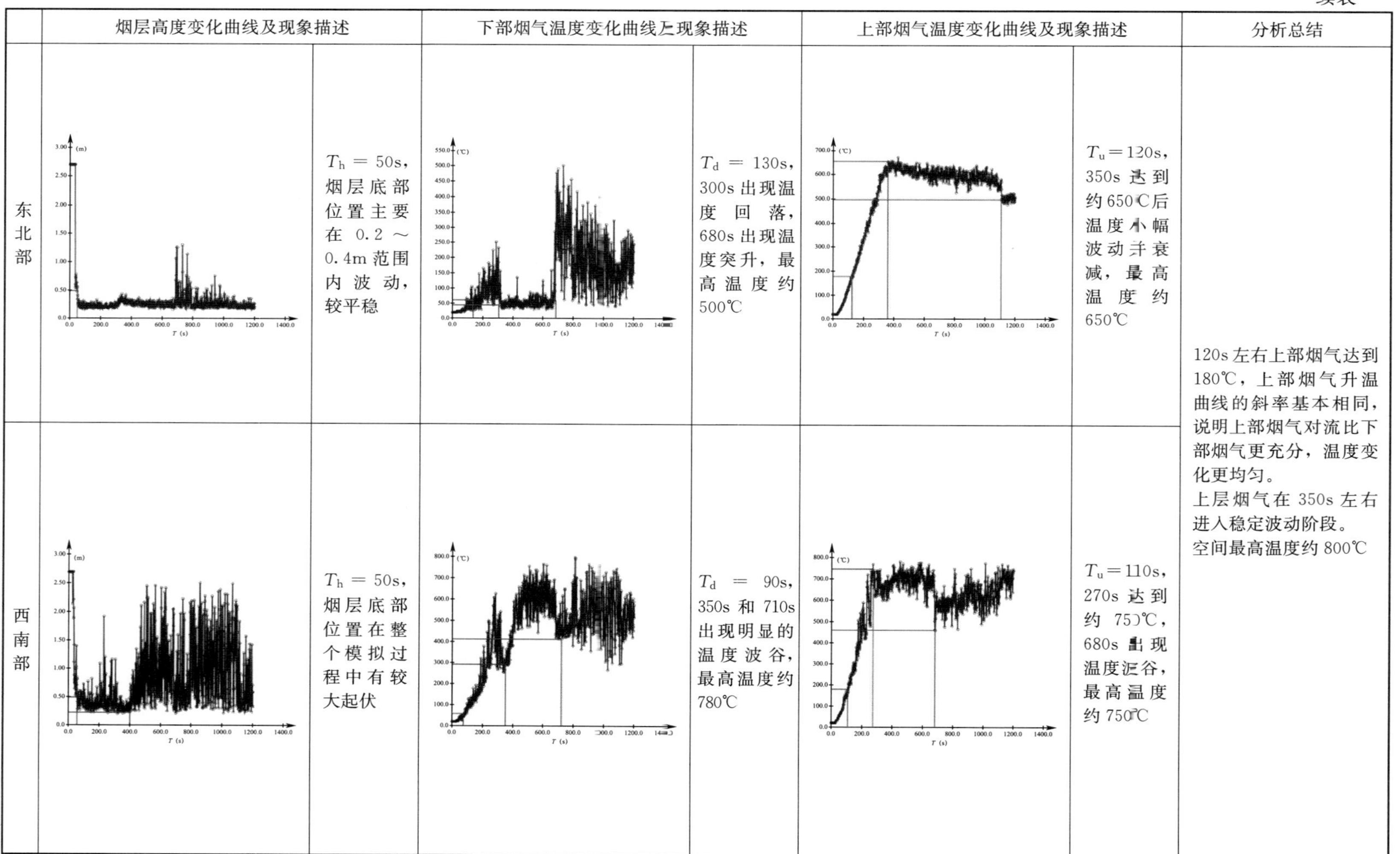

	烟层高度变化曲线及现象描述		下部烟气温度变化曲线及现象描述		上部烟气温度变化曲线及现象描述		分析总结
东北部		T_h = 50s，烟层底部位置主要在 0.2～0.4m 范围内波动，较平稳		T_d = 130s，300s 出现温度回落，680s 出现温度突升，最高温度约500℃		T_u = 120s，350s 达到约 650℃后温度小幅波动并衰减，最高温度约650℃	120s 左右上部烟气达到180℃，上部烟气升温曲线的斜率基本相同，说明上部烟气对流比下部烟气更充分，温度变化更均匀。 上层烟气在 350s 左右进入稳定波动阶段。 空间最高温度约 800℃
西南部		T_h = 50s，烟层底部位置在整个模拟过程中有较大起伏		T_d = 90s，350s 和 710s 出现明显的温度波谷，最高温度约780℃		T_u = 110s，270s 达到约 750℃，680s 出现温度波谷，最高温度约 750℃	

表 4.12　舒适型卧室火灾特性

基本指标	空间尺寸			门洞尺寸			窗洞尺寸			建筑面积（m^2）	房间净面积（m^2）	火灾荷载密度（MJ/m^2）	通风因子 $A_w h_w^{1/2}$	Thomas 公式	
	开间（m）	进深（m）	净高（m）	宽度（m）	高度（m）	面积（m^2）	宽度（m）	高度（m）	面积（m^2）					轰燃临界热释放速率 Q_f（kW）	轰燃时间 T_F（s）
	3.6	4.8	3.0	0.9	2.0	1.98	1.8	1.5	2.70	17.28	15.10	620.04	6.27	2938	156

平面图	Revit 模型	PyroSim 模型
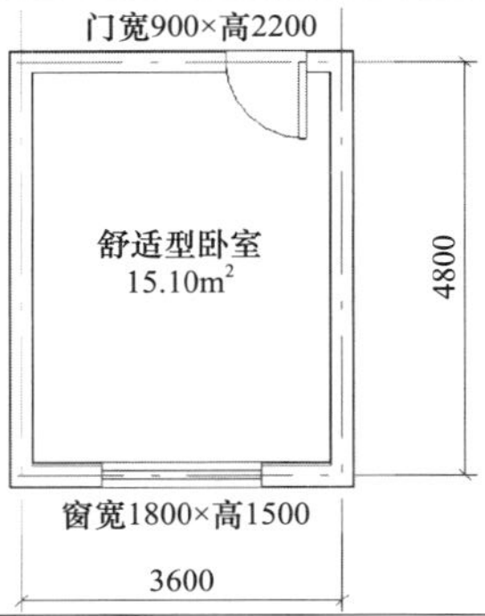 门宽900×高2200 舒适型卧室 15.10m² 4800 窗宽1800×高1500 3600		
火灾增长曲线	**1m 处 CO 浓度达到危险状态时间 $T_{CO}=385s$**	**1.2m 处能见度达到危险状态时间 $T_v=46s$**
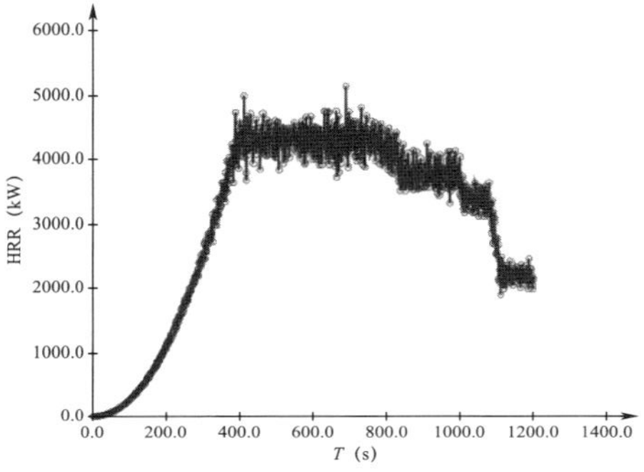 HRR (kW) 6000.0 5000.0 4000.0 3000.0 2000.0 1000.0 0.0 0.0 200.0 400.0 600.0 800.0 1000.0 1200.0 1400.0 T (s)	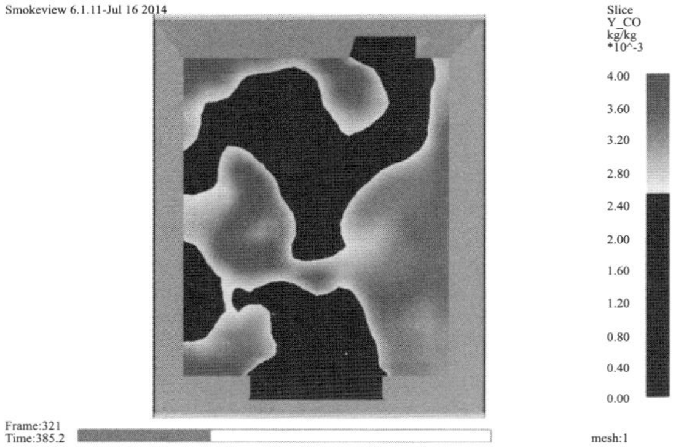 Smokeview 6.1.11-Jul 16 2014 Slice Y_CO kg/kg *10^-3 4.00 3.60 3.20 2.80 2.40 2.00 1.60 1.20 0.80 0.40 0.00 Frame:321 Time:385.2 mesh:1	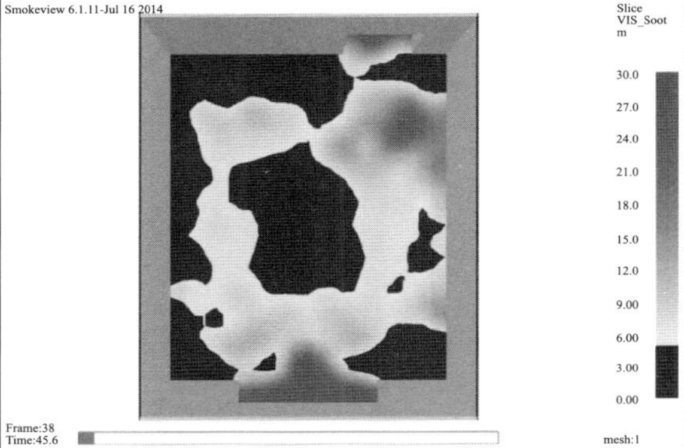 Smokeview 6.1.11-Jul 16 2014 Slice VIS_Soot m 30.0 27.0 24.0 21.0 18.0 15.0 12.0 9.00 6.00 3.00 0.00 Frame:38 Time:45.6 mesh:1

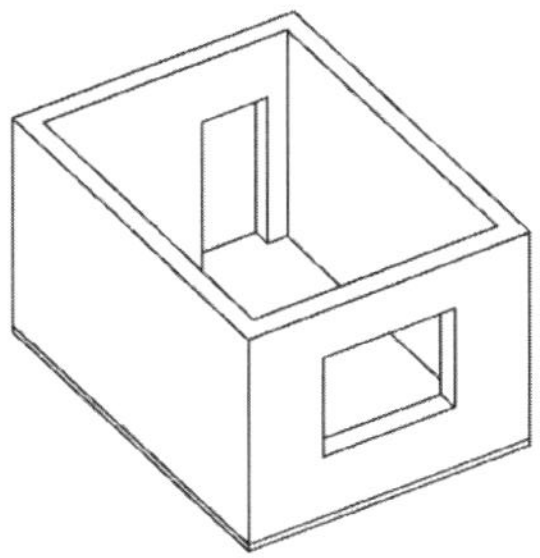

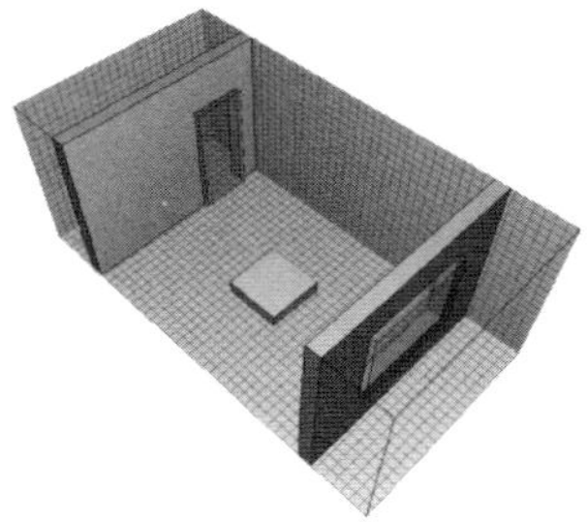

续表

基本指标	空间尺寸			门洞尺寸			窗洞尺寸			建筑面积（m^2）	房间净面积（m^2）	火灾荷载密度（MJ/m^2）	通风因子 $A_w h_w^{1/2}$	Thomas 公式	
	开间（m）	进深（m）	净高（m）	宽度（m）	高度（m）	面积（m^2）	宽度（m）	高度（m）	面积（m^2）					轰燃临界热释放速率 Q_f（kW）	轰燃时间 T_F（s）
	3.6	4.8	3.0	0.9	2.0	1.98	1.8	1.5	2.70	17.28	15.10	620.04	6.2[illegible]	2938	156
1.5m 处温度达到危险状态时间 T_a=97s							顶板下 0.3m 处温度达到危险状态时间 T_b=160s						备注		
Smokeview 6.1.11-Jul 16 2014 Slice temp ℃ 1020 920 820 720 620 520 420 320 220 120 20.0 Frame:81 Time:97.2 mesh:1							Smokeview 6.1.11-Jul 16 2014 Slice temp ℃ 970 875 780 685 590 495 400 305 210 115 20.0 Frame:133 Time:159.6 mesh:1						FDS 计算网格大小：0.15m×0.15m×0.15m；最大 HRR 平均值 4.5MW。		

表 4.13　舒适型卧室火灾烟气特性曲线

	烟层高度变化曲线及现象描述		下部烟气温度变化曲线及现象描述		上部烟气温度变化曲线及现象描述		分析总结
西北部	(m) 3.00 2.50 2.00 1.50 1.00 0.50 0.0 0.0 200.0 400.0 600.0 800.0 1000.0 1200.0 1400.0 T (s)	T_h＝110s，烟层底部位置主要在 0.3～1.2m 范围内波动	(℃) 800.0 700.0 600.0 500.0 400.0 300.0 200.0 100.0 0.0 0.0 200.0 400.0 600.0 800.0 1000.0 1200.0 1400.0 T (s)	T_d = 120s，烟气温度主要在 100～600℃范围内波动，最高温度约650℃	(℃) 1000.0 900.0 800.0 700.0 600.0 500.0 400.0 300.0 200.0 100.0 0.0 0.0 200.0 400.0 600.0 800.0 1000.0 1200.0 1400.0 T (s)	T_u = 150s，400s 达到 910℃，600s 后温度逐渐衰减，最高温度约950℃	火灾发生 110s 左右烟气充满整个空间，各方位烟气底层位置较平稳。 180s 左右下部烟气达到 60℃，而东北部下部烟气没有达到 60℃。
东南部	(m) 3.00 2.50 2.00 1.50 1.00 0.50 0.0 0.0 200.0 400.0 600.0 800.0 1000.0 1200.0 1400.0 T (s)	T_h＝110s，烟层底部位置主要在 0.3～0.6m 范围内波动，较平稳	(℃) 180.0 160.0 140.0 120.0 100.0 80.0 60.0 40.0 20.0 0.0 0.0 200.0 400.0 600.0 800.0 1000.0 1200.0 1400.0 T (s)	T_d = 240s，700s 后温度逐渐衰减，最高温度约140℃	(℃) 550.0 500.0 450.0 400.0 350.0 300.0 250.0 200.0 150.0 100.0 60.0 0.0 0.0 200.0 400.0 600.0 800.0 1000.0 1200.0 1400.0 T (s)	T_u = 200s，400s 达到 500℃，800s 后温度逐渐衰减，最高温度约500℃	

续表

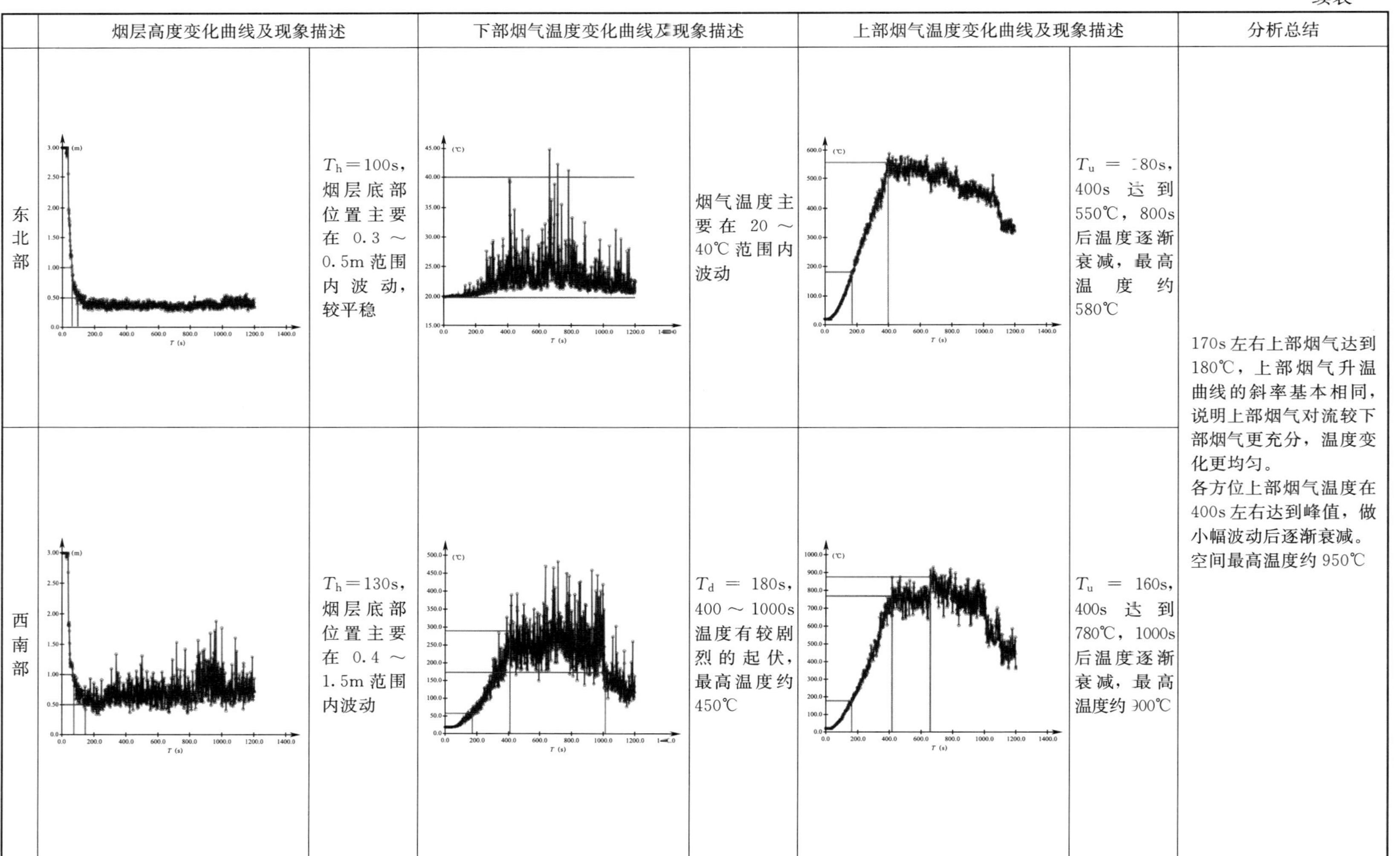

	烟层高度变化曲线及现象描述		下部烟气温度变化曲线及现象描述		上部烟气温度变化曲线及现象描述		分析总结
东北部		T_h=100s，烟层底部位置主要在 0.3～0.5m 范围内波动，较平稳		烟气温度主要在 20～40℃范围内波动		T_u = 180s，400s 达到 550℃，800s 后温度逐渐衰减，最高温度约 580℃	170s 左右上部烟气达到 180℃，上部烟气升温曲线的斜率基本相同，说明上部烟气对流较下部烟气更充分，温度变化更均匀。 各方位上部烟气温度在 400s 左右达到峰值，做小幅波动后逐渐衰减。 空间最高温度约 950℃
西南部		T_h=130s，烟层底部位置主要在 0.4～1.5m 范围内波动		T_d = 180s，400～1000s 温度有较剧烈的起伏，最高温度约 450℃		T_u = 160s，400s 达到 780℃，1000s 后温度逐渐衰减，最高温度约 900℃	

表 4.14　经济型餐厅火灾特性

基本指标	空间尺寸			门洞尺寸			窗洞尺寸			建筑面积 (m^2)	房间净面积 (m^2)	火灾荷载密度 (MJ/m^2)	通风因子 $A_w h_w^{1/2}$	Thomas 公式	
	开间 (m)	进深 (m)	净高 (m)	宽度 (m)	高度 (m)	面积 (m^2)	宽度 (m)	高度 (m)	面积 (m^2)					轰燃临界热释放速率 Q_f (kW)	轰燃时间 T_F (s)
	2.7	3.6	2.7	0.8	2.0	1.60	1.5	1.5	2.25	9.72	8.10	967.2	5.03	2241	95

平面图	Revit 模型	PyroSim 模型
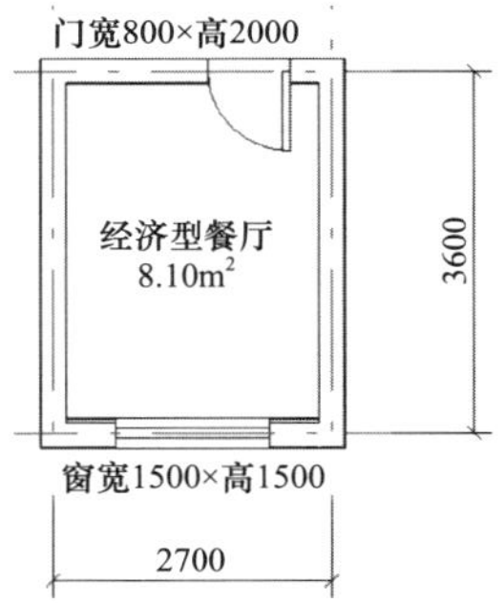 门宽800×高2000 经济型餐厅 8.10m² 3600 窗宽1500×高1500 2700	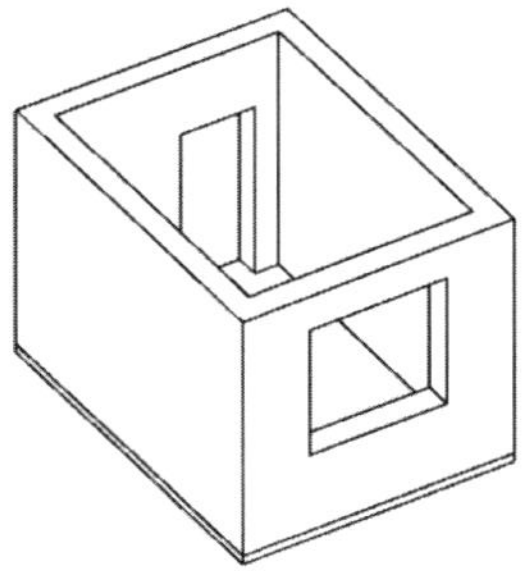	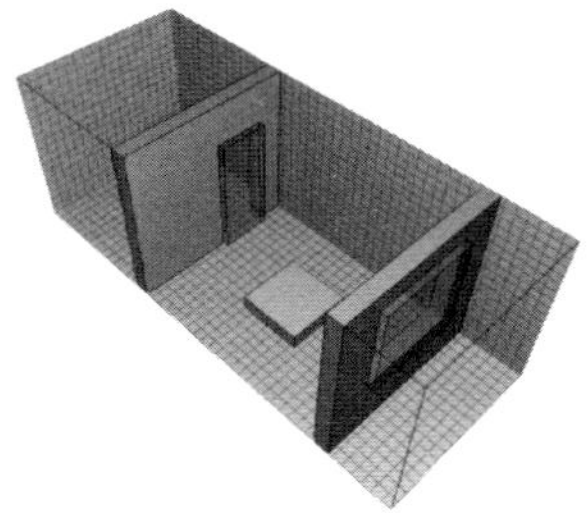
火灾增长曲线	**1m 处 CO 浓度达到危险状态时间 $T_{CO}=316s$**	**1.2m 处能见度达到危险状态时间 $T_v=32s$**
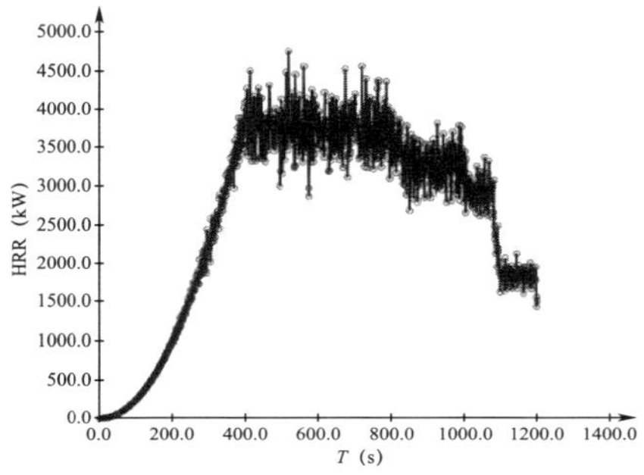 HRR (kW) 5000.0 4500.0 4000.0 3500.0 3000.0 2500.0 2000.0 1500.0 1000.0 500.0 0.0 0.0 200.0 400.0 600.0 800.0 1000.0 1200.0 1400.0 T (s)	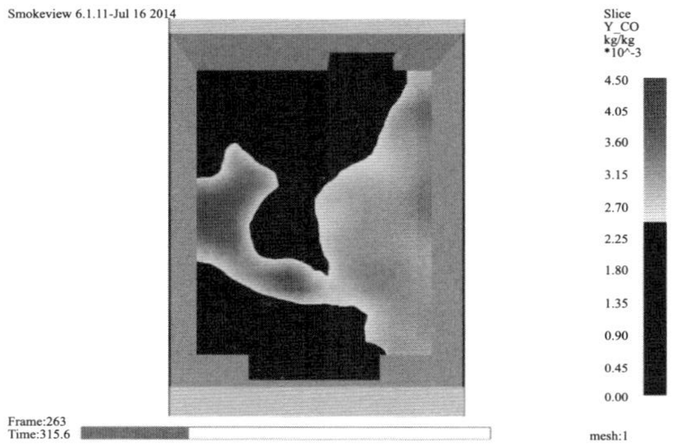 Smokeview 6.1.11-Jul 16 2014 Slice Y_CO kg/kg *10^-3 4.50 4.05 3.60 3.15 2.70 2.25 1.80 1.35 0.90 0.45 0.00 Frame:263 Time:315.6 mesh:1	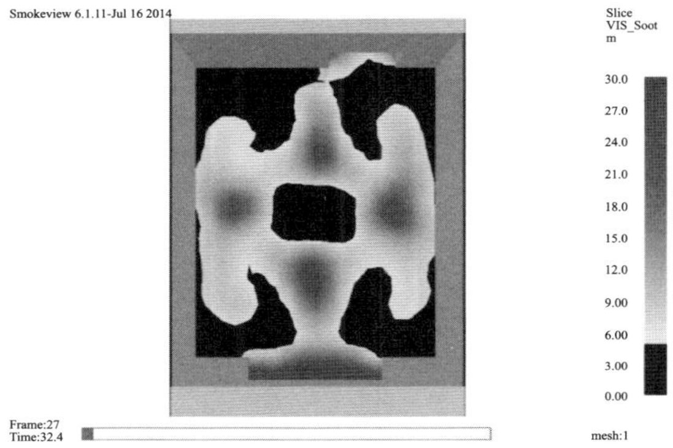 Smokeview 6.1.11-Jul 16 2014 Slice VIS_Soot m 30.0 27.0 24.0 21.0 18.0 15.0 12.0 9.00 6.00 3.00 0.00 Frame:27 Time:32.4 mesh:1

续表

<table>
<tr><td rowspan="2">基本指标</td><td colspan="3">空间尺寸</td><td colspan="3">门洞尺寸</td><td colspan="3">窗洞尺寸</td><td rowspan="2">建筑面积（m²）</td><td rowspan="2">房间净面积（m²）</td><td rowspan="2">火灾荷载密度（MJ/m²）</td><td rowspan="2">通风因子 $A_w h_w^{1/2}$</td><td colspan="2">Thomas 公式</td></tr>
<tr><td>开间（m）</td><td>进深（m）</td><td>净高（m）</td><td>宽度（m）</td><td>高度（m）</td><td>面积（m²）</td><td>宽度（m）</td><td>高度（m）</td><td>面积（m²）</td><td>轰燃临界热释放速率 $\dot{Q}_f$（kW）</td><td>轰燃时间 T_F（s）</td></tr>
<tr><td></td><td>2.7</td><td>3.6</td><td>2.7</td><td>0.8</td><td>2.0</td><td>1.60</td><td>1.5</td><td>1.5</td><td>2.25</td><td>9.72</td><td>8.10</td><td>967.2</td><td>5.03</td><td>2241</td><td>95</td></tr>
<tr><td colspan="6">1.5m 处温度达到危险状态时间 T_a=88s</td><td colspan="6">顶板下 0.3m 处温度达到危险状态时间 T_b=145s</td><td colspan="4">备注</td></tr>
<tr><td colspan="6"> 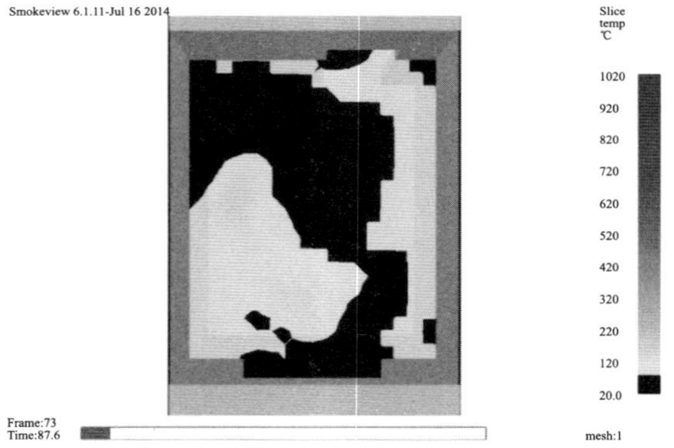</td><td colspan="6"> 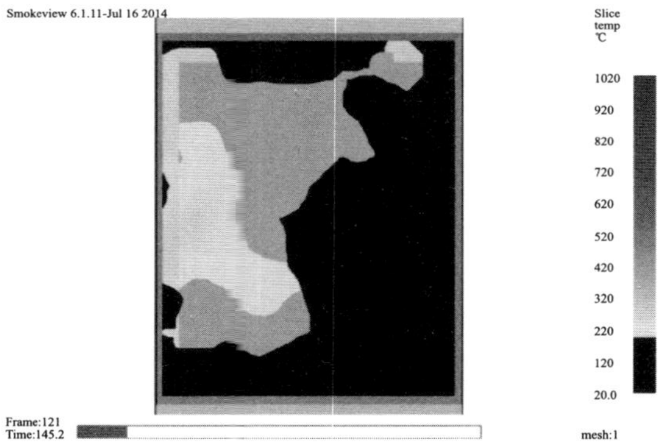</td><td colspan="4">FDS 计算网格大小：0.15m×0.156m×0.15m
最大 HRR 平均值 4.0MW</td></tr>
</table>

表 4.15　经济型餐厅火灾烟气特性曲线

	烟层高度变化曲线及现象描述		下部烟气温度变化曲线及现象描述		上部烟气温度变化曲线及现象描述		分析总结
西北部	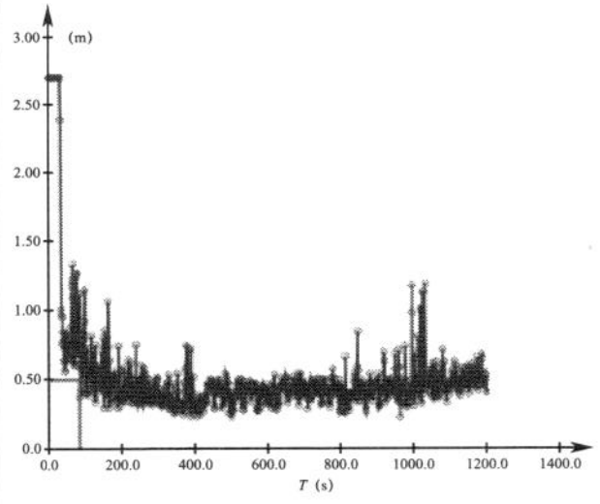 (m) 3.00 2.50 2.00 1.50 1.00 0.50 0.0 0.0 200.0 400.0 600.0 800.0 1000.0 1200.0 1400.0 T (s)	$T_h = 90s$，烟层底部位置主要在 0.3～0.8m 范围内波动，较平稳	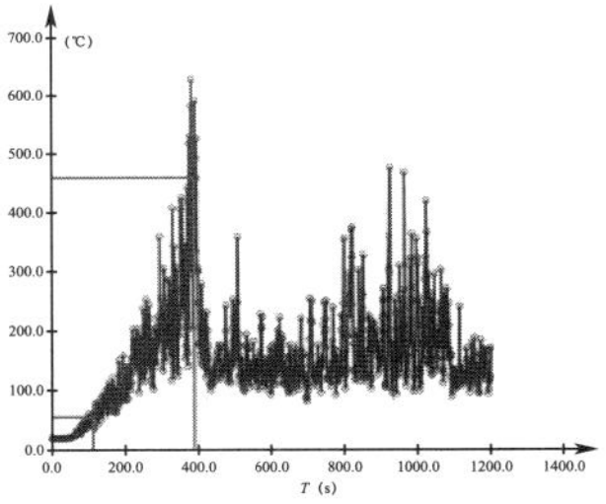 (℃) 700.0 600.0 500.0 400.0 300.0 200.0 100.0 0.0 0.0 200.0 400.0 600.0 800.0 1000.0 1200.0 1400.0 T (s)	$T_d = 110s$，温度在 400s 出现峰值后突降，最高温度约 600℃	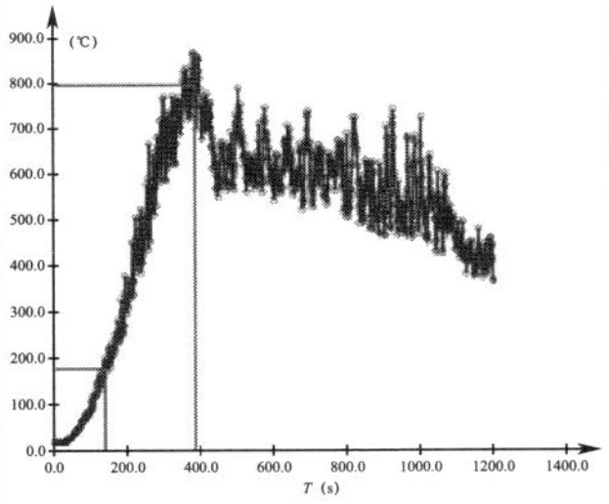 (℃) 900.0 800.0 700.0 600.0 500.0 400.0 300.0 200.0 100.0 0.0 0.0 200.0 400.0 600.0 800.0 1000.0 1200.0 1400.0 T (s)	$T_u = 130s$，400s 达到约 800℃后小幅波动并逐渐衰减，最高温度约 860℃	火灾发生 70s 左右烟气充满整个空间，西南部烟气波动较大。 210s 左右下部烟气达到 60℃，各方位有明显差异，东北部时间长达 400s
东南部	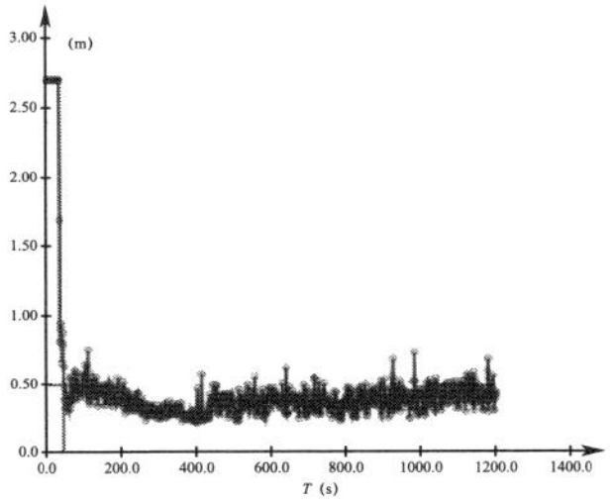 (m) 3.00 2.50 2.00 1.50 1.00 0.50 0.0 0.0 200.0 400.0 600.0 800.0 1000.0 1200.0 1400.0 T (s)	$T_h = 50s$，烟层底部位置主要在 0.3～0.7m 范围内波动，较平稳	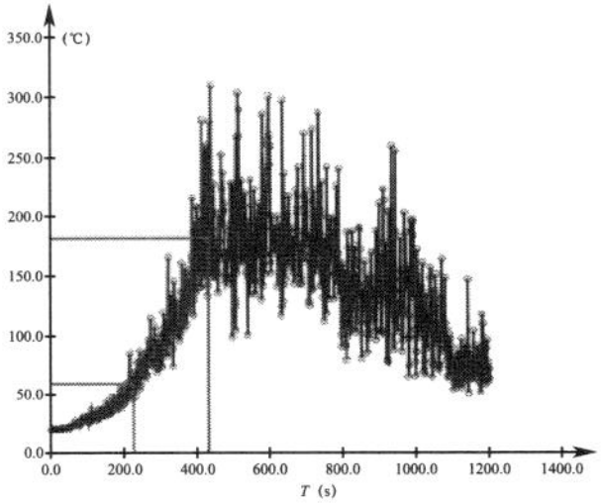 (℃) 350.0 300.0 250.0 200.0 150.0 100.0 50.0 0.0 0.0 200.0 400.0 600.0 800.0 1000.0 1200.0 1400.0 T (s)	$T_d = 220s$，烟气温度主要在 100～300℃范围内波动，最高温度约 300℃	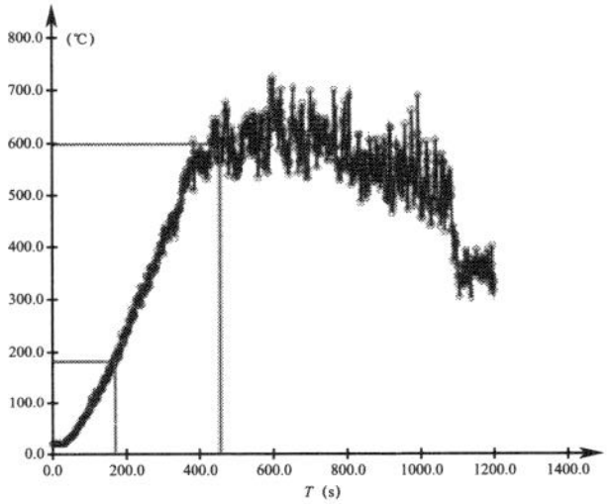 (℃) 800.0 700.0 600.0 500.0 400.0 300.0 200.0 100.0 0.0 0.0 200.0 400.0 600.0 800.0 1000.0 1200.0 1400.0 T (s)	$T_u = 160s$，460s 达到约 600℃，1000s 后开始明显衰减，最高温度约 700℃	

续表

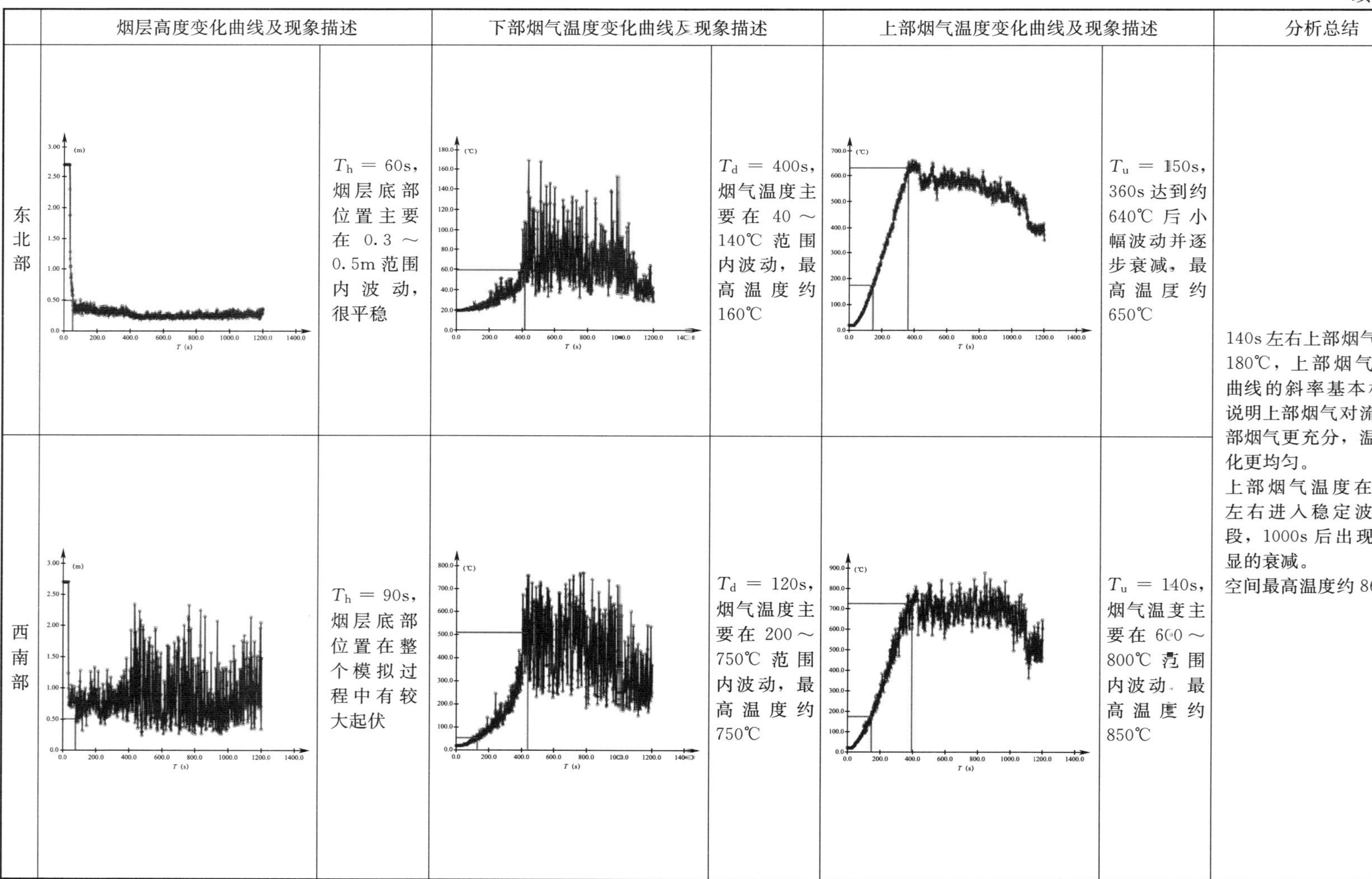

	烟层高度变化曲线及现象描述		下部烟气温度变化曲线及现象描述		上部烟气温度变化曲线及现象描述		分析总结
东北部		T_h ＝ 60s，烟层底部位置主要在 0.3～0.5m范围内波动，很平稳		T_d ＝ 400s，烟气温度主要在 40～140℃范围内波动，最高温度约160℃		T_u ＝ 150s，360s达到约640℃后小幅波动并逐步衰减，最高温度约650℃	140s左右上部烟气达到180℃，上部烟气升温曲线的斜率基本相同，说明上部烟气对流比下部烟气更充分，温度变化更均匀。 上部烟气温度在400s左右进入稳定波动阶段，1000s后出现较明显的衰减。 空间最高温度约860℃
西南部		T_h ＝ 90s，烟层底部位置在整个模拟过程中有较大起伏		T_d ＝ 120s，烟气温度主要在 200～750℃范围内波动，最高温度约750℃		T_u ＝ 140s，烟气温变主要在 600～800℃范围内波动，最高温度约850℃	

表 4.16　舒适型餐厅火灾特性

基本指标	空间尺寸			门洞尺寸			窗洞尺寸			建筑面积 (m^2)	房间净面积 (m^2)	火灾荷载密度 (MJ/m^2)	通风因子 $A_w h_w^{1/2}$	Thomas 公式	
	开间 (m)	进深 (m)	净高 (m)	宽度 (m)	高度 (m)	面积 (m^2)	宽度 (m)	高度 (m)	面积 (m^2)					轰燃临界热释放速率 $\dot{Q}_f$ (kW)	轰燃时间 T_F (s)
	4.5	3.9	3.0	1.2	2.5	3.00	2.0	1.8	3.60	17.55	15.35	796.29	9.61	4187	152

平面图

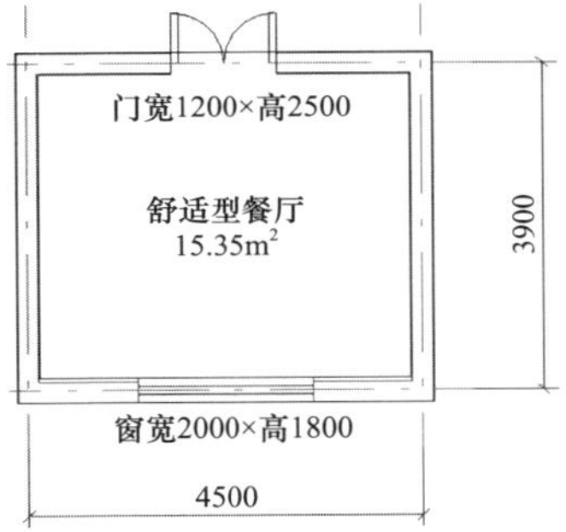

Revit 模型

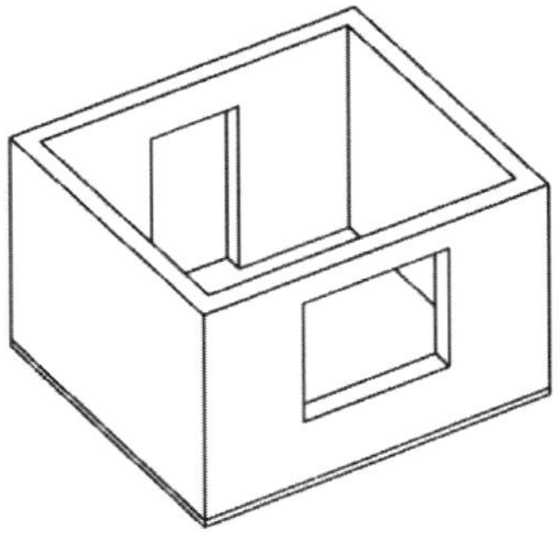

PyroSim 模型

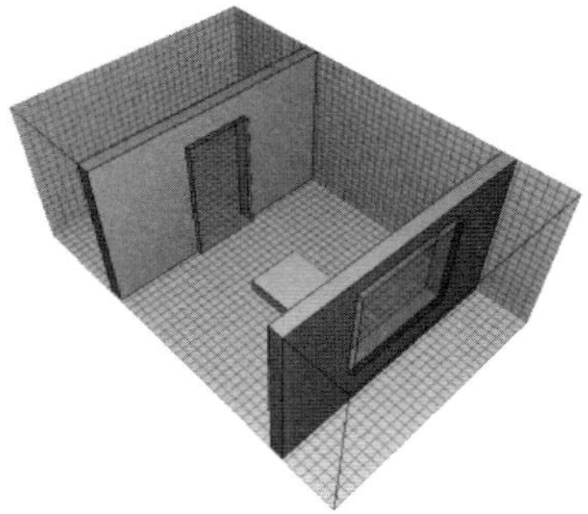

火灾增长曲线

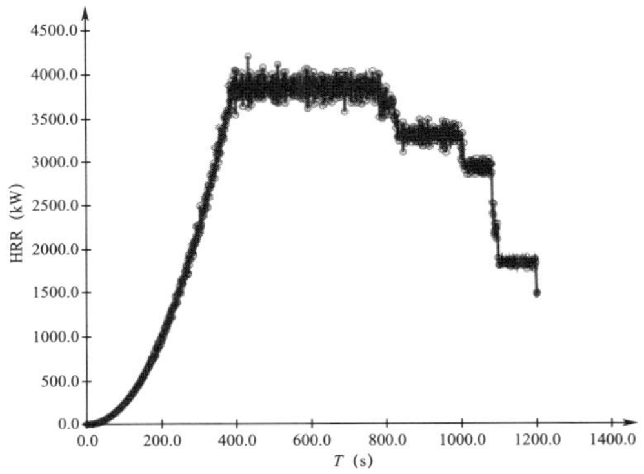

1m 处 CO 浓度未达到危险状态

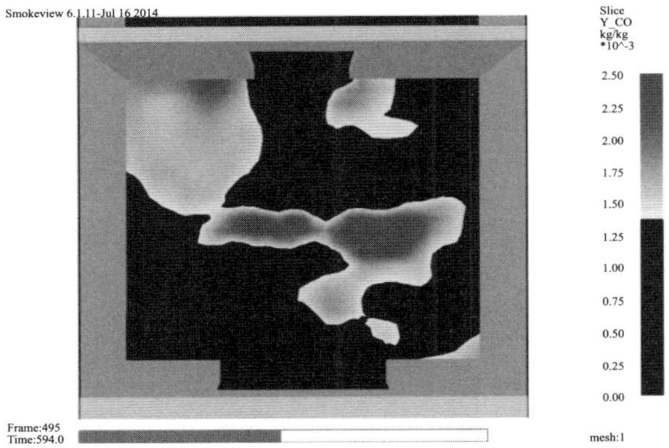

续表

基本指标	空间尺寸			门洞尺寸			窗洞尺寸			建筑面积（m^2）	房间净面积（m^2）	火灾荷载密度（MJ/m^2）	通风因子 $A_w h_w^{1/2}$	Thomas公式	
	开间（m）	进深（m）	净高（m）	宽度（m）	高度（m）	面积（m^2）	宽度（m）	高度（m）	面积（m^2）					轰燃临界热释放速率 $\dot{Q}_f$（kW）	轰燃时间 T_F（s）
	4.5	3.9	3.0	1.2	2.5	3.00	2.0	1.8	3.60	17.55	15.35	796.29	9.61	4187	152

1.2m处能见度达到危险状态时间 T_v=56s

1.5m处温度达到危险状态时间 T_a=103s

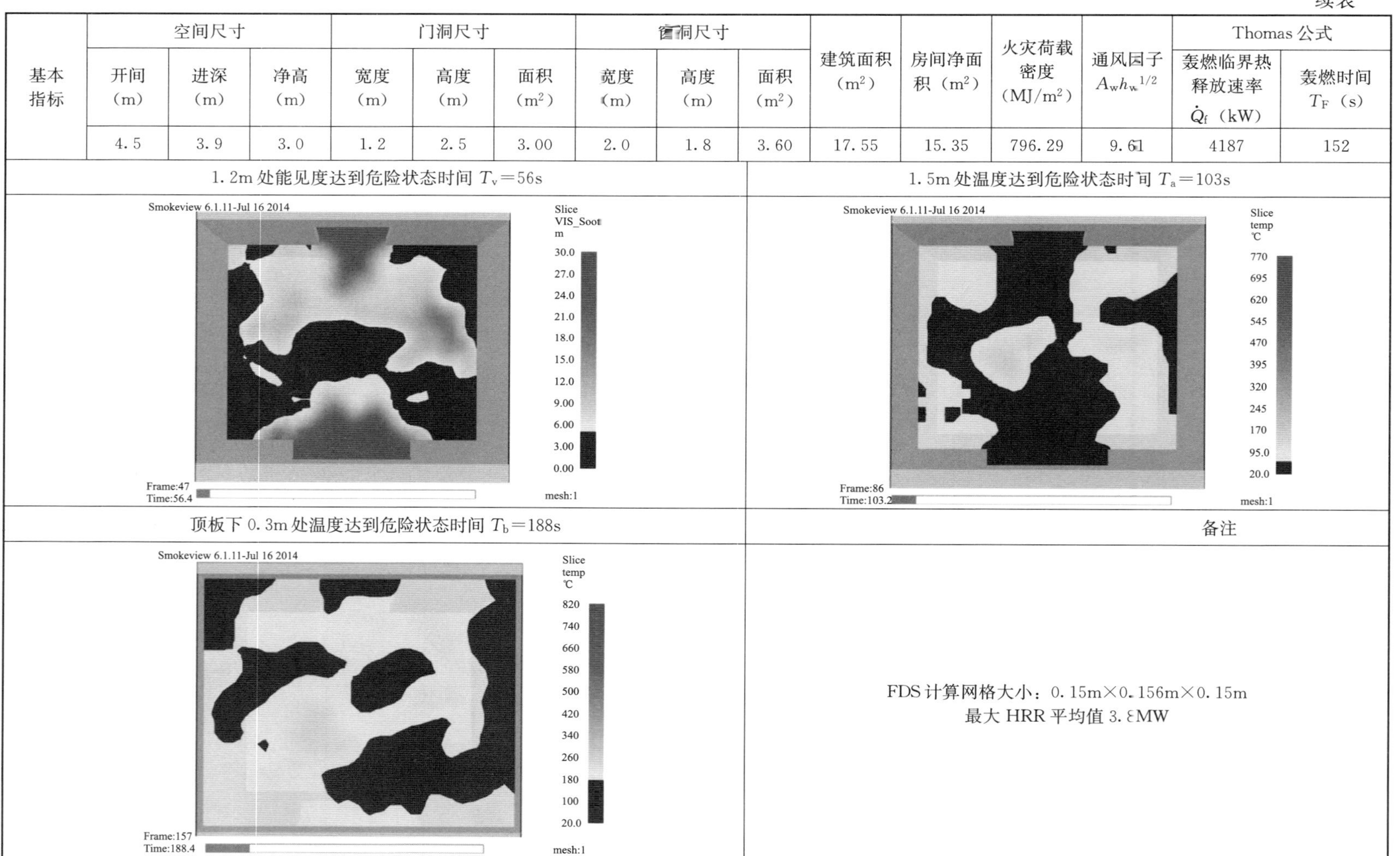

顶板下0.3m处温度达到危险状态时间 T_b=188s

备注

FDS计算网格大小：0.15m×0.156m×0.15m
最大HRR平均值3.8MW

表 4.17　舒适型餐厅火灾烟气特性曲线

	烟层高度变化曲线及现象描述		下部烟气温度变化曲线及现象描述		上部烟气温度变化曲线及现象描述		分析总结
西北部	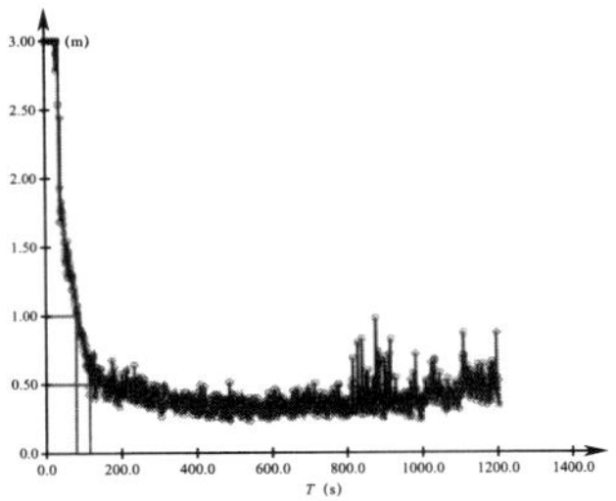	T_h＝110s，烟层底部位置主要在 0.3～0.8m 范围内波动，较平稳	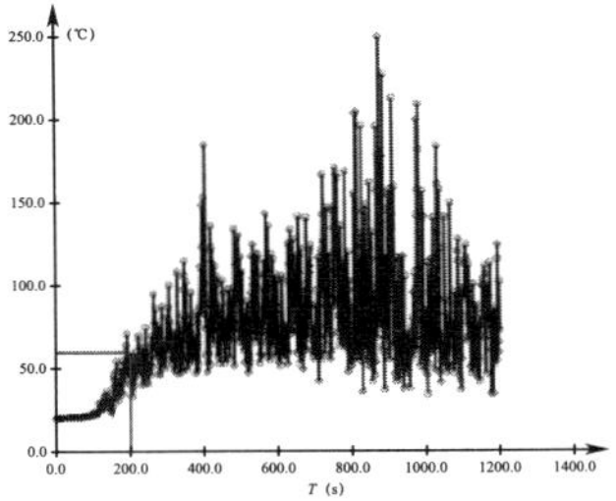	T_d ＝ 200s，烟气温度主要在 50～200℃ 范围内波动，最高温度约 250℃	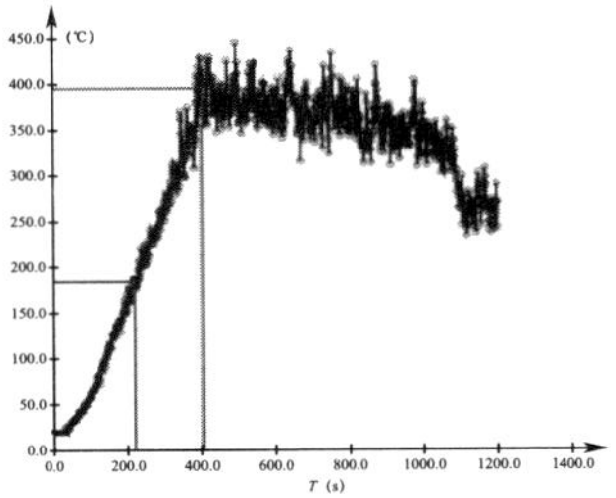	T_u ＝ 210s，400s 达到 400℃后，在 300～440℃范围内波动，最高温度约 440℃	火灾发生 110s 左右烟气充满整个空间，各方位烟气底层位置较平稳。 200s 左右下部烟气达到 60℃
东南部	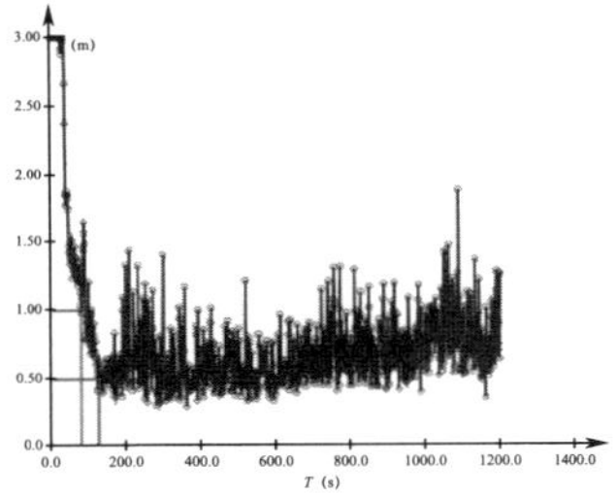	T_h＝110s，烟层底部位置主要在 0.3～1.3m 范围内波动	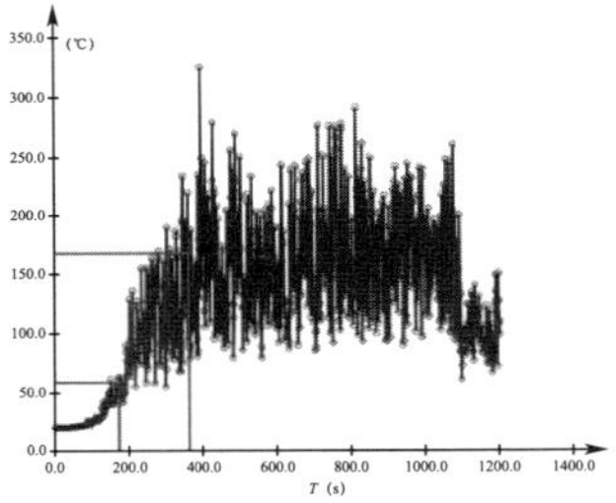	T_d ＝ 180s，烟气温度主要在 80～250℃ 范围内波动，最高温度约 300℃	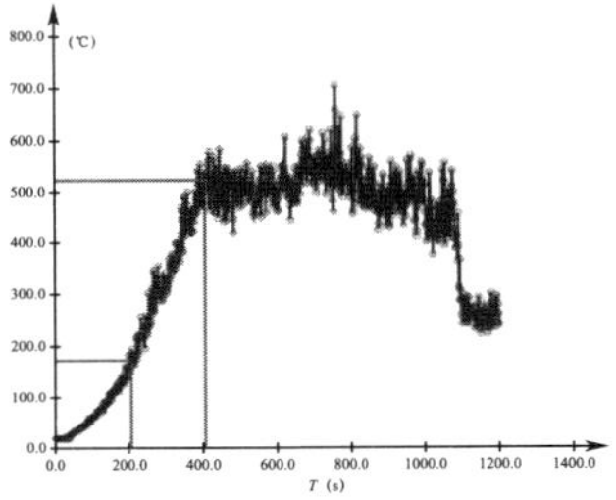	T_u ＝ 200s，400s 达到 530℃，1000s 后温度明显衰减，最高温度约 700℃	

续表

	烟层高度变化曲线及现象描述		下部烟气温度变化曲线及现象描述		上部烟气温度变化曲线及现象描述		分析总结
东北部	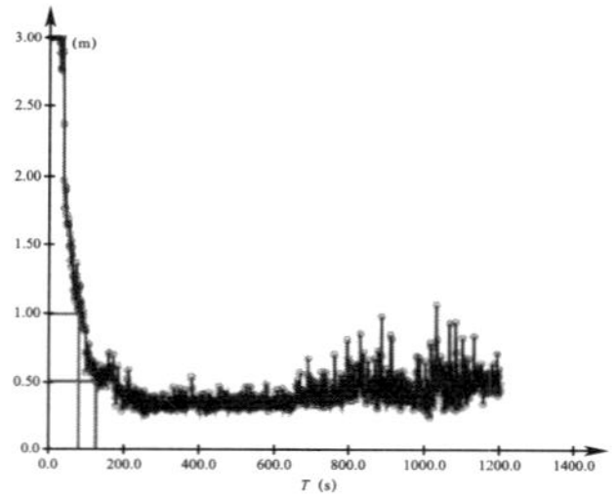	T_h＝110s，烟层底部位置主要在0.3～0.8m范围内波动，较平稳	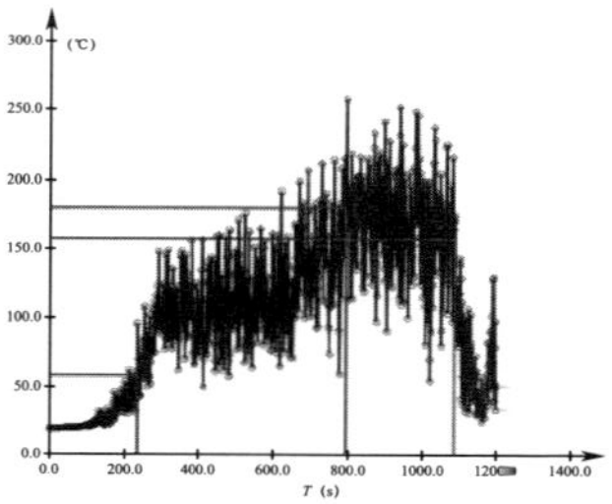	T_d＝220s，烟气温度主要在50～250℃范围内波动，最高温度约250℃	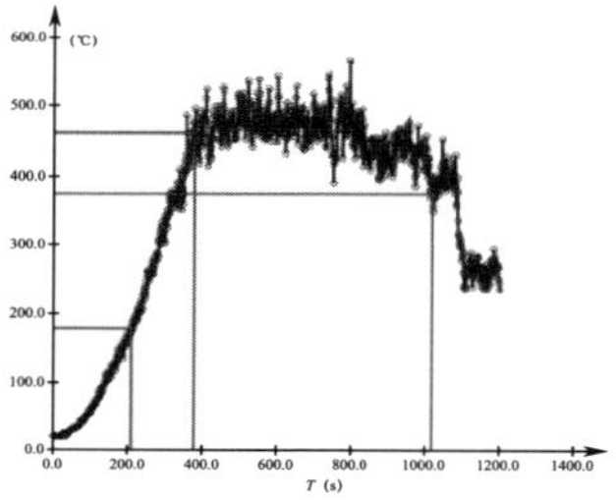	T_u＝200s，390s达到460℃，1000s后温度明显衰减，最高温度约550℃	200s左右上部烟气达到180℃，上部烟气升温曲线的斜率基本相同，说明上部烟气对流较下部烟气更充分，温度变化更均匀。各方位上部烟气温度在400s左右达到峰值，1000s后温度明显衰减。空间最高温度约700℃
西南部	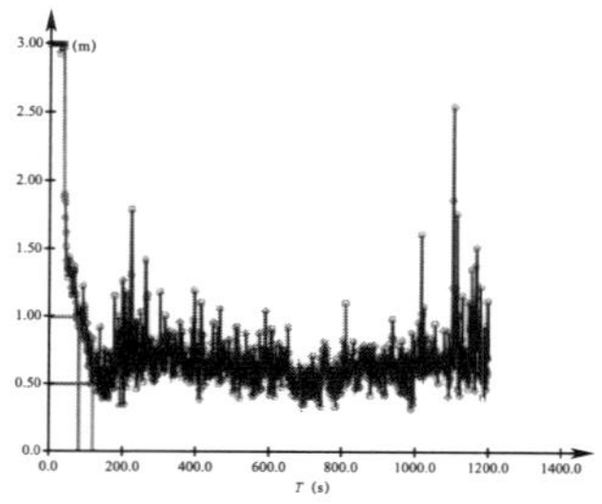	T_h＝110s，烟层底部位置主要在0.4～1.5m范围内波动	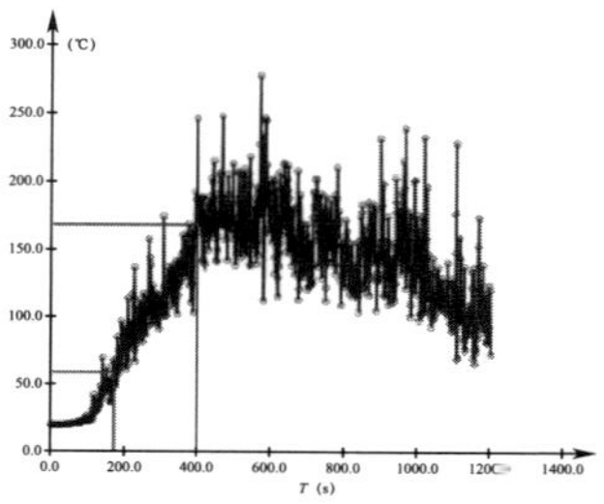	T_d＝180s，烟气温度主要在100～250℃范围内波动，最高温度约280℃	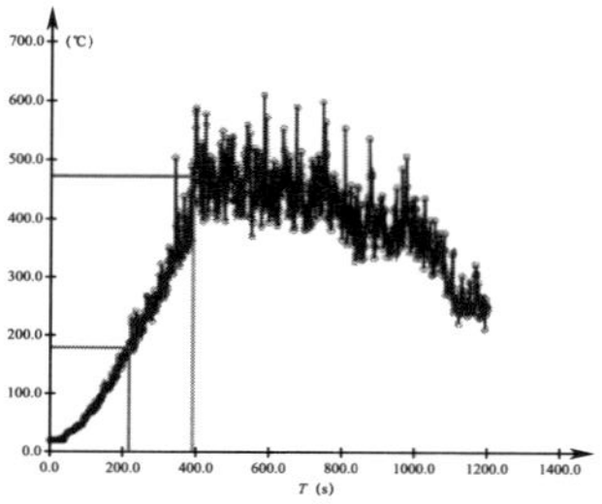	T_u＝210s，400s达到470℃后，在300～600℃范围内波动，最高温度约600℃	

表 4.18　经济型书房火灾特性

基本指标	空间尺寸			门洞尺寸			窗洞尺寸			建筑面积（m^2）	房间净面积（m^2）	火灾荷载密度（MJ/m^2）	通风因子 $A_w h_w^{1/2}$	Thomas 公式	
	开间（m）	进深（m）	净高（m）	宽度（m）	高度（m）	面积（m^2）	宽度（m）	高度（m）	面积（m^2）					轰燃临界热释放速率 $\dot{Q}_f$（kW）	轰燃时间 T_F（s）
	2.9	4.0	2.7	0.8	2.0	1.60	1.5	1.5	2.25	11.60	9.82	696.54	5.03	2293	125

平面图	Revit 模型	PyroSim 模型
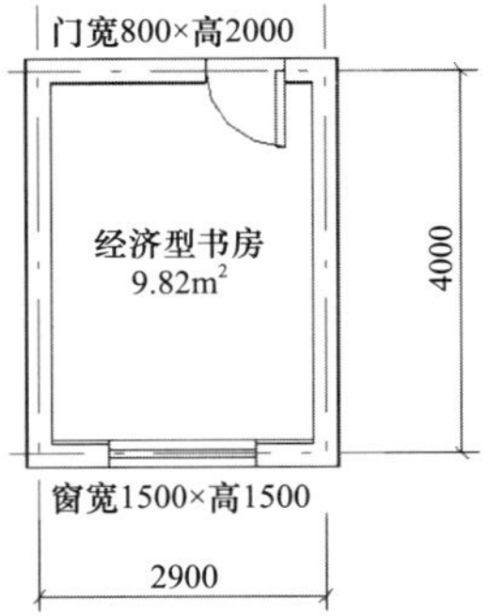 门宽800×高2000 经济型书房 9.82m^2 4000 窗宽1500×高1500 2900	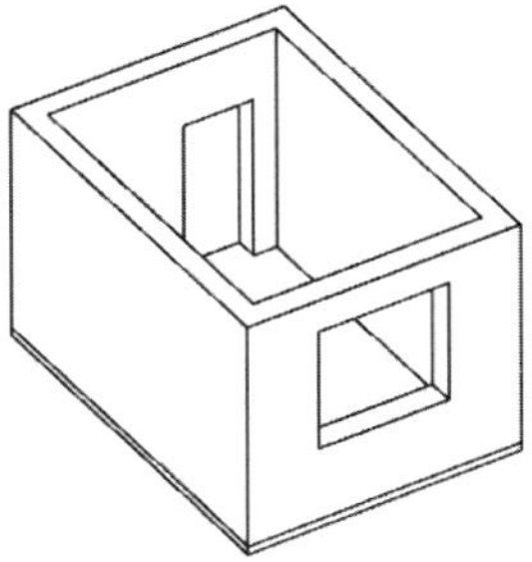	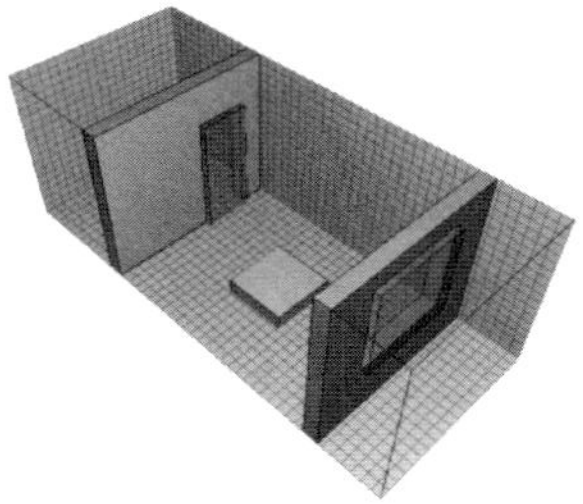
火灾增长曲线	1m 处 CO 浓度达到危险状态时间 $T_{CO}=295s$	1.2m 处能见度达到危险状态时间 $T_v=34s$
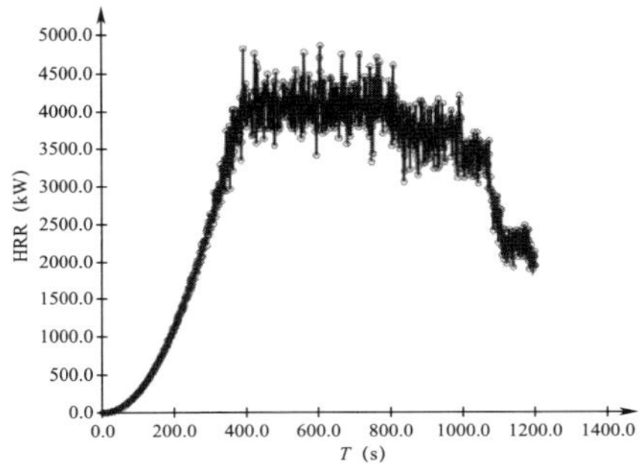 HRR（kW） T（s）	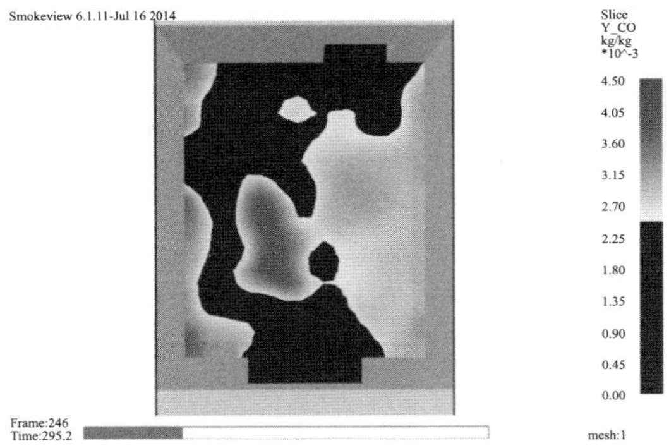 Smokeview 6.1.11-Jul 16 2014 Slice Y_CO kg/kg *10^-3 Frame:246 Time:295.2 mesh:1	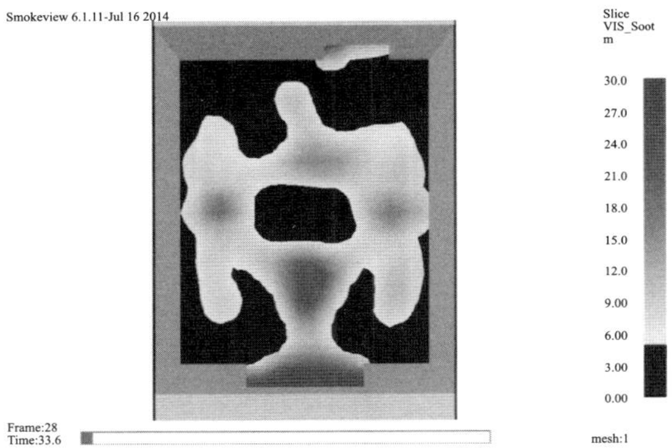 Smokeview 6.1.11-Jul 16 2014 Slice VIS_Soot m Frame:28 Time:33.6 mesh:1

续表

基本指标	空间尺寸			门洞尺寸			窗洞尺寸			建筑面积（m^2）	房间净面积（m^2）	火灾荷载密度（MJ/m^2）	通风因子 $A_w h_w^{1/2}$	Thomas 公式	
	开间（m）	进深（m）	净高（m）	宽度（m）	高度（m）	面积（m^2）	宽度（m）	高度（m）	面积（m^2）					轰燃临界热释放速率 $\dot{Q}_f$（kW）	轰燃时间 T_F（s）
	2.9	4.0	2.7	0.8	2.0	1.60	1.5	1.5	2.25	11.60	9.82	696.54	5.03	2293	125
1.5m 处温度达到危险状态时间 T_a=82s							顶板下 0.3m 处温度达到危险状态时间 T_b=134s						备注		
Smokeview 6.1.11-Jul 16 2014 Slice temp ℃ 1020 920 820 720 620 520 420 320 220 120 20.0 Frame:68 Time:81.6 mesh:1							Smokeview 6.1.11-Jul 6 2014 Slice temp ℃ 970 875 780 685 590 495 400 305 210 115 20.0 Frame:112 Time:134.4 mesh:1						FDS 计算网格大小：0.15m×0.156m×0.15m 最大 HRR 平均值 4.2MW		

表 4.19　经济型书房火灾烟气特性曲线

	烟层高度变化曲线及现象描述		下部烟气温度变化曲线及现象描述		上部烟气温度变化曲线及现象描述		分析总结
西北部	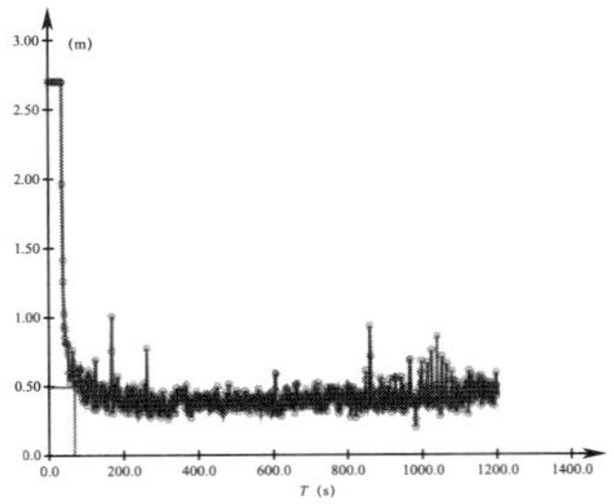 (m) 3.00 2.50 2.00 1.50 1.00 0.50 0.0 0.0 200.0 400.0 600.0 800.0 1000.0 1200.0 1400.0 T (s)	T_h = 90s，烟层底部位置主要在 0.3～0.7m 范围内波动，较平稳	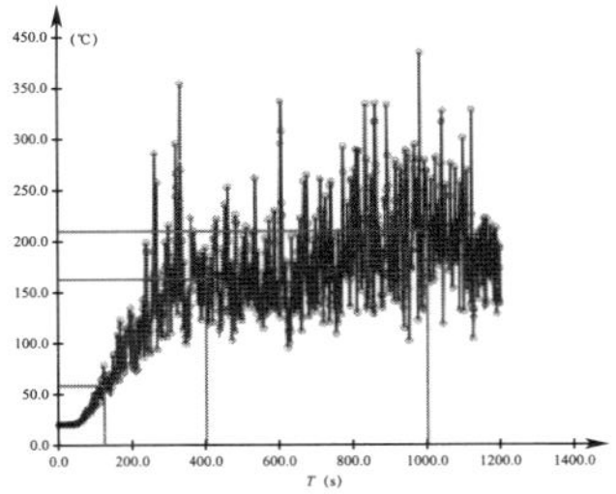 (℃) 450.0 350.0 300.0 250.0 200.0 150.0 100.0 50.0 0.0 0.0 200.0 400.0 600.0 800.0 1000.0 1200.0 1400.0 T (s)	T_d = 110s，400s 达到 160℃后呈逐渐上升的趋势，最高温度约 350℃	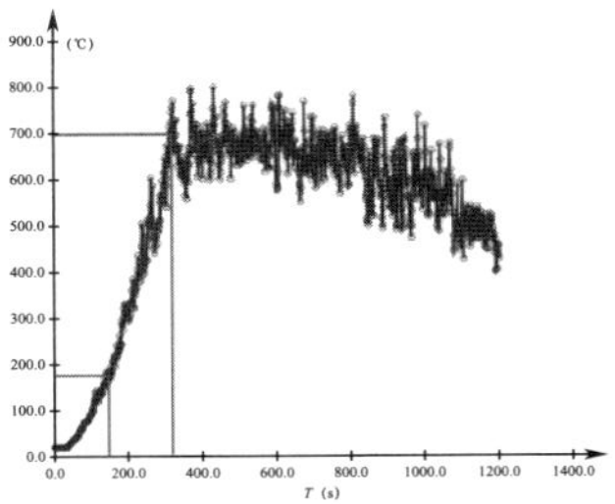 (℃) 900.0 800.0 700.0 600.0 500.0 400.0 300.0 200.0 100.0 0.0 0.0 200.0 400.0 600.0 800.0 1000.0 1200.0 1400.0 T (s)	T_u = 140s，320s 达到约 700℃后小幅波动并逐渐衰减，最高温度约 800℃	火灾发生 75s 左右烟气充满整个空间，西南部烟气波动较大。175s 左右下部烟气达到 60℃，各方位有明显差异，东北部时间长达 350s
东南部	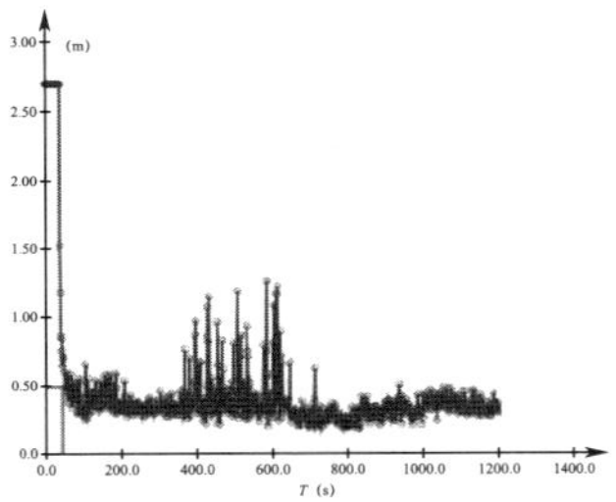 (m) 3.00 2.50 2.00 1.50 1.00 0.50 0.0 0.0 200.0 400.0 600.0 800.0 1000.0 1200.0 1400.0 T (s)	T_h = 50s，烟层底部位置主要在 0.2～1.0m 范围内波动	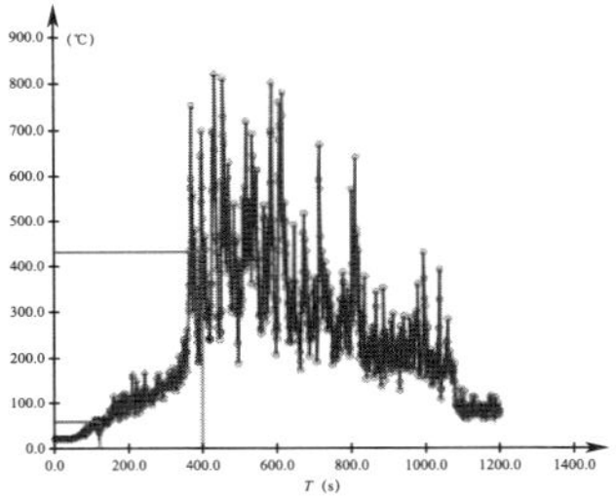 (℃) 900.0 800.0 700.0 600.0 500.0 400.0 300.0 200.0 100.0 0.0 0.0 200.0 400.0 600.0 800.0 1000.0 1200.0 1400.0 T (s)	T_d = 120s，烟气温度主要在 100～800℃范围内波动，最高温度约 800℃	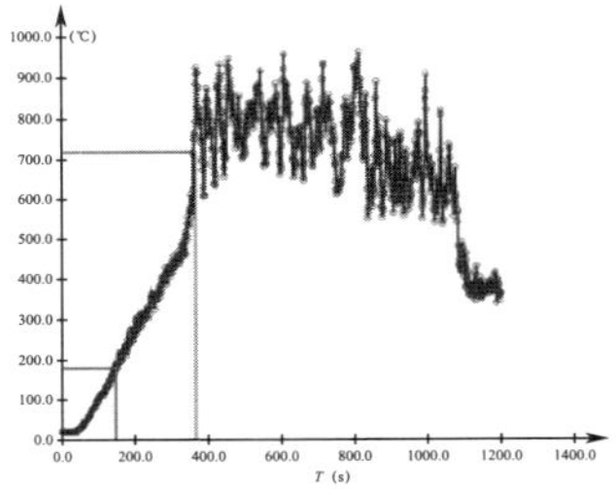 (℃) 1000.0 900.0 800.0 700.0 600.0 500.0 400.0 300.0 200.0 100.0 0.0 0.0 200.0 400.0 600.0 800.0 1000.0 1200.0 1400.0 T (s)	T_u = 150s，380s 达到约 720℃，1000s 后开始明显衰减，最高温度约 930℃	

续表

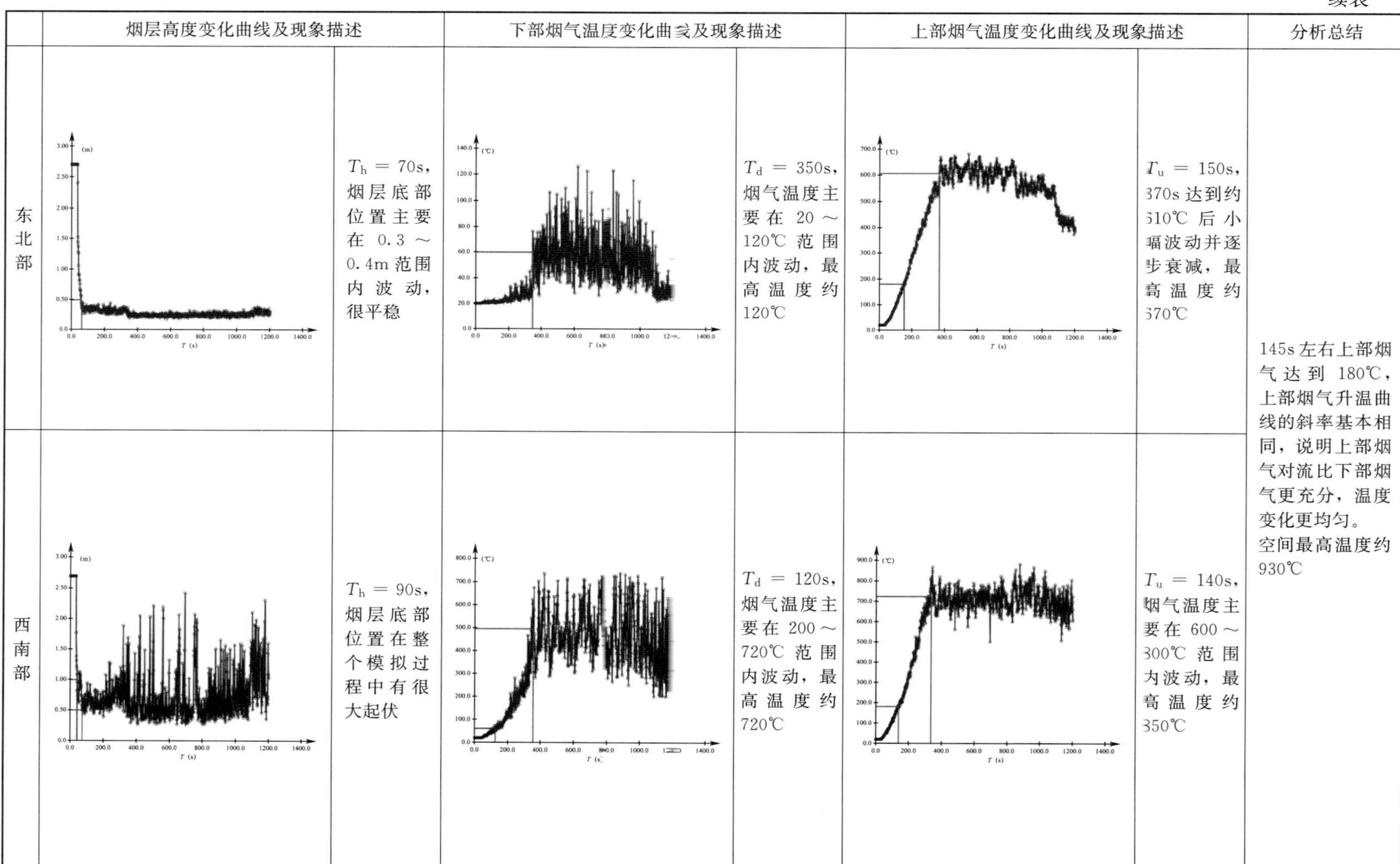

	烟层高度变化曲线及现象描述		下部烟气温度变化曲线及现象描述		上部烟气温度变化曲线及现象描述		分析总结
东北部		T_h = 70s，烟层底部位置主要在0.3～0.4m范围内波动，很平稳		T_d = 350s，烟气温度主要在20～120℃范围内波动，最高温度约120℃		T_u = 150s，370s达到约610℃后小幅波动并逐步衰减，最高温度约670℃	145s左右上部烟气达到180℃，上部烟气升温曲线的斜率基本相同，说明上部烟气对流比下部烟气更充分，温度变化更均匀。空间最高温度约930℃
西南部		T_h = 90s，烟层底部位置在整个模拟过程中有很大起伏		T_d = 120s，烟气温度主要在200～720℃范围内波动，最高温度约720℃		T_u = 140s，烟气温度主要在600～800℃范围内波动，最高温度约850℃	

表 4.20　舒适型书房火灾特性

基本指标	空间尺寸			门洞尺寸			窗洞尺寸			建筑面积（m^2）	房间净面积（m^2）	火灾荷载密度（MJ/m^2）	通风因子 $A_w h_w^{1/2}$	Thomas 公式	
	开间（m）	进深（m）	净高（m）	宽度（m）	高度（m）	面积（m^2）	宽度（m）	高度（m）	面积（m^2）					轰燃临界热释放速率 $\dot{Q}_f$（kW）	轰燃时间 T_F（s）
	3.6	4.8	3.0	0.9	2.2	1.98	1.8	1.8	3.24	17.28	15.10	429.19	7.29	3319	223

平面图	Revit 模型	PyroSim 模型
门宽900×高2200 舒适型书房 15.10m² 4800 窗宽1800×高1800 3600		
火灾增长曲线	1m 处 CO 浓度达到危险状态时间 $T_{CO}=400s$	1.2m 处能见度达到危险状态时间 $T_v=47s$
HRR (kW) 0.0 500.0 1000.0 1500.0 2000.0 2500.0 3000.0 3500.0 4000.0 4500.0 5000.0 T (s) 0.0 200.0 400.0 600.0 800.0 1000.0 1200.0 1400.0	Smokeview 6.1.11-Jul 16 2014 Slice Y_CO kg/kg *10^-3 4.00 3.60 3.20 2.80 2.40 2.00 1.60 1.20 0.80 0.40 0.00 Frame:333 Time:399.6 mesh:1	Smokeview 6.1.11-Jul 16 2014 Slice VIS_Soot m 30.0 27.0 24.0 21.0 18.0 15.0 12.0 9.00 6.00 3.00 0.00 Frame:39 Time:46.8 mesh:1

续表

基本指标	空间尺寸			门洞尺寸			窗洞尺寸			建筑面积（m^2）	房间净面积（m^2）	火灾荷载密度（MJ/m^2）	通风因子 $A_w h_w^{1/2}$	Thomas公式	
	开间（m）	进深（m）	净高（m）	宽度（m）	高度（m）	面积（m^2）	宽度（m）	高度（m）	面积（m^2）					轰燃临界热释放速率 $\dot{Q}_f$（kW）	轰燃时间 T_F（s）
	3.6	4.8	3.0	0.9	2.2	1.98	1.8	1.8	3.24	17.28	15.10	429.19	7.29	3319	223
1.5m处温度达到危险状态时间 T_a=98s							顶板下0.3m处温度达到危险状态时间 T_b=164s					备注			
Smokeview 6.1.11-Jul 16 2014 Slice temp ℃ 970 875 780 685 590 495 400 305 210 115 20.0 Frame:82 Time:98.4 mesh:1							Smokeview 6.1.11-Jul 16 2014 Slice temp ℃ 970 875 780 685 590 495 400 305 210 115 20.0 Frame:137 Time:164.4 mesh:1					FDS计算网格大小：0.15m×0.156m×0.15m；最大HRR平均值4.3MW			

表 4.21　舒适型书房火灾烟气特性曲线

	烟层高度变化曲线及现象描述		下部烟气温度变化曲线及现象描述		上部烟气温度变化曲线及现象描述		分析总结
西北部	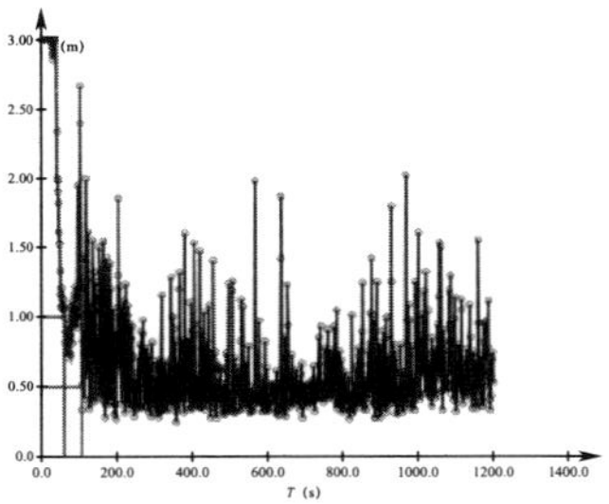 (m) 3.00 2.50 2.00 1.50 1.00 0.50 0.0 0.0 200.0 400.0 600.0 800.0 1000.0 1200.0 1400.0 T (s)	T_h = 110s，烟层底部位置主要在 0.3～1.5m 范围内波动	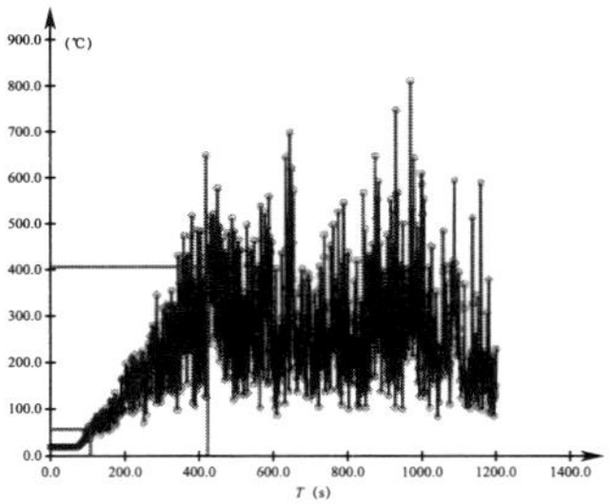 (℃) 900.0 800.0 700.0 600.0 500.0 400.0 300.0 200.0 100.0 0.0 0.0 200.0 400.0 600.0 800.0 1000.0 1200.0 1400.0 T (s)	T_d = 110s，烟气温度主要在 100～700℃ 范围内波动，最高温度约 700℃	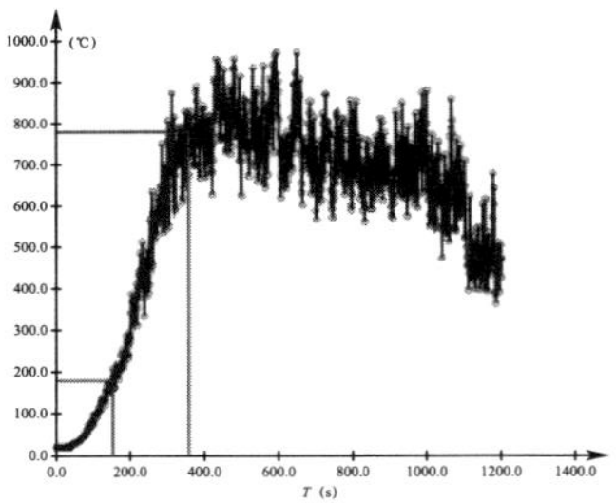 (℃) 1000.0 900.0 800.0 700.0 600.0 500.0 400.0 300.0 200.0 100.0 0.0 0.0 200.0 400.0 600.0 800.0 1000.0 1200.0 1400.0 T (s)	T_u = 150s，370s 达到 780℃ 后在 550～950℃ 范围内波动，最高温度约 950℃	火灾发生 110s 左右烟气充满整个空间，西北部烟层底部位置有明显波动，其他方位烟气底层位置较平稳。170s 左右下部烟气达到 60℃，东北部下部烟气没有达到 60℃
东南部	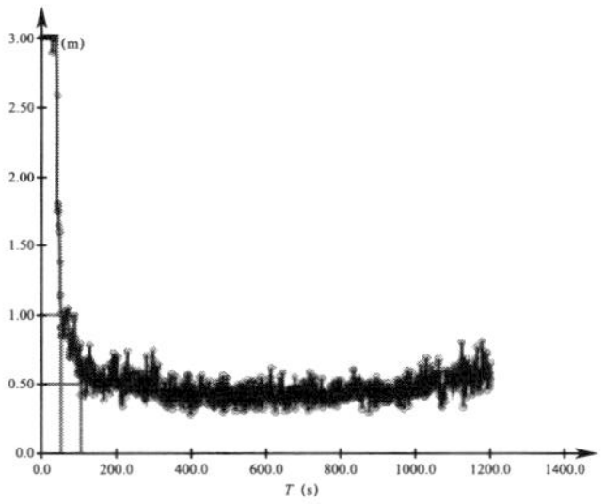 (m) 3.00 2.50 2.00 1.50 1.00 0.50 0.0 0.0 200.0 400.0 600.0 800.0 1000.0 1200.0 1400.0 T (s)	T_h = 110s，烟层底部位置主要在 0.3～0.7m 范围内波动	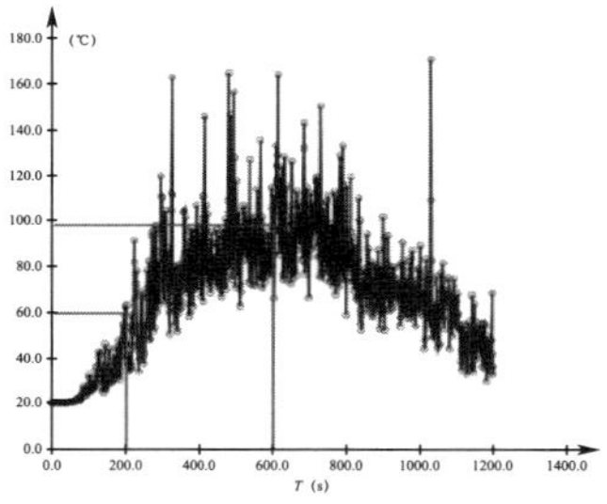 (℃) 180.0 160.0 140.0 120.0 100.0 80.0 60.0 40.0 20.0 0.0 0.0 200.0 400.0 600.0 800.0 1000.0 1200.0 1400.0 T (s)	T_d = 200s，烟气温度主要在 40～160℃ 范围内波动，最高温度约 160℃	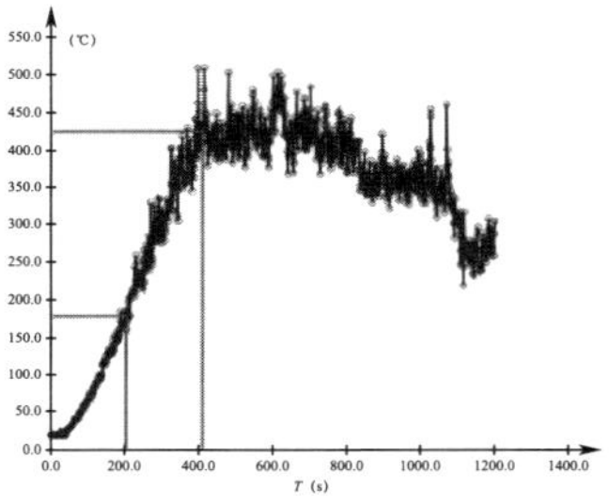 (℃) 550.0 500.0 450.0 400.0 350.0 300.0 250.0 200.0 150.0 100.0 50.0 0.0 0.0 200.0 400.0 600.0 800.0 1000.0 1200.0 1400.0 T (s)	T_u = 200s，400s 达到 430℃，1000s 后温度明显衰减，最高温度约 500℃	

续表

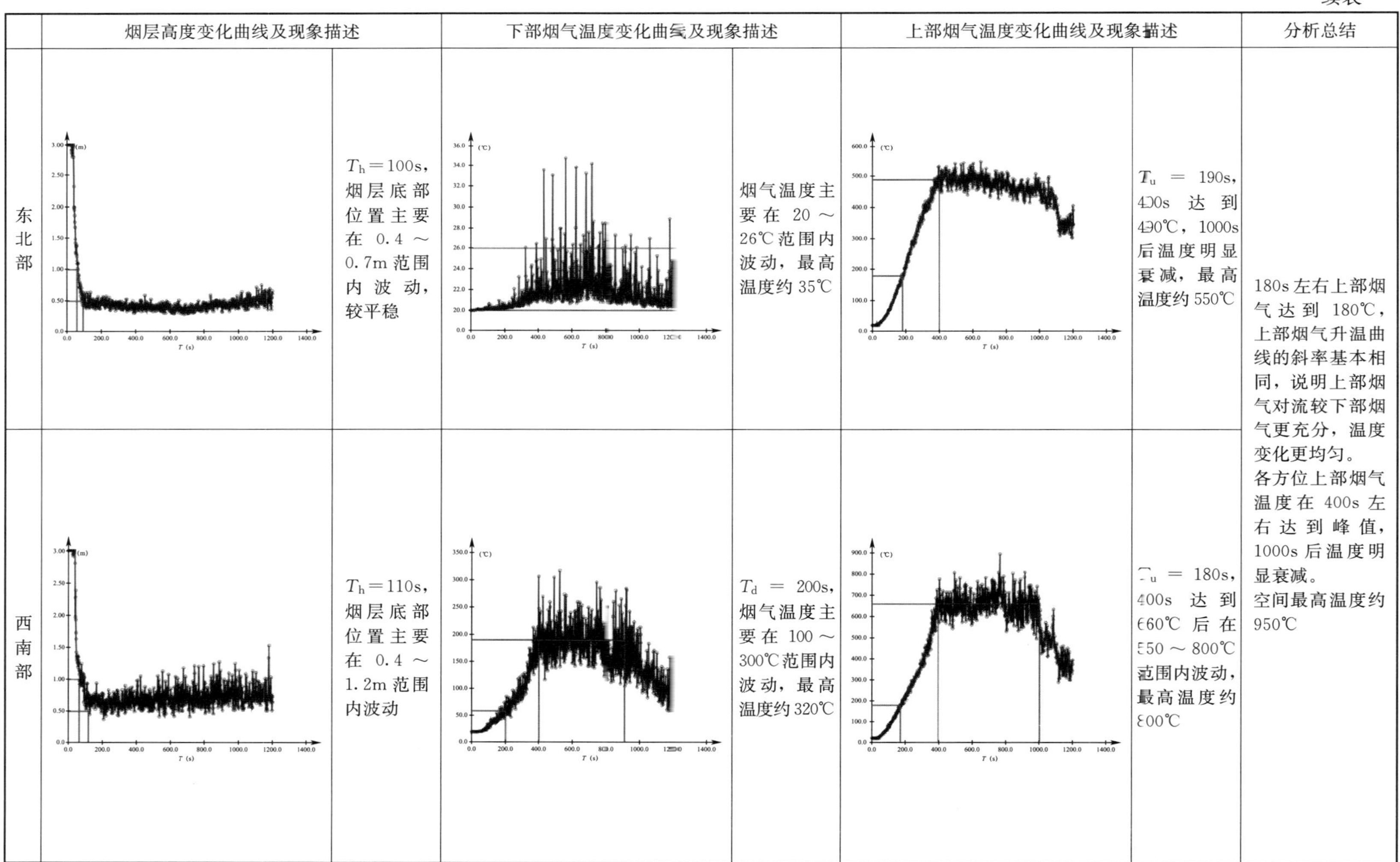

	烟层高度变化曲线及现象描述		下部烟气温度变化曲线及现象描述		上部烟气温度变化曲线及现象描述		分析总结
东北部		T_h＝100s，烟层底部位置主要在0.4～0.7m范围内波动，较平稳		烟气温度主要在20～26℃范围内波动，最高温度约35℃		T_u ＝ 190s，400s达到490℃，1000s后温度明显衰减，最高温度约550℃	180s左右上部烟气达到180℃，上部烟气升温曲线的斜率基本相同，说明上部烟气对流较下部烟气更充分，温度变化更均匀。各方位上部烟气温度在400s左右达到峰值，1000s后温度明显衰减。空间最高温度约950℃
西南部		T_h＝110s，烟层底部位置主要在0.4～1.2m范围内波动		T_d ＝ 200s，烟气温度主要在100～300℃范围内波动，最高温度约320℃		T_u ＝ 180s，400s达到660℃后在550～800℃范围内波动，最高温度约800℃	

表 4.22　经济型厨房火灾特性

基本指标	空间尺寸			门洞尺寸			窗洞尺寸			建筑面积（m^2）	房间净面积（m^2）	火灾荷载密度（MJ/m^2）	通风因子 $A_w h_w^{1/2}$	Thomas 公式	
	开间（m）	进深（m）	净高（m）	宽度（m）	高度（m）	面积（m^2）	宽度（m）	高度（m）	面积（m^2）					轰燃临界热释放速率 $\dot{Q}_f$（kW）	轰燃时间 T_F（s）
	3.0	1.8	2.5	0.8	2.0	1.60	1.2	1.2	1.44	5.40	4.16	967.2	3.87	1670	82

平面图	Revit 模型	PyroSim 模型
门宽800×高2000 经济型厨房 4.16m² 窗宽1200×高1200 3000 1800		
火灾增长曲线	1m 处 CO 浓度达到危险状态时间 $T_{CO}=239s$	1.2m 处能见度达到危险状态时间 $T_v=25s$
HRR (kW) T (s)	Smokeview 6.1.11-Jul 16 2014 Slice Y_CO kg/kg *10^-3 Frame:199 Time:238.8 mesh:1	Smokeview 6.1.11-Jul 16 2014 Slice VIS_Soot m Frame:21 Time:25.2 mesh:1

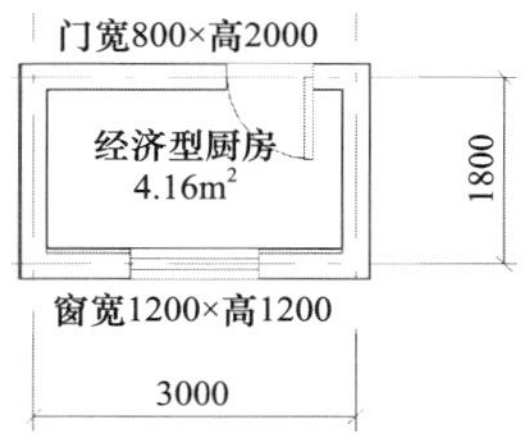

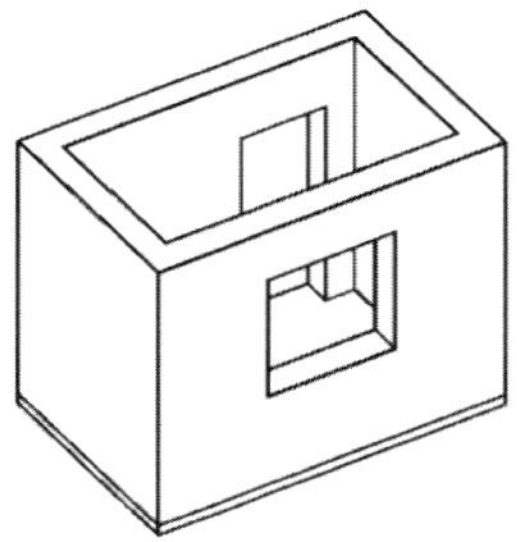

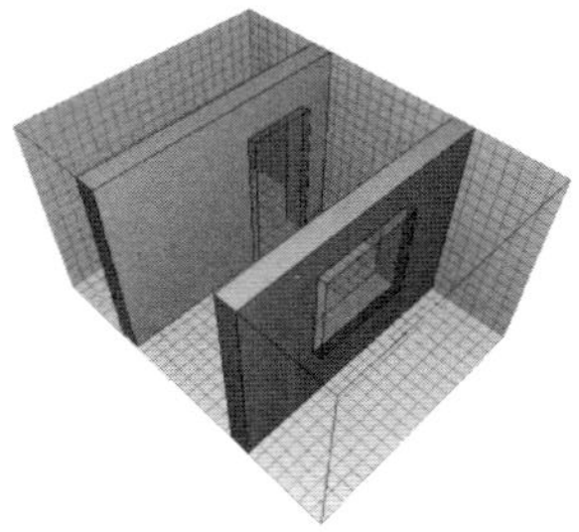

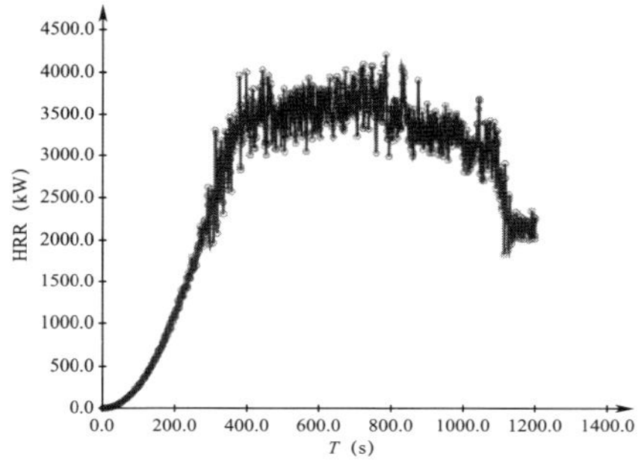

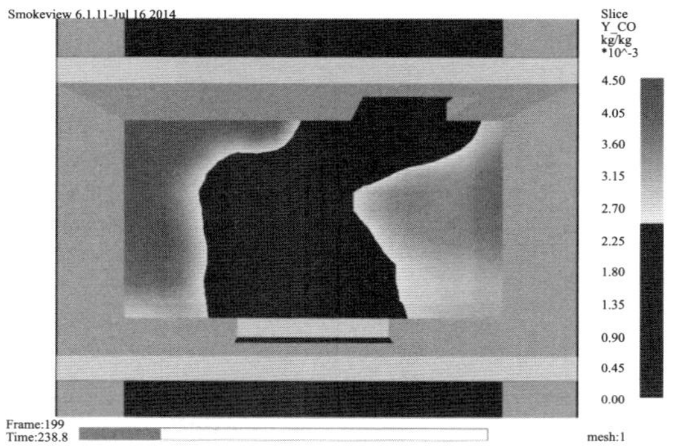

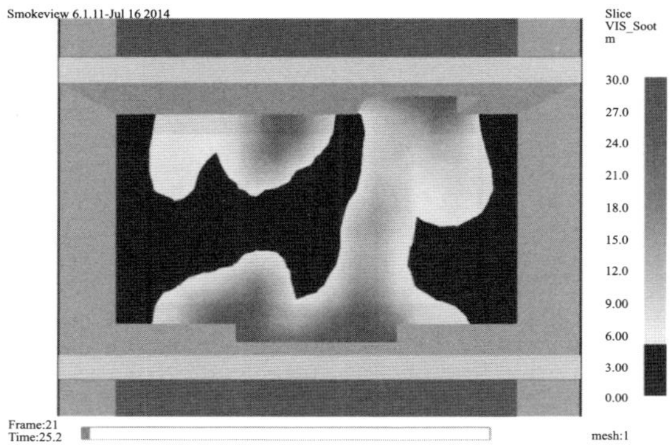

续表

<table>
<tr><td rowspan="2">基本指标</td><td colspan="3">空间尺寸</td><td colspan="3">门洞尺寸</td><td colspan="3">窗洞尺寸</td><td rowspan="2">建筑面积（m²）</td><td rowspan="2">房间净面积（m²）</td><td rowspan="2">火灾荷载密度（MJ/m²）</td><td rowspan="2">通风因子 $A_w h_w^{1/2}$</td><td colspan="2">Thomas 公式</td></tr>
<tr><td>开间（m）</td><td>进深（m）</td><td>净高（m）</td><td>宽度（m）</td><td>高度（m）</td><td>面积（m²）</td><td>宽度（m）</td><td>高度（m）</td><td>面积（m²）</td><td>轰燃临界热释放速率 $\dot{Q}_f$（kW）</td><td>轰燃时间 T_F（s）</td></tr>
<tr><td></td><td>3.0</td><td>1.8</td><td>2.5</td><td>0.8</td><td>2.0</td><td>1.60</td><td>1.2</td><td>1.2</td><td>1.44</td><td>5.40</td><td>4.16</td><td>967.2</td><td>3.87</td><td>1670</td><td>82</td></tr>
<tr><td colspan="6">1.5m 处温度达到危险状态时间 $T_a=64s$</td><td colspan="6">顶板下 0.3m 处温度达到危险状态时间 $T_b=110s$</td><td colspan="4">备注</td></tr>
<tr><td colspan="6">Smokeview 6.1.11-Jul 16 2014
Slice temp ℃
920 830 740 650 560 470 380 290 200 110 20.0
Frame:53
Time:63.6
mesh:1</td><td colspan="6">Smokeview 6.1.11-Jul 16 2014
Slice temp ℃
870 785 700 615 530 445 360 275 190 105 20.0
Frame:92
Time:110.4
mesh:1</td><td colspan="4">FDS 计算网格大小：0.15m×0.15m×0.156m
最大 HRR 平均值 3.8MW</td></tr>
</table>

表 4.23　经济型厨房火灾烟气特性曲线

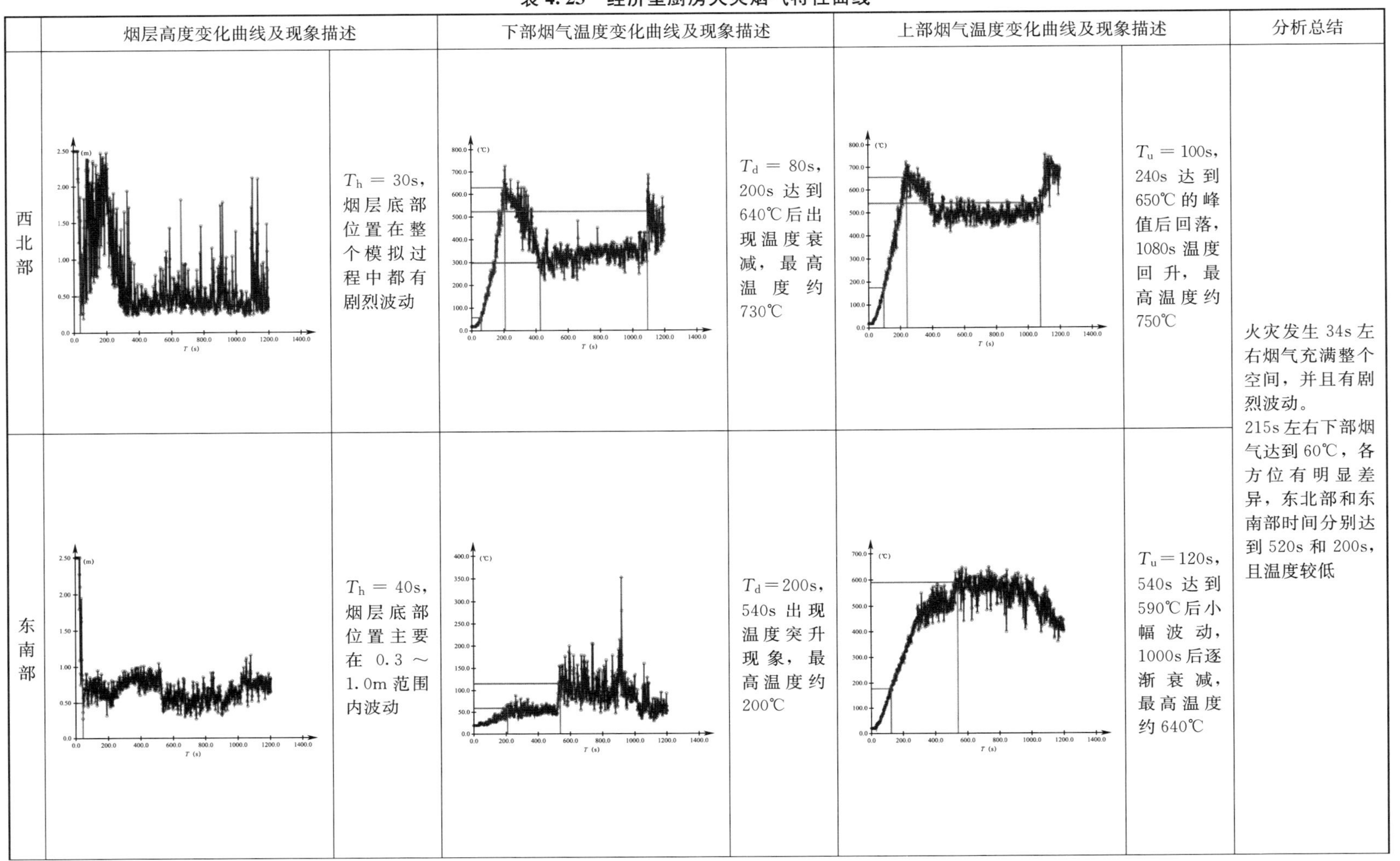

	烟层高度变化曲线及现象描述		下部烟气温度变化曲线及现象描述		上部烟气温度变化曲线及现象描述		分析总结
西北部		T_h = 30s，烟层底部位置在整个模拟过程中都有剧烈波动		T_d = 80s，200s 达到 640℃后出现温度衰减，最高温度约 730℃		T_u = 100s，240s 达到 650℃的峰值后回落，1080s 温度回升，最高温度约 750℃	火灾发生 34s 左右烟气充满整个空间，并且有剧烈波动。215s 左右下部烟气达到 60℃，各方位有明显差异，东北部和东南部时间分别达到 520s 和 200s，且温度较低
东南部		T_h = 40s，烟层底部位置主要在 0.3～1.0m 范围内波动		T_d=200s，540s 出现温度突升现象，最高温度约 200℃		T_u=120s，540s 达到 590℃后小幅波动，1000s 后逐渐衰减，最高温度约 640℃	

续表

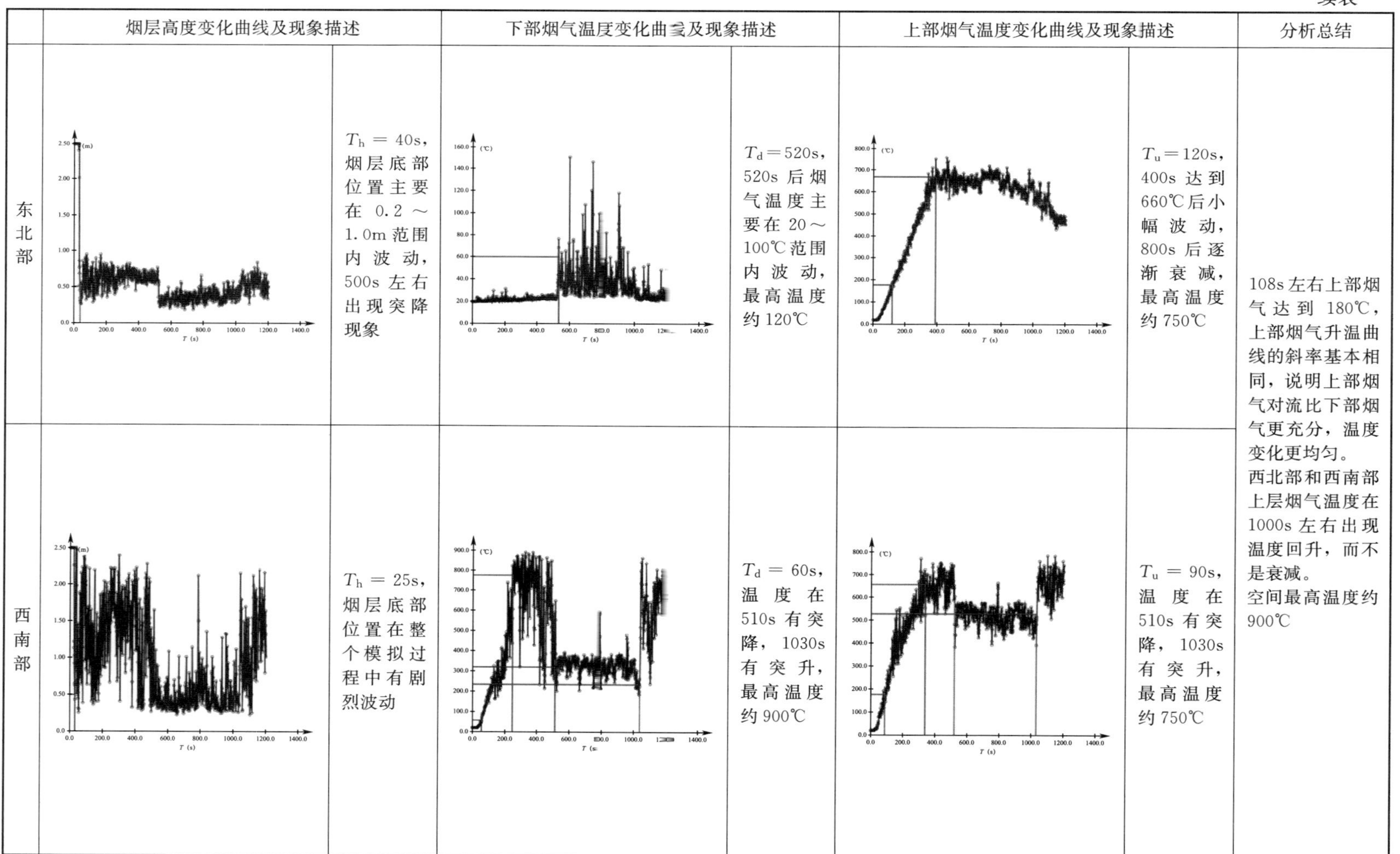

	烟层高度变化曲线及现象描述		下部烟气温度变化曲线及现象描述		上部烟气温度变化曲线及现象描述		分析总结
东北部		T_h = 40s，烟层底部位置主要在 0.2～1.0m 范围内波动，500s 左右出现突降现象		T_d = 520s，520s 后烟气温度主要在 20～100℃范围内波动，最高温度约 120℃		T_u = 120s，400s 达到 660℃后小幅波动，800s 后逐渐衰减，最高温度约 750℃	108s 左右上部烟气达到 180℃，上部烟气升温曲线的斜率基本相同，说明上部烟气对流比下部烟气更充分，温度变化更均匀。 西北部和西南部上层烟气温度在 1000s 左右出现温度回升，而不是衰减。 空间最高温度约 900℃
西南部		T_h = 25s，烟层底部位置在整个模拟过程中有剧烈波动		T_d = 60s，温度在 510s 有突降，1030s 有突升，最高温度约 900℃		T_u = 90s，温度在 510s 有突降，1030s 有突升，最高温度约 750℃	

表 4.24　舒适型厨房火灾特性

基本指标	空间尺寸			门洞尺寸			窗洞尺寸			建筑面积 (m^2)	房间净面积 (m^2)	火灾荷载密度 (MJ/m^2)	通风因子 $A_w h_w^{1/2}$	Thomas 公式	
	开间 (m)	进深 (m)	净高 (m)	宽度 (m)	高度 (m)	面积 (m^2)	宽度 (m)	高度 (m)	面积 (m^2)					轰燃临界热释放速率 $\dot{Q}_f$ (kW)	轰燃时间 T_F (s)
	3.9	3.3	2.7	0.9	2.2	1.98	1.5	1.5	2.25	12.87	10.99	647.53	5.72	2581	141

平面图

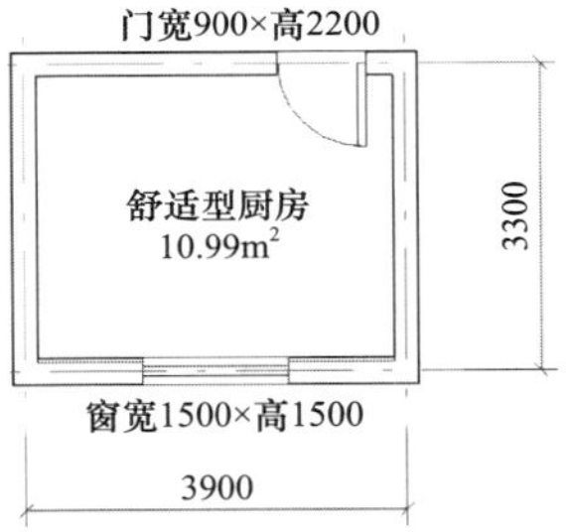

门宽900×高2200
舒适型厨房
$10.99m^2$
3300
窗宽1500×高1500
3900

Revit 模型

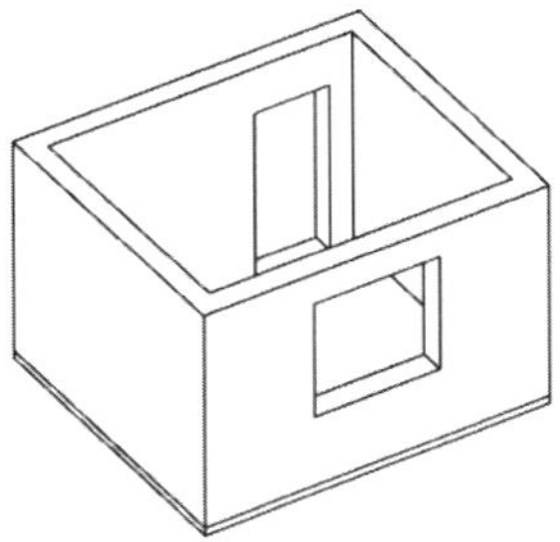

PyroSim 模型

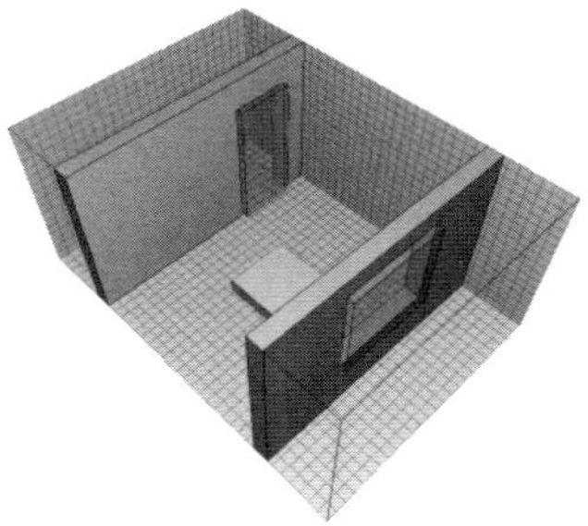

火灾增长曲线

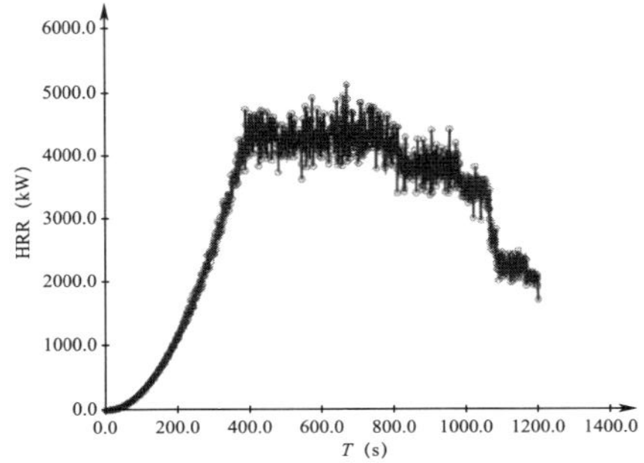

1m 处 CO 浓度达到危险状态时间 $T_{CO}=314s$

1.2m 处能见度达到危险状态时间 $T_v=34s$

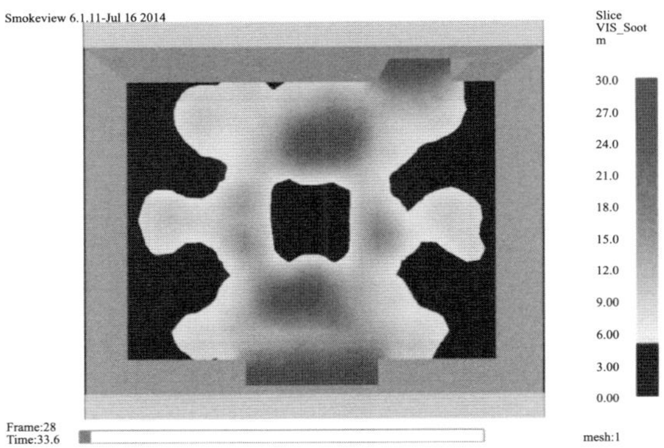

续表

基本指标	空间尺寸			门洞尺寸			窗洞尺寸			建筑面积（m^2）	房间净面积（m^2）	火灾荷载密度（MJ/m^2）	通风因子 $A_w h_w^{1/2}$	Thomas 公式	
	开间（m）	进深（m）	净高（m）	宽度（m）	高度（m）	面积（m^2）	宽度（m）	高度（m）	面积（m^2）					轰燃临界热释放速率 $\dot{Q}_f$（kW）	轰燃时间 T_F（s）
	3.9	3.3	2.7	0.9	2.2	1.98	1.5	1.5	2.25	12.87	10.99	647.53	5.72	2581	141

1.5m 处温度达到危险状态时间 $T_a=68s$	顶板下 0.3m 处温度达到危险状态时间 $T_b=139s$	备注
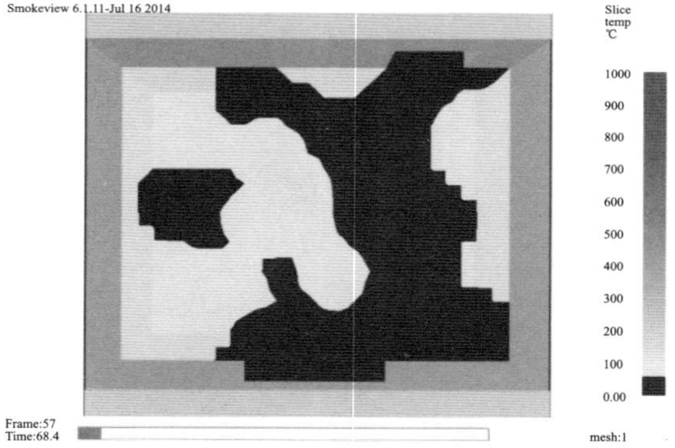	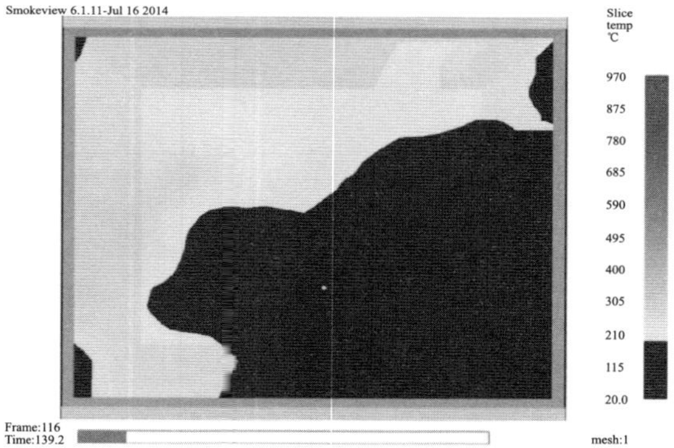	FDS 计算网格大小：0.156m×0.154m×0.15m 最大 HRR 平均值 4.5MW

表 4.25　舒适型厨房火灾烟气特性曲线

	烟层高度变化曲线及现象描述		下部烟气温度变化曲线及现象描述		上部烟气温度变化曲线及现象描述		分析总结
西北部	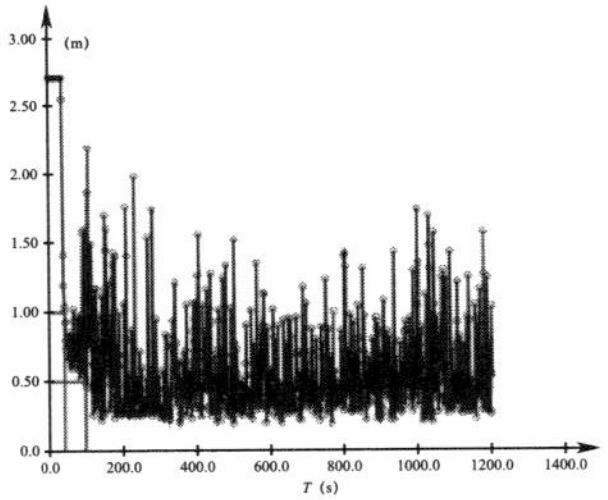	T_h=100s，烟层底部位置主要在 0.3～1.5m 范围内波动	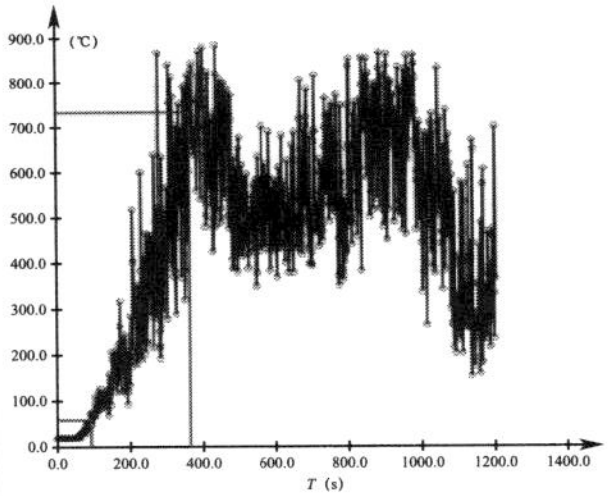	T_d = 100s，500s 左右出现温度波谷，1000s 后温度逐渐衰减，最高温度约 880℃	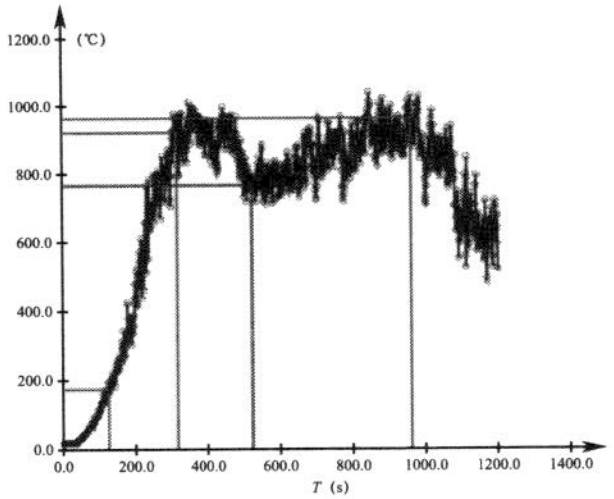	T_u = 120s，320s 达到 920℃，520s 出现波谷，950s 后逐渐衰减，最高温度约 1000℃	火灾发生 105s 左右烟气充满整个空间，西北部烟层底部位置波动较剧烈，其他方位相对平稳。 160s 左右下部烟气达到 60℃，东北部下部烟气没有达到 60℃
东南部	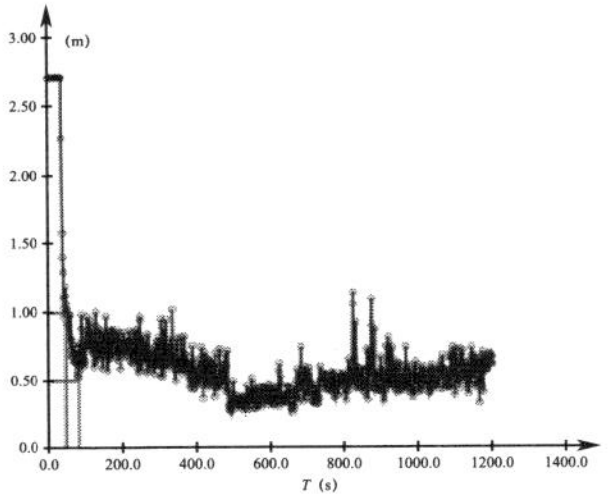	T_h = 90s，烟层底部位置主要在 0.3～1.0m 范围内波动	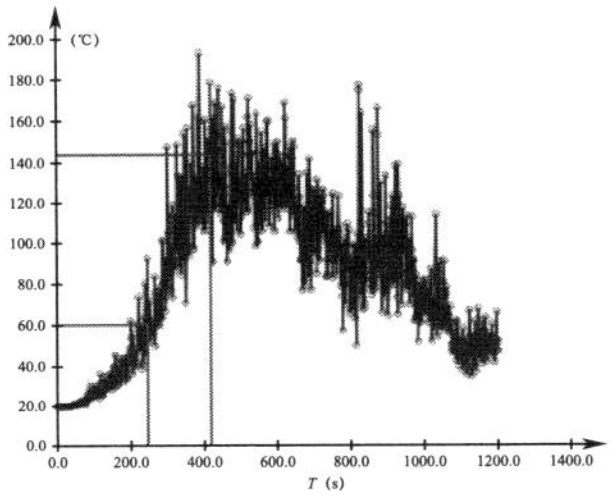	T_d = 250s，410s 达 140℃后做小幅波动并逐渐衰减，最高温度约 180℃	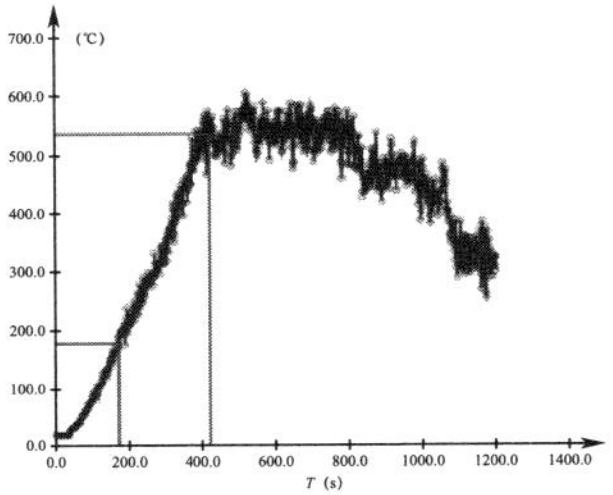	T_u = 180s，400s 达到 540℃，800s 后温度逐渐衰减，最高温度约 600℃	

续表

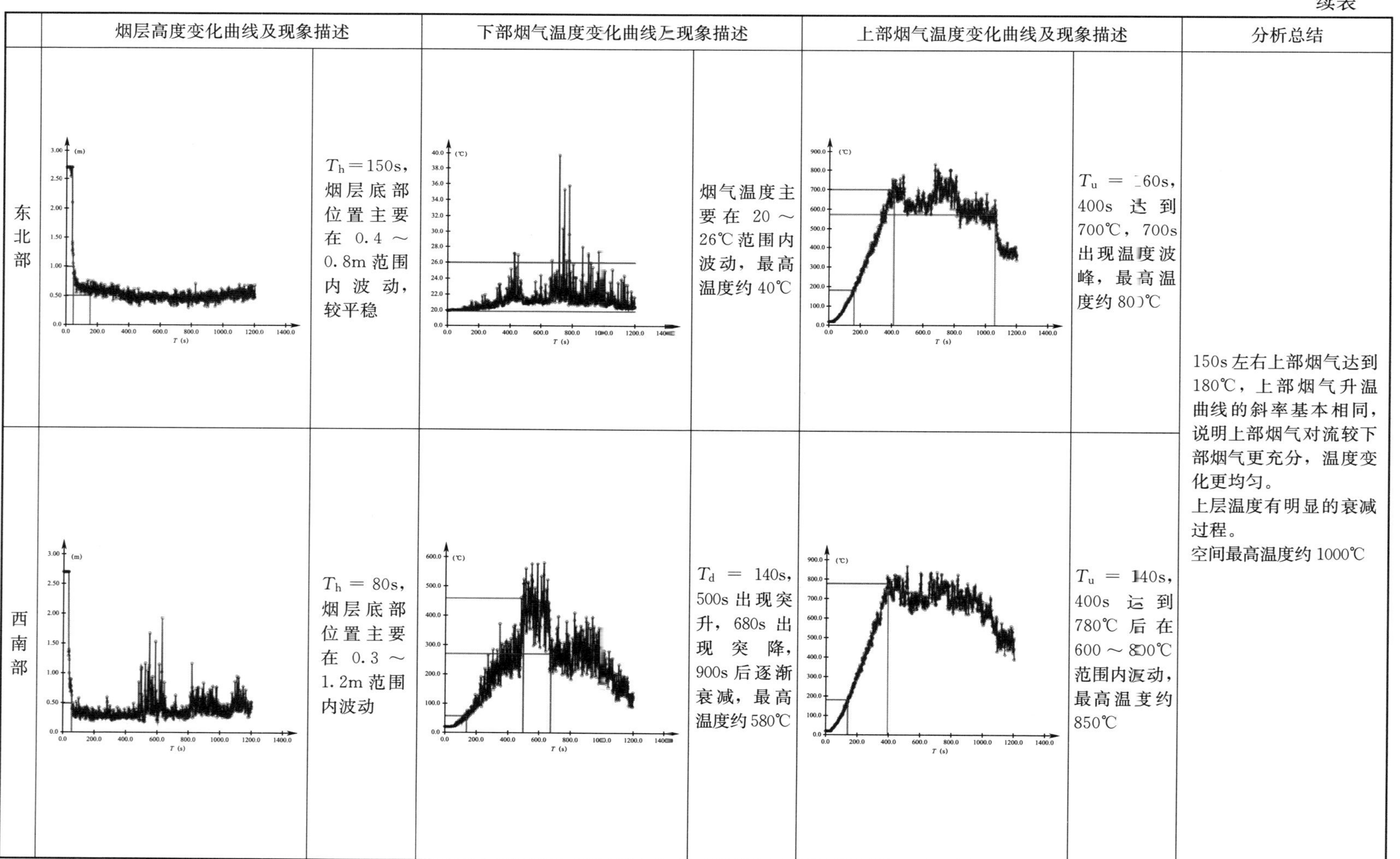

	烟层高度变化曲线及现象描述		下部烟气温度变化曲线及现象描述		上部烟气温度变化曲线及现象描述		分析总结
东北部		T_h＝150s，烟层底部位置主要在 0.4～0.8m 范围内波动，较平稳		烟气温度主要在 20～26℃范围内波动，最高温度约 40℃		T_u ＝ 160s，400s 达到 700℃，700s 出现温度波峰，最高温度约 800℃	150s 左右上部烟气达到 180℃，上部烟气升温曲线的斜率基本相同，说明上部烟气对流较下部烟气更充分，温度变化更均匀。 上层温度有明显的衰减过程。 空间最高温度约 1000℃
西南部		T_h ＝ 80s，烟层底部位置主要在 0.3～1.2m 范围内波动		T_d ＝ 140s，500s 出现突升，680s 出现突降，900s 后逐渐衰减，最高温度约 580℃		T_u ＝ 140s，400s 达到 780℃ 后在 600～800℃ 范围内波动，最高温度约 850℃	

表 4.26　经济型卫生间火灾特性

基本指标	空间尺寸			门洞尺寸			窗洞尺寸			建筑面积（m^2）	房间净面积（m^2）	火灾荷载密度（MJ/m^2）	通风因子 $A_w h_w^{1/2}$	Thomas 公式	
	开间（m）	进深（m）	净高（m）	宽度（m）	高度（m）	面积（m^2）	宽度（m）	高度（m）	面积（m^2）					轰燃临界热释放速率 $\dot{Q}_f$（kW）	轰燃时间 T_F（s）
	1.8	1.8	2.5	0.7	2.0	1.40	0.8	1.0	0.80	3.24	2.34	358.08	2.81	1202	154

平面图

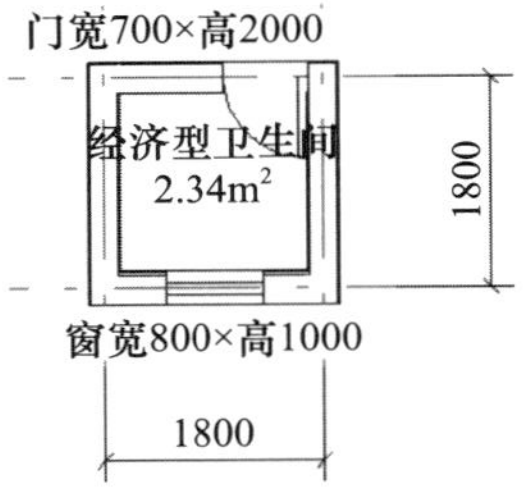

门宽700×高2000

经济型卫生间

$2.34m^2$

窗宽800×高1000

1800

1800

Revit 模型

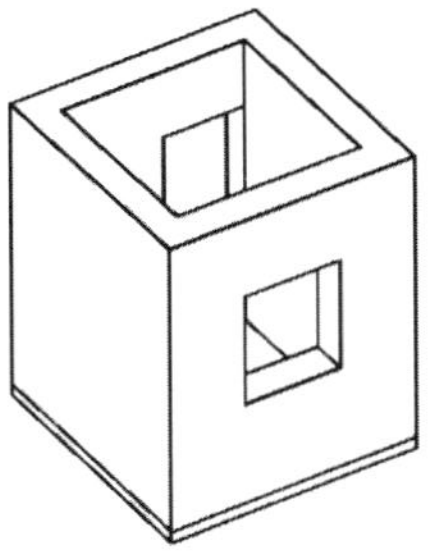

PyroSim 模型

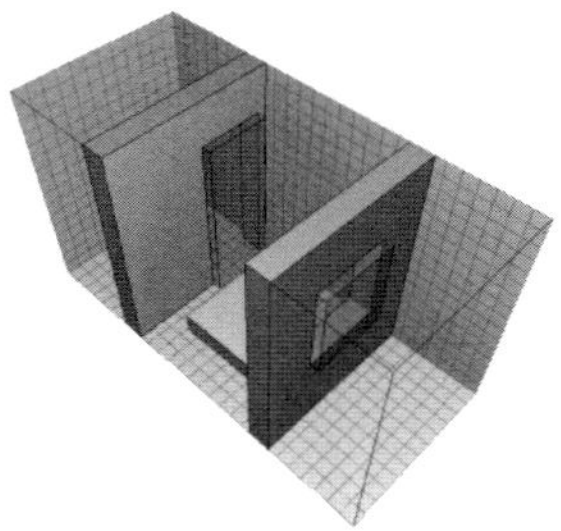

火灾增长曲线

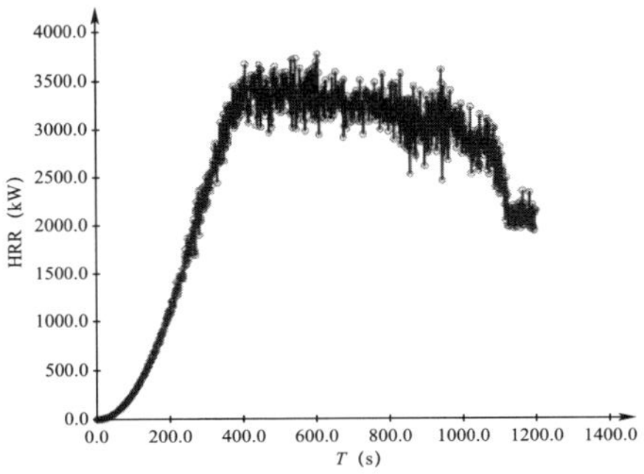

1m 处 CO 浓度达到危险状态时间 $T_{CO}=185s$

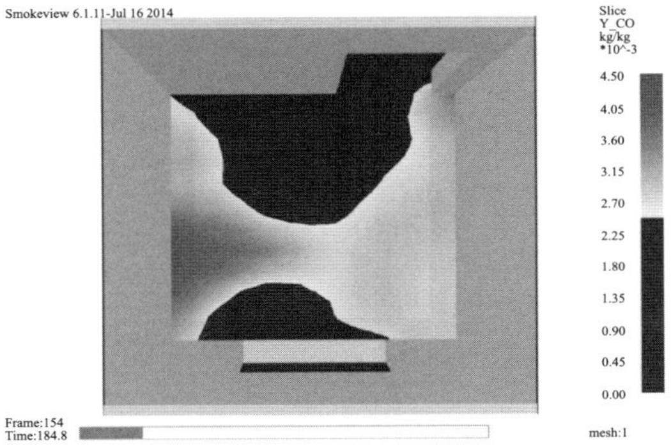

1.2m 处能见度达到危险状态时间 $T_v=22s$

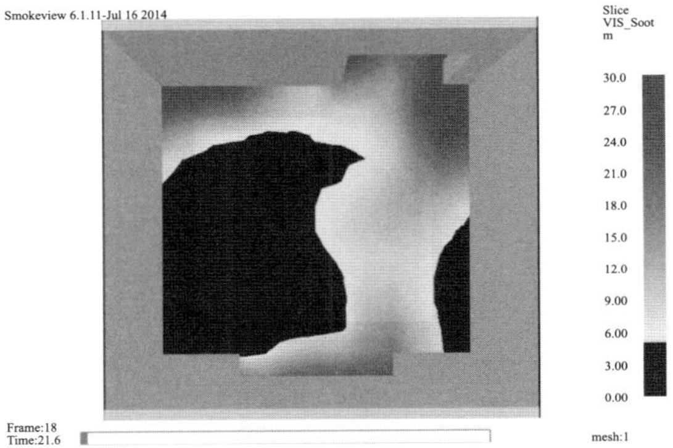

续表

基本指标	空间尺寸			门洞尺寸			窗洞尺寸			建筑面积（m^2）	房间净面积（m^2）	火灾荷载密度（MJ/m^2）	通风因子 $A_w h_v^{1/2}$	Thomas 公式	
	开间（m）	进深（m）	净高（m）	宽度（m）	高度（m）	面积（m^2）	宽度（m）	高度（m）	面积（m^2）					轰燃临界热释放速率 $\dot{Q}_f$（kW）	轰燃时间 T_F（s）
	1. 8	1. 8	2. 5	0. 7	2. 0	1. 40	0. 8	1. 0	0. 80	3. 24	2. 34	358. 08	2. ε1	1202	154

1. 5m 处温度达到危险状态时间 $T_a=56s$	顶板下 0. 3m 处温度达到危险状态时间 $T_b=98s$	备注
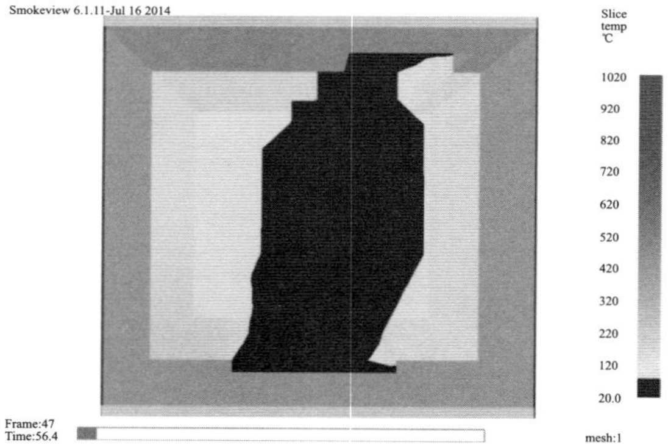	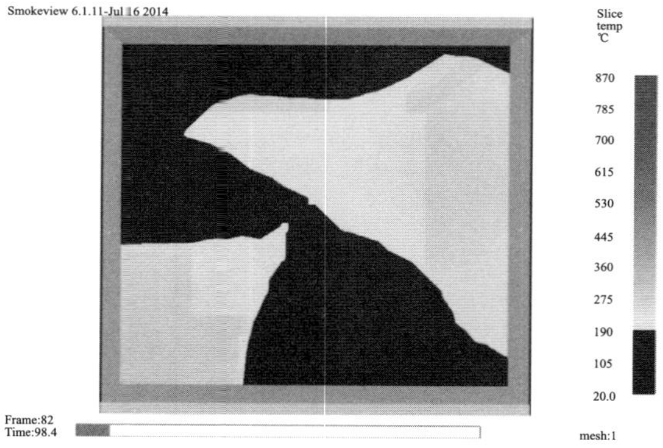	FDS 计算网格大小：0. 15m×0. 15m×0. 156m；最大 HRR 平均值 3. 3MW。

表 4.27 经济型卫生间火灾烟气特性曲线

	烟层高度变化曲线及现象描述		下部烟气温度变化曲线及现象描述		上部烟气温度变化曲线及现象描述		分析总结
西北部	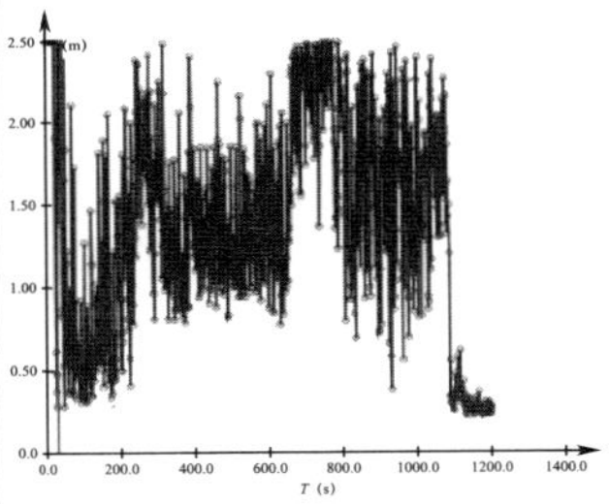	T_h = 30s，烟层底部位置在整个模拟过程中都有剧烈波动	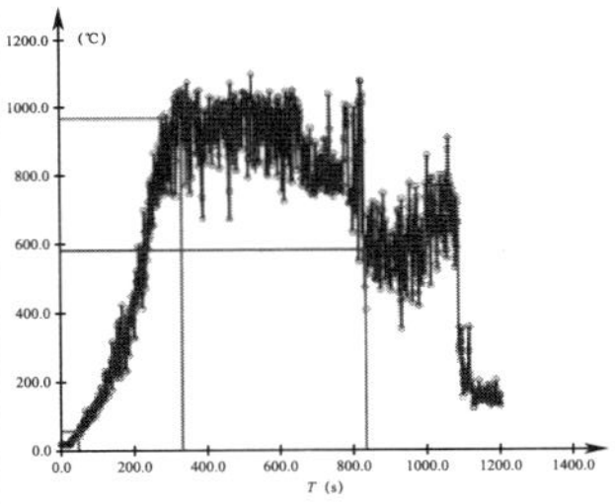	T_d = 50s，840s 出现温度突降，后有小幅回升，最高温度约 1100℃	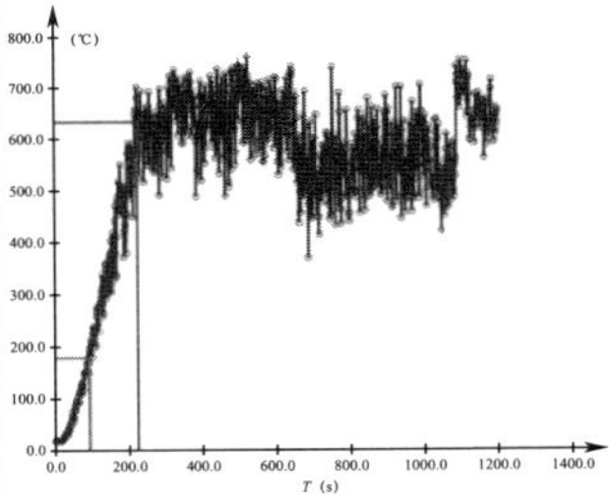	T_u = 100s，温度主要在 550～750℃范围内波动，最高温度约 750℃	火灾发生 28s 左右烟气充满整个空间，西北部和西南部烟气波动剧烈。 108s 左右下部烟气达到 60℃，各方位有明显差异，东北部下层烟气达到 60℃约在 220s 并且温度较低，95s 左右上部烟气达到 180℃，上部烟气升温曲线的斜率基本相同，说明上部烟气对流比下部烟气更充分，温度变化更均匀
东南部	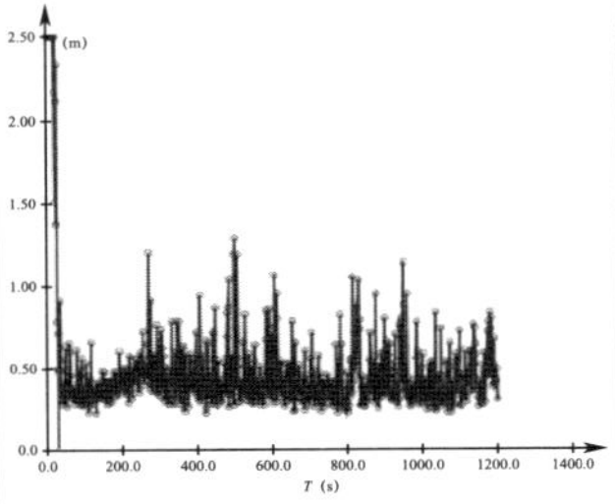	T_h = 30s，烟层底部位置主要在 0.3～1.0m 范围内波动	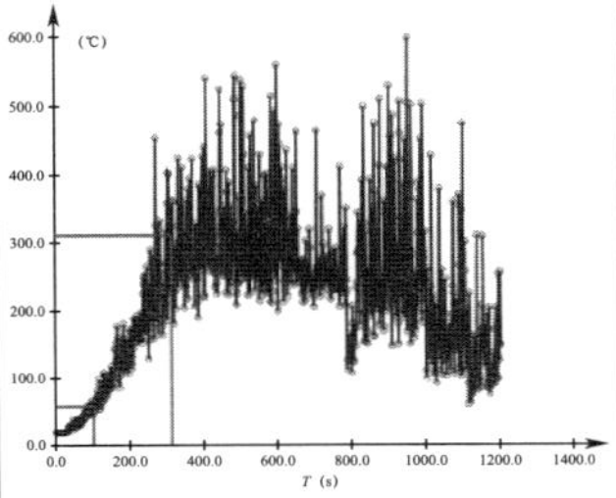	T_d = 100s，800s 左右烟气温度有突降和突升现象，最高温度约 600℃	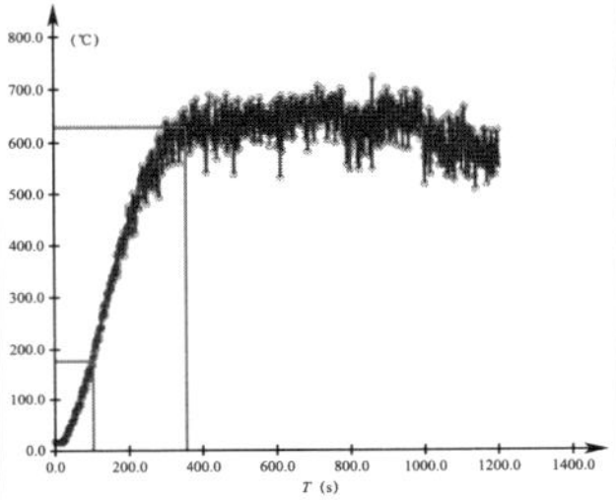	T_u = 100s，350s 达到 640℃后小幅波动，温度衰减不明显，最高温度约 680℃	

续表

	烟层高度变化曲线及现象描述		下部烟气温度变化曲线及现象描述		上部烟气温度变化曲线及现象描述		分析总结
东北部	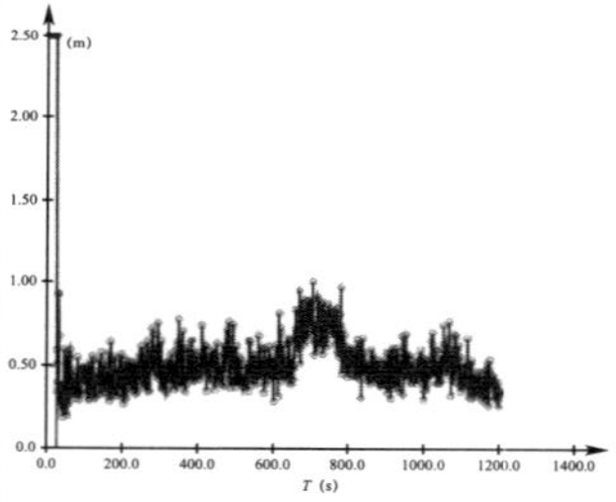	T_h = 25s，烟层底部位置主要在0.2～1.0m范围内波动，650～780s烟层底部凸起	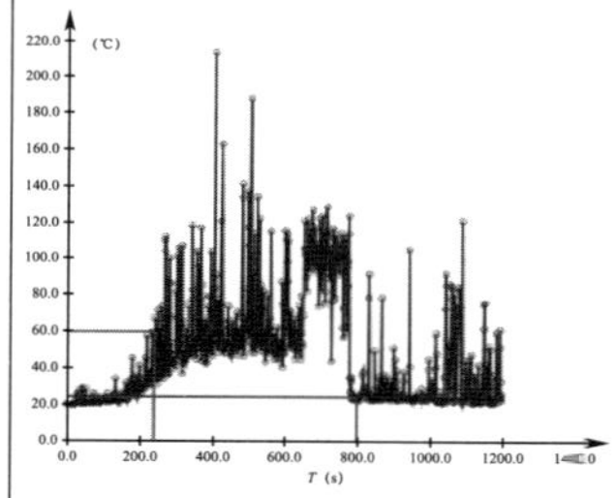	T_d = 220s，800s左右烟气温度有突降现象，最高温度约200℃	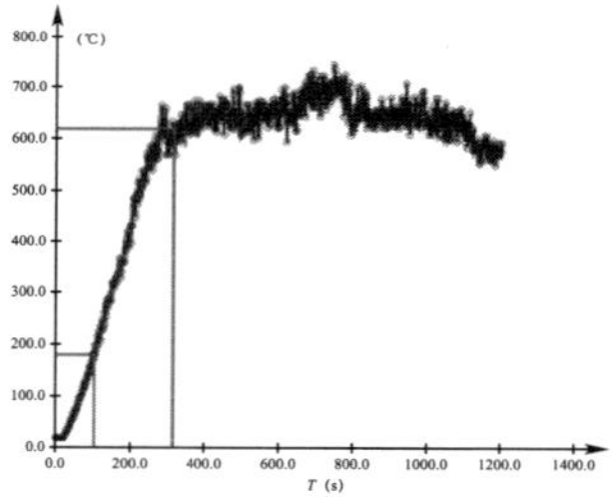	T_u = 100s，310s达到620℃后小幅波动，温度衰减不明显，最高温度约720℃	上层烟气温度在整个模拟过程中没有出现明显的温度衰减。 空间最高温度约1100℃
西南部	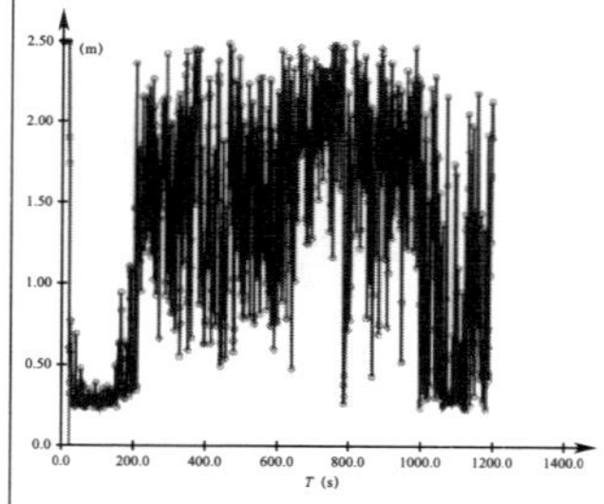	T_h = 25s，200s后烟层底部位置开始剧烈波动	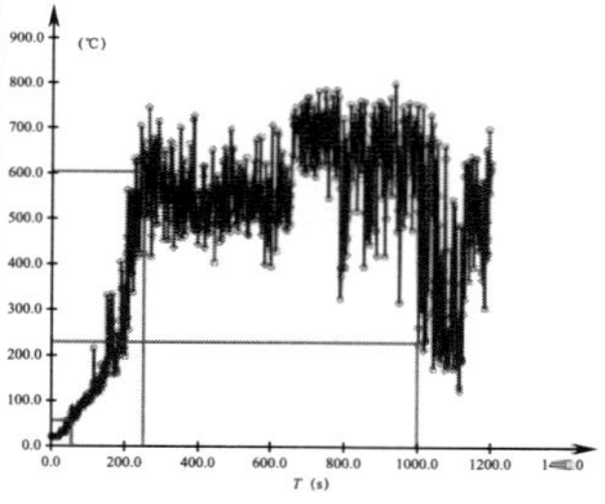	T_d = 60s，250s达到约600℃，1000s后有温度突降现象，最高温度约780℃	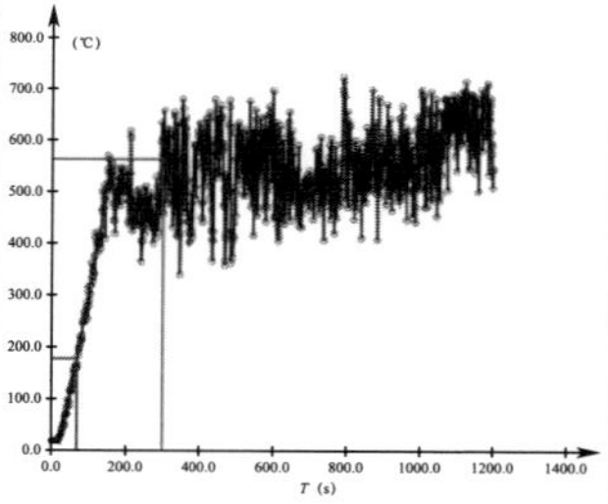	T_u = 80s，300s达到570℃后温度仍缓慢上升，最高温度约700℃	

表 4.28 舒适型卫生间火灾特性

基本指标	空间尺寸			门洞尺寸			窗洞尺寸			建筑面积（m^2）	房间净面积（m^2）	火灾荷载密度（MJ/m^2）	通风因子 $A_w h_w^{1/2}$	Thomas 公式	
	开间（m）	进深（m）	净高（m）	宽度（m）	高度（m）	面积（m^2）	宽度（m）	高度（m）	面积（m^2）					轰燃临界热释放速率 $\dot{Q}_f$（kW）	轰燃时间 T_F（s）
	3.0	4.2	2.7	0.8	2.0	1.60	1.2	1.2	1.44	12.60	10.74	197.49	3.87	1887	300

平面图	Revit 模型	PyroSim 模型
 门宽800×高2000 舒适型卫生间 10.74m^2 4200 窗宽1200×高1200 3000		
火灾增长曲线	1m 处 CO 浓度达到危险状态时间 $T_{CO}=236s$	1.2m 处能见度达到危险状态时间 $T_v=34s$
HRR (kW) 6000.0 5000.0 4000.0 3000.0 2000.0 1000.0 0.0 0.0 200.0 400.0 600.0 800.0 1000.0 1200.0 1400.0 T (s)	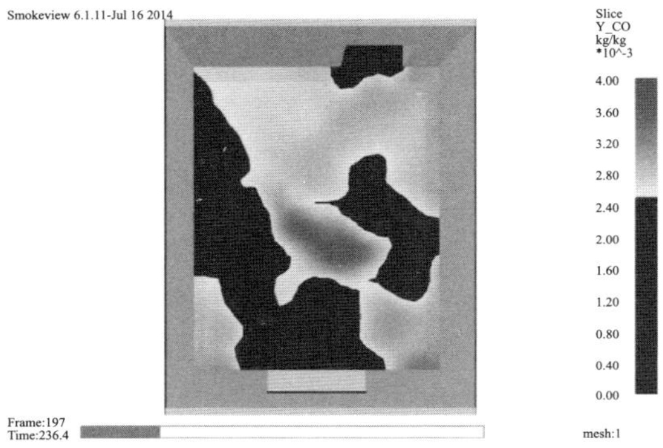 Smokeview 6.1.11-Jul 16 2014 Slice Y_CO kg/kg *10^-3 4.00 3.60 3.20 2.80 2.40 2.00 1.60 1.20 0.80 0.40 0.00 Frame:197 Time:236.4 mesh:1	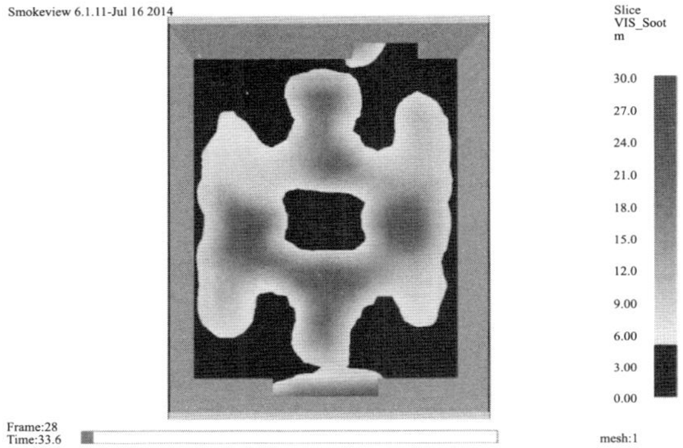 Smokeview 6.1.11-Jul 16 2014 Slice VIS_Soot m 30.0 27.0 24.0 21.0 18.0 15.0 12.0 9.00 6.00 3.00 0.00 Frame:28 Time:33.6 mesh:1

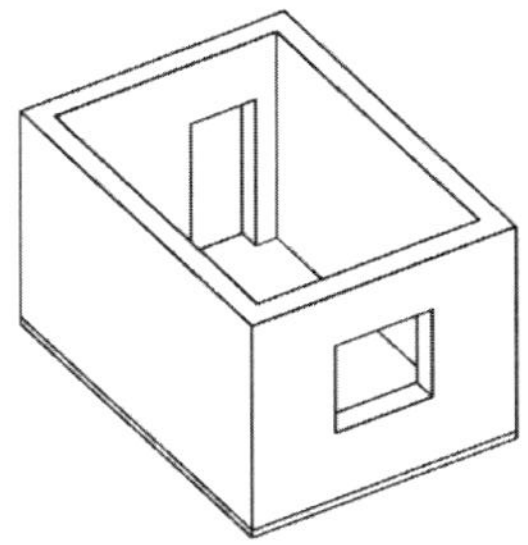

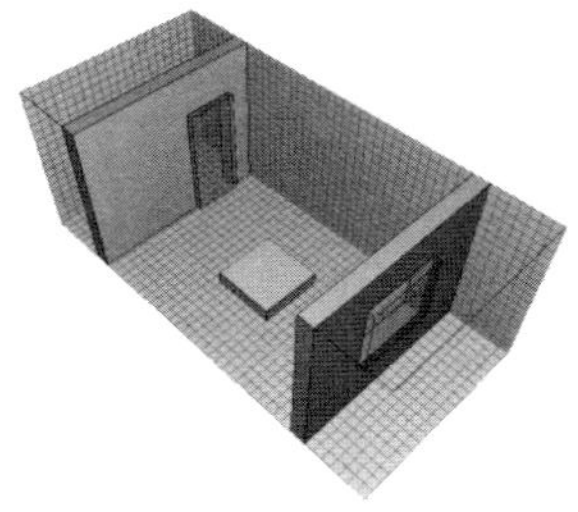

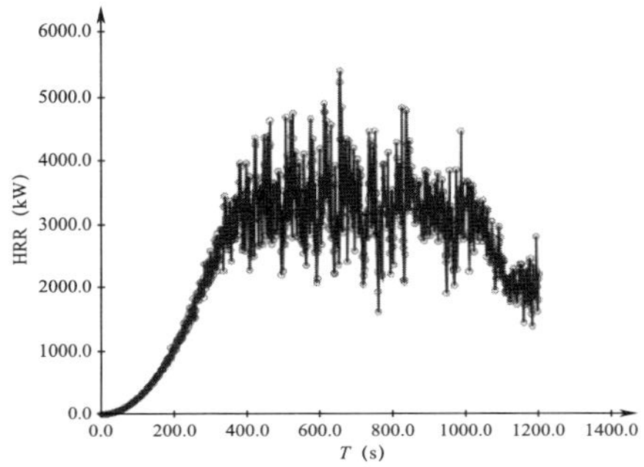

续表

基本指标	空间尺寸			门洞尺寸			窗洞尺寸			建筑面积（m^2）	房间净面积（m^2）	火灾荷载密度（MJ/m^2）	通风因子 $A_w h_w^{1/2}$	Thomas公式	
	开间（m）	进深（m）	净高（m）	宽度（m）	高度（m）	面积（m^2）	宽度（m）	高度（m）	面积（m^2）					轰燃临界热释放速率 $\dot{Q}_f$（kW）	轰燃时间 T_F（s）
	3.0	4.2	2.7	0.8	2.0	1.60	1.2	1.2	1.44	12.60	10.74	197.49	3.87	1887	300

1.5m处温度达到危险状态时间 $T_a=76s$	顶板下0.3m处温度达到危险状态时间 $T_b=118s$	备注
		FDS计算网格大小：0.15m×0.143m×0.15m；最大HRR平均值3.5MW

表 4.29　舒适型卫生间火灾烟气特性曲线

	烟层高度变化曲线及现象描述		下部烟气温度变化曲线及现象描述		上部烟气温度变化曲线及现象描述		分析总结
西北部	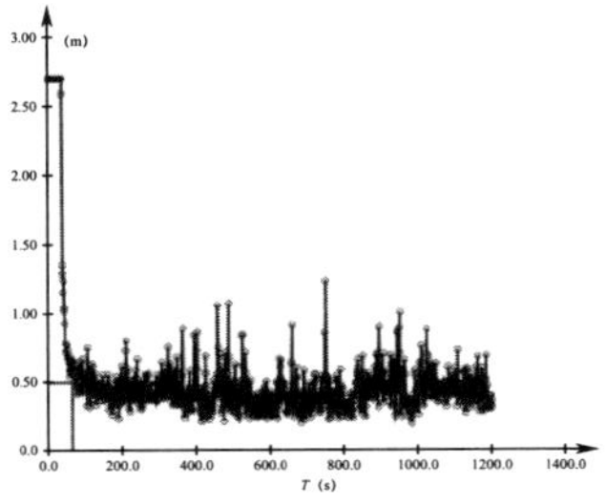	T_h = 80s，烟层底部位置主要在 0.3～1.0m 范围内波动	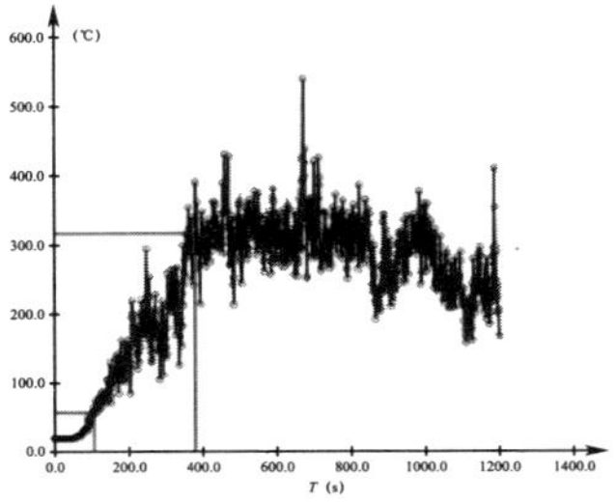	T_d = 100s，烟气温度主要在 200～400℃ 范围内波动，最高温度约 430℃	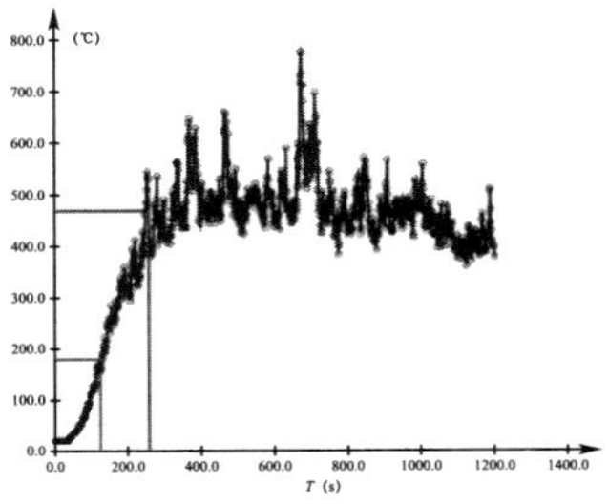	T_u = 120s，烟气温度主要在 400～650℃ 范围内波动，最高温度约 750℃	火灾发生 81s 左右烟气充满整个空间，西南部烟层底部位置波动较剧烈，其他方位相对平稳。105s 左右下部烟气达到 60℃，东南部和东北部下层烟气温度波动较剧烈
东南部	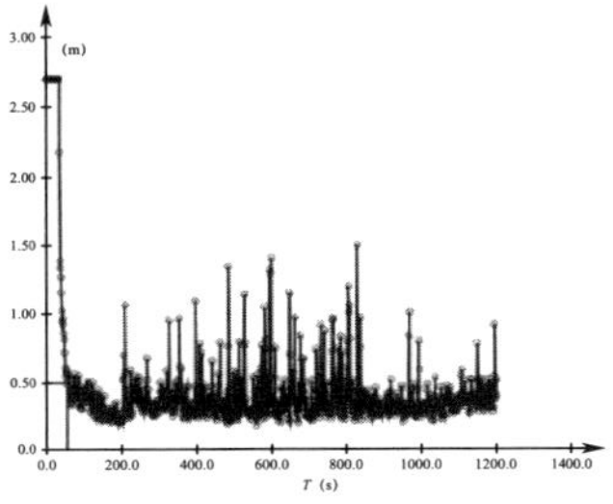	T_h = 75s，烟层底部位置主要在 0.2～1.0m 范围内波动	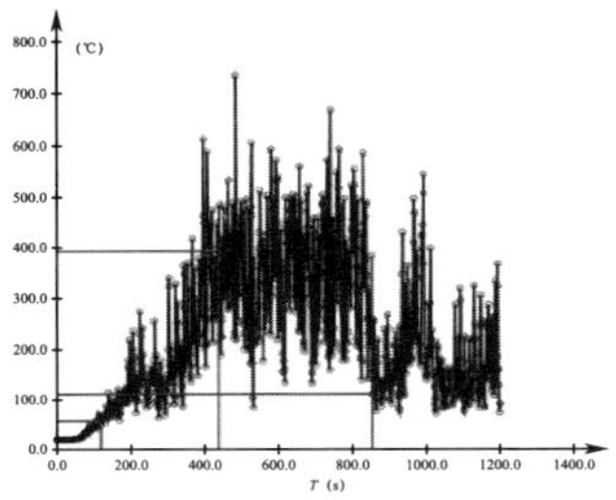	T_d = 110s，800～1000s 时间段形成明显的波峰和波谷，最高温度约 600℃	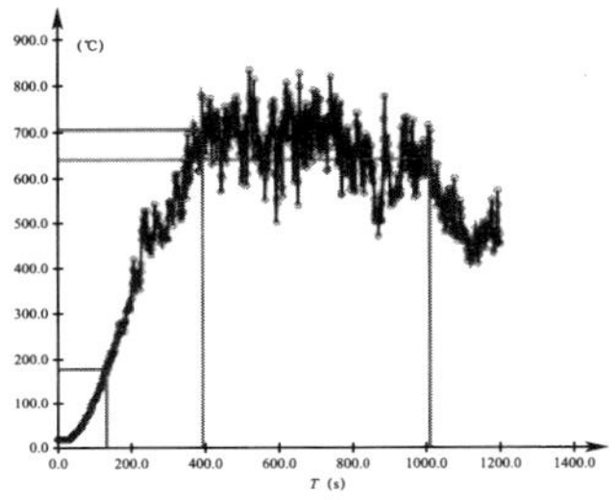	T_u = 130s，烟气温度主要在 500～800℃ 范围内波动，最高温度约 800℃	

续表

	烟层高度变化曲线及现象描述		下部烟气温度变化曲线及现象描述		上部烟气温度变化曲线及现象描述		分析总结
东北部	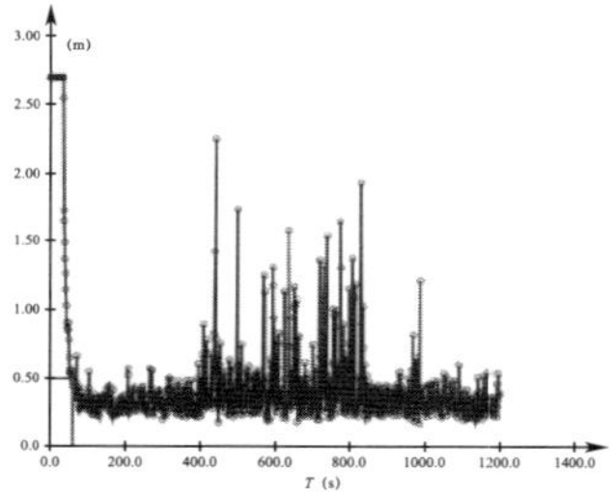	T_h = 80s，烟层底部位置主要在 0.2～1.5m 范围内波动	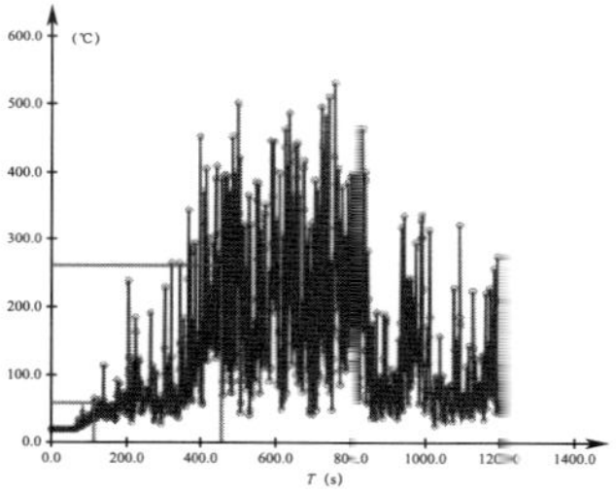	T_d = 110s，800～1000s 时间段形成明显的波峰和波谷，最高温度约 500℃	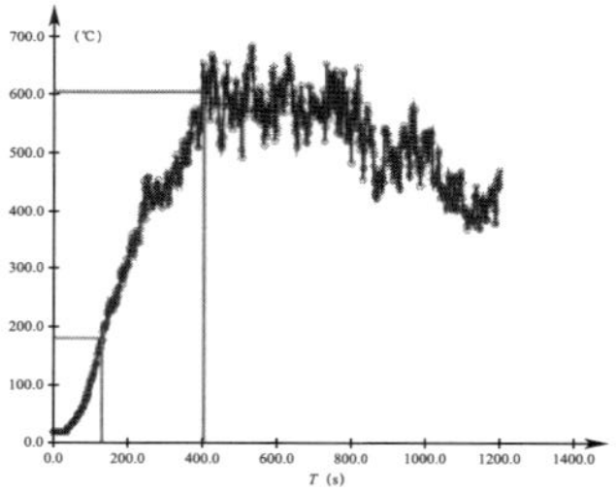	T_u = 130s，烟气温度主要在 500～[illegible]00℃ 范围内波动，最高温度约 [illegible]00℃	125s 左右上部烟气达到 180℃，上部烟气升温曲线的斜率基本相同，说明上部烟气对流较下部烟气更充分，温度变化更均匀。上层温度有明显的衰减过程。空间最高温度约 800℃
西南部	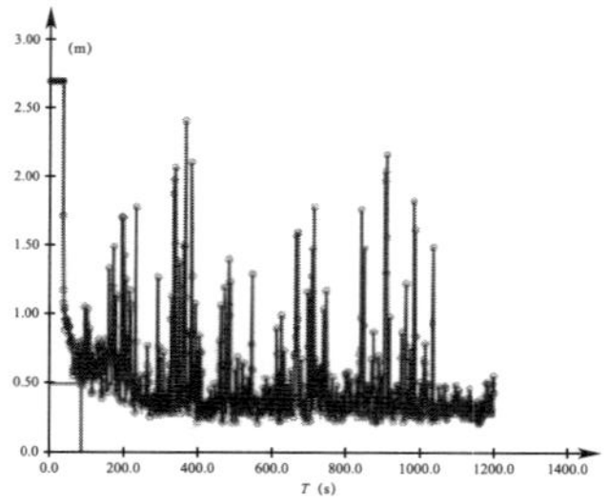	T_h = 90s，此后烟层底部位置波动较剧烈	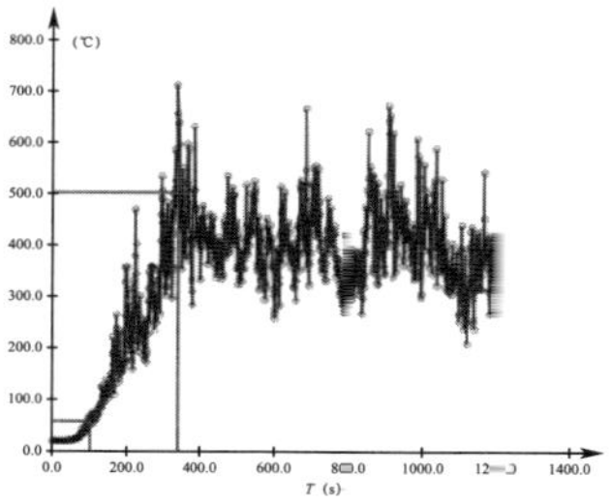	T_d = 100s，烟气温度主要在 300～600℃ 范围内波动，最高温度约 650℃	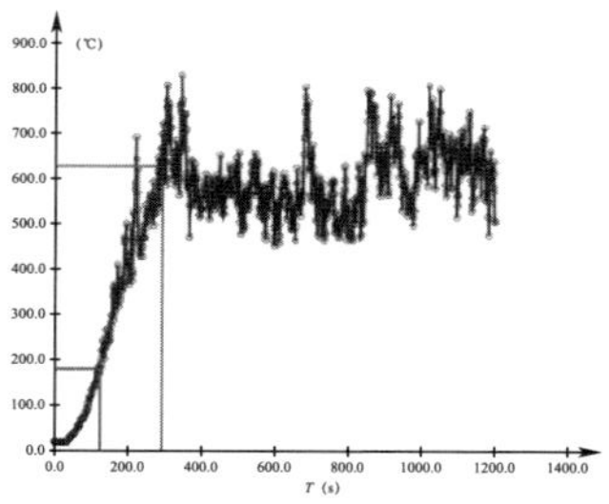	T_u = 120s，烟气温度主要在 500～800℃ 范围内波动，最高温度约 800℃	

表 4.30　宿舍两人间火灾特性

基本指标	空间尺寸			门洞尺寸			窗洞尺寸			建筑面积 (m^2)	房间净面积 (m^2)	火灾荷载密度 (MJ/m^2)	通风因子 $A_w h_w^{1/2}$	Thomas 公式	
	开间 (m)	进深 (m)	净高 (m)	宽度 (m)	高度 (m)	面积 (m^2)	宽度 (m)	高度 (m)	面积 (m^2)					轰燃临界热释放速率 $\dot{Q}_f$ (kW)	轰燃时间 T_F (s)
	3.0	4.5	3.0	1.0	2.0	2.00	1.5	1.5	2.25	13.50	11.56	325.08	5.60	2589	244

平面图	Revit 模型	PyroSim 模型

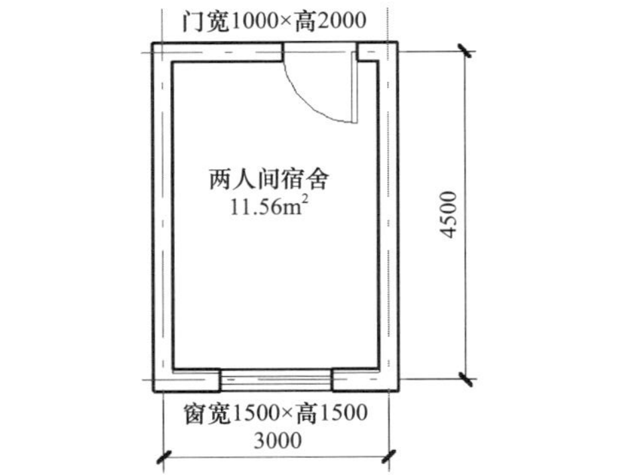

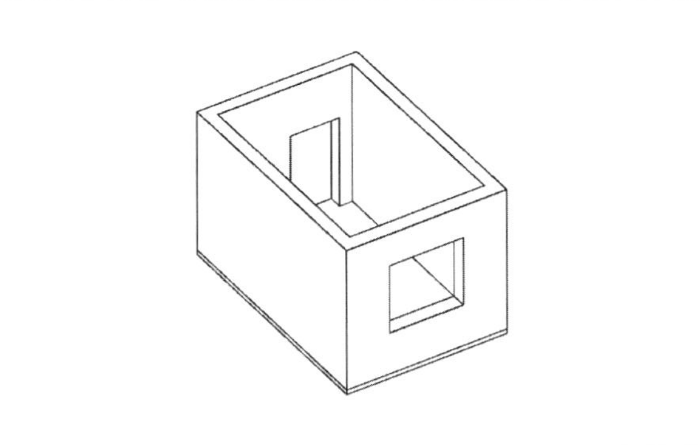

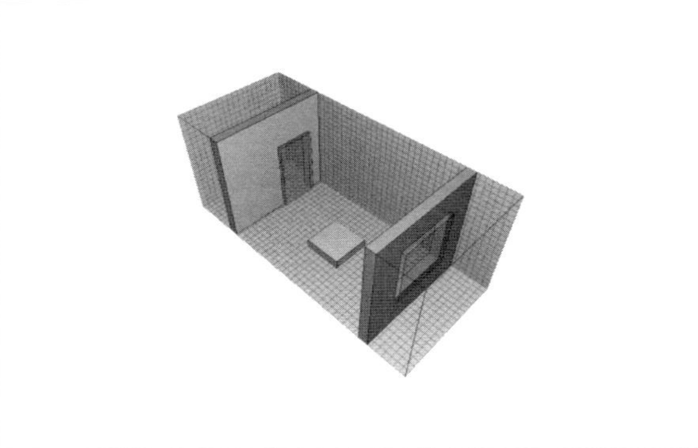

火灾增长曲线	1m 处 CO 浓度达到危险状态时间 $T_{CO}=316s$	1.2m 处能见度达到危险状态时间 $T_v=37s$

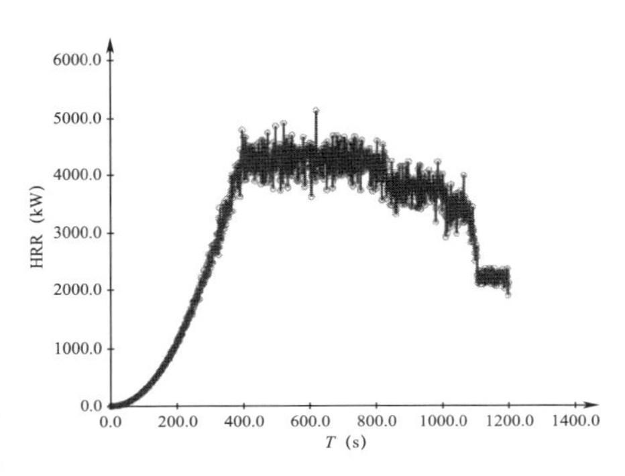

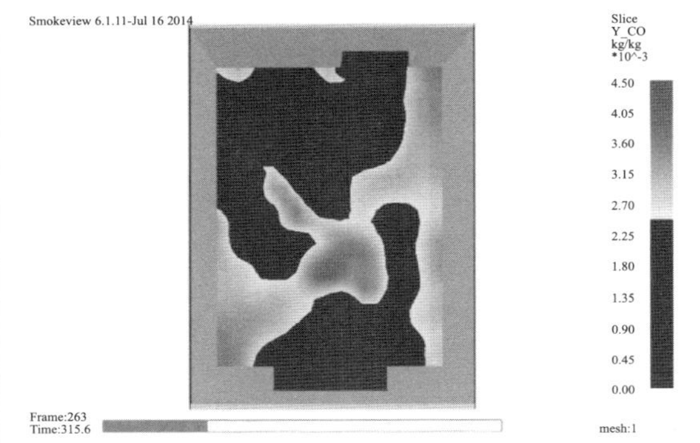

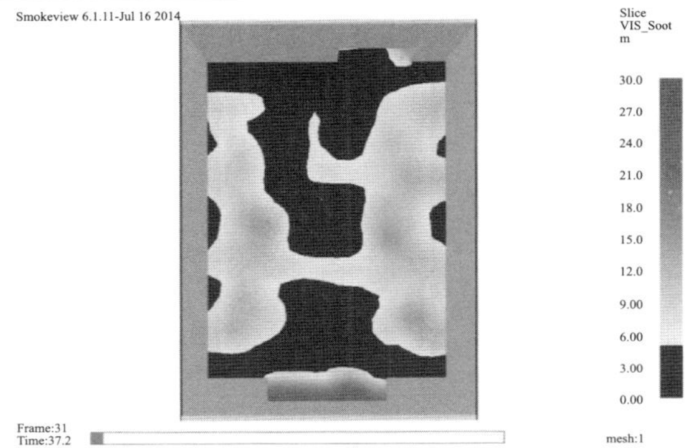

续表

基本指标	空间尺寸			门洞尺寸			窗洞尺寸			建筑面积（m^2）	房间净面积（m^2）	火灾荷载密度（MJ/m^2）	通风因子 $A_w h_w^{1/2}$	Thomas 公式	
	开间（m）	进深（m）	净高（m）	宽度（m）	高度（m）	面积（m^2）	宽度（m）	高度（m）	面积（m^2）					轰燃临界热释放速率 $\dot{Q}_f$（kW）	轰燃时间 T_F（s）
	3.0	4.5	3.0	1.0	2.0	2.00	1.5	1.5	2.25	13.50	11.56	325.08	5.60	2589	244
1.5m 处温度达到危险状态时间 T_a=89s							顶板下 0.3m 处温度达到危险状态时间 T_b=138s					备注			
Smokeview 6.1.11-Jul 16 2014 Slice temp ℃ 1020 920 820 720 620 520 420 320 220 120 20.0 Frame:74 Time:88.8 mesh:1							Smokeview 6.1.11-Jul 16 2014 Slice temp ℃ 970 875 780 685 590 495 400 305 210 115 20.0 Frame:115 Time:138.0 mesh:1					FDS 计算网格大小：0.15m×0.156m×0.15m；最大 HRR 平均值 4.5MW			

表 4.31　宿舍两人间火灾烟气特性曲线

	烟层高度变化曲线及现象描述		下部烟气温度变化曲线及现象描述		上部烟气温度变化曲线及现象描述		分析总结
西北部	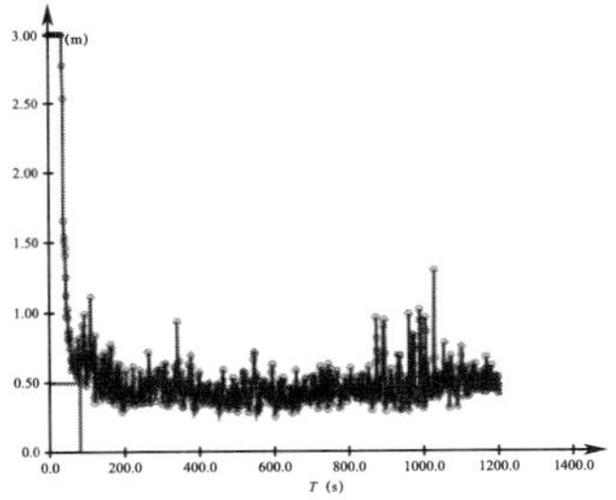	T_h = 90s，烟层底部位置主要在 0.3～1.0m 范围内波动	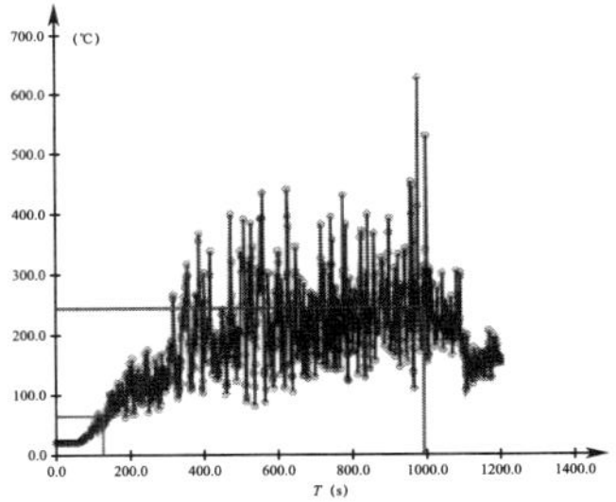	T_d = 120s，烟气温度主要在 100～450℃ 范围内波动，最高温度约 500℃	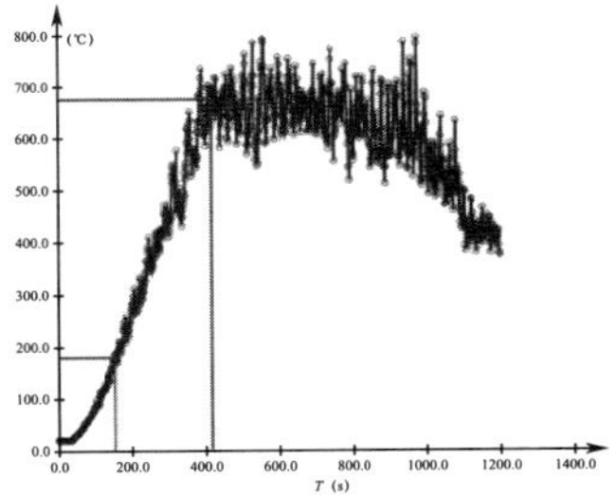	T_u = 150s，温度主要在 550～750℃ 范围内波动，最高温度约 780℃	火灾发生 85s 左右烟气充满整个空间，西南部烟气波动较明显，其他方位烟气较平稳。190s 左右下部烟气达到 60℃，各方位有明显差异，东北部下层烟气约在 280s 达到 60℃，温度较低
东南部	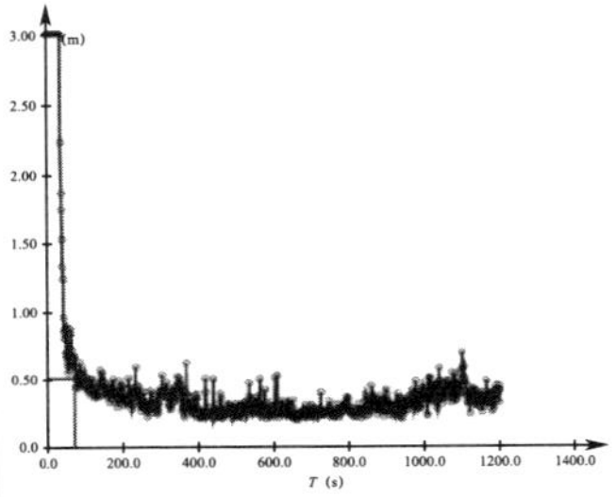	T_h = 80s，烟层底部位置主要在 0.2～0.6m 范围内波动，较平稳	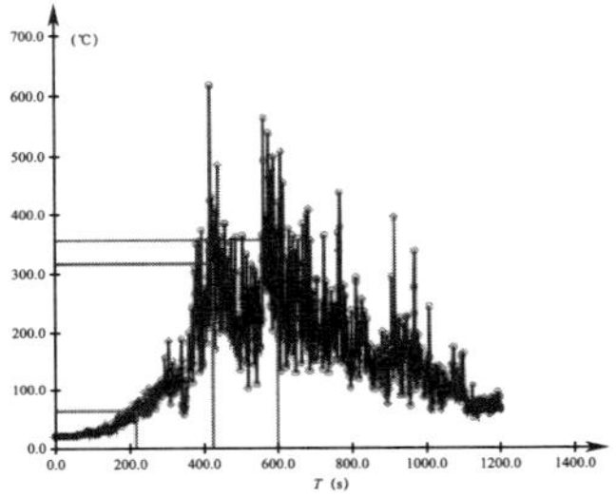	T_d = 210s，420s 达到 320℃，此后温度出现明显的波谷和波峰，最高温度约 550℃	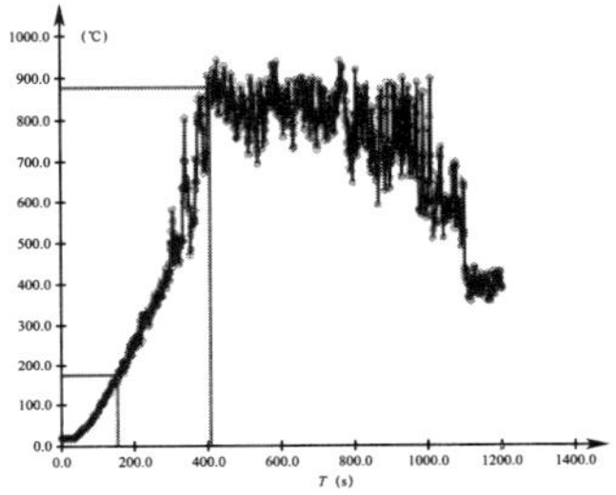	T_u = 160s，400s 达到 880℃后小幅波动，1000s 后温度衰减，最高温度约 920℃	

续表

	烟层高度变化曲线及现象描述		下部烟气温度变化曲线及现象描述		上部烟气温度变化曲线及现象描述		分析总结
东北部	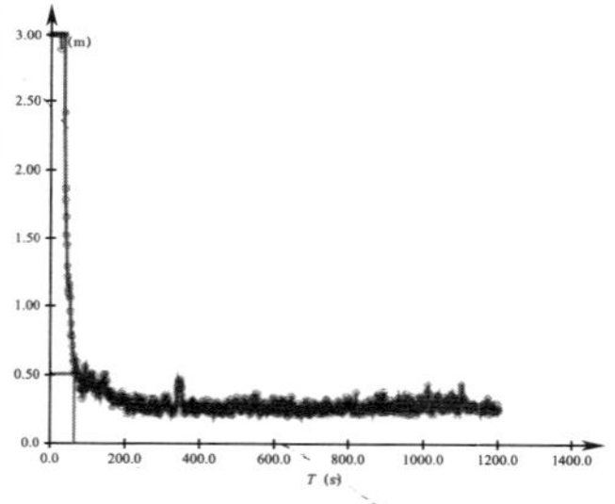	T_h = 70s，烟层底部位置主要在 0.2～0.4m 范围内波动，很平稳	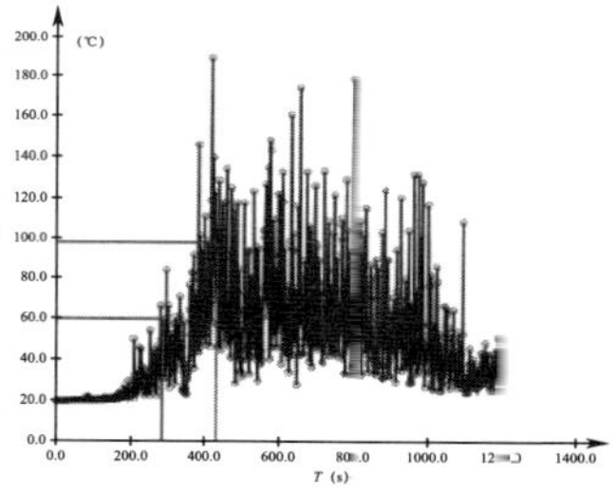	T_d = 280s，烟气温度主要在 30～160℃范围内小幅波动，最高温度约 180℃	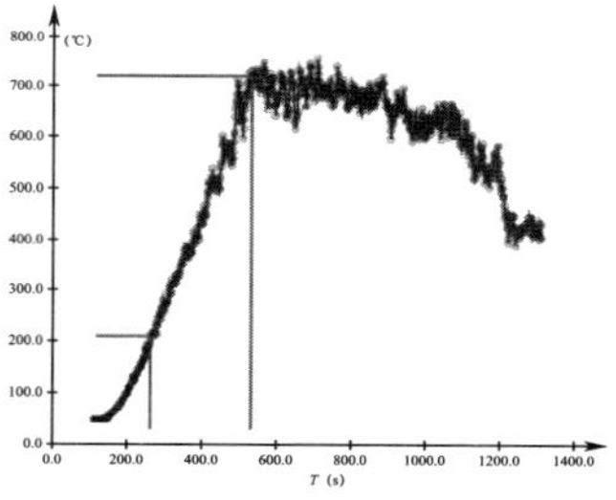	T_u = 150s，420s 达 700℃后温度小幅波动并逐渐衰减，最高温度约 720℃	150s 左右上部烟气达到 180℃，上部烟气升温曲线的斜率基本相同，说明上部烟气对流比下部烟气更充分，温度变化更均匀。空间最高温度约 920℃
西南部	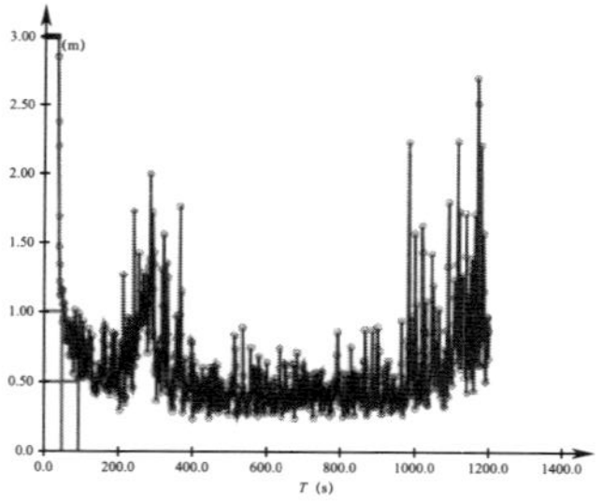	T_h = 100s，270s 左右形成明显的波峰，波动较剧烈	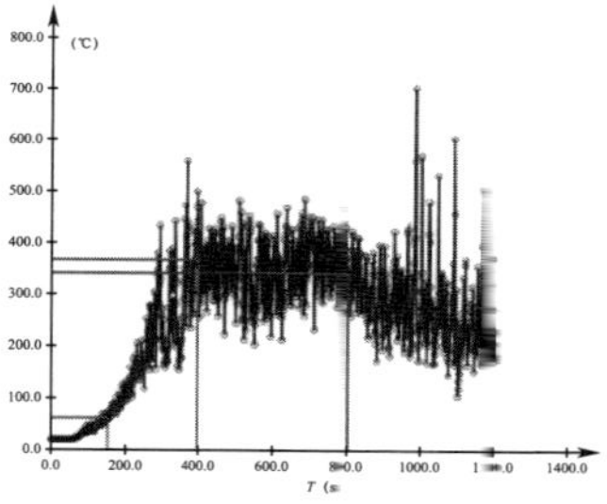	T_d = 150s，烟气温度主要在 150～450℃范围内波动，最高温度约 600℃	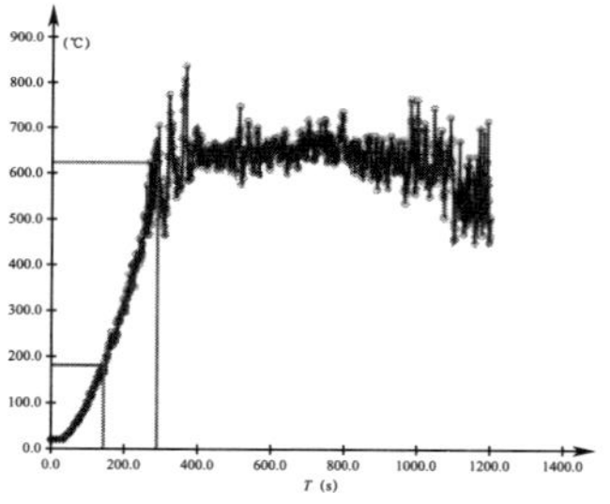	T_u = 140s，温度主要在 550～750℃范围内波动，最高温度约 800℃	

表 4.32　宿舍四人间火灾特性

基本指标	空间尺寸			门洞尺寸			窗洞尺寸			建筑面积 (m^2)	房间净面积 (m^2)	火灾荷载密度 (MJ/m^2)	通风因子 $A_w h_w^{1/2}$	Thomas 公式	
	开间 (m)	进深 (m)	净高 (m)	宽度 (m)	高度 (m)	面积 (m^2)	宽度 (m)	高度 (m)	面积 (m^2)					轰燃临界热释放速率 $\dot{Q}_f$ (kW)	轰燃时间 T_F (s)
	3.6	4.8	3.3	1.0	2.0	2.00	1.5	1.5	2.25	17.28	15.10	406.35	5.60	2723	210
平面图				Revit 模型						PyroSim 模型					
 门宽1000×高2000 四人间宿舍 15.10m² 4800 窗宽1500×高1500 3600															
火灾增长曲线				1m 处 CO 浓度达到危险状态时间 $T_{CO}=329s$						1.2m 处能见度达到危险状态时间 $T_v=44s$					

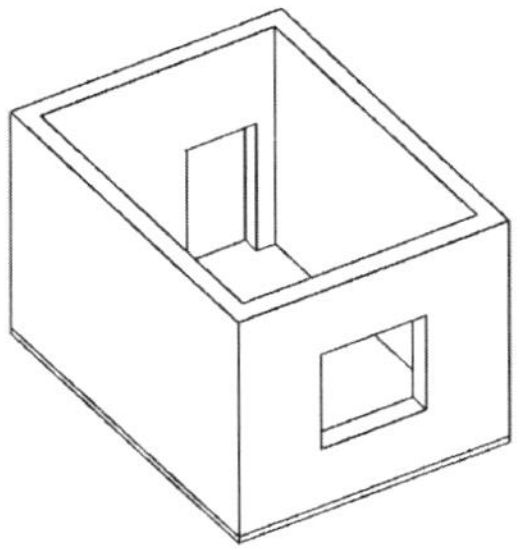

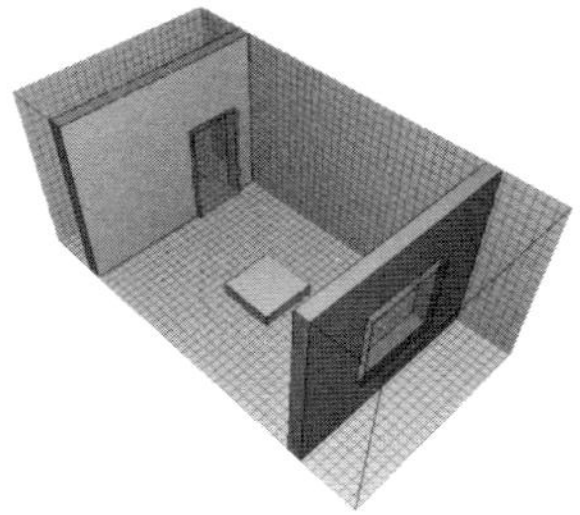

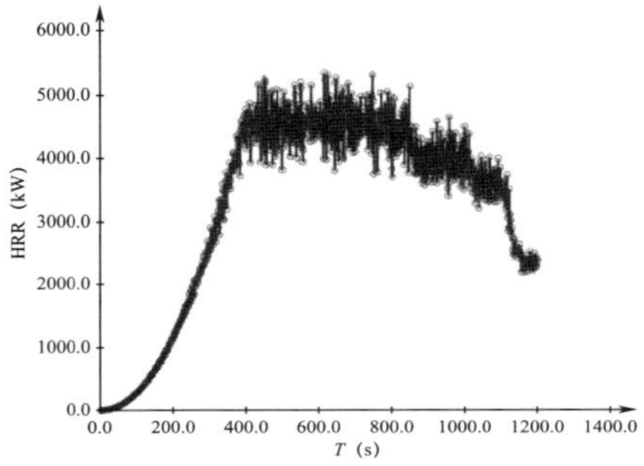

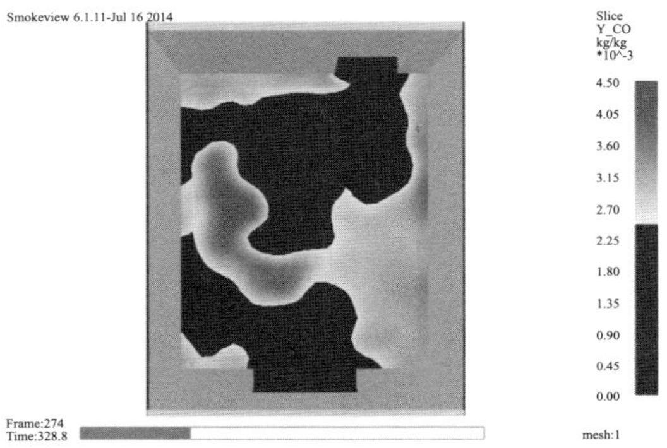

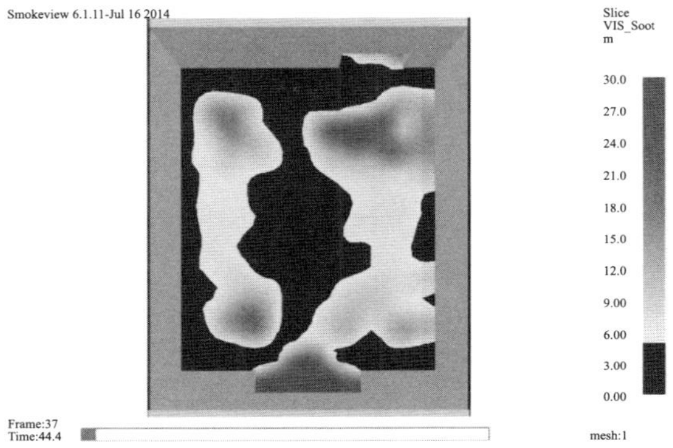

续表

基本指标	空间尺寸			门洞尺寸			窗洞尺寸			建筑面积（m^2）	房间净面积（m^2）	火灾荷载密度（MJ/m^2）	通风因子 $A_w h_w^{1/2}$	Thomas公式	
	开间（m）	进深（m）	净高（m）	宽度（m）	高度（m）	面积（m^2）	宽度（m）	高度（m）	面积（m^2）					轰燃临界热释放速率 $\dot{Q}_f$（kW）	轰燃时间 T_F（s）
	3.6	4.8	3.3	1.0	2.0	2.00	1.5	1.5	2.25	17.28	15.10	406.35	5.60	2723	210
1.5m处温度达到危险状态时间 T_a=79s						顶板下0.3m处温度达到危险状态时间 T_b=146s						备注			
												FDS计算网格大小：0.15m×0.156m×0.165m；最大HRR平均值4.5MW。			

表 4.33　宿舍四人间火灾烟气特性曲线

	烟层高度变化曲线及现象描述		下部烟气温度变化曲线及现象描述		上部烟气温度变化曲线及现象描述		分析总结
西北部	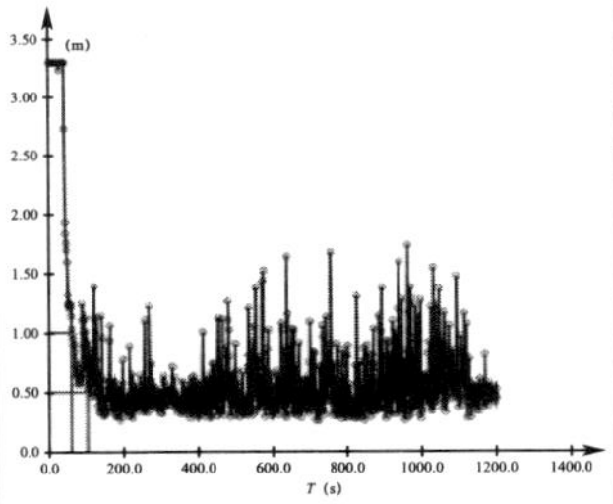 (m) 0.0 0.50 1.00 1.50 2.00 2.50 3.00 3.50 0.0 200.0 400.0 600.0 800.0 1000.0 1200.0 1400.0 T (s)	T_h＝110s，烟层底部位置主要在 0.3～1.5m 范围内波动	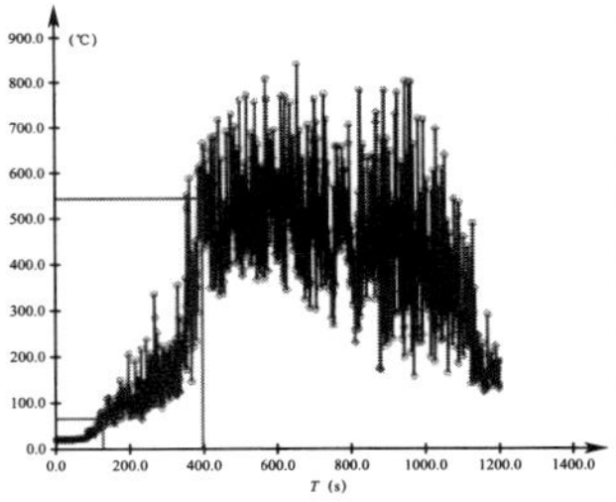 (℃) 0.0 100.0 200.0 300.0 400.0 500.0 600.0 700.0 800.0 900.0 0.0 200.0 400.0 600.0 800.0 1000.0 1200.0 1400.0 T (s)	T_d ＝ 120s，烟气温度主要在 100～800℃ 范围内做较大波动，最高温度约 800℃	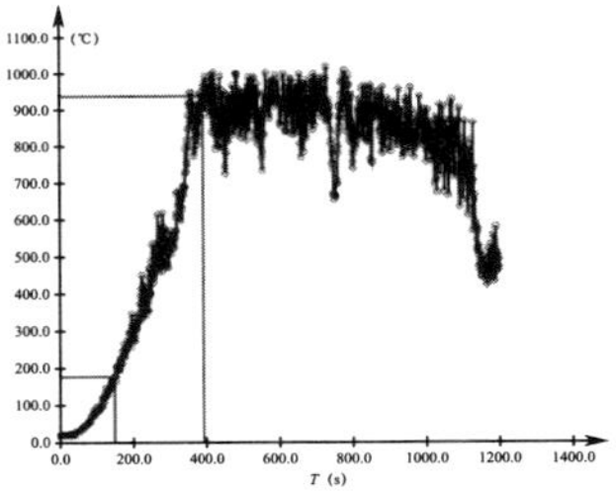 (℃) 0.0 100.0 200.0 300.0 400.0 500.0 600.0 700.0 800.0 900.0 1000.0 1100.0 0.0 200.0 400.0 600.0 800.0 1000.0 1200.0 1400.0 T (s)	T_u ＝ 150s，烟气温度主要在 700～1000℃ 范围内波动，最高温度约 1000℃	火灾发生 105s 左右烟气充满整个空间，西北部和西南部烟层底部位置有明显波动，东南部和东北部烟层底部位置很平稳。 153s 左右下部烟气达到 60℃，东北部下层烟气在整个模拟过程中没有达到 60℃
东南部	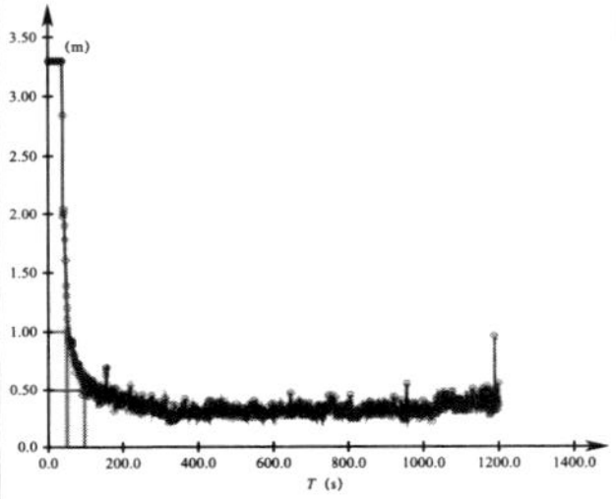 (m) 0.0 0.50 1.00 1.50 2.00 2.50 3.00 3.50 0.0 200.0 400.0 600.0 800.0 1000.0 1200.0 1400.0 T (s)	T_h＝100s，烟层底部位置主要在 0.3～0.5m 范围内波动，很平稳	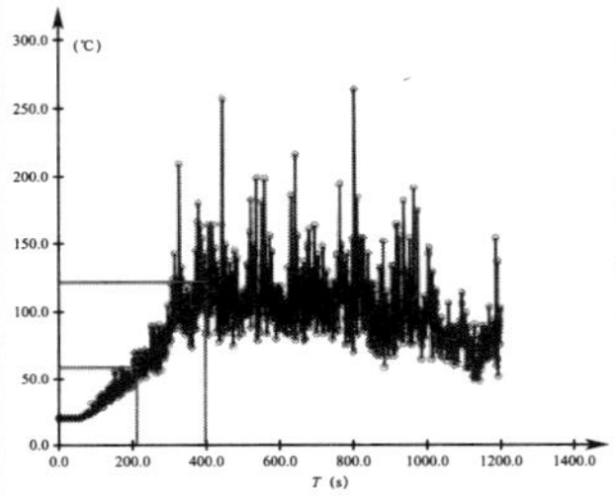 (℃) 0.0 50.0 100.0 150.0 200.0 250.0 300.0 0.0 200.0 400.0 600.0 800.0 1000.0 1200.0 1400.0 T (s)	T_d ＝ 200s，烟气温度在 50～200℃ 范围内波动，最高温度约 200℃	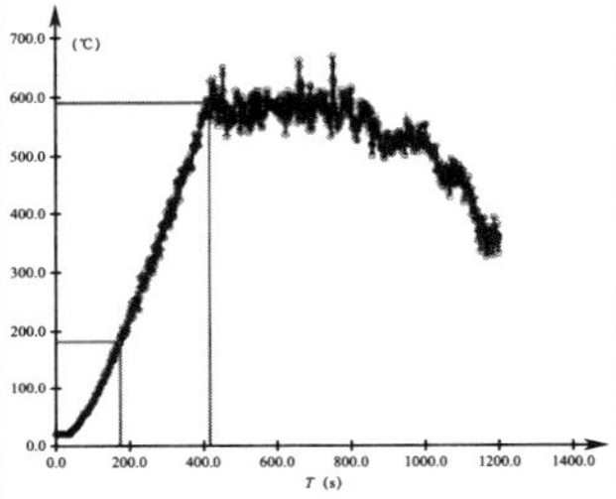 (℃) 0.0 100.0 200.0 300.0 400.0 500.0 600.0 700.0 0.0 200.0 400.0 600.0 800.0 1000.0 1200.0 1400.0 T (s)	T_u ＝ 180s，410s 达 600℃ 后烟气温度在小幅波动中逐渐衰减，最高温度约 650℃	

续表

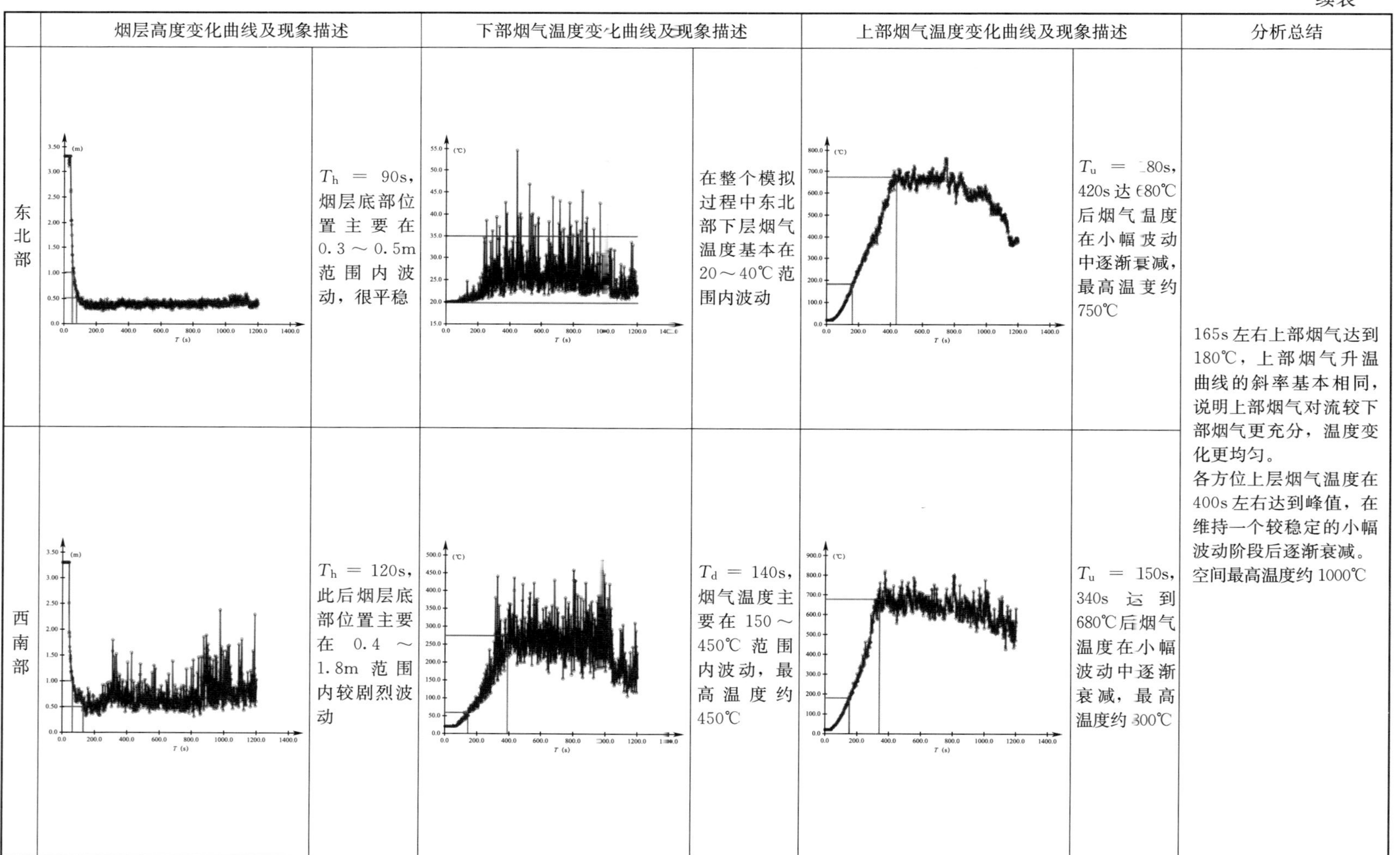

	烟层高度变化曲线及现象描述		下部烟气温度变化曲线及现象描述		上部烟气温度变化曲线及现象描述		分析总结
东北部		T_h = 90s，烟层底部位置主要在0.3～0.5m范围内波动，很平稳		在整个模拟过程中东北部下层烟气温度基本在20～40℃范围内波动		T_u = 180s，420s达680℃后烟气温度在小幅波动中逐渐衰减，最高温度约750℃	165s左右上部烟气达到180℃，上部烟气升温曲线的斜率基本相同，说明上部烟气对流较下部烟气更充分，温度变化更均匀。 各方位上层烟气温度在400s左右达到峰值，在维持一个较稳定的小幅波动阶段后逐渐衰减。 空间最高温度约1000℃
西南部		T_h = 120s，此后烟层底部位置主要在0.4～1.8m范围内较剧烈波动		T_d = 140s，烟气温度主要在150～450℃范围内波动，最高温度约450℃		T_u = 150s，340s达到680℃后烟气温度在小幅波动中逐渐衰减，最高温度约800℃	

表 4.34　宿舍八人间火灾特性

基本指标	空间尺寸			门洞尺寸			窗洞尺寸			建筑面积（m^2）	房间净面积（m^2）	火灾荷载密度（MJ/m^2）	通风因子 $A_w h_w^{1/2}$	Thomas 公式	
	开间（m）	进深（m）	净高（m）	宽度（m）	高度（m）	面积（m^2）	宽度（m）	高度（m）	面积（m^2）					轰燃临界热释放速率 Q_f（kW）	轰燃时间 T_F（s）
	3.9	5.7	3.3	1.1	2.2	2.42	1.8	1.8	3.24	22.23	19.73	487.62	7.95	3734	213

平面图	Revit 模型	PyroSim 模型
门宽1100×高2200 八人间宿舍 19.73m^2 5700 窗宽1800×高1800 3900		
火灾增长曲线	1m 处 CO 浓度未达到危险状态	1.2m 处能见度达到危险状态时间 T_v=58s

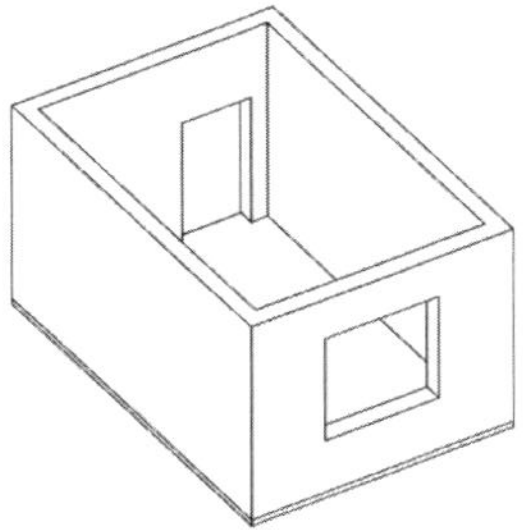

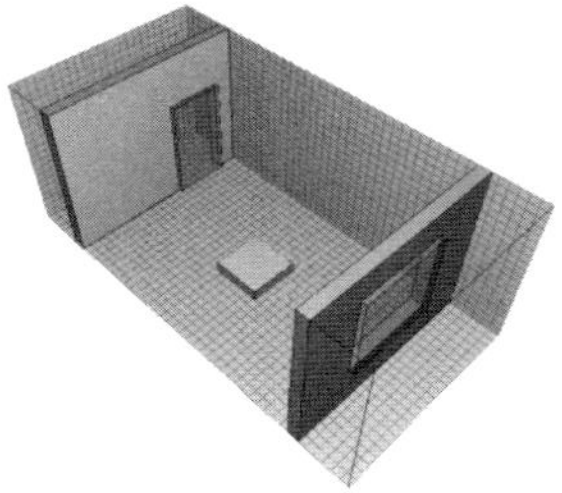

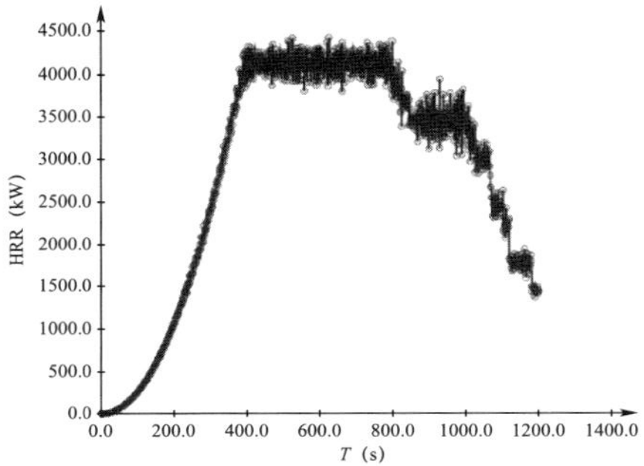

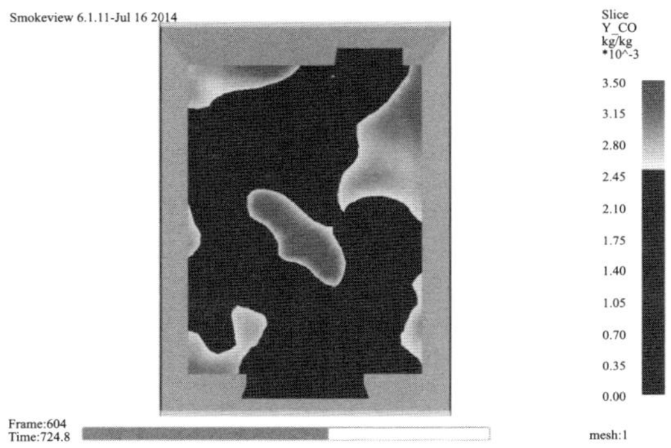

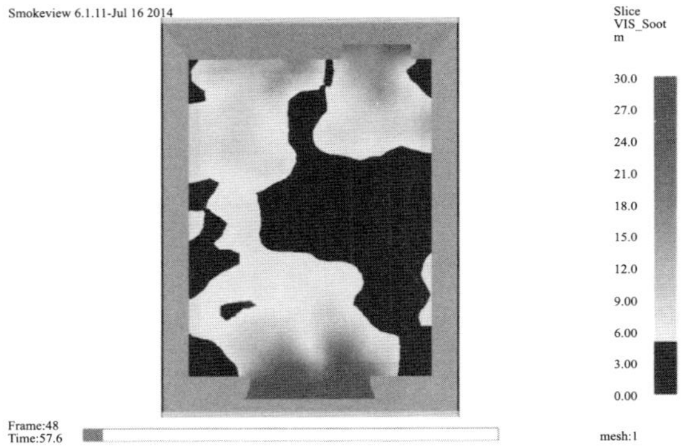

续表

基本指标	空间尺寸			门洞尺寸			窗洞尺寸			建筑面积（m^2）	房间净面积（m^2）	火灾荷载密度（MJ/m^2）	通风因子 $A_w h_w^{1/2}$	Thomas 公式	
	开间（m）	进深（m）	净高（m）	宽度（m）	高度（m）	面积（m^2）	宽度（m）	高度（m）	面积（m^2）					轰燃临界热释放速率 Q_f（kW）	轰燃时间 T_F（s）
	3.9	5.7	3.3	1.1	2.2	2.42	1.8	1.8	3.24	22.23	19.73	487.62	7.95	3734	213

1.5m 处温度达到危险状态时间 T_a=110s	顶板下 0.3m 处温度达到危险状态时间 T_b=167s	备注
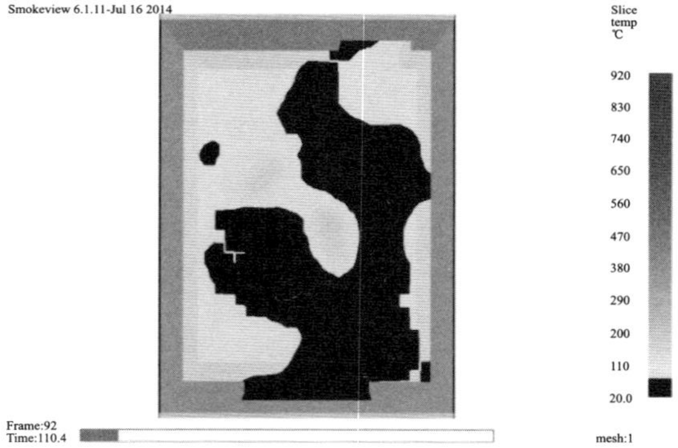	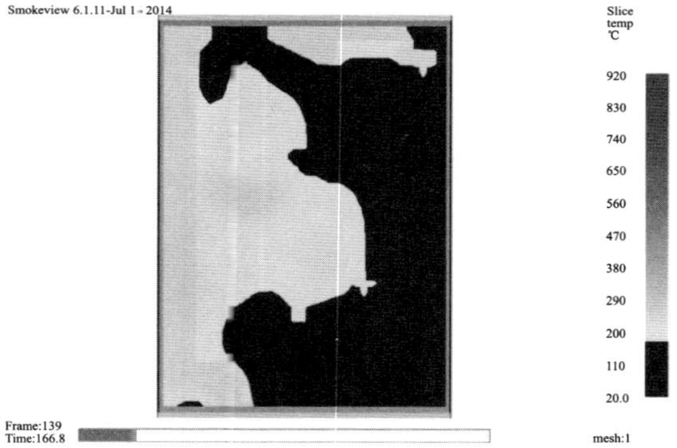	FDS 计算网格大小：0.162m×0.175m×0.165m 最大 HRR 平均值 4.3MW

表 4.35　宿舍八人间火灾烟气特性曲线

	烟层高度变化曲线及现象描述		下部烟气温度变化曲线及现象描述		上部烟气温度变化曲线及现象描述		分析总结
西北部	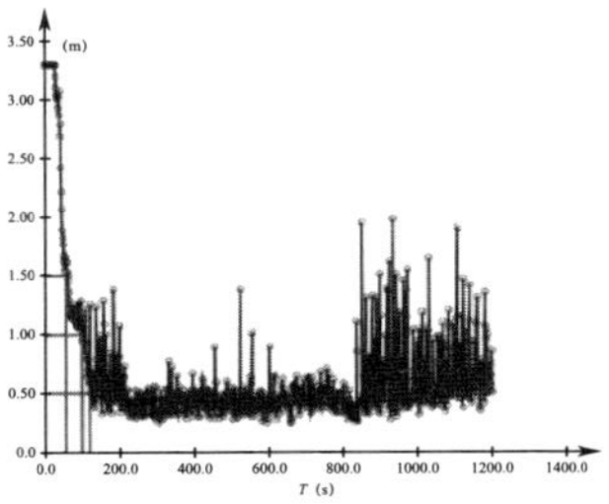	T_h＝120s，烟层底部位置主要在 0.3～1.0m 范围内波动，830s 后出现较剧烈波动	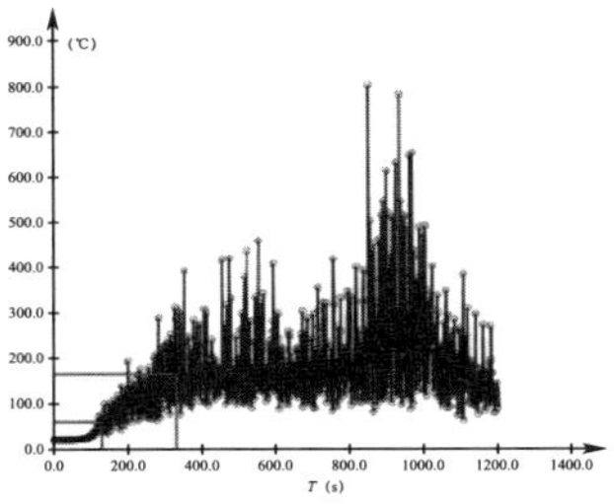	T_d = 130s，烟气温度主要在 100～400℃范围内波动，最高温度约 600℃	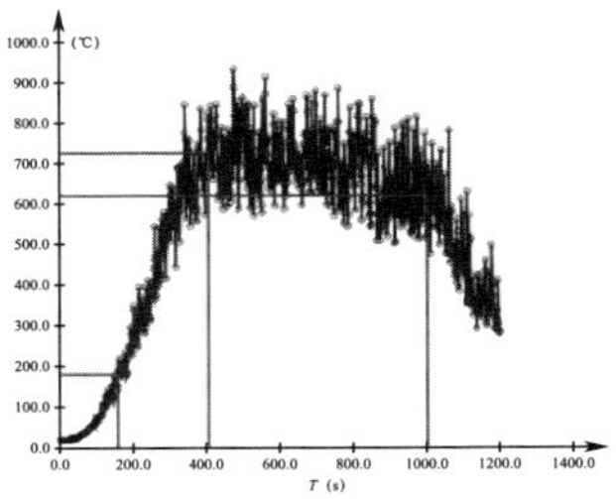	T_u = 160s，烟气温度主要在 550～880℃范围内波动，最高温度约 900℃	火灾发生 160s 左右烟气充满整个空间，西南部烟层底部基本在 0.5m 之上。西北部烟层底部在 830s 后出现剧烈波动。 170s 左右下部烟气达到 60℃，东北部下层烟气在整个模拟过程中没有达到 60℃
东南部	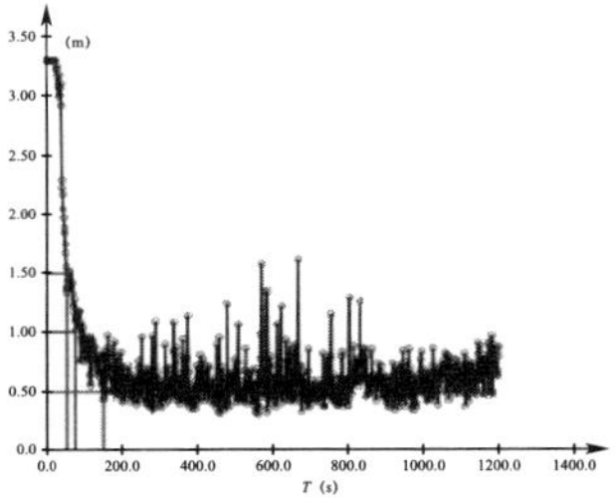	T_h＝150s，烟层底部位置主要在 0.4～1.4m 范围内波动	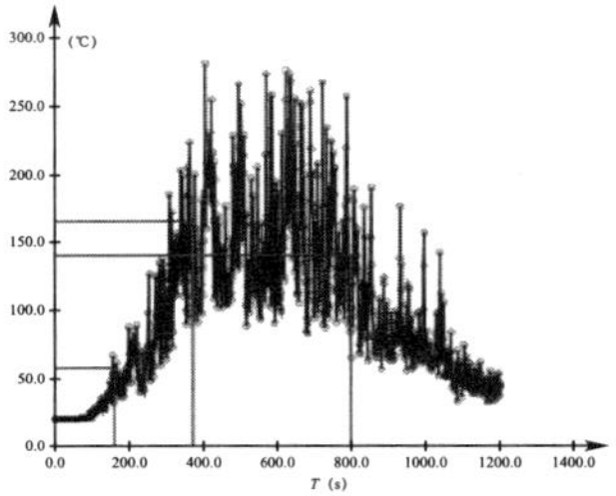	T_d = 160s，烟气温度主要在 80～270℃范围内波动，最高温度约 270℃	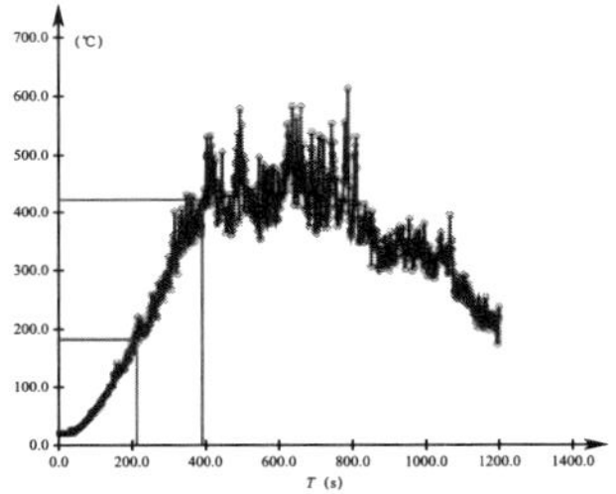	T_u = 200s，温度在 400～800s 有起伏，800s 后逐渐衰减，最高温度约 580℃	

续表

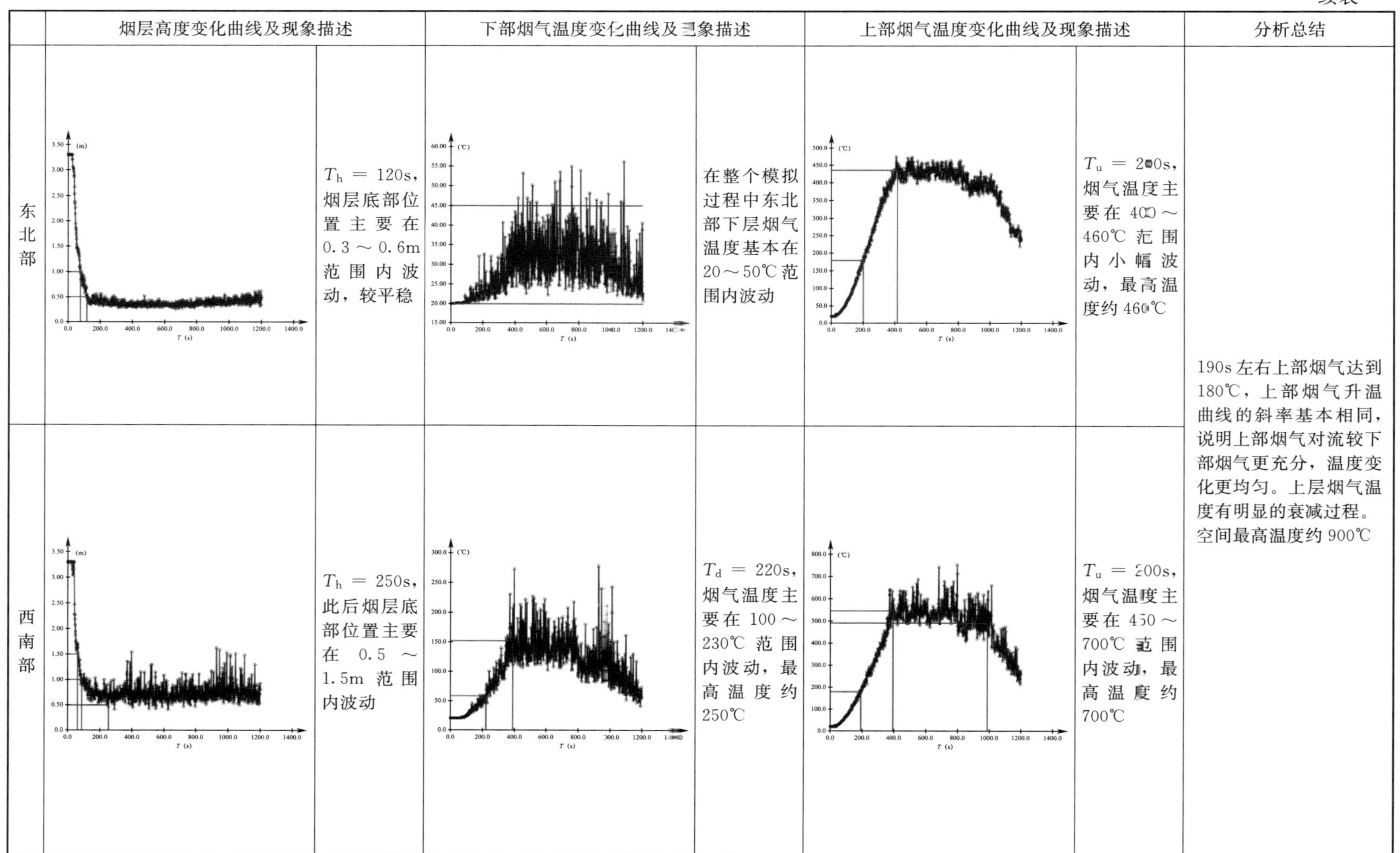

	烟层高度变化曲线及现象描述		下部烟气温度变化曲线及现象描述		上部烟气温度变化曲线及现象描述		分析总结
东北部		T_h = 120s，烟层底部位置主要在 0.3～0.6m 范围内波动，较平稳		在整个模拟过程中东北部下层烟气温度基本在 20～50℃范围内波动		T_u = 200s，烟气温度主要在 400～460℃范围内小幅波动，最高温度约 460℃	190s 左右上部烟气达到 180℃，上部烟气升温曲线的斜率基本相同，说明上部烟气对流较下部烟气更充分，温度变化更均匀。上层烟气温度有明显的衰减过程。空间最高温度约 900℃
西南部		T_h = 250s，此后烟层底部位置主要在 0.5～1.5m 范围内波动		T_d = 220s，烟气温度主要在 100～230℃范围内波动，最高温度约 250℃		T_u = 200s，烟气温度主要在 450～700℃范围内波动，最高温度约 700℃	

表 4.36 旅馆单间 1 火灾特性

基本指标	空间尺寸			门洞尺寸			窗洞尺寸			建筑面积 (m^2)	房间净面积 (m^2)	火灾荷载密度 (MJ/m^2)	通风因子 $A_w h_w{}^{1/2}$	Thomas 公式	
	开间 (m)	进深 (m)	净高 (m)	宽度 (m)	高度 (m)	面积 (m^2)	宽度 (m)	高度 (m)	面积 (m^2)					轰燃临界热释放速率 Q_f (kW)	轰燃时间 T_F (s)
	2.7	4.2	2.7	1.0	2.0	2.00	1.2	1.2	1.44	11.34	9.61	516.30	4.44	2070	144
平面图					Revit 模型						PyroSim 模型				
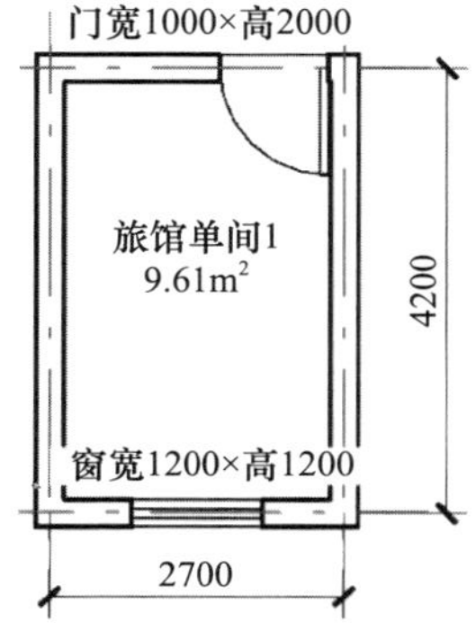 门宽1000×高2000 旅馆单间1 9.61m^2 4200 窗宽1200×高1200 2700															
火灾增长曲线					1m 处 CO 浓度达到危险状态时间 $T_{CO}=311s$						1.2m 处能见度达到危险状态时间 $T_v=35s$				
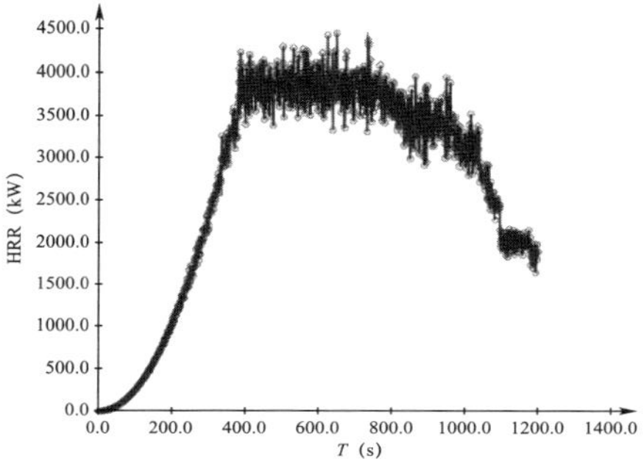 HRR (kW) 4500.0 4000.0 3500.0 3000.0 2500.0 2000.0 1500.0 1000.0 500.0 0.0 0.0 200.0 400.0 600.0 800.0 1000.0 1200.0 1400.0 T (s)					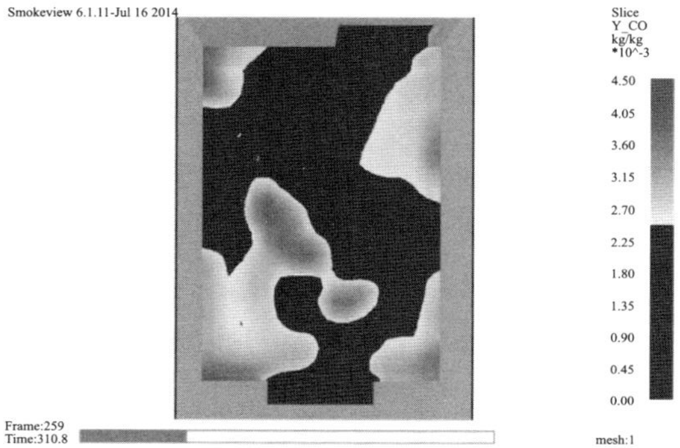 Smokeview 6.1.11-Jul 16 2014 Slice Y_CO kg/kg *10^-3 4.50 4.05 3.60 3.15 2.70 2.25 1.80 1.35 0.90 0.45 0.00 Frame:259 Time:310.8 mesh:1						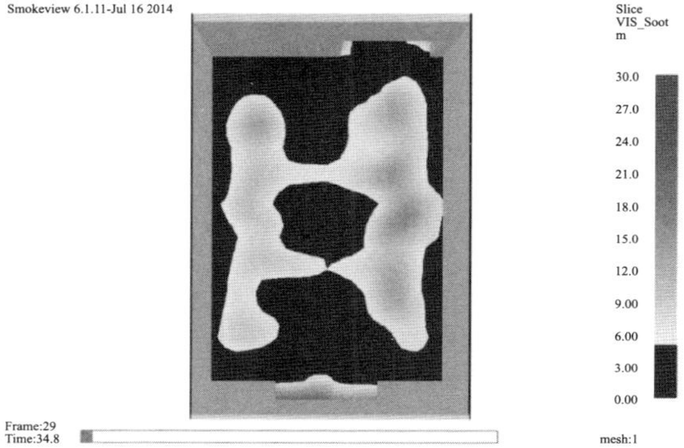 Smokeview 6.1.11-Jul 16 2014 Slice VIS_Soot m 30.0 27.0 24.0 21.0 18.0 15.0 12.0 9.00 6.00 3.00 0.00 Frame:29 Time:34.8 mesh:1				

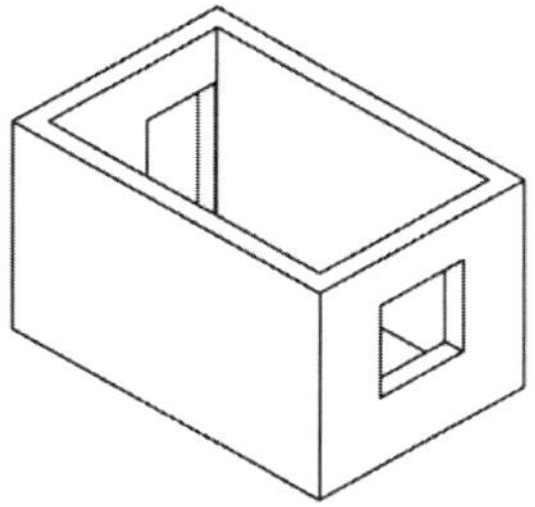

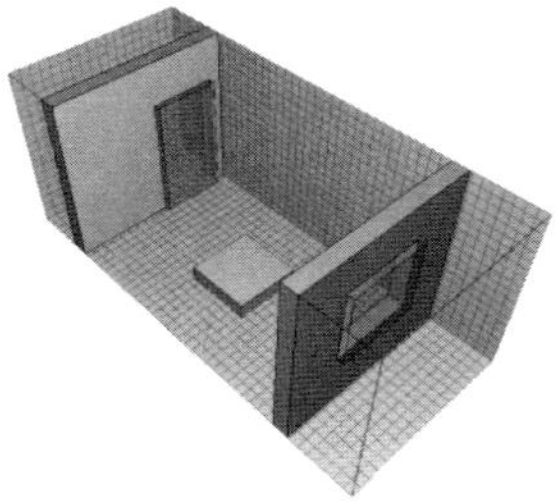

续表

基本指标	空间尺寸			门洞尺寸			窗洞尺寸			建筑面积（m^2）	房间净面积（m^2）	火灾荷载密度（MJ/m^2）	通风因子 $A_w h_w^{1/2}$	Thomas 公式	
	开间（m）	进深（m）	净高（m）	宽度（m）	高度（m）	面积（m^2）	宽度（m）	高度（m）	面积（m^2）					轰燃临界热释放速率 Q_f（kW）	轰燃时间 T_F（s）
	2.7	4.2	2.7	1.0	2.0	2.00	1.2	1.2	1.44	11.34	9.61	516.30	4.44	2070	144

1.5m 处温度达到危险状态时间 T_a=68s	顶板下 0.3m 处温度达到危险状态时间 T_b=133s	备注
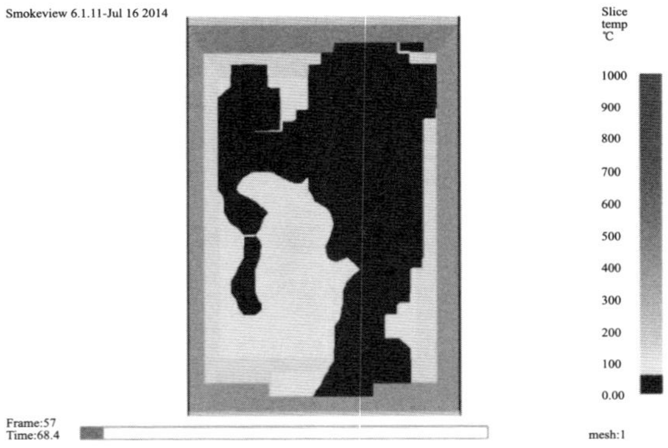	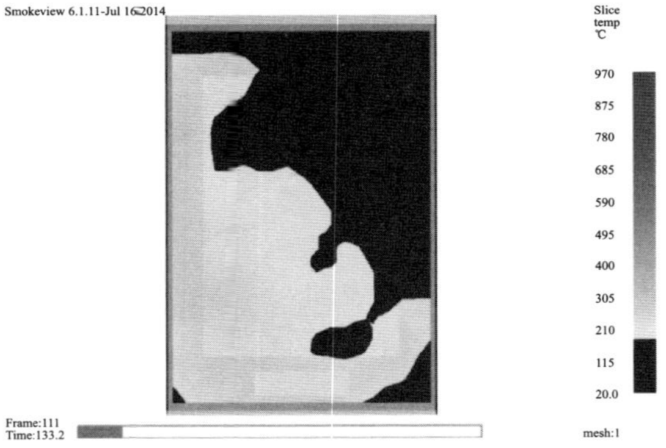	FDS 计算网格大小：0.15m×0.139m×0.15m 最大 HRR 平均值 3.8MW

表 4.37　旅馆单间 1 火灾烟气特性曲线

	烟层高度变化曲线及现象描述		下部烟气温度变化曲线及现象描述		上部烟气温度变化曲线及现象描述		分析总结
西北部	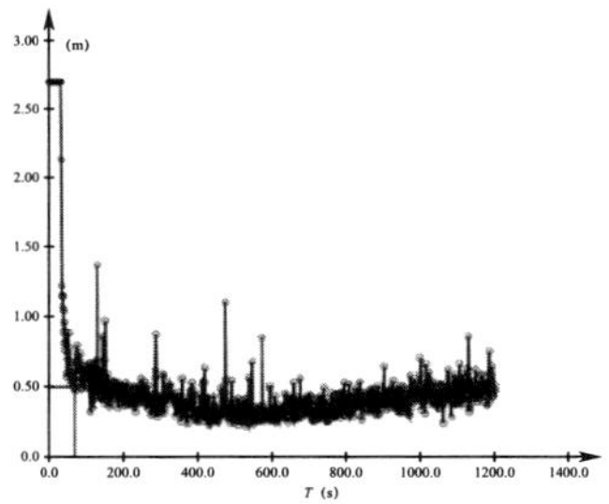	T_h = 90s，烟层底部位置主要在 0.3～0.7m 范围内波动，较平稳	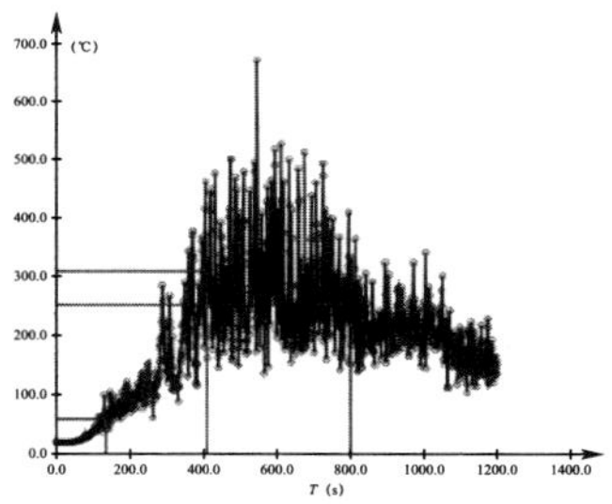	T_d = 120s，烟气温度主要在 120～500℃范围内波动，最高温度约 500℃	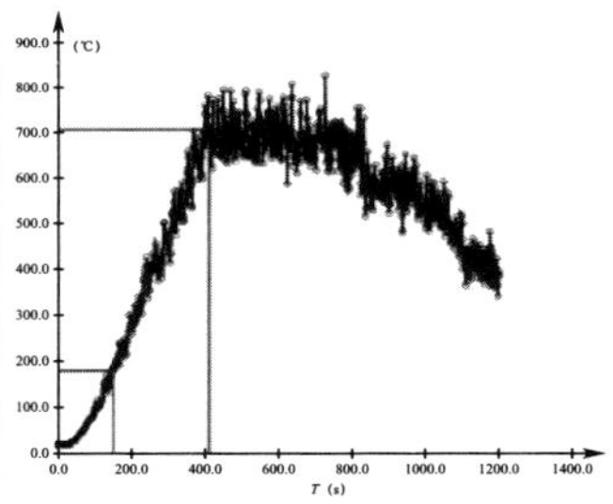	T_u = 150s，400s 达到 700℃，800s 后温度逐渐衰减，最高温度约 800℃	火灾发生 78s 左右烟气充满整个空间，西南部烟气波动稍大，其他方位较平稳。150s 左右下部烟气达到 60℃，东北部下部烟气温度基本在 60℃以下
东南部	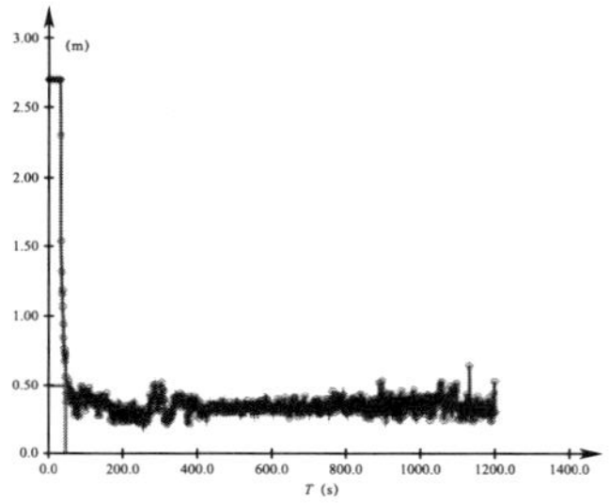	T_h = 50s，烟层底部位置主要在 0.2～0.5m 范围内波动，很平稳	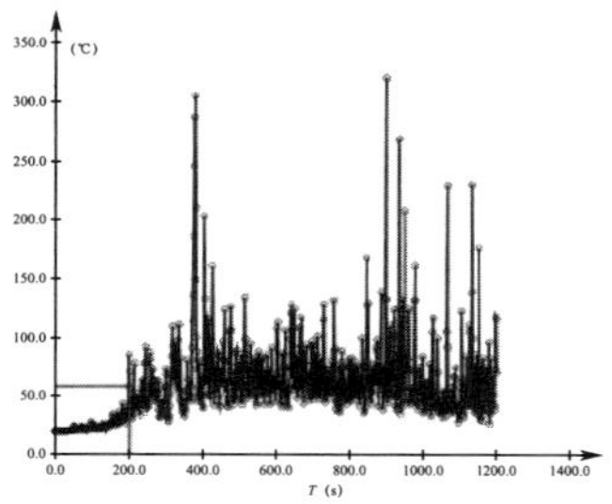	T_d = 200s，烟气温度主要在 40～200℃范围内波动，最高温度约 300℃	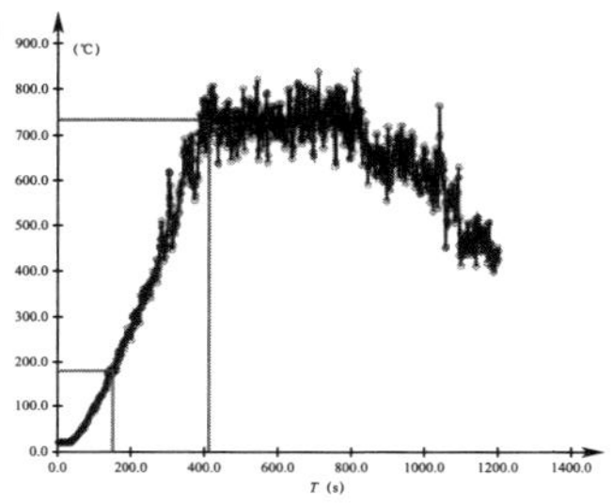	T_u = 150s，400s 达到 740℃，800s 后温度逐渐衰减，最高温度约 800℃	

续表

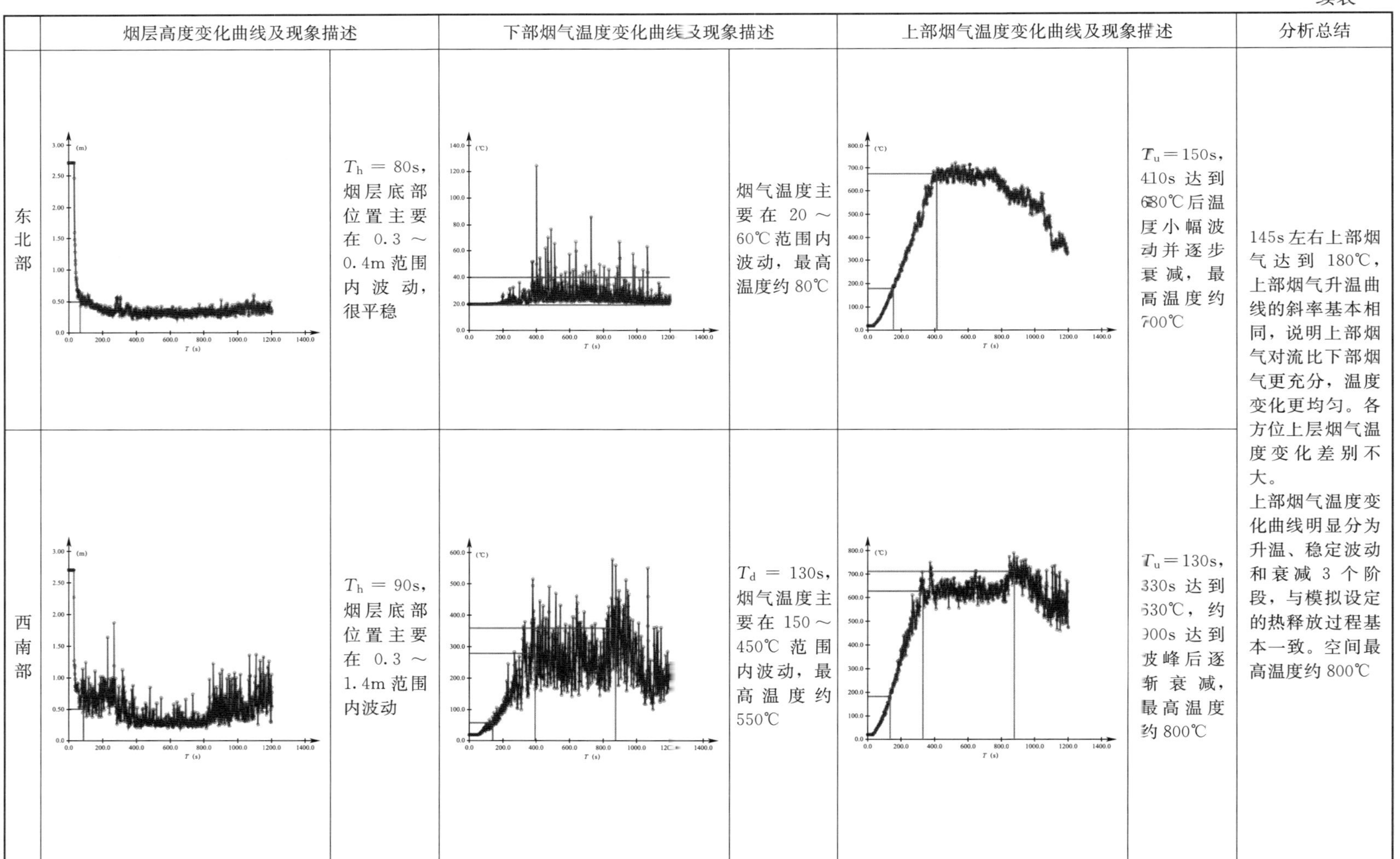

	烟层高度变化曲线及现象描述		下部烟气温度变化曲线及现象描述		上部烟气温度变化曲线及现象描述		分析总结
东北部		T_h = 80s，烟层底部位置主要在 0.3～0.4m 范围内波动，很平稳		烟气温度主要在 20～60℃范围内波动，最高温度约 80℃		T_u=150s，410s 达到 680℃后温度小幅波动并逐步衰减，最高温度约 700℃	145s 左右上部烟气达到 180℃，上部烟气升温曲线的斜率基本相同，说明上部烟气对流比下部烟气更充分，温度变化更均匀。各方位上层烟气温度变化差别不大。 上部烟气温度变化曲线明显分为升温、稳定波动和衰减 3 个阶段，与模拟设定的热释放过程基本一致。空间最高温度约 800℃
西南部		T_h = 90s，烟层底部位置主要在 0.3～1.4m 范围内波动		T_d = 130s，烟气温度主要在 150～450℃ 范围内波动，最高温度约 550℃		T_u=130s，330s 达到 630℃，约 900s 达到波峰后逐渐衰减，最高温度约 800℃	

表 4.38　旅馆单间 2 火灾特性

基本指标	空间尺寸			门洞尺寸			窗洞尺寸			建筑面积 (m^2)	房间净面积 (m^2)	火灾荷载密度 (MJ/m^2)	通风因子 $A_w h_w^{1/2}$	Thomas 公式	
	开间 (m)	进深 (m)	净高 (m)	宽度 (m)	高度 (m)	面积 (m^2)	宽度 (m)	高度 (m)	面积 (m^2)					轰燃临界热释放速率 $\dot{Q}_f$ (kW)	轰燃时间 T_F (s)
	3.3	5.7	3.0	1.0	2.0	2.00	1.5	1.5	2.25	18.81	16.54	516.30	5.60	2738	165

平面图	Revit 模型	PyroSim 模型
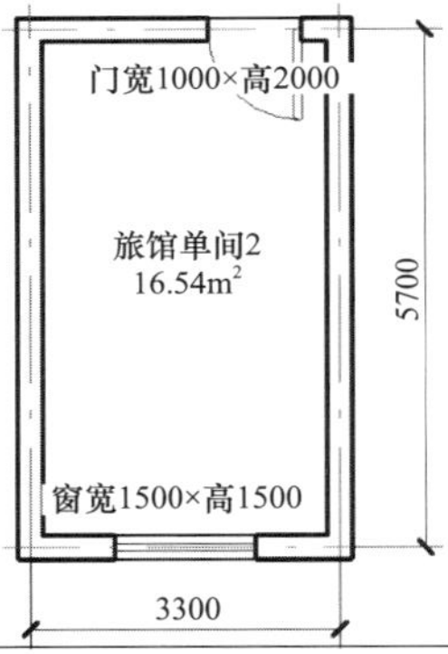 门宽1000×高2000 旅馆单间2 16.54m^2 窗宽1500×高1500 5700 3300		
火灾增长曲线	1m 处 CO 浓度达到危险状态时间 $T_{CO}=379s$	1.2m 处能见度达到危险状态时间 $T_v=52s$

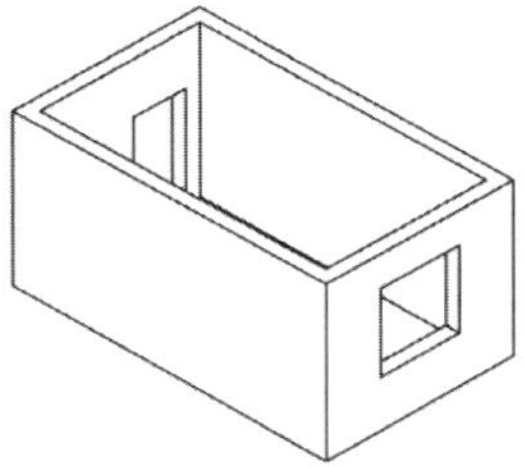

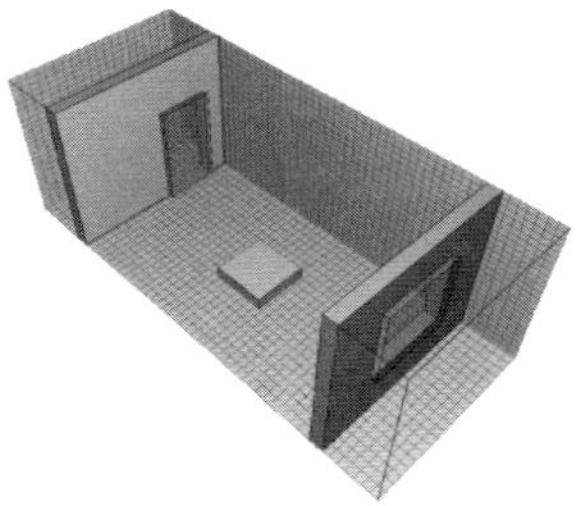

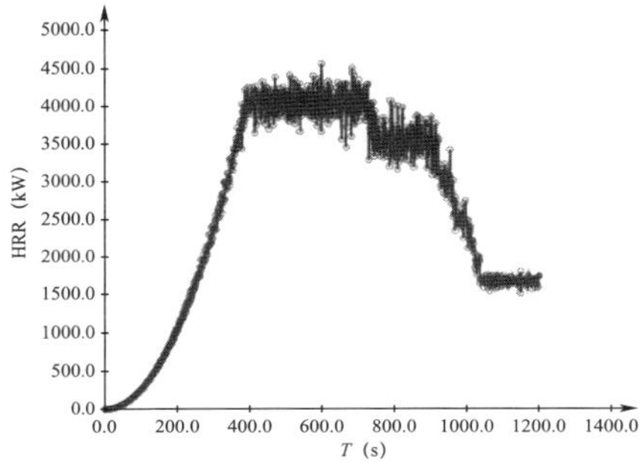

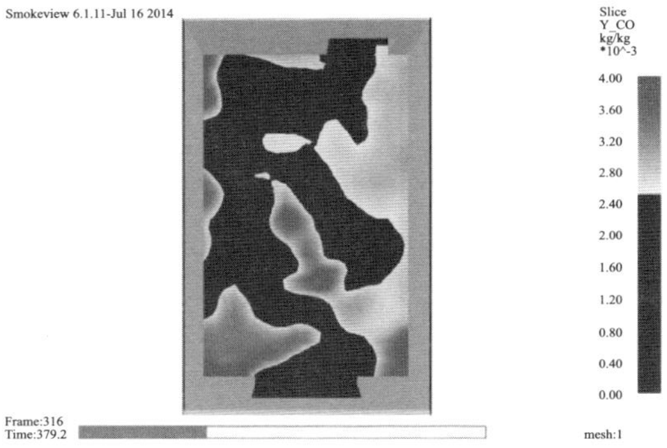

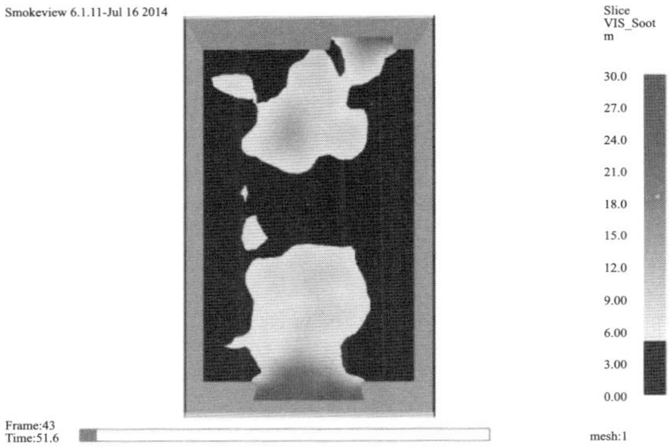

续表

<table>
<tr><td rowspan="3">基本指标</td><td colspan="3">空间尺寸</td><td colspan="3">门洞尺寸</td><td colspan="3">窗口尺寸</td><td rowspan="2">建筑面积（m^2）</td><td rowspan="2">房间净面积（m^2）</td><td rowspan="2">火灾荷载密度（MJ/m^2）</td><td rowspan="2">通风因子 $A_w h_w^{1/2}$</td><td colspan="2">Thomas 公式</td></tr>
<tr><td>开间（m）</td><td>进深（m）</td><td>净高（m）</td><td>宽度（m）</td><td>高度（m）</td><td>面积（m^2）</td><td>宽度（m）</td><td>高度（m）</td><td>面积（m^2）</td><td>轰燃临界热释放速率 $\dot{Q}_f$（kW）</td><td>轰燃时间 T_F（s）</td></tr>
<tr><td>3.3</td><td>5.7</td><td>3.0</td><td>1.0</td><td>2.0</td><td>2.00</td><td>1.5</td><td>1.5</td><td>2.25</td><td>18.81</td><td>16.54</td><td>516.30</td><td>5.60</td><td>2738</td><td>165</td></tr>
<tr><td colspan="6">1.5m 处温度达到危险状态时间 $T_a=98s$</td><td colspan="6">顶板下 0.3m 处温度达到危险状态时间 $T_b=161s$</td><td colspan="4">备注</td></tr>
<tr><td colspan="6"> 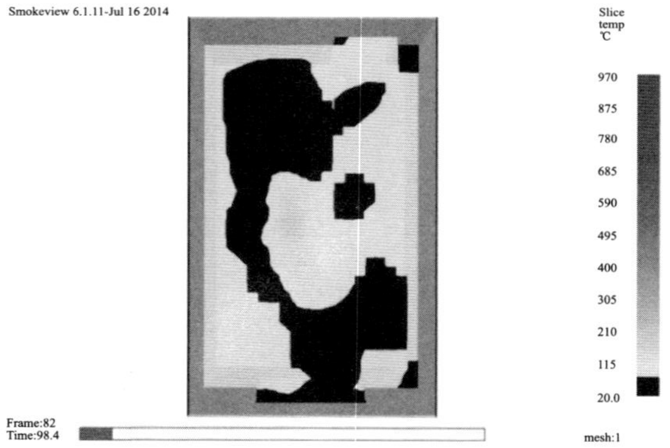</td><td colspan="6"> 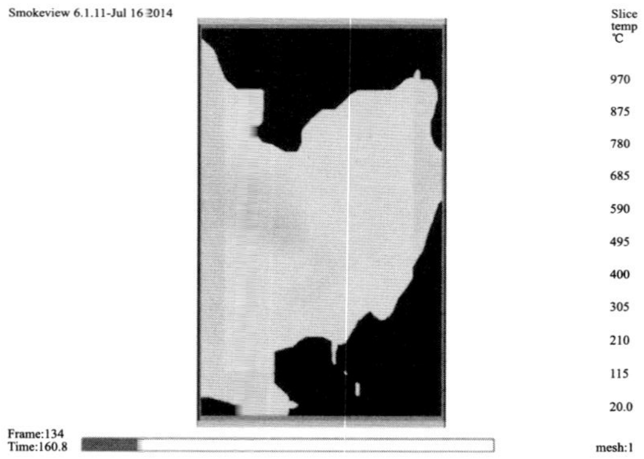</td><td colspan="4">FDS 计算网格大小：0.165m×0.148m×0.125m
最大 HRR 平均值 4.0MW</td></tr>
</table>

表 4.39　旅馆单间 2 火灾烟气特性曲线

	烟层高度变化曲线及现象描述		下部烟气温度变化曲线及现象描述		上部烟气温度变化曲线及现象描述		分析总结
西北部	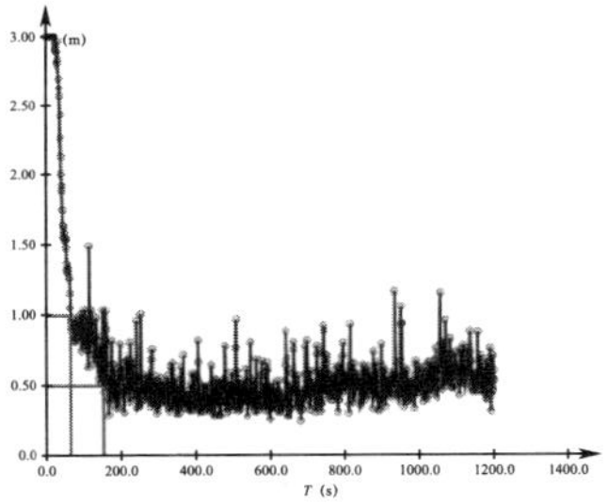	T_h = 150s，烟层底部位置主要在 0.3～0.8m 范围内波动	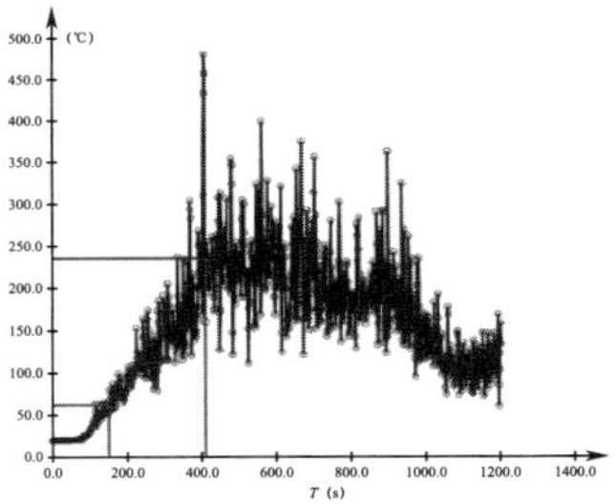	T_d = 140s，烟气温度主要在 150～350℃ 范围内波动，最高温度约 400℃	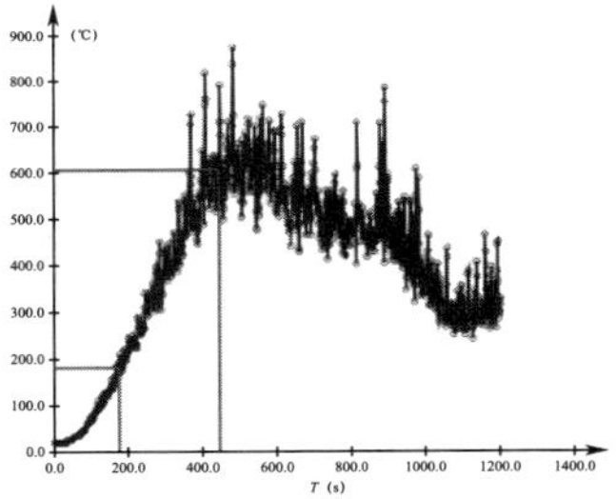	T_u = 180s，烟气温度主要在 300～750℃ 范围内波动，最高温度约 800℃	火灾发生 143s 左右烟气充满整个空间，西南部烟层底部位置有明显波动，其他方位较平稳。193s 左右下部烟气达到 60℃，东北部没有达到 60℃
东南部	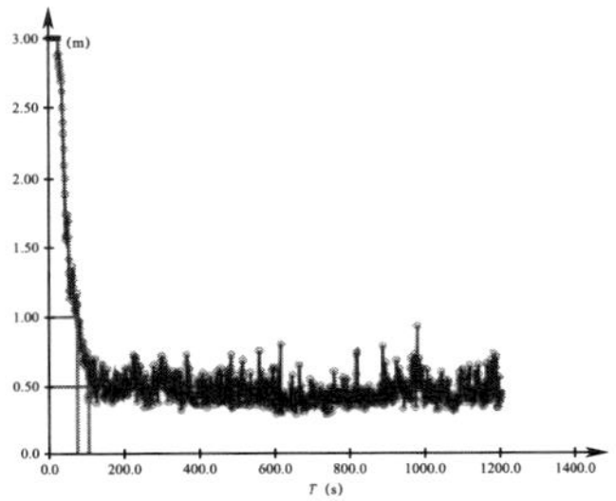	T_h = 110s，烟层底部位置主要在 0.3～0.7m 范围内波动，较平稳	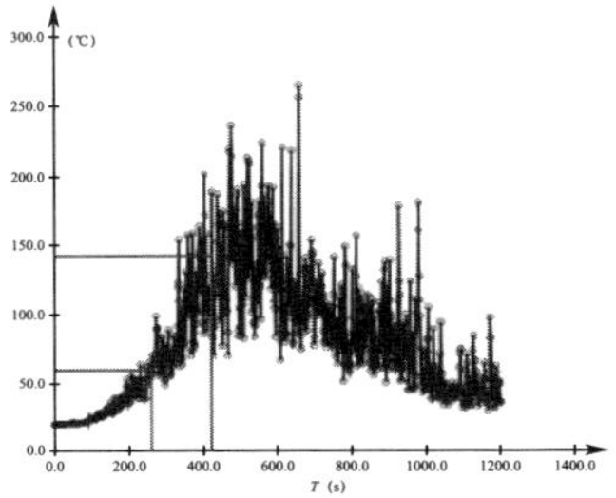	T_d = 260s，烟气温度主要在 50～220℃ 范围内波动，最高温度约 250℃	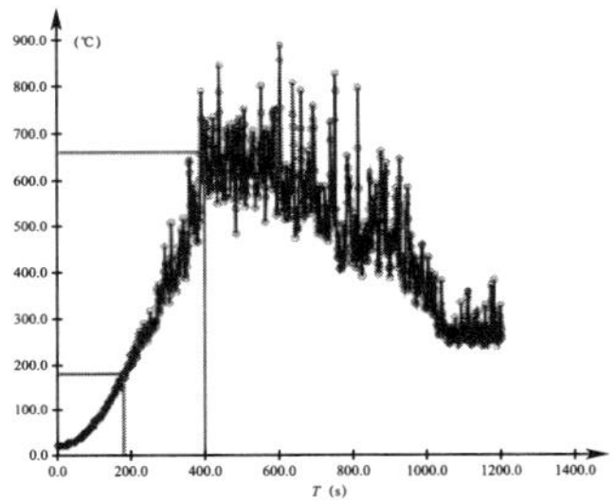	T_u = 190s，烟气温度主要在 300～800℃ 范围内波动，最高温度约 850℃	

续表

	烟层高度变化曲线及现象描述		下部烟气温度变化曲线及现象描述		上部烟气温度变化曲线及现象描述		分析总结
东北部	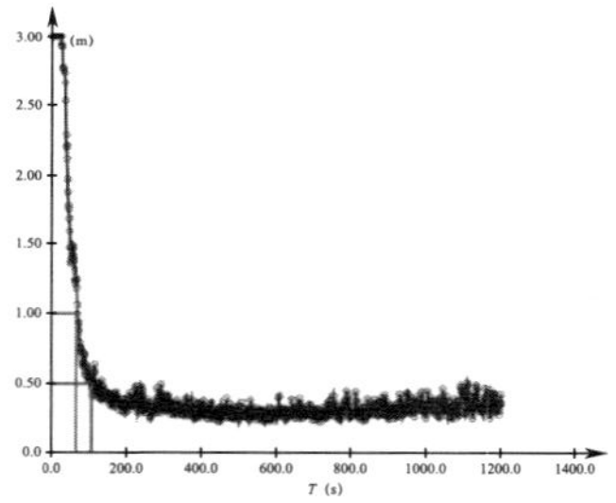	$T_h=110s$，烟层底部位置主要在 0.3～0.5m 范围内波动，很平稳	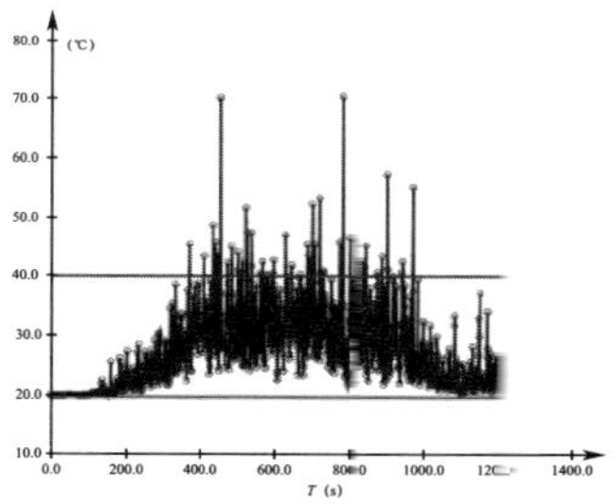	烟气温度主要在 20～50℃范围内波动，最高温度约 70℃	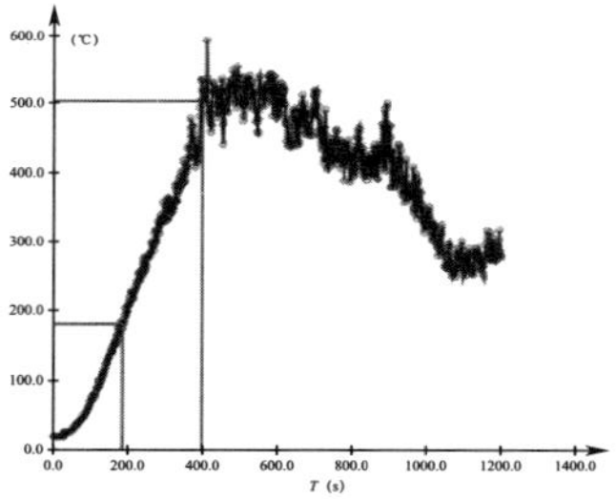	$T_u=190s$，400s 达到 500℃后温度在小幅波动中逐渐衰减，最高温度约 550℃	185s 左右上部烟气达到 180℃，上部烟气升温曲线的斜率基本相同，说明上部烟气对流较下部烟气更充分，温度变化更均匀。上部烟气温度变化曲线与模拟设定的热释放过程基本一致。空间最高温度约 900℃
西南部	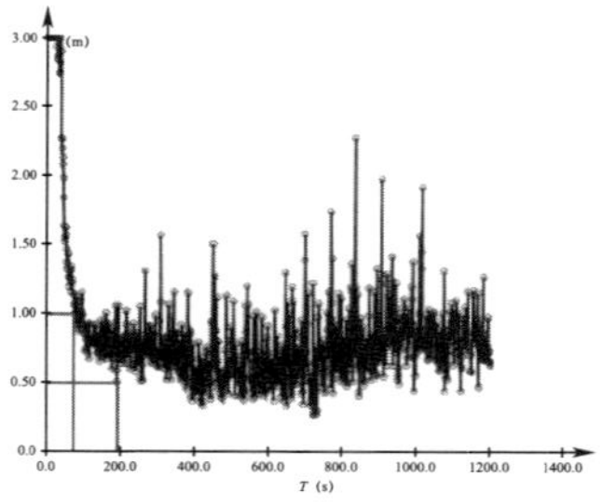	$T_h=200s$，烟层底部位置主要在 0.4～1.5m 范围内波动	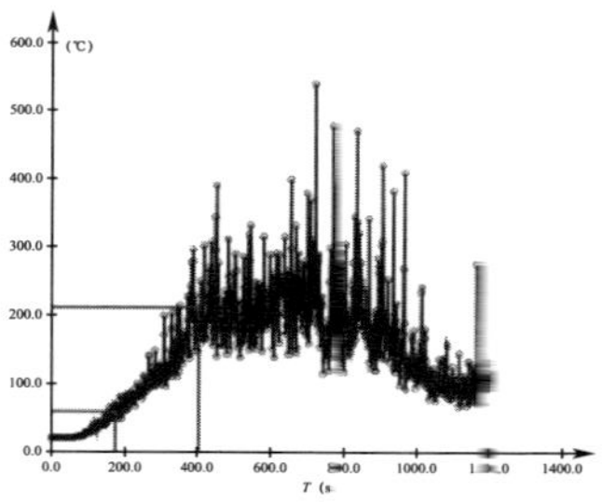	$T_d=180s$，烟气温度主要在 150～350℃范围内波动，最高温度约 400℃	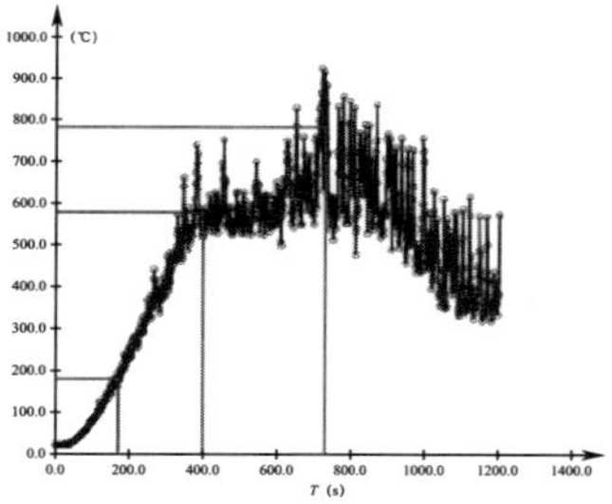	$T_u=180s$，约 710s 达到 800℃的峰值后温度逐渐衰减，最高温度约 900℃	

表 4.40　旅馆标间 1 火灾特性

基本指标	空间尺寸			门洞尺寸			窗洞尺寸			建筑面积（m²）	房间净面积（m²）	火灾荷载密度（MJ/m²）	通风因子 $A_w h_w^{1/2}$	Thomas 公式	
	开间（m）	进深（m）	净高（m）	宽度（m）	高度（m）	面积（m²）	宽度（m）	高度（m）	面积（m²）					轰燃临界热释放速率 $\dot{Q}_f$（kW）	轰燃时间 T_F（s）
	3.9	7.8	3.3	1.0	2.2	2.20	1.5	1.5	2.25	30.42	27.45	516.30	6.05	3254	180

平面图

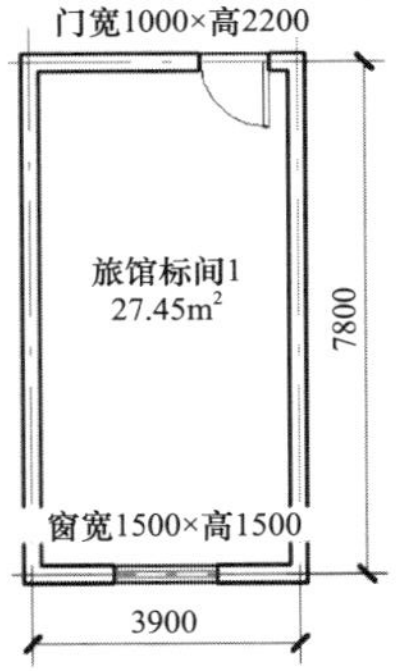

门宽1000×高2200
旅馆标间1
27.45m²
7800
窗宽1500×高1500
3900

Revit 模型

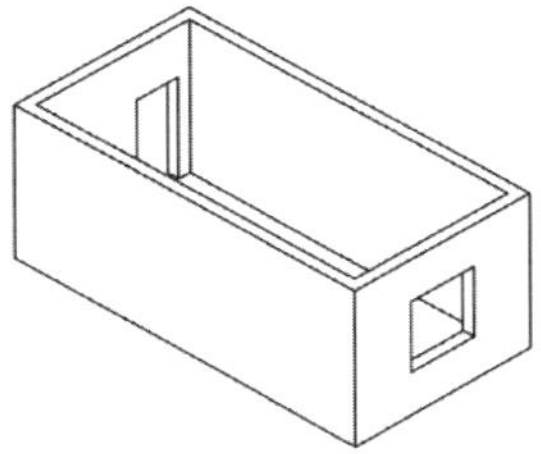

PyroSim 模型

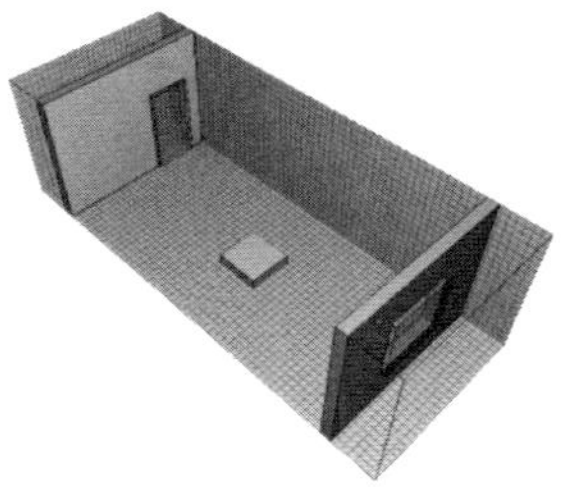

火灾增长曲线

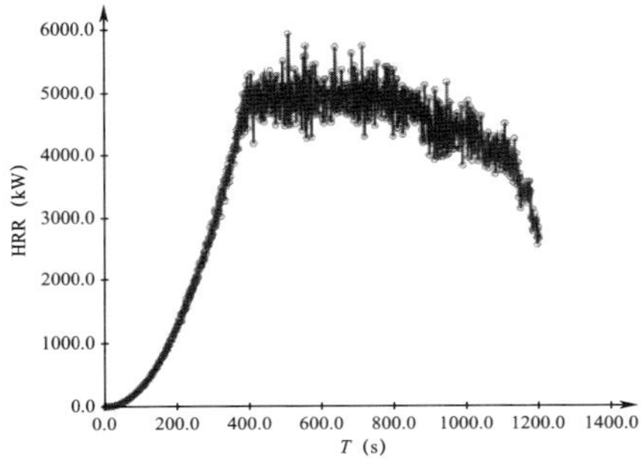

HRR（kW）
6000.0
5000.0
4000.0
3000.0
2000.0
1000.0
0.0
0.0
200.0
400.0
600.0
800.0
1000.0
1200.0
1400.0
T（s）

1m 处 CO 浓度达到危险状态时间 $T_{CO}=390s$

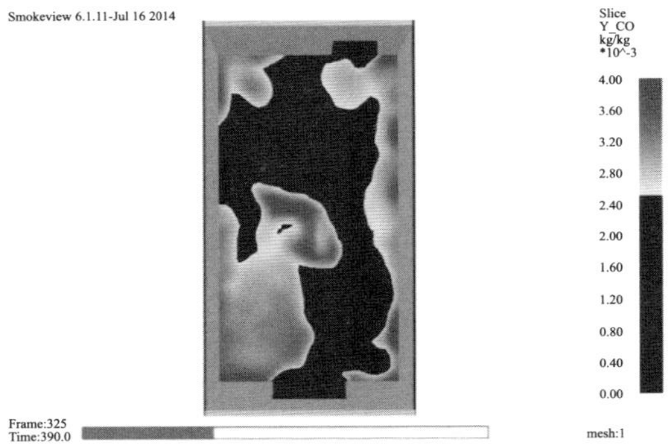

Smokeview 6.1.11-Jul 16 2014
Slice
Y_CO
kg/kg
*10^-3
4.00
3.60
3.20
2.80
2.40
2.00
1.60
1.20
0.80
0.40
0.00
Frame:325
Time:390.0
mesh:1

1.2m 处能见度达到危险状态时间 $T_v=61s$

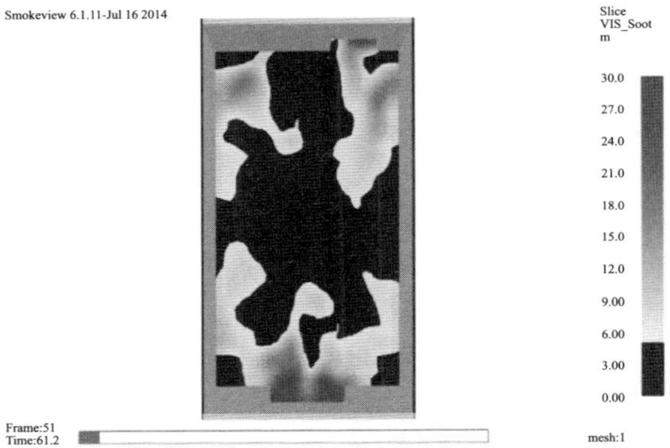

Smokeview 6.1.11-Jul 16 2014
Slice
VIS_Soot
m
30.0
27.0
24.0
21.0
18.0
15.0
12.0
9.00
6.00
3.00
0.00
Frame:51
Time:61.2
mesh:1

续表

基本指标	空间尺寸			门洞尺寸			窗洞尺寸			建筑面积（m^2）	房间净面积（m^2）	火灾荷载密度（MJ/m^2）	通风因子 $A_w h_w^{1/2}$	Thomas公式	
	开间（m）	进深（m）	净高（m）	宽度（m）	高度（m）	面积（m^2）	宽度（m）	高度（m）	面积（m^2）					轰燃临界热释放速率 $\dot{Q}_f$（kW）	轰燃时间 T_F（s）
	3.9	7.8	3.3	1.0	2.2	2.20	1.5	1.5	2.25	30.42	27.45	516.30	6.05	3254	180

1.5m处温度达到危险状态时间 T_a=109s	顶板下0.3m处温度达到危险状态时间 T_b=156s	备注
		FDS计算网格大小：0.144m×0.156m×0.165m 最大HRR平均值5.0MW

表 4.41　旅馆标间 1 火灾烟气特性曲线

	烟层高度变化曲线及现象描述		下部烟气温度变化曲线及现象描述		上部烟气温度变化曲线及现象描述		分析总结
西北部	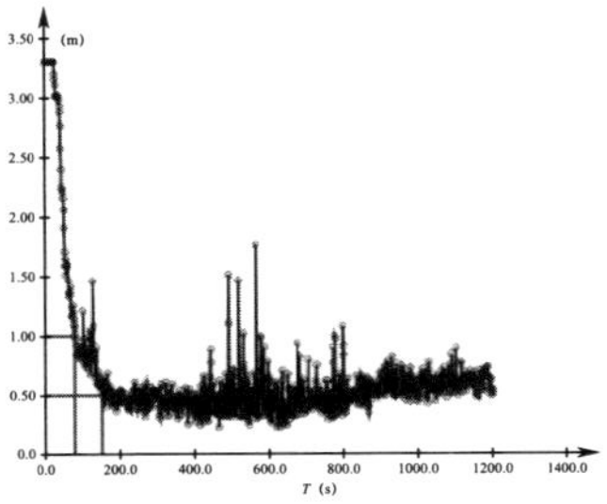	T_h＝150s，烟层底部位置主要在 0.2～1.0m 范围内波动	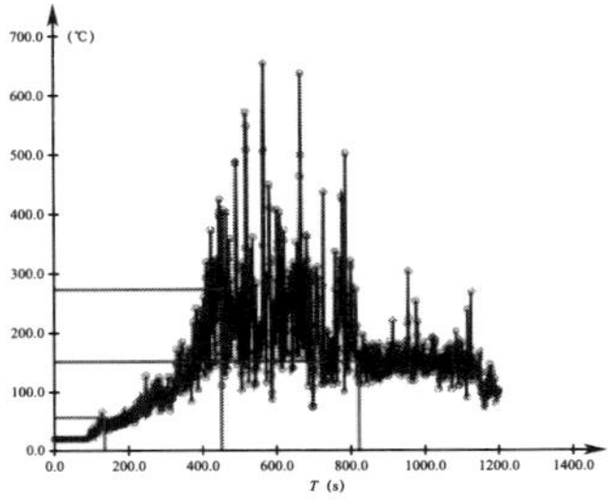	T_d = 130s，烟气温度主要在 100～500℃ 范围内波动，最高温度约 550℃	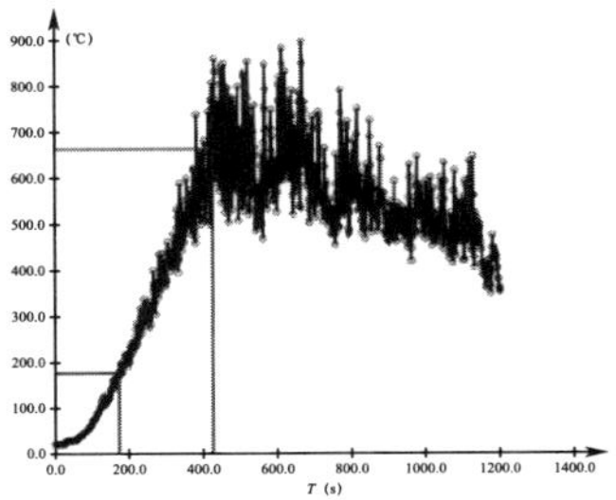	T_u = 180s，烟气温度主要在 500～850℃ 范围内波动，最高温度约 880℃	火灾发生 203s 左右烟气充满整个空间，西南部烟层底部位置基本在 0.5m 以上，且波动较剧烈。188s 左右下部烟气达到 60℃，东北部下层烟气温度较低的原因是门洞处下层烟气对流较快
东南部	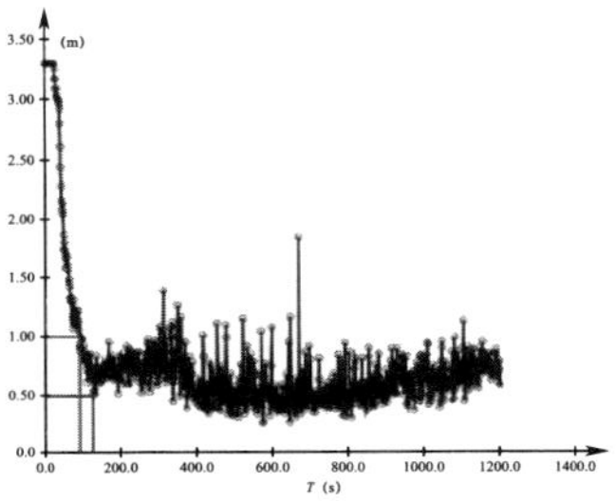	T_h＝120s，烟层底部位置主要在 0.3～1.3m 范围内波动	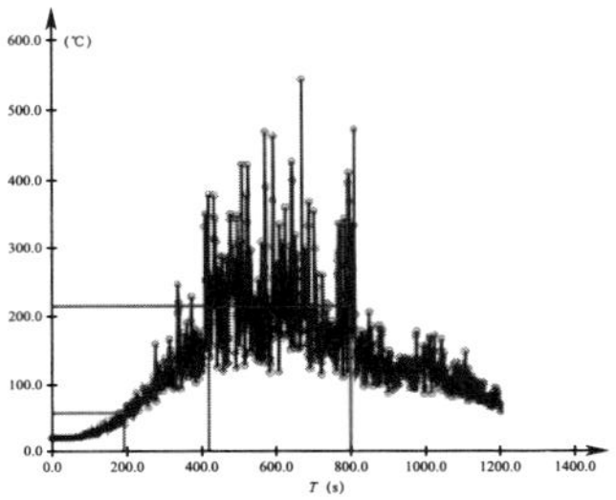	T_d = 200s，400～800s 时间段有较剧烈的温度波动，最高温度约 450℃	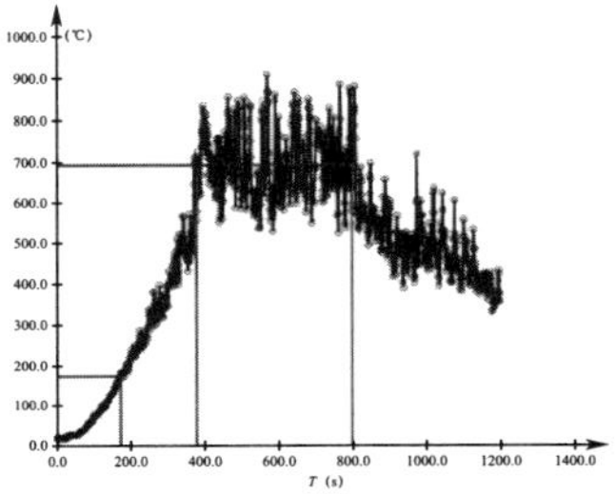	T_u = 180s，400～800s 时间段有较明显的温度起伏，最高温度约 900℃	

续表

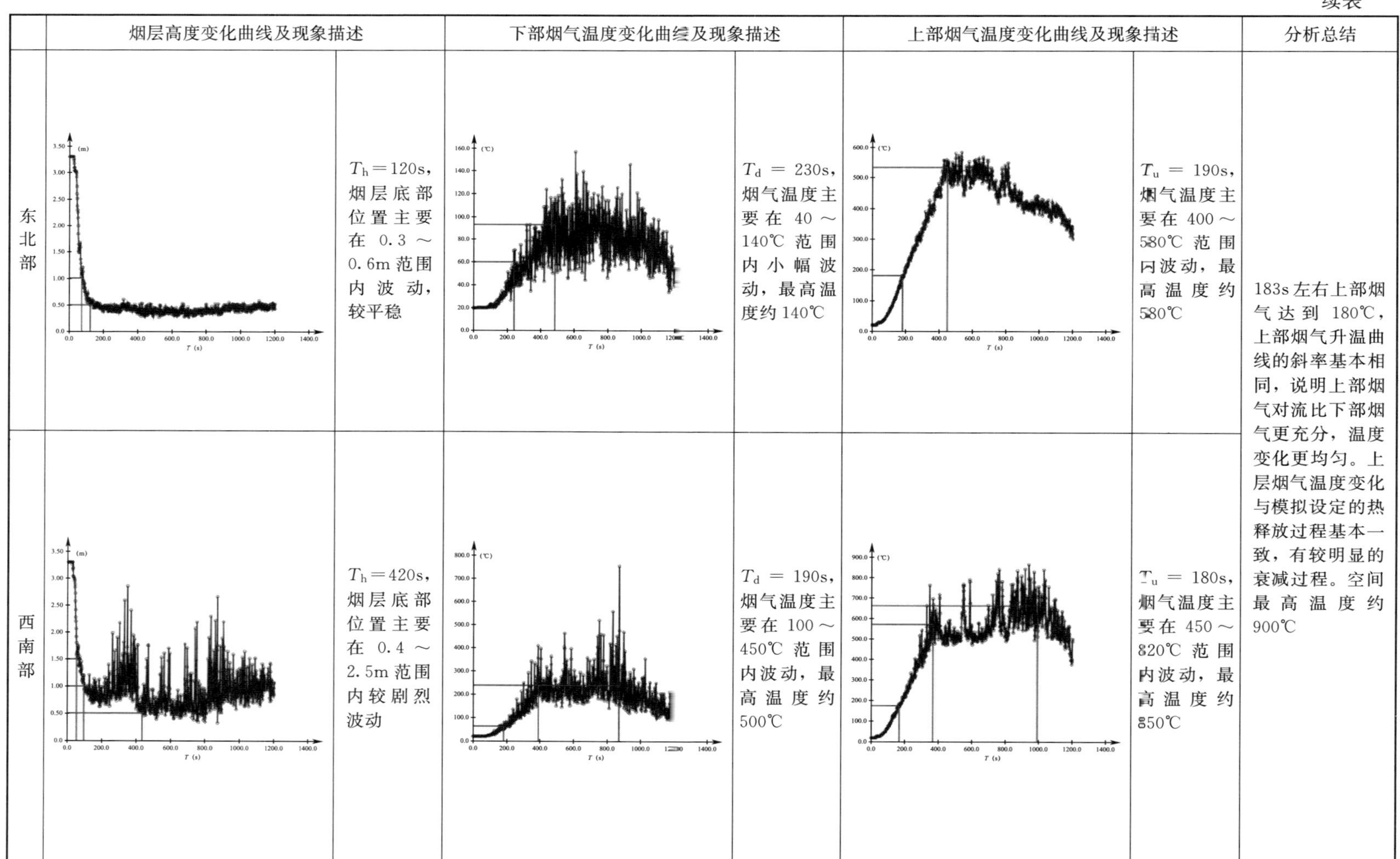

	烟层高度变化曲线及现象描述		下部烟气温度变化曲线及现象描述		上部烟气温度变化曲线及现象描述		分析总结
东北部		T_h＝120s，烟层底部位置主要在0.3～0.6m范围内波动，较平稳		T_d＝230s，烟气温度主要在40～140℃范围内小幅波动，最高温度约140℃		T_u＝190s，烟气温度主要在400～580℃范围内波动，最高温度约580℃	183s左右上部烟气达到180℃，上部烟气升温曲线的斜率基本相同，说明上部烟气对流比下部烟气更充分，温度变化更均匀。上层烟气温度变化与模拟设定的热释放过程基本一致，有较明显的衰减过程。空间最高温度约900℃
西南部		T_h＝420s，烟层底部位置主要在0.4～2.5m范围内较剧烈波动		T_d＝190s，烟气温度主要在100～450℃范围内波动，最高温度约500℃		T_u＝180s，烟气温度主要在450～820℃范围内波动，最高温度约850℃	

表 4.42　旅馆标间 2 火灾特性

基本指标	空间尺寸			门洞尺寸			窗洞尺寸			建筑面积（m^2）	房间净面积（m^2）	火灾荷载密度（MJ/m^2）	通风因子 $A_w h_w^{1/2}$	Thomas 公式	
	开间（m）	进深（m）	净高（m）	宽度（m）	高度（m）	面积（m^2）	宽度（m）	高度（m）	面积（m^2）					轰燃临界热释放速率 $\dot{Q}_f$（kW）	轰燃时间 T_F（s）
	4.5	8.1	3.3	1.0	2.2	2.20	1.8	1.8	3.24	36.45	33.24	516.30	7.62	3978	199

平面图	Revit 模型	PyroSim 模型
 门宽1000×高2200 旅馆标间2 33.24m² 8100 窗宽1800×高1800 4500		
火灾增长曲线	**1m 处 CO 浓度未达到危险状态**	**1.2m 处能见度达到危险状态时间 T_v=76s**
HRR（kW） 4500.0 4000.0 3500.0 3000.0 2500.0 2000.0 1500.0 1000.0 500.0 0.0 0.0 200.0 400.0 600.0 800.0 1000.0 1200.0 1400.0 T（s）	Smokeview 6.1.11-Jul 16 2014 Slice Y_CO kg/kg *10^-3 3.00 2.70 2.40 2.10 1.80 1.50 1.20 0.90 0.60 0.30 0.00 Frame:461 Time:553.2 mesh:1	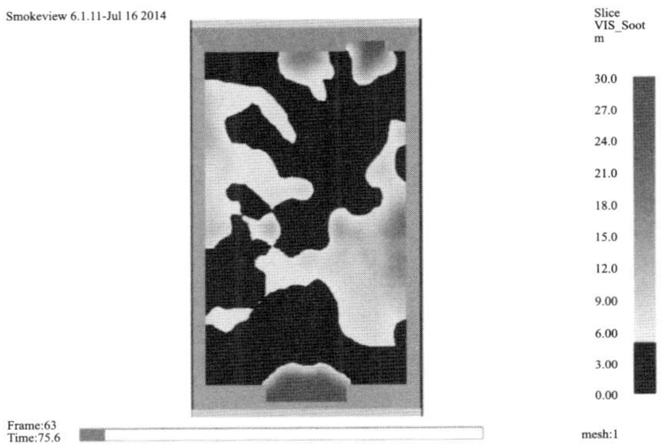 Smokeview 6.1.11-Jul 16 2014 Slice VIS_Soot m 30.0 27.0 24.0 21.0 18.0 15.0 12.0 9.00 6.00 3.00 0.00 Frame:63 Time:75.6 mesh:1

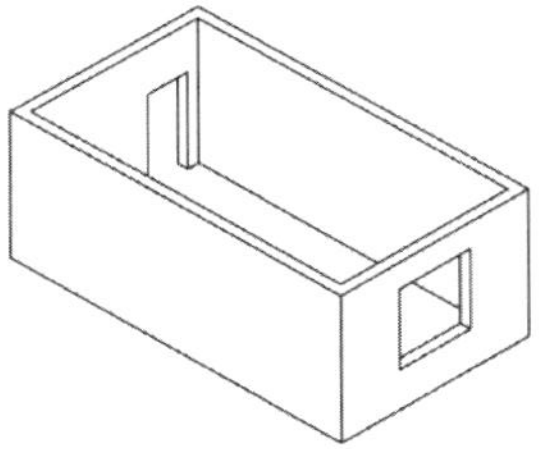

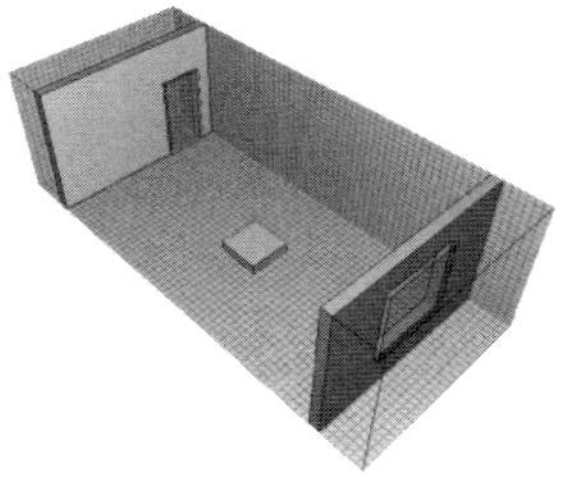

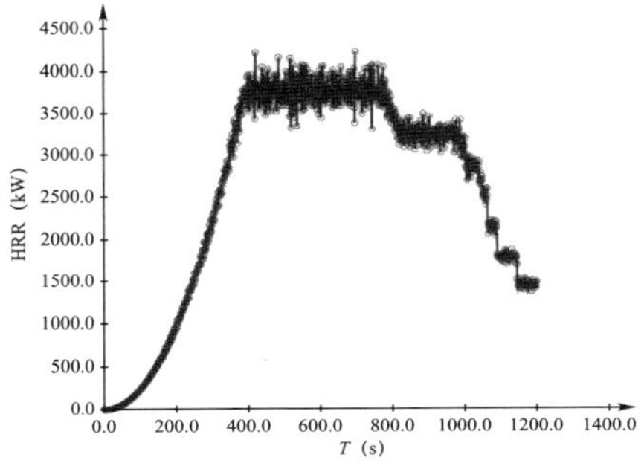

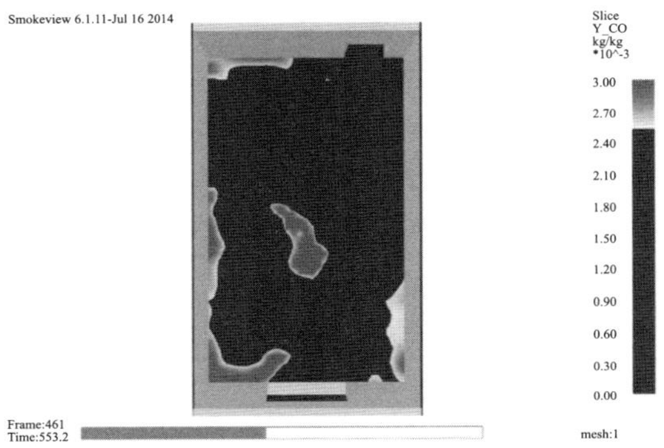

续表

基本指标	空间尺寸			门洞尺寸			窗洞尺寸			建筑面积（m^2）	房间净面积（m^2）	火灾荷载密度（MJ/m^2）	通风因子 $A_w h_w^{1/2}$	Thomas 公式	
	开间（m）	进深（m）	净高（m）	宽度（m）	高度（m）	面积（m^2）	宽度（m）	高度（m）	面积（m^2）					轰燃临界热释放速率 $\dot{Q}_f$（kW）	轰燃时间 T_F（s）
	4.5	8.1	3.3	1.0	2.2	2.20	1.8	1.8	3.24	36.45	33.24	516.30	7.62	3978	199

1.5m 处温度达到危险状态时间 T_a = 122s	顶板下 0.3m 处温度达到危险状态时间 T_b = 180s	备注
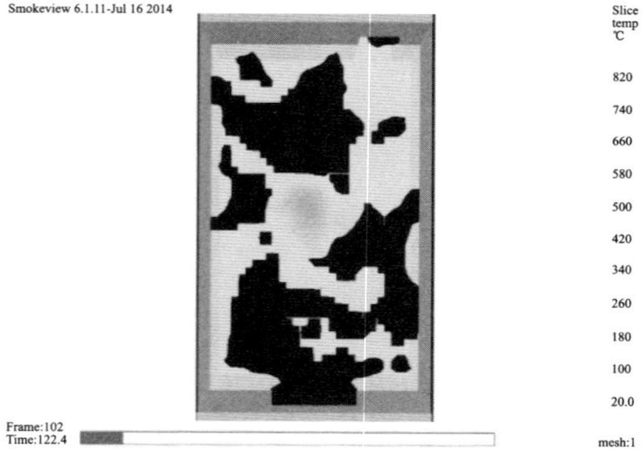	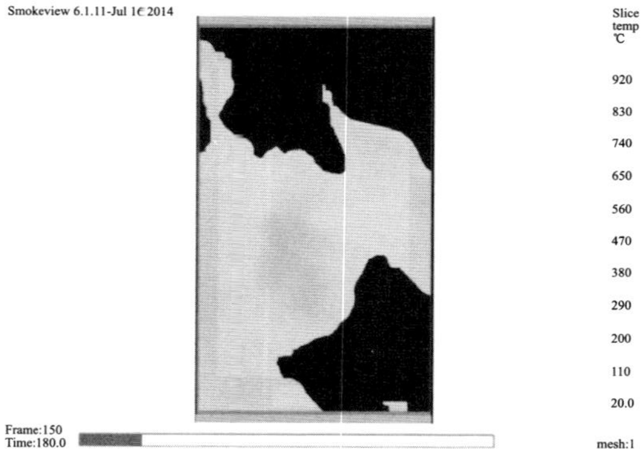	FDS 计算网格大小：0.15m×0.162m×0.138m 最大 HRR 平均值 3.8MW

表 4.43　旅馆标间 2 火灾烟气特性曲线

	烟层高度变化曲线及现象描述		下部烟气温度变化曲线及现象描述		上部烟气温度变化曲线及现象描述		分析总结
西北部	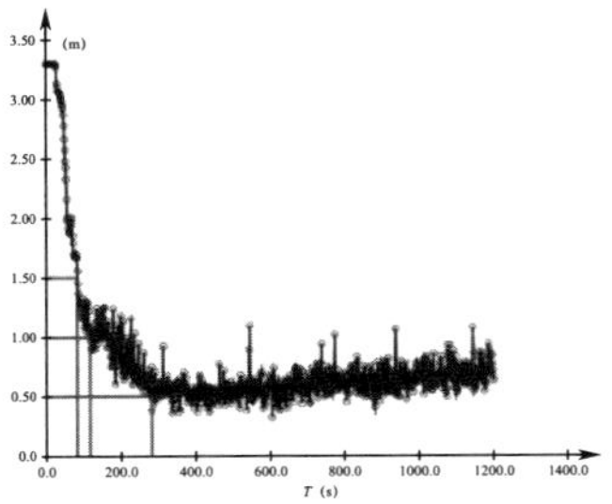	T_h＝280s，烟层底部位置主要在 0.4～1.0m 范围内波动	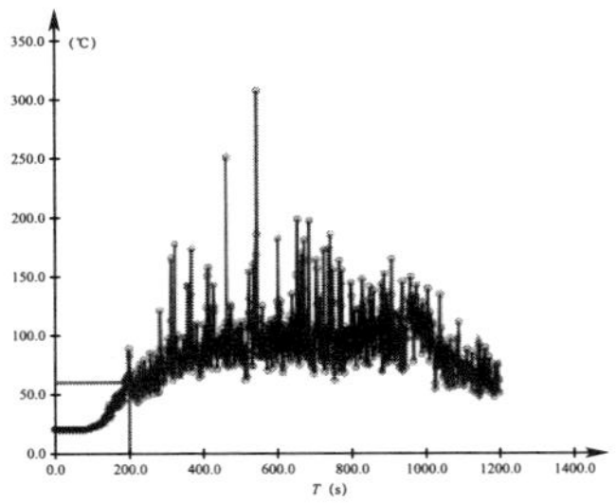	T_d ＝ 200s，烟气温度主要在 60～180℃范围内波动，最高温度约180℃	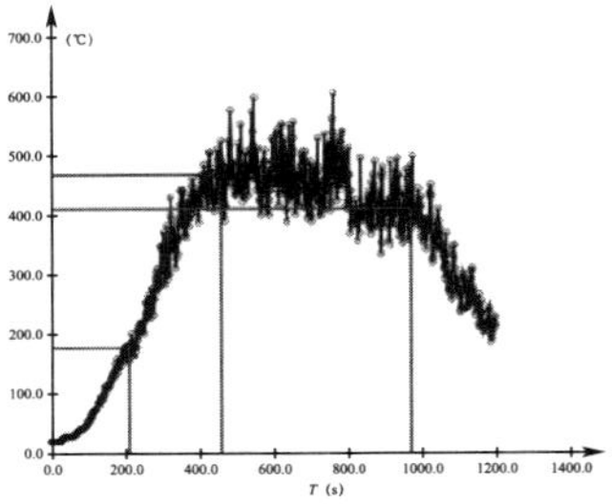	T_u ＝ 210s，烟气温度主要在 350～550℃范围内波动，最高温度约580℃	火灾发生 220s 左右烟气充满整个空间，西南部烟层底部位置基本在 0.7m 以上。258s 左右下部烟气达到 60℃
东南部	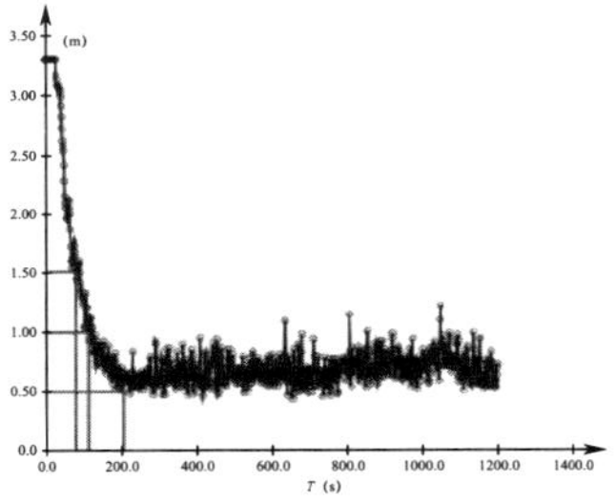	T_h＝200s，烟层底部位置主要在 0.4～1.2m 范围内波动	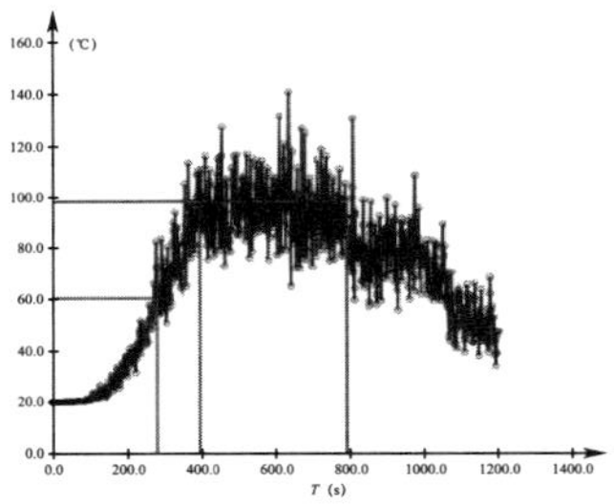	T_d ＝ 280s，烟气温度主要在 60～130℃范围内波动，最高温度约140℃	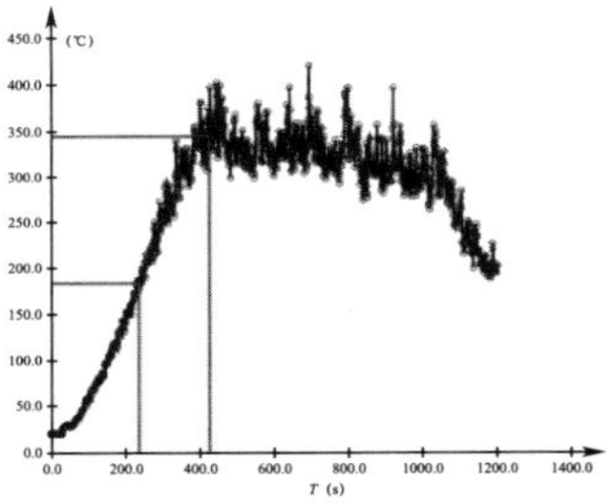	T_u ＝ 220s，烟气温度主要在 250～400℃范围内波动，最高温度约400℃	

续表

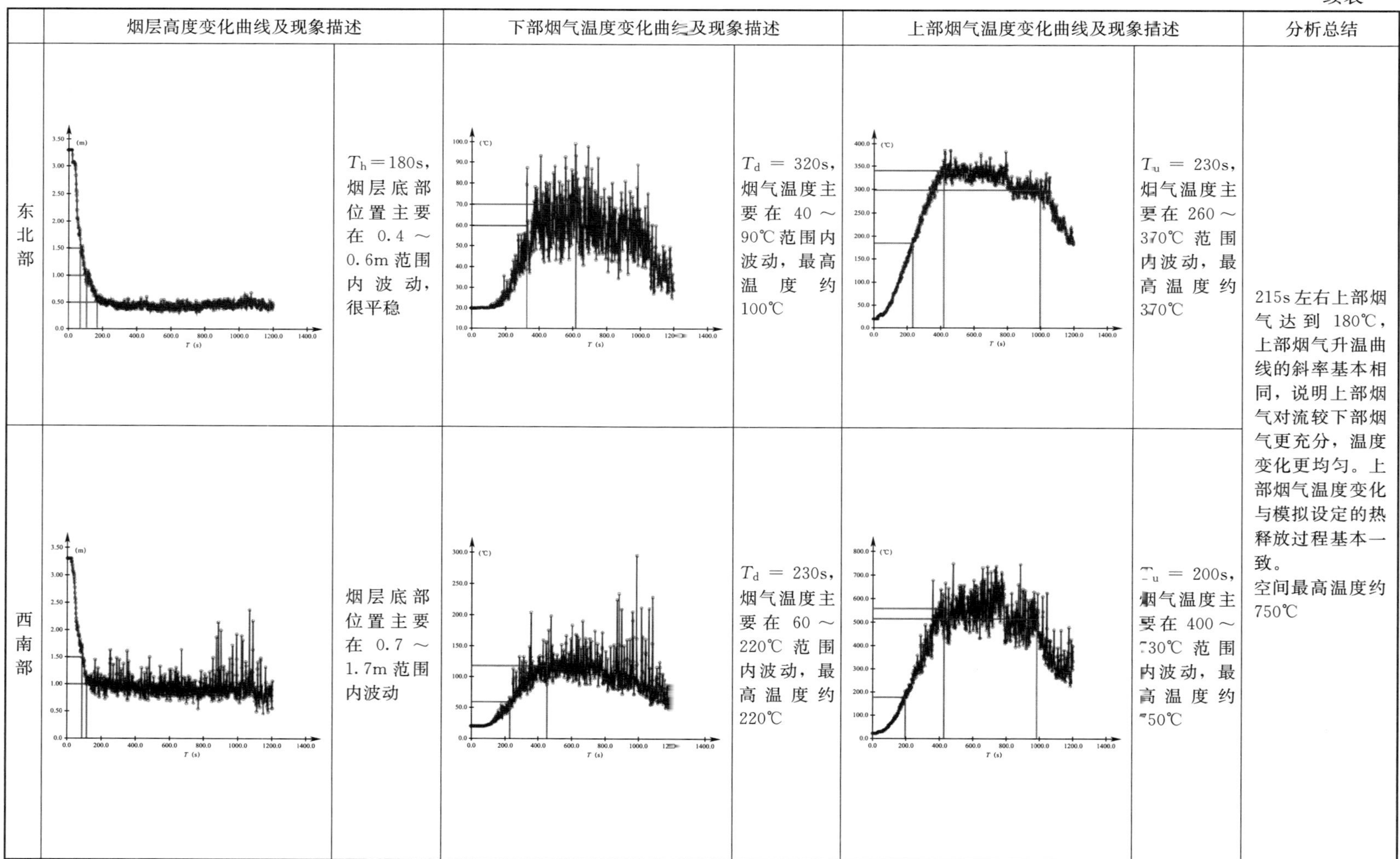

	烟层高度变化曲线及现象描述		下部烟气温度变化曲线及现象描述		上部烟气温度变化曲线及现象描述		分析总结
东北部		T_h = 180s，烟层底部位置主要在 0.4～0.6m 范围内波动，很平稳		T_d = 320s，烟气温度主要在 40～90℃范围内波动，最高温度约100℃		T_u = 230s，烟气温度主要在 260～370℃范围内波动，最高温度约370℃	215s左右上部烟气达到 180℃，上部烟气升温曲线的斜率基本相同，说明上部烟气对流较下部烟气更充分，温度变化更均匀。上部烟气温度变化与模拟设定的热释放过程基本一致。 空间最高温度约750℃
西南部		烟层底部位置主要在 0.7～1.7m 范围内波动		T_d = 230s，烟气温度主要在 60～220℃范围内波动，最高温度约220℃		T_u = 200s，烟气温度主要在 400～730℃范围内波动，最高温度约750℃	

表 4.44　办公室 1 火灾特性

基本指标	空间尺寸			门洞尺寸			窗洞尺寸			建筑面积（m^2）	房间净面积（m^2）	火灾荷载密度（MJ/m^2）	通风因子 $A_w h_w^{1/2}$	Thomas 公式	
	开间（m）	进深（m）	净高（m）	宽度（m）	高度（m）	面积（m^2）	宽度（m）	高度（m）	面积（m^2）					轰燃临界热释放速率 $\dot{Q}_f$（kW）	轰燃时间 T_F（s）
	3.0	4.8	3.0	1.0	2.0	2.00	1.5	1.5	2.25	14.40	12.44	497.20	5.60	2618	166

平面图	Revit 模型	PyroSim 模型
火灾增长曲线	1m 处 CO 浓度达到危险状态时间 $T_{CO}=337s$	1.2m 处能见度达到危险状态时间 $T_v=37s$

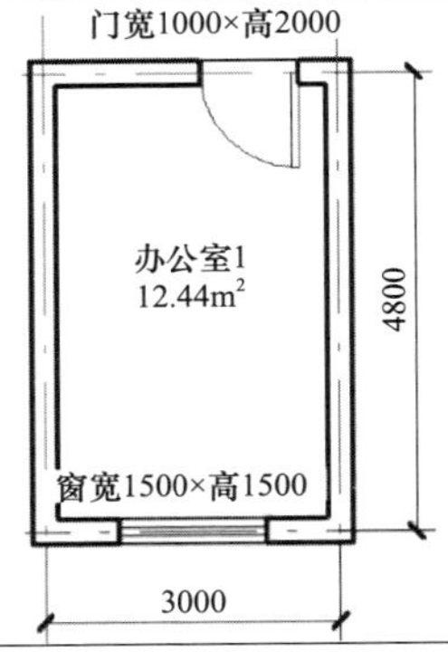

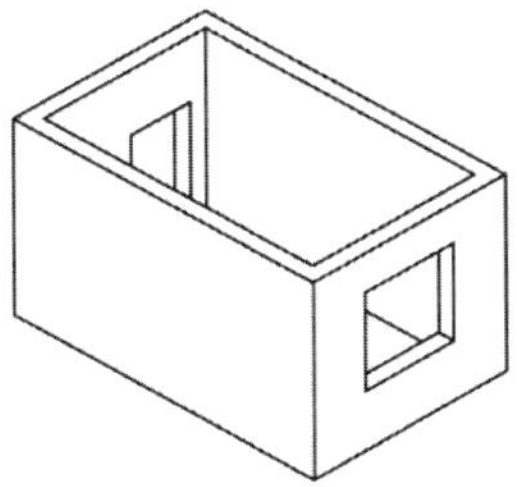

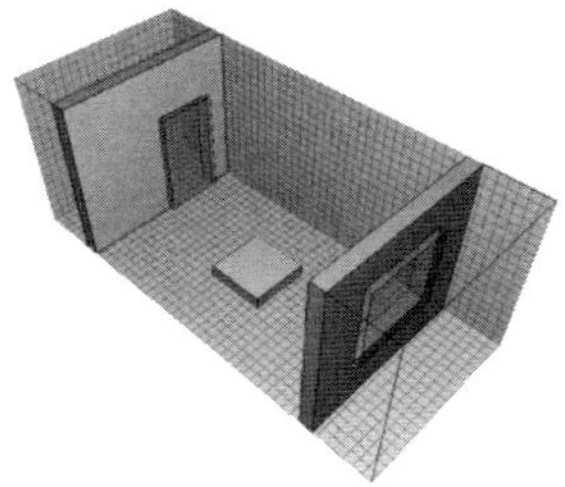

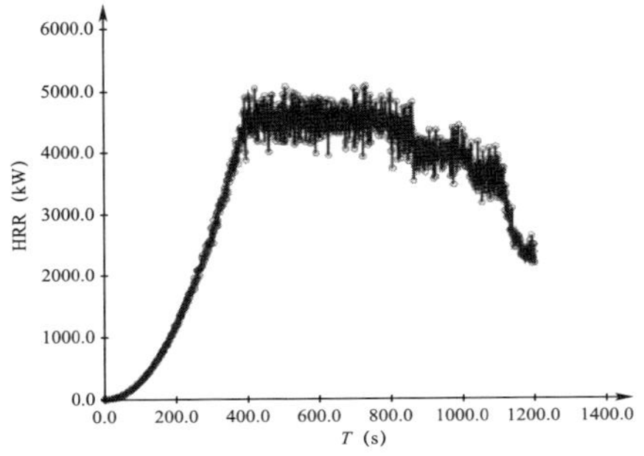

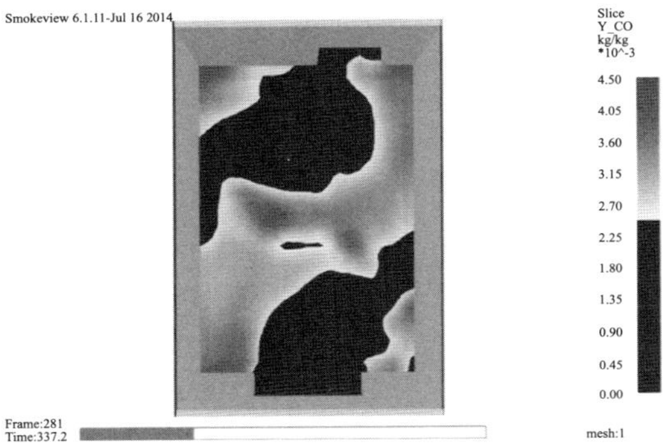

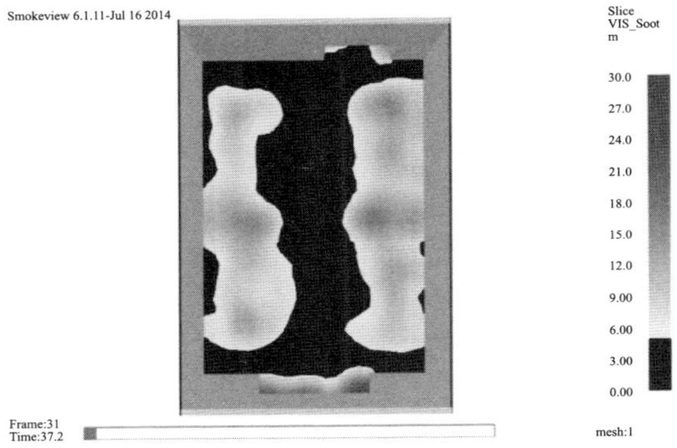

续表

基本指标	空间尺寸			门洞尺寸			窗洞尺寸			建筑面积（m^2）	房间净面积（m^2）	火灾荷载密度（MJ/m^2）	通风因子 $A_w h_w^{1/2}$	Thomas 公式	
	开间（m）	进深（m）	净高（m）	宽度（m）	高度（m）	面积（m^2）	宽度（m）	高度（m）	面积（m^2）					轰燃临界热释放速率 $\dot{Q}_f$（kW）	轰燃时间 T_F（s）
	3.0	4.8	3.0	1.0	2.0	2.00	1.5	1.5	2.25	14.40	12.44	497.20	5.60	2618	166
1.5m 处温度达到危险状态时间 $T_a=73s$						顶板下 0.3m 处温度达到危险状态时间 $T_b=132s$						备注			
												FDS 计算网格大小：0.15m×0.156m×0.167m 最大 HRR 平均值 4.5MW			

表 4.45 办公室 1 火灾烟气特性曲线

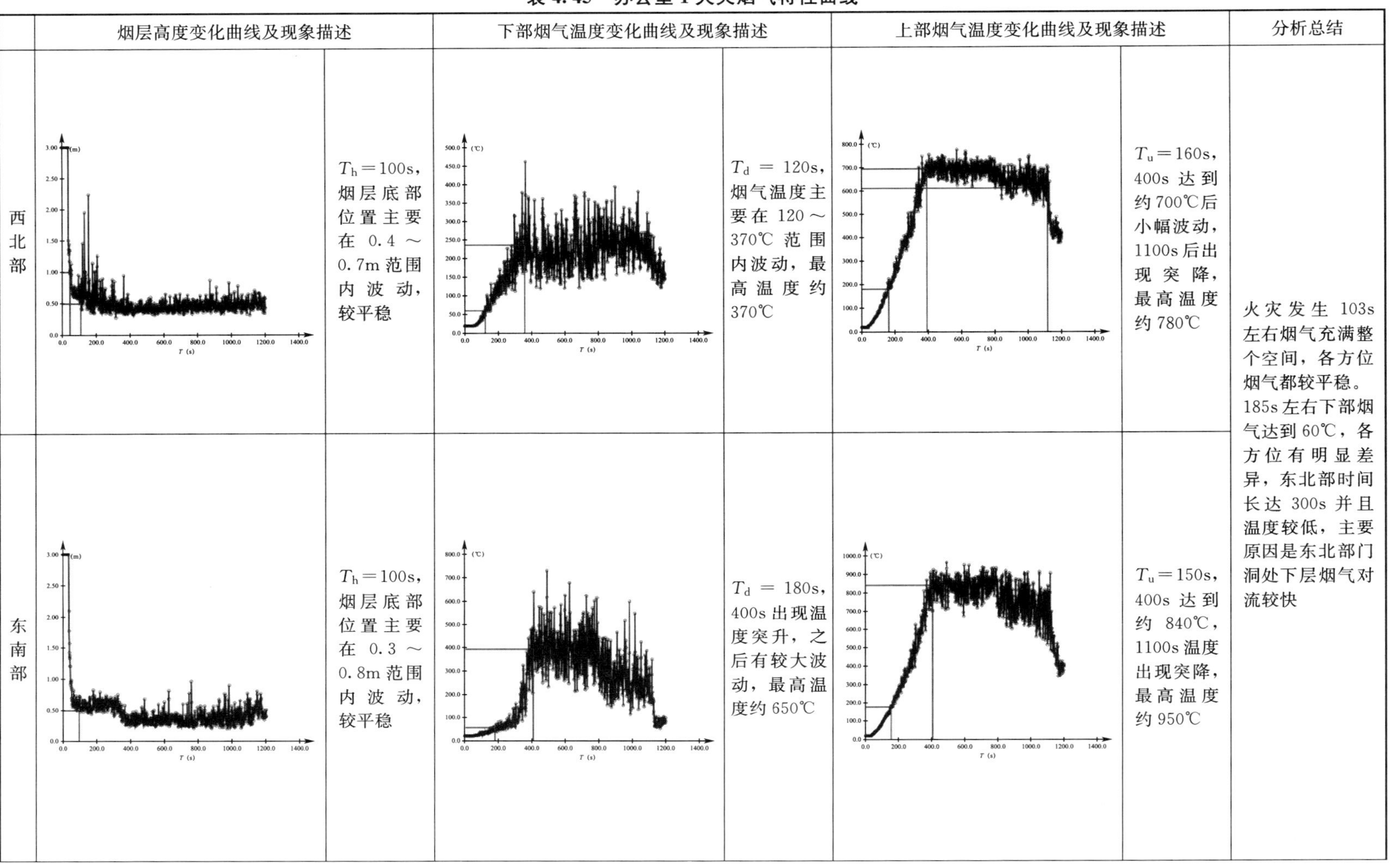

	烟层高度变化曲线及现象描述		下部烟气温度变化曲线及现象描述		上部烟气温度变化曲线及现象描述		分析总结
西北部		T_h=100s，烟层底部位置主要在 0.4～0.7m 范围内波动，较平稳		T_d = 120s，烟气温度主要在 120～370℃ 范围内波动，最高温度约 370℃		T_u=160s，400s 达到约 700℃后小幅波动，1100s 后出现突降，最高温度约 780℃	火灾发生 103s 左右烟气充满整个空间，各方位烟气都较平稳。185s 左右下部烟气达到 60℃，各方位有明显差异，东北部时间长达 300s 并且温度较低，主要原因是东北部门洞处下层烟气对流较快
东南部		T_h=100s，烟层底部位置主要在 0.3～0.8m 范围内波动，较平稳		T_d = 180s，400s 出现温度突升，之后有较大波动，最高温度约 650℃		T_u=150s，400s 达到约 840℃，1100s 温度出现突降，最高温度约 950℃	

续表

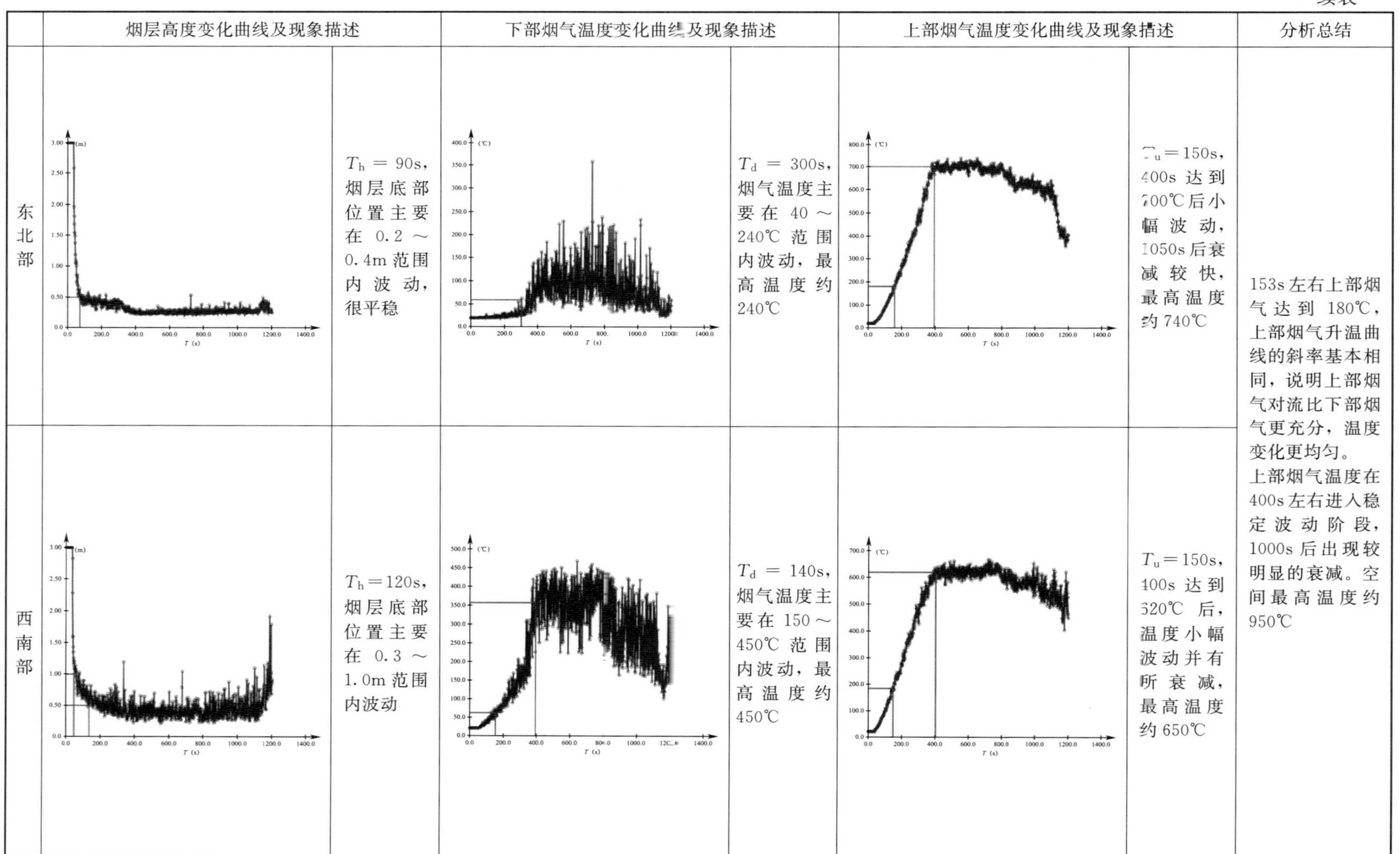

	烟层高度变化曲线及现象描述		下部烟气温度变化曲线及现象描述		上部烟气温度变化曲线及现象描述		分析总结
东北部		T_h = 90s，烟层底部位置主要在 0.2～0.4m 范围内波动，很平稳		T_d = 300s，烟气温度主要在 40～240℃ 范围内波动，最高温度约 240℃		T_u=150s，400s 达到 700℃后小幅波动，1050s 后衰减较快，最高温度约 740℃	153s 左右上部烟气达到 180℃，上部烟气升温曲线的斜率基本相同，说明上部烟气对流比下部烟气更充分，温度变化更均匀。上部烟气温度在 400s 左右进入稳定波动阶段，1000s 后出现较明显的衰减。空间最高温度约 950℃
西南部		T_h=120s，烟层底部位置主要在 0.3～1.0m 范围内波动		T_d = 140s，烟气温度主要在 150～450℃ 范围内波动，最高温度约 450℃		T_u=150s，400s 达到 620℃ 后，温度小幅波动并有所衰减，最高温度约 650℃	

表 4.46　办公室 2 火灾特性

基本指标	空间尺寸			门洞尺寸			窗洞尺寸			建筑面积（m^2）	房间净面积（m^2）	火灾荷载密度（MJ/m^2）	通风因子 $A_w h_w^{1/2}$	Thomas 公式	
	开间（m）	进深（m）	净高（m）	宽度（m）	高度（m）	面积（m^2）	宽度（m）	高度（m）	面积（m^2）					轰燃临界热释放速率 Q_f（kW）	轰燃时间 T_F（s）
	3.0	6.0	3.3	1.0	2.0	2.00	1.5	1.8	2.70	18.00	15.73	497.20	6.45	3084	180

平面图

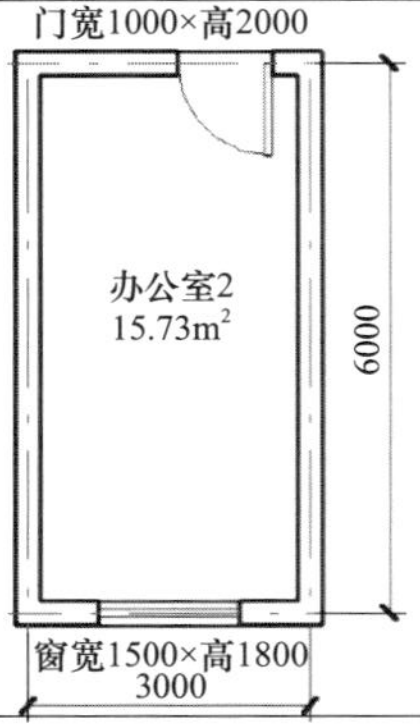

Revit 模型

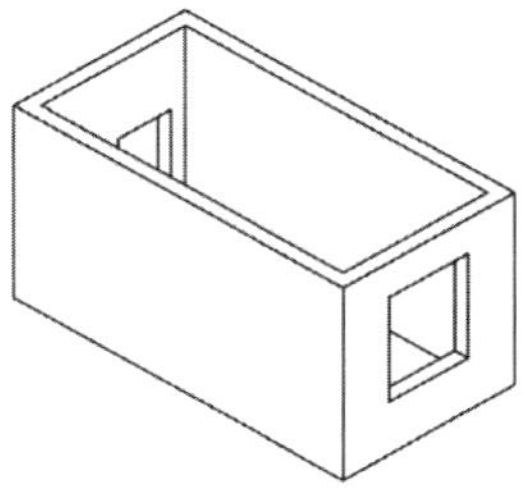

PyroSim 模型

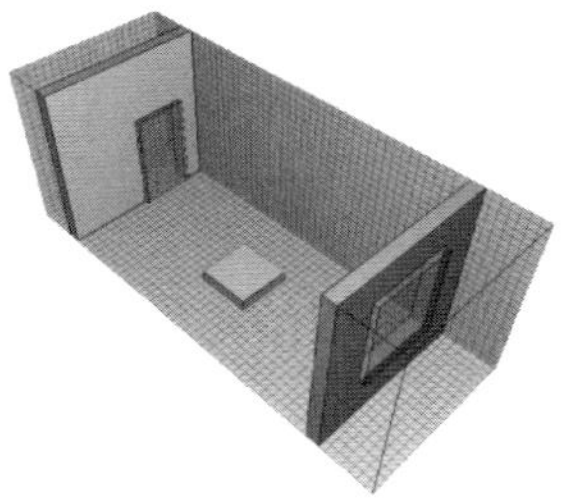

火灾增长曲线

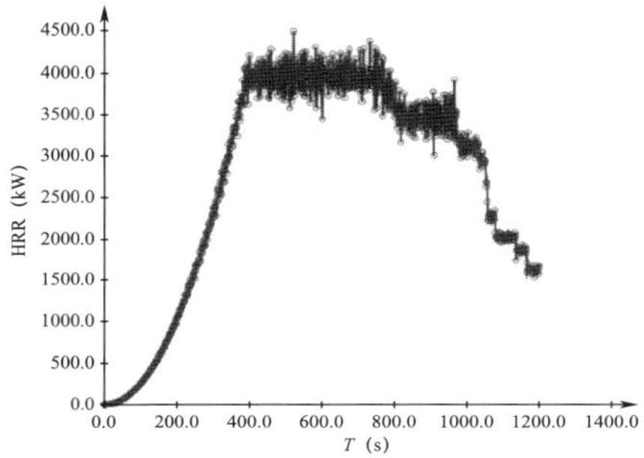

1m 处 CO 浓度未达到危险状态

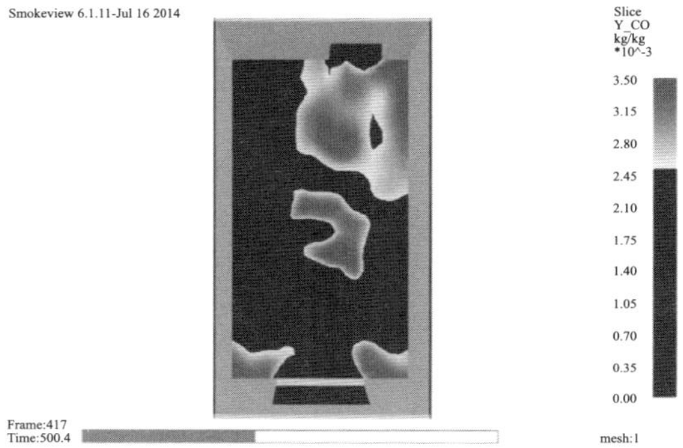

1.2m 处能见度达到危险状态时间 $T_v = 55s$

续表

基本指标	空间尺寸			门洞尺寸			窗洞尺寸			建筑面积（m^2）	房间净面积（m^2）	火灾荷载密度（MJ/m^2）	通风因子 $A_w h_w^{1/2}$	Thomas 公式	
	开间（m）	进深（m）	净高（m）	宽度（m）	高度（m）	面积（m^2）	宽度（m）	高度（m）	面积（m^2）					轰燃临界热释放速率 $\dot{Q}_f$（kW）	轰燃时间 T_F（s）
	3.0	6.0	3.3	1.0	2.0	2.00	1.5	1.8	2.70	18.00	15.73	497.20	6.45	3084	180

1.5m 处温度达到危险状态时间 $T_a=106s$	顶板下 0.3m 处温度达到危险状态时间 $T_b=166s$	备注
		FDS 计算网格大小：0.15m×0.148m×0.138m 最大 HRR 平均值 4.0MW

表 4.47　办公室 2 火灾烟气特性曲线

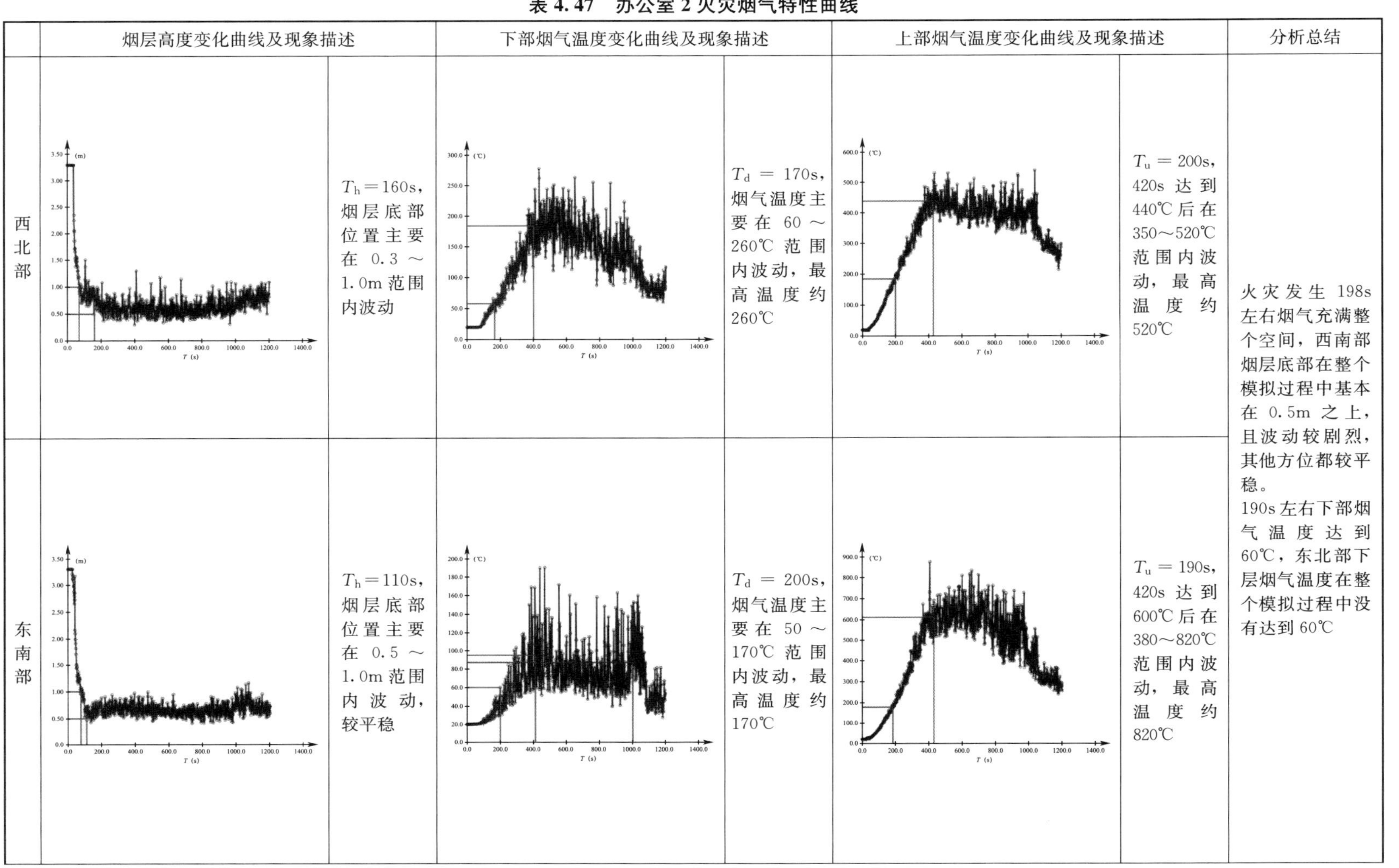

	烟层高度变化曲线及现象描述		下部烟气温度变化曲线及现象描述		上部烟气温度变化曲线及现象描述		分析总结
西北部		T_h = 160s，烟层底部位置主要在 0.3～1.0m 范围内波动		T_d = 170s，烟气温度主要在 60～260℃ 范围内波动，最高温度约 260℃		T_u = 200s，420s 达到 440℃ 后在 350～520℃ 范围内波动，最高温度约 520℃	火灾发生 198s 左右烟气充满整个空间，西南部烟层底部在整个模拟过程中基本在 0.5m 之上，且波动较剧烈，其他方位都较平稳。190s 左右下部烟气温度达到 60℃，东北部下层烟气温度在整个模拟过程中没有达到 60℃
东南部		T_h = 110s，烟层底部位置主要在 0.5～1.0m 范围内波动，较平稳		T_d = 200s，烟气温度主要在 50～170℃ 范围内波动，最高温度约 170℃		T_u = 190s，420s 达到 600℃ 后在 380～820℃ 范围内波动，最高温度约 820℃	

续表

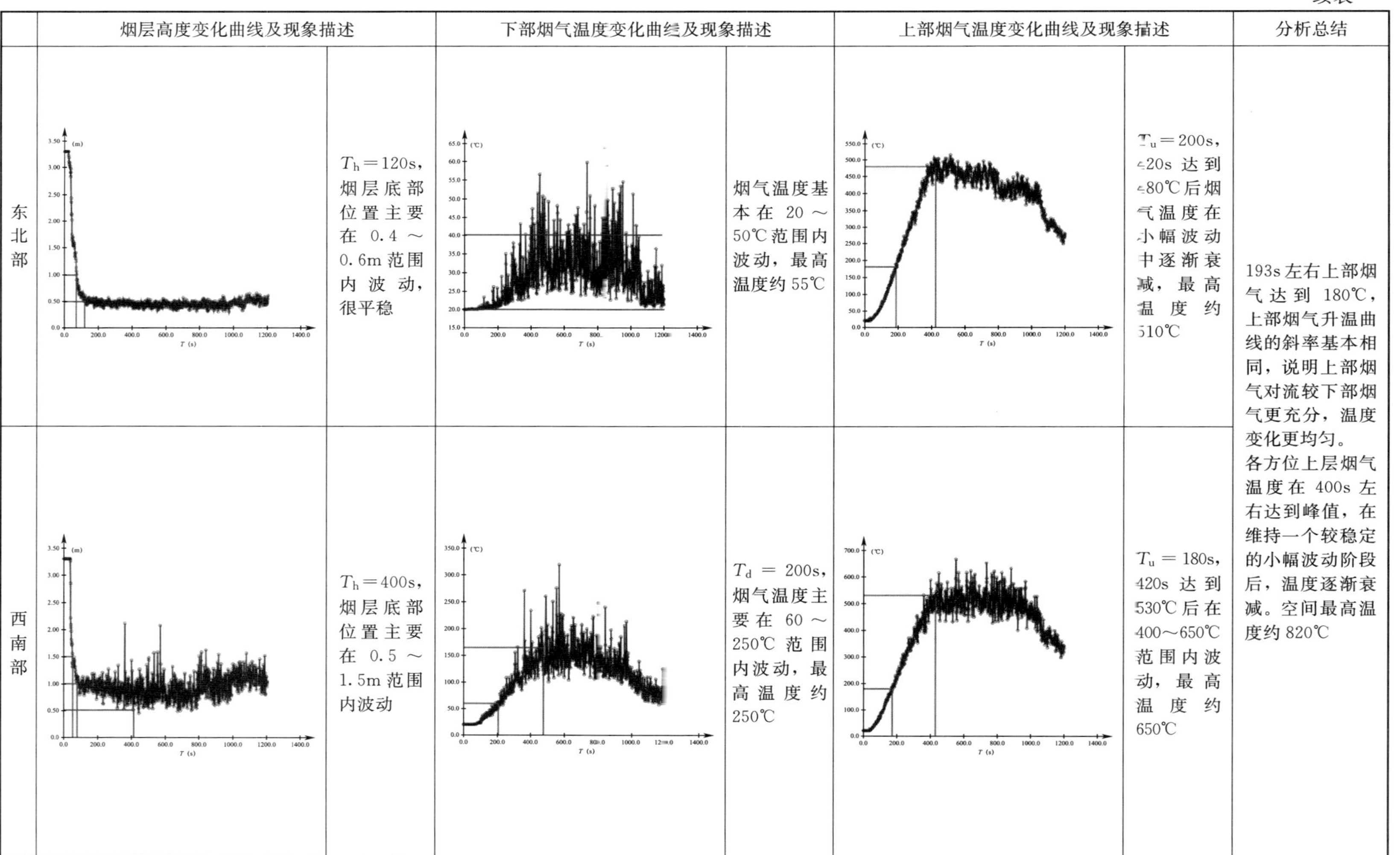

	烟层高度变化曲线及现象描述		下部烟气温度变化曲线及现象描述		上部烟气温度变化曲线及现象描述		分析总结
东北部		T_h=120s，烟层底部位置主要在0.4～0.6m范围内波动，很平稳		烟气温度基本在20～50℃范围内波动，最高温度约55℃		T_u=200s，420s达到480℃后烟气温度在小幅波动中逐渐衰减，最高温度约510℃	193s左右上部烟气达到180℃，上部烟气升温曲线的斜率基本相同，说明上部烟气对流较下部烟气更充分，温度变化更均匀。各方位上层烟气温度在400s左右达到峰值，在维持一个较稳定的小幅波动阶段后，温度逐渐衰减。空间最高温度约820℃
西南部		T_h=400s，烟层底部位置主要在0.5～1.5m范围内波动		T_d = 200s，烟气温度主要在60～250℃范围内波动，最高温度约250℃		T_u = 180s，420s达到530℃后在400～650℃范围内波动，最高温度约650℃	

表 4.48　办公室 3 火灾特性

基本指标	空间尺寸			门洞尺寸			窗洞尺寸			建筑面积（m^2）	房间净面积（m^2）	火灾荷载密度（MJ/m^2）	通风因子 $A_w h_w^{1/2}$	Thomas 公式	
	开间（m）	进深（m）	净高（m）	宽度（m）	高度（m）	面积（m^2）	宽度（m）	高度（m）	面积（m^2）					轰燃临界热释放速率 $\dot{Q}_f$（kW）	轰燃时间 T_F（s）
	5.4	6.0	3.6	2.0	2.5	5.00	3.0	1.8	5.40	32.40	29.50	497.20	15.20	6736	266

平面图	Revit 模型	PyroSim 模型
门宽1000×高2500　门宽1000×高2500 办公室3 29.50m² 6000 窗宽1500×高1800　窗宽1500×高1800 5400		
火灾增长曲线	**1m 处 CO 浓度未达到危险状态**	**1.2m 处能见度达到危险状态时间 T_v＝114s**
HRR (kW) 0.0 500.0 1000.0 1500.0 2000.0 2500.0 3000.0 3500.0 4000.0 4500.0 5000.0 0.0 200.0 400.0 600.0 800.0 1000.0 1200.0 1400.0 T (s)	Smokeview 6.1.11-Jul 16 2014 Slice Y_CO kg/kg *10^-3 2.50 2.25 2.00 1.75 1.50 1.25 1.00 0.75 0.50 0.25 0.00 Frame:842 Time:1010.4 mesh:1	Smokeview 6.1.11-Jul 16 2014 Slice VIS_Soot m 30.0 27.0 24.0 21.0 18.0 15.0 12.0 9.00 6.00 3.00 0.00 Frame:95 Time:114.0 mesh:1

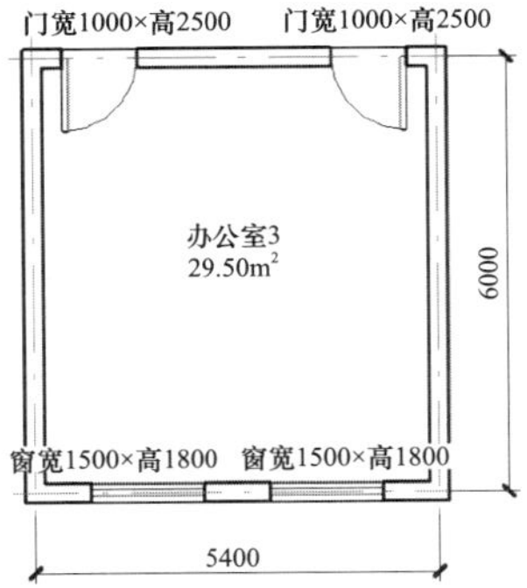

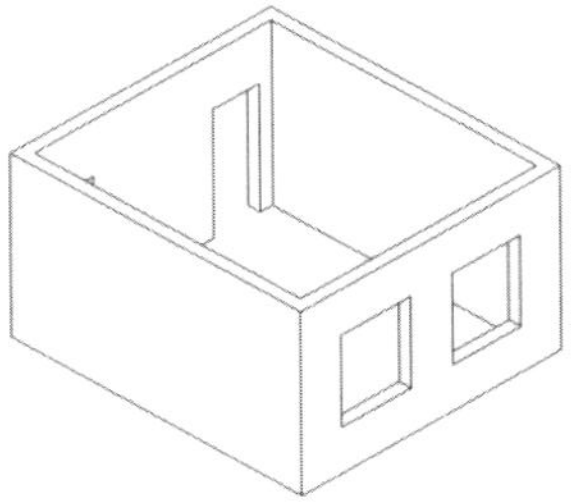

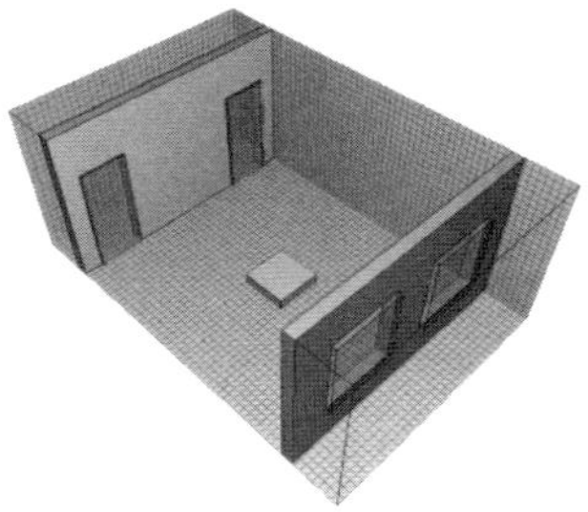

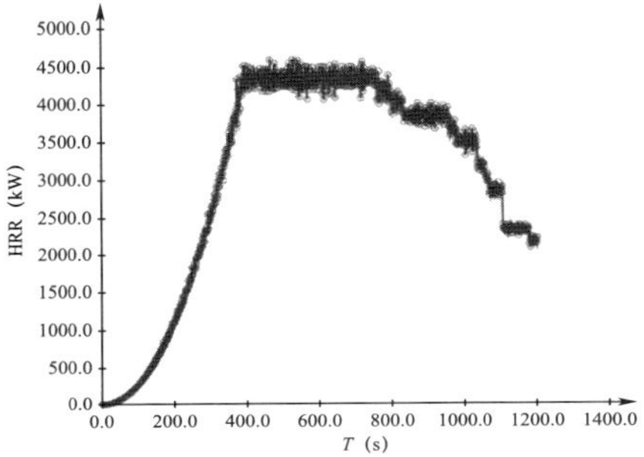

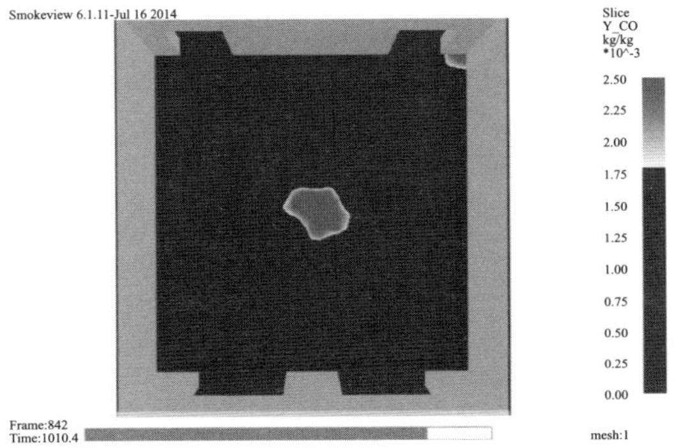

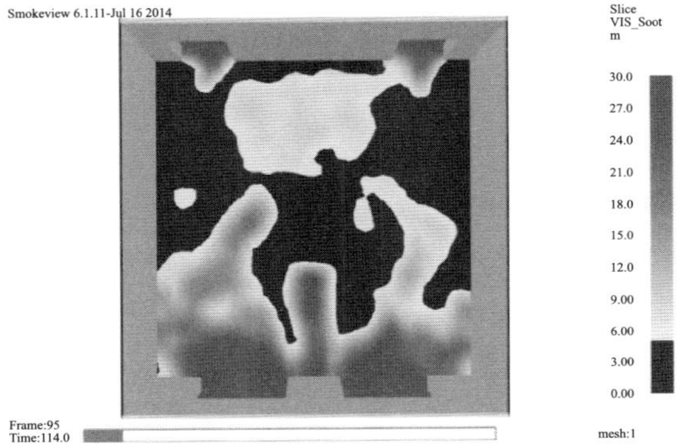

续表

基本指标	空间尺寸			门洞尺寸			窗洞尺寸			建筑面积（m^2）	房间净面积（m^2）	火灾荷载密度（MJ/m^2）	通风因子 $A_w h_w^{1/2}$	Thomas 公式	
	开间（m）	进深（m）	净高（m）	宽度（m）	高度（m）	面积（m^2）	宽度（m）	高度（m）	面积（m^2）					轰燃临界热释放速率 $\dot{Q}_f$（kW）	轰燃时间 T_F（s）
	5.4	6.0	3.6	2.0	2.5	5.00	3.0	1.8	5.40	32.40	29.50	497.20	15.20	6736	266
1.5m 处温度达到危险状态时间 T_a=162s						顶板下 0.3m 处温度达到危险状态时间 T_b=196s						备注			
Smokeview 6.1.11-Jul 16 2014；Slice temp ℃：720, 650, 580, 510, 440, 370, 300, 230, 160, 90.0, 20.0；mesh:1；Frame:135 Time:162.0						Smokeview 6.1.11-Jul 15 2014；Slice temp ℃：870, 785, 700, 615, 530, 445, 360, 275, 190, 105, 20.0；mesh:1；Frame:163 Time:195.6						FDS 计算网格大小：0.15m×0.137m×0.15m 最大 HRR 平均值 4.3MW			

表 4.49 办公室 3 火灾烟气特性曲线

	烟层高度变化曲线及现象描述		下部烟气温度变化曲线及现象描述		上部烟气温度变化曲线及现象描述		分析总结
西北部	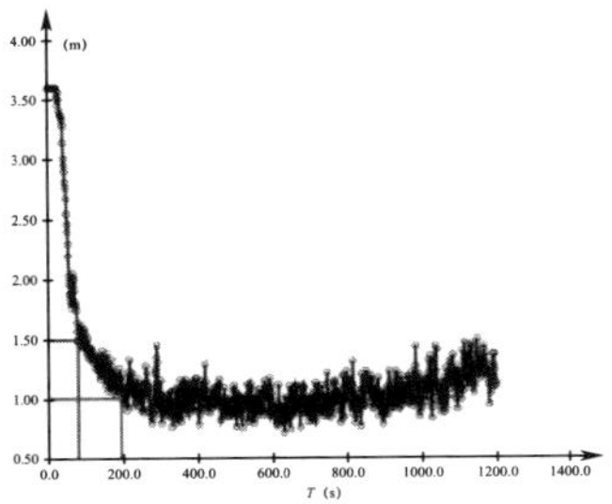	烟层底部位置主要在 0.7～1.4m 范围内波动	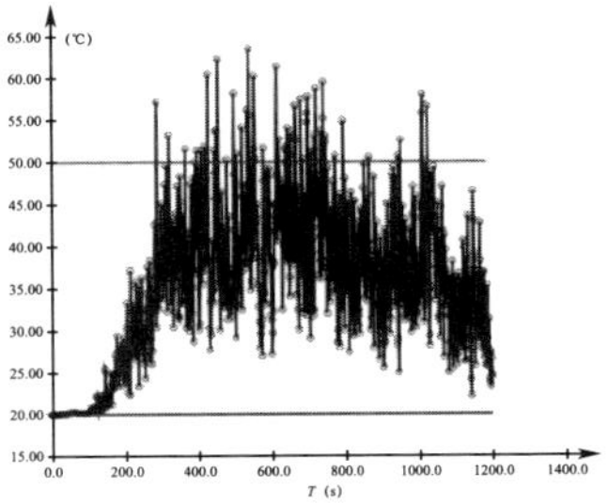	烟气温度主要在 20～50℃范围内波动，最高温度约 60℃	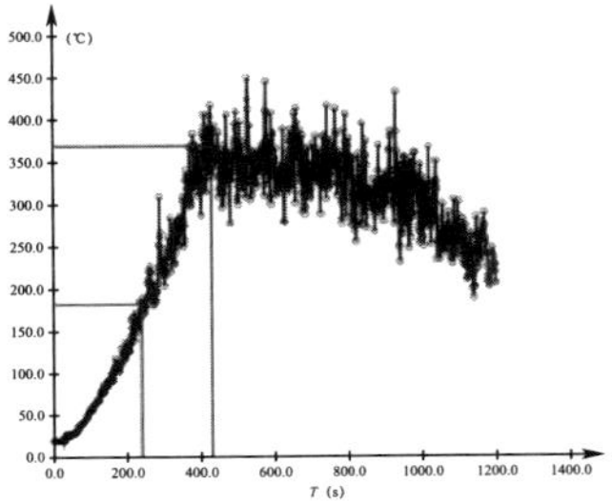	T_u＝240s，420s 达到约 370℃后在 250～450℃范围内波动，最高温度约 450℃	在整个模拟过程中，烟层底部位置始终在 0.5m 之上，烟气层没有完全充满空间。各方位下层烟气温度基本都在 60℃以下
东南部	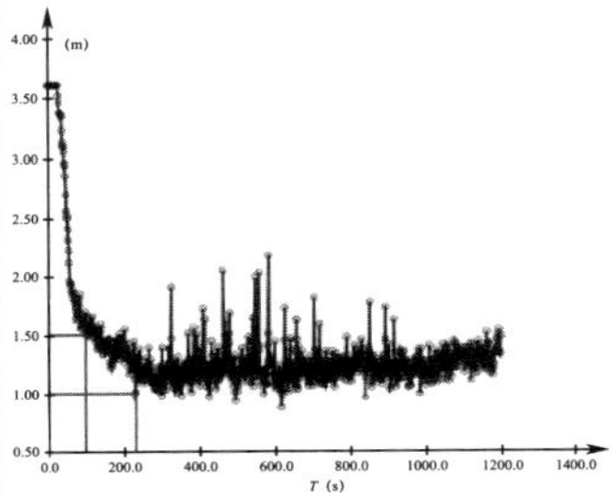	烟层底部位置主要在 1.0～1.6m 范围内波动	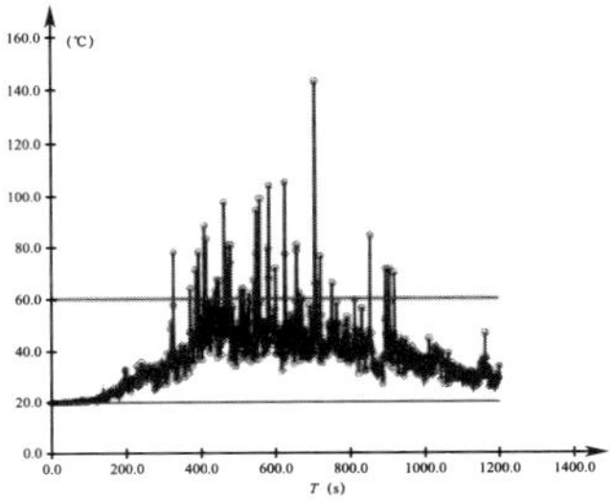	烟气温度主要在 20～60℃范围内波动，最高温度约 100℃	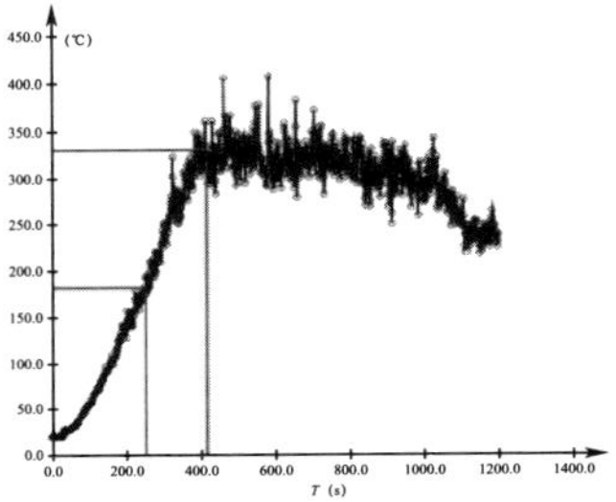	T_u＝250s，410s 达到 330℃后在 250～400℃范围内波动，最高温度约 400℃	

续表

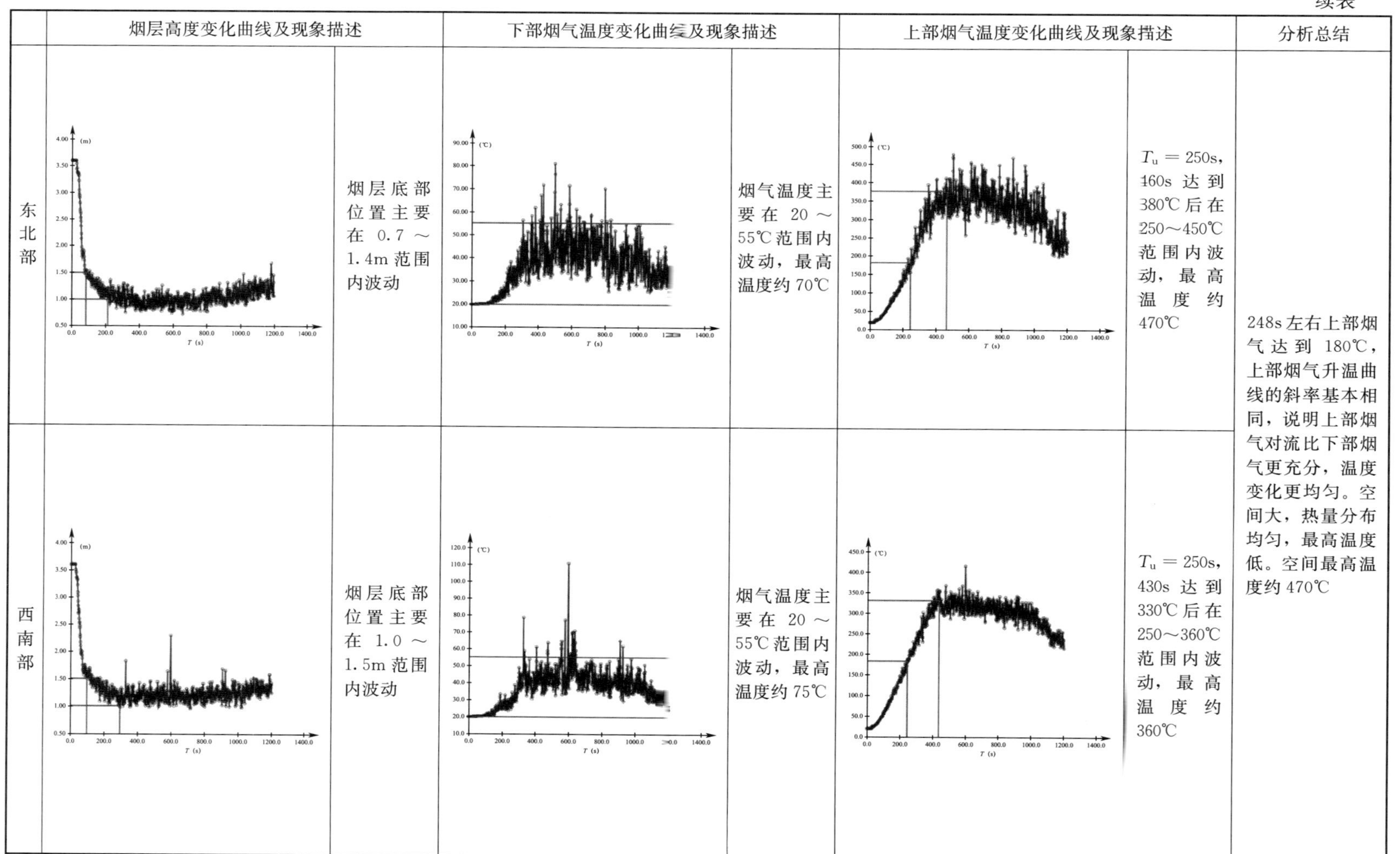

	烟层高度变化曲线及现象描述		下部烟气温度变化曲线及现象描述		上部烟气温度变化曲线及现象描述		分析总结
东北部		烟层底部位置主要在 0.7～1.4m 范围内波动		烟气温度主要在 20～55℃范围内波动，最高温度约 70℃		T_u = 250s，460s 达到 380℃后在 250～450℃范围内波动，最高温度约 470℃	248s 左右上部烟气达到 180℃，上部烟气升温曲线的斜率基本相同，说明上部烟气对流比下部烟气更充分，温度变化更均匀。空间大，热量分布均匀，最高温度低。空间最高温度约 470℃
西南部		烟层底部位置主要在 1.0～1.5m 范围内波动		烟气温度主要在 20～55℃范围内波动，最高温度约 75℃		T_u = 250s，430s 达到 330℃后在 250～360℃范围内波动，最高温度约 360℃	

表 4.50　办公室 4 火灾特性

基本指标	空间尺寸			门洞尺寸			窗洞尺寸			建筑面积（m^2）	房间净面积（m^2）	火灾荷载密度（MJ/m^2）	通风因子 $A_w h_w^{1/2}$	Thomas 公式	
	开间（m）	进深（m）	净高（m）	宽度（m）	高度（m）	面积（m^2）	宽度（m）	高度（m）	面积（m^2）					轰燃临界热释放速率 $\dot{Q}_f$（kW）	轰燃时间 T_F（s）
	7.2	6.6	3.6	2.0	2.5	5.00	4.5	2.0	9.00	47.52	44.00	497.20	20.66	9134	310

平面图	Revit 模型	PyroSim 模型
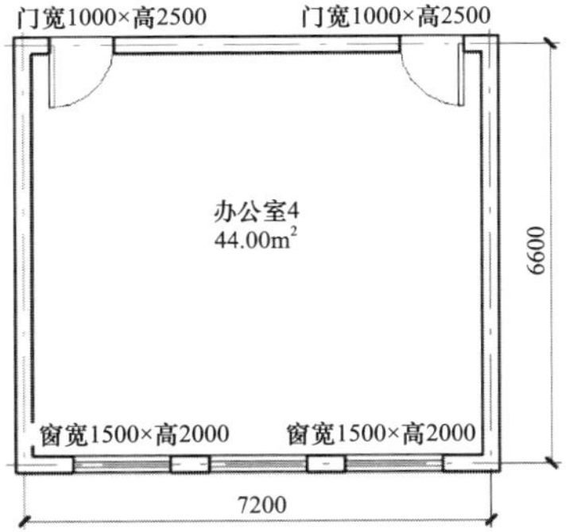 门宽1000×高2500　门宽1000×高2500 办公室4 44.00m^2 窗宽1500×高2000　窗宽1500×高2000 6600　7200		
火灾增长曲线	**1m 处 CO 浓度未达到危险状态**	**1.2m 处能见度达到危险状态时间 T_v=157s**
HRR（kW）–T（s）	Smokeview 6.1.11-Jul 16 2014 Slice Y_CO kg/kg *10^-3 Frame:61 Time:73.2	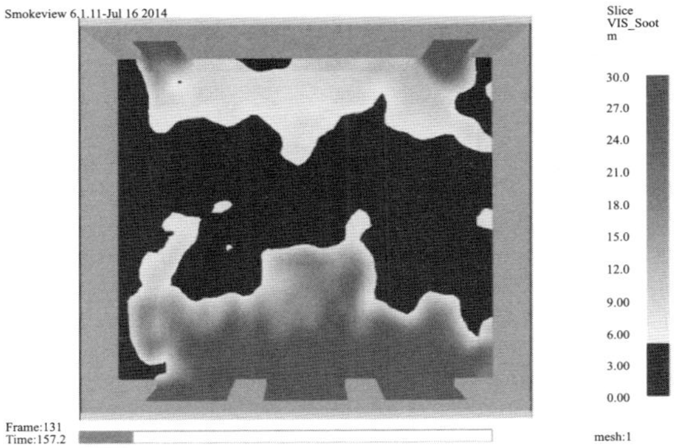 Smokeview 6.1.11-Jul 16 2014 Slice VIS_Soot m Frame:131 Time:157.2

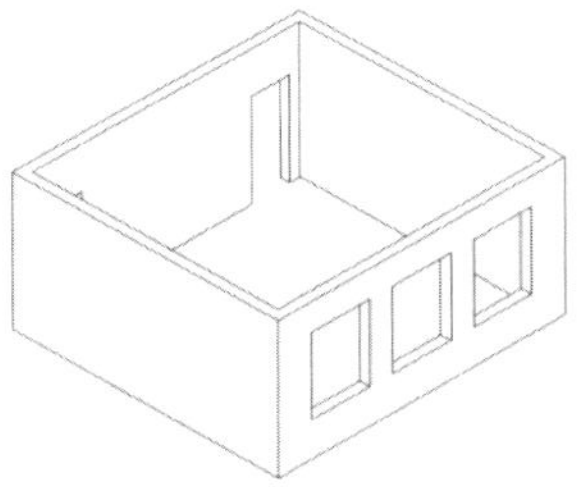

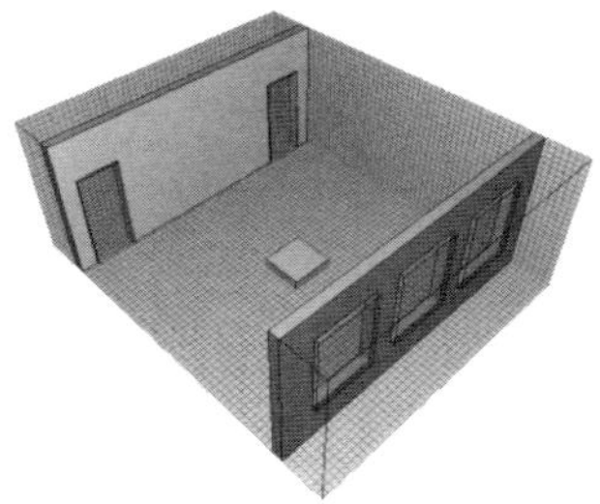

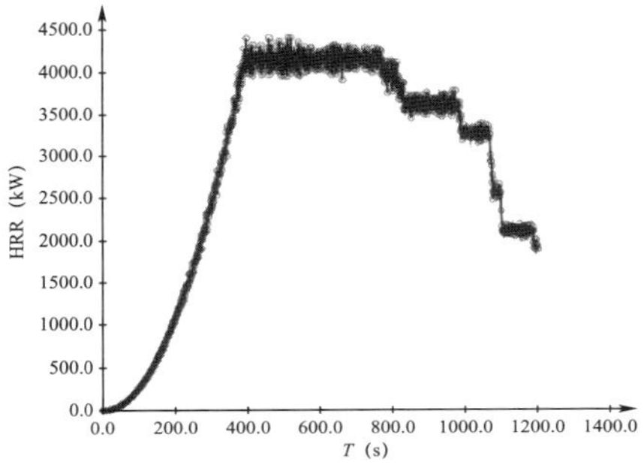

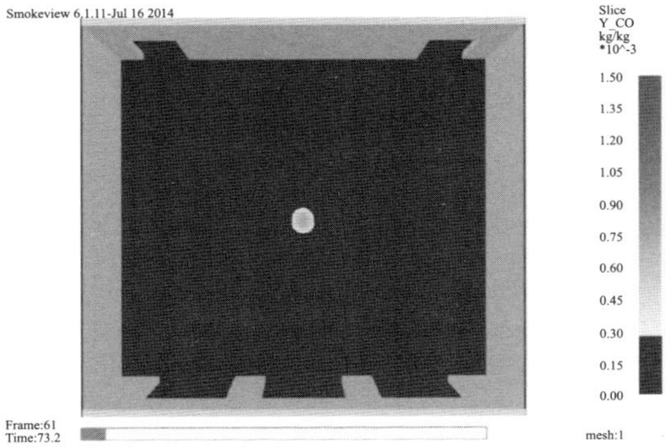

续表

基本指标	空间尺寸			门洞尺寸			窗洞尺寸			建筑面积（m^2）	房间净面积（m^2）	火灾荷载密度（MJ/m^2）	通风因子 $A_w h_w^{1/2}$	Thomas 公式	
	开间（m）	进深（m）	净高（m）	宽度（m）	高度（m）	面积（m^2）	宽度（m）	高度（m）	面积（m^2）					轰燃临界热释放速率 $\dot{Q}_f$（kW）	轰燃时间 T_F（s）
	7.2	6.6	3.6	2.0	2.5	5.00	4.5	2.0	9.00	47.52	44.00	497.20	20.66	9134	310

1.5m 处温度达到危险状态时间 T_a=199s	顶板下 0.3m 处温度达到危险状态时间 T_b=250s	备注
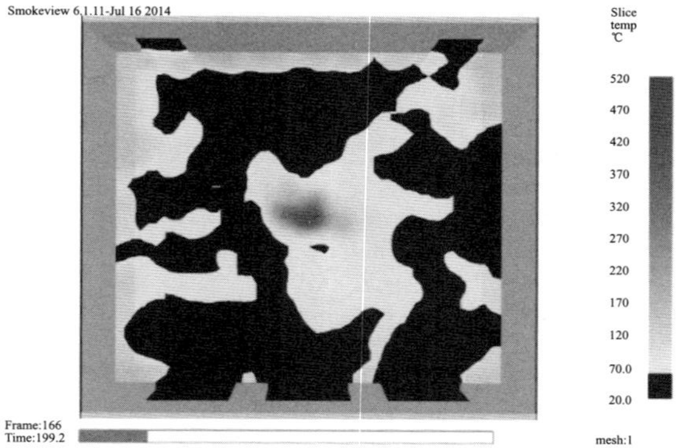	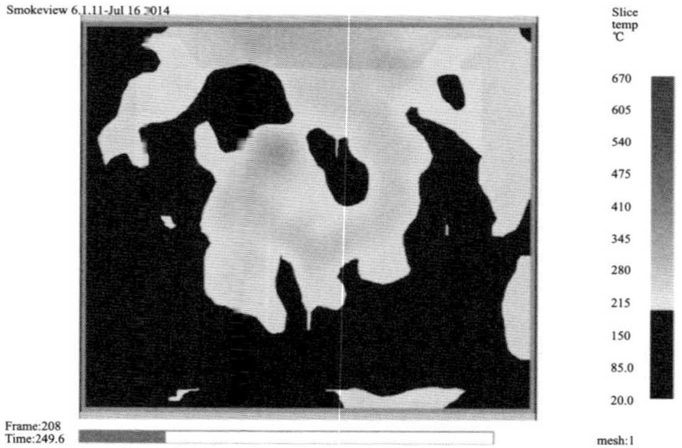	FDS 计算网格大小：0.15m×0.147m×0.15m 最大 HRR 平均值 4.2MW

表 4.51　办公室 4 火灾烟气特性曲线

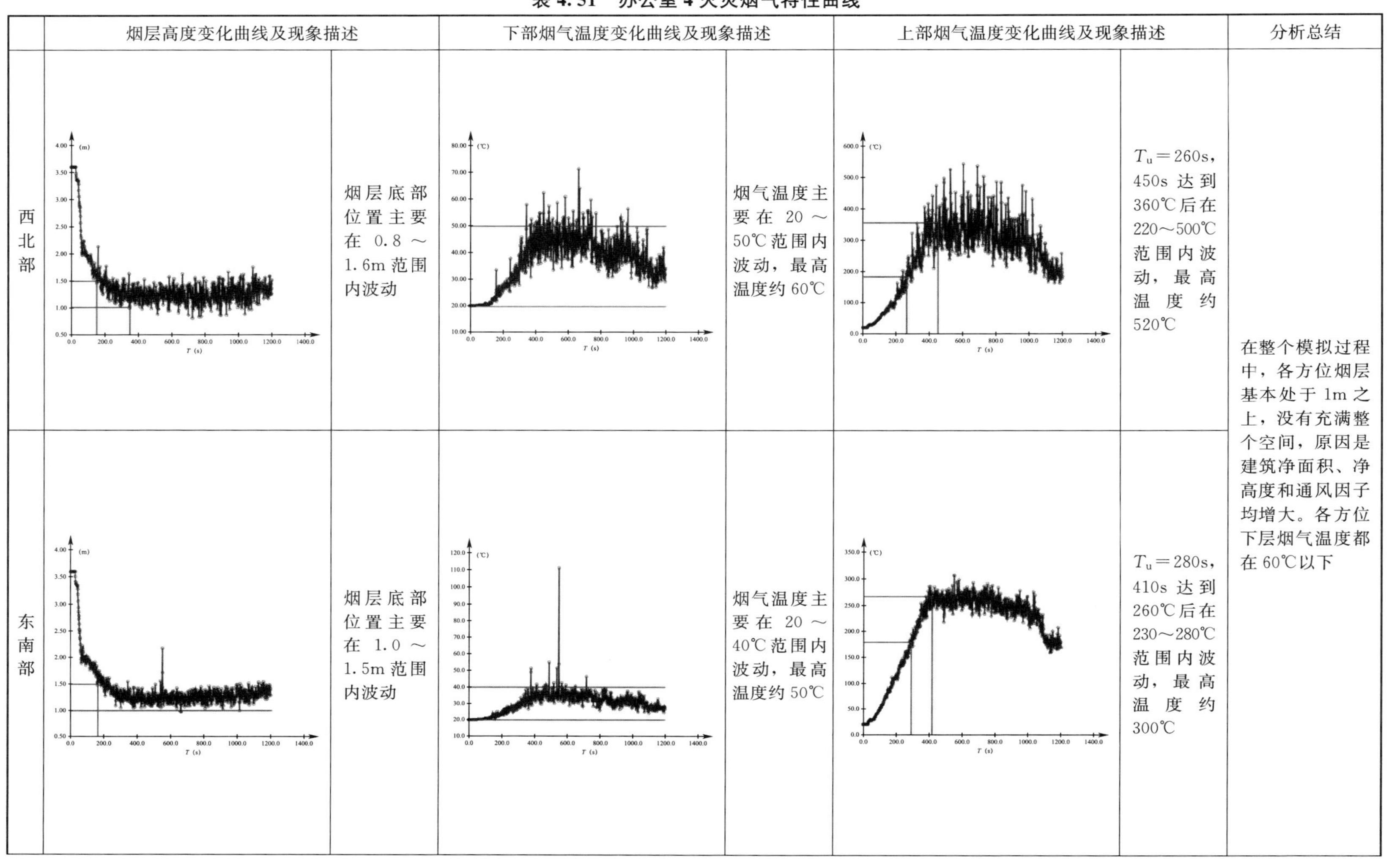

	烟层高度变化曲线及现象描述		下部烟气温度变化曲线及现象描述		上部烟气温度变化曲线及现象描述		分析总结
西北部		烟层底部位置主要在 0.8～1.6m 范围内波动		烟气温度主要在 20～50℃范围内波动，最高温度约 60℃		T_u＝260s，450s 达到 360℃后在 220～500℃范围内波动，最高温度约 520℃	在整个模拟过程中，各方位烟层基本处于 1m 之上，没有充满整个空间，原因是建筑净面积、净高度和通风因子均增大。各方位下层烟气温度都在 60℃以下
东南部		烟层底部位置主要在 1.0～1.5m 范围内波动		烟气温度主要在 20～40℃范围内波动，最高温度约 50℃		T_u＝280s，410s 达到 260℃后在 230～280℃范围内波动，最高温度约 300℃	

续表

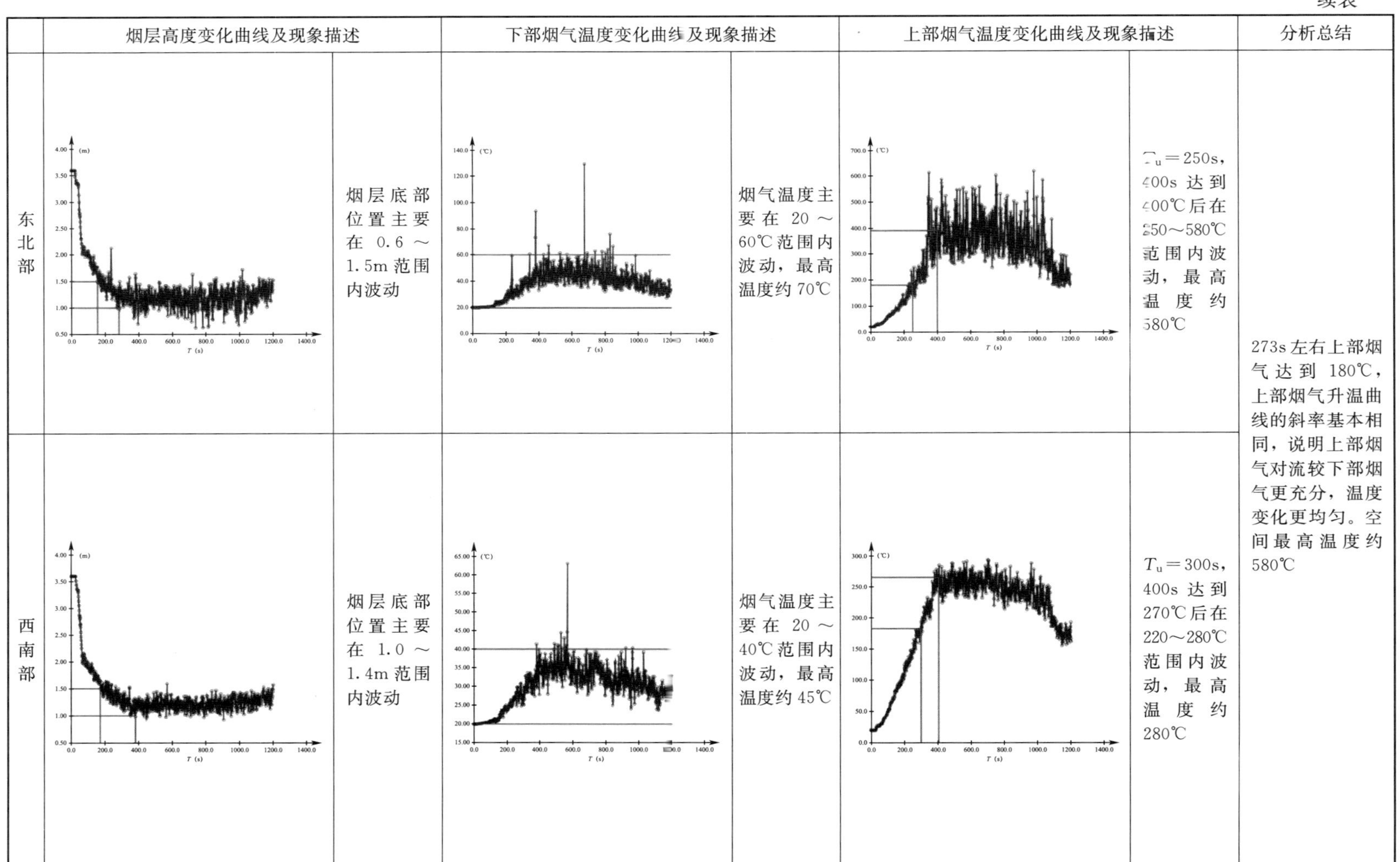

	烟层高度变化曲线及现象描述		下部烟气温度变化曲线及现象描述		上部烟气温度变化曲线及现象描述		分析总结
东北部		烟层底部位置主要在0.6～1.5m范围内波动		烟气温度主要在20～60℃范围内波动，最高温度约70℃		T_u=250s，400s达到400℃后在250～580℃范围内波动，最高温度约580℃	273s左右上部烟气达到180℃，上部烟气升温曲线的斜率基本相同，说明上部烟气对流较下部烟气更充分，温度变化更均匀。空间最高温度约580℃
西南部		烟层底部位置主要在1.0～1.4m范围内波动		烟气温度主要在20～40℃范围内波动，最高温度约45℃		T_u=300s，400s达到270℃后在220～280℃范围内波动，最高温度约280℃	

表 4.52　办公室 5 火灾特性

基本指标	空间尺寸			门洞尺寸			窗洞尺寸			建筑面积 (m^2)	房间净面积 (m^2)	火灾荷载密度 (MJ/m^2)	通风因子 $A_w h_w^{1/2}$	Thomas 公式	
	开间 (m)	进深 (m)	净高 (m)	宽度 (m)	高度 (m)	面积 (m^2)	宽度 (m)	高度 (m)	面积 (m^2)					轰燃临界热释放速率 $\dot{Q}_f$ (kW)	轰燃时间 T_F (s)
	12.0	9.0	4.5	3.0	2.5	7.50	8.0	2.0	16.00	108.0	102.6	497.20	34.53	15909	409

平面图	Revit 模型	PyroSim 模型
门宽1500×高2500 门宽1500×高2500 办公室5 102.61m² 9000 窗宽2000×高2000 窗宽2000×高2000 窗宽2000×高2000 窗宽2000×高2000 12000		
火灾增长曲线	1m 处 CO 浓度未达到危险状态	1.2m 处能见度达到危险状态时间 T_v=400s

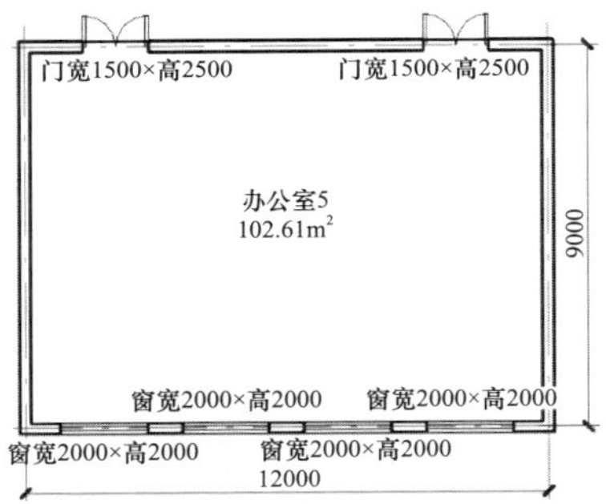

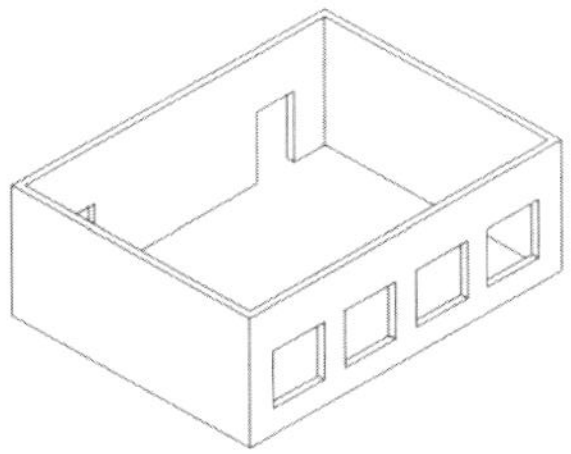

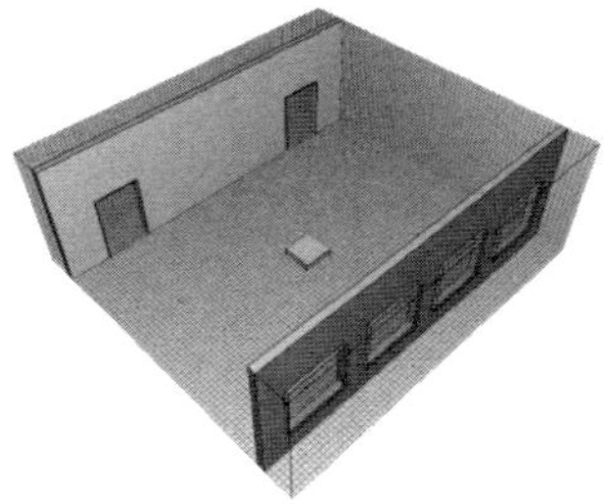

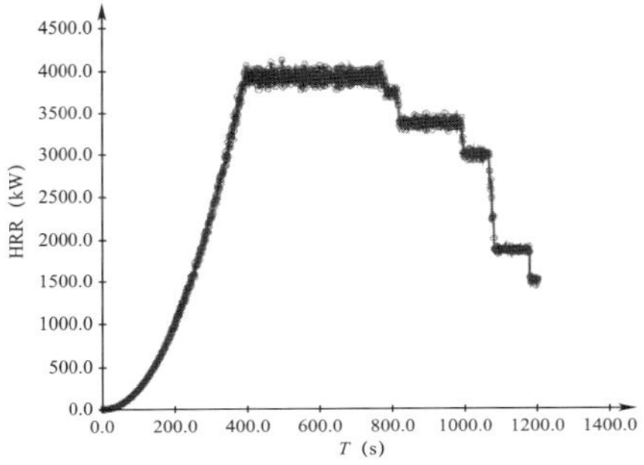

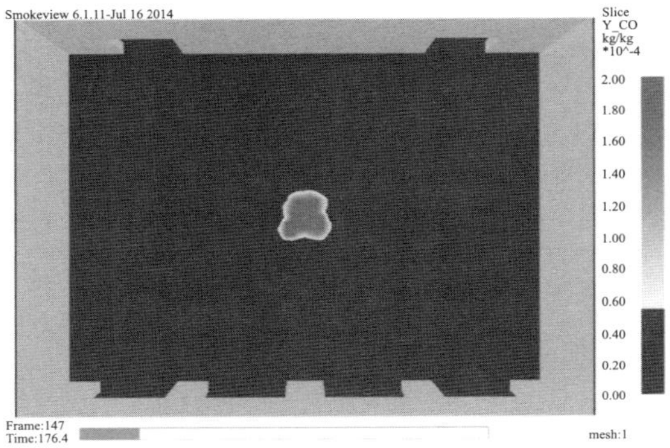

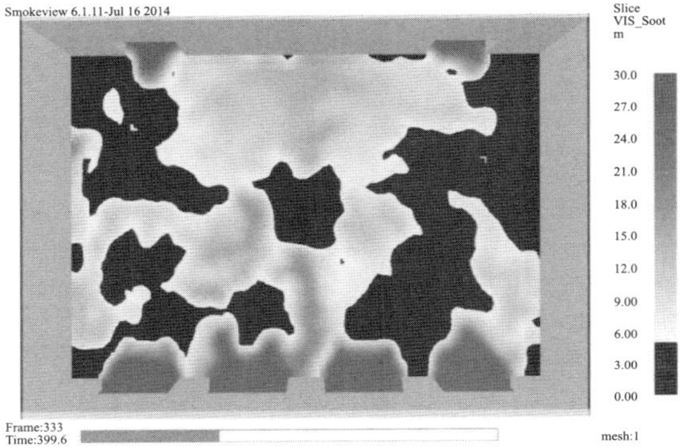

续表

基本指标	空间尺寸			门洞尺寸			窗洞尺寸			建筑面积（m^2）	房间净面积（m^2）	火灾荷载密度（MJ/m^2）	通风因子 $A_w h_w^{1/2}$	Thomas公式	
	开间（m）	进深（m）	净高（m）	宽度（m）	高度（m）	面积（m^2）	宽度（m）	高度（m）	面积（m^2）					轰燃临界热释放速率 $\dot{Q}_f$（kW）	轰燃时间 T_F（s）
	12.0	9.0	4.5	3.0	2.5	7.50	3.0	2.0	16.00	108.0	102.6	497.20	34.53	15909	409

1.5m处温度未达到危险状态	顶板下0.3m处温度达到危险状态时间 T_b＝281s	备注
（见下图左）	（见下图右）	FDS计算网格大小：0.154m×0.156m×0.15m 最大HRR平均值4.0MW

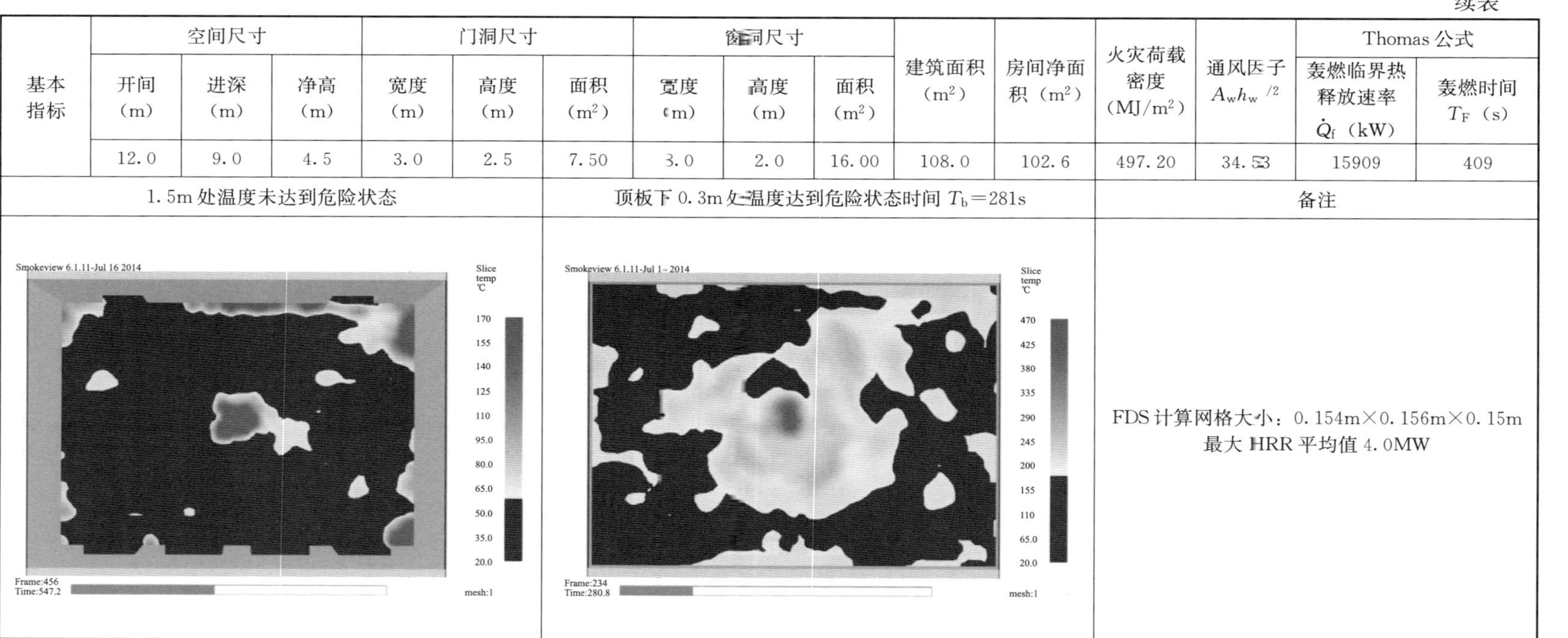

表 4.53　办公室 5 火灾烟气特性曲线

	烟层高度变化曲线及现象描述		下部烟气温度变化曲线及现象描述		上部烟气温度变化曲线及现象描述		分析总结
西北部	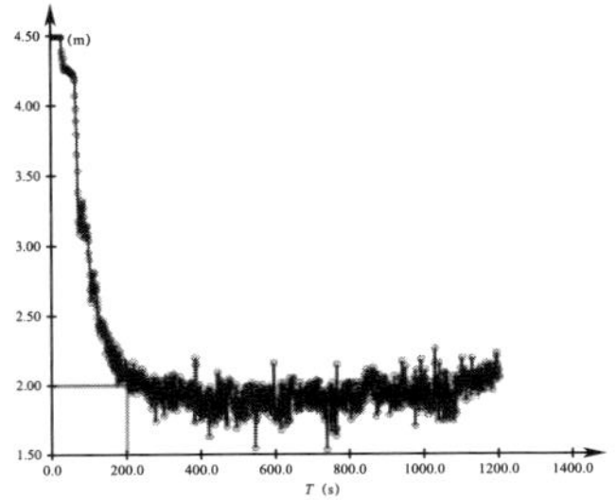	烟层底部位置主要在 1.6～2.2m 范围内波动	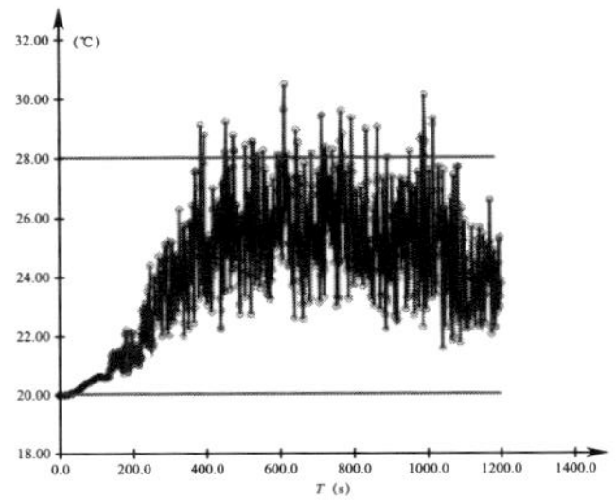	烟气温度主要在 20～28℃范围内波动，最高温度约 30℃	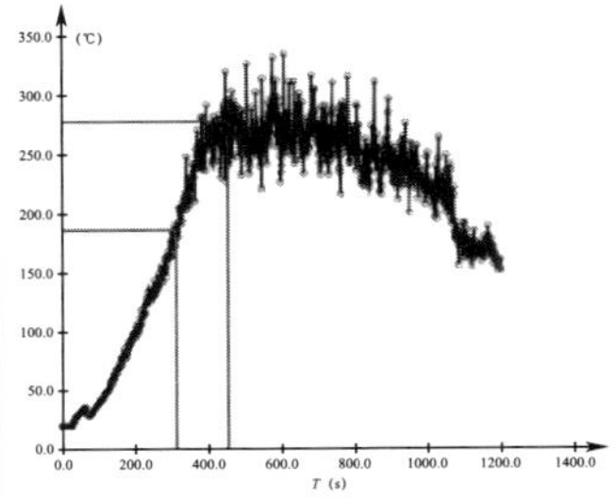	T_u = 310s，450s 达 270℃后在 200～330℃范围内波动，最高温度约 330℃	在整个模拟过程中，各方位烟层底部位置始终在 1.5m 之上，没有完全充满空间。 各方位下层烟气温度基本都在室温范围波动
东南部	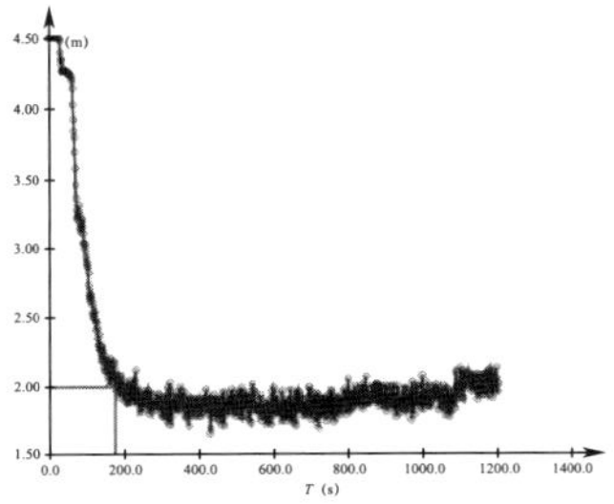	烟层底部位置主要在 1.7～2m 范围内波动	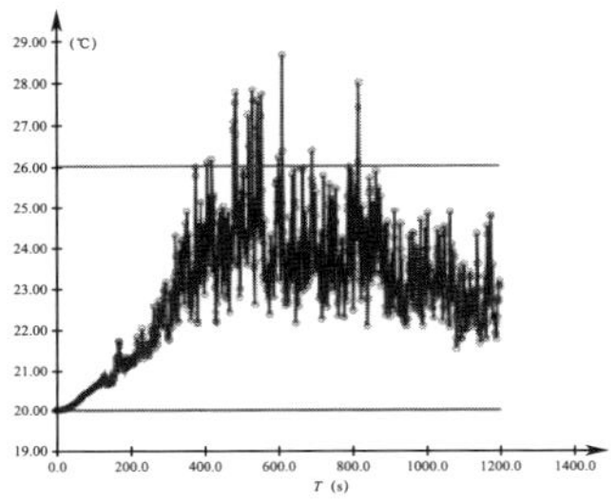	烟气温度主要在 20～26℃范围内波动，最高温度约 28℃	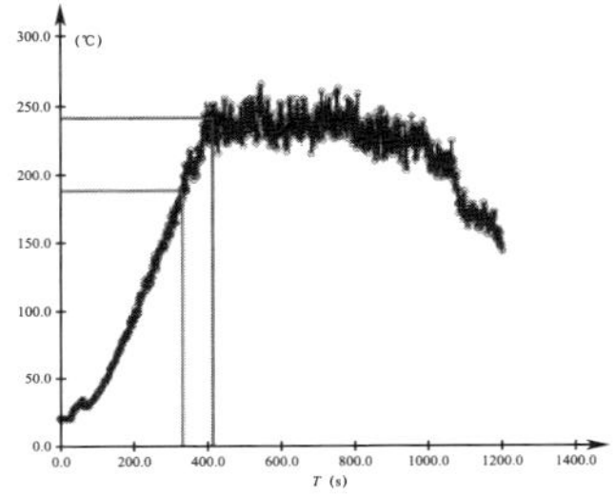	T_u = 330s，400s 达到 240℃后在 200～250℃范围内波动，最高温度约 260℃	

续表

	烟层高度变化曲线及现象描述		下部烟气温度变化曲绘及现象描述		上部烟气温度变化曲线及现象揹述		分析总结
东北部	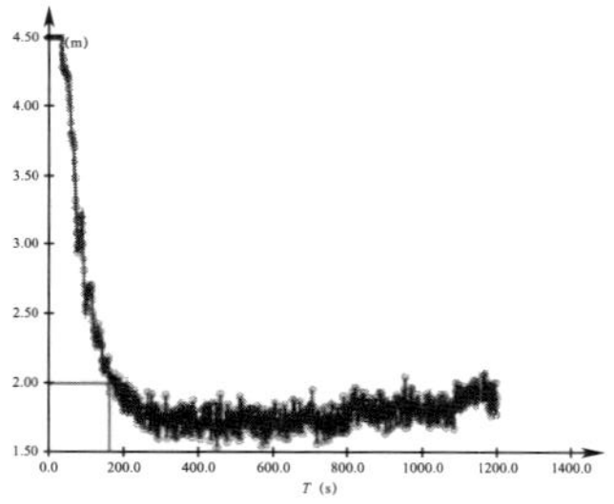	烟层底部位置主要在1.6～2m范围内波动	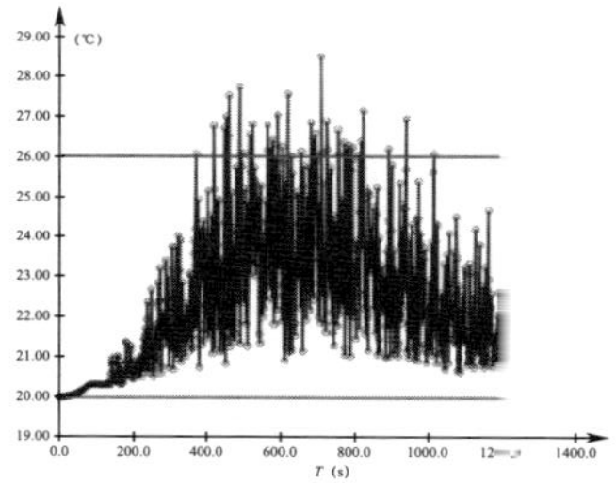	烟气温度主要在20～26℃范围内波动，最高温度约28℃	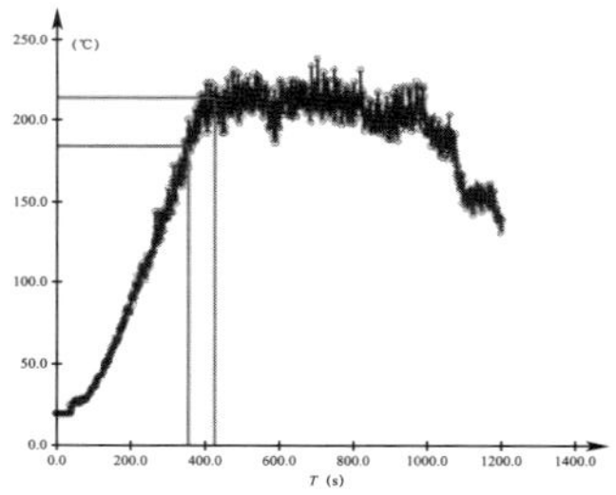	T_u＝270s，410s达到220℃后在180～230℃范围内波动，最高温度约230℃	313s左右上部烟气达到180℃，上部烟气升温曲线的斜率基本相同，说明上部烟气对流比下部烟气更充分，温度变化更均匀。 上层烟气温度变化与模拟设定的热释放过程基本一致。 空间最高温度约330℃
西南部	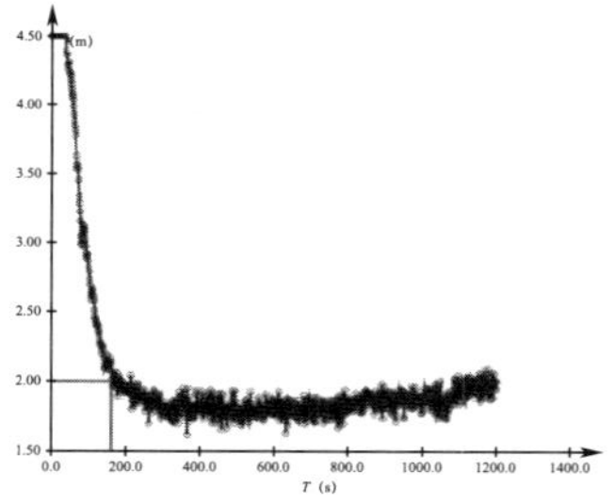	烟层底部位置主要在1.7～2m范围内波动	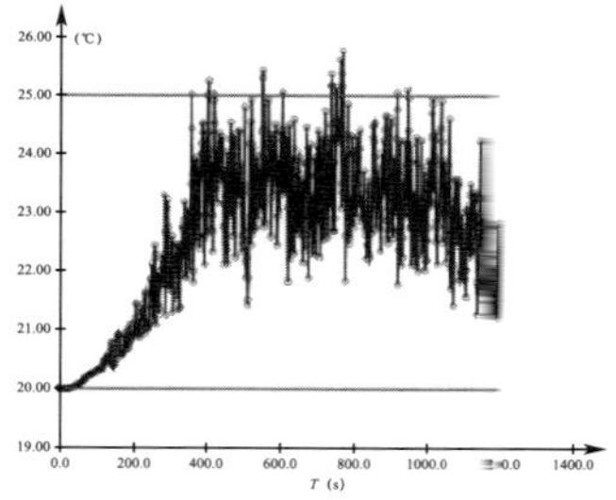	烟气温度主要在20～25℃范围内波动，最高温度约26℃	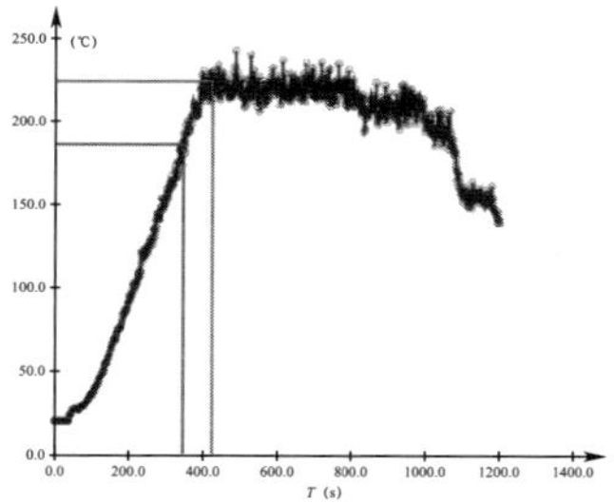	T_u＝340s，420s达到230℃后在200～240℃范围内波动，最高温度约240℃	

表 4.54 普通教室 1 火灾特性

基本指标	空间尺寸			门洞尺寸			窗洞尺寸			建筑面积（m^2）	房间净面积（m^2）	火灾荷载密度（MJ/m^2）	通风因子 $A_w h_w^{1/2}$	Thomas 公式	
	开间（m）	进深（m）	净高（m）	宽度（m）	高度（m）	面积（m^2）	宽度（m）	高度（m）	面积（m^2）					轰燃临界热释放速率 $\dot{Q}_f$（kW）	轰燃时间 T_F（s）
	8.4	6.6	3.3	2.0	2.2	4.40	6.0	1.8	10.80	55.44	51.61	285.00	21.04	9385	513

平面图	Revit 模型	PyroSim 模型
火灾增长曲线	1m 处 CO 浓度未达到危险状态	1.2m 处能见度达到危险状态时间 $T_v=161s$

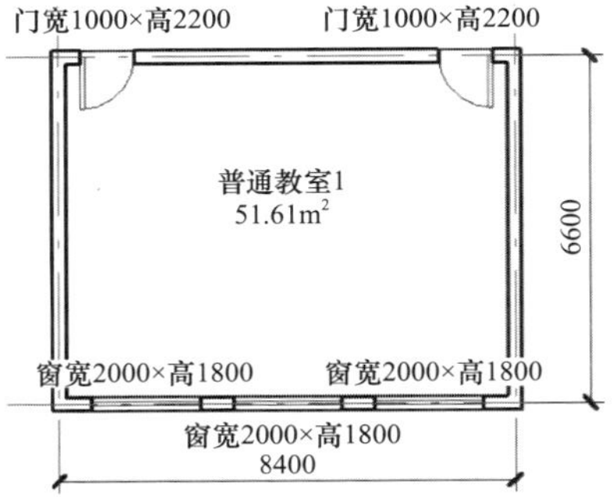

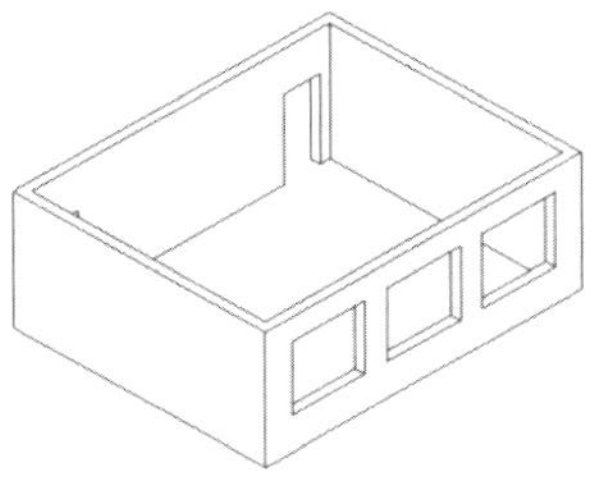

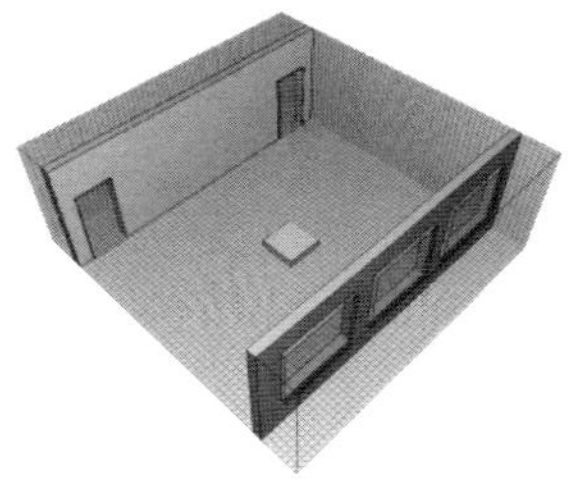

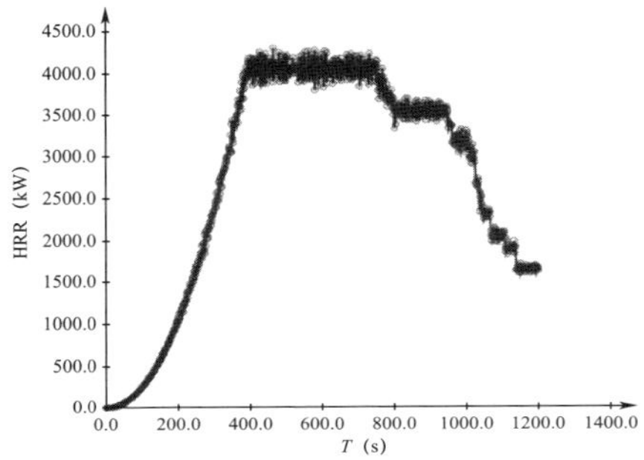

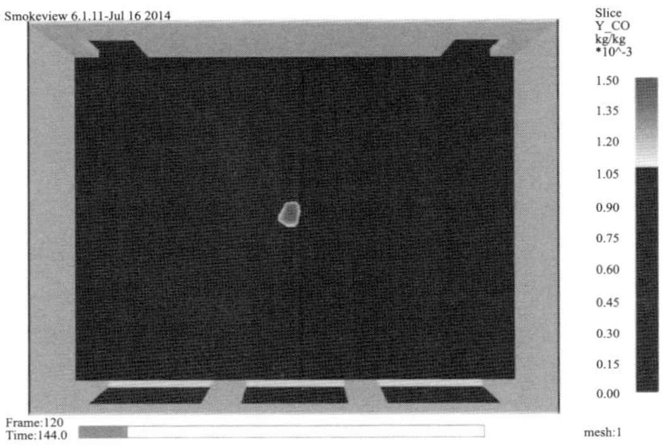

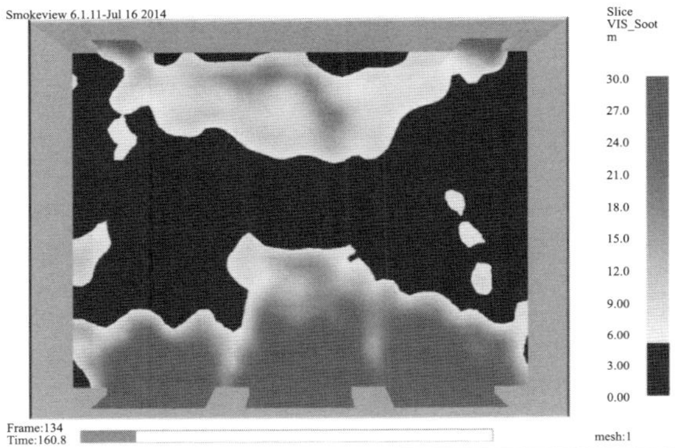

续表

<table>
<tr><td rowspan="2">基本指标</td><td colspan="3">空间尺寸</td><td colspan="3">门洞尺寸</td><td colspan="3">窗洞尺寸</td><td rowspan="2">建筑面积（m^2）</td><td rowspan="2">房间净面积（m^2）</td><td rowspan="2">火灾荷载密度（MJ/m^2）</td><td rowspan="2">通风因子 $A_w h_w^{1/2}$</td><td colspan="2">Thomas 公式</td></tr>
<tr><td>开间（m）</td><td>进深（m）</td><td>净高（m）</td><td>宽度（m）</td><td>高度（m）</td><td>面积（m^2）</td><td>宽度（m）</td><td>高度（m）</td><td>面积（m^2）</td><td>轰燃临界热释放速率 $\dot{Q}_f$（kW）</td><td>轰燃时间 T_F（s）</td></tr>
<tr><td></td><td>8.4</td><td>6.6</td><td>3.3</td><td>2.0</td><td>2.2</td><td>4.40</td><td>6.0</td><td>1.8</td><td>10.80</td><td>55.44</td><td>51.61</td><td>285.00</td><td>21.04</td><td>9385</td><td>513</td></tr>
<tr><td colspan="6">1.5m 处温度达到危险状态时间 T_a=203s</td><td colspan="7">顶板下 0.3m 处温度达到危险状态时间 T_b=245s</td><td colspan="3">备注</td></tr>
<tr><td colspan="6"> 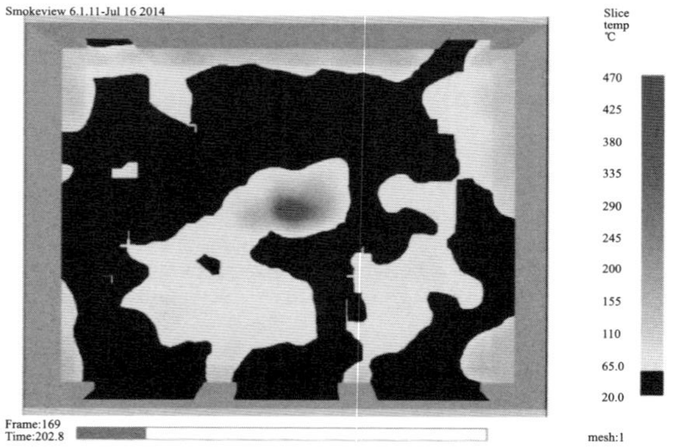</td><td colspan="7"> 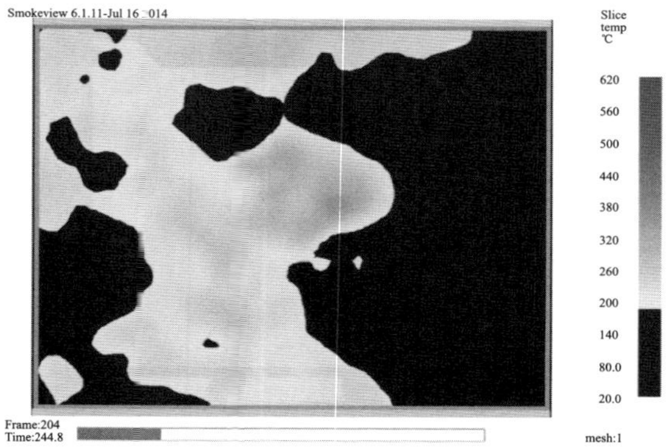</td><td colspan="3">FDS 计算网格大小：0.156m×0.147m×0.138m
最大 HRR 平均值 4.0MW</td></tr>
</table>

表 4.55　普通教室 1 火灾烟气特性曲线

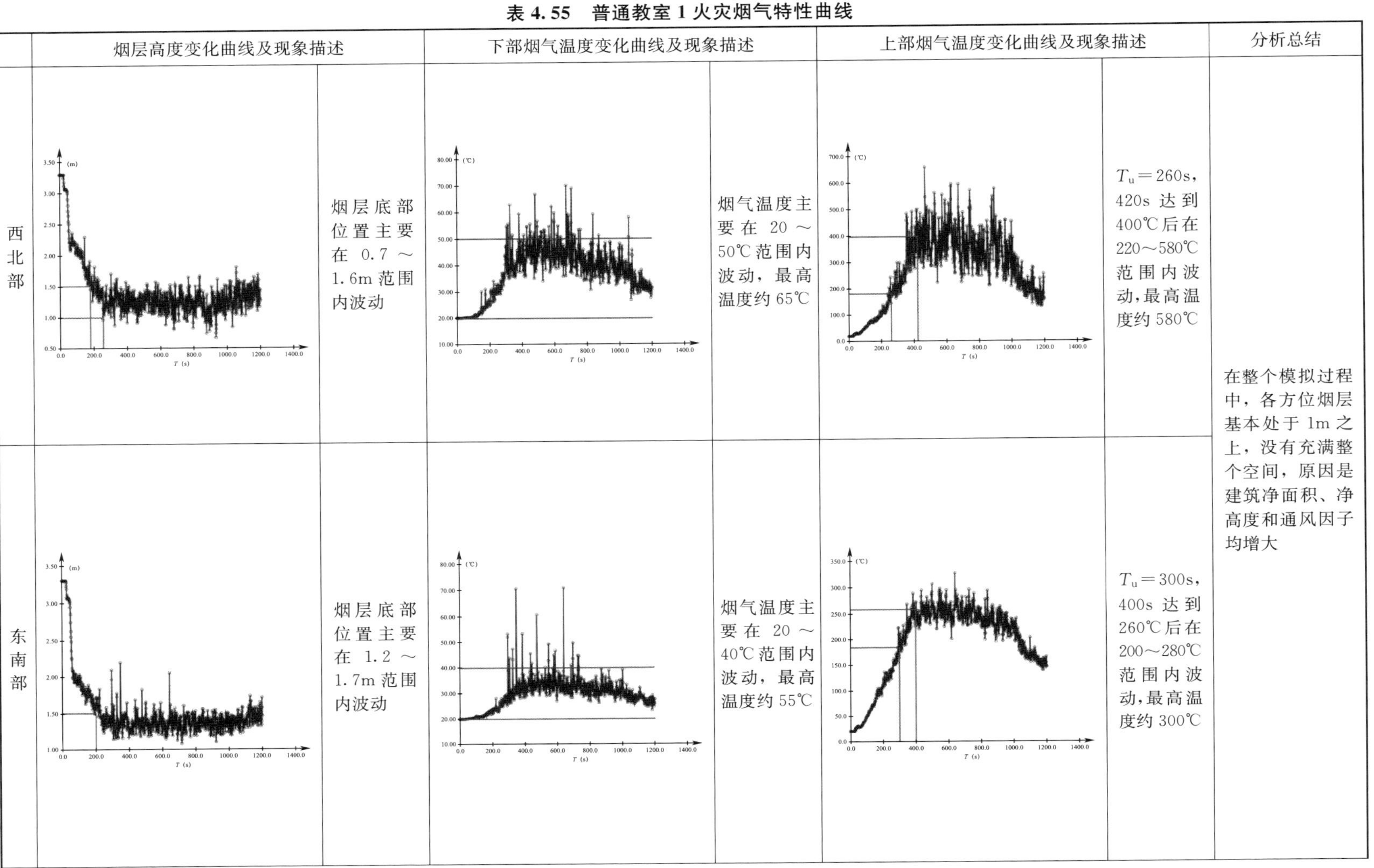

	烟层高度变化曲线及现象描述		下部烟气温度变化曲线及现象描述		上部烟气温度变化曲线及现象描述		分析总结
西北部		烟层底部位置主要在 0.7～1.6m 范围内波动		烟气温度主要在 20～50℃范围内波动，最高温度约 65℃		T_u＝260s，420s 达到 400℃后在 220～580℃范围内波动，最高温度约 580℃	在整个模拟过程中，各方位烟层基本处于 1m 之上，没有充满整个空间，原因是建筑净面积、净高度和通风因子均增大
东南部		烟层底部位置主要在 1.2～1.7m 范围内波动		烟气温度主要在 20～40℃范围内波动，最高温度约 55℃		T_u＝300s，400s 达到 260℃后在 200～280℃范围内波动，最高温度约 300℃	

续表

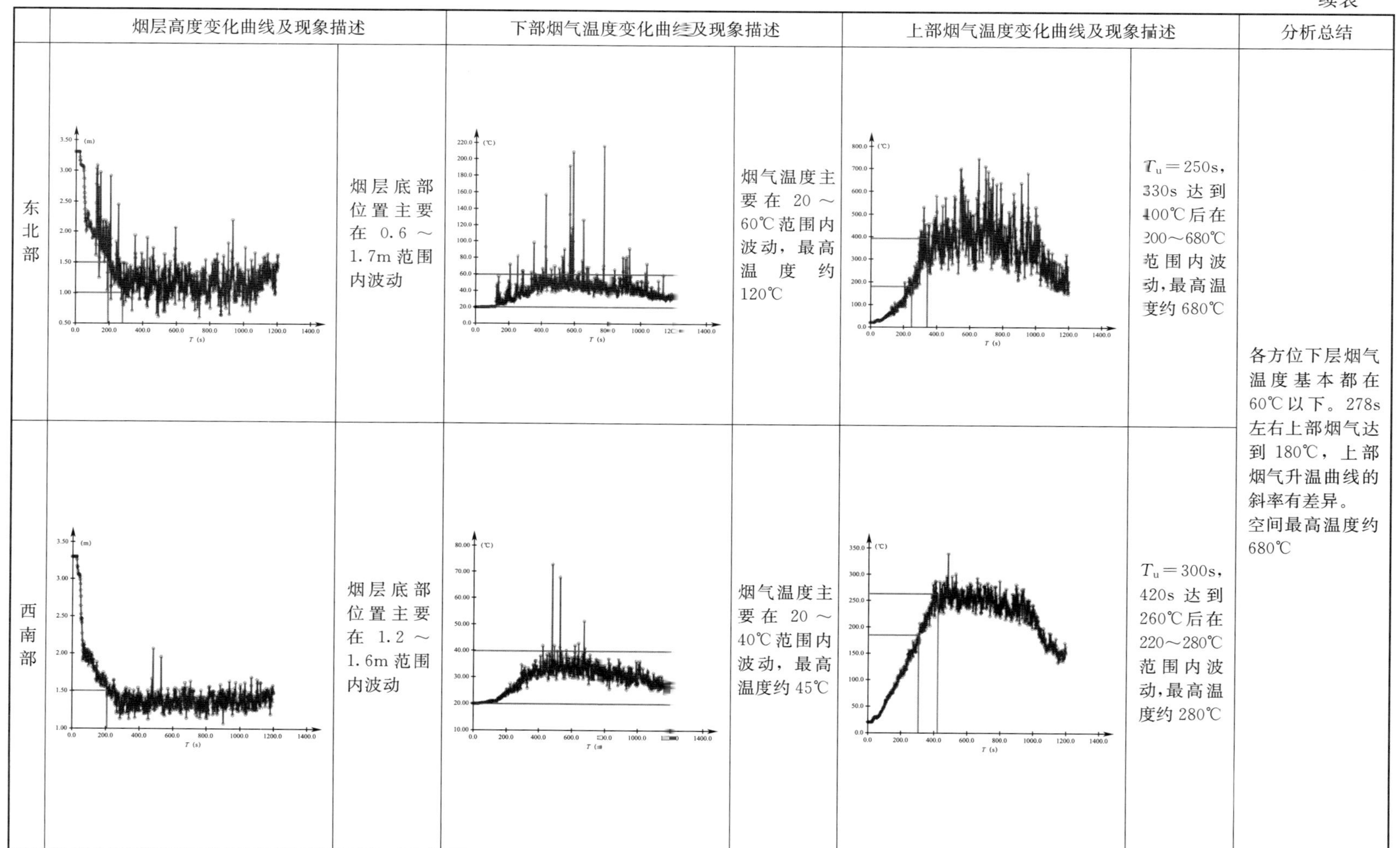

	烟层高度变化曲线及现象描述		下部烟气温度变化曲线及现象描述		上部烟气温度变化曲线及现象描述		分析总结
东北部		烟层底部位置主要在 0.6～1.7m 范围内波动		烟气温度主要在 20～60℃范围内波动，最高温度约 120℃		T_u＝250s，330s 达到 400℃后在 200～680℃范围内波动，最高温度约 680℃	各方位下层烟气温度基本都在 60℃以下。278s 左右上部烟气达到 180℃，上部烟气升温曲线的斜率有差异。空间最高温度约 680℃
西南部		烟层底部位置主要在 1.2～1.6m 范围内波动		烟气温度主要在 20～40℃范围内波动，最高温度约 45℃		T_u＝300s，420s 达到 260℃后在 220～280℃范围内波动，最高温度约 280℃	

表 4.56　普通教室 2 火灾特性

基本指标	空间尺寸			门洞尺寸			窗洞尺寸			建筑面积（m^2）	房间净面积（m^2）	火灾荷载密度（MJ/m^2）	通风因子 $A_w h_w^{1/2}$	Thomas 公式	
	开间（m）	进深（m）	净高（m）	宽度（m）	高度（m）	面积（m^2）	宽度（m）	高度（m）	面积（m^2）					轰燃临界热释放速率 $\dot{Q}_f$（kW）	轰燃时间 T_F（s）
	9.3	6.6	3.6	2.0	2.5	5.00	6.0	2.0	12.00	61.38	57.31	285.00	24.91	11041	557

平面图

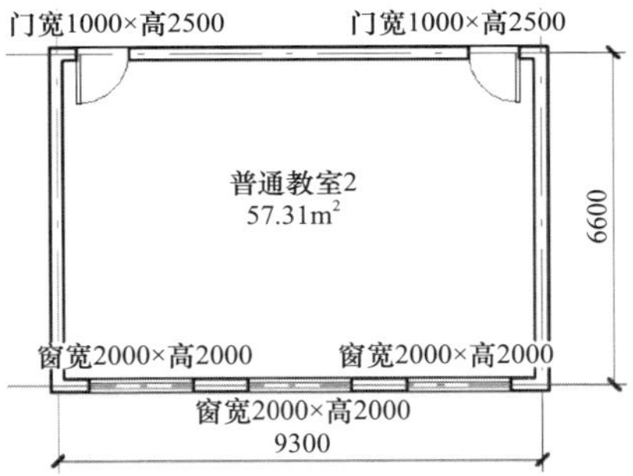

Revit 模型

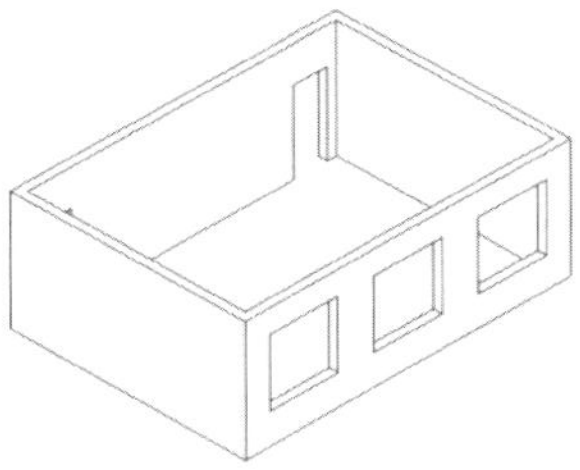

PyroSim 模型

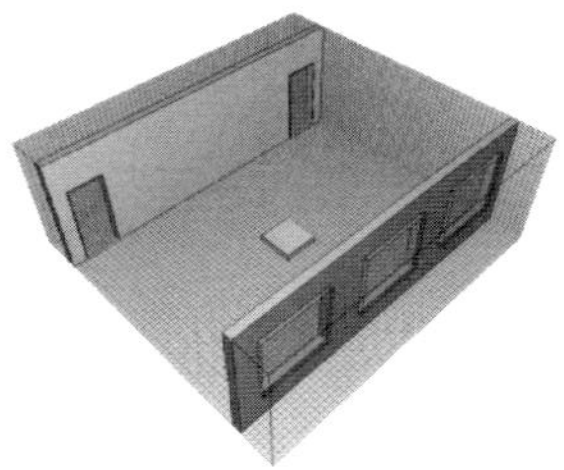

火灾增长曲线

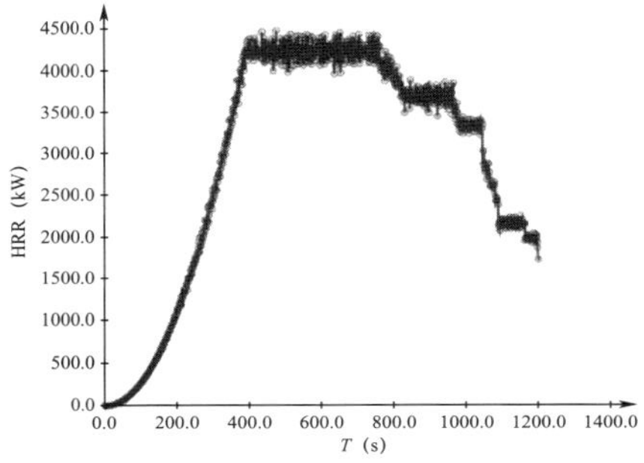

1m 处 CO 浓度未达到危险状态

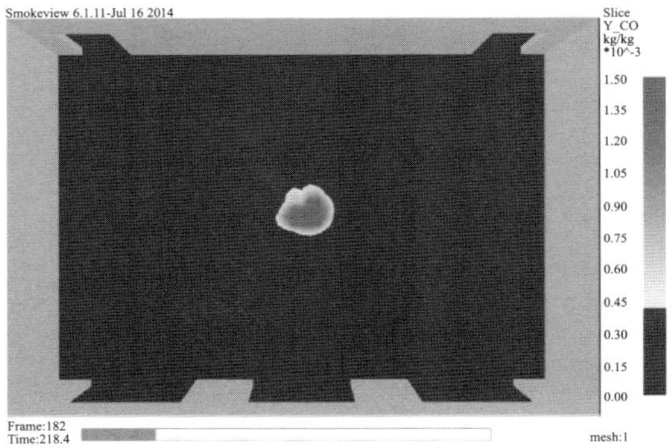

1.2m 处能见度达到危险状态时间 $T_v = 170s$

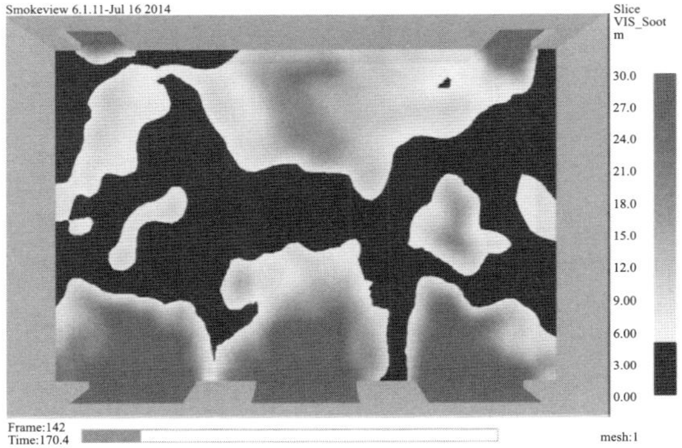

续表

<table>
<tr><td rowspan="2">基本指标</td><td colspan="3">空间尺寸</td><td colspan="3">门洞尺寸</td><td colspan="3">窗洞尺寸</td><td rowspan="2">建筑面积（m²）</td><td rowspan="2">房间净面积（m²）</td><td rowspan="2">火灾荷载密度（MJ/m²）</td><td rowspan="2">通风因子 $A_w h_w^{1/2}$</td><td colspan="2">Thomas公式</td></tr>
<tr><td>开间（m）</td><td>进深（m）</td><td>净高（m）</td><td>宽度（m）</td><td>高度（m）</td><td>面积（m²）</td><td>宽度（m）</td><td>高度（m）</td><td>面积（m²）</td><td>轰燃临界热释放速率 $\dot{Q}_f$（kW）</td><td>轰燃时间 T_F（s）</td></tr>
<tr><td></td><td>9.3</td><td>6.6</td><td>3.6</td><td>2.0</td><td>2.5</td><td>5.00</td><td>6.0</td><td>2.0</td><td>12.00</td><td>61.38</td><td>57.31</td><td>285.00</td><td>24.9[illegible]</td><td>11041</td><td>557</td></tr>
<tr><td colspan="6">1.5m处温度达到危险状态时间 $T_a=240s$</td><td colspan="6">顶板下0.3m处温度达到危险状态时间 $T_b=242s$</td><td colspan="4">备注</td></tr>
<tr><td colspan="6">Smokeview 6.1.11-Jul 16 2014
Slice temp ℃
420 380 340 300 260 220 180 140 100 60.0 20.0
Frame:200
Time:240.0
mesh:1</td><td colspan="6">Smokeview 6.1.11-Jul 16 2014
Slice temp ℃
570 515 460 405 350 295 240 185 130 75.0 20.0
Frame:202
Time:242.4
mesh:1</td><td colspan="4">FDS计算网格大小：0.155m×0.147m×0.15m
最大HRR平均值4.3MW</td></tr>
</table>

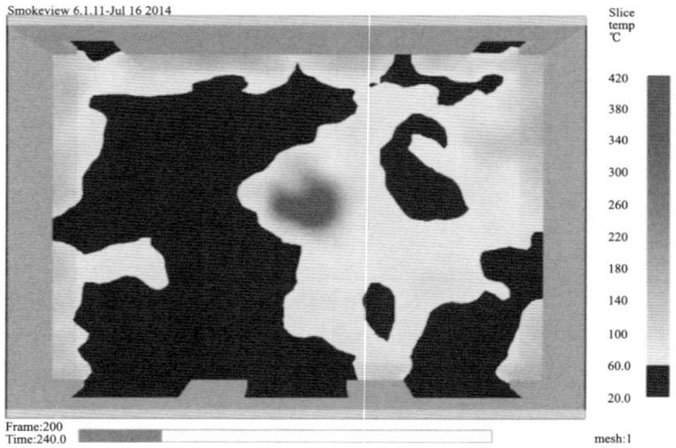

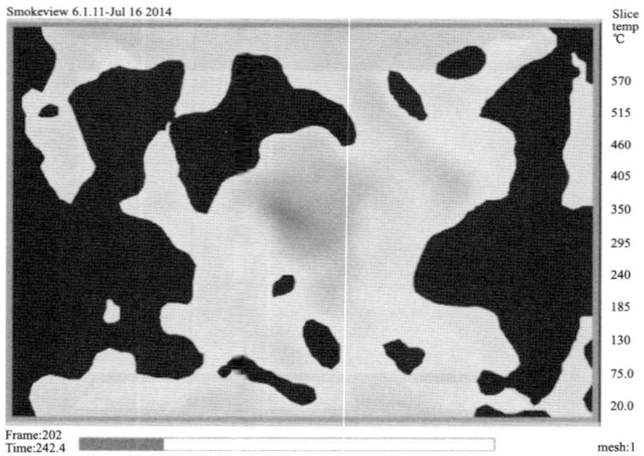

表 4.57　普通教室 2 火灾烟气特性曲线

	烟层高度变化曲线及现象描述		下部烟气温度变化曲线及现象描述		上部烟气温度变化曲线及现象描述		分析总结
西北部	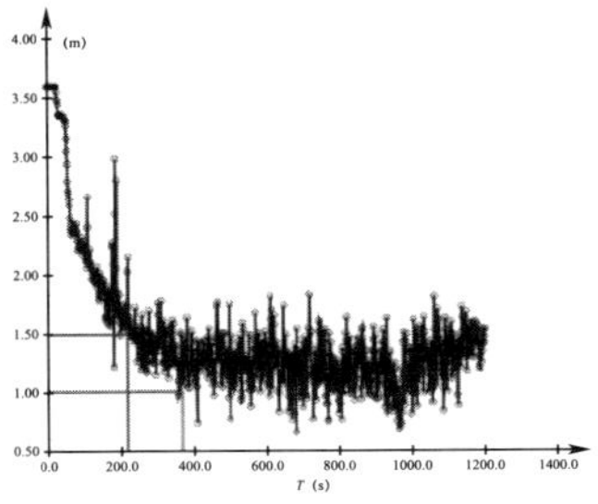 (m) 4.00 3.50 3.00 2.50 2.00 1.50 1.00 0.50 0.0 200.0 400.0 600.0 800.0 1000.0 1200.0 1400.0 T (s)	烟层底部位置主要在 0.7～1.7m 范围内波动	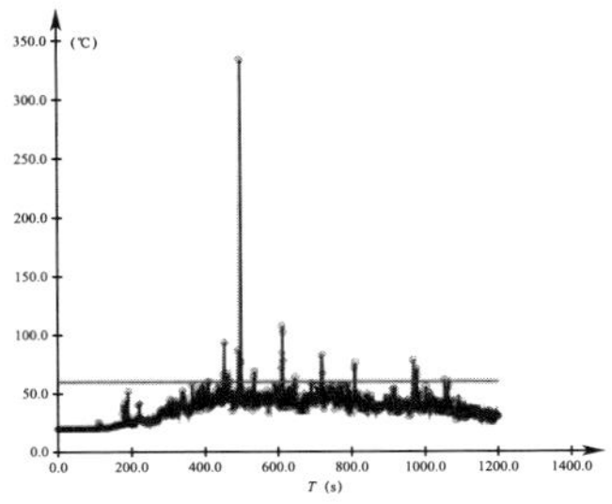 (℃) 350.0 300.0 250.0 200.0 150.0 100.0 50.0 0.0 0.0 200.0 400.0 600.0 800.0 1000.0 1200.0 1400.0 T (s)	烟气温度主要在 20～60℃范围内波动，最高温度约 80℃	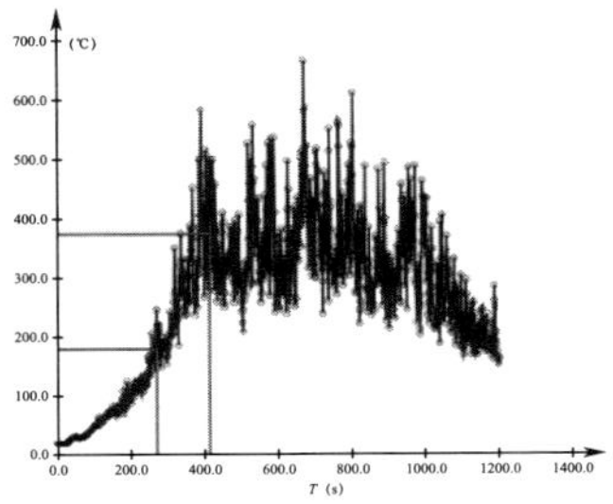 (℃) 700.0 600.0 500.0 400.0 300.0 200.0 100.0 0.0 0.0 200.0 400.0 600.0 800.0 1000.0 1200.0 1400.0 T (s)	T_u＝270s，410s 达到 380℃后在 220～550℃范围内波动，最高温度约 580℃	在整个模拟过程中，各方位烟层底部基本处于 1m 之上，没有充满整个空间。各方位下层烟气温度基本都在 60℃以下
东南部	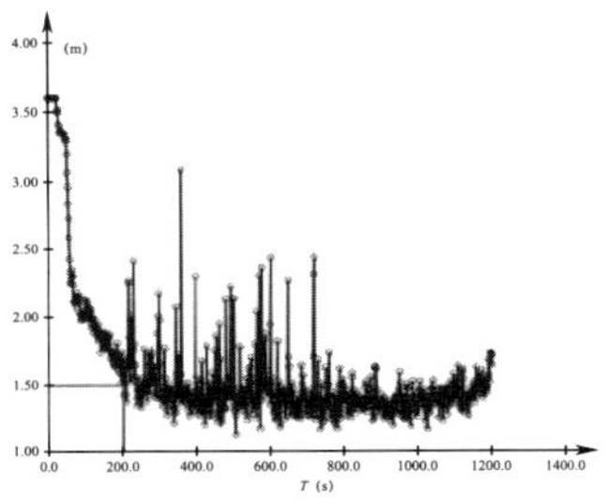 (m) 4.00 3.50 3.00 2.50 2.00 1.50 1.00 0.0 200.0 400.0 600.0 800.0 1000.0 1200.0 1400.0 T (s)	烟层底部位置主要在 1.2～2.2m 范围内波动	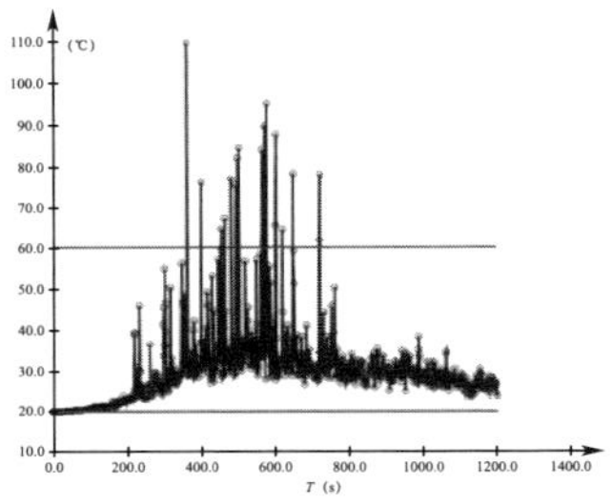 (℃) 110.0 100.0 90.0 80.0 70.0 60.0 50.0 40.0 30.0 20.0 10.0 0.0 200.0 400.0 600.0 800.0 1000.0 1200.0 1400.0 T (s)	烟气温度主要在 20～60℃范围内波动，最高温度约 85℃	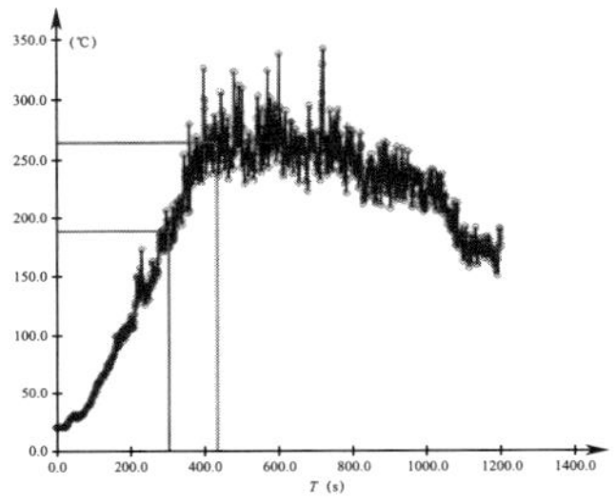 (℃) 350.0 300.0 250.0 200.0 150.0 100.0 50.0 0.0 0.0 200.0 400.0 600.0 800.0 1000.0 1200.0 1400.0 T (s)	T_u＝300s，420s 达到 260℃后在 200～330℃范围内波动，最高温度约 330℃	

续表

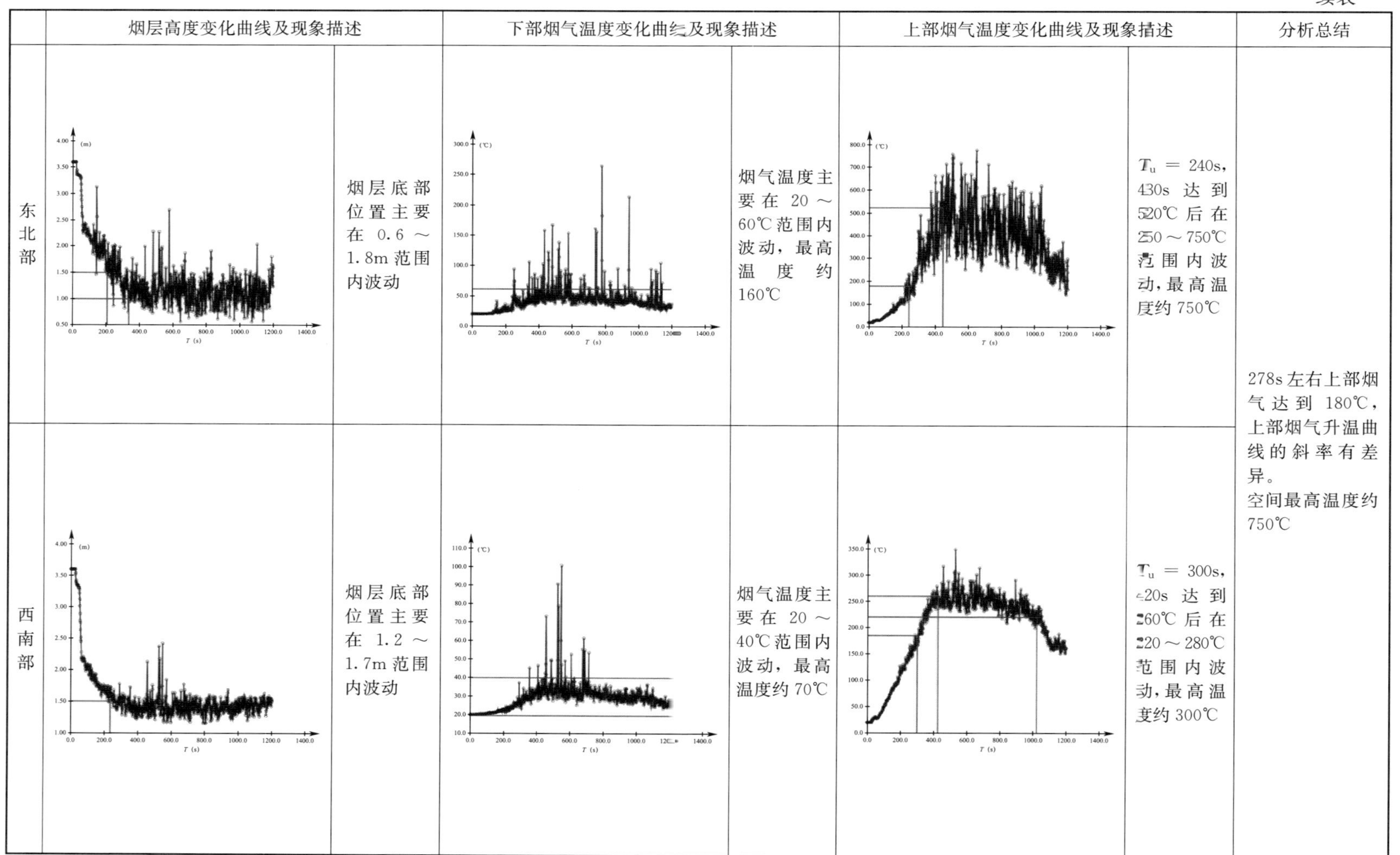

	烟层高度变化曲线及现象描述		下部烟气温度变化曲线及现象描述		上部烟气温度变化曲线及现象描述		分析总结
东北部		烟层底部位置主要在 0.6～1.8m 范围内波动		烟气温度主要在 20～60℃范围内波动，最高温度约160℃		T_u = 240s，430s 达到520℃后在250～750℃范围内波动，最高温度约 750℃	278s左右上部烟气达到 180℃，上部烟气升温曲线的斜率有差异。 空间最高温度约750℃
西南部		烟层底部位置主要在 1.2～1.7m 范围内波动		烟气温度主要在 20～40℃范围内波动，最高温度约 70℃		T_u = 300s，420s 达到260℃后在220～280℃范围内波动，最高温度约 300℃	

表 4.58 普通教室 3 火灾特性

基本指标	空间尺寸			门洞尺寸			窗洞尺寸			建筑面积（m^2）	房间净面积（m^2）	火灾荷载密度（MJ/m^2）	通风因子 $A_w h_w^{1/2}$	Thomas 公式	
	开间（m）	进深（m）	净高（m）	宽度（m）	高度（m）	面积（m^2）	宽度（m）	高度（m）	面积（m^2）					轰燃临界热释放速率 $\dot{Q}_f$（kW）	轰燃时间 T_F（s）
	8.1	8.1	3.6	2.0	2.5	5.00	6.6	1.8	11.88	65.61	61.47	285.00	23.92	10748	550

平面图	Revit 模型	PyroSim 模型
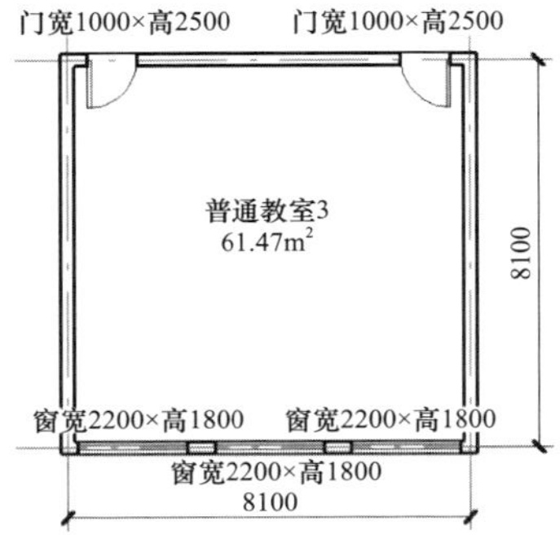 门宽1000×高2500　门宽1000×高2500 普通教室3 61.47m² 8100 窗宽2200×高1800　窗宽2200×高1800 窗宽2200×高1800 8100	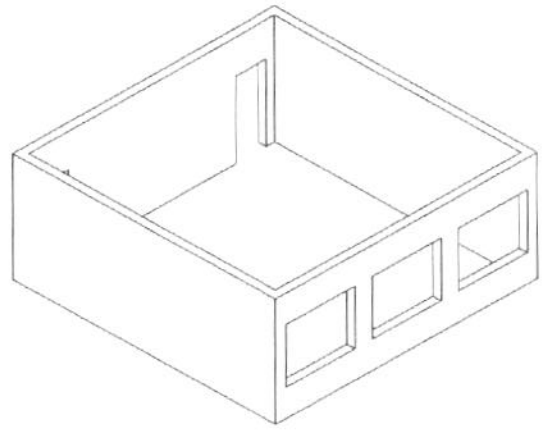	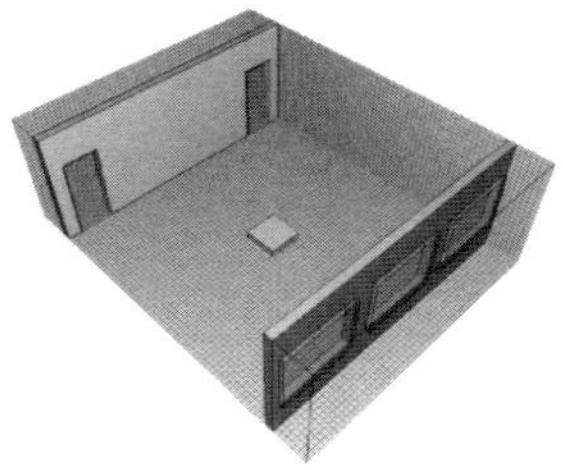
火灾增长曲线 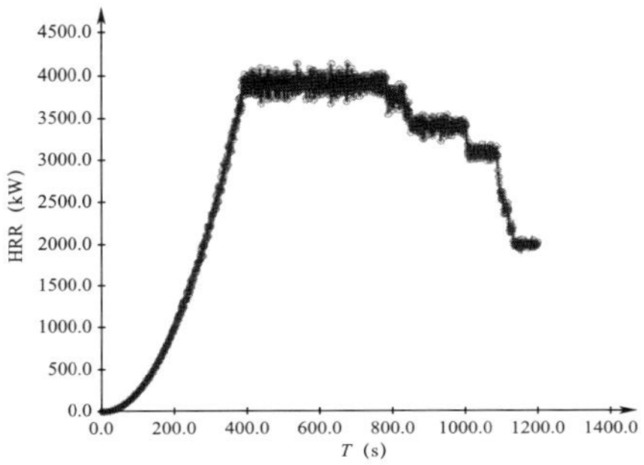	1m 处 CO 浓度未达到危险状态 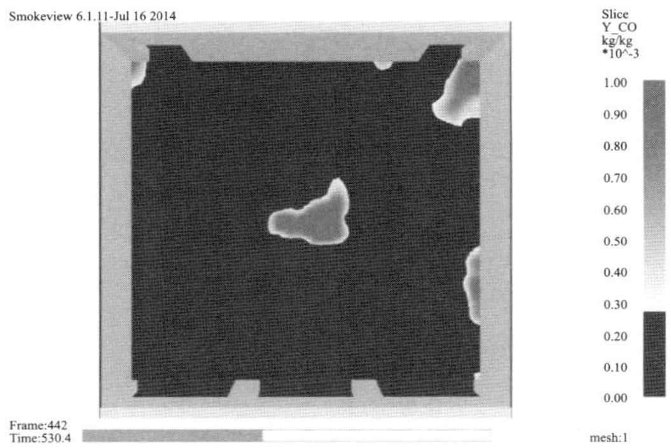	1.2m 处能见度达到危险状态时间 $T_v=250s$ 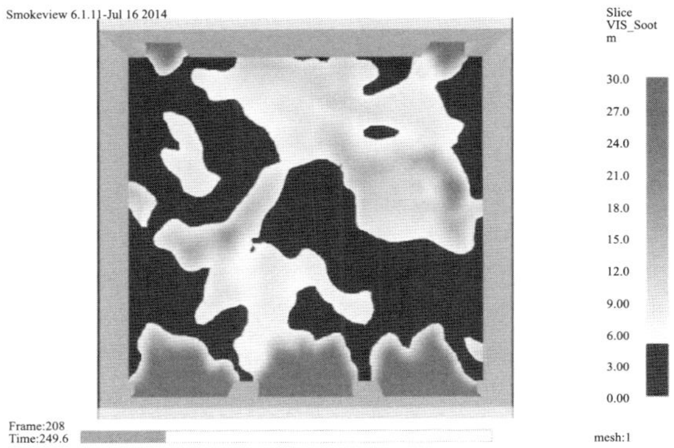

续表

基本指标	空间尺寸			门洞尺寸			窗洞尺寸			建筑面积（m^2）	房间净面积（m^2）	火灾荷载密度（MJ/m^2）	通风因子 $A_w h_w^{1/2}$	Thomas 公式	
	开间（m）	进深（m）	净高（m）	宽度（m）	高度（m）	面积（m^2）	宽度（m）	高度（m）	面积（m^2）					轰燃临界热释放速率 $\dot{Q}_f$（kW）	轰燃时间 T_F（s）
	8.1	8.1	3.6	2.0	2.5	5.00	3.6	1.8	11.88	65.61	61.47	285.00	23.92	10748	550

1.5m 处温度达到危险状态时间 T_a=312s	顶板下 0.3m 处温度达到危险状态时间 T_b=250s	备注
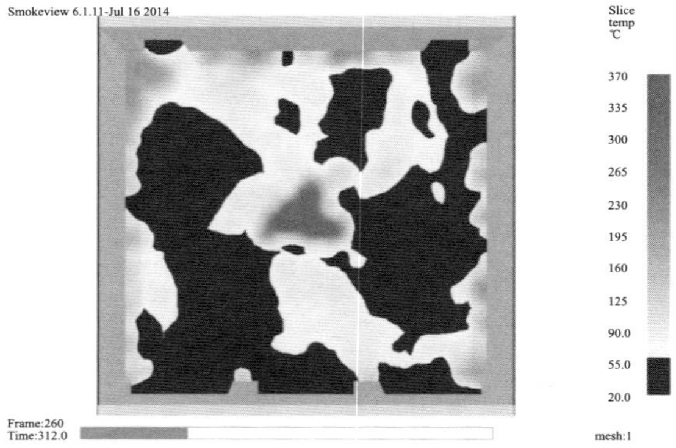	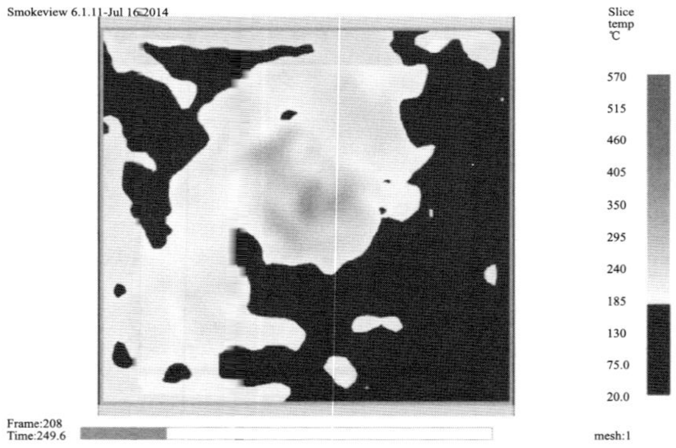	FDS 计算网格大小：0.142m×0.144m×0.15m 最大 HRR 平均值 4.0MW

表 4.59 普通教室 3 火灾烟气特性曲线

	烟层高度变化曲线及现象描述		下部烟气温度变化曲线及现象描述		上部烟气温度变化曲线及现象描述		分析总结
西北部	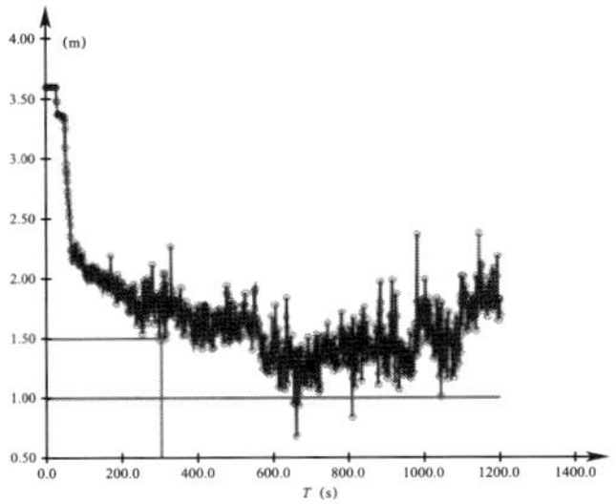	烟层底部位置主要在 1.0～2.0m 范围内波动	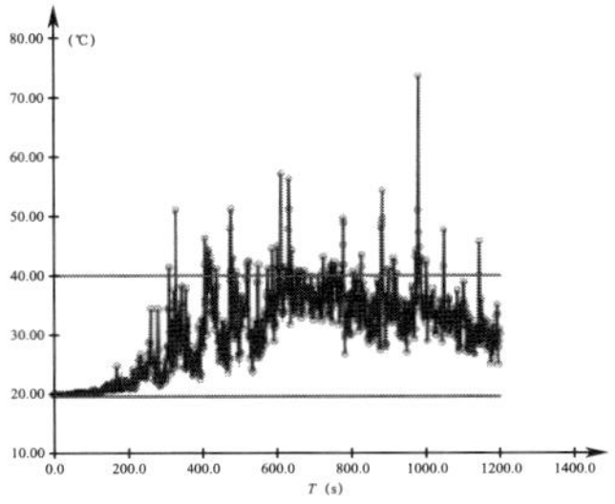	烟气温度主要在 20～40℃范围内波动，最高温度约 55℃	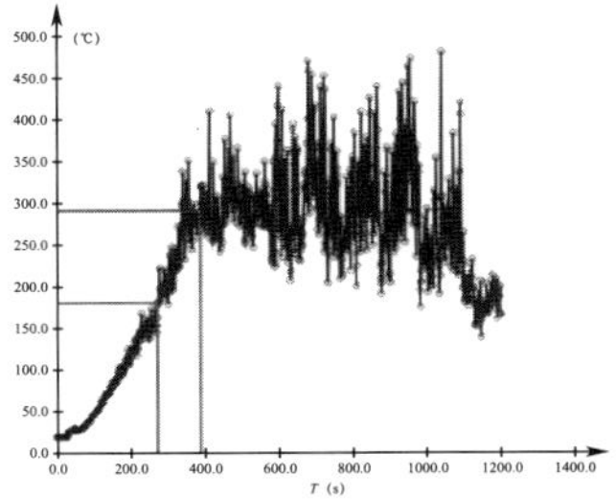	T_u=270s，400s 达到 290℃后在 200～480℃范围内波动，最高温度约 480℃	在整个模拟过程中，各方位烟层基本处于 1m 之上，没有充满整个空间。各方位下层烟气温度基本都在 60℃以下
东南部	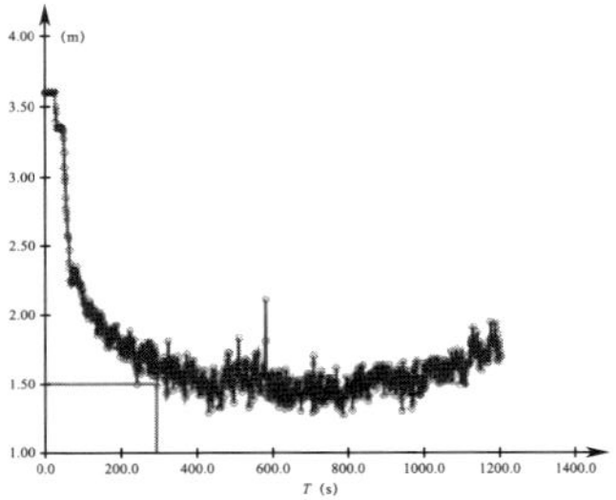	烟层底部位置主要在 1.3～1.8m 范围内波动	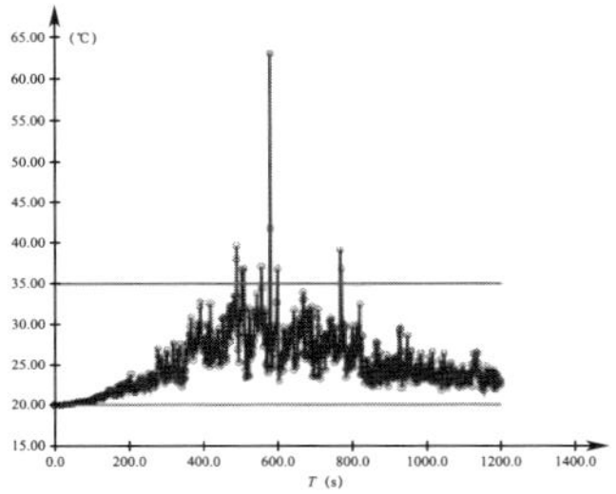	烟气温度主要在 20～35℃范围内波动，最高温度约 40℃	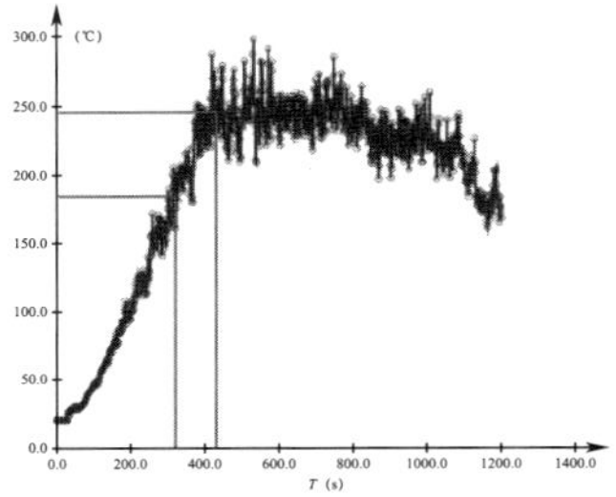	T_u=320s，420s 达到 250℃后在 200～280℃范围内波动，最高温度约 280℃	

续表

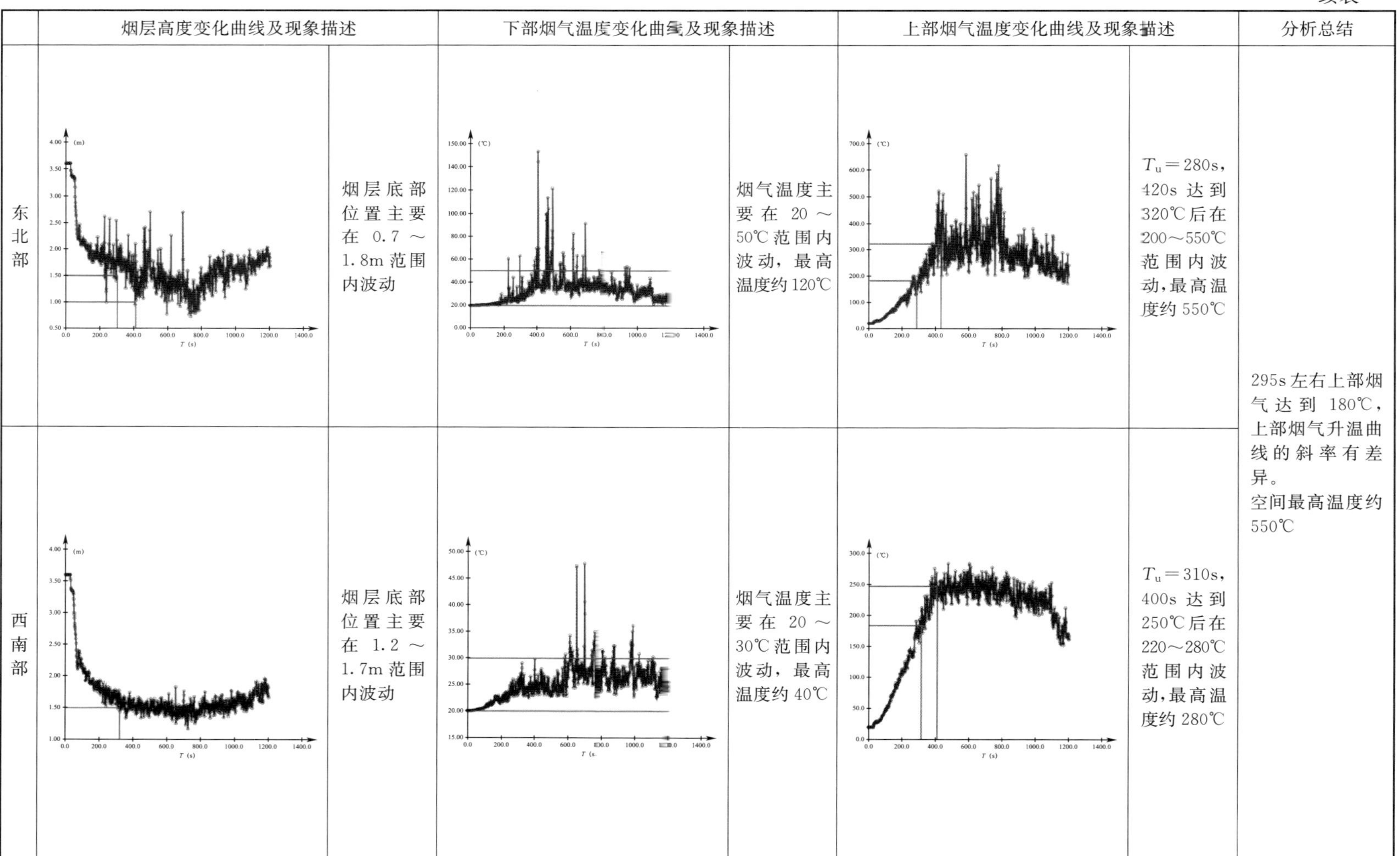

	烟层高度变化曲线及现象描述		下部烟气温度变化曲线及现象描述		上部烟气温度变化曲线及现象描述		分析总结
东北部		烟层底部位置主要在 0.7～1.8m 范围内波动		烟气温度主要在 20～50℃范围内波动，最高温度约 120℃		T_u＝280s，420s 达到 320℃后在 200～550℃范围内波动，最高温度约 550℃	295s 左右上部烟气达到 180℃，上部烟气升温曲线的斜率有差异。空间最高温度约 550℃
西南部		烟层底部位置主要在 1.2～1.7m 范围内波动		烟气温度主要在 20～30℃范围内波动，最高温度约 40℃		T_u＝310s，400s 达到 250℃后在 220～280℃范围内波动，最高温度约 280℃	

表 4.60　普通教室 4 火灾特性

基本指标	空间尺寸			门洞尺寸			窗洞尺寸			建筑面积（m^2）	房间净面积（m^2）	火灾荷载密度（MJ/m^2）	通风因子 $A_w h_w{}^{1/2}$	Thomas 公式	
	开间（m）	进深（m）	净高（m）	宽度（m）	高度（m）	面积（m^2）	宽度（m）	高度（m）	面积（m^2）					轰燃临界热释放速率 $\dot{Q}_f$（kW）	轰燃时间 T_F（s）
	8.4	8.4	3.9	2.2	2.5	5.50	6.6	2.0	13.20	70.56	66.26	285.00	27.40	12236	586

平面图	Revit 模型	PyroSim 模型
火灾增长曲线	1m 处 CO 浓度未达到危险状态	1.2m 处能见度达到危险状态时间 T_v＝227s

续表

基本指标	空间尺寸			门洞尺寸			窗洞尺寸			建筑面积（m^2）	房间净面积（m^2）	火灾荷载密度（MJ/m^2）	通风因子 $A_w h_w^{1/2}$	Thomas 公式	
	开间（m）	进深（m）	净高（m）	宽度（m）	高度（m）	面积（m^2）	宽度（m）	高度（m）	面积（m^2）					轰燃临界热释放速率 $\dot{Q}_f$（kW）	轰燃时间 T_F（s）
	8.4	8.4	3.9	2.2	2.5	5.50	3.6	2.0	13.20	70.56	66.26	285.00	27.40	12236	586
1.5m处温度达到危险状态时间 $T_a=288s$							顶板下0.3m处温度达到危险状态时间 $T_b=259s$						备注		
Smokeview 6.1.11-Jul 16 2014 Slice temp ℃ 420 380 340 300 260 220 180 140 100 60.0 20.0 Frame:240 Time:288.0 mesh:1							Smokeview 6.1.11-Jul 15 2014 Slice temp ℃ 520 470 420 370 320 270 220 170 120 70.0 20.0 Frame:216 Time:259.2 mesh:1						FDS计算网格大小：0.147m×0.148m×0.162m 最大HRR平均值4.3MW		

表 4.61　普通教室 4 火灾烟气特性曲线

	烟层高度变化曲线及现象描述		下部烟气温度变化曲线及现象描述		上部烟气温度变化曲线及现象描述		分析总结
西北部	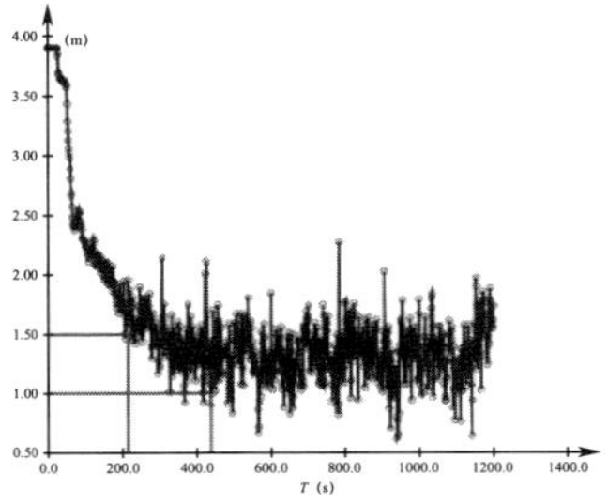	烟层底部位置主要在 0.7～1.8m 范围内波动	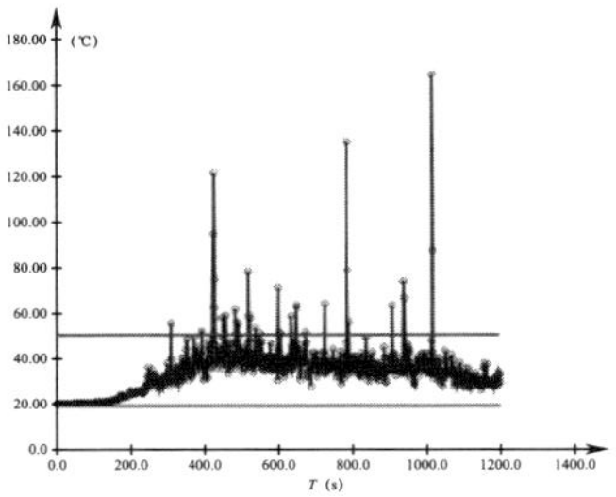	烟气温度主要在 20～50℃范围内波动，最高温度约 90℃	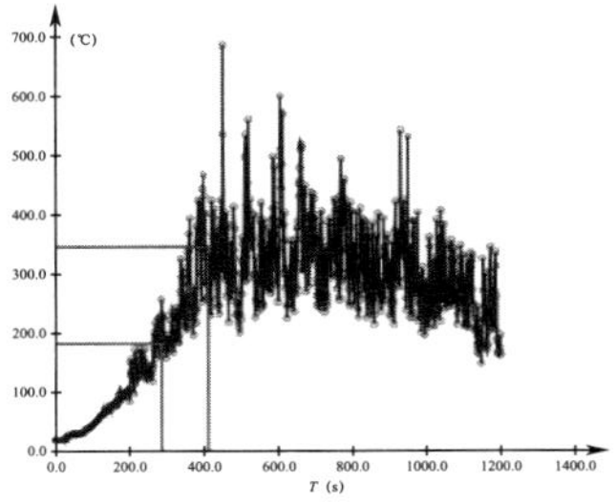	T_u＝280s，400s 达到 350℃后在 200～500℃范围内波动，最高温度约 520℃	在整个模拟过程中，各方位烟层基本处于 1m 之上，没有充满整个空间。 各方位下层烟气温度基本都在 60℃以下
东南部	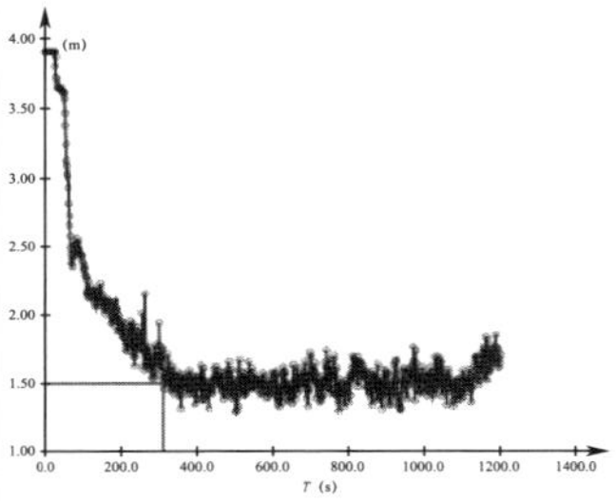	烟层底部位置主要在 1.3～1.7m 范围内波动	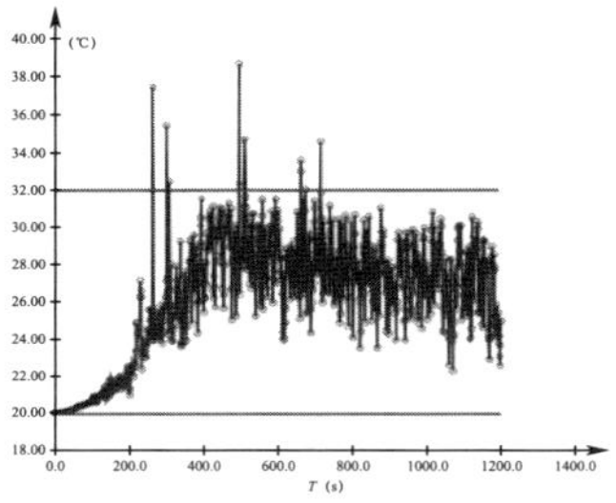	烟气温度主要在 20～32℃范围内波动，最高温度约 35℃	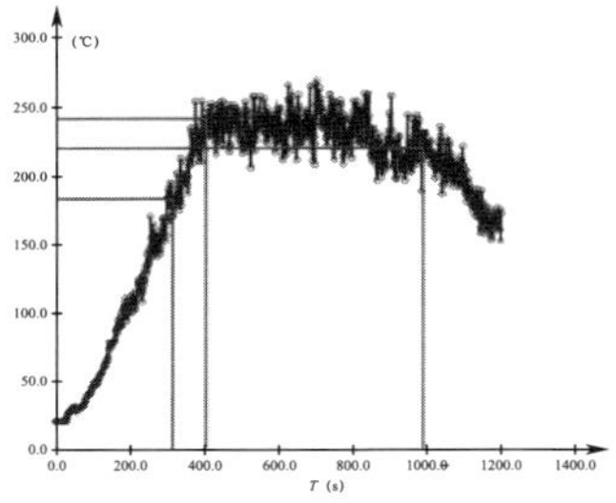	T_u＝320s，400s 达到 240℃后在 200～260℃范围内波动，最高温度约 260℃	

续表

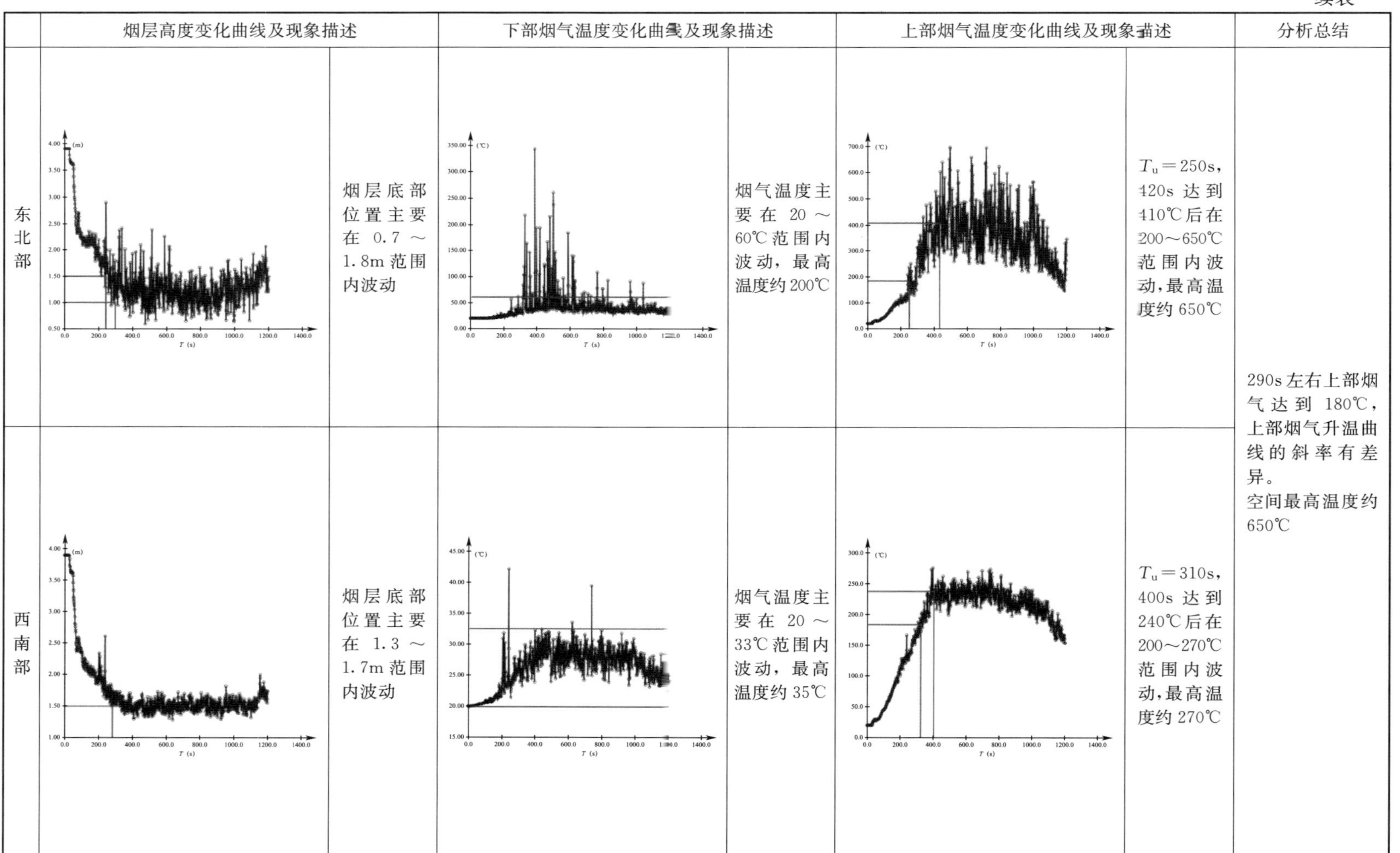

	烟层高度变化曲线及现象描述		下部烟气温度变化曲线及现象描述		上部烟气温度变化曲线及现象描述		分析总结
东北部		烟层底部位置主要在 0.7～1.8m 范围内波动		烟气温度主要在 20～60℃范围内波动，最高温度约 200℃		T_u＝250s，420s 达到 410℃后在 200～650℃范围内波动，最高温度约 650℃	290s 左右上部烟气达到 180℃，上部烟气升温曲线的斜率有差异。 空间最高温度约 650℃
西南部		烟层底部位置主要在 1.3～1.7m 范围内波动		烟气温度主要在 20～33℃范围内波动，最高温度约 35℃		T_u＝310s，400s 达到 240℃后在 200～270℃范围内波动，最高温度约 270℃	

表 4.62　普通教室 5 火灾特性

基本指标	空间尺寸			门洞尺寸			窗洞尺寸			建筑面积（m^2）	房间净面积（m^2）	火灾荷载密度（MJ/m^2）	通风因子 $A_w h_w^{1/2}$	Thomas 公式	
	开间（m）	进深（m）	净高（m）	宽度（m）	高度（m）	面积（m^2）	宽度（m）	高度（m）	面积（m^2）					轰燃临界热释放速率 $\dot{Q}_f$（kW）	轰燃时间 T_F（s）
	12.0	7.2	3.9	2.2	2.5	5.50	8.0	2.0	16.00	86.40	81.48	285.00	31.36	14095	629

平面图

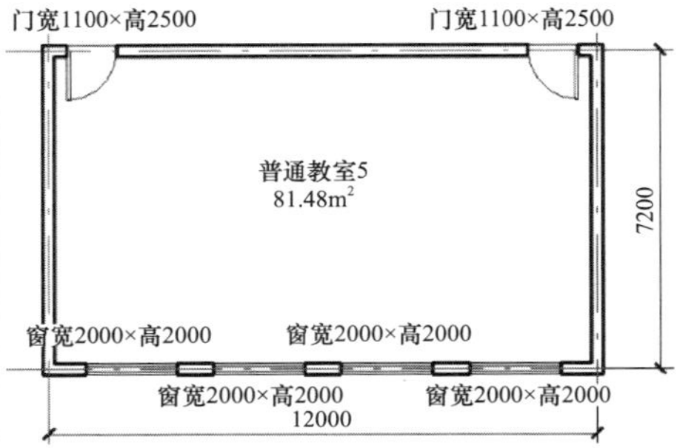

Revit 模型

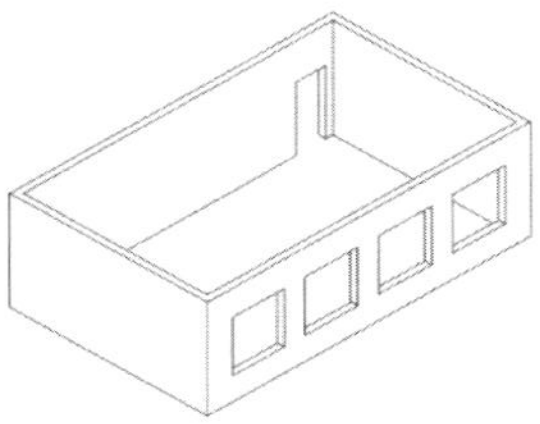

PyroSim 模型

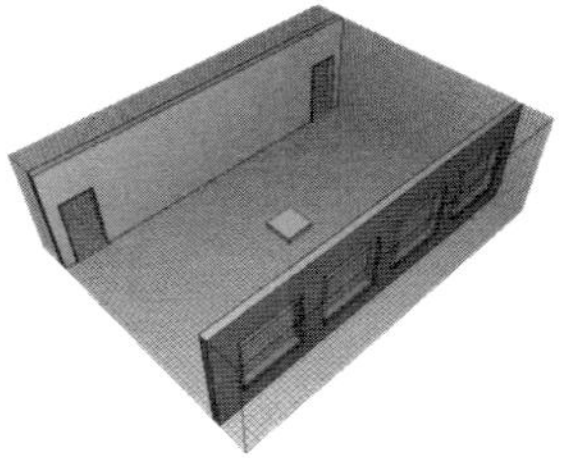

火灾增长曲线

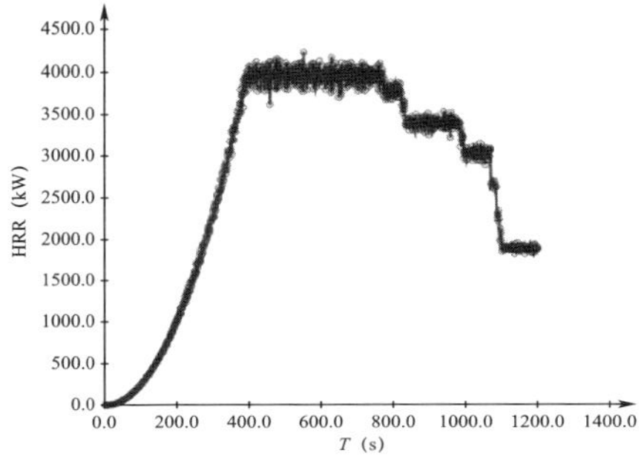

1m 处 CO 浓度未达到危险状态

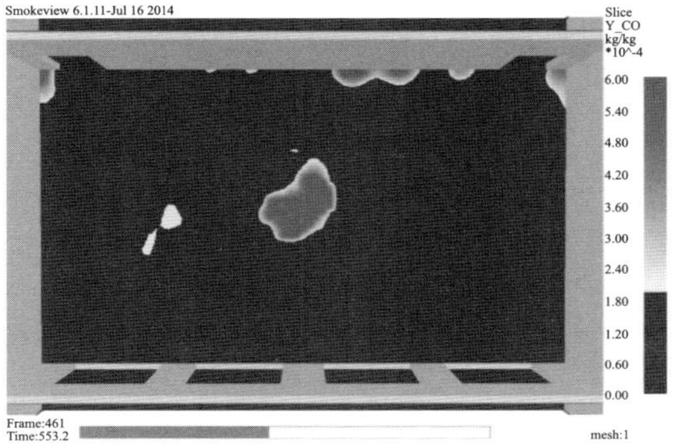

1.2m 处能见度达到危险状态时间 $T_v=257s$

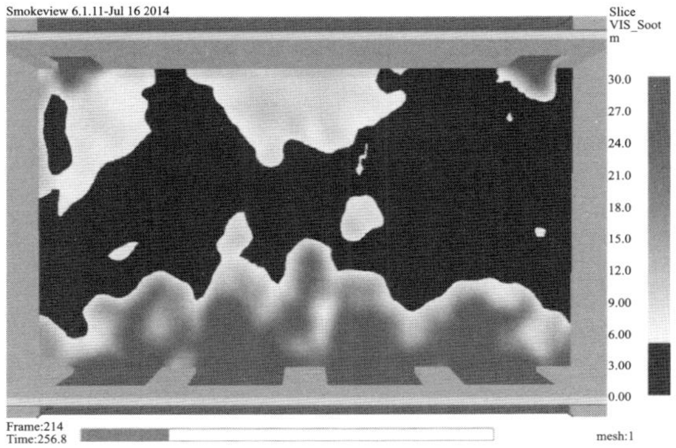

续表

<table>
<tr><td rowspan="2">基本指标</td><td colspan="3">空间尺寸</td><td colspan="3">门洞尺寸</td><td colspan="3">窗洞尺寸</td><td rowspan="2">建筑面积（m²）</td><td rowspan="2">房间净面积（m²）</td><td rowspan="2">火灾荷载密度（MJ/m²）</td><td rowspan="2">通风因子 $A_w h_w^{1/2}$</td><td colspan="2">Thomas 公式</td></tr>
<tr><td>开间（m）</td><td>进深（m）</td><td>净高（m）</td><td>宽度（m）</td><td>高度（m）</td><td>面积（m²）</td><td>宽度（m）</td><td>高度（m）</td><td>面积（m²）</td><td>轰燃临界热释放速率 $\dot{Q}_f$（kW）</td><td>轰燃时间 T_F（s）</td></tr>
<tr><td></td><td>12.0</td><td>7.2</td><td>3.9</td><td>2.2</td><td>2.5</td><td>5.50</td><td>8.0</td><td>2.0</td><td>16.00</td><td>86.40</td><td>81.48</td><td>285.00</td><td>31.36</td><td>14095</td><td>629</td></tr>
<tr><td colspan="6">1.5m 处温度达到危险状态时间 T_a=347s</td><td colspan="6">顶板下 0.3m 处温度达到危险状态时间 T_b=288s</td><td colspan="4">备注</td></tr>
<tr><td colspan="6">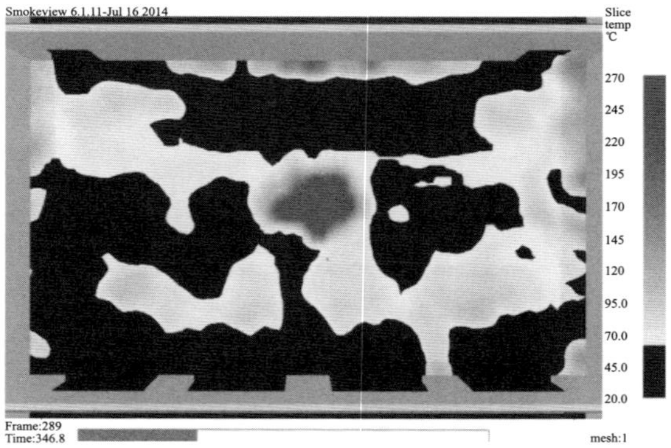
</td><td colspan="6">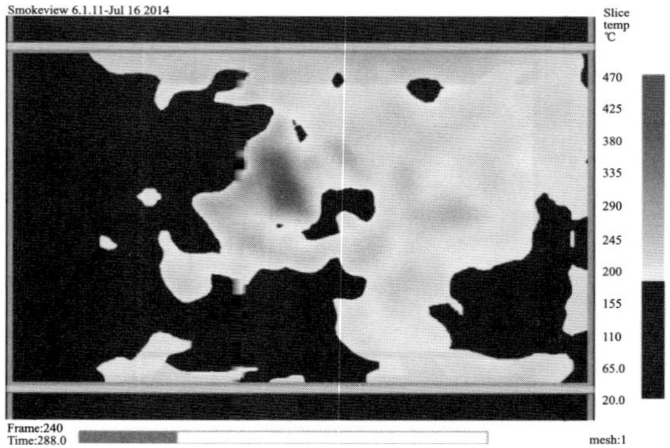
</td><td colspan="4">FDS 计算网格大小：0.154m×0.148m×0.162m
最大 HRR 平均值 4.0MW</td></tr>
</table>

表 4.63　普通教室 5 火灾烟气特性曲线

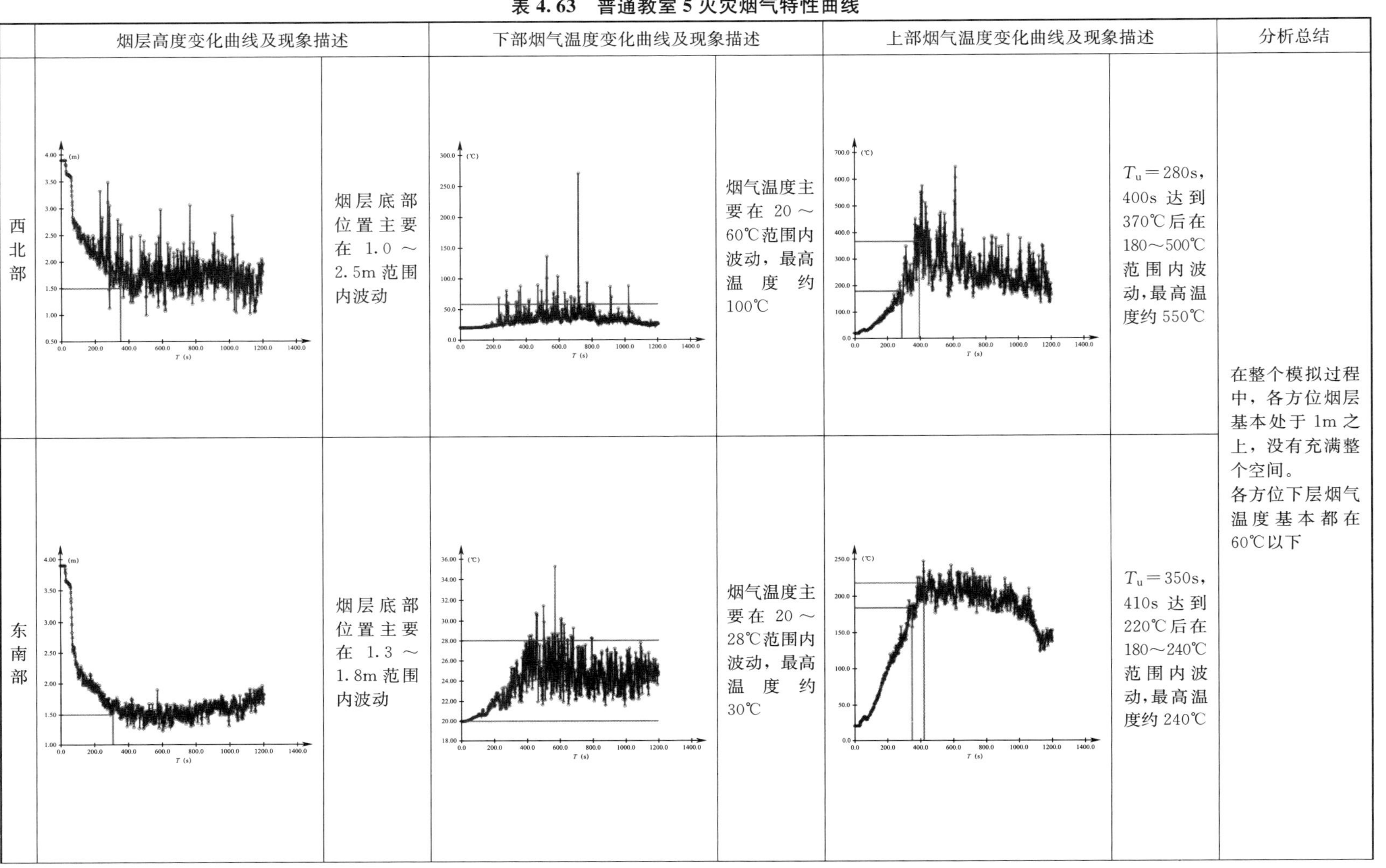

	烟层高度变化曲线及现象描述		下部烟气温度变化曲线及现象描述		上部烟气温度变化曲线及现象描述		分析总结
西北部		烟层底部位置主要在 1.0～2.5m 范围内波动		烟气温度主要在 20～60℃范围内波动，最高温度约 100℃		T_u＝280s，400s 达到 370℃后在 180～500℃范围内波动，最高温度约 550℃	在整个模拟过程中，各方位烟层基本处于 1m 之上，没有充满整个空间。 各方位下层烟气温度基本都在 60℃以下
东南部		烟层底部位置主要在 1.3～1.8m 范围内波动		烟气温度主要在 20～28℃范围内波动，最高温度约 30℃		T_u＝350s，410s 达到 220℃后在 180～240℃范围内波动，最高温度约 240℃	

续表

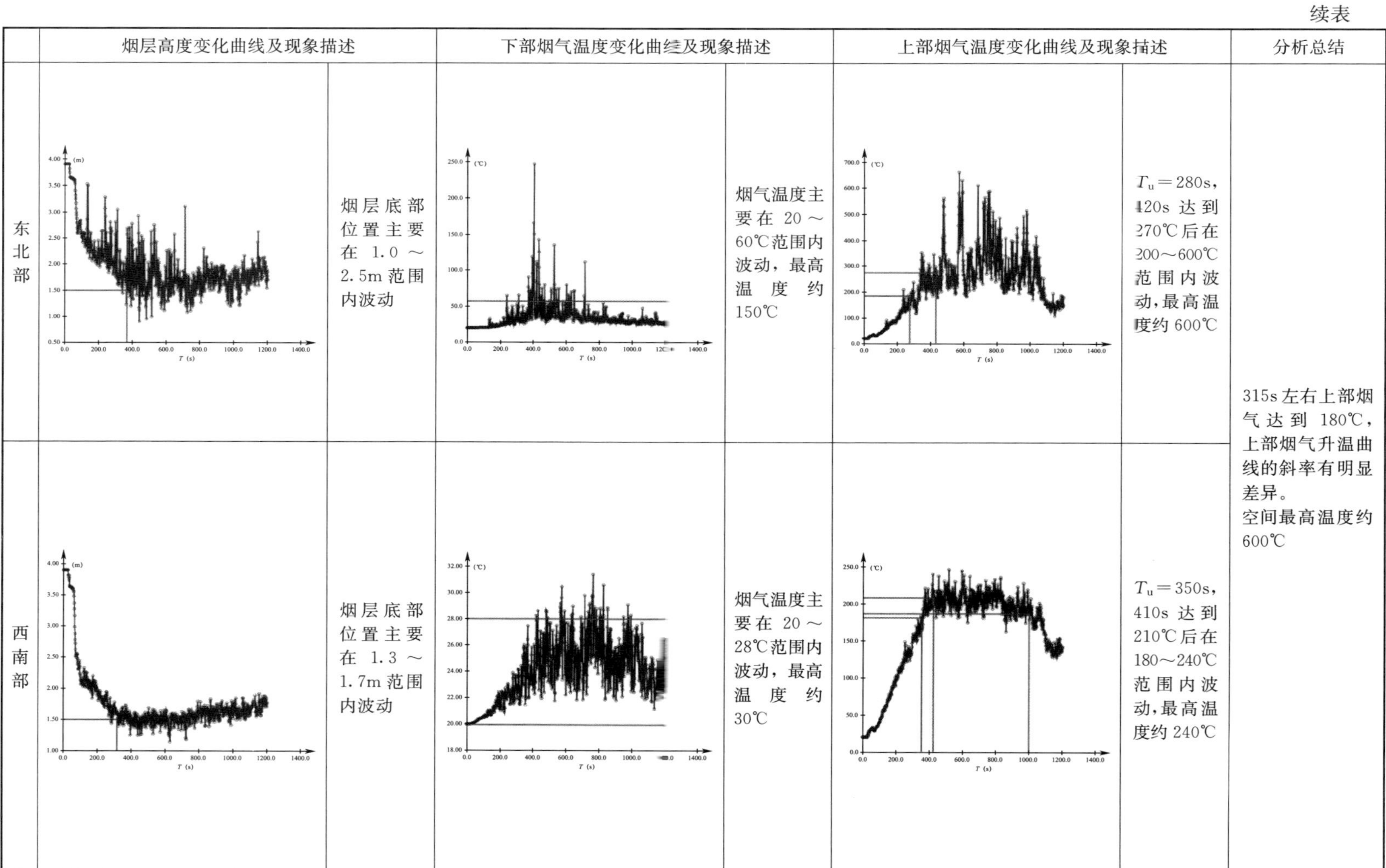

	烟层高度变化曲线及现象描述		下部烟气温度变化曲线及现象描述		上部烟气温度变化曲线及现象描述		分析总结
东北部		烟层底部位置主要在 1.0～2.5m 范围内波动		烟气温度主要在 20～60℃范围内波动，最高温度约150℃		T_u＝280s，420s 达到 270℃后在 200～600℃范围内波动，最高温度约 600℃	315s 左右上部烟气达到 180℃，上部烟气升温曲线的斜率有明显差异。空间最高温度约600℃
西南部		烟层底部位置主要在 1.3～1.7m 范围内波动		烟气温度主要在 20～28℃范围内波动，最高温度约30℃		T_u＝350s，410s 达到 210℃后在 180～240℃范围内波动，最高温度约 240℃	

表 4.64　合班教室 1 火灾特性

基本指标	空间尺寸			门洞尺寸			窗洞尺寸			建筑面积（m^2）	房间净面积（m^2）	火灾荷载密度（MJ/m^2）	通风因子 $A_w h_w^{1/2}$	Thomas 公式	
	开间（m）	进深（m）	净高（m）	宽度（m）	高度（m）	面积（m^2）	宽度（m）	高度（m）	面积（m^2）					轰燃临界热释放速率 $\dot{Q}_f$（kW）	轰燃时间 T_F（s）
	10.0	12.0	4.2	2.4	2.5	6.00	12.0	2.0	24.00	120.0	114.4	285.00	43.47	19390	738

平面图

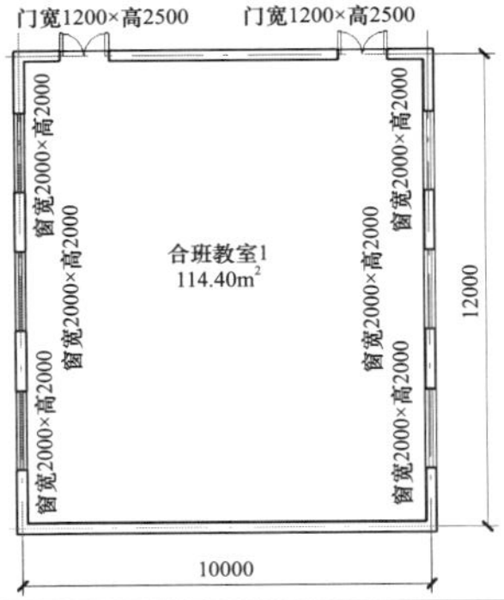

Revit 模型

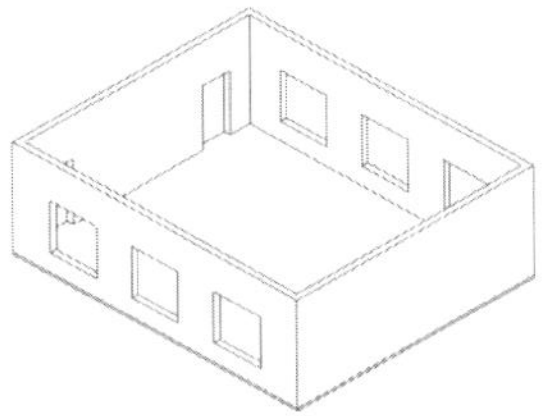

PyroSim 模型

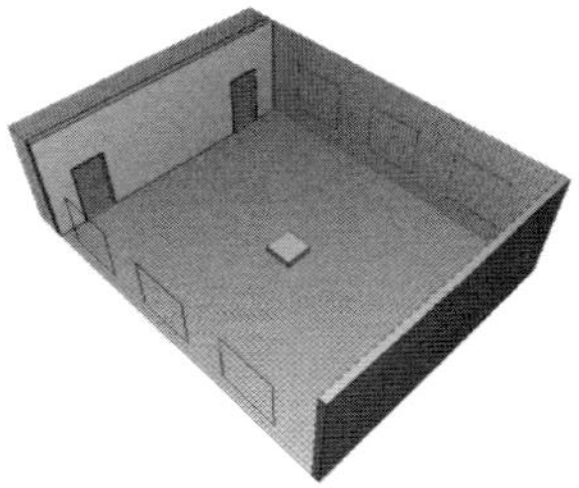

火灾增长曲线

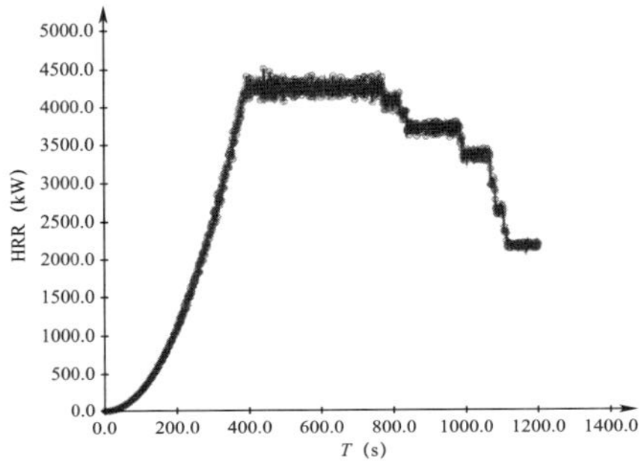

1m 处 CO 浓度未达到危险状态

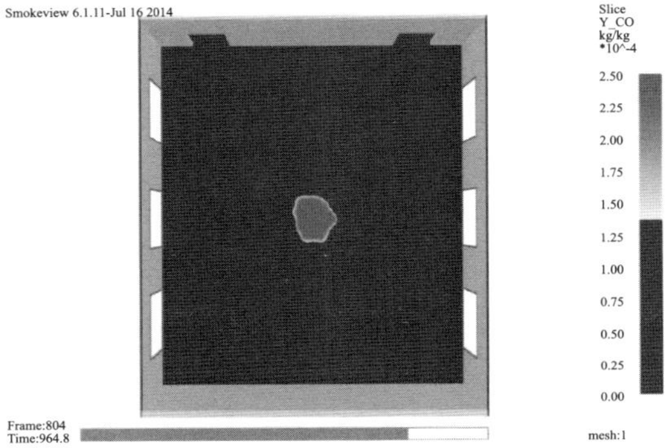

1.2m 处能见度未达到危险状态

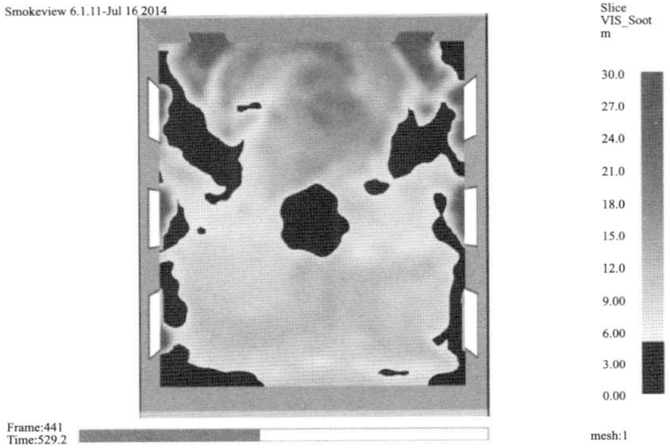

续表

基本指标	空间尺寸			门洞尺寸			窗洞尺寸			建筑面积（m^2）	房间净面积（m^2）	火灾荷载密度（MJ/m^2）	通风因子 $A_w h_w^{1/2}$	Thomas 公式	
	开间（m）	进深（m）	净高（m）	宽度（m）	高度（m）	面积（m^2）	宽度（m）	高度（m）	面积（m^2）					轰燃临界热释放速率 $\dot{Q}_f$（kW）	轰燃时间 T_F（s）
	10.0	12.0	4.2	2.4	2.5	6.00	12.0	2.0	24.00	120.0	114.4	285.00	43.47	19390	738
1.5m 处温度未达到危险状态						顶板下 0.3m 处温度达到危险状态时间 T_b=305s						备注			
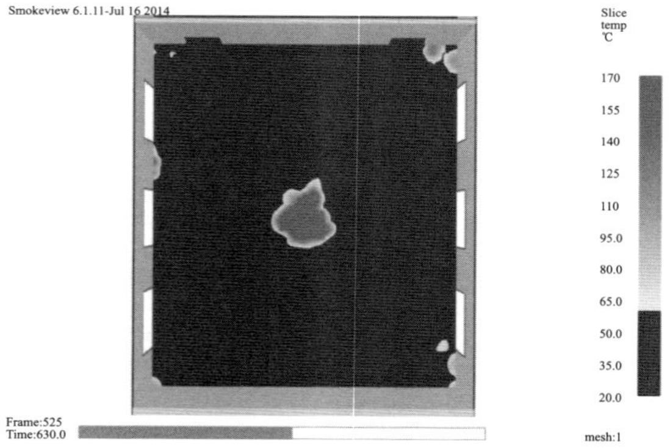 Smokeview 6.1.11-Jul 16 2014 Slice temp ℃ 170 155 140 125 110 95.0 80.0 65.0 50.0 35.0 20.0 Frame:525 Time:630.0 mesh:1						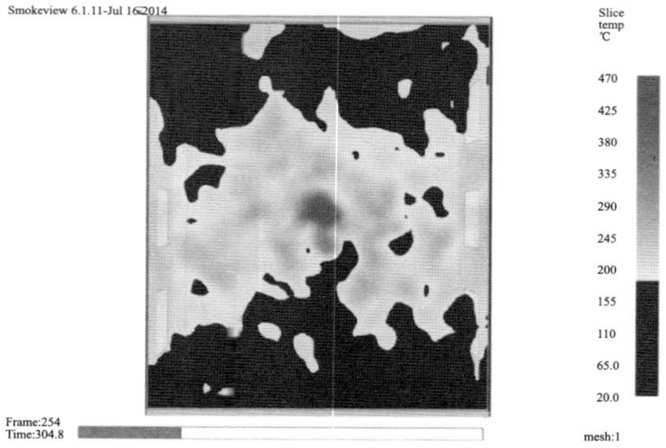 Smokeview 6.1.11-Jul 16 2014 Slice temp ℃ 470 425 380 335 290 245 200 155 110 65.0 20.0 Frame:254 Time:304.8 mesh:1						FDS 计算网格大小：0.152m×0.147m×0.156m 最大 HRR 平均值 4.3MW			

表 4.65　合班教室 1 火灾烟气特性曲线

	烟层高度变化曲线及现象描述		下部烟气温度变化曲线及现象描述		上部烟气温度变化曲线及现象描述		分析总结
西北部	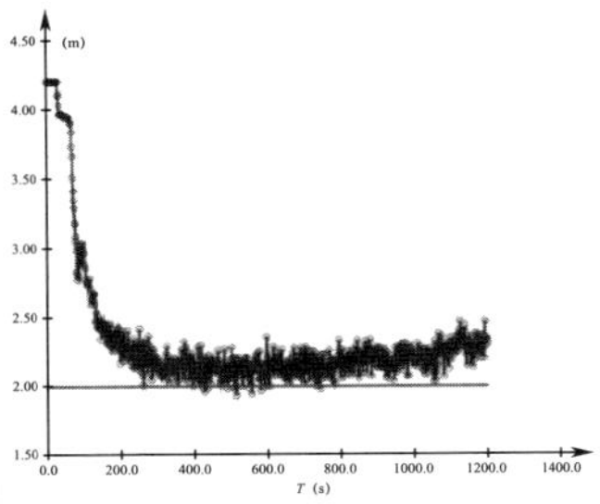	烟层底部位置始终位于 2m 之上	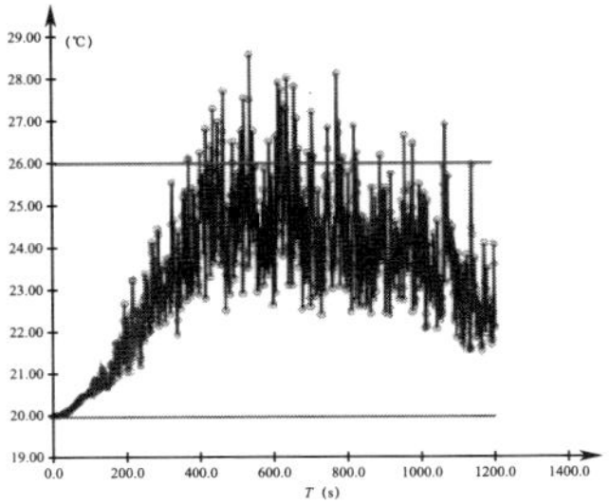	烟气温度主要在 20～26℃范围内波动，最高温度约 28℃	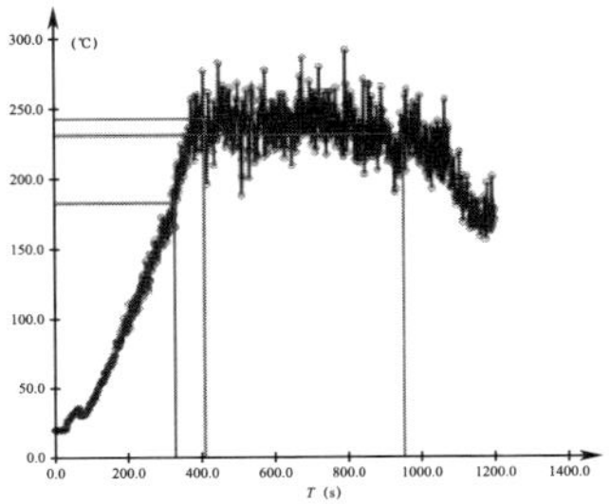	T_u＝320s，400s 达到 250℃后在 200～270℃范围内波动，最高温度约 270℃	在整个模拟过程中各方位烟层底部位置始终位于 1.8m 之上，没有完全充满空间。 各方位下层烟气温度基本在室温范围波动
东南部	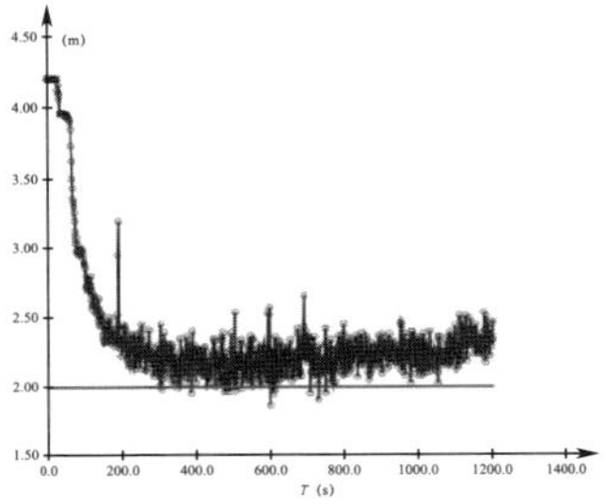	烟层底部位置始终位于 2m 之上	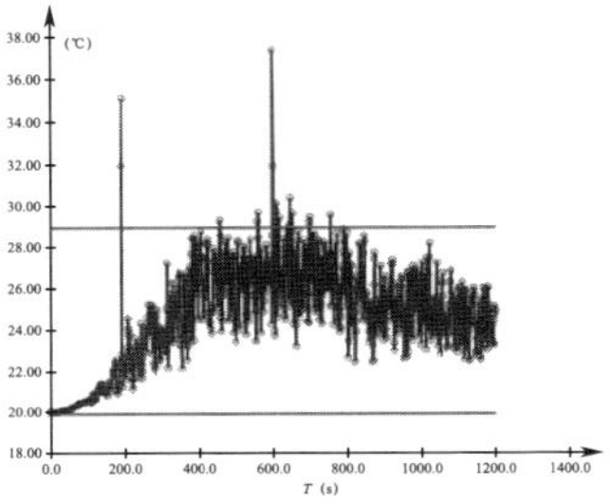	烟气温度主要在 20～29℃范围内波动，最高温度约 30℃	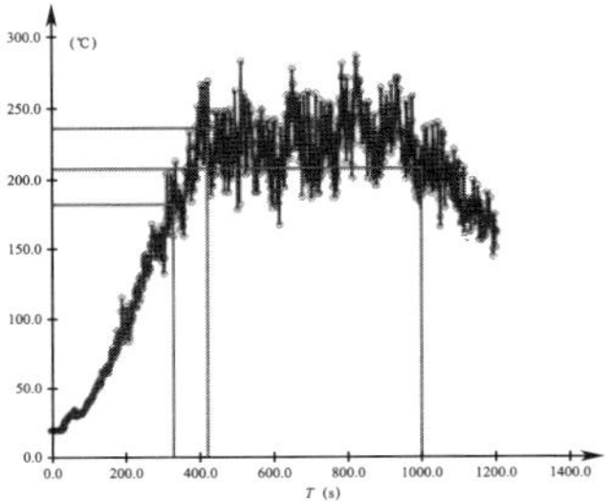	T_u＝330s，410s 达到 240℃后在 180～270℃范围内波动，最高温度约 270℃	

续表

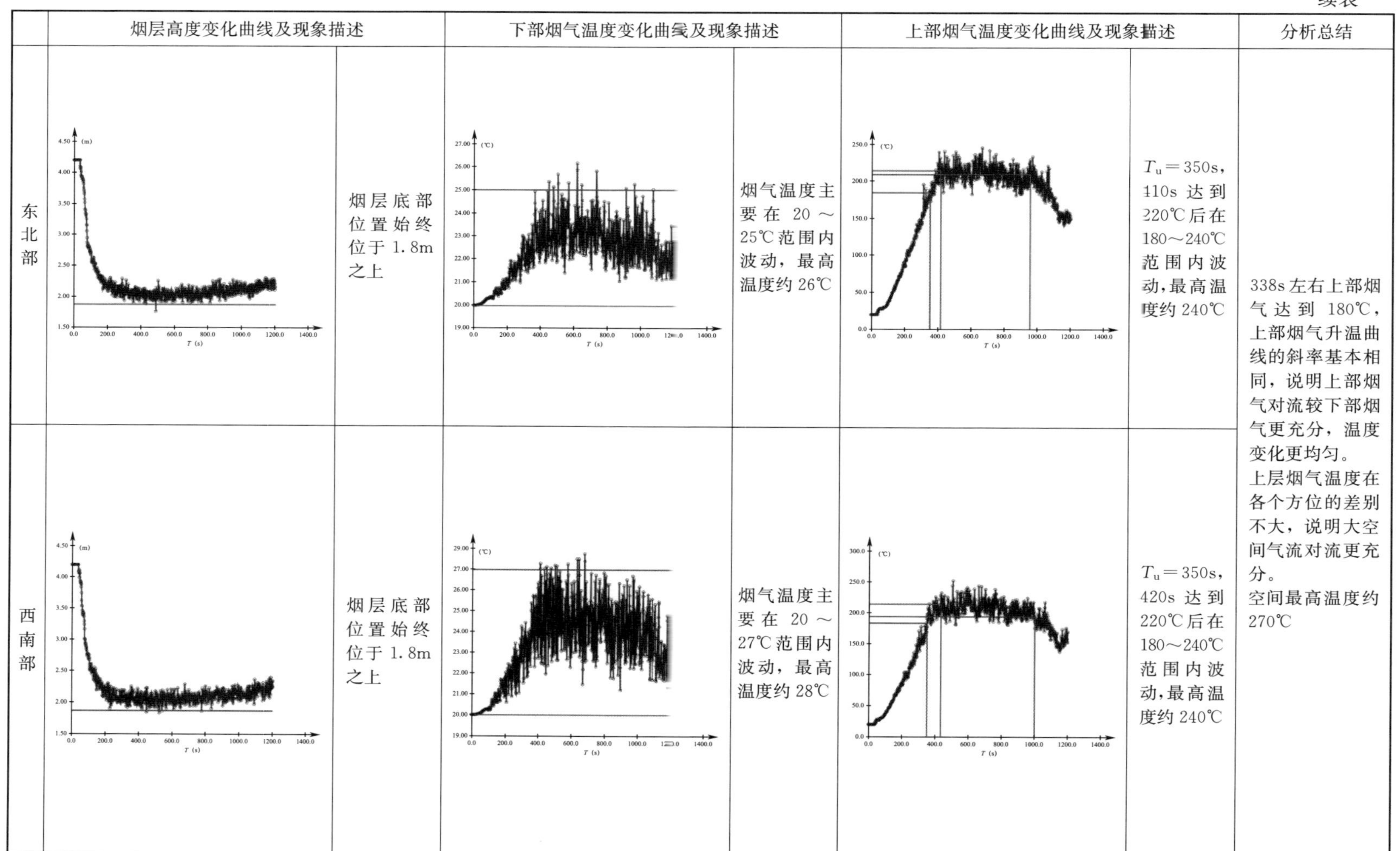

	烟层高度变化曲线及现象描述		下部烟气温度变化曲线及现象描述		上部烟气温度变化曲线及现象描述		分析总结
东北部		烟层底部位置始终位于 1.8m 之上		烟气温度主要在 20～25℃范围内波动，最高温度约 26℃		T_u＝350s，410s 达到 220℃后在 180～240℃范围内波动，最高温度约 240℃	338s 左右上部烟气达到 180℃，上部烟气升温曲线的斜率基本相同，说明上部烟气对流较下部烟气更充分，温度变化更均匀。上层烟气温度在各个方位的差别不大，说明大空间气流对流更充分。空间最高温度约 270℃
西南部		烟层底部位置始终位于 1.8m 之上		烟气温度主要在 20～27℃范围内波动，最高温度约 28℃		T_u＝350s，420s 达到 220℃后在 180～240℃范围内波动，最高温度约 240℃	

表 4.66 合班教室 2 火灾特性

基本指标	空间尺寸			门洞尺寸			窗洞尺寸			建筑面积（m^2）	房间净面积（m^2）	火灾荷载密度（MJ/m^2）	通风因子 $A_w h_w^{1/2}$	Thomas 公式	
	开间（m）	进深（m）	净高（m）	宽度（m）	高度（m）	面积（m^2）	宽度（m）	高度（m）	面积（m^2）					轰燃临界热释放速率 $\dot{Q}_f$（kW）	轰燃时间 T_F（s）
	12.0	15.0	4.8	2.8	2.5	7.00	16.0	2.5	40.00	180.0	173.1	285.00	74.31	32406	954

平面图	Revit 模型	PyroSim 模型
火灾增长曲线	1m 处 CO 浓度未达到危险状态	1.2m 处能见度未达到危险状态

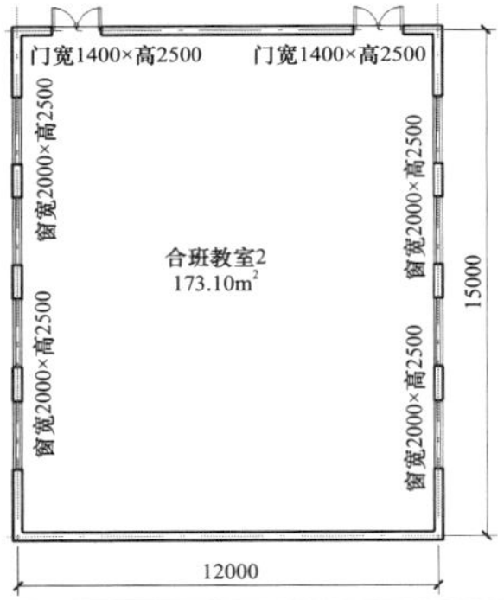

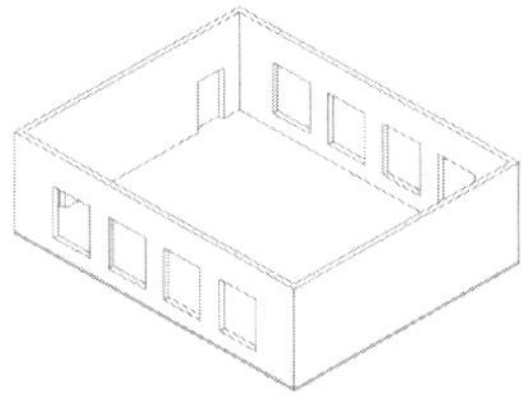

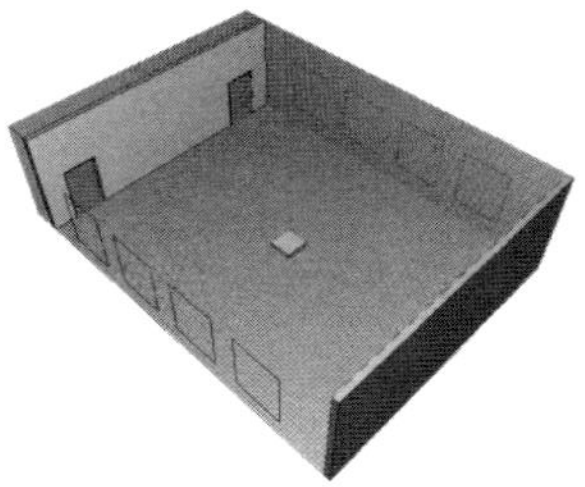

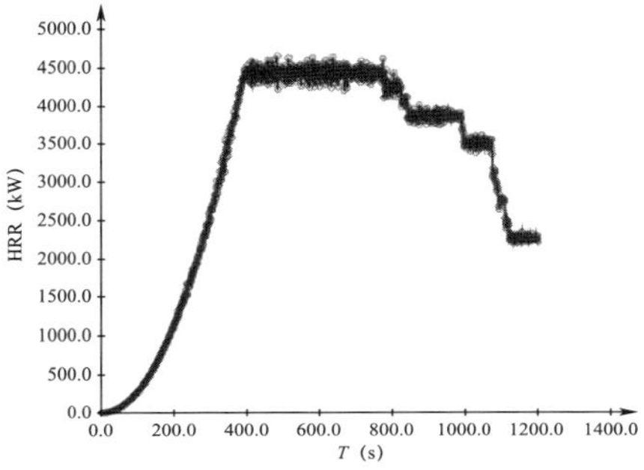

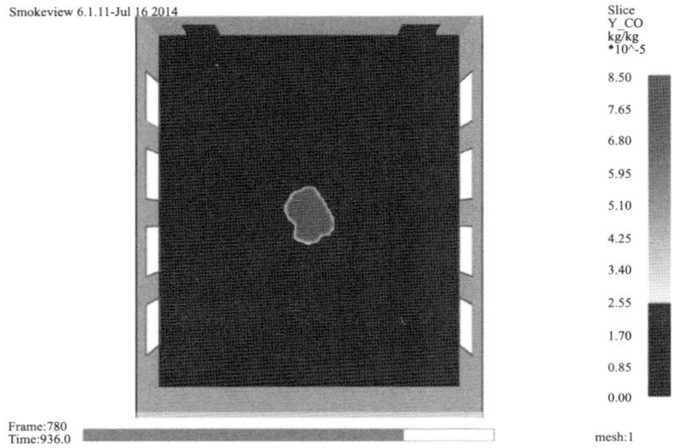

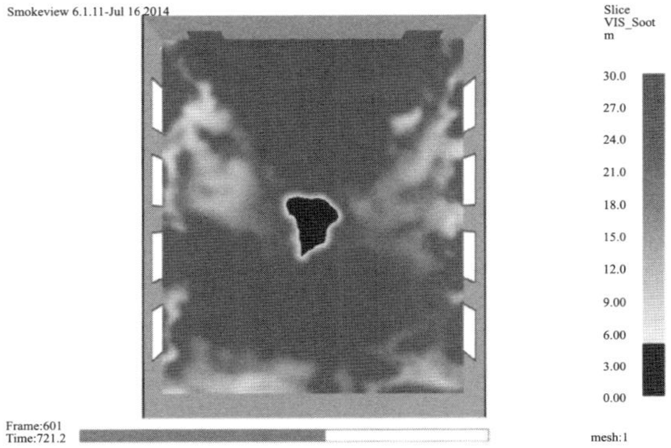

续表

基本指标	空间尺寸			门洞尺寸			窗洞尺寸			建筑面积（m^2）	房间净面积（m^2）	火灾荷载密度（MJ/m^2）	通风因子 $A_w h_w^{-/2}$	Thomas公式	
	开间（m）	进深（m）	净高（m）	宽度（m）	高度（m）	面积（m^2）	宽度（m）	高度（m）	面积（m^2）					轰燃临界热释放速率 $\dot{Q}_f$（kW）	轰燃时间 T_F（s）
	12.0	15.0	4.8	2.8	2.5	7.00	16.0	2.5	40.00	180.0	173.1	285.00	74.31	32406	954
1.5m处温度未达到危险状态						顶板下0.3m处温度达到危险状态时间 $T_b=354s$						备注			
												FDS计算网格大小：0.154m×0.15m×0.16m 最大HRR平均值4.5MW			

表 4.67　合班教室 2 火灾烟气特性曲线

	烟层高度变化曲线及现象描述		下部烟气温度变化曲线及现象描述		上部烟气温度变化曲线及现象描述		分析总结
西北部	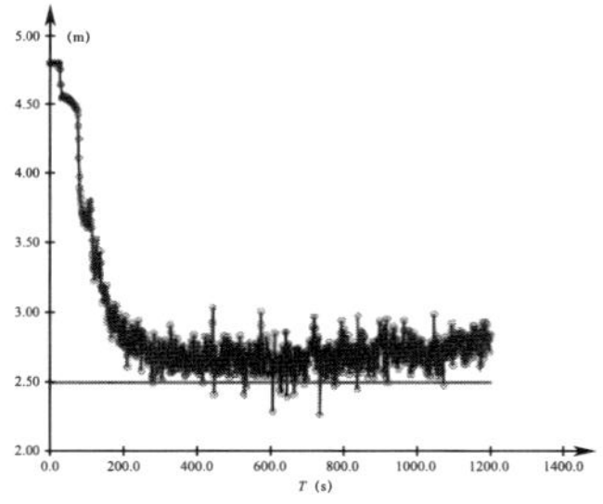	烟层底部位置始终位于 2.5m 之上	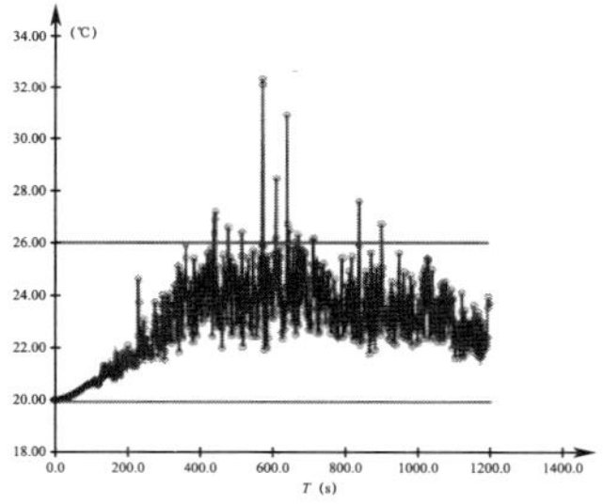	烟气温度主要在 20～26℃范围内波动，最高温度约 28℃	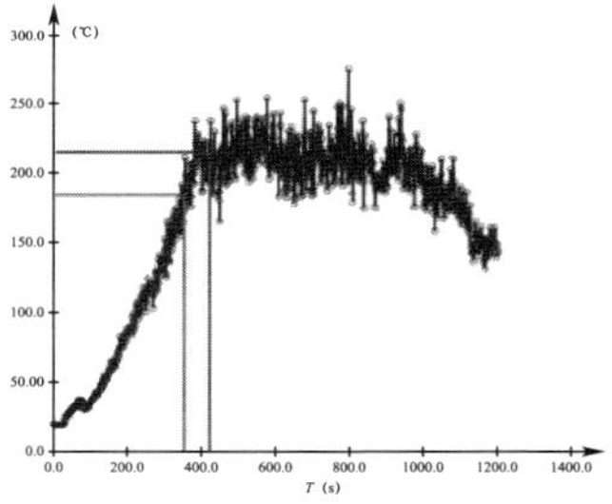	T_u＝350s，410s 达到 220℃后在 180～250℃范围内波动，最高温度约 250℃	在整个模拟过程中各方位烟层底部位置始终位于 2.4m 之上，没有完全充满空间。 各方位下层烟气温度基本在室温范围波动
东南部	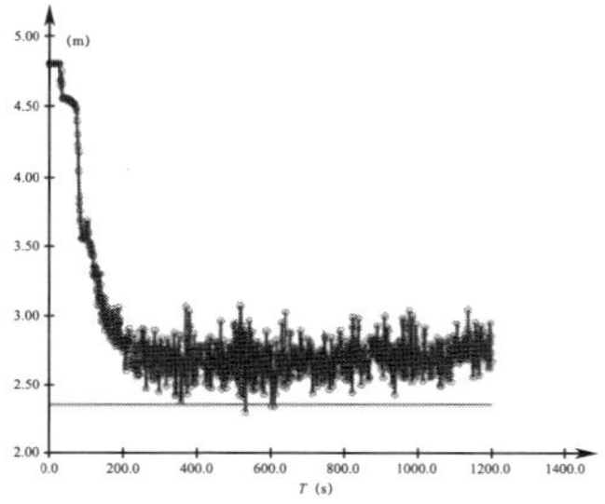	烟层底部位置始终位于 2.4m 之上	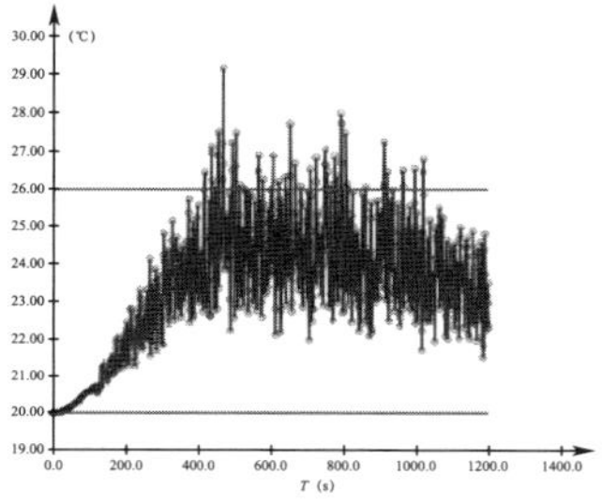	烟气温度主要在 20～26℃范围内波动，最高温度约 28℃	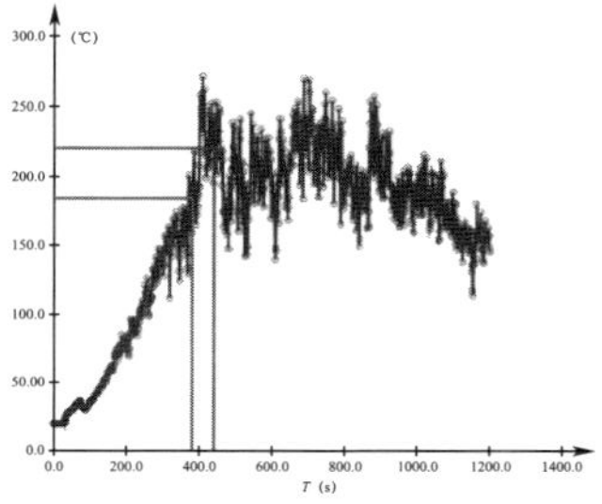	T_u＝390s，430s 达到 220℃后在 150～270℃范围内波动，最高温度约 270℃	

续表

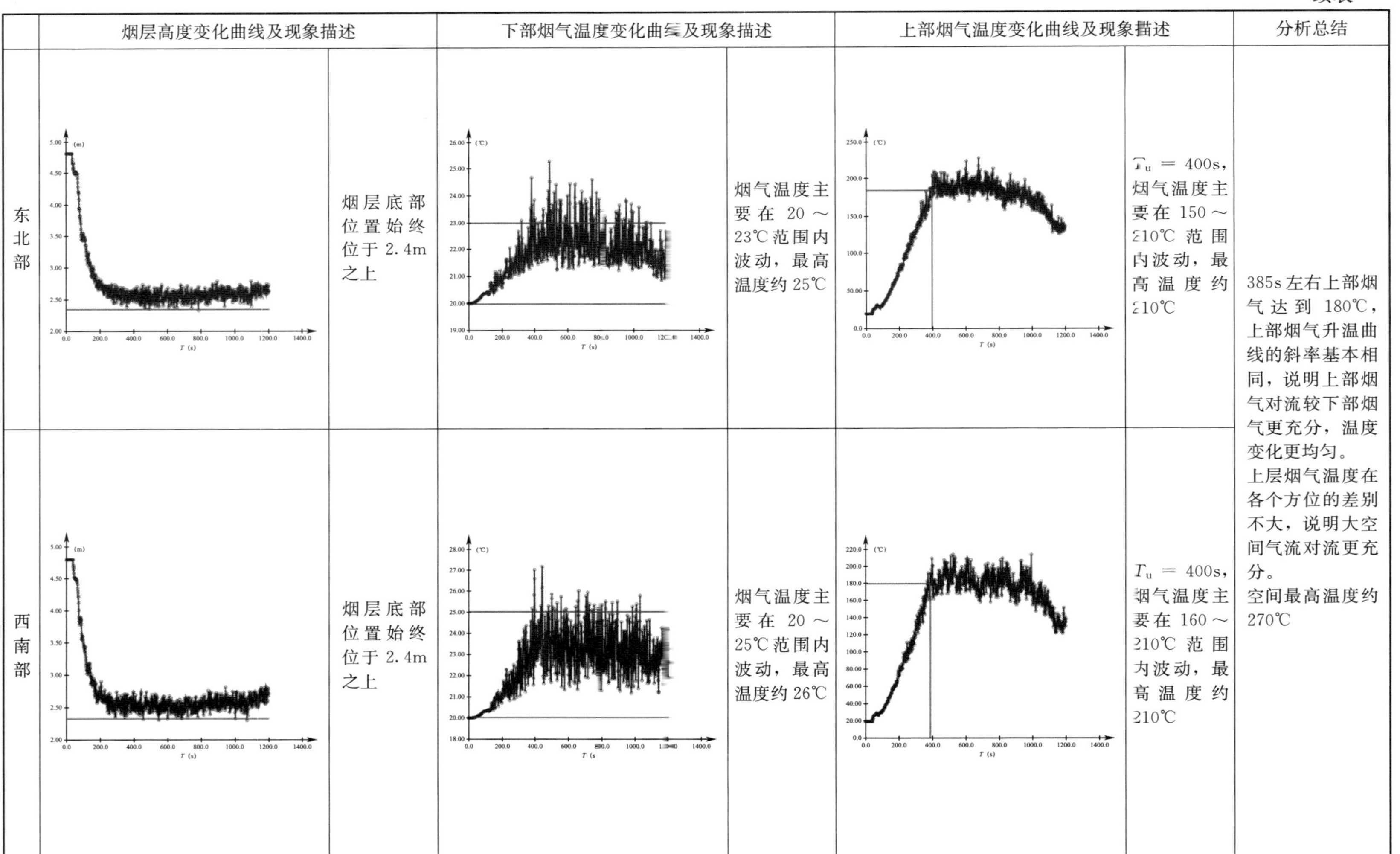

	烟层高度变化曲线及现象描述		下部烟气温度变化曲线及现象描述		上部烟气温度变化曲线及现象描述		分析总结
东北部		烟层底部位置始终位于2.4m之上		烟气温度主要在20～23℃范围内波动，最高温度约25℃		T_u = 400s，烟气温度主要在150～210℃范围内波动，最高温度约210℃	385s左右上部烟气达到180℃，上部烟气升温曲线的斜率基本相同，说明上部烟气对流较下部烟气更充分，温度变化更均匀。 上层烟气温度在各个方位的差别不大，说明大空间气流对流更充分。 空间最高温度约270℃
西南部		烟层底部位置始终位于2.4m之上		烟气温度主要在20～25℃范围内波动，最高温度约26℃		T_u = 400s，烟气温度主要在160～210℃范围内波动，最高温度约210℃	

4.3 基本空间火灾特性分析

4.3.1 基本空间云图指标及分析

1. 云图指标

将 4.2 节所列各基本空间火灾特性表中云图指标达危险状态的时间进行汇总，可得图 4.5 与表 4.68。

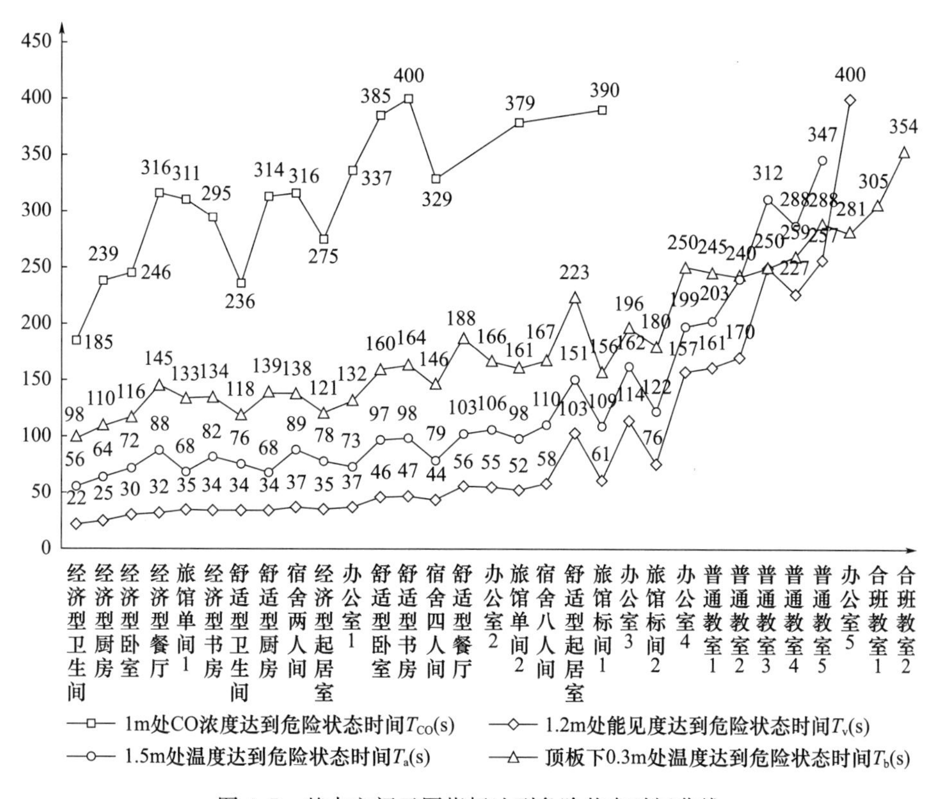

图 4.5 基本空间云图指标达到危险状态时间曲线

由图 4.5 可见，随着净面积的增大，各指标达到危险状态时间都呈增长趋势，其中，能见度达到危险状态时间 T_v的阈值最低，CO 浓度达到危险状态时间 T_{CO}的阈值最高，说明基本空间火灾发生时，烟气能见度最先达到危险状态，对人员安全疏散的影响最大，在对建筑物进行火灾性能评价时，如果以能见度作为危险评价依据，可以同时保证其他指标的安全性。

另外，住宅类基本空间能见度达到危险状态的时间 T_v 范围分布如图 4.6 所示，卫生间的空间尺寸和门窗尺寸最小，能见度达到危险状态的时间最短（22～34s），起居室的空间尺寸和门窗尺寸最大，能见度达到危险状态的时间最长（35～103s）。

表 4.68　基本空间云图指标达到危险状态时间

基本空间	空间要素			1m处CO浓度达到危险状态时间 T_{CO}（s）	1.2m处能见度达到危险状态时间 T_{v}（s）	1.5m处温度达到危险状态时间 T_{a}（s）	顶板下0.3m处温度达到危险状态时间 T_{b}（s）
	净面积（m^2）	净高（m）	通风因子 $A_w h_w^{1/2}$				
经济型卫生间	2.34	2.5	2.81	185	22	56	98
经济型厨房	4.16	2.5	3.87	239	25	64	110
经济型卧室	7.12	2.7	3.87	246	30	72	116
经济型餐厅	8.10	2.7	5.03	316	32	88	145
旅馆单间 1	9.61	2.7	4.44	311	35	68	133
经济型书房	9.82	2.7	5.03	295	34	82	134
舒适型卫生间	10.74	2.7	3.87	236	34	76	118
舒适型厨房	10.99	2.7	5.72	314	34	68	139
宿舍两人间	11.56	3.0	5.60	316	37	89	138
经济型起居室	11.70	2.7	3.87	275	35	78	121
办公室 1	12.44	3.0	5.60	337	37	73	132
舒适型卧室	15.10	3.0	6.27	385	46	97	160
舒适型书房	15.10	3.0	7.29	400	47	98	164
宿舍四人间	15.10	3.3	5.60	329	44	79	146
舒适型餐厅	15.35	3.0	9.61	—	56	103	188
办公室 2	15.73	3.3	6.45	—	55	106	166
旅馆单间 2	16.54	3.0	5.60	379	52	98	161
宿舍八人间	19.73	3.3	7.95	—	58	110	167
舒适型起居室	22.96	3.0	14.67	—	103	151	223
旅馆标间 1	27.45	3.3	6.05	390	61	109	156
办公室 3	29.50	3.6	15.20	—	114	162	196
旅馆标间 2	33.24	3.3	7.62	—	76	122	180
办公室 4	44.00	3.6	20.66	—	157	199	250
普通教室 1	51.61	3.3	21.04	—	161	203	245
普通教室 2	57.31	3.6	24.91	—	170	240	242
普通教室 3	61.47	3.6	23.92	—	250	312	250
普通教室 4	66.26	3.9	27.40	—	227	288	259
普通教室 5	81.48	3.9	31.36	—	257	347	288
办公室 5	102.61	4.5	34.53	—	400	—	281
合班教室 1	114.35	4.2	43.47	—	—	—	305
合班教室 2	173.05	4.8	74.31	—	—	—	354

注：表中“—”表示未达到危险状态；本表按照基本空间净面积由小到大依次排序。

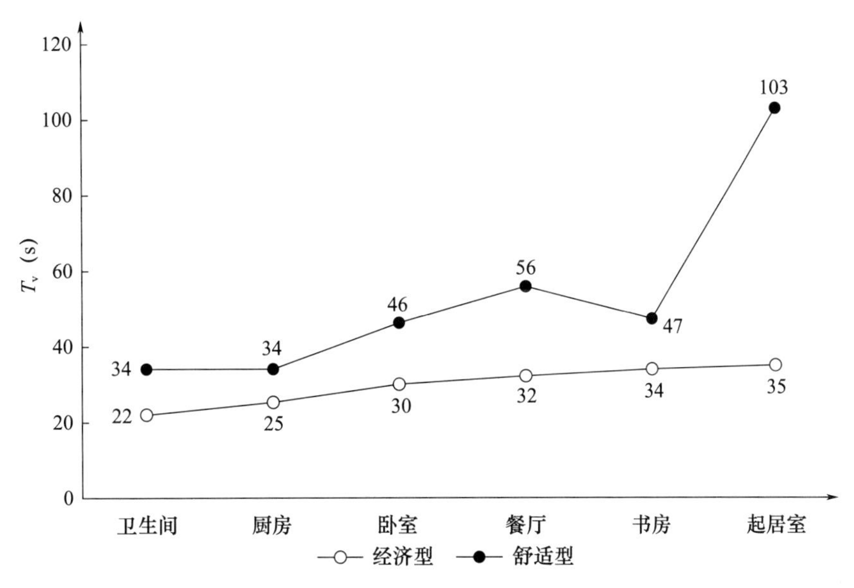

图 4.6　住宅类基本空间能见度达到危险状态时间 T_v 范围分布

2. SPSS 对基本空间云图指标的定量分析

(1) 4 个云图指标的简单相关分析

研究 4 个云图指标之间相关性的目的是如果相关性较高，则可采用一个最危险指标作为进一步研究的依据（表 4.69）。

表 4.69　4 个云图指标相关性分析

		1m 处 CO 浓度达到危险状态时间 T_{CO}	1.2m 处能见度达到危险状态时间 T_v	1.5m 处温度达到危险状态时间 T_a	顶板下 0.3m 处温度达到危险状态时间 T_b
1m 处 CO 浓度达到危险状态时间 T_{CO}	Pearson 相关性	1	0.875**	0.834**	0.970**
	显著性（双侧）		0.000	0.000	0.000
	N	16	16	16	16
1.2m 处能见度达到危险状态时间 T_v	Pearson 相关性	0.875**	1	0.994**	0.901**
	显著性（双侧）	0.000		0.000	0.000
	N	16	29	28	29
1.5m 处温度达到危险状态时间 T_a	Pearson 相关性	0.834**	0.994**	1	0.934**
	显著性（双侧）	0.000	0.000		0.000
	N	16	28	28	28
顶板下 0.3m 处温度达到危险状态时间 T_b	Pearson 相关性	0.970**	0.901**	0.934**	1
	显著性（双侧）	0.000	0.000	0.000	
	N	16	29	28	31

**. 在 0.01 水平（双侧）上显著相关。

由表 4.69 可知，T_v与 T_a的相关系数最高（0.994），其他变量之间的相关系数最小值为 0.834，显著性水平为 0.000，小于 0.01，所以 4 个变量相关性很强且为正相关关系，说明4个云图指标作为火灾危险性的判断依据有一定重合性和可替代性，由于能见度达到危险状态时间的阈值最低，所以本研究选取能见度作为基本空间与组合空间危险状态的评价依据，即能见度指标 T_v 安全的话，其余3个指标也是安全的。

（2）1.2m处能见度达到危险状态时间 T_v 与净面积的定量关系分析

由图4.5可以看出，T_v 随净面积的增大而增大，由于图4.5所示曲线的横坐标并非房间的净面积值，而只是按照净面积由小到大顺序进行的等距排列，所以该曲线并没有反映 T_v 与净面积的函数关系。本研究使用SPSS的回归分析功能[①]分析 T_v 与净面积的函数关系，由于不知道两变量之间是何种类型的函数关系，故首先使用SPSS曲线回归分析工具[②]，以 T_v 为因变量，以净面积为自变量，选取线性、对数、三次方和指数四种可能的曲线类型进行比较，得到拟合最好的曲线类型作为两变量之间的函数关系（表4.70与图4.7）。

表4.70　T_v 与净面积曲线回归分析模型汇总和参数估计值

方程	模型汇总					参数估计值			
	R方	F	df1	df2	Sig.	常数	b1	b2	b3
线性	0.961	667.391	1	27	0.000	−3.832	3.548		
对数	0.727	71.867	1	27	0.000	−162.679	87.189		
三次方	0.970	271.652	3	25	0.000	8.894	2.584	0.008	3.446E-005
指数	0.912	278.559	1	27	0.000	28.584	0.030		

因变量：1.2m处能见度达到危险状态时间 T_v；自变量：净面积。

由表4.70可知，对数曲线模型的R方（0.727）最低，三次方曲线模型的R方（0.970）最高，线性模型的R方（0.961）与三次方曲线模型接近，同时由图4.7可见，线性模型与三次方曲线模型对观测点的拟合情况也很接近，各曲线模型P值（Sig.）均为0.000，显著性高，本研究采用线性模型对 T_v 与净面积的函数关系进行定量描述。根据表4.70的参数估计值，可得1.2m处能见度达到危险状态时间 T_v 与净面积的关系式为：

$$T_v = -3.832 + 3.548 \times 净面积 \qquad (4.1)$$

关系式（4.1）的适用条件为净面积 $<110m^2$，基本空间的净面积每增加1个单位，T_v 就增加3.548个单位。

（3）T_v 与空间要素的定量关系分析

使用SPSS对 T_v 与空间要素的函数关系进行分析，以 T_v 为因变量，以净面积、净

① 回归分析是研究某一变量受其他变量影响的分析方法，它以被影响变量为因变量，以影响变量为自变量，研究因变量与自变量之间的因果关系。

② 曲线回归分析（Curve Estimation）是一种简便的处理非线性问题的分析方法，适用于只有一个自变量且可以简化为线性形式的情形，其基本过程是先将因变量或者自变量进行变量转换，然后对新变量进行直线回归分析，最后将新变量还原为原变量，得出变量之间的非线性关系。

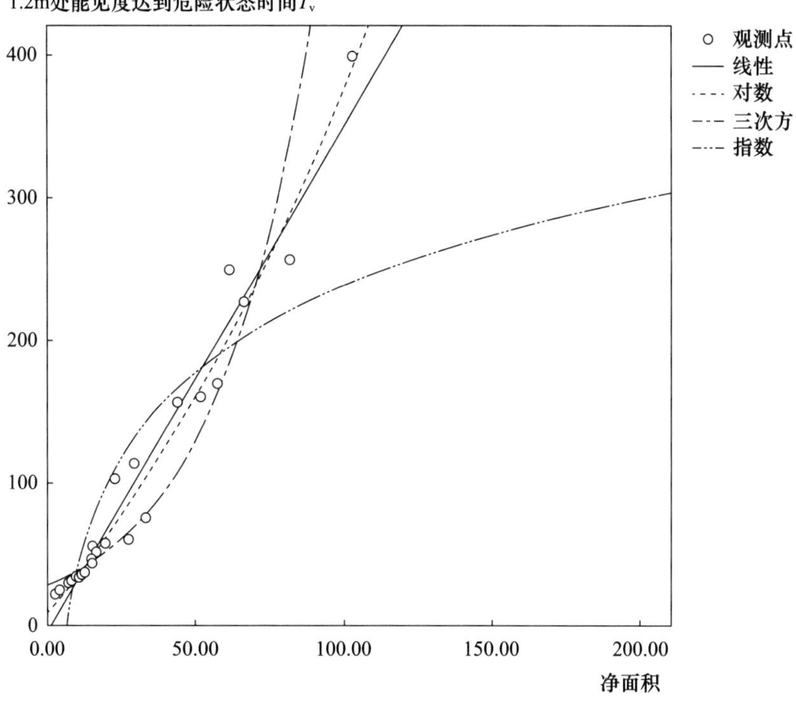

图 4.7　T_v 与净面积的拟合曲线

高和通风因子 3 个空间要素为自变量，进行多元线性回归分析①，可得到表 4.71～表 4.73。

表 4.71　T_v 与空间要素多元线性回归分析模型拟合情况

模型	R	R 方	调整 R 方	标准估计的误差
1	0.982[a]	0.965	0.961	18.103

a　预测变量：(常量)，通风因子，净高，净面积

由表 4.71 可知，模型的 R 方为 0.965，说明所得模型拟合情况很好，具有很强的解释能力。

表 4.72　T_v 与空间要素多元线性回归分析方差分析

模型		平方和	df	均方	F	Sig.
1	回归	225300.832	3	75100.277	229.161	0.000
	残差	8192.961	25	327.718		
	总计	233493.793	28			

a. 因变量：1.2m 处能见度达到危险状态时间 T_v。

b. 预测变量：(常量)，通风因子，净高，净面积。

① 多元线性回归分析也称为多重线性回归分析，它用来处理一个因变量与多个自变量之间的线性关系，建立变量之间的线性模型并根据模型进行评价和预测。

由表4.72可知，模型的检验P值（Sig.）为0.000，小于0.05，模型整体很显著，对各变量可采用多元线性回归分析。

表4.73　T_v与空间要素多元线性回归分析系数

模型		非标准化系数		标准系数	t	Sig.
		B	标准误差	试用版		
1	（常量）	5.474	49.133		0.111	0.912
	净面积	2.797	0.642	0.773	4.358	0.000
	净高	−4.738	18.150	−0.025	−0.261	0.796
	通风因子	2.322	1.451	0.238	1.600	0.122

a. 因变量：1.2m处能见度达到危险状态时间T_v。

由表4.73可得1.2m处能见度达到危险状态时间T_v与空间要素的关系式为：

$$T_v=5.474+2.797\times 净面积-4.738\times 净高+2.322\times 通风因子 \tag{4.2}$$

关系式（4.2）的适用条件为净面积<110m²。由表4.73可知，净面积的P值（Sig.）为0.000，远小于0.05，其与T_v的线性关系显著，而其他变量的P值（Sig.）都远大于0.05，说明其他变量与T_v的线性关系不显著。由关系式（4.2）可知，净面积每增加1个单位，T_v就增加2.797个单位；净高每增加1个单位，T_v就减少4.738个单位，但净高的P值（Sig.）为0.796，与T_v的线性关系不显著，影响较弱；通风因子每增加1个单位，T_v就增加2.322个单位。综上所述，空间净面积越大，通风越好，T_v值越大，空间安全性越高。

4.3.2　基本空间烟气层高度变化及分析

1. 基本空间各方位烟层降至0.5m的时间

将4.2节所列各基本空间火灾烟气特性曲线表中各基本空间4个方位烟层降至0.5m的时间进行汇总，可得表4.74与图4.8。

表4.74中的烟层底部最低位置表示烟气能够到达的室内最低点，对于面积较大或通风较好的空间，烟气层基本在0.5m之上，即烟气没有充满整个空间，就没有相应的T_h值（图4.9）。

表4.74　基本空间各方位烟层降至0.5m的时间

基本空间	空间要素			西北部烟层降至0.5m的时间（s）	东南部烟层降至0.5m的时间（s）	东北部烟层降至0.5m的时间（s）	西南部烟层降至0.5m的时间（s）	烟层降至0.5m的时间T_h（s）	烟层底部最低位置（m）
	净面积（m²）	净高（m）	通风因子$A_w h_w^{1/2}$						
经济型卫生间	2.34	2.5	2.81	30	30	25	25	28	0.2
经济型厨房	4.16	2.5	3.87	30	40	40	25	34	0.2
经济型卧室	7.12	2.7	3.87	50	40	50	50	48	0.2
经济型餐厅	8.10	2.7	5.03	90	50	60	90	73	0.3
旅馆单间1	9.61	2.7	4.44	90	50	80	90	78	0.2

续表

基本空间	空间要素			西北部烟层降至0.5m的时间（s）	东南部烟层降至0.5m的时间（s）	东北部烟层降至0.5m的时间（s）	西南部烟层降至0.5m的时间（s）	烟层降至0.5m的时间 T_h（s）	烟层底部最低位置（m）
	净面积（m^2）	净高（m）	通风因子 $A_w h_w{}^{1/2}$						
经济型书房	9.82	2.7	5.03	90	50	70	90	75	0.2
舒适型卫生间	10.74	2.7	3.87	80	75	80	90	81	0.2
舒适型厨房	10.99	2.7	5.72	100	90	150	80	105	0.3
宿舍两人间	11.56	3.0	5.60	90	80	70	100	85	0.2
经济型起居室	11.70	2.7	3.87	70	75	70	85	75	0.2
办公室 1	12.44	3.0	5.60	100	100	90	120	103	0.2
舒适型卧室	15.10	3.0	6.27	110	110	100	130	113	0.3
舒适型书房	15.10	3.0	7.29	110	110	100	110	108	0.3
宿舍四人间	15.10	3.3	5.60	110	100	90	120	105	0.3
舒适型餐厅	15.35	3.0	9.61	110	110	110	110	110	0.3
办公室 2	15.73	3.3	6.45	160	110	120	400	198	0.4
旅馆单间 2	16.54	3.0	5.60	150	110	110	200	143	0.3
宿舍八人间	19.73	3.3	7.95	120	150	120	250	160	0.3
舒适型起居室	22.96	3.0	14.67	—	—	—	—	—	0.5
旅馆标间 1	27.45	3.3	6.05	150	120	120	420	203	0.2
办公室 3	29.50	3.6	15.20	—	—	—	—	—	0.7
旅馆标间 2	33.24	3.3	7.62	280	200	180	—	220	0.4
办公室 4	44.00	3.6	20.66	—	—	—	—	—	0.8
普通教室 1	51.61	3.3	21.04	—	—	—	—	—	0.6
普通教室 2	57.31	3.6	24.91	—	—	—	—	—	0.6
普通教室 3	61.47	3.6	23.92	—	—	—	—	—	0.7
普通教室 4	66.26	3.9	27.40	—	—	—	—	—	0.7
普通教室 5	81.48	3.9	31.36	—	—	—	—	—	1.0
办公室 5	102.61	4.5	34.53	—	—	—	—	—	1.6
合班教室 1	114.35	4.2	43.47	—	—	—	—	—	1.8
合班教室 2	173.05	4.8	74.31	—	—	—	—	—	2.4

注：表中“—”表示未达到危险状态；本表按照基本空间净面积由小到大依次排序；T_h为各方位烟层降至0.5m时间的平均值。

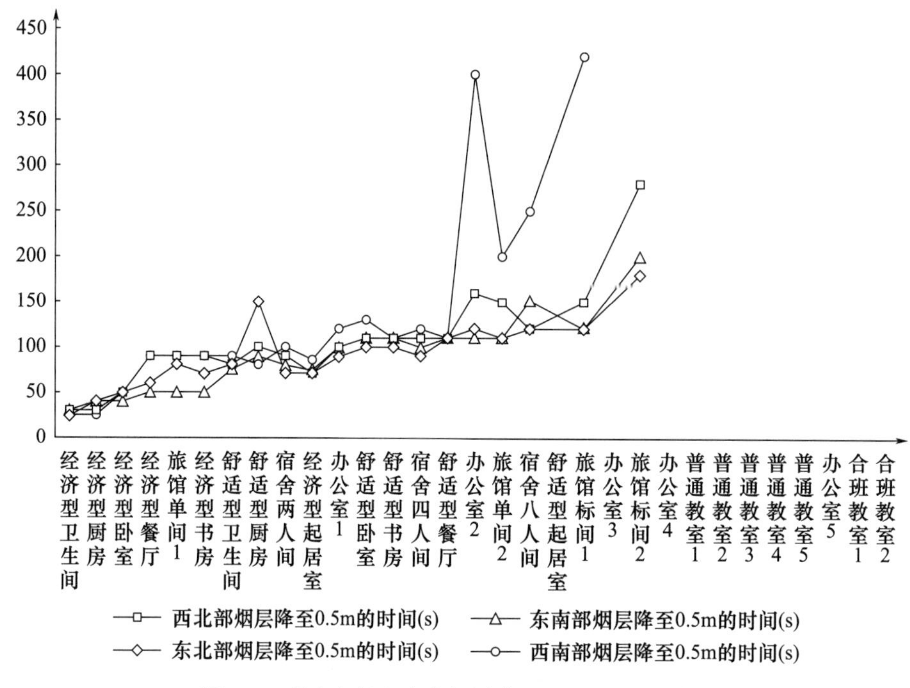

图 4.8　基本空间各方位烟层降至 0.5m 的时间曲线

由图 4.8 可知，各方位烟层降至 0.5m 的时间 T_h 随净面积的增大而增大。同一空间各方位烟层降至 0.5m 的时间差异不大（4 条曲线基本重合），办公室 2 与旅馆标间 1 西南部烟层降至 0.5m 的时间明显增大。

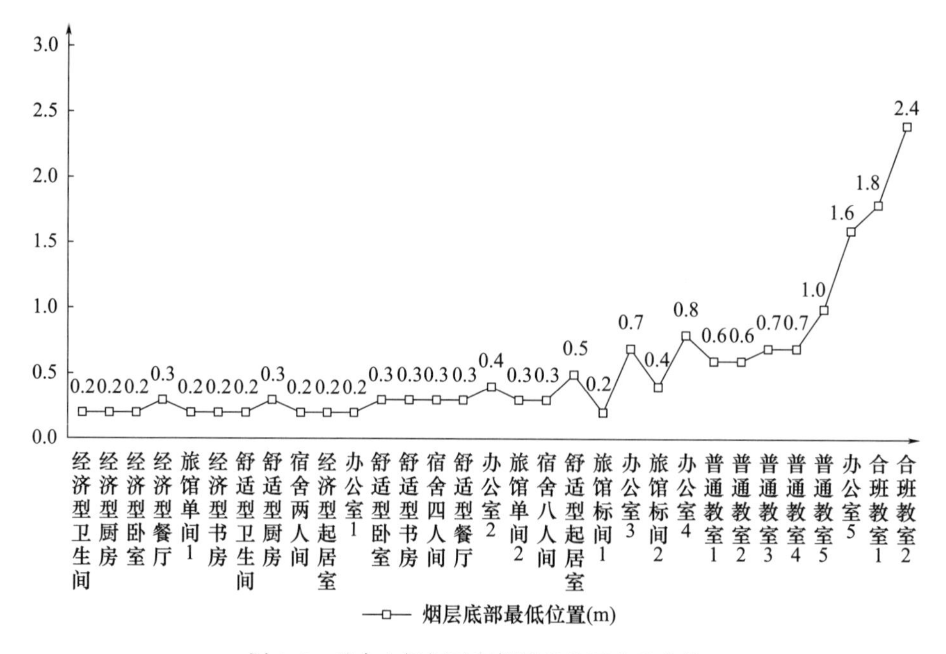

图 4.9　基本空间烟层底部最低位置变化曲线

2. SPSS对基本空间各方位烟层降至0.5m时间的定量分析

(1) 烟层降至0.5m的时间 T_h 与净面积的定量关系分析

由图4.8可知，T_h 随净面积的增大而增大，使用SPSS曲线回归分析工具，以 T_h 为因变量，以净面积为自变量，选取线性、二次方、三次方和幂四种可能的曲线类型进行回归分析，比较各曲线类型的拟合程度，得到两变量之间的定量关系（表4.75和图4.10）。

表4.75　T_h 与净面积曲线回归分析模型汇总和参数估计值

方程	模型汇总					参数估计值			
	R方	F	df1	df2	Sig.	常数	b1	b2	b3
线性	0.853	104.803	1	18	0.000	13.192	6.900		
二次方	0.869	56.403	2	17	0.000	−8.417	10.027	−0.089	
三次方	0.878	38.456	3	16	0.000	14.552	3.464	0.389	−0.009
幂	0.913	189.031	1	18	0.000	10.707	0.881		

因变量：烟层降至0.5m的时间 T_h；自变量：净面积。

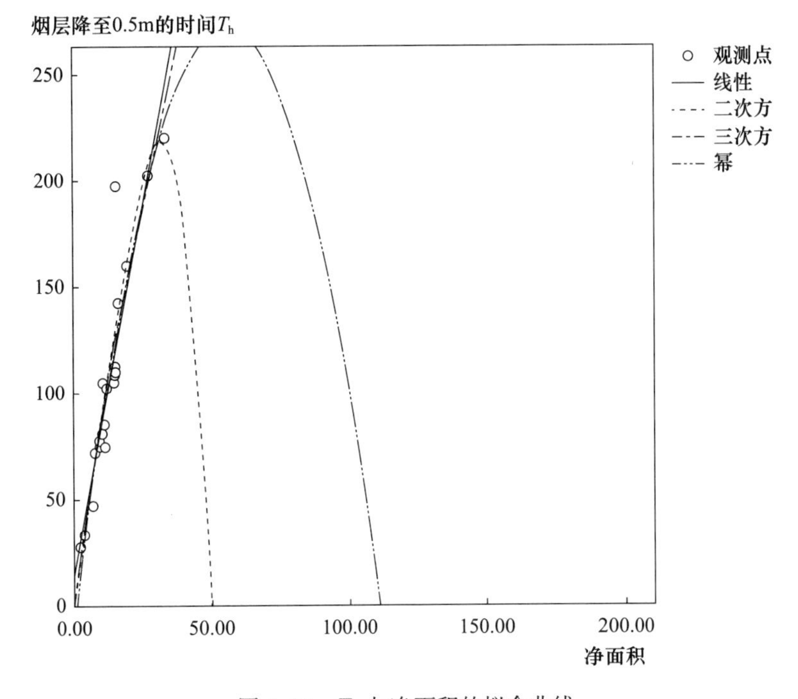

图4.10　T_h 与净面积的拟合曲线

由表4.75可知，线性模型的R方（0.853）最低，幂曲线模型的R方（0.913）最高，同时由图4.10可见，4种曲线模型都能较好地拟合观测点，本研究采用线性模型对 T_h 与净面积的函数关系进行定量描述。根据表4.75的参数估计值，可得烟层降至0.5m的时间 T_h 与净面积的关系式为：

$$T_h = 13.192 + 6.9 \times 净面积 \tag{4.3}$$

关系式（4.3）的适用条件为净面积<40m²，基本空间的净面积每增加1个单位，

T_h就增加6.9个单位。

(2) T_h与空间要素的定量关系分析

以T_h为因变量，以净面积、净高和通风因子为自变量进行多元线性回归分析，得到T_h与空间要素的定量关系（表4.76～表4.78）。

表4.76 T_h与空间要素多元线性回归分析模型拟合情况

模型	R	R方	调整R方	标准估计的误差
1	0.942[a]	0.888	0.867	19.566

a. 预测变量：(常量)，通风因子，净面积，净高。

由表4.76可知，模型的R方为0.888，说明所得模型拟合情况较好。

表4.77 T_h与空间要素多元线性回归分析方差分析

模型		平方和	df	均方	F	Sig.
1	回归	48572.676	3	16190.892	42.291	0.000[b]
	残差	6125.449	16	382.841		
	总计	54698.125	19			

a. 因变量：烟层降至0.5m的时间T_h。

b. 预测变量：(常量)，通风因子，净面积，净高。

由表4.77可知，模型的检验P值（Sig.）为0.000，小于0.05，模型整体很显著，对各变量可采用多元线性回归分析。

表4.78 T_h与空间要素多元线性回归分析系数

模型		非标准化系数		标准系数	t	Sig.
		B	标准误差	试用版		
1	(常量)	−150.595	75.531		−1.994	0.064
	净面积	4.825	1.150	0.646	4.197	0.001
	净高	66.482	31.901	0.343	2.084	0.054
	通风因子	−0.380	3.952	−0.012	−0.096	0.925

a. 因变量：烟层降至0.5m的时间T_h。

由表4.78可得烟层降至0.5m的时间T_h与空间要素的关系式为：

$$T_h = -150.595 + 4.825 \times 净面积 + 66.482 \times 净高 - 0.38 \times 通风因子 \tag{4.4}$$

关系式（4.4）的适用条件为净面积$<40m^2$。由表4.78可知，通风因子的P值（Sig.）为0.925，远大于0.05，说明通风因子与T_h的线性关系不显著。由关系式（4.4）可知，净面积每增加1个单位，T_h就增加4.825个单位；净高每增加1个单位，T_h就增加66.482个单位，影响很明显；通风因子每增加1个单位，T_h就减少0.38个单位，影响可以忽略。综上所述，空间净面积越大，净高越高，T_h值越大，烟层降至0.5m的时间越长，空间安全性越高，而通风因子对T_h值的影响可以忽略。

(3) 烟层底部最低位置与空间要素的定量关系分析

以烟层底部最低位置为因变量，以净面积、净高和通风因子为自变量，进行多元线性回归分析（表4.79）。

表 4.79　烟层底部最低位置与空间要素多元线性回归分析系数

模型		非标准化系数		标准系数	t	Sig.
		B	标准误差	试用版		
1	（常量）	−0.059	0.323		−0.183	0.856
	净面积	0.007	0.004	0.534	1.635	0.114
	净高	0.048	0.116	0.052	0.411	0.684
	通风因子	0.013	0.009	0.393	1.436	0.163

a. 因变量：烟层底部最低位置

由表 4.79 可知，模型中各自变量的 P 值（Sig.）都远大于 0.05，同时各自变量的系数值都很小，说明烟层底部最低位置与空间要素的线性关系不显著，无法用关系式进行定量描述。

4.3.3　基本空间下层烟气温度变化及分析

1. 基本空间各方位下层烟气温度达到 60℃的时间

将 4.2 节所列各基本空间火灾烟气特性曲线表中各基本空间 4 个方位下层烟气温度达到 60℃的时间进行汇总，可得表 4.80 与图 4.11。

表 4.80　基本空间各方位下层烟气温度达到 60℃的时间

基本空间	空间要素			西北部下层烟气温度达到 60℃的时间（s）	东南部下层烟气温度达到 60℃的时间（s）	东北部下层烟气温度达到 60℃的时间（s）	西南部下层烟气温度达到 60℃的时间（s）	下层烟气温度达到 60℃的时间 T_d（s）
	净面积（m^2）	净高（m）	通风因子 $A_w h_w^{1/2}$					
经济型卫生间	2.34	2.5	2.81	50	100	220	60	108
经济型厨房	4.16	2.5	3.87	80	200	520	60	215
经济型卧室	7.12	2.7	3.87	110	100	130	90	108
经济型餐厅	8.10	2.7	5.03	110	220	400	120	213
旅馆单间 1	9.61	2.7	4.44	120	200	—	130	150
经济型书房	9.82	2.7	5.03	110	120	350	120	175
舒适型卫生间	10.74	2.7	3.87	100	110	110	100	105
舒适型厨房	10.99	2.7	5.72	100	250	—	140	163
宿舍两人间	11.56	3.0	5.60	120	210	280	150	190
经济型起居室	11.70	2.7	3.87	120	150	400	120	198
办公室 1	12.44	3.0	5.60	120	180	300	140	185
舒适型卧室	15.10	3.0	6.27	120	240	—	180	180
舒适型书房	15.10	3.0	7.29	110	200	—	200	170
宿舍四人间	15.10	3.3	5.60	120	200	—	140	153
舒适型餐厅	15.35	3.0	9.61	200	180	220	180	195
办公室 2	15.73	3.3	6.45	170	200	—	200	190
旅馆单间 2	16.54	3.0	5.60	140	260	—	180	193

续表

基本空间	空间要素			西北部下层烟气温度达到60℃的时间（s）	东南部下层烟气温度达到60℃的时间（s）	东北部下层烟气温度达到60℃的时间（s）	西南部下层烟气温度达到60℃的时间（s）	下层烟气温度达到60℃的时间 T_d（s）
	净面积（m^2）	净高（m）	通风因子 $A_w h_w^{1/2}$					
宿舍八人间	19.73	3.3	7.95	130	160	—	220	170
舒适型起居室	22.96	3.0	14.67	—	390	—	310	350
旅馆标间 1	27.45	3.3	6.05	130	200	230	190	188
办公室 3	29.50	3.6	15.20	—	—	—	—	—
旅馆标间 2	33.24	3.3	7.62	200	280	320	230	258
办公室 4	44.00	3.6	20.66	—	—	—	—	—
普通教室 1	51.61	3.3	21.04	—	—	—	—	—
普通教室 2	57.31	3.6	24.91	—	—	—	—	—
普通教室 3	61.47	3.6	23.92	—	—	—	—	—
普通教室 4	66.26	3.9	27.40	—	—	—	—	—
普通教室 5	81.48	3.9	31.36	—	—	—	—	—
办公室 5	102.61	4.5	34.53	—	—	—	—	—
合班教室 1	114.35	4.2	43.47	—	—	—	—	—
合班教室 2	173.05	4.8	74.31	—	—	—	—	—

注：表中“—”表示未达到危险状态；本表按照基本空间净面积由小到大依次排序；T_d为各方位下层烟气温度达到60℃时间的平均值。

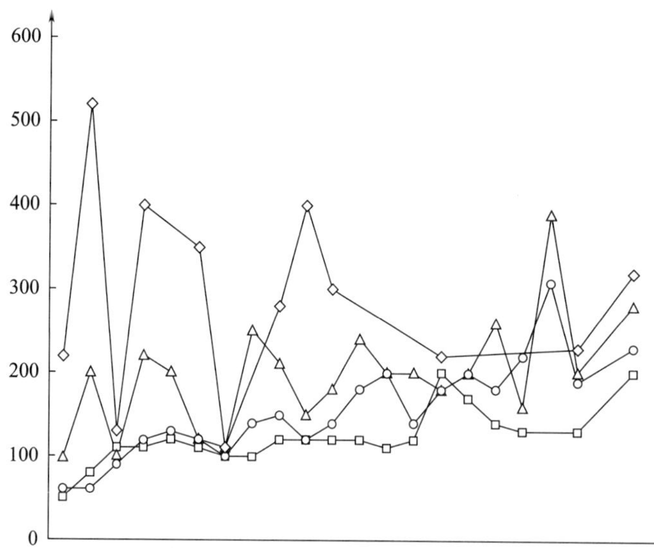

图 4.11　基本空间各方位下层烟气温度达到 60℃的时间曲线

由图 4.11 可知，各方位下层烟气达到 60℃的时间从高到低依次为：东北部、东南部、西南部、西北部，这与空间的通风状态有关，东北部靠近门洞，通风状态最好，下层烟气对流较快，烟气温度较低，达到 60℃的时间较长，反之，西北部通风状态最差，下层烟气热量易聚积，烟气温度较高，达到 60℃的时间较短。

2. SPSS 对基本空间下层烟气温度达到 60℃时间的定量分析

(1) 各方位下层烟气达到 60℃时间的简单相关分析

由表 4.81 可知，各方位下层烟气达到 60℃时间的相关性不显著，烟气在各方位的变化差异较大，原因是各方位的通风情况不同，东北部靠近门洞，受烟气对流影响最大，其下层烟气达到 60℃的时间最长。

表 4.81　各方位下层烟气温度达到 60℃ 的时间相关性

项目		西北部下层烟气温度达到60℃的时间	东南部下层烟气温度达到60℃的时间	东北部下层烟气温度达到60℃的时间	西南部下层烟气温度达到60℃的时间
西北部下层烟气温度达到 60℃的时间	Pearson 相关性	1	0.454*	−0.083	0.759**
	显著性（双侧）		0.044	0.798	0.000
	N	20	20	12	20
东南部下层烟气温度达到 60℃的时间	Pearson 相关性	0.454*	1	0.476	0.738**
	显著性（双侧）	0.044		0.118	0.000
	N	20	21	12	21
东北部下层烟气温度达到 60℃的时间	Pearson 相关性	−0.083	0.476	1	−0.096
	显著性（双侧）	0.798	0.118		0.767
	N	12	12	12	12
西南部下层烟气温度达到 60℃的时间	Pearson 相关性	0.759**	0.738**	−0.096	1
	显著性（双侧）	0.000	0.000	0.767	
	N	20	21	12	21

*. 在 0.05 水平（双侧）上显著相关。

**. 在 0 .01 水平（双侧）上显著相关。

(2) 下层烟气温度达到 60℃的时间 T_d 与净面积的定量关系分析

由图 4.11 可知，T_d 随净面积的增大而增大，使用 SPSS 曲线回归分析工具，以 T_d 为因变量，以净面积为自变量，选取线性、二次方、三次方和指数 4 种可能的曲线类型进行回归分析，比较各曲线类型的拟合程度，得到两变量之间的定量关系（表 4.82 和图 4.12）。

表 4.82　T_d 与净面积曲线回归分析模型汇总和参数估计值

方程	模型汇总					参数估计值			
	R 方	F	df1	df2	Sig.	常数	b1	b2	b3
线性	0.305	8.334	1	19	0.009	127.242	4.012		
二次方	0.305	3.950	2	18	0.038	129.138	3.737	0.008	

续表

方程	模型汇总			参数估计值					
	R 方	F	df1	df2	Sig.	常数	b1	b2	b3
三次方	0.320	2.672	3	17	0.080	158.159	−4.265	0.577	−0.011
指数	0.311	8.570	1	19	0.009	131.218	0.021		

因变量：下层烟气温度达到 60℃的时间 T_d；自变量：净面积。

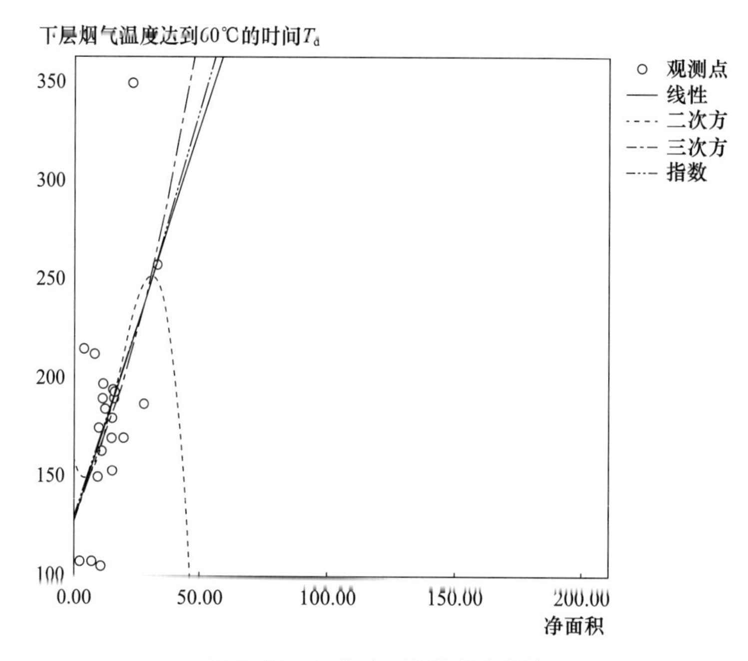

图 4.12　T_d 与净面积的拟合曲线

由表 4.82 可知，4 种曲线类型的 R 方相差不多，但都很低，说明 4 种曲线模型都不能较好地拟合观测点（由图 4.12 也可直观看出，观测点的分布随机性较大），由于线性模型的 P 值（Sig.）为 0.009，显著性较高，本研究采用线性模型对 T_d与净面积的函数关系进行定量描述。根据表 4.82 的参数估计值，可得下层烟气温度达到 60℃的时间 T_d与净面积的关系式为：

$$T_d = 127.242 + 4.012 \times 净面积 \tag{4.5}$$

关系式（4.5）的适用条件为净面积<40m²，基本空间的净面积每增加 1 个单位，T_d就增加 4.012 个单位。

（3）T_d与空间要素的定量关系分析

以 T_d为因变量，以净面积、净高和通风因子为自变量进行多元线性回归分析，得到 T_d与空间要素的定量关系（表 4.83～表 4.85）。

表 4.83　T_d与空间要素多元线性回归分析模型拟合情况

模型	R	R 方	调整 R 方	标准估计的误差
1	0.815[a]	0.665	0.605	33.285

a. 预测变量：(常量)，通风因子，净高，净面积。

由表4.83可知，模型的R方为0.665，说明所得模型拟合情况一般。

表4.84 T_d与空间要素多元线性回归分析方差分析

模型		平方和	df	均方	F	Sig.
1	回归	37326.675	3	12442.225	11.230	0.000[b]
	残差	18834.635	17	1107.920		
	总计	56161.310	20			

a. 因变量：下层烟气温度达到60℃的时间T_d。

b. 预测变量：(常量)，通风因子，净高，净面积。

由表4.84可知，模型的检验P值（Sig.）为0.000，小于0.05，模型整体很显著，对各变量可采用多元线性回归分析。

表4.85 T_d与空间要素多元线性回归分析系数

模型		非标准化系数		标准系数	t	Sig.
		B	标准误差	试用版		
1	(常量)	295.432	121.137		2.439	0.026
	净面积	3.461	1.951	0.476	1.774	0.094
	净高	−84.545	47.769	−0.431	−1.770	0.095
	通风因子	14.364	3.721	0.691	3.861	0.001

a. 因变量：下层烟气温度达到60℃的时间T_d。

由表4.85得到下层烟气温度达到60℃的时间T_d与空间要素的关系式为：

$$T_d = 295.432 + 3.461 \times 净面积 - 84.545 \times 净高 + 14.364 \times 通风因子 \quad (4.6)$$

关系式（4.6）的适用条件为净面积<40m^2。由表4.85可知，通风因子的P值（Sig.）为0.001，远小于0.05，说明通风因子与T_d的线性关系十分显著，而净面积和净高与T_d的线性关系不显著。由关系式（4.6）可知，净面积每增加1个单位，T_d就增加3.461个单位；净高每增加1个单位，T_d就减少84.545个单位，影响较大；通风因子每增加1个单位，T_d就增加14.364个单位，影响明显。综上所述，净面积对T_d影响不显著，通风因子越大，通风越好，T_d值越大，下层烟气温度达到60℃的时间越长，空间安全性越高。

4.3.4 基本空间下层烟气最高温度变化及分析

1. 基本空间各方位下层烟气最高温度

将4.2节所列各基本空间火灾烟气特性曲线表中各基本空间4个方位下层烟气最高温度进行汇总，可得图4.13与表4.86。

由图4.13可知，基本空间各方位下层烟气最高温度随着净面积的增大而呈下降趋势，原因是空间越大烟气对流和热量分布越均匀，最高温度越低。各方位下层烟气最高温度从高到低依次为：西北部、西南部、东南部、东北部，这与各方位的通风状态直接相关，西北部通风较差，气流慢，热量聚集多，相对其他方位最高温度高。空间越小，各方位下层烟气最高温度差距越大，说明烟气越不稳定。由表4.86可知，建筑面积在100m^{2}以上的基本空间，其下层烟气最高温度变化不大，均与室温接近。

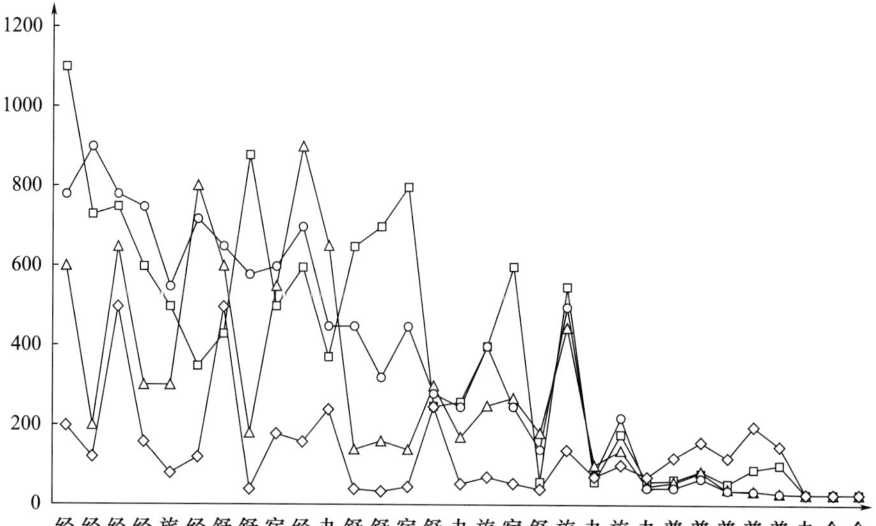

图 4.13　基本空间各方位下层烟气最高温度变化曲线

表 4.86　基本空间各方位下层烟气最高温度

基本空间	空间要素			西北部下层烟气最高温度（℃）	东南部下层烟气最高温度（℃）	东北部下层烟气最高温度（℃）	西南部下层烟气最高温度（℃）	下层烟气最高温度 T_1（℃）
	净面积（m^2）	净高（m）	通风因子 $A_w h_w^{1/2}$					
经济型卫生间	2.34	2.5	2.81	1100	600	200	780	1100
经济型厨房	4.16	2.5	3.87	730	200	120	900	900
经济型卧室	7.12	2.7	3.87	750	650	500	780	780
经济型餐厅	8.10	2.7	5.03	600	300	160	750	750
旅馆单间1	9.61	2.7	4.44	500	300	80	550	550
经济型书房	9.82	2.7	5.03	350	800	120	720	800
舒适型卫生间	10.74	2.7	3.87	430	600	500	650	650
舒适型厨房	10.99	2.7	5.72	880	180	40	580	880
宿舍两人间	11.56	3.0	5.60	500	550	180	600	600
经济型起居室	11.70	2.7	3.87	600	900	160	700	900
办公室1	12.44	3.0	5.60	370	650	240	450	650
舒适型卧室	15.10	3.0	6.27	650	140	40	450	650
舒适型书房	15.10	3.0	7.29	700	160	35	320	700
宿舍四人间	15.10	3.3	5.60	800	140	46	450	800
舒适型餐厅	15.35	3.0	9.61	250	300	250	280	300

续表

基本空间	空间要素			西北部下层烟气最高温度（℃）	东南部下层烟气最高温度（℃）	东北部下层烟气最高温度（℃）	西南部下层烟气最高温度（℃）	下层烟气最高温度 T_1（℃）
	净面积（m^2）	净高（m）	通风因子 $A_w h_w^{1/2}$					
办公室 2	15.73	3.3	6.45	260	170	55	250	260
旅馆单间 2	16.54	3.0	5.60	400	250	70	400	400
宿舍八人间	19.73	3.3	7.95	600	270	55	250	600
舒适型起居室	22.96	3.0	14.67	60	180	40	140	180
旅馆标间 1	27.45	3.3	6.05	550	450	140	500	550
办公室 3	29.50	3.6	15.20	60	100	70	75	100
旅馆标间 2	33.24	3.3	7.62	180	140	100	220	220
办公室 4	44.00	3.6	20.66	60	50	70	45	70
普通教室 1	51.61	3.3	21.04	65	55	120	45	120
普通教室 2	57.31	3.6	24.91	80	85	160	70	160
普通教室 3	61.47	3.6	23.92	55	40	120	40	120
普通教室 4	66.26	3.9	27.40	90	35	200	35	200
普通教室 5	81.48	3.9	31.36	100	30	150	30	150
办公室 5	102.61	4.5	34.53	30	28	28	26	30
合班教室 1	114.35	4.2	43.47	28	30	26	28	30
合班教室 2	173.05	4.8	74.31	28	28	25	26	28

注：本表按照基本空间净面积由小到大依次排序；T_1为各方位下层烟气最高温度的最大值。

2. SPSS 对基本空间各方位下层烟气最高温度及变化的定量分析

（1）各方位下层烟气最高温度简单相关分析

由表 4.87 可知，西南部与西北部下层烟气最高温度的相关性较高（0.831），其他方位之间的相关性较低，说明不同方位下层烟气最高温度受到其周围通风情况的影响而呈现不同的变化状态。

表 4.87　各方位下层烟气最高温度相关性

项目		西北部下层烟气最高温度	东南部下层烟气最高温度	东北部下层烟气最高温度	西南部下层烟气最高温度
西北部下层烟气最高温度	Pearson 相关性	1	0.509**	0.196	0.831**
	显著性（双侧）		0.003	0.290	0.000
	N	31	31	31	31
东南部下层烟气最高温度	Pearson 相关性	0.509**	1	0.564**	0.757**
	显著性（双侧）	0.003		0.001	0.000
	N	31	31	31	31
东北部下层烟气最高温度	Pearson 相关性	0.196	0.564**	1	0.423*
	显著性（双侧）	0.290	0.001		0.018
	N	31	31	31	31

续表

项目		西北部下层烟气最高温度	东南部下层烟气最高温度	东北部下层烟气最高温度	西南部下层烟气最高温度
西南部下层烟气最高温度	Pearson 相关性	0.831**	0.757**	0.423*	1
	显著性（双侧）	0.000	0.000	0.018	
	N	31	31	31	31

**. 在 0.01 水平（双侧）上显著相关。

*. 在 0.05 水平（双侧）上显著相关。

（2）下层烟气最高温度 T_1 与净面积的定量关系分析

由图 4.14 可知，T_1 随着净面积的增大而减小，使用 SPSS 曲线回归分析工具，以 T_1 为因变量，以净面积为自变量，选取线性、二次方、三次方和幂 4 种可能的曲线类型进行回归分析，比较各曲线类型的拟合程度，得到两变量之间的定量关系（表 4.88 和图 4.14）。

表 4.88　T_1 与净面积曲线回归分析模型汇总和参数估计值

方程	模型汇总					参数估计值			
	R 方	F	df1	df2	Sig.	常数	b1	b2	b3
线性	0.513	30.542	1	29	0.000	666.890	−5.987		
二次方	0.709	34.116	2	28	0.000	837.345	−16.383	0.072	
三次方	0.788	33.425	3	27	0.000	1011.068	−33.018	0.352	−0.001
幂	0.794	111.800	1	29	0.000	5982.836	−0.974		

因变量：下层烟气最高温度 T_1；自变量：净面积。

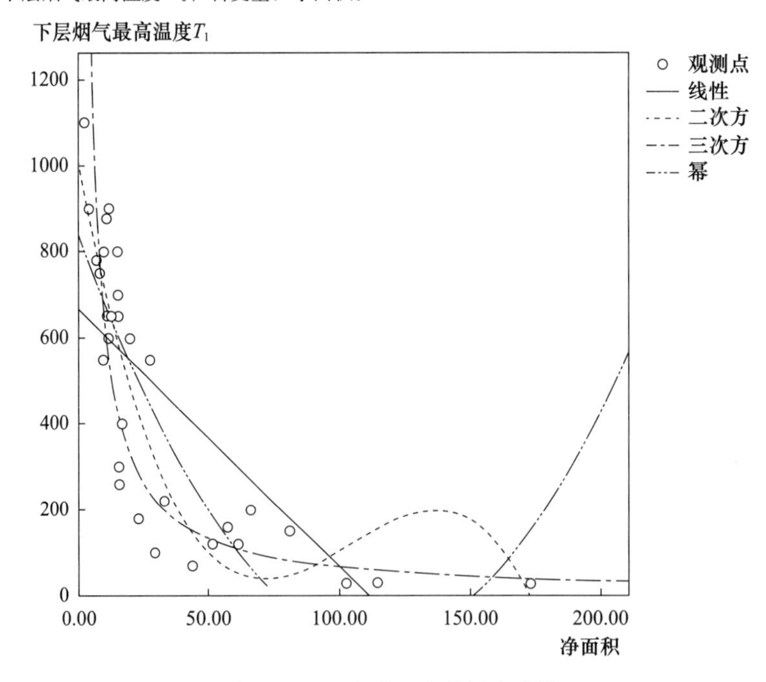

图 4.14　T_1 与净面积的拟合曲线

由表4.88可知，幂曲线模型的R方（0.794）最高，其次为三次方曲线模型R方（0.788），而线性模型的R方最低（0.513），说明幂曲线模型和三次方曲线模型都能较好地拟合观测点（由图4.14也可直观看出），各曲线模型的P值（Sig.）均为0.000，显著性高，本研究采用三次方曲线模型对T_1与净面积的函数关系进行定量描述。根据表4.88的参数估计值，可得下层烟气最高温度T_1与净面积S的关系式为：

$$T_1 = 1011.068 - 33.018S + 0.352S^2 - 0.001S^3 \tag{4.7}$$

关系式（4.7）的适用条件为净面积<200m^2。

（3）T_1与空间要素的定量关系分析

以T_1为因变量，以净面积、净高和通风因子为自变量进行多元线性回归分析，得到T_1与空间要素的定量关系（表4.89～表4.91）。

表4.89　T_1与空间要素多元线性回归分析模型拟合情况

模型	R	R方	调整R方	标准估计的误差
1	0.822[a]	0.675	0.639	194.336

a. 预测变量：(常量)，通风因子，净高，净面积。

由表4.89可知，模型的R方为0.675，说明所得模型的拟合情况一般。

表4.90　T_1与空间要素多元线性回归分析方差分析

模型		平方和	df	均方	F	Sig.
1	回归	2120691.958	3	706897.319	18.718	0.000[b]
	残差	1019699.010	27	37766.630		
	总计	3140390.968	30			

a. 因变量：下层烟气最高温度T_1。
b. 预测变量：(常量)，通风因子，净高，净面积。

由表4.90可知，模型的检验P值（Sig.）为0.000，小于0.05，模型整体很显著，对各变量可采用多元线性回归分析。

表4.91　T_1与空间要素多元线性回归分析系数

模型		非标准化系数		标准系数	t	Sig.
		B	标准误差	试用版		
1	(常量)	2433.620	483.251		5.036	0.000
	净面积	8.323	6.590	0.996	1.263	0.217
	净高	−636.825	173.326	−1.130	−3.674	0.001
	通风因子	−14.058	13.835	−0.672	−1.016	0.319

a. 因变量：下层烟气最高温度T_1。

由表4.91得到下层烟气最高温度T_1与空间要素的关系式为：

$$T_1 = 2433.62 + 8.323 \times 净面积 - 636.825 \times 净高 - 14.058 \times 通风因子 \tag{4.8}$$

关系式（4.8）的适用条件为净面积<200m^2。由表4.91可知，净面积的P值（Sig.=0.217）和通风因子的P值（Sig.=0.319）远大于0.05，说明净面积和通风因

子与 T_1 的线性关系不显著，而净高（Sig. ＝0.001）与 T_1 的线性关系较显著。由关系式（4.8）可知，净面积每增加 1 个单位，T_1 就增加 8.323 个单位，而随着净高和通风因子的增加，下层烟气最高温度 T_1 是下降的。综上所述，净面积对下层烟气最高温度 T_1 影响不显著，增加通风因子和净高可以降低下层烟气最高温度，从而提高空间的安全性。

4.3.5　基本空间上层烟气温度变化及分析

1. 基本空间各方位上层烟气温度达到 180℃的时间

将 4.2 节所列各基本空间火灾烟气特性曲线表中各基本空间 4 个方位上层烟气温度达到 180℃的时间进行汇总，可得图 4.15 与表 4.92。

由图 4.15 可知，各方位上层烟气温度达到 180℃的时间随净面积的增大而增大，基本空间各方位上层烟气温度达到 180℃的时间差别不大（4 条曲线重合度较高），原因是各方位上层烟气的对流混合较充分。由表 4.92 可知，基本空间各方位上层烟气温度均达到 180℃，原因是门窗洞口过梁之上的空间烟气与外界对流不畅，易于聚积热量，烟气温度较高。

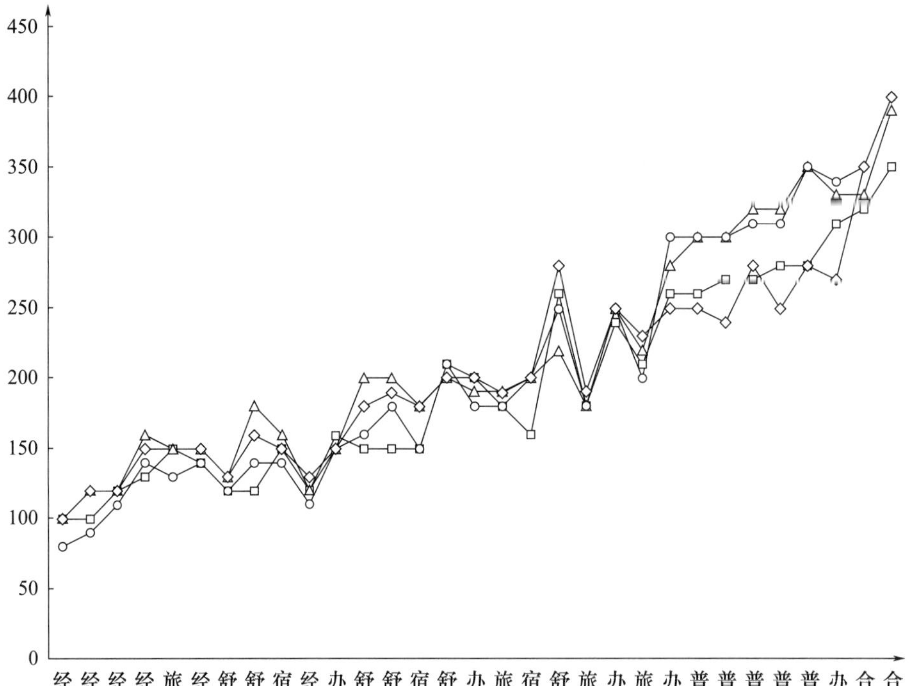

图 4.15　基本空间各方位上层烟气温度达到 180℃的时间曲线

表 4.92　基本空间各方位上层烟气温度达到 180℃的时间

基本空间	空间要素			西北部上层烟气温度达到 180℃的时间（s）	东南部上层烟气温度达到 180℃的时间（s）	东北部上层烟气温度达到 180℃的时间（s）	西南部上层烟气温度达到 180℃的时间（s）	上层烟气温度达到 180℃的时间 T_u（s）
	净面积（m^2）	净高（m）	通风因子 $A_w h_w^{1/2}$					
经济型卫生间	2.34	2.5	2.81	100	100	100	80	95
经济型厨房	4.16	2.5	3.87	100	120	120	90	108
经济型卧室	7.12	2.7	3.87	120	120	120	110	118
经济型餐厅	8.10	2.7	5.03	130	160	150	140	145
旅馆单间 1	9.61	2.7	4.44	150	150	150	130	145
经济型书房	9.82	2.7	5.03	140	150	150	140	145
舒适型卫生间	10.74	2.7	3.87	120	130	130	120	125
舒适型厨房	10.99	2.7	5.72	120	180	160	140	150
宿舍两人间	11.56	3.0	5.60	150	160	150	140	150
经济型起居室	11.70	2.7	3.87	120	120	130	110	120
办公室 1	12.44	3.0	5.60	160	150	150	150	153
舒适型卧室	15.10	3.0	6.27	150	200	180	160	173
舒适型书房	15.10	3.0	7.29	150	200	190	180	180
宿舍四人间	15.10	3.3	5.60	150	180	180	150	165
舒适型餐厅	15.35	3.0	9.61	210	200	200	210	205
办公室 2	15.73	3.3	6.45	200	190	200	180	193
旅馆单间 2	16.54	3.0	5.60	180	190	190	180	185
宿舍八人间	19.73	3.3	7.95	160	200	200	200	190
舒适型起居室	22.96	3.0	14.67	260	220	280	250	253
旅馆标间 1	27.45	3.3	6.05	180	180	190	180	183
办公室 3	29.50	3.6	15.20	240	250	250	250	248
旅馆标间 2	33.24	3.3	7.62	210	220	230	200	215
办公室 4	44.00	3.6	20.66	260	280	250	300	273
普通教室 1	51.61	3.3	21.04	260	300	250	300	278
普通教室 2	57.31	3.6	24.91	270	300	240	300	278
普通教室 3	61.47	3.6	23.92	270	320	280	310	295
普通教室 4	66.26	3.9	27.40	280	320	250	310	290
普通教室 5	81.48	3.9	31.36	280	350	280	350	315
办公室 5	102.61	4.5	34.53	310	330	270	340	313
合班教室 1	114.35	4.2	43.47	320	330	350	350	338
合班教室 2	173.05	4.8	74.31	350	390	400	400	385

注：本表按照基本空间净面积由小到大依次排序；T_u为各方位上层烟气温度达到 180℃时间的平均值。

2. SPSS对基本空间上层烟气温度达到180℃时间的定量分析

（1）各方位上层烟气温度达到180℃时间的简单相关分析

由表4.93可知，各方位上层烟气温度达到180℃时间的相关性十分显著，烟气在各个方位的变化差异较小，原因是各方位上层烟气对流混合较充分，温度变化较均匀。

表4.93　各方位上层烟气温度达到180℃的时间相关性

		西北部上层烟气温度达到180℃的时间	东南部上层烟气温度达到180℃的时间	东北部上层烟气温度达到180℃的时间	西南部上层烟气温度达到180℃的时间
西北部上层烟气温度达到180℃的时间	Pearson相关性	1	0.954**	0.955**	0.980**
	显著性（双侧）		0.000	0.000	0.000
	N	31	31	31	31
东南部上层烟气温度达到180℃的时间	Pearson相关性	0.954**	1	0.935**	0.987**
	显著性（双侧）	0.000		0.000	0.000
	N	31	31	31	31
东北部上层烟气温度达到180℃的时间	Pearson相关性	0.955**	0.935**	1	0.951**
	显著性（双侧）	0.000	0.000		0.000
	N	31	31	31	31
西南部上层烟气温度达到180℃的时间	Pearson相关性	0.980**	0.987**	0.951**	1
	显著性（双侧）	0.000	0.000	0.000	
	N	31	31	31	31

**. 在0.01水平（双侧）上显著相关。

（2）上层烟气温度达到180℃的时间T_u与净面积的定量关系分析

由图4.15可知，T_u随净面积的增大而增大，使用SPSS曲线回归分析工具，以T_u为因变量，以净面积为自变量，选取线性、对数、二次方和三次方4种可能的曲线类型进行回归分析，比较各曲线类型的拟合程度，得到两变量之间的定量关系（表4.94和图4.16）。

表4.94　T_u与净面积曲线回归分析模型汇总和参数估计值

方程	模型汇总					参数估计值			
	R方	F	df1	df2	Sig.	常数	b1	b2	b3
线性	0.808	122.165	1	29	0.000	144.896	1.775		
对数	0.926	363.610	1	29	0.000	−18.347	73.504		
二次方	0.911	142.803	2	28	0.000	115.782	3.550	−0.012	
三次方	0.947	160.432	3	27	0.000	87.992	6.211	−0.057	0.000

因变量：上层烟气温度达到180℃的时间T_u；自变量：净面积。

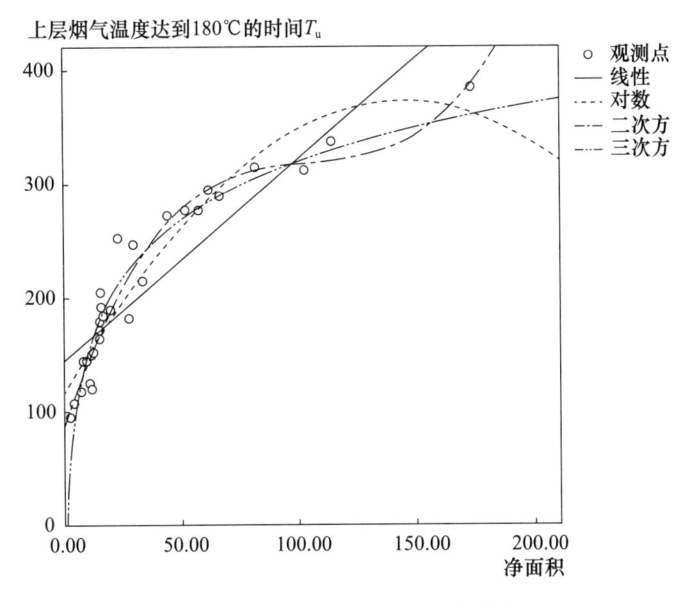

图 4.16 T_u 与净面积的拟合曲线

由表 4.94 可知，三次方曲线模型的 R 方（0.947）最大，其次为对数曲线模型（0.926），线性模型的 R 方（0.808）相对较低，三次方曲线模型和对数曲线模型都能较好地拟合观测点（由图 4.16 也可直观看出），4 种曲线模型的 P 值（Sig.）均为 0.000，显著性很高，本研究采用三次方曲线模型对 T_u 与净面积的函数关系进行定量描述。根据表 4.94的参数估计值，可得上层烟气温度达到 180℃的时间 T_u与净面积 S 的关系式为：

$$T_u = 87.992 + 6.211S - 0.057S^2 \tag{4.9}$$

关系式（4.9）的适用条件为净面积<$200m^2$。表 4.94 中因变量三次方的系数为 0.000，故关系式省去 S^3。

（3）T_u与空间要素的定量关系分析

以 T_u为因变量，以净面积、净高和通风因子为自变量进行多元线性回归分析，得到 T_u与空间要素的定量关系（表 4.95～表 4.97）。

表 4.95 T_u与空间要素多元线性回归分析模型拟合情况

模型	R	R 方	调整 R 方	标准估计的误差
1	0.941[a]	0.886	0.873	27.228

a. 预测变量：（常量），通风因子，净高，净面积。

由表 4.95 可知，模型的 R 方为 0.886，说明所得模型拟合情况较好。

表 4.96 T_u与空间要素多元线性回归分析方差分析

模型		平方和	df	均方	F	Sig.
1	回归	155141.157	3	51713.719	69.753	0.000
	残差	20017.310	27	741.382		
	总计	175158.468	30			

a. 因变量：上层烟气温度达到 180℃的时间 T_u。

b. 预测变量：（常量），通风因子，净高，净面积。

由表 4.96 可知，模型的检验 P 值（Sig.）为 0.000，小于 0.05，模型整体很显著，对各变量可采用多元线性回归分析。

表 4.97　T_u与空间要素多元线性回归分析系数

模型		非标准化系数		标准系数	t	Sig.
		B	标准误差	试用版		
1	（常量）	−138.864	67.708		−2.051	0.050
	净面积	−1.136	0.923	−0.575	−1.230	0.229
	净高	101.920	24.285	0.766	4.197	0.000
	通风因子	3.826	1.938	0.775	1.974	0.059

a. 因变量：上层烟气温度达到 180℃的时间 T_u。

由表 4.97 得到上层烟气温度达到 180℃的时间 T_u与空间要素的关系式为：

$$T_u = -138.864 - 1.136 \times 净面积 + 101.92 \times 净高 + 3.826 \times 通风因子 \quad (4.10)$$

关系式（4.10）的适用条件为净面积＜200m²。由表 4.97 可知，净面积的 P 值（Sig.）为 0.229，远大于 0.05，说明净面积与 T_u的线性关系不显著，而净高（Sig. = 0.000）与 T_u的线性关系很显著。由关系式（4.10）可知，净面积每增加 1 个单位，T_u就减少 1.136 个单位，净面积对 T_u的影响很弱；净高每增加 1 个单位，T_u就增加 101.92 个单位，净高对 T_u的影响较大；通风因子每增加 1 个单位，T_u就增加 3.826 个单位。综上，净面积对 T_u影响很弱；净高和通风因子越大，T_u值越大，上层烟气温度达到 180℃的时间越长，空间安全性越高。

4.3.6　基本空间上层烟气最高温度变化及分析

1. 基本空间各方位上层烟气最高温度

将 4.2 节所列各基本空间火灾烟气特性曲线表中各基本空间 4 个方位上层烟气最高温度进行汇总，可得表 4.98 与图 4.17。

表 4.98　基本空间各方位上层烟气最高温度

基本空间	空间要素			西北部上层烟气最高温度（℃）	东南部上层烟气最高温度（℃）	东北部上层烟气最高温度（℃）	西南部上层烟气最高温度（℃）	上层烟气最高温度 T_2（℃）
	净面积（m²）	净高（m）	通风因子 $A_w h_w^{1/2}$					
经济型卫生间	2.34	2.5	2.81	750	680	720	700	750
经济型厨房	4.16	2.5	3.87	750	640	750	750	750
经济型卧室	7.12	2.7	3.87	800	800	650	750	800
经济型餐厅	8.10	2.7	5.03	860	700	650	850	860
旅馆单间 1	9.61	2.7	4.44	800	800	700	800	800
经济型书房	9.82	2.7	5.03	800	930	670	850	930

续表

基本空间	空间要素			西北部上层烟气最高温度（℃）	东南部上层烟气最高温度（℃）	东北部上层烟气最高温度（℃）	西南部上层烟气最高温度（℃）	上层烟气最高温度 T_2（℃）
	净面积（m^2）	净高（m）	通风因子 $A_w h_w^{1/2}$					
舒适型卫生间	10.74	2.7	3.87	750	800	700	800	800
舒适型厨房	10.99	2.7	5.72	1000	600	800	850	1000
宿舍两人间	11.56	3.0	5.60	780	920	720	800	920
经济型起居室	11.70	2.7	3.87	800	900	650	850	900
办公室 1	12.44	3.0	5.60	780	950	740	650	950
舒适型卧室	15.10	3.0	6.27	950	500	580	900	950
舒适型书房	15.10	3.0	7.29	950	500	550	800	950
宿舍四人间	15.10	3.3	5.60	1000	650	750	800	1000
舒适型餐厅	15.35	3.0	9.61	440	700	550	600	700
办公室 2	15.73	3.3	6.45	520	820	510	650	820
旅馆单间 2	16.54	3.0	5.60	800	850	550	900	900
宿舍八人间	19.73	3.3	7.95	900	580	460	700	900
舒适型起居室	22.96	3.0	14.67	440	550	440	500	550
旅馆标间 1	27.45	3.3	6.05	880	900	580	850	900
办公室 3	29.50	3.6	15.20	450	400	470	360	470
旅馆标间 2	33.24	3.3	7.62	580	400	370	750	750
办公室 4	44.00	3.6	20.66	520	300	580	280	580
普通教室 1	51.61	3.3	21.04	580	300	680	280	680
普通教室 2	57.31	3.6	24.91	580	330	750	300	750
普通教室 3	61.47	3.6	23.92	480	280	550	280	550
普通教室 4	66.26	3.9	27.40	520	260	650	270	650
普通教室 5	81.48	3.9	31.36	550	240	600	240	600
办公室 5	102.61	4.5	34.53	330	260	230	240	330
合班教室 1	114.35	4.2	43.47	270	270	240	240	270
合班教室 2	173.05	4.8	74.31	250	270	210	210	270

注：本表按照基本空间净面积由小到大依次排序；T_2为各方位上层烟气最高温度的最大值。

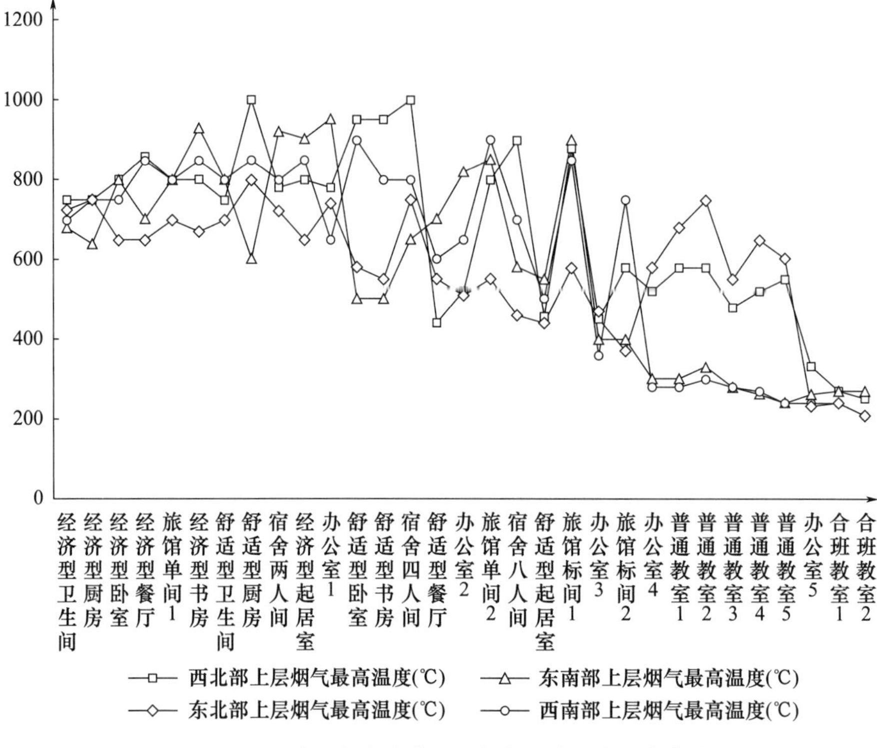

图 4.17　基本空间各方位上层烟气最高温度变化曲线

由图 4.17 可知，基本空间各方位上层烟气最高温度随着净面积的增大呈下降趋势，原因是空间越大烟气对流和热量分布越均匀，最高温度越低。各方位上层烟气最高温度相差不大，说明上层烟气对流混合较充分。

2. SPSS 对基本空间各方位上层烟气最高温度及变化的定量分析

（1）各方位上层烟气最高温度简单相关分析

由表 4.99 可知，西南部与西北部上层烟气最高温度的相关性较高（0.843），其次是西南部与东南部上层烟气最高温度的相关性（0.822），其他方位之间的相关性较低，说明不同方位上层烟气最高温度也会受到其下部门窗洞口通风状况的影响。

表 4.99　各方位上层烟气最高温度相关性

		西北部上层烟气最高温度	东南部上层烟气最高温度	东北部上层烟气最高温度	西南部上层烟气最高温度
西北部上层烟气最高温度	Pearson 相关性	1	0.608**	0.678**	0.843**
	显著性（双侧）		0.000	0.000	0.000
	N	31	31	31	31
东南部上层烟气最高温度	Pearson 相关性	0.608**	1	0.480**	0.822**
	显著性（双侧）	0.000		0.006	0.000
	N	31	31	31	31

续表

		西北部上层烟气最高温度	东南部上层烟气最高温度	东北部上层烟气最高温度	西南部上层烟气最高温度
东北部上层烟气最高温度	Pearson 相关性	0.678**	0.480**	1	0.462**
	显著性（双侧）	0.000	0.006		0.009
	N	31	31	31	31
西南部上层烟气最高温度	Pearson 相关性	0.843**	0.822**	0.462**	1
	显著性（双侧）	0.000	0.000	0.009	
	N	31	31	31	31

**. 在 0.01 水平（双侧）上显著相关。

（2）上层烟气最高温度 T_2 与净面积的定量关系分析

由图 4.17 可知，T_2 随着净面积的增大而减小，使用 SPSS 曲线回归分析工具，以 T_2 为因变量，以净面积为自变量，选取线性、二次方、三次方和指数四种可能的曲线类型进行回归分析，比较各曲线类型的拟合程度，得到两变量之间的定量关系（表 4.100 和图 4.18）。

表 4.100　T_2 与净面积曲线回归分析模型汇总和参数估计值

方程	模型汇总					参数估计值			
	R 方	F	df1	df2	Sig.	常数	b1	b2	b3
线性	0.665	57.483	1	29	0.000	894.223	−4.357		
二次方	0.676	29.238	2	28	0.000	920.658	−5.970	0.011	
三次方	0.691	20.131	3	27	0.000	872.457	−1.354	−0.067	0.000
指数	0.747	85.668	1	29	0.000	930.015	−0.008		

因变量：上层烟气最高温度 T_2；自变量：净面积。

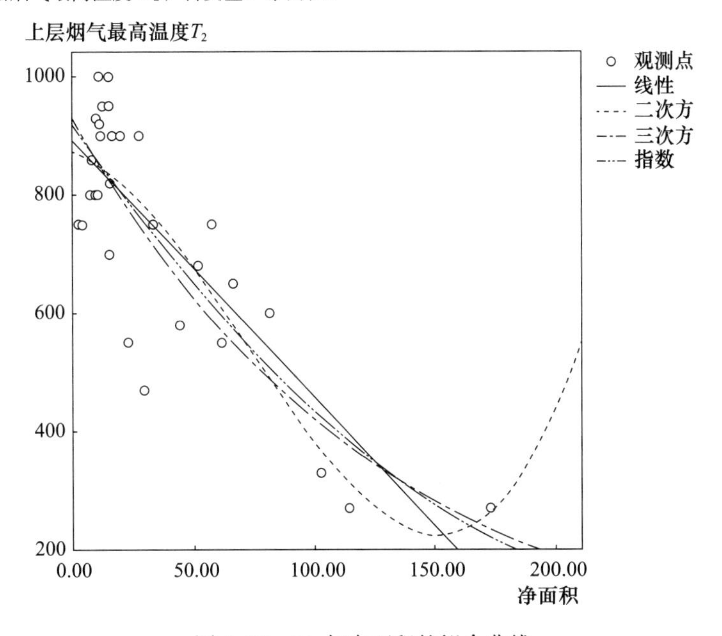

图 4.18　T_2 与净面积的拟合曲线

由表4.100可知，指数曲线模型的R方（0.747）最高，三次方曲线、二次方曲线和线性模型的R方相差不多，各曲线模型的P值（Sig.）均为0.000，显著性高，由图4.18可见，4种曲线模型对观测点的拟合情况都一般，本研究采用线性模型对T_2与净面积的函数关系进行定量描述。根据表4.100的参数估计值，可得上层烟气最高温度T_2与净面积的关系式为：

$$T_2 = 894.223 - 4.357 \times 净面积 \quad (4.11)$$

关系式（4.11）的适用条件为净面积＜200m²，净面积每增加1个单位，T_2减少4.357个单位。

（3）T_2与空间要素的定量关系分析

以T_2为因变量，以净面积、净高和通风因子为自变量进行多元线性回归分析，得到T_2与空间要素的定量关系（表4.101～表4.103）。

表4.101　T_2与空间要素多元线性回归分析模型拟合情况

模型	R	R方	调整R方	标准估计的误差
1	0.826[a]	0.682	0.647	122.867

a. 预测变量：（常量），通风因子，净高，净面积。

由表4.101可知，模型的R方为0.682，说明所得模型的拟合情况一般。

表4.102　T_2与空间要素多元线性回归分析方差分析

模型		平方和	df	均方	F	Sig.
1	回归	876036.464	3	292012.155	19.343	0.000[b]
	残差	407602.245	27	15096.379		
	总计	1283638.710	30			

a. 因变量：上层烟气最高温度T_2。

b. 预测变量：（常量），通风因子，净高，净面积。

由表4.102可知，模型的检验P值（Sig.）为0.000，小于0.05，模型整体很显著，对各变量可采用多元线性回归分析。

表4.103　T_2与空间要素多元线性回归分析系数

模型		非标准化系数		标准系数	t	Sig.
		B	标准误差	试用版		
1	（常量）	1046.925	305.531		3.427	0.002
	净面积	0.575	4.167	0.108	0.138	0.891
	净高	−52.855	109.584	−0.147	−0.482	0.633
	通风因子	−10.678	8.747	−0.799	−1.221	0.233

a. 因变量：上层烟气最高温度T_2。

由表4.103得到上层烟气最高温度T_2与空间要素的关系式为：

$$T_2 = 1046.925 + 0.575 \times 净面积 - 52.855 \times 净高 - 10.678 \times 通风因子 \quad (4.12)$$

关系式（4.12）的适用条件为净面积＜200m²。由表4.103可知，净面积、净高和通风因子的P值（Sig.）均远大于0.05，说明上层烟气最高温度T_2与空间要素的线性关系并不明显，模型的解释能力一般。由关系式（4.12）可知，净面积每增加 1 个单位，T_2就增加 0.575 个单位，而随着净高和通风因子的增加 T_2是下降的。综上，净面积对上层烟气最高温度 T_2影响不显著，增加通风因子和净高可以降低上层烟气最高温度，从而提高空间的安全性。

4.3.7 基本空间火灾特性指标对比研究

1. 基本空间火灾烟气达危险状态时间对比

图 4.19 列出了层分区工具测量的基本空间火灾烟气层高度和温度达到危险状态的时间 T_d、T_u和 T_h。由图 4.19 可见，3 个指标中 T_h最小，说明基本空间火灾时烟气会首先充满整个空间，之后上下层烟气的温度再分别达到危险状态，对空间的火灾性能进行安全评价时，以烟层降至 0.5m 的时间 T_h作为危险判据的安全储备较高。另外，随着基本空间净面积的增大，图中办公室 4 之后的基本空间的 T_h和 T_d均未达到危险状态，所以对于较大空间的火灾性能安全评价则应采用上层烟气温度达到 180℃的时间 T_u作为危险判据。

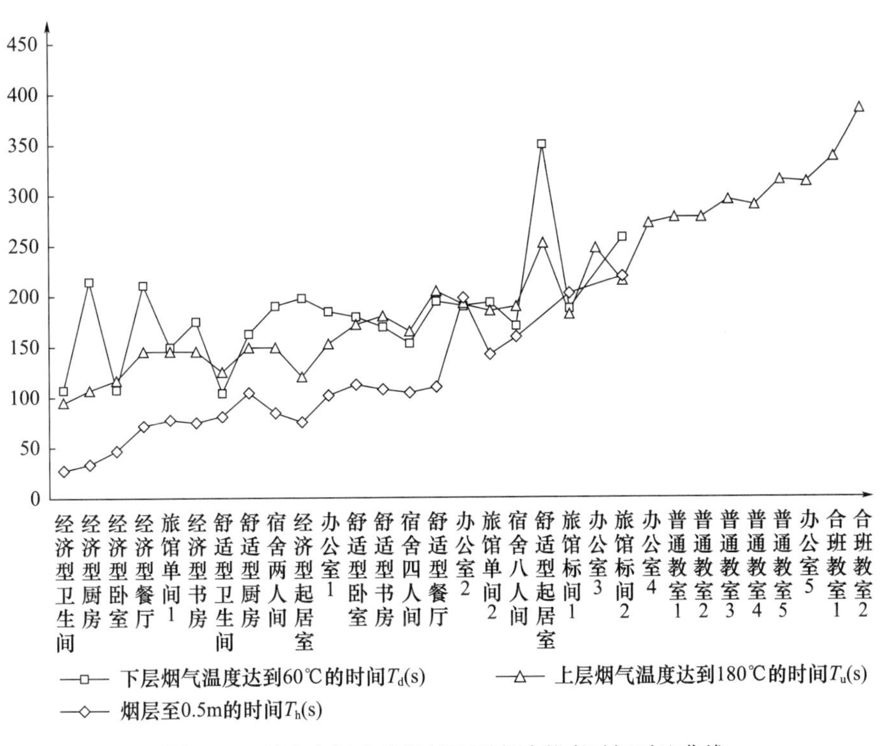

图 4.19 基本空间火灾烟气达到危险状态时间对比曲线

2. 基本空间火灾时上下层烟气最高温度对比

图 4.20 列出了层分区工具测量的基本空间火灾时上下层烟气的最高温度对比曲线。由图 4.20 可见，随着基本空间净面积的增大，上下层烟气最高温度均呈下降趋势。经济型卫生间、经济型厨房和经济型卧室的下层烟气最高温度高于其上层烟气最高温度，原因是小空间火灾烟气扩散迅速，热量分布较均匀，而下层空间的气流流速小于上层空间，导致下层烟气的热量聚集，容易出现高温值。另外，小空间上下层烟气最高温度的

差距较小，而大空间上下层烟气最高温度的差距较大，也说明火灾时小空间烟气对流剧烈，热量扩散相对均匀，而火灾时大空间中烟气对流相对较慢，热量容易积聚在上层空间，当空间面积大于一定值时（如图 4.20 中所示办公室 5 之后的基本空间），下层烟气的最高温度基本保持在室温范围。

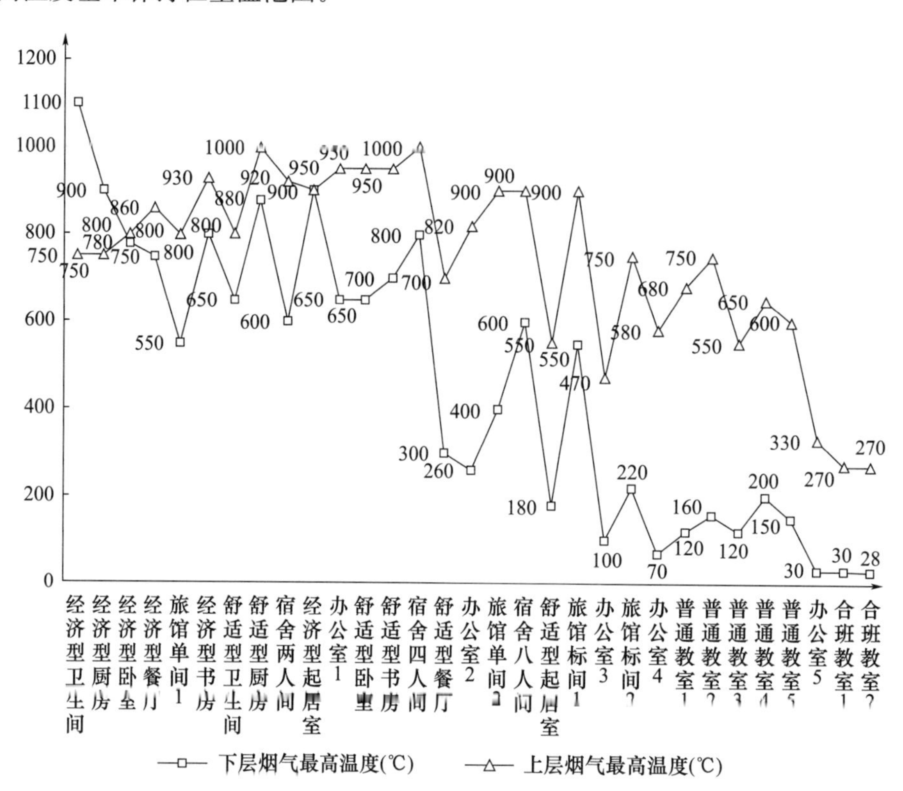

图 4.20　基本空间上下层烟气最高温度对比曲线

3. T_v与 T_h的对比

图 4.21 列出了 1.2m 处能见度达到危险状态的时间 T_v与烟层降至 0.5m 的时间 T_h的对比曲线。T_v是切片工具的测量结果，T_h是层分区设备的测量结果，从曲线的变化趋势来看，两种测量方法具有高度的一致性，由于 T_v的测量位置高于 T_h，所以 T_v值较小，即 1.2m 处能见度首先达到危险状态，对建筑空间的火灾性能进行评价时，以 T_v作为判断依据具有较高的安全储备。

4. 切片工具与层分区设备测量温度对比

切片工具可得到 1.5m 处烟气温度达到危险状态的时间 T_a和顶板下 0.3m 处烟气温度达到危险状态的时间 T_b，层分区设备可得到下层烟气温度达到危险状态（60℃）的时间 T_d和上层烟气温度达到危险状态（180℃）的时间 T_u。图 4.22 列出了代表火灾时下层烟气的危险时间 T_a与 T_d的对比曲线，可以看出 T_a更小，原因是 T_a的测量位置高于 T_d，说明火灾性能评价时以 T_a为依据，可以得到较高的安全储备。图 4.23 列出了代表火灾时上层烟气的危险时间 T_b与 T_u的对比曲线，可以看出两者相差不多，原因是 T_b与 T_u的测量位置基本一致，说明本研究针对 T_b取 50%区域面积达危险状态的判定依据是可靠的，火灾性能评价时 T_b与 T_u都可作为评价依据。

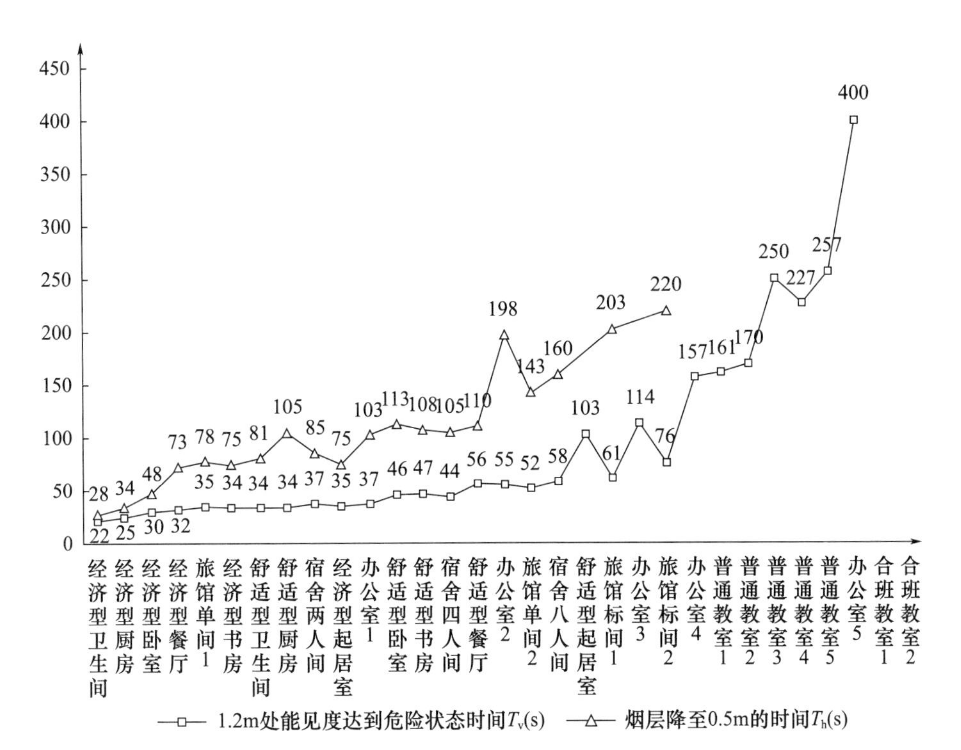

图 4.21　T_v 与 T_h 的对比

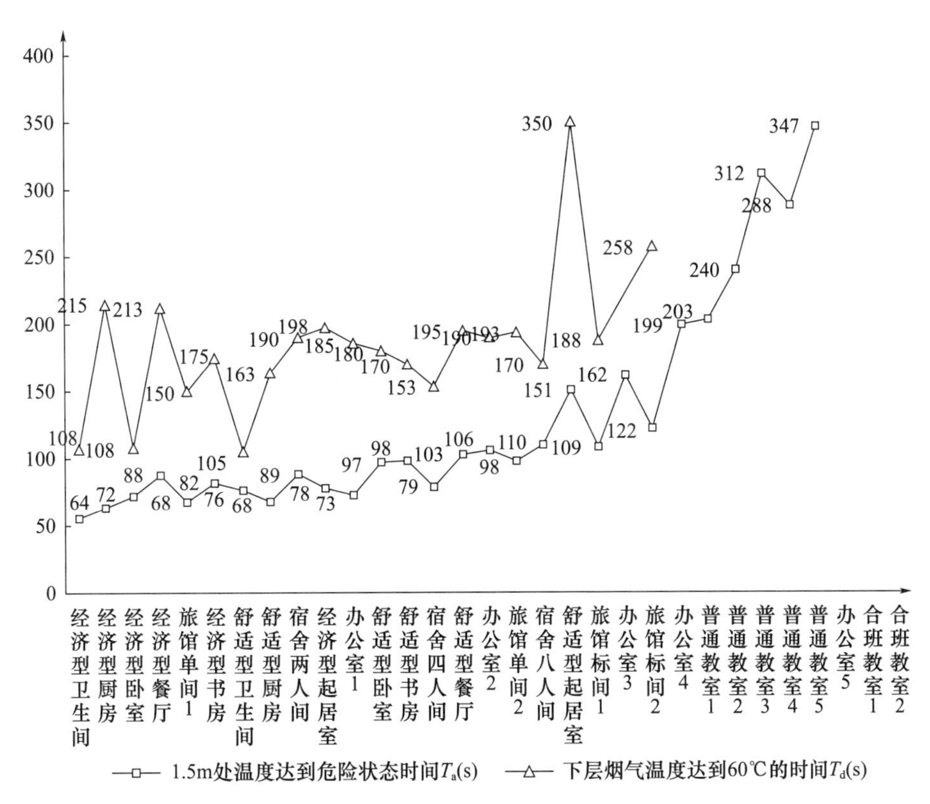

图 4.22　T_a 与 T_d 的对比

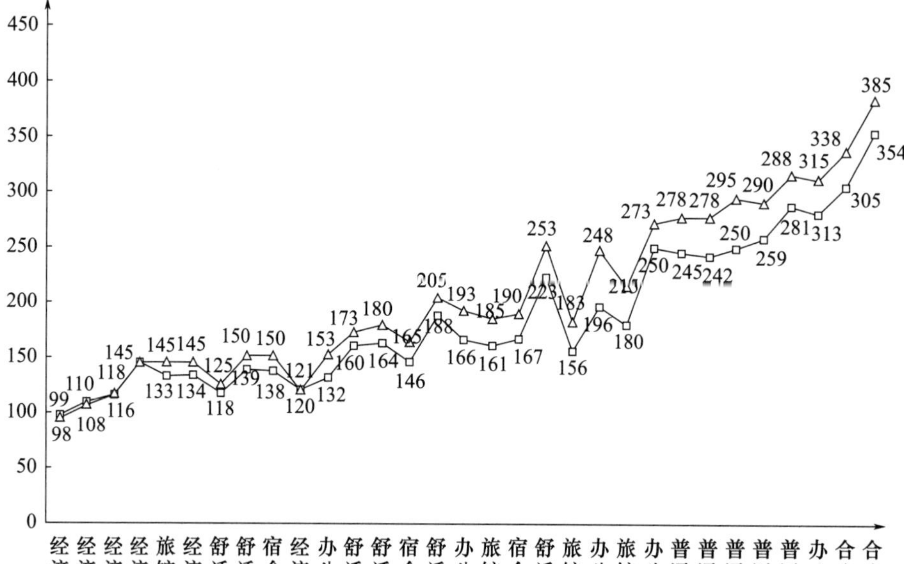

图 4.23 T_b 与 T_u 的对比

5 组合空间火灾特性

本研究拟对若干相同基本单元在不同组合方式下的火灾特性进行定量比较研究，得到组合空间性能评价指标，为建筑方案火灾性能的直观评价提供依据。研究方法为：将5个相同的基本空间单元分别按串联式、放射式和走道式3种组合方式进行组合，设置相同的火灾场景（标准火源），选择切片工具的火灾云图指标（T_{CO}、T_v、T_a、T_b）作为组合空间火灾特性定量研究对象，比较不同空间组合方式对于火灾特性的影响。

5.1 组合空间的火灾云图指标比较

1. Revit模型及火灾场景设置

本研究选择4m×4m空间与4m×8m空间作为基本单元，将5个相同基本空间单元分别按串联式、放射式和走道式3种组合方式进行排列，基本单元的净高为3m，门洞为1m×2m，窗洞为1.5m×1.5m，模拟时均为开敞状态，R1为火源室，其他房间依次命名为R2～R5，标准火源置于R1房间地板正中，使用PyroSim软件进行火灾模拟，对比分析的4项火灾云图指标为：①T_{CO}——起火后1m处CO浓度达到危险状态所需的时间（s）；②T_v——起火后1.2m处能见度达到危险状态所需的时间（s）；③T_a——起火后1.5m处温度达到危险状态所需的时间（s）；④T_b——起火后顶板下0.3m处温度达到危险状态所需的时间（s）（表5.1）。本研究云图危险状态的判断依据是危险区域面积占到基本单元面积的50%以上。

表5.1　三种组合空间的Revit模型

	4m×4m基本单元	4m×8m基本单元
串联式	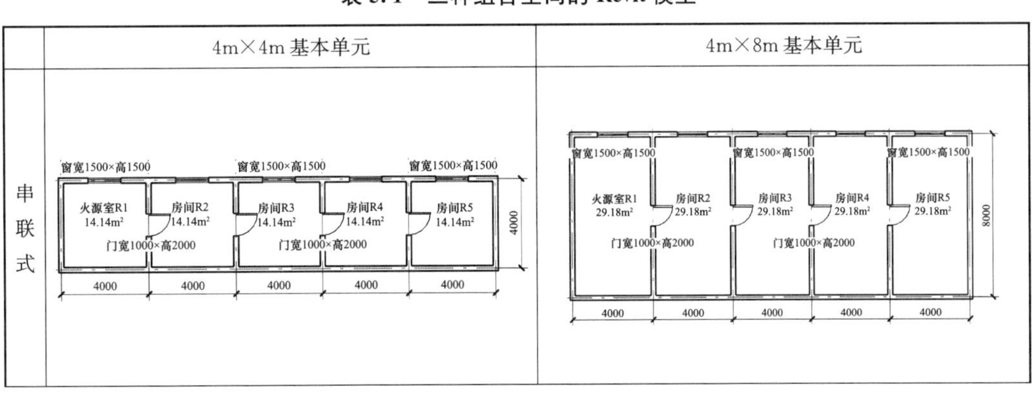	

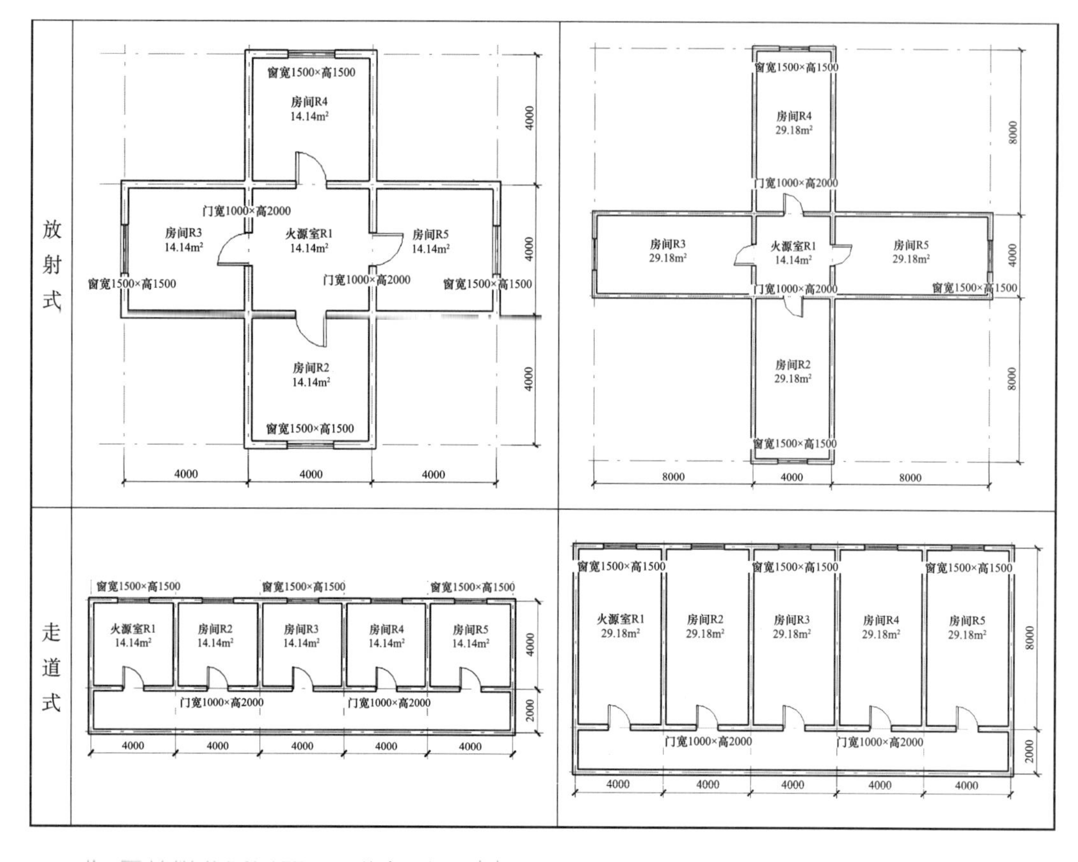

2. 三种组合空间的云图指标对比分析

火灾时串联式组合空间的烟气发展过程为：火源室R1的烟气在顶棚不断聚积，烟层高度不断降低，当烟层高度降低到门洞上缘时，烟气开始蔓延进房间R2，并在R2顶棚不断积聚，当R2烟层高度降低到门洞上缘时，烟气开始蔓延进房间R3，以此类推，烟气不断向其他房间蔓延，由于受到空间大小、通风因子等因素的影响，烟气可能不会蔓延至所有房间。串联式组合空间的火灾特点为房间越临近火源室，其受火灾烟气的影响越明显，危险性越高，距火源室越远，火灾危险性依次降低。

由表5.2可知，起火后1.2m处能见度指标T_v达危险状态的房间最多，而1m处CO浓度指标达危险状态的房间最少。火源室R1与房间R2的火灾危险性最高，其他房间的火灾危险性相对较低。

火灾时放射式组合空间的烟气发展过程为：火源室R1聚积在顶棚的烟气降到门洞上缘时，烟气开始同时蔓延进房间R2～R5，房间R2～R5具有基本相同的火灾烟气发展过程。另外，放射式组合空间烟气能见度指标T_v与下层温度指标T_a的蔓延过程是从房间四角向房间中间发展，而烟气上层温度指标T_b的蔓延过程是从近火源室的门洞向四周窗洞发展。

由表5.3可知，烟气CO浓度指标仅在火源室达到危险状态，而其他指标在所有房间都达到危险状态。放射式组合空间各指标达危险状态的时间比例约为$T_v:T_a:T_b=10:23:33$。相同情况下，空间的建筑面积增加一倍，烟气能见度、下层温度和上层温度指标达危险状态的时间增加25%～30%。

表 5.2　串联式组合空间云图指标对比分析

危险指标	起火后 1m 处 CO 浓度达到危险状态时间 T_{CO}	起火后 1.2m 处能见度达到危险状态时间 T_v	起火后 1.5m 处温度达到危险状态时间 T_a	起火后顶板下 0.3m 处温度达到危险状态时间 T_b
4m×4m 基本单元	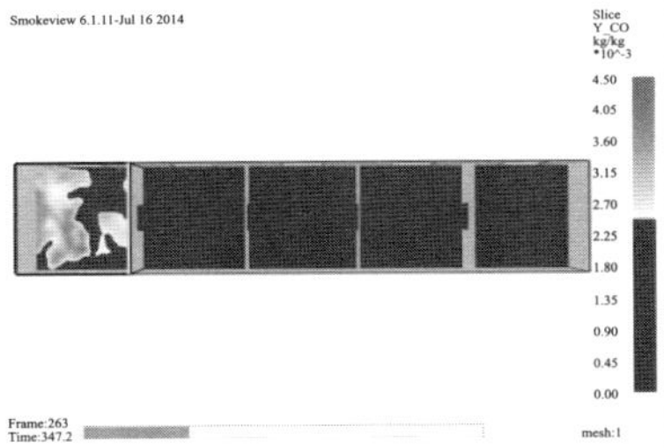 Smokeview 6.1.11-Jul 16 2014 Slice Y_CO kg/kg *10^-3 4.50 4.05 3.60 3.15 2.70 2.25 1.80 1.35 0.90 0.45 0.00 Frame:263 Time:347.2 mesh:1	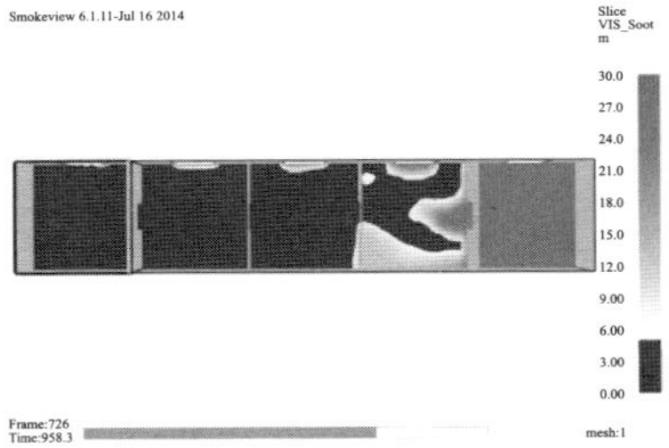 Smokeview 6.1.11-Jul 16 2014 Slice VIS_Soot m 30.0 27.0 24.0 21.0 18.0 15.0 12.0 9.00 6.00 3.00 0.00 Frame:726 Time:958.3 mesh:1	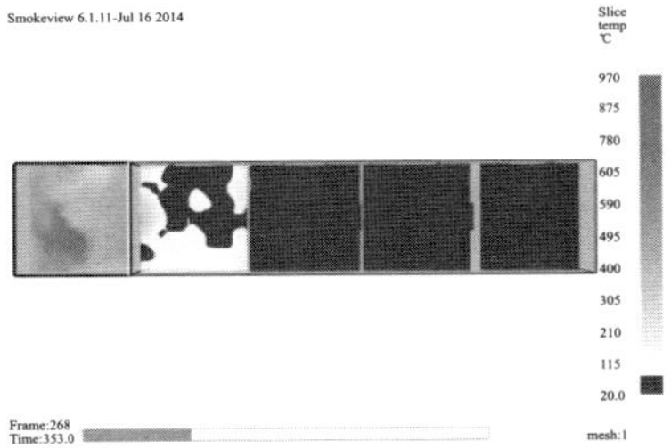 Smokeview 6.1.11-Jul 16 2014 Slice temp ℃ 970 875 780 605 590 495 400 305 210 115 20.0 Frame:268 Time:353.0 mesh:1	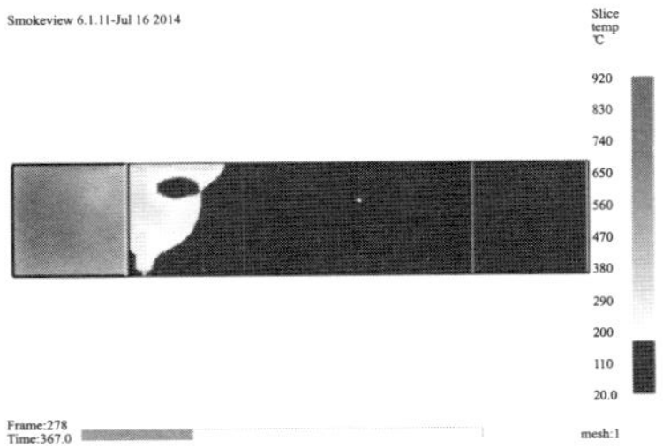 Smokeview 6.1.11-Jul 16 2014 Slice temp ℃ 920 830 740 650 560 470 380 290 200 110 20.0 Frame:278 Time:367.0 mesh:1
	约 347s 火源室 R1 达危险状态，其他房间未达危险状态	约 958s R1～R4 达危险状态，R5 未达危险状态	约 354s R1 与 R2 达危险状态，R3～R5 未达危险状态	约 367s R1 与 R2 达危险状态，R3～R5 未达危险状态
4m×8m 基本单元	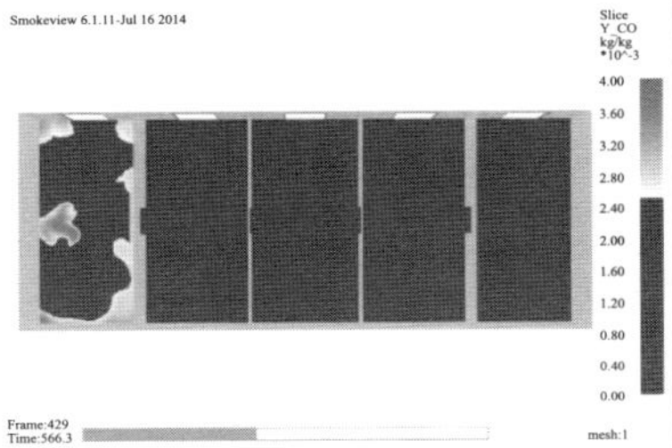 Smokeview 6.1.11-Jul 16 2014 Slice Y_CO kg/kg *10^-3 4.00 3.60 3.20 2.80 2.40 2.00 1.60 1.20 0.80 0.40 0.00 Frame:429 Time:566.3 mesh:1	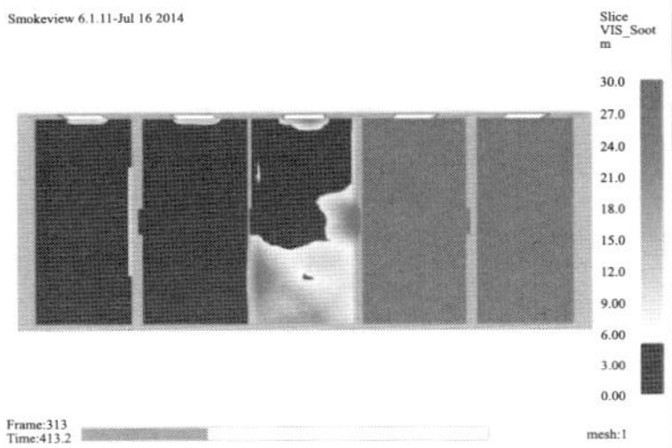 Smokeview 6.1.11-Jul 16 2014 Slice VIS_Soot m 30.0 27.0 24.0 21.0 18.0 15.0 12.0 9.00 6.00 3.00 0.00 Frame:313 Time:413.2 mesh:1	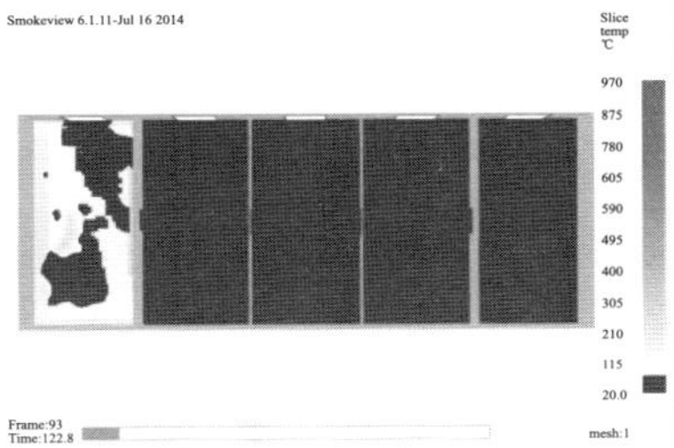 Smokeview 6.1.11-Jul 16 2014 Slice temp ℃ 970 875 780 605 590 495 400 305 210 115 20.0 Frame:93 Time:122.8 mesh:1	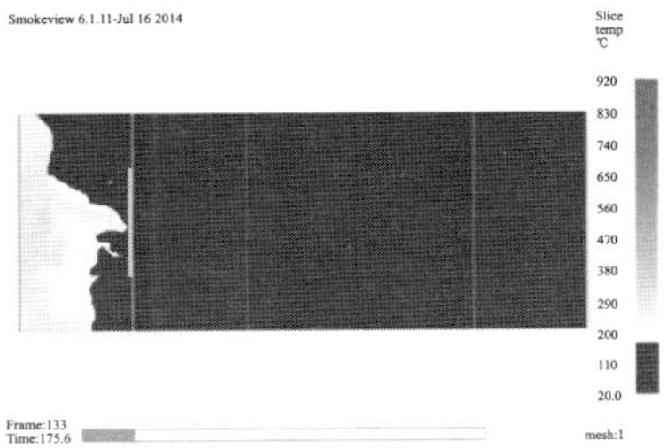 Smokeview 6.1.11-Jul 16 2014 Slice temp ℃ 920 830 740 650 560 470 380 290 200 110 20.0 Frame:133 Time:175.6 mesh:1
	所有房间均未达危险状态	约 413s R1～R3 达危险状态，R4 与 R5 未达危险状态	约 123s 火源室 R1 达危险状态，其他房间未达危险状态	约 176s 火源室 R1 达危险状态，其他房间未达危险状态

表 5.3　放射式组合空间云图指标对比分析

危险指标	起火后 1m 处 CO 浓度达到危险状态时间 T_{CO}	起火后 1.2m 处能见度达到危险状态时间 T_v	起火后 1.5m 处温度达到危险状态时间 T_a	起火后顶板下 0.3m 处温度达到危险状态时间 T_b
4m×4m 基本单元	Smokeview 6.1.12-Oct 1 2014 Slice Y_CO kg/kg *10^-3 4.00 3.60 3.20 2.80 2.40 2.00 1.60 1.20 0.80 0.40 0.00 Frame:284 Time:347.9 mesh:1	Smokeview 6.1.12-Oct 1 2014 Slice VIS_Soot m 30.0 27.0 24.0 21.0 18.0 15.0 12.0 9.00 6.00 3.00 0.00 Frame:72 Time:95.1 mesh:1	Smokeview 6.1.12-Oct 1 2014 Slice temp ℃ 970 875 780 605 590 495 400 305 210 115 20.0 Frame:162 Time:213.8 mesh:1	Smokeview 6.1.12-Oct Slice temp ℃ 1020 920 820 720 620 520 420 320 220 120 20.0 Frame:232 Time:306.2 mesh:1
	约 375s 火源室 R1 达危险状态，其他房间未达危险状态	约 95s 所有房间均达危险状态	约 214s 所有房间均达危险状态	约 306s 所有房间均达危险状态
4m×8m 基本单元	Smokeview 6.1.12-Oct 1 2014 Slice Y_CO kg/kg *10^-3 4.00 3.60 3.20 2.80 2.40 2.00 1.60 1.20 0.80 0.40 0.00 Frame:282 Time:342.3 mesh:1	Smokeview 6.1.12-Oct 1 2014 Slice VIS_Soot m 30.0 27.0 24.0 21.0 18.0 15.0 12.0 9.00 6.00 3.00 0.00 Frame:89 Time:117.5 mesh:1	Smokeview 6.1.12-Oct 1 2014 Slice temp ℃ 970 875 780 605 590 495 400 305 210 115 20.0 Frame:204 Time:269.3 mesh:1	Smokeview 6.1.12-Oct 2014 Slice temp ℃ 1020 920 820 720 620 520 420 320 220 120 20.0 Frame:305 Time:402.6 mesh:1
	约 372s 火源室 R1 达危险状态，其他房间未达危险状态	约 118s 所有房间均达危验状态	约 269s 所有房间均达危险状态	约 403s 所有房间均达危险状态

表 5.4　走道式组合空间云图指标对比分析

危险指标	起火后 1m 处 CO 浓度达到危险状态时间 T_{CO}	起火后 1.2m 处能见度达到危险状态时间 T_v	起火后 1.5m 处温度达到危险状态时间 T_a	起火后顶板下 0.3m 处温度达到危险状态时间 T_b
4m×4m 基本单元	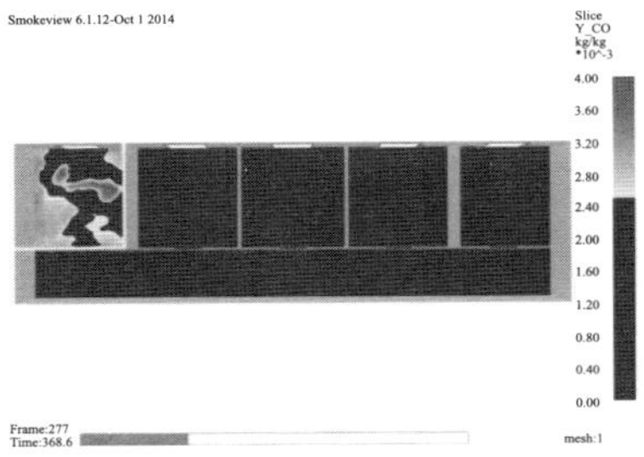 Smokeview 6.1.12-Oct 1 2014 Slice Y_CO kg/kg *10^-3 4.00 3.60 3.20 2.80 2.40 2.00 1.60 1.20 0.80 0.40 0.00 Frame:277 Time:368.6 mesh:1	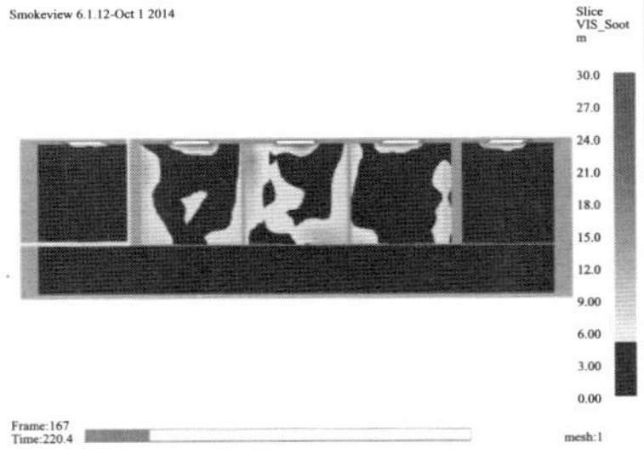 Smokeview 6.1.12-Oct 1 2014 Slice VIS_Soot m 30.0 27.0 24.0 21.0 18.0 15.0 12.0 9.00 6.00 3.00 0.00 Frame:167 Time:220.4 mesh:1	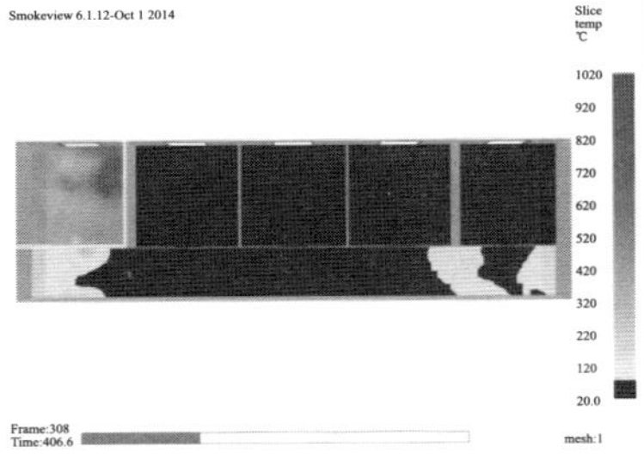 Smokeview 6.1.12-Oct 1 2014 Slice temp ℃ 1020 920 820 720 620 520 420 320 220 120 20.0 Frame:308 Time:406.6 mesh:1	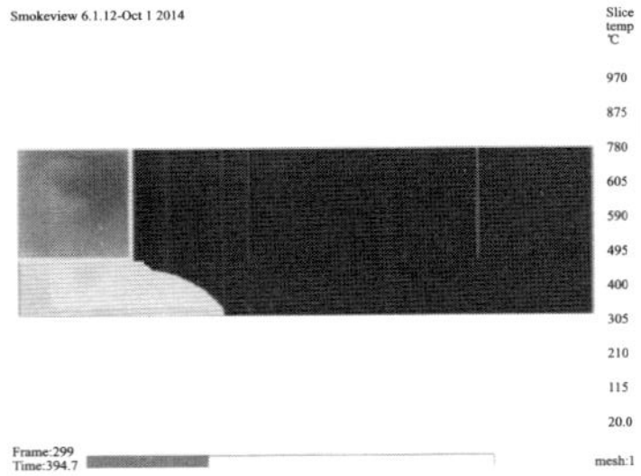 Smokeview 6.1.12-Oct 1 2014 Slice temp ℃ 970 875 780 605 590 495 400 305 210 115 20.0 Frame:299 Time:394.7 mesh:1
	约 366s 火源室 R1 达危险状态，其他房间未达危险状态	约 220s 所有房间均达危险状态	约 407s 火源室 R1 和走道达危险状态，其他房间未达危险状态	约 395s 火源室 R1 和走道达危险状态，其他房间未达危险状态
4m×8m 基本单元	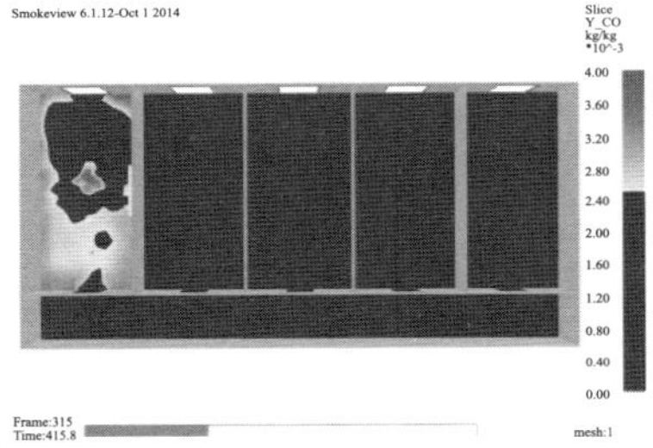 Smokeview 6.1.12-Oct 1 2014 Slice Y_CO kg/kg *10^-3 4.00 3.60 3.20 2.80 2.40 2.00 1.60 1.20 0.80 0.40 0.00 Frame:315 Time:415.8 mesh:1	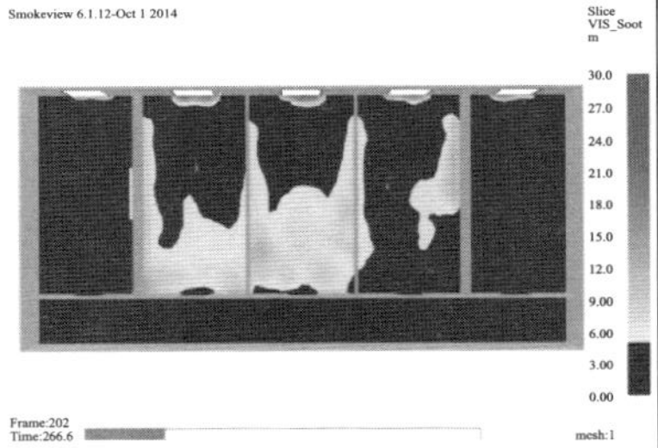 Smokeview 6.1.12-Oct 1 2014 Slice VIS_Soot m 30.0 27.0 24.0 21.0 18.0 15.0 12.0 9.00 6.00 3.00 0.00 Frame:202 Time:266.6 mesh:1	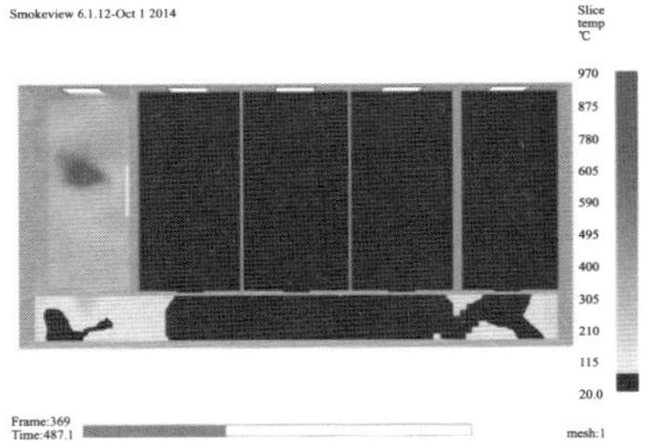 Smokeview 6.1.12-Oct 1 2014 Slice temp ℃ 970 875 780 605 590 495 400 305 210 115 20.0 Frame:369 Time:487.1 mesh:1	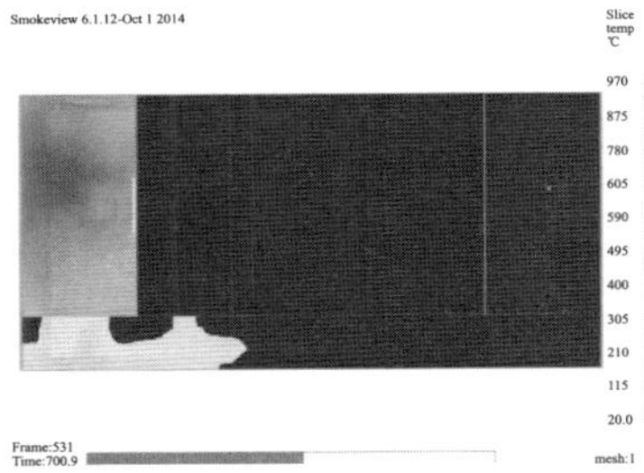 Smokeview 6.1.12-Oct 1 2014 Slice temp ℃ 970 875 780 605 590 495 400 305 210 115 20.0 Frame:531 Time:700.9 mesh:1
	约 416s 火源室 R1 达危险状态，其他房间未达危险状态	约 267s 所有房间均达危险状态	约 487s 火源室 R1 和走道达危险状态，其他房间未达危险状态	约 701s 火源室 R1 和走道达危险状态，其他房间未达危险状态

火灾时走道式组合空间的烟气发展过程为：当火源室R1积累在顶棚的烟气降到门洞上缘时会蔓延进走道空间，之后烟气呈层流状态沿走道的顶棚流动，当烟气到达走道的尽端后温度便开始下降，并首先进入房间R5，如果通风不好时或烟量过大时，随着走道烟气的不断积聚，烟气会依次进入R4、R3和R2。走道式组合空间的火灾特点是走道空间会受到烟气的严重影响，远离火源室的房间会首先受到烟气影响且程度较重，而距火源室较近的房间其受烟气影响的时间相对较晚且程度相对较轻。

由表5.4可知，起火后1.2m处能见度指标均达危险状态，其他指标仅火源室和走廊达危险状态。相同情况下空间面积增大一倍，1m处CO浓度指标达危险状态的时间增加10%～15%，1.2m处能见度指标达危险状态的时间增加20%～25%，说明能见度受面积的影响较明显。

5.2 组合空间开窗尺寸对能见度指标 T_v 的影响

1. 不同开窗尺寸组合空间的Revit模型

由上节组合空间云图指标对比分析可知，以能见度指标 T_v 作为空间火灾性能评价依据具有较高的安全储备，故以下研究主要以 T_v 作为建筑空间火灾特性的定量研究对象，能见度指标 T_v 大小直接受到空间面积和门窗尺寸的影响，本研究对3种组合空间的开窗尺寸分别为1m×1m、1.2m×1.2m、1.5m×1.5m和2m×1.5m时的能见度指标 T_v 进行比较分析，基本单元分为4m×4m与4m×8m两种情况（表5.5和表5.6）。

2. 不同开窗尺寸组合空间的能见度指标 T_v 对比分析

本研究对表5.7和表5.8的分析如下：

（1）串联式组合空间：①烟气的蔓延路径是由火源室R1依次向R2～R5房间蔓延，距离火源室R1近的房间首先达到危险状态；②4m×4m基本单元，随着开窗面积的加大，起火后1.2m处能见度达到危险状态的时间增加，开窗面积每增大50%，能见度达到危险状态的时间增加15%～20%，开窗面积在2m²以上时，尽端房间相对安全；③4m×8m基本单元，随着开窗面积的加大，能见度达到危险状态的时间增加不明显；④相同情况下，建筑面积增大一倍，能见度达危险状态的时间增加70%～110%，说明串联式组合方式下空间面积大小对于能见度达危险状态时间的影响更明显；⑤火源室远端的房间相对安全。

（2）放射式组合空间：①烟气蔓延路径是由火源室R1同时向R2～R5房间蔓延，各房间烟气发展状态具有相似性，基本同时达到危险状态；②4m×4m基本单元，随着开窗面积的加大，能见度达到危险状态的时间增加，开窗面积每增大50%，能见度达到危险状态的时间增加3%～10%；③4m×8m基本单元，随着开窗面积的加大，能见度达到危险状态的时间增加，开窗面积在2m²以下时，开窗面积每增大50%，能见度达到危险状态的时间增加1%～5%，开窗面积在2m²以上时，开窗面积每增大50%，能见度达到危险状态的时间增加5%～25%，说明窗洞面积越大对于能见度的影响越明显；④相同情况下，建筑面积增大一倍时，能见度达危险状态的时间增加10%～25%，说明放射式组合方式下空间面积和开窗大小对于能见度达危险状态的时间影响相差不多。

表 5.5 不同开窗尺寸的组合空间 Revit 模型（4m×4m 基本单元）

	窗洞 1m×1m	窗洞 1.2m×1.2m	窗洞 1.5m×1.5m	窗洞 2m×1.5m
串联式	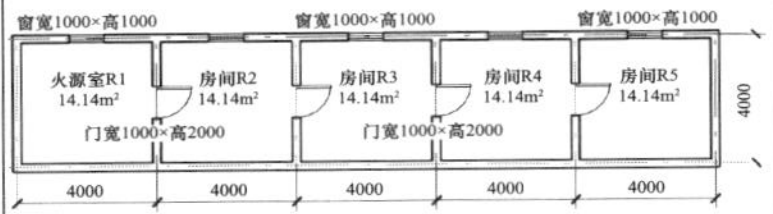	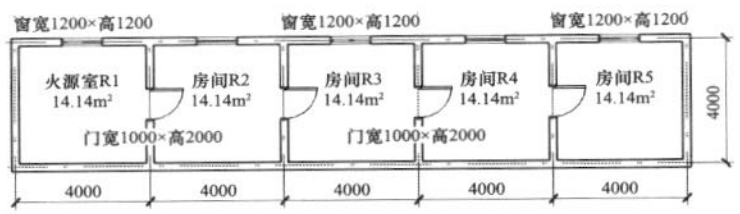	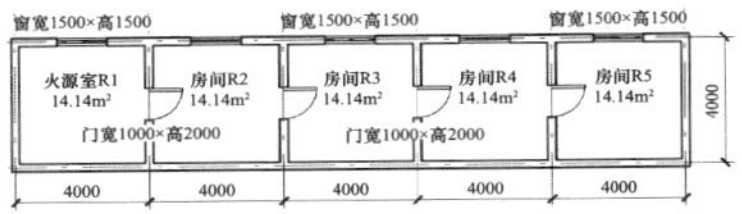	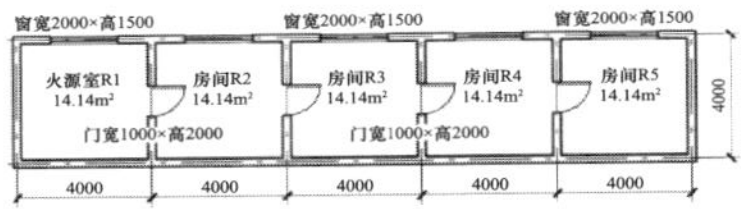
放射式	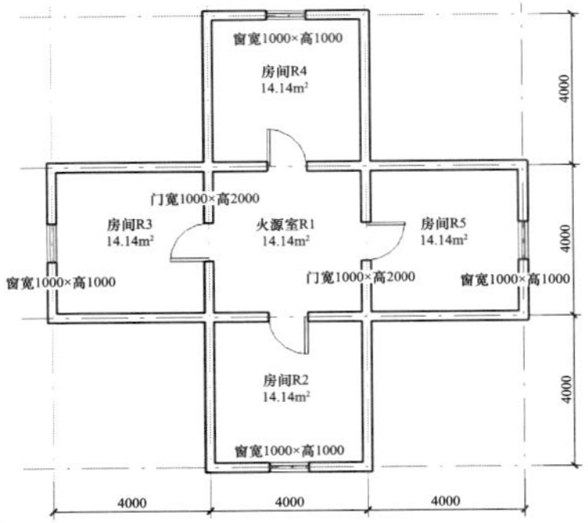	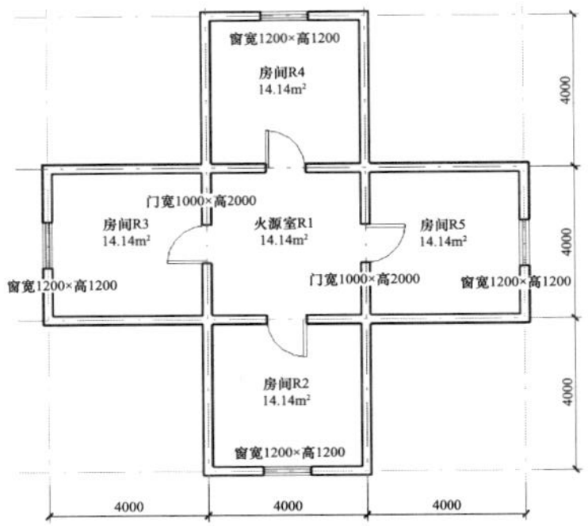	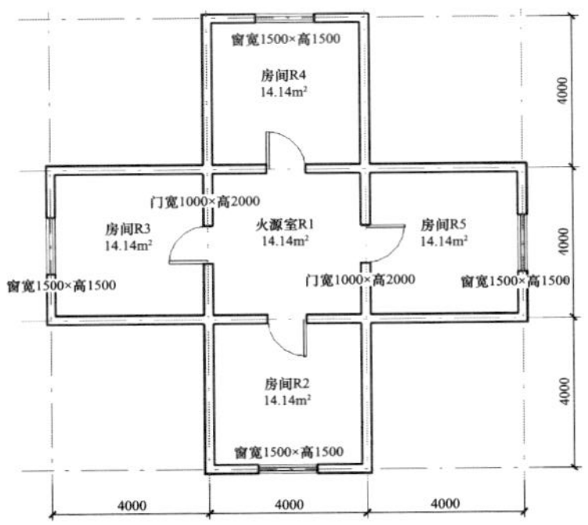	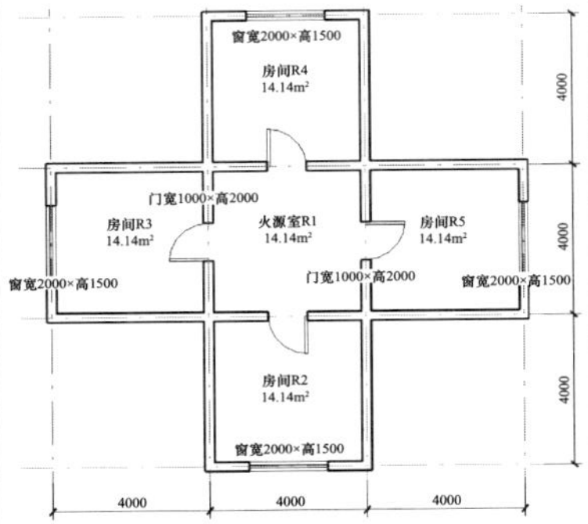
走道式	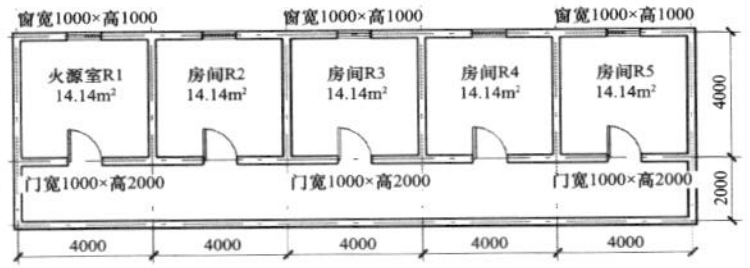	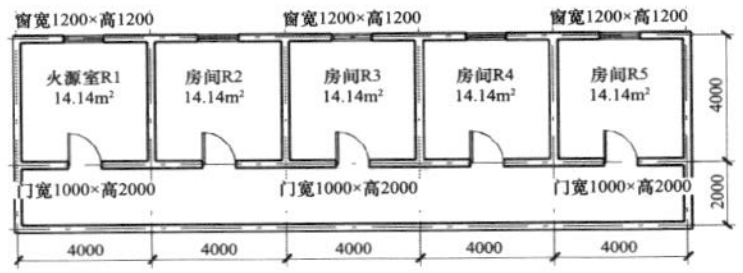	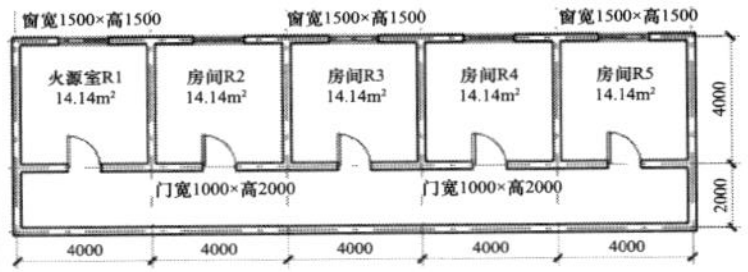	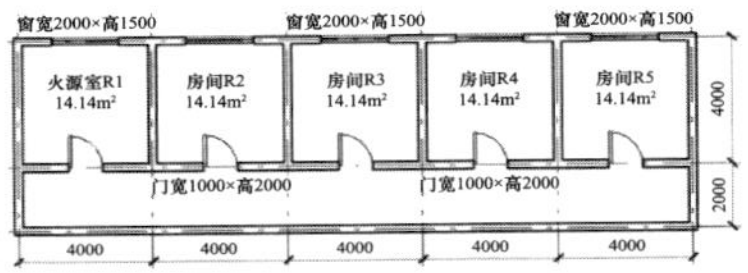

表 5.6　不同开窗尺寸的组合空间 Revit 模型（4m×8m 基本单元）

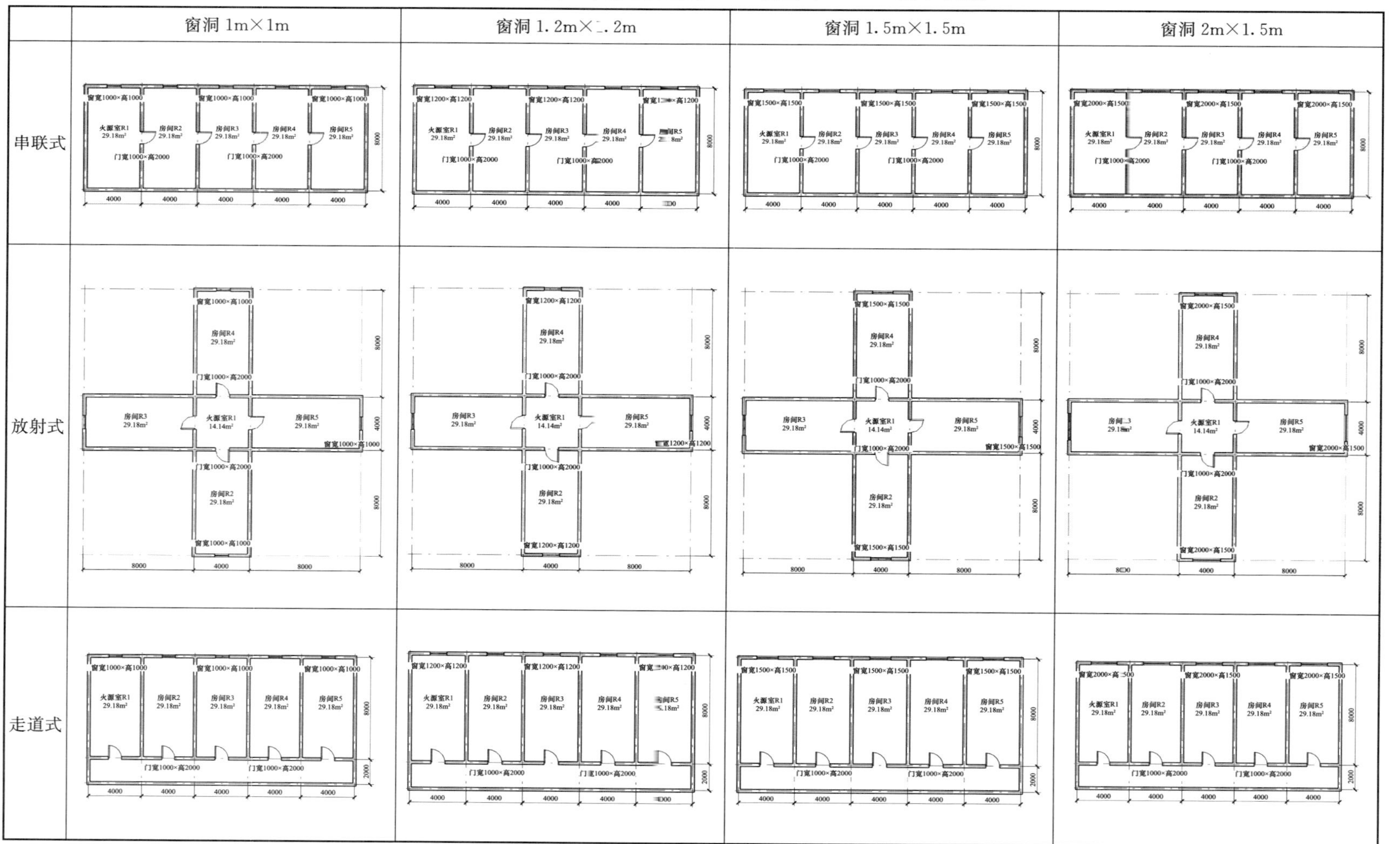

	窗洞 1m×1m	窗洞 1.2m×1.2m	窗洞 1.5m×1.5m	窗洞 2m×1.5m
串联式				
放射式				
走道式				

表 5.7 不同开窗尺寸的组合空间能见度指标 T_v 对比分析（4m×4m 基本单元）

	窗洞 1m×1m	窗洞 1.2m×1.2m	窗洞 1.5m×1.5m	窗洞 2m×1.5m
串联式	Smokeview 6.1.11-Jul 16 2014 Slice VIS_Soot m 30.0 27.0 24.0 21.0 18.0 15.0 12.0 9.00 6.00 3.00 0.00 Frame:209 Time:275.9 mesh:1	Smokeview 6.1.11-Jul 16 2014 Slice VIS_Soot m 30.0 27.0 24.0 21.0 18.0 15.0 12.0 9.00 6.00 3.00 0.00 Frame:244 Time:322.1 mesh:1	Smokeview 6.1.11-Jul 16 2014 Slice VIS_Soot m 30.0 27.0 24.0 21.0 18.0 15.0 12.0 9.00 6.00 3.00 0.00 Frame:726 Time:958.3 mesh:1	Smokeview 6.1.11-Jul 16 2014 Slice VIS_Soot m 30.5 27.4 24.4 21.4 18.3 15.3 12.2 9.15 6.10 3.05 0.00 Frame:322 Time:425.0 mesh:1
	约 276s 所有房间均达危险状态	约 322s 所有房间均达危险状态	约 958s，R1～R4 达危险状态，R5 没有达危险状态	约 425s，R1～R3 达危险状态，R4 与 R5 没有达危险状态
放射式	Smokeview 6.1.12-Oct 1 2014 Slice VIS_Soot m 30.0 27.0 24.0 21.0 18.0 15.0 12.0 9.00 6.00 3.00 0.00 Frame:65 Time:95.9 mesh:1	Smokeview 6.1.12-Oct 1 2014 Slice VIS_Soot m 30.0 27.0 24.0 21.0 18.0 15.0 12.0 9.00 6.00 3.00 0.00 Frame:67 Time:88.5 mesh:1	Smokeview 6.1.12-Oct 1 2014 Slice VIS_Soot m 30.0 27.0 24.0 21.0 18.0 15.0 12.0 9.00 6.00 3.00 0.00 Frame:72 Time:95.1 mesh:1	Smokeview 6.1.12-Oct 1 2014 Slice VIS_Soot m 30.0 27.0 24.0 21.0 18.0 15.0 12.0 9.00 6.00 3.00 0.00 Frame:78 Time:103.0 mesh:1
	约 86s 所有房间均达危险状态	约 89s 所有房间均达危险状态	约 95s 所有房间均达危险状态	约 103s 所有房间均达危险状态
走道式	Smokeview 6.1.12-Oct 1 2014 Slice VIS_Soot m 30.0 27.0 24.0 21.0 18.0 15.0 12.0 9.00 6.00 3.00 0.00 Frame:131 Time:172.9 mesh:1	Smokeview 6.1.12-Oct 1 2014 Slice VIS_Soot m 30.0 27.0 24.0 21.0 18.0 15.0 12.0 9.00 6.00 3.00 0.00 Frame:143 Time:188.8 mesh:1	Smokeview 6.1.12-Oct 1 2014 Slice VIS_Soot m 30.0 27.0 24.0 21.0 18.0 15.0 12.0 9.00 6.00 3.00 0.00 Frame:167 Time:220.4 mesh:1	Smokeview 6.1.12-Oct 1 2014 Slice VIS_Soot m 30.5 27.4 24.4 21.4 18.3 15.3 12.2 9.15 6.10 3.05 0.00 Frame:197 Time:260.1 mesh:1
	约 173s 所有房间均达危险状态	约 189s 所有房间均达危险状态	约 220s 所有房间均达危险状态	约 260s 所有房间均达危险状态

表 5.8 不同开窗尺寸的组合空间能见度指标 T_v 对比分析（**4m×8m 基本单元**）

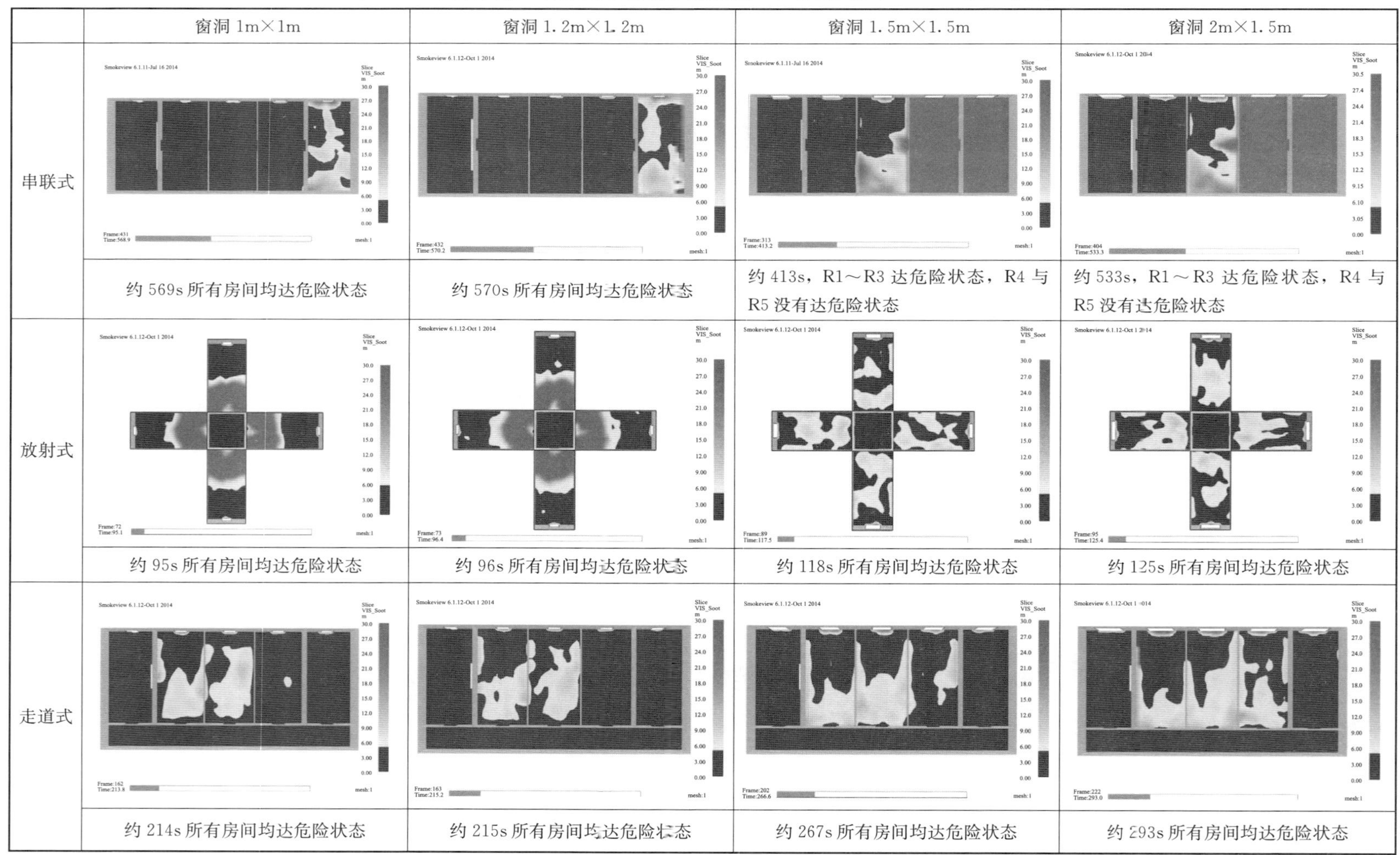

	窗洞 1m×1m	窗洞 1.2m×1.2m	窗洞 1.5m×1.5m	窗洞 2m×1.5m
串联式	约 569s 所有房间均达危险状态	约 570s 所有房间均达危险状态	约 413s，R1～R3 达危险状态，R4 与 R5 没有达危险状态	约 533s，R1～R3 达危险状态，R4 与 R5 没有达危险状态
放射式	约 95s 所有房间均达危险状态	约 96s 所有房间均达危险状态	约 118s 所有房间均达危险状态	约 125s 所有房间均达危险状态
走道式	约 214s 所有房间均达危险状态	约 215s 所有房间均达危险状态	约 267s 所有房间均达危险状态	约 293s 所有房间均达危险状态

（3）走道式组合空间：①烟气蔓延路径是由火源室 R1 首先进入走道，在走道顶板不断聚积，之后在距离火源室的走道远端下降并首先进入房间 R5 和 R4，而距离火源室较近的房间 R2 和 R3 最后才达到危险状态；②4m×4m 基本单元，随着开窗面积的加大，能见度达到危险状态的时间增加，开窗面积每增大 50%，能见度达到危险状态的时间增加 10%～20%；③4m×8m 基本单元，随着开窗面积的加大，能见度达到危险状态的时间增加，开窗面积在 $2m^2$ 以下时，开窗面积每增大 50%，能见度达到危险状态的时间增加 1%～5%，开窗面积在 $2m^2$ 以上时，开窗面积每增大 50%，能见度达到危险状态的时间增加 10%～25%，说明窗洞面积越大对于能见度的影响越明显；④相同情况下，建筑面积增大一倍时，能见度达危险状态的时间增加 10%～25%，说明走道式组合方式下空间面积和开窗大小对于能见度达危险状态的时间影响相差不多。

（4）在相同的开窗尺寸下组合空间能见度指标 T_v 达到危险状态的时间由大到小为：串联式、走道式、放射式，说明放射式组合空间的能见度最易达危险状态。

5.3 组合空间开窗数量对能见度指标 T_v 的影响

1. 不同开窗数量组合空间的 Revit 模型

火灾过程中，各房间窗户的开敞或关闭状态会直接影响到火灾的轰燃时间和发展状态，本研究对组合空间在不同开窗数量下的能见度指标 T_v 进行比较分析，分别设置全部窗户开敞、3 个窗户开敞、2 个窗户开敞和 1 个窗户开敞 4 种开窗状态，窗洞尺寸为 1.5m×1.5m，门洞为 1m×2m，基本单元分为 4m×4m 与 4m×8m 两种情况（表 5.9～表 5.11）。

2. 不同开窗数量组合空间的能见度指标 T_v 对比分析

由表 5.12 可知，串联式组合空间各房间能见度指标达危险状态的时间顺序是 R1、R2、R3、R4、R5，开窗率达 60%以上时，尽端房间安全，说明开窗数量与开窗位置会影响尽端房间的安全性。在相同开窗数量下，空间面积增大一倍，能见度达到危险状态的时间增加 60%～70%。综上所述，开窗数量与空间面积对串联式组合空间能见度达到危险状态的时间有同等重要的影响。

由表 5.13 可知，放射式组合空间各房间能见度指标达到危险状态的时间差别不大，有窗洞开敞的房间时间稍长，所以开窗数量对于放射式组合空间能见度指标的影响不大。在相同开窗数量的情况下，空间面积增大一倍，能见度达到危险状态的时间增加 15%～25%。综上所述，空间面积是影响放射式组合空间能见度指标的主要因素。

由表 5.14 可知，走道式组合空间各房间在 5 个窗户开敞状态的能见度指标达危险状态的时间最长，开窗数量越少，时间越短。当开窗数量由 5 个减为 3 个时，该时间缩短约 2%；由 3 个减为 2 个时，该时间缩短约 25%；由 2 个减为 1 个时，该时间缩短约 6%。说明开窗率 50%左右对于能见度指标达危险状态的时间会产生较明显影响。在相同开窗数量下，空间面积增大一倍，能见度指标达危险状态的时间增加 16%～21%。综上所述，开窗数量与空间面积对走道式组合空间能见度达到危险状态的时间都会产生较大影响。

表 5.9　不同开窗数量的串联式组合空间 Revit 模型

开窗状态	5 个窗洞开敞状态	3 个窗洞开敞状态	2 个窗洞开敞状态	1 个窗洞开敞状态
4m×4m 空间	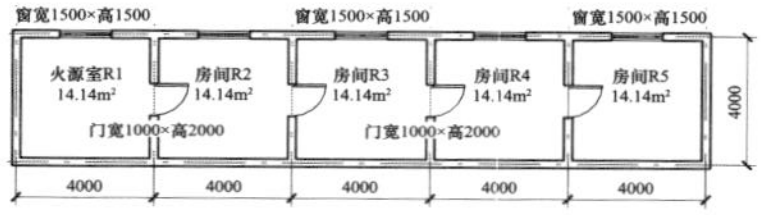 窗宽1500×高1500 窗宽1500×高1500 窗宽1500×高1500 火源室R1 14.14m^2 房间R2 14.14m^2 房间R3 14.14m^2 房间R4 14.14m^2 房间R5 14.14m^2 门宽1000×高2000 门宽1000×高2000 4000 4000 4000 4000 4000 4000	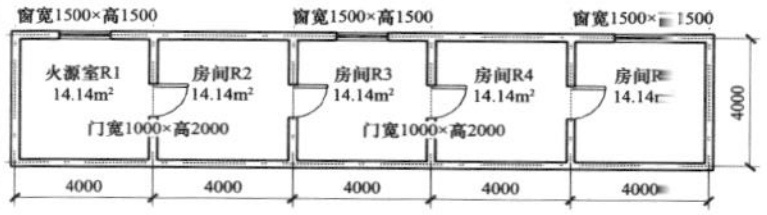 窗宽1500×高1500 窗宽1500×高1500 窗宽1500×[illegible]1500 火源室R1 14.14m^2 房间R2 14.14m^2 房间R3 14.14m^2 房间R4 14.14m^2 房间[illegible] 14.14[illegible] 门宽1000×高2000 门宽1000×高2000 4000 4000 4000 4000 4000 4000	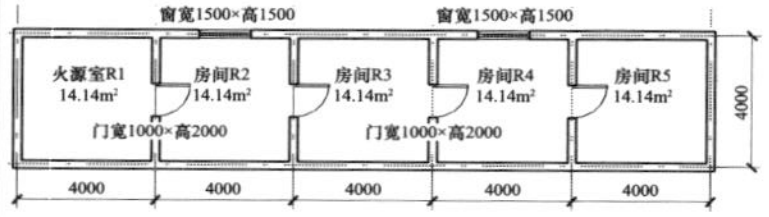 窗宽1500×高1500 窗宽1500×高1500 火源室R1 14.14m^2 房间R2 14.14m^2 房间R3 14.14m^2 房间R4 14.14m^2 房间R5 14.14m^2 门宽1000×高2000 门宽1000×高2000 4000 4000 4000 4000 4000 4000	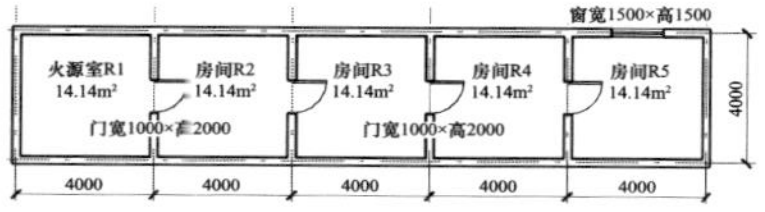 窗宽1500×高1500 火源室R1 14.14m^2 房间R2 14.14m^2 房间R3 14.14m^2 房间R4 14.14m^2 房间R5 14.14m^2 门宽1000×高2000 门宽1000×高2000 4000 4000 4000 4000 4000 4000
4m×8m 空间	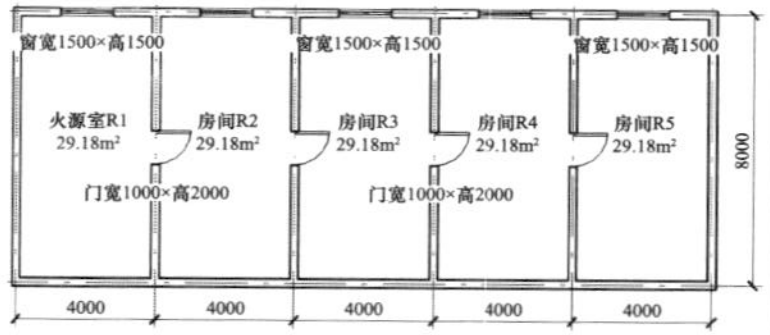 窗宽1500×高1500 窗宽1500×高1500 窗宽1500×高1500 火源室R1 29.18m^2 房间R2 29.18m^2 房间R3 29.18m^2 房间R4 29.18m^2 房间R5 29.18m^2 门宽1000×高2000 门宽1000×高2000 8000 4000 4000 4000 4000 4000	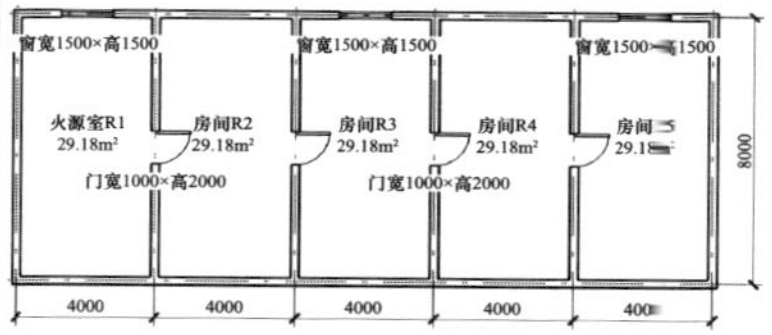 窗宽1500×高1500 窗宽1500×高1500 窗宽1500×[illegible]1500 火源室R1 29.18m^2 房间R2 29.18m^2 房间R3 29.18m^2 房间R4 29.18m^2 房间[illegible] 29.1[illegible] 门宽1000×高2000 门宽1000×高2000 8000 4000 4000 4000 4000 400[illegible]	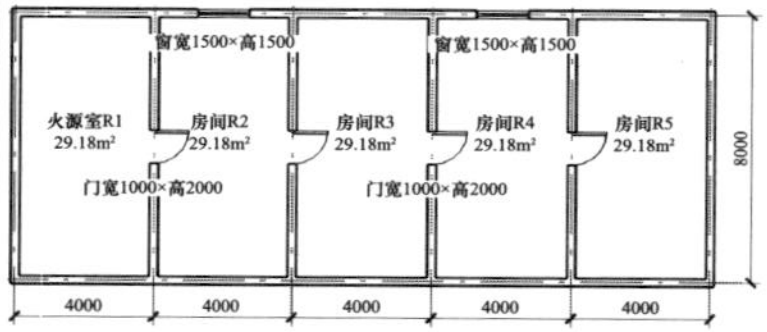 窗宽1500×高1500 窗宽1500×高1500 火源室R1 29.18m^2 房间R2 29.18m^2 房间R3 29.18m^2 房间R4 29.18m^2 房间R5 29.18m^2 门宽1000×高2000 门宽1000×高2000 8000 4000 4000 4000 4000 4000	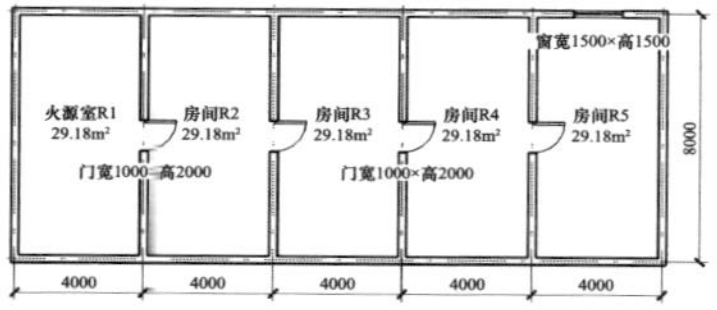 窗宽1500×高1500 火源室R1 29.18m^2 房间R2 29.18m^2 房间R3 29.18m^2 房间R4 29.18m^2 房间R5 29.18m^2 门宽1000×高2000 门宽1000×高2000 8000 4000 4000 4000 4000 4000

表 5.10　不同开窗数量的放射式组合空间 Revit 模型

开窗状态	4 个窗洞开敞状态	3 个窗洞开敞状态	2 个窗洞开敞状态	1 个窗洞开敞状态
4m×4m 基本单元	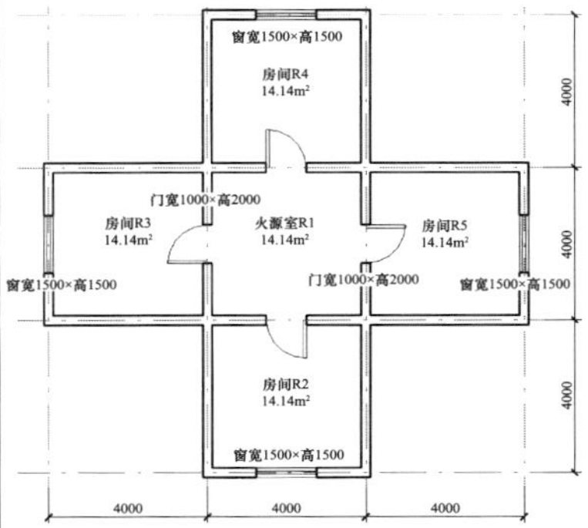 窗宽1500×高1500；房间R4 14.14m²；门宽1000×高2000；房间R3 14.14m²；火源室R1 14.14m²；房间R5 14.14m²；窗宽1500×高1500；门宽1000×高2000；窗宽1500×高1500；房间R2 14.14m²；窗宽1500×高1500；4000；4000；4000；4000；4000；4000	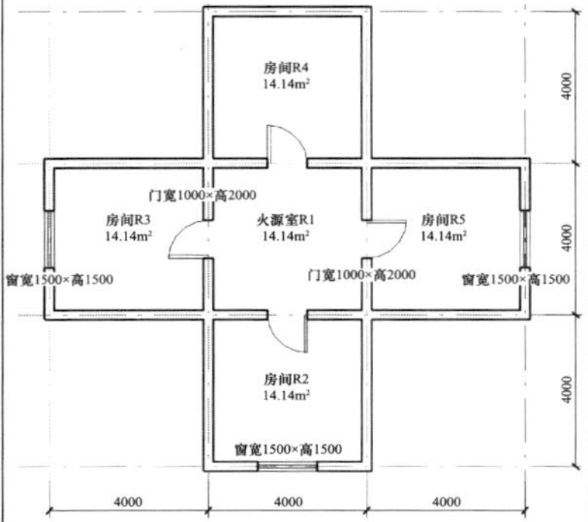 房间R4 14.14m²；门宽1000×高2000；房间R3 14.14m²；火源室R1 14.14m²；房间R5 14.14m²；窗宽1500×高1500；门宽1000×高2000；窗宽1500×高1500；房间R2 14.14m²；窗宽1500×高1500；4000；4000；4000；4000；4000；4000	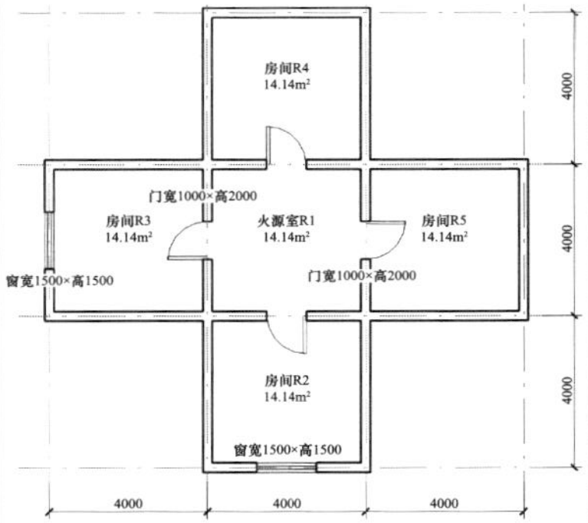 房间R4 14.14m²；门宽1000×高2000；房间R3 14.14m²；火源室R1 14.14m²；房间R5 14.14m²；窗宽1500×高1500；门宽1000×高2000；房间R2 14.14m²；窗宽1500×高1500；4000；4000；4000；4000；4000；4000	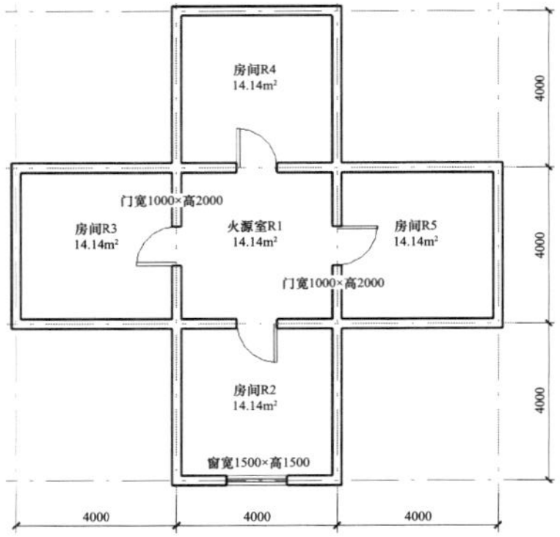 房间R4 14.14m²；门宽1000×高2000；房间R3 14.14m²；火源室R1 14.14m²；房间R5 14.14m²；门宽1000×高2000；房间R2 14.14m²；窗宽1500×高1500；4000；4000；4000；4000；4000；4000
4m×8m 基本单元	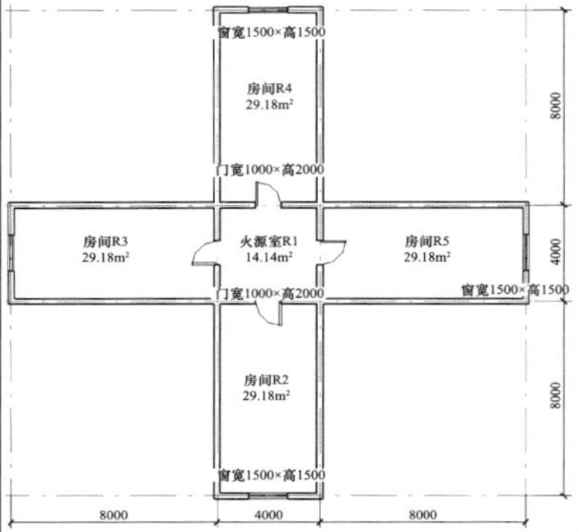 窗宽1500×高1500；房间R4 29.18m²；门宽1000×高2000；房间R3 29.18m²；火源室R1 14.14m²；房间R5 29.18m²；门宽1000×高2000；窗宽1500×高1500；房间R2 29.18m²；窗宽1500×高1500；8000；4000；8000；8000；4000；8000	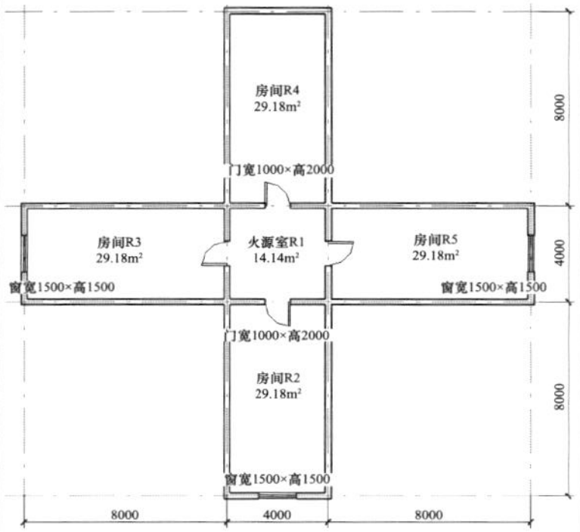 房间R4 29.18m²；门宽1000×高2000；房间R3 29.18m²；火源室R1 14.14m²；房间R5 29.18m²；窗宽1500×高1500；窗宽1500×高1500；门宽1000×高2000；房间R2 29.18m²；窗宽1500×高1500；8000；4000；8000；8000；4000；8000	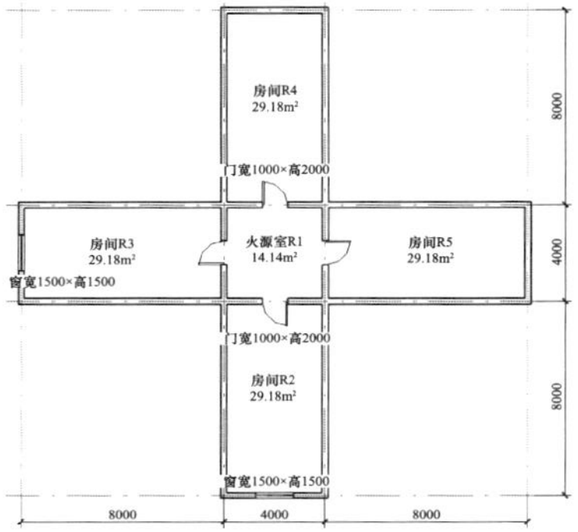 房间R4 29.18m²；门宽1000×高2000；房间R3 29.18m²；火源室R1 14.14m²；房间R5 29.18m²；窗宽1500×高1500；门宽1000×高2000；房间R2 29.18m²；窗宽1500×高1500；8000；4000；8000；8000；4000；8000	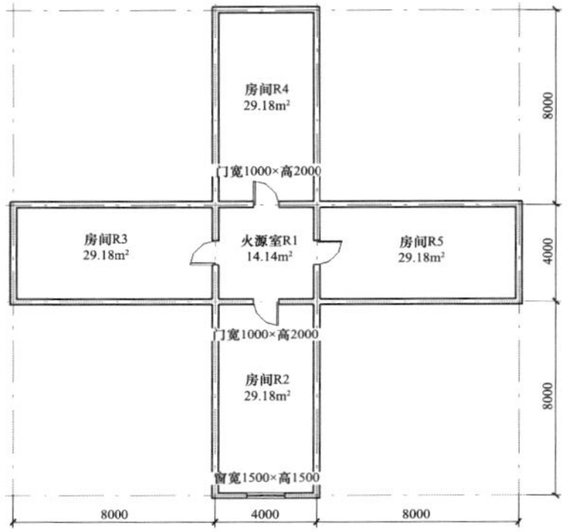 房间R4 29.18m²；门宽1000×高2000；房间R3 29.18m²；火源室R1 14.14m²；房间R5 29.18m²；门宽1000×高2000；房间R2 29.18m²；窗宽1500×高1500；8000；4000；8000；8000；4000；8000

表 5.11　不同开窗数量的走道式组合空间 Revit 模型

开窗状态	5 个窗洞开敞状态	3 个窗洞开敞状态	2 个窗洞开敞状态	1 个窗洞开敞状态
4m×4m 基本单元	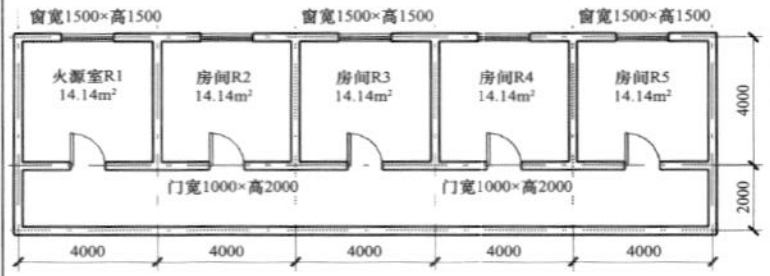 窗宽1500×高1500；火源室R1 14.14m²；房间R2 14.14m²；房间R3 14.14m²；房间R4 14.14m²；房间R5 14.14m²；门宽1000×高2000；4000；2000	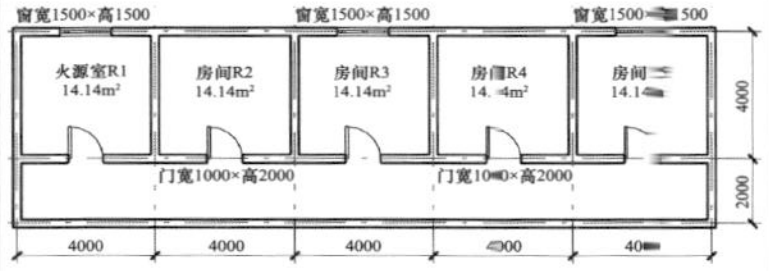 窗宽1500×高1500；火源室R1 14.14m²；房间R2 14.14m²；房间R3 14.14m²；房间R4；房间R5；门宽1000×高2000；4000；2000	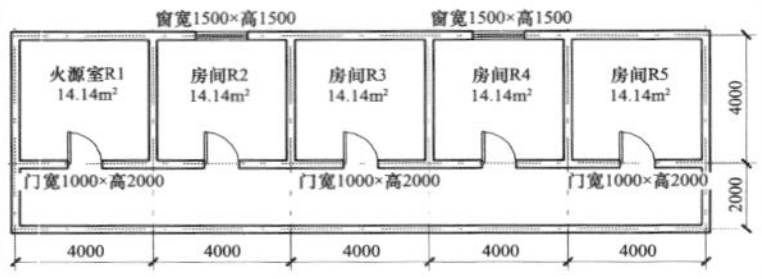 窗宽1500×高1500；火源室R1 14.14m²；房间R2 14.14m²；房间R3 14.14m²；房间R4 14.14m²；房间R5 14.14m²；门宽1000×高2000；4000；2000	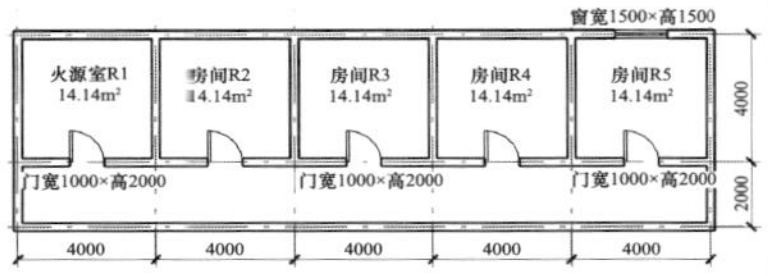 窗宽1500×高1500；火源室R1 14.14m²；房间R2 14.14m²；房间R3 14.14m²；房间R4 14.14m²；房间R5 14.14m²；门宽1000×高2000；4000；2000
4m×8m 基本单元	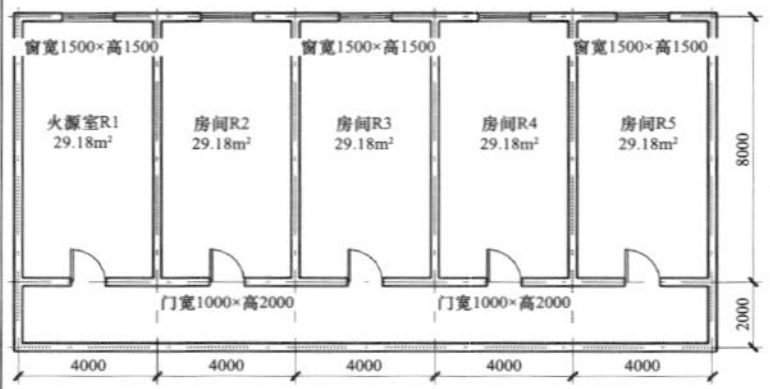 窗宽1500×高1500；火源室R1 29.18m²；房间R2 29.18m²；房间R3 29.18m²；房间R4 29.18m²；房间R5 29.18m²；门宽1000×高2000；4000；8000；2000	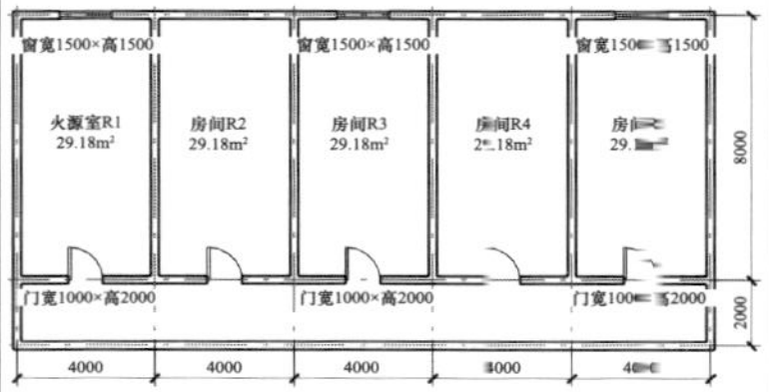 窗宽1500×高1500；火源室R1 29.18m²；房间R2 29.18m²；房间R3 29.18m²；房间R4；房间R5；门宽1000×高2000；4000；8000；2000	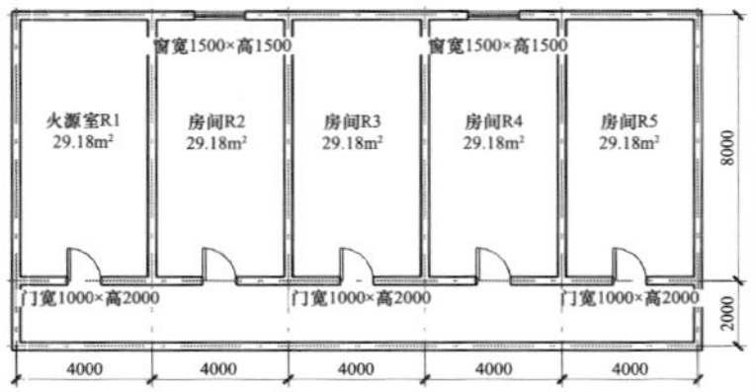 窗宽1500×高1500；火源室R1 29.18m²；房间R2 29.18m²；房间R3 29.18m²；房间R4 29.18m²；房间R5 29.18m²；门宽1000×高2000；4000；8000；2000	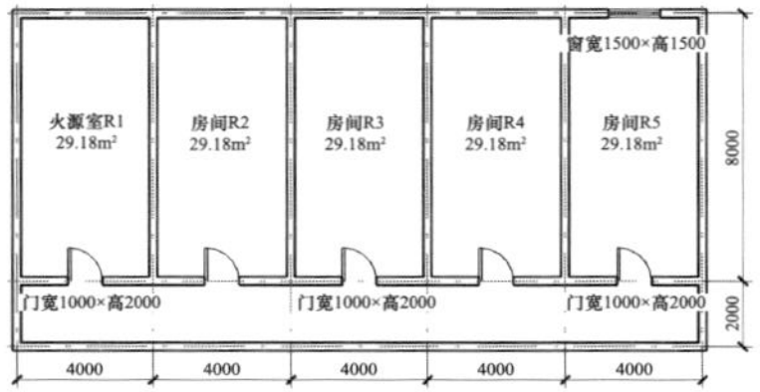 窗宽1500×高1500；火源室R1 29.18m²；房间R2 29.18m²；房间R3 29.18m²；房间R4 29.18m²；房间R5 29.18m²；门宽1000×高2000；4000；8000；2000

表 5.12　不同开窗数量串联式组合空间的能见度指标 T_v 对比分析

开窗状态	5 个窗洞开敞状态	3 个窗洞开敞状态	2 个窗洞开敞状态	1 个窗洞开敞状态
4m×4m基本单元	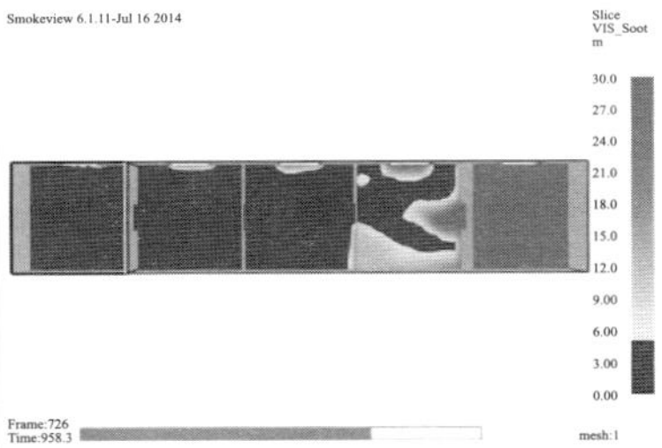	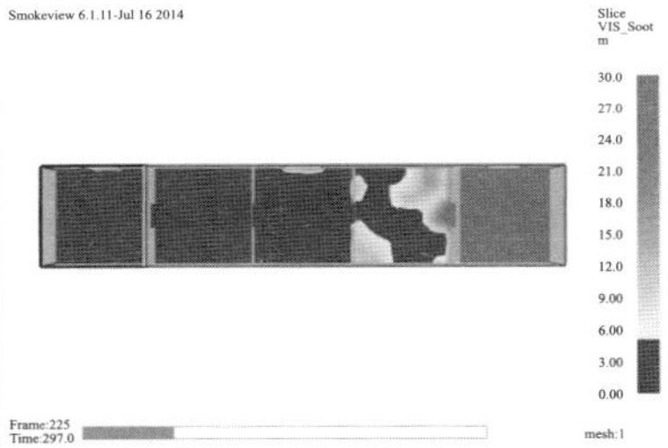	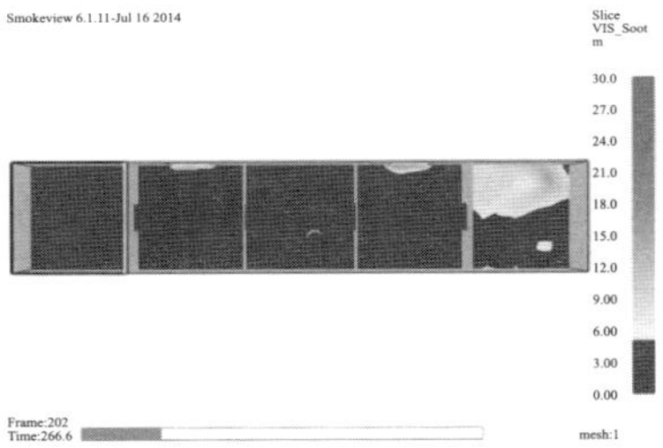	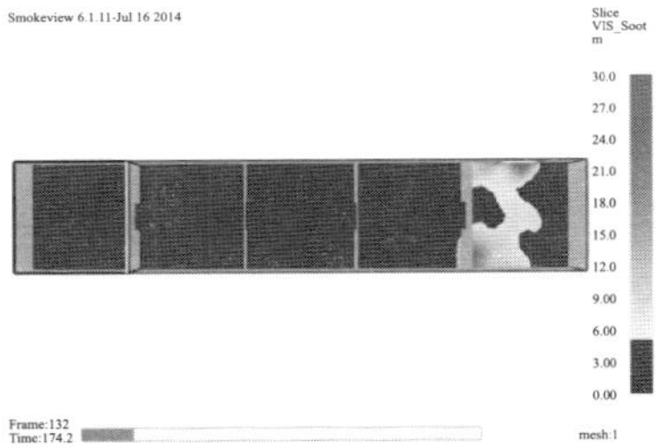
	约 958s R1～R4 达危险状态，R5 未达危险状态	约 297s R1～R4 达危险状态，R5 未达危险状态	约 267s 所有房间均达危险状态	约 174s 所有房间均达危险状态
4m×8m基本单元	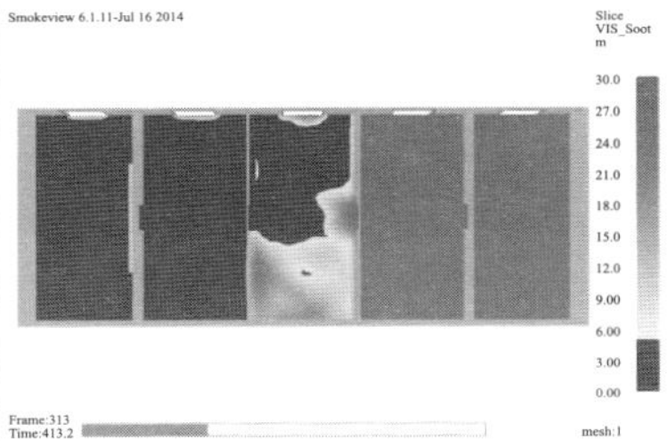	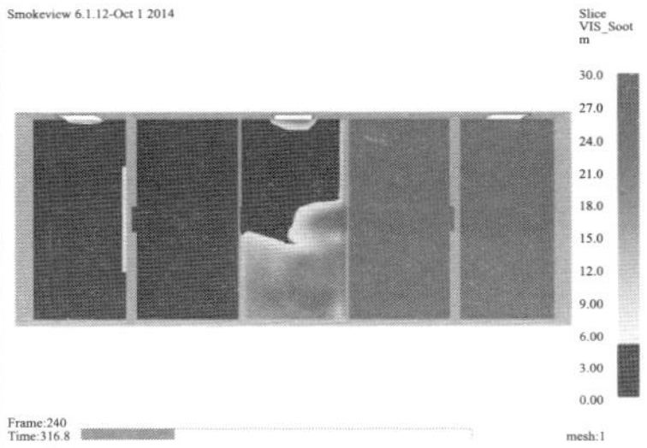	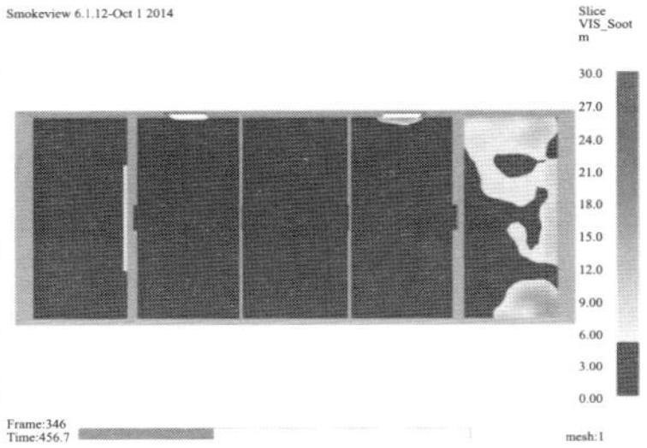	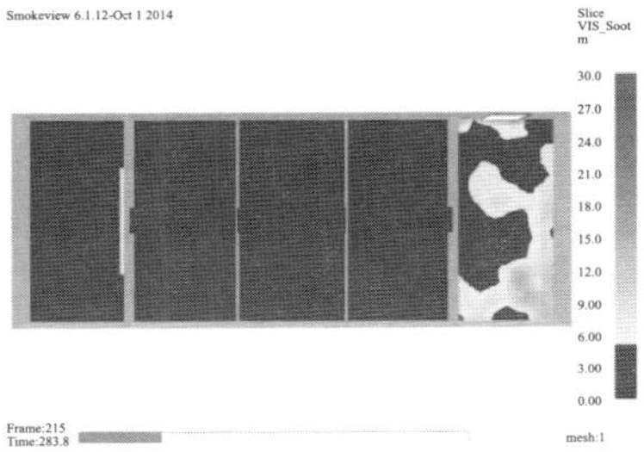
	约 413s R1～R3 达危险状态，R4 与 R5 未达危险状态	约 317s R1～ R3 达危险状态，R4 与 R5 未达危险状态	约 457s 所有房间均达危险状态	约 284s 所有房间均达危险状态

表 5.13　不同开窗数量放射式组合空间的能见度指标 T_v 对比分析

开窗状态	4 个窗洞开敞状态	3 个窗洞开敞状态	2 个窗洞开敞状态	1 个窗洞开敞状态
4m×4m 基本单元	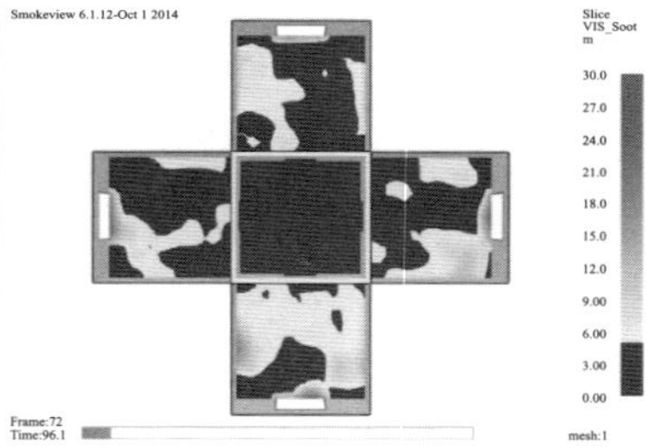	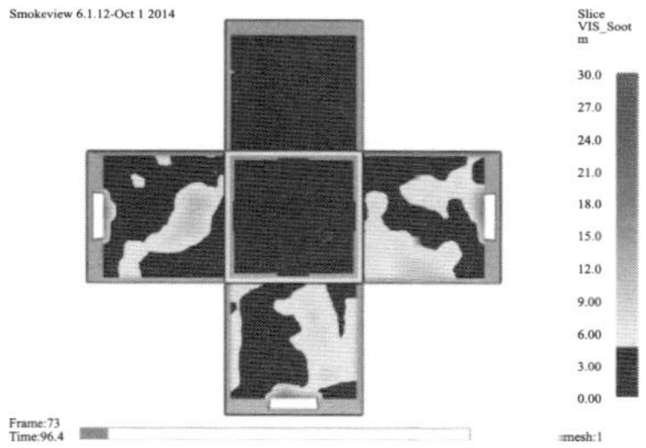	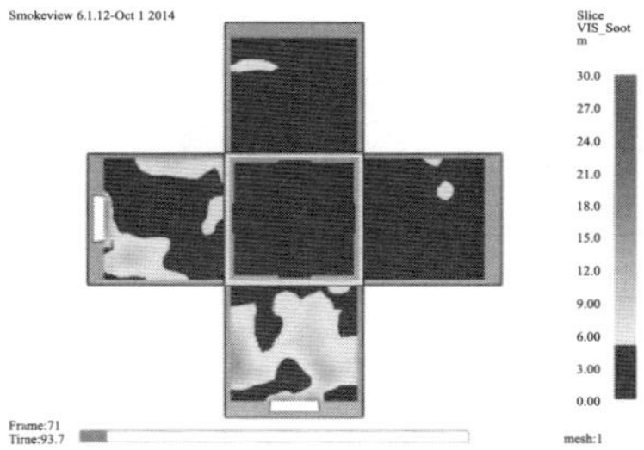	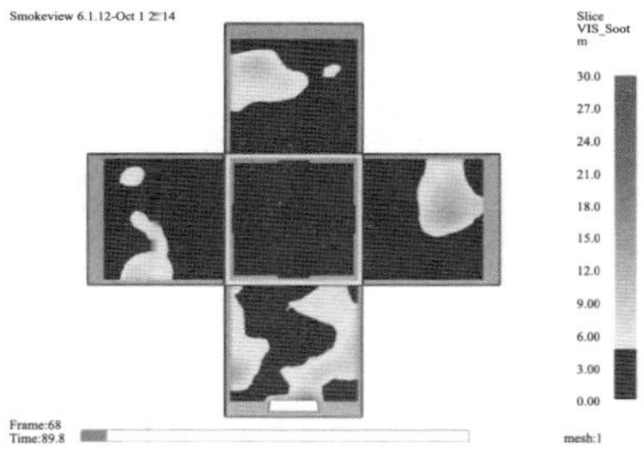
	约 95s 所有房间均达危险状态	约 96s 所有房间均达危险状态	约 94s 所有房间均达危险状态	约 90s 所有房间均达危险状态
4m×8m 基本单元	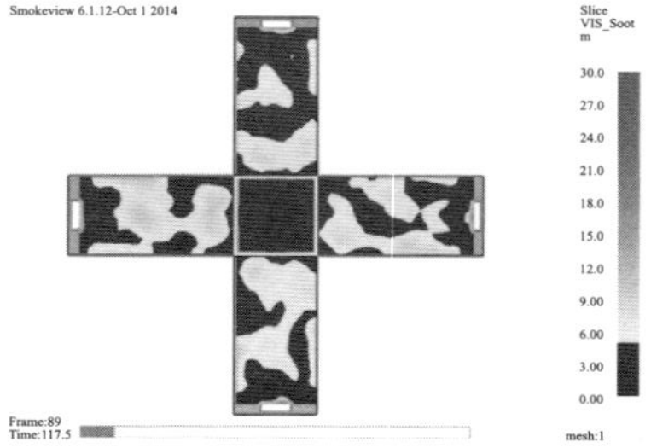	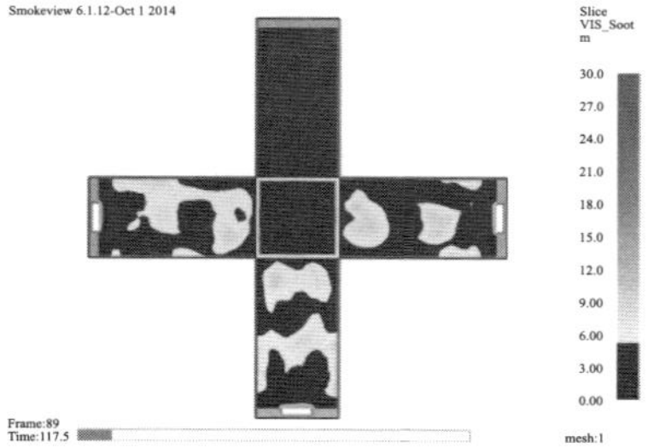	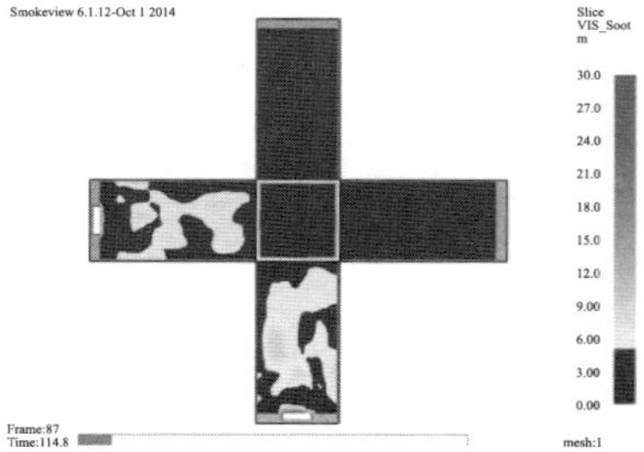	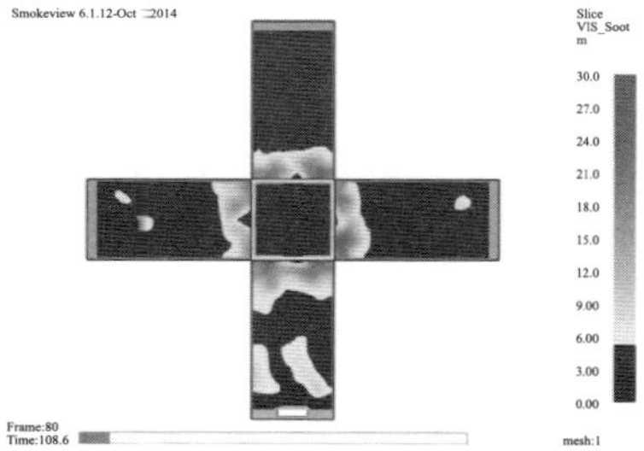
	约 118s 所有房间均达危险状态	约 118s 所有房间均达危险状态	约 115s 所有房间均达危险状态	约 106s 所有房间均达危险状态

表 5.14　不同开窗数量走道式组合空间的能见度指标 T_v 对比分析

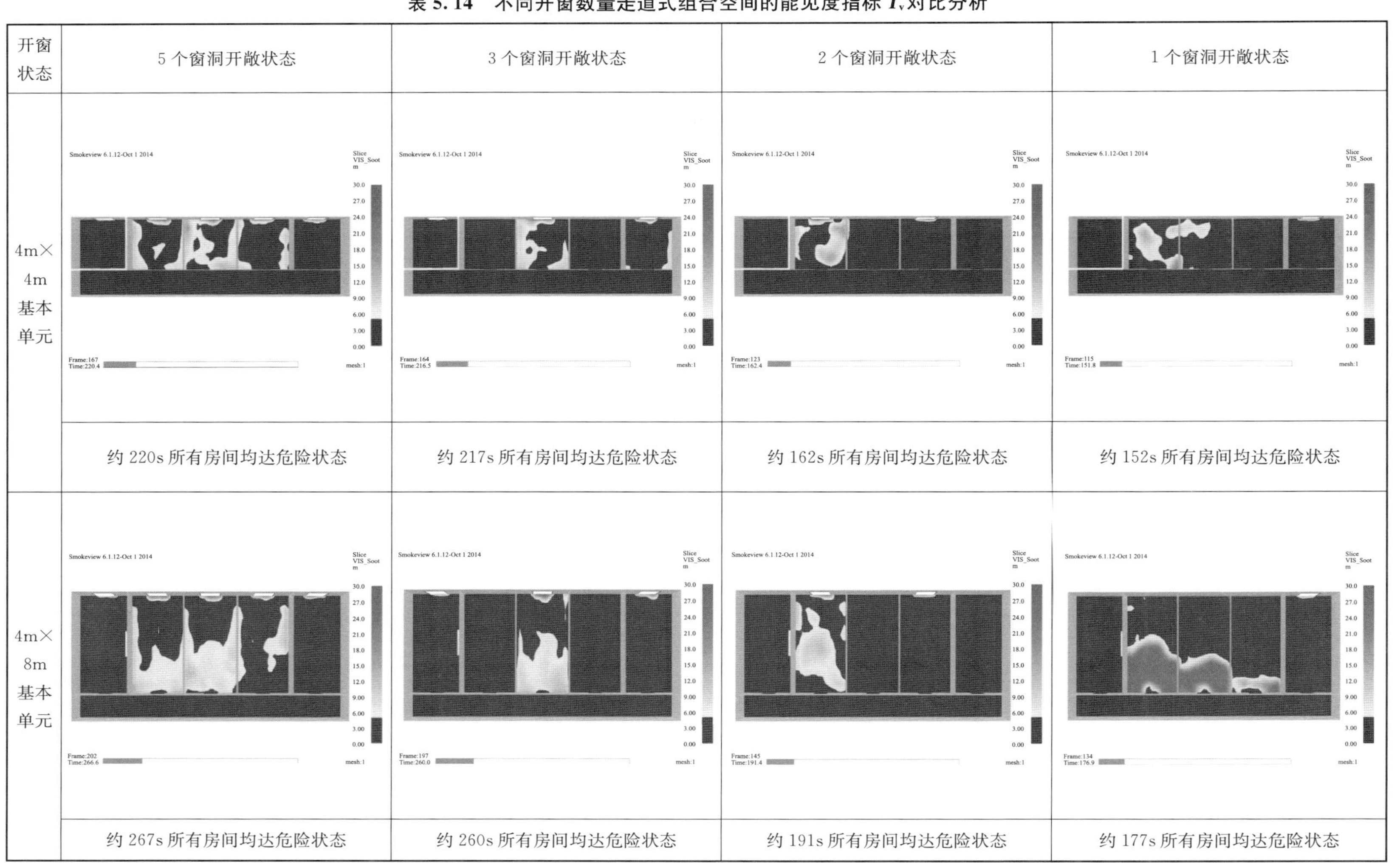

开窗状态	5 个窗洞开敞状态	3 个窗洞开敞状态	2 个窗洞开敞状态	1 个窗洞开敞状态
4m×4m 基本单元	约 220s 所有房间均达危险状态	约 217s 所有房间均达危险状态	约 162s 所有房间均达危险状态	约 152s 所有房间均达危险状态
4m×8m 基本单元	约 267s 所有房间均达危险状态	约 260s 所有房间均达危险状态	约 191s 所有房间均达危险状态	约 177s 所有房间均达危险状态

6 基于BIM的建筑空间火灾性能评价

在建筑空间火灾特性研究的基础上，本章拟进行应用研究。相同空间框架单元下，不同分隔方式对空间火灾特性的影响。以某可变住宅①的9种户型作为建筑空间火灾性能评价研究的对象，分析比较可变住宅内不同的空间划分形式所具有的空间火灾性能及差异，得到空间火灾性能综合评价值，制定建筑空间火灾性能评价流程，使用Revit软件绘制可变住宅的火灾性能表现图。通过BIM技术使建筑师在进行方案创作的同时可方便直观地了解建筑方案的空间火灾性能，而省却复杂的火灾模拟计算过程，为下一步基于BIM防火平台的建筑物火灾安全评价研究提供数据支撑。

6.1 可变住宅及其Revit模型

1. 可变住宅

本研究的可变住宅参考了支撑体住宅理论的相关资料②③，采用3.6m×7.2m与4.2m×7.2m两个矩形组合成框架单元的平面，建筑面积约56m²，净高为2.8m（图6.1），在框架单元内分别布置起居室、厨房、卫生间、卧室和书房等房间，按照各房间的使用功能，设置门窗尺寸。

2. 可变住宅9种户型的Revit模型

表6.1列出了可变住宅9种户型的平面图，作为空间火灾性能评价的对象。

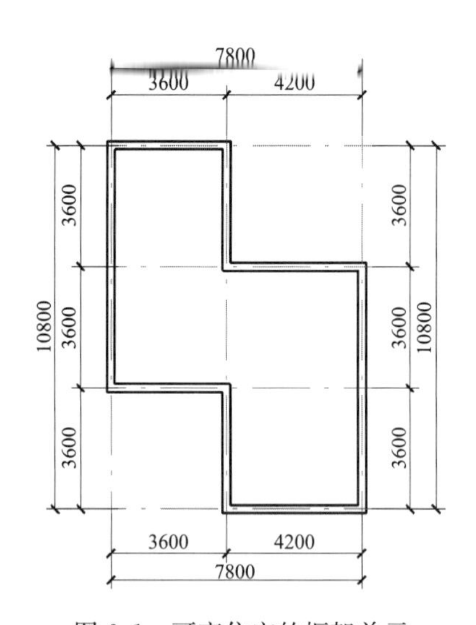

图6.1 可变住宅的框架单元

① 可变住宅是指在相同的框架单元下，采用不同的内部空间划分形式，得到多种户型以满足不同住户的使用要求，并且可变住宅框架单元之间可进行灵活的拼接组合。

② 鲍家声．支撑体住宅［M］．南京：江苏科学技术出版社，1988：59-65.

③ 袁大顺．空间可变住宅设计研究［D］．天津：天津大学，2008：6-7.

表 6.1　可变住宅 9 种户型

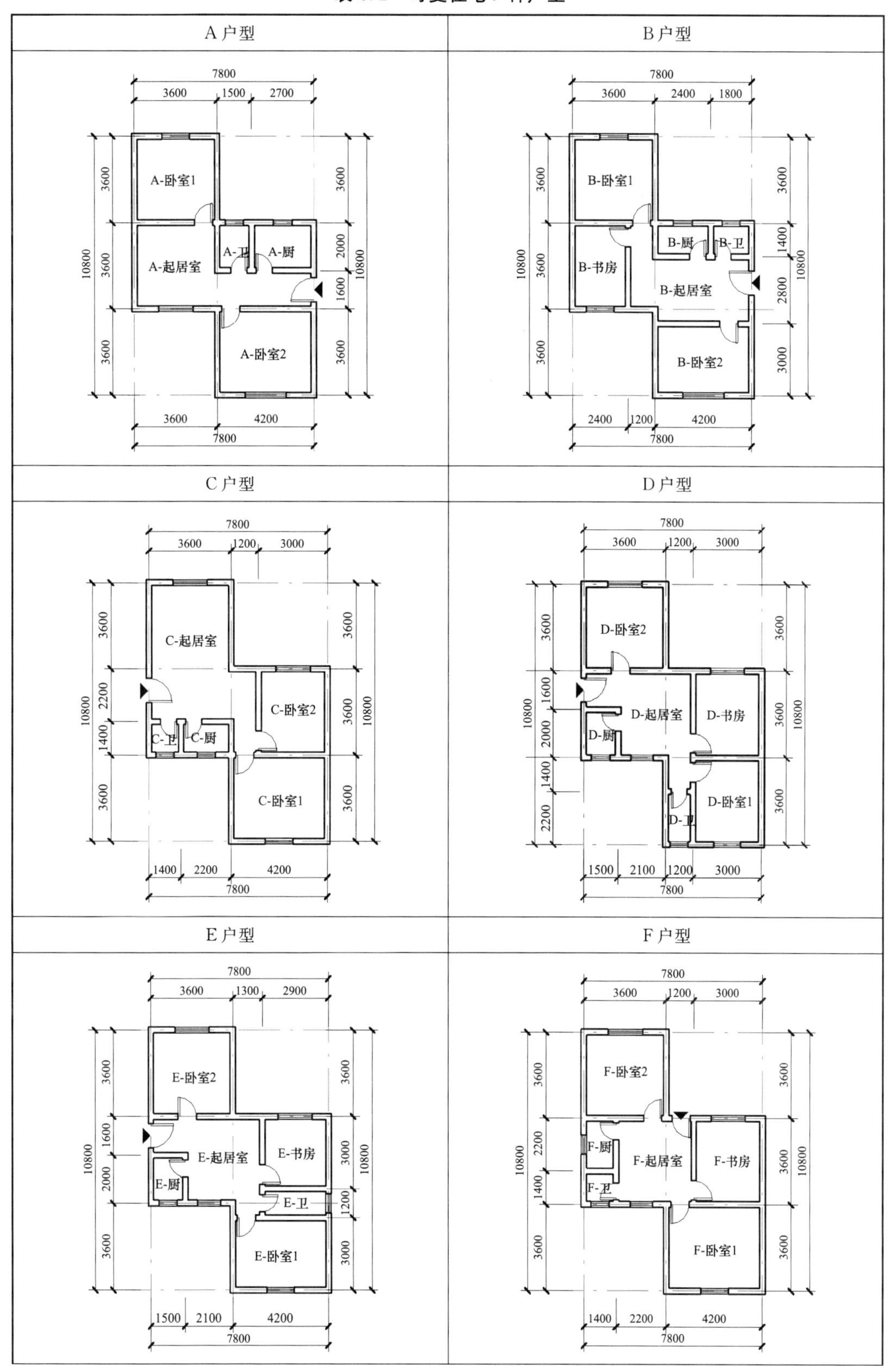

续表

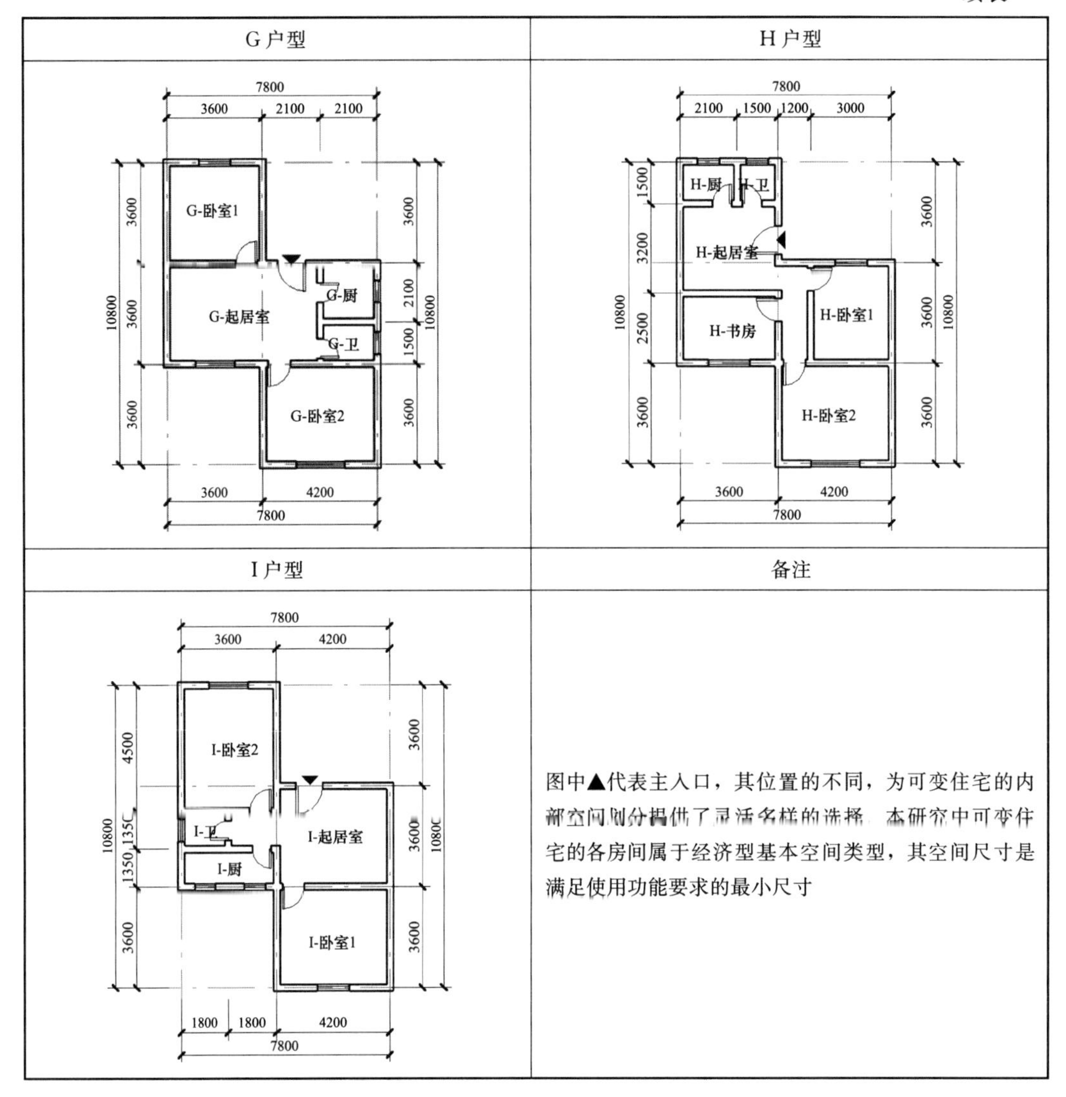

G户型	H户型
I户型	备注
	图中▲代表主入口，其位置的不同，为可变住宅的内部空间划分提供了灵活多样的选择。本研究中可变住宅的各房间属于经济型基本空间类型，其空间尺寸是满足使用功能要求的最小尺寸

6.2　基于BIM的建筑空间火灾性能评价指标

本研究拟从以下几方面对建筑空间的火灾性能进行评价：①房间火灾荷载；②轰燃时间 T_F；③1.2m处能见度达到危险状态时间 T_v；④烟层降至0.5m的时间 T_h；⑤下层烟气温度达到60℃的时间 T_d；⑥下层烟气最高温度 T_1；⑦上层烟气温度达到180℃的时间 T_u；⑧上层烟气最高温度 T_2；⑨空间火灾性能综合评价值 T_Z。

1. 房间火灾荷载

根据附录B住宅各类房间火灾荷载密度统计值，重新列表得到本研究中可变住宅各类房间的火灾荷载密度值（表6.2），将火灾荷载密度值乘以各房间的面积可得到房间火灾荷载。

表 6.2　可变住宅各类房间火灾荷载密度

房间	起居室（客厅）	卧室	书房	厨房	卫生间
火灾荷载密度（MJ/m^2）	355.75	612.28	542.66	658.64	219.64

2. 轰燃时间 T_F

根据第 2 章式（2.6）可得轰燃时间 T_F的计算公式为：

$$T_F=\sqrt{\dot{Q}_f/\alpha} \tag{6.1}$$

其中，$\dot{Q}_f$——轰燃临界热释放速率的计算公式为：

$$\dot{Q}_f=378A_w\sqrt{h_w}+7.8A_t \tag{2.10}$$

α——火灾增长系数的计算公式为：

$$\alpha=\alpha_f+\alpha_m \tag{2.7}$$

$\alpha_f=2.6\times10^{-6}q^{5/3}$，$kW/s^2$；

q——室内火灾荷载密度，MJ/m^2；

$\alpha_m=0.0035\ kW/s^2$。

3. 1.2m 处能见度达到危险状态时间 T_v与空间要素的关系式为：

$$T_v=5.474+2.797\times净面积-4.738\times净高+2.322\times通风因子 \tag{4.2}$$

4. 烟层降至 0.5m 的时间 T_h与空间要素的关系式为：

$$T_h=-150.595+4.825\times净面积+66.482\times净高-0.38\times通风因子 \tag{4.4}$$

5. 下层烟气温度达到 60℃的时间 T_d与空间要素的关系式为：

$$T_d=295.432+3.461\times净面积-84.545\times净高+14.364\times通风因子 \tag{4.6}$$

6. 下层烟气最高温度 T_1与空间要素的关系式为：

$$T_1=2433.62+8.323\times净面积-636.825\times净高-14.058\times通风因子 \tag{4.8}$$

7. 上层烟气温度达到 180℃的时间 T_u与空间要素的关系式为：

$$T_u=-138.864-1.136\times净面积+101.92\times净高+3.826\times通风因子 \tag{4.10}$$

8. 上层烟气最高温度 T_2与空间要素的关系式为：

$$T_2=1046.925+0.575\times净面积-52.855\times净高-10.678\times通风因子 \tag{4.12}$$

9. 空间火灾性能综合评价值 T_Z

使用 SPSS 因子分析法对上述评价指标 1～8 进行提取公共因子分析，得到空间火灾性能综合评价值 T_Z（见 6.3 节的第 2 点）。

6.3　可变住宅 9 种户型的 BIM 信息处理

1. 空间信息提取及火灾性能评价指标计算

与建筑空间火灾性能评价指标相关的空间信息包括：①房间的开间、进深、净高、周长、建筑面积、净面积；②门洞的宽度、高度和面积；③窗洞的宽度、高度和面积；④通风口面积、通风口等效高度和通风因子；⑤房间的内表面积等。通过 Revit 的明细表功能可实现对可变住宅空间信息的提取，再将其导入 Excel 软件中进行建筑空间火灾性能评价指标的计算，可得表 6.3～表 6.5。

表 6.3 可变住宅 9 种户型空间信息 1

编号	房间名称	开间（m）	进深（m）	净高（m）	周长（m）	建筑面积（m^2）	净面积（m^2）	门洞宽度（m）	门洞高度（m）	门洞面积（m^2）	窗洞宽度（m）	窗洞高度（m）	窗洞面积（m^2）
1	A-起居室	3.6	3.60	2.8	21.84	12.96	17	4	2	8	1.5	1.5	2.25
2	A-卧室 1	3.6	3.60	2.8	13.44	12.96	11.29	0.8	2	1.6	1.2	1.2	1.44
3	A-卧室 2	4.2	3.60	2.8	14.64	15.12	13.31	0.8	2	1.6	1.8	1.5	2.7
4	A-厨	2.7	2.00	2.8	8.44	5.4	4.33	0.7	2	1.4	0.8	1	0.8
5	A-卫	1.5	2.00	2.8	6.04	3	2.22	0.7	2	1.4	0.8	1	0.8
6	B-起居室	4.2	2.80	2.8	18.24	11.76	13.83	4.8	2	9.6	0	0	0
7	B-卧室 1	3.6	3.60	2.8	13.44	12.96	11.29	0.8	2	1.6	1.2	1.2	1.44
8	B-卧室 2	4.2	3.00	2.8	13.44	12.6	10.93	0.8	2	1.6	1.8	1.5	2.7
9	B-书房	2.4	3.60	2.8	11.04	8.64	7.26	0.8	2	1.6	1.2	1.2	1.44
10	B-厨	2.4	1.40	2.8	6.64	3.36	2.51	0.7	2	1.4	0.8	1	0.8
11	B-卫	1.8	1.40	2.8	5.44	2.52	1.81	0.7	2	1.4	0.8	1	0.8
12	C-起居室	3.6	5.80	2.8	23.04	20.88	22.38	4	2	8	1.5	1.5	2.25
13	C-卧室 1	4.2	3.60	2.8	14.64	15.12	13.31	0.8	2	1.6	1.2	1.2	1.44
14	C-卧室 2	3	3.60	2.8	12.24	10.8	9.27	0.8	2	1.6	1.5	1.5	2.25
15	C-厨	2.2	1.40	2.8	6.24	3.08	2.27	0.7	2	1.4	0.8	1	0.8
16	C-卫	1.4	1.40	2.8	4.64	1.96	1.35	0.7	2	1.4	0.8	1	0.8
17	D-起居室	3.3	3.60	2.8	18.64	11.88	13.67	4.8	2	9.6	1	1	1
18	D-卧室 1	3	3.60	2.8	12.24	10.8	9.27	0.8	2	1.6	1.2	1.2	1.44
19	D-卧室 2	3.6	3.60	2.8	13.44	12.96	11.29	0.8	2	1.6	1.5	1.5	2.25
20	D-书房	3	3.60	2.8	12.24	10.8	9.27	0.8	2	1.6	1.5	1.5	2.25
21	D-厨	1.5	2.00	2.8	6.04	3	2.22	0.7	2	1.4	0.8	1	0.8
22	D-卫	1.2	2.20	2.8	5.84	2.64	1.88	0.7	2	1.4	0.8	1	0.8
23	E-起居室	3.4	3.60	2.8	17.24	12.24	13.29	4.8	2	9.6	1	1	1
24	E-卧室 1	4.2	3.00	2.8	13.44	12.6	10.93	0.8	2	1.6	1.2	1.2	1.44
25	E-卧室 2	3.6	3.60	2.8	13.44	12.96	11.29	0.8	2	1.6	1.5	1.5	2.25
26	E-书房	2.9	3.00	2.8	10.84	8.7	7.34	0.8	2	1.6	1.5	1.5	2.25
27	E-厨	1.5	2.00	2.8	6.04	3	2.22	0.7	2	1.4	0.8	1	0.8
28	E-卫	2.9	1.20	2.8	7.24	3.48	2.55	0.7	2	1.4	0.8	1	0.8
29	F-起居室	3.4	3.60	2.8	13.04	12.24	10.62	4.6	2	9.2	1	1	1
30	F-卧室 1	4.2	3.60	2.8	14.64	15.12	13.31	0.8	2	1.6	1.2	1.2	1.44
31	F-卧室 2	3.6	3.60	2.8	13.44	12.96	11.29	0.8	2	1.6	1.5	1.5	2.25
32	F-书房	3	3.60	2.8	12.24	10.8	9.27	0.8	2	1.6	1.5	1.5	2.25

续表

编号	房间名称	开间（m）	进深（m）	净高（m）	周长（m）	建筑面积（m^2）	净面积（m^2）	门洞宽度（m）	门洞高度（m）	门洞面积（m^2）	窗洞宽度（m）	窗洞高度（m）	窗洞面积（m^2）
33	F-厨	1.4	2.20	2.8	6.24	3.08	2.27	0.7	2	1.4	0.8	1	0.8
34	F-卫	1.4	1.40	2.8	4.64	1.96	1.35	0.7	2	1.4	0.8	1	0.8
35	G-起居室	5.7	3.60	2.8	17.64	20.52	18.35	4	2	8	1.5	1.5	2.25
36	G-卧室1	3.6	3.60	2.8	13.44	12.96	11.29	0.8	2	1.6	1.2	1.2	1.44
37	G-卧室2	4.2	3.60	2.8	14.64	15.12	13.31	0.8	2	1.6	1.8	1.5	2.7
38	G-厨	2.1	2.10	2.8	7.44	4.41	3.46	0.7	2	1.4	0.8	1	0.8
39	G-卫	2.1	1.50	2.8	6.24	3.15	2.34	0.7	2	1.4	0.8	1	0.8
40	H-起居室	3.6	3.20	2.8	20.04	11.52	13.38	4.8	2	9.6	0	0	0
41	H-卧室1	3	3.60	2.8	12.24	10.8	9.27	0.8	2	1.6	1.2	1.2	1.44
42	H-卧室2	4.2	3.60	2.8	14.64	15.12	13.31	0.8	2	1.6	1.8	1.5	2.7
43	H-书房	3.6	2.50	2.8	11.24	9	7.59	0.8	2	1.6	1.5	1.5	2.25
44	H-厨	2.1	1.50	2.8	6.24	3.15	2.34	0.7	2	1.4	0.8	1	0.8
45	H-卫	1.5	1.50	2.8	5.04	2.25	1.59	0.7	2	1.4	0.8	1	0.8
46	I-起居室	4.2	3.60	2.8	18.24	15.12	15.3	4	2	8	0	0	0
47	I-卧室1	4.2	3.60	2.8	14.64	15.12	13.31	0.8	2	1.6	1.2	1.2	1.44
48	I-卧室2	3.6	4.50	2.8	15.24	16.2	14.31	0.8	2	1.6	1.5	1.5	2.25
49	I-厨	3.6	1.35	2.8	8.94	4.86	3.73	0.7	2	1.4	1.6	1	1.6
50	I-卫	1.8	1.35	2.8	5.34	2.43	1.73	0.7	2	1.4	0.8	1	0.8

表6.4　可变住宅9种户型空间信息2

编号	房间名称	墙体内表面积（m^2）	房间内表面积 A_w（m^2）	通风口面积 A_w（m）	通风口等效高度 h_w（m）	通风因子 $A_w h_w^{1/2}$	火灾荷载密度（MJ/m^2）	火灾荷载（MJ）	火灾增长系数 α（kW/s^2）	轰燃临界热释放速率 $\dot{Q}_f$（kW）	轰燃时间 T_F（s）
1	A-起居室	50.9	84.91	10.25	1.89	14.09	355.75	4610.52	0.05	5989.20	346.31
2	A-卧室1	34.59	57.17	3.04	1.62	3.87	612.28	7935.15	0.12	1908.99	127.04
3	A-卧室2	36.69	63.3	4.3	1.69	5.58	612.28	9257.67	0.12	2604.29	148.38
4	A-厨	21.43	30.09	2.2	1.64	2.81	658.64	3556.66	0.13	1298.49	98.76
5	A-卫	14.71	19.15	2.2	1.64	2.81	219.64	658.92	0.02	1213.16	223.49
6	B-起居室	41.47	69.14	9.6	2.00	13.58	355.75	4183.62	0.05	5671.19	336.99
7	B-卧室1	34.59	57.17	3.04	1.62	3.87	612.28	7935.15	0.12	1908.99	127.04
8	B-卧室2	33.33	55.19	4.3	1.69	5.58	612.28	7714.73	0.12	2541.03	146.57
9	B-书房	27.87	42.39	3.04	1.62	3.87	542.66	4688.58	0.10	1793.71	135.73
10	B-厨	16.39	21.4	2.2	1.64	2.81	658.64	2213.03	0.13	1230.71	96.15
11	B-卫	13.03	16.65	2.2	1.64	2.81	219.64	553.49	0.02	1193.66	221.69

续表

编号	房间名称	墙体内表面积（m^2）	房间内表面积 A_w（m^2）	通风口面积 A_w（m）	通风口等效高度 h_w（m）	通风因子 $A_w h_w^{1/2}$	火灾荷载密度（MJ/m^2）	火灾荷载（MJ）	火灾增长系数 α（kW/s^2）	轰燃临界热释放速率 $\dot{Q}_f$（kW）	轰燃时间 T_F（s）
12	C-起居室	54.26	99.02	10.25	1.89	14.09	355.75	7428.06	0.05	6099.26	349.48
13	C-卧室 1	37.95	64.56	3.04	1.62	3.87	612.28	9257.67	0.12	1966.63	128.94
14	C-卧室 2	30.42	48.97	3.85	1.71	5.03	612.28	6612.62	0.12	2283.79	138.95
15	C-厨	15.27	19.82	2.2	1.64	2.81	658.64	2028.61	0.13	1218.38	95.66
16	C-卫	10.79	13.48	2.2	1.64	2.81	219.64	430.49	0.02	1168.93	219.38
17	D-起居室	41.59	68.92	10.6	1.91	14.63	355.75	4226.31	0.05	6068.79	348.60
18	D-卧室 1	31.23	49.78	3.04	1.62	3.87	612.28	6612.62	0.12	1851.35	125.11
19	D-卧室 2	33.78	56.36	3.85	1.71	5.03	612.28	7935.15	0.12	2341.43	140.69
20	D-书房	30.42	48.97	3.85	1.71	5.03	542.66	5860.73	0.10	2283.79	153.15
21	D-厨	14.71	19.15	2.2	1.64	2.81	658.64	1975.92	0.13	1213.16	95.46
22	D-卫	14.15	17.92	2.2	1.64	2.81	219.64	579.85	0.02	1203.56	222.60
23	E-起居室	37.67	64.26	10.6	1.91	14.63	355.75	4354.38	0.05	6032.44	347.56
24	E-卧室 1	34.59	56.45	3.04	1.62	3.87	612.28	7714.73	0.12	1903.38	126.85
25	E-卧室 2	33.78	56.36	3.85	1.71	5.03	612.28	7935.15	0.12	2341.43	140.69
26	E-书房	26.5	41.19	3.85	1.71	5.03	542.66	4721.14	0.10	2223.10	151.10
27	E-厨	14.71	19.15	2.2	1.64	2.81	658.64	1975.92	0.13	1213.16	95.46
28	E-卫	18.07	23.18	2.2	1.64	2.81	219.64	764.35	0.02	1244.59	226.37
29	F-起居室	20.31	47.55	10.2	1.90	14.07	355.75	4354.38	0.05	5688.21	337.50
30	F-卧室 1	37.95	64.56	3.04	1.62	3.87	612.28	9257.67	0.12	1966.63	128.94
31	F-卧室 2	33.78	56.36	3.85	1.71	5.03	612.28	7935.15	0.12	2341.43	140.69
32	F-书房	30.42	48.97	3.85	1.71	5.03	542.66	5860.73	0.10	2283.79	153.15
33	F-厨	15.27	19.82	2.2	1.64	2.81	658.64	2028.61	0.13	1218.38	95.66
34	F-卫	10.79	13.48	2.2	1.64	2.81	219.64	430.49	0.02	1168.93	219.38
35	G-起居室	39.14	75.83	10.25	1.89	14.09	355.75	7299.99	0.05	5918.37	344.26
36	G-卧室 1	34.59	57.17	3.04	1.62	3.87	612.28	7935.15	0.12	1908.99	127.04
37	G-卧室 2	36.69	63.3	4.3	1.69	5.58	612.28	9257.67	0.12	2604.29	148.38
38	G-厨	18.63	25.55	2.2	1.64	2.81	658.64	2904.60	0.13	1263.08	97.40
39	G-卫	15.27	19.96	2.2	1.64	2.81	219.64	691.87	0.02	1219.47	224.07
40	H-起居室	46.51	73.27	9.6	2.00	13.58	355.75	4098.24	0.05	5703.40	337.95
41	H-卧室 1	31.23	49.78	3.04	1.62	3.87	612.28	6612.62	0.12	1851.35	125.11
42	H-卧室 2	36.69	63.3	4.3	1.69	5.58	612.28	9257.67	0.12	2604.29	148.38
43	H-书房	27.62	42.81	3.85	1.71	5.03	542.66	4883.94	0.10	2235.74	151.53
44	H-厨	15.27	19.96	2.2	1.64	2.81	658.64	2074.72	0.13	1219.47	95.71

续表

编号	房间名称	墙体内表面积（m^2）	房间内表面积 A_w（m^2）	通风口面积 A_w（m）	通风口等效高度 h_w（m）	通风因子 $A_w h_w^{1/2}$	火灾荷载密度（MJ/m^2）	火灾荷载（MJ）	火灾增长系数 α（kW/s^2）	轰燃临界热释放速率 $\dot{Q}_f$（kW）	轰燃时间 T_F（s）
45	H-卫	11.91	15.09	2.2	1.64	2.81	219.64	494.19	0.02	1181.49	220.55
46	I-起居室	43.07	73.68	8	0.00	11.31	355.75	5378.94	0.05	4851.29	311.68
47	I-卧室 1	37.95	64.56	3.04	1.62	3.87	612.28	9257.67	0.12	1966.63	128.94
48	I-卧室 2	38.82	67.45	3.85	1.71	5.03	612.28	9918.94	0.12	2427.93	143.27
49	I-厨	22.03	29.49	3	1.47	3.63	658.64	3200.99	0.13	1603.36	109.74
50	I-卫	12.75	16.22	2.2	1.64	2.81	219.64	533.73	0.02	1190.30	221.37

表 6.5　可变住宅 9 种户型空间火灾性能评价指标

编号	房间名称	净高（m）	净面积（m^2）	通风因子 $A_w h_w^{1/2}$	火灾荷载（MJ）	轰燃时间 T_F（s）	1.2m 处能见度达到危险状态时间 T_v（s）	烟层降至 0.5m 的时间 T_h（s）	下层烟气温度达到 60℃的时间 T_d（s）	下层烟气最高温度 T_1（℃）	上层烟气温度达到 180℃的时间 T_u（s）	上层烟气最高温度 T_2（℃）
1	A-起居室	2.8	17	14.09	4610.52	346.31	72.48	112.22	319.97	593.89	181.12	758.23
2	A-卧室 1	2.8	11.29	3.87	7935.15	127.04	32.77	88.56	153.38	690.06	148.50	864.09
3	A-卧室 2	2.8	13.31	5.58	9257.67	148.38	42.40	97.65	184.97	682.80	152.75	846.96
4	A-厨	2.8	4.33	2.81	3556.66	98.76	10.85	55.38	114.12	646.99	152.36	871.37
5	A-卫	2.8	2.22	2.81	658.92	223.49	4.95	45.20	106.81	629.42	154.76	870.16
6	B-起居室	2.8	13.83	13.58	4183.62	336.99	62.41	97.13	301.58	574.76	182.74	761.91
7	B-卧室 1	2.8	11.29	3.87	7935.15	127.04	32.77	88.56	153.38	690.06	148.50	864.09
8	B-卧室 2	2.8	10.93	5.58	7714.73	146.57	35.74	86.17	176.74	662.99	155.46	845.60
9	B-书房	2.8	7.26	3.87	4688.58	135.73	21.50	69.11	139.43	656.52	153.07	861.78
10	B-厨	2.8	2.51	2.81	2213.03	96.15	5.76	46.60	107.82	631.84	154.43	870.32
11	B-卫	2.8	1.81	2.81	553.49	221.69	3.80	43.22	105.39	626.01	155.22	869.92
12	C-起居室	2.8	22.38	14.09	7428.06	349.48	87.53	138.18	338.59	638.67	175.01	761.32
13	C-卧室 1	2.8	13.31	3.87	9257.67	128.94	38.42	98.30	160.37	706.88	146.20	865.25
14	C-卧室 2	2.8	9.27	5.03	6612.62	138.95	29.82	78.37	163.06	656.93	155.23	850.54
15	C-厨	2.8	2.27	2.81	2028.61	95.66	5.09	45.44	106.99	629.84	154.70	870.19
16	C-卫	2.8	1.35	2.81	430.49	219.38	2.52	41.00	103.80	622.18	155.75	869.66
17	D-起居室	2.8	13.67	14.63	4226.31	348.60	64.42	95.95	316.20	558.58	186.97	750.54
18	D-卧室 1	2.8	9.27	3.87	6612.62	125.11	27.12	78.81	146.39	673.25	150.79	862.93
19	D-卧室 2	2.8	11.29	5.03	7935.15	140.69	35.47	88.12	170.05	673.75	152.94	851.70
20	D-书房	2.8	9.27	5.03	5860.73	153.15	29.82	78.37	163.06	656.93	155.23	850.54
21	D-厨	2.8	2.22	2.81	1975.92	95.46	4.95	45.20	106.81	629.42	154.76	870.16

续表

编号	房间名称	净高（m）	净面积（m^2）	通风因子 $A_w h_w^{1/2}$	火灾荷载（MJ）	轰燃时间 T_F（s）	1.2m 处能见度达到危险状态时间 T_v（s）	烟层降至 0.5m 的时间 T_h（s）	下层烟气温度达到 60℃的时间 T_d（s）	下层烟气最高温度 T_1（℃）	上层烟气温度达到 180℃的时间 T_u（s）	上层烟气最高温度 T_2（℃）
22	D-卫	2.8	1.88	2.81	579.85	222.60	4.00	43.56	105.64	626.59	155.14	869.96
23	E-起居室	2.8	13.29	14.63	4354.38	347.56	63.36	94.12	314.89	555.41	187.40	750.32
24	E-卧室 1	2.8	10.93	3.87	7714.73	126.85	31.77	86.82	152.13	687.07	148.90	863.89
25	E-卧室 2	2.8	11.29	5.03	7935.15	140.69	35.47	88.12	170.05	673.75	152.94	851.70
26	E-书房	2.8	7.34	5.03	4721.14	151.10	24.42	69.06	156.38	640.87	157.42	849.43
27	E-厨	2.8	2.22	2.81	1975.92	95.46	4.95	45.20	106.81	629.42	154.76	870.16
28	E-卫	2.8	2.55	2.81	764.35	226.37	5.87	46.79	107.96	632.17	154.38	870.35
29	F-起居室	2.8	10.62	14.07	4354.38	337.50	54.58	81.45	297.52	541.15	188.27	754.83
30	F-卧室 1	2.8	13.31	3.87	9257.67	128.94	38.42	98.30	160.37	706.88	146.20	865.25
31	F-卧室 2	2.8	11.29	5.03	7935.15	140.69	35.47	88.12	170.05	673.75	152.94	851.70
32	F-书房	2.8	9.27	5.03	5860.73	153.15	29.82	78.37	163.06	656.93	155.23	850.54
33	F-厨	2.8	2.27	2.81	2028.61	95.66	5.09	45.44	106.99	629.84	154.70	870.19
34	F-卫	2.8	1.35	2.81	430.49	219.38	2.52	41.00	103.80	622.18	155.75	869.66
35	G-起居室	2.8	18.35	14.09	7299.99	344.26	76.25	118.74	324.64	605.13	179.58	759.00
36	G-卧室 1	2.8	11.30	3.87	[illegible]	[illegible]	32.77	88.50	153.38	690.00	148.50	[illegible]
37	G-卧室 2	2.8	13.31	5.58	9257.67	148.38	42.40	97.65	184.97	682.80	152.75	846.96
38	G-厨	2.8	3.40	2.81	2904.00	97.40	8.42	51.10	111.10	630.74	153.35	870.87
39	G-卫	2.8	2.34	2.81	691.87	224.07	5.29	45.78	107.23	630.42	154.62	870.23
40	H-起居室	2.8	13.38	13.58	4098.24	337.95	61.16	94.95	300.03	571.01	183.26	761.66
41	H-卧室 1	2.8	9.27	3.87	6612.62	125.11	27.12	78.81	146.39	673.25	150.79	862.93
42	H-卧室 2	2.8	13.31	5.58	9257.67	148.38	42.40	97.65	184.97	682.80	152.75	846.96
43	H-书房	2.8	7.59	5.03	4883.94	151.53	25.12	70.26	157.24	642.95	157.14	849.57
44	H-厨	2.8	2.34	2.81	2074.72	95.71	5.29	45.78	107.23	630.42	154.62	870.23
45	H-卫	2.8	1.59	2.81	494.19	220.55	3.19	42.16	104.63	624.18	155.47	869.79
46	I-起居室	2.8	15.3	11.31	5378.94	311.68	61.27	105.08	274.17	618.80	172.42	786.92
47	I-卧室 1	2.8	13.31	3.87	9257.67	128.94	38.42	98.30	160.37	706.88	146.20	865.25
48	I-卧室 2	2.8	14.31	5.03	9918.94	143.27	43.92	102.69	180.50	698.88	149.51	853.44
49	I-厨	2.8	3.73	3.63	3200.99	109.74	11.08	52.17	123.80	630.48	156.18	862.28
50	I-卫	2.8	1.73	2.81	533.73	221.37	3.58	42.83	105.12	625.35	155.31	869.88

2. 空间火灾性能综合评价值 T_Z

使用 SPSS 因子分析法对表 6.5 所示的火灾荷载、轰燃时间 T_F、起火后 1.2m 处能见度达到危险状态时间 T_v、烟层降至 0.5m 的时间 T_h、下层烟气温度达到 60℃的时间

T_d、下层烟气最高温度 T_1、上层烟气温度达到 180℃的时间 T_u和上层烟气最高温度 T_2 8 个评价指标提取公共因子（表 6.6～表 6.9）。

表 6.6　公共因子方差

	初始	提取
火灾荷载	1.000	0.976
轰燃时间 T_F	1.000	0.868
1.2m 处能见度达到危险状态时间 T_v	1.000	0.998
烟层降至 0.5m 的时间 T_h	1.000	0.994
下层烟气温度达到 60℃的时间 T_d	1.000	0.997
下层烟气最高温度 T_1	1.000	0.973
上层烟气温度达到 180℃的时间 T_u	1.000	0.985
上层烟气最高温度 T_2	1.000	0.993

表 6.6 中所有变量的共同度在 86.8%以上，说明提取的公共因子对各变量的解释能力很好。

表 6.7　解释的总方差

成分	初始特征值			提取平方和载入			旋转平方和载入		
	合计	方差的 %	累积 %	合计	方差的 %	累积 %	合计	方差的 %	累积 %
1	5.215	65.187	65.187	5.215	65.187	65.187	4.457	55.713	55.713
2	2.570	32.119	97.306	2.570	32.119	97.306	3.327	41.593	97.306
3	0.189	2.363	99.670						
4	0.026	0.330	100.000						
5	1.017*E*-013	1.216*E*-013	100.000						
6	−1.001*E*-013	−1.017*E*-013	100.000						
7	−1.003*E*-013	−1.033*E*-013	100.000						
8	−1.007*E*-013	−1.091*E*-013	100.000						

由表 6.7 可知，“初始特征值”一栏显示只有前两个特征值大于 1，所以 SPSS 只选择了前两个公共因子；“提取平方和载入”一栏显示第一个公共因子的方差贡献率是 65.187%，前两个公共因子的方差占所有主成分方差的 97.306%，说明前两个公共因子能够很好地替代原变量信息；“旋转平方和载入”一栏显示的是旋转以后的因子提取结果，与未旋转之前差别不大。

表 6.8　旋转成分矩阵

	成分	
	1	2
火灾荷载	−0.299	0.942
轰燃时间 T_F	0.921	0.140
1.2m 处能见度达到危险状态时间 T_v	0.542	0.839
烟层降至 0.5m 的时间 T_h	0.241	0.967

续表

	成分	
	1	2
下层烟气温度达到60℃的时间 T_d	0.766	0.641
下层烟气最高温度 T_1	−0.904	0.396
上层烟气温度达到180℃的时间 T_u	0.983	0.135
上层烟气最高温度 T_2	−0.893	−0.442

如表6.8旋转成分矩阵所示，第一公共因子反映了轰燃时间 T_F、下层烟气温度达到60℃的时间 T_d、下层烟气最高温度 T_1、上层烟气温度达到180℃的时间 T_u 和上层烟气最高温度 T_2 等变量的信息；第二公共因子反映了火灾荷载、1.2m处能见度达到危险状态时间 T_v 和烟层降至0.5m的时间 T_h 等变量的信息。

表6.9　成分得分系数矩阵

	成分	
	1	2
火灾荷载	−0.158	0.340
轰燃时间 T_F	0.216	−0.036
1.2m处能见度达到危险状态时间 T_v	0.060	0.231
烟层降至0.5m的时间 T_h	−0.027	0.300
下层烟气温度达到60℃的时间 T_d	0.133	0.145
下层烟气最高温度 T_1	−0.260	0.212
上层烟气温度达到180℃的时间 T_u	0.232	−0.043
上层烟气最高温度 T_2	−0.182	−0.067

由表6.9可得两公共因子的表达式（表达式中的各变量是标准化取值）：

$$F_a = -0.158\text{火灾荷载} + 0.216T_F + 0.06T_v - 0.027T_h + 0.133T_d - 0.26T_1 + 0.232T_u - 0.182T_2 \tag{6.2}$$

$$F_b = 0.34\text{火灾荷载} - 0.036T_F + 0.231T_v + 0.3T_h + 0.145T_d + 0.212T_1 - 0.043T_u - 0.067T_2 \tag{6.3}$$

根据提取的公共因子 F_a、F_b 及其方差贡献率（如表6.7所示，分别为65.187%和32.119%），可以得到空间火灾性能综合评价值 T_Z 的计算公式为：

$$T_Z = 0.65187 \times F_a + 0.32119 \times F_b \tag{6.4}$$

使用Excel对表6.5数据进行处理后，可分别得到公共因子 F_a、F_b 和空间火灾性能综合评价值 T_Z。表6.10列出了按 T_Z 值升序排列的评价结果①，空间火灾性能综合评价值 T_Z 越高，火灾危险性越低。由表6.10可得：火灾荷载越大、空间越小、轰燃时间越短，其火灾性能综合评价值 T_Z 越低，火灾危险性越高。

① 由于火灾荷载的数量级比其余评价指标高很多，而公共因子 F_a 的计算式中火灾荷载的系数为负值，造成了空间火灾性能综合评价值 T_Z 大都呈负值。

表 6.10 空间火灾性能综合评价表

编号	房间名称	火灾荷载(MJ)	轰燃时间 T_F(s)	1.2m处能见度达到危险状态时间 T_v(s)	烟层降至0.5m的时间 T_h(s)	下层烟气温度达到60℃的时间 T_d(s)	下层烟气最高温度 T_1(℃)	上层烟气温度达到180℃的时间 T_u(s)	上层烟气最高温度 T_2(℃)	公共因子 F_a	公共因子 F_b	空间火灾性能综合评价值 T_Z	火灾危险性排序
1	A-起居室	4610.52	346.31	72.48	112.22	319.97	593.89	181.12	758.23	−860.18	1719.23	−8.52	46
2	A-卧室1	7935.15	127.04	32.77	88.56	153.38	690.06	148.50	864.09	−1508.57	2831.77	−73.86	28
3	A-卧室2	9257.67	148.38	42.40	97.65	184.97	682.80	152.75	846.96	−1702.39	3289.62	−53.14	37
4	A-厨	3556.66	98.76	10.85	55.38	114.12	646.99	152.36	871.37	−817.74	1313.60	−111.15	17
5	A-卫	658.92	223.49	4.95	45.20	106.81	629.42	154.76	870.16	−328.67	314.66	−113.18	14
6	B-起居室	4183.62	336.99	62.41	97.13	301.58	574.76	182.74	761.91	−792.70	1560.53	−15.51	44
7	B-卧室1	7935.15	127.04	32.77	88.56	153.38	690.06	148.50	864.09	−1508.57	2831.77	−73.86	28
8	B-卧室2	7714.73	146.57	35.74	86.17	176.74	662.99	155.46	845.60	−1454.15	2754.68	−63.14	37
9	B-书房	4688.58	135.73	21.50	69.11	139.43	656.52	153.07	861.78	−985.54	1710.01	−93.20	19
10	B-厨	2213.03	96.15	5.76	46.60	107.82	631.84	154.43	870.32	−602.31	848.91	−119.97	6
11	B-卫	553.49	221.69	3.80	43.22	105.39	626.01	155.22	869.92	−311.57	277.09	−114.10	12
12	C-起居室	7428.06	349.48	87.53	138.18	338.59	638.67	175.01	761.32	−1315.61	2700.59	9.80	50
13	C-卧室1	9257.67	128.94	38.42	98.30	160.37	706.88	146.20	865.25	−1721.23	3290.19	−65.24	34
14	C-卧室2	6612.62	138.95	29.82	78.37	163.06	656.93	155.23	850.54	−1283.01	2372.94	−74.19	27
15	C-厨	2028.61	95.66	5.09	45.44	106.99	629.84	154.70	870.19	−572.79	785.18	−121.19	3
16	C-卫	430.49	219.38	2.52	41.00	103.80	622.18	155.75	869.66	−291.69	233.34	−115.20	8

续表

编号	房间名称	火灾荷载（MJ）	轰燃时间 T_F（s）	1.2m处能见度达到危险状态时间 T_v（s）	烟层降至0.5m的时间 T_h（s）	下层烟气温度达到60℃的时间 T_d（s）	下层烟气最高温度 T_1（℃）	上层烟气温度达到180℃的时间 T_u（s）	上层烟气最高温度 T_2（℃）	公共因子 F_a	公共因子 F_b	空间火灾性能综合评价值 T_Z	火灾危险性排序
17	D-起居室	4226.31	348.60	64.42	95.95	316.20	558.58	186.97	750.54	−787.58	1574.00	−7.85	47
18	D-卧室1	6612.62	125.11	27.12	78.81	146.39	673.25	150.79	862.93	−1295.92	2373.35	−82.47	22
19	D-卧室2	7935.15	140.69	35.47	88.12	170.05	673.75	152.94	851.70	−1495.70	2831.37	−65.60	31
20	D-书房	5860.73	153.15	29.82	78.37	163.06	656.93	155.23	850.54	−1161.14	2116.79	−77.02	24
21	D-厨	1975.92	95.46	4.95	45.20	106.81	629.42	154.76	870.16	−564.41	767.05	−121.55	1
22	D-卫	579.85	222.60	4.00	43.56	105.64	626.59	155.14	869.96	−315.67	286.32	−113.81	13
23	E-起居室	4354.38	347.56	63.36	94.12	314.89	555.41	187.40	750.32	−807.27	1615.92	−7.22	48
24	E-卧室1	7714.73	126.85	31.77	86.82	152.13	687.07	148.90	863.89	−1473.05	2755.26	−75.28	26
25	E-卧室2	7935.15	140.69	35.47	88.12	170.05	673.75	152.94	851.70	−1495.70	2831.37	−65.60	31
26	E-书房	4721.14	151.10	24.42	69.06	156.38	640.87	157.42	849.43	−977.60	1720.97	−84.51	20
27	E-厨	1975.92	95.46	4.95	45.20	106.81	629.42	154.76	870.16	−564.41	767.05	−121.55	1
28	E-卫	764.35	226.37	5.87	46.79	107.96	632.17	154.38	870.35	−345.38	351.84	−112.13	16
29	F-起居室	4354.38	337.50	54.58	81.45	297.52	541.15	188.27	754.83	−808.85	1604.58	−11.89	45
30	F-卧室1	9257.67	128.94	38.42	98.30	160.37	706.88	146.20	865.25	−1721.23	3290.19	−65.24	34
31	F-卧室2	7935.15	140.69	35.47	88.12	170.05	673.75	152.94	851.70	−1495.70	2831.37	−65.60	31
32	F-书房	5860.73	153.15	29.82	78.37	163.06	656.93	155.23	850.54	−1161.14	2116.79	−77.02	24
33	F-厨	2028.61	95.66	5.09	45.44	106.99	629.84	154.70	870.19	−572.79	785.18	−121.19	3

续表

编号	房间名称	火灾荷载（MJ）	轰燃时间 T_F（s）	1.2m处能见度达到危险状态时间 T_v（s）	烟层降至0.5m的时间 T_h（s）	下层烟气温度达到60℃的时间 T_d（s）	下层烟气最高温度 T_1（℃）	上层烟气温度达到180℃的时间 T_u（s）	上层烟气最高温度 T_2（℃）	公共因子 F_a	公共因子 F_b	空间火灾性能综合评价值 T_Z	火灾危险性排序
34	F-卫	430.49	219.38	2.52	41.00	103.80	622.18	155.75	869.66	−291.69	233.34	−115.20	8
35	G-起居室	7299.99	344.26	76.25	118.74	324.64	605.13	179.58	759.00	−1288.30	2639.62	8.02	49
36	G-卧室1	7935.15	127.04	32.77	88.56	153.38	690.06	148.50	864.09	−1508.57	2831.77	−73.86	28
37	G-卧室2	9257.67	148.38	42.40	97.65	184.97	682.80	152.75	846.96	−1702.39	3289.62	−53.14	37
38	G-厨	2904.60	97.40	8.42	51.18	111.10	639.74	153.35	870.87	−713.24	1088.15	−115.44	7
39	G-卫	691.87	224.07	5.29	45.78	107.23	630.42	154.62	870.23	−333.99	326.37	−112.89	15
40	H-起居室	4098.24	337.95	61.16	94.95	300.03	571.01	183.26	761.66	−778.09	1529.50	−15.95	43
41	H-卧室1	6612.62	125.11	27.12	78.81	146.39	673.25	150.79	862.93	−1295.92	2373.35	−82.47	22
42	H-卧室2	9257.67	148.38	42.40	97.65	184.97	682.80	152.75	846.96	−1702.39	3289.62	−53.14	37
43	H-书房	4883.94	151.53	25.12	70.26	157.24	642.95	157.14	849.57	−1003.74	1777.39	−83.43	21
44	H-厨	2074.72	95.71	5.29	45.78	107.23	630.42	154.62	870.23	−580.21	801.16	−120.90	5
45	H-卫	494.19	220.55	3.19	42.16	104.63	624.18	155.47	869.79	−301.99	256.01	−114.63	10
46	I-起居室	5378.94	311.68	61.27	105.08	274.17	618.80	172.42	786.92	−1009.35	1974.10	−23.91	42
47	I-卧室1	9257.67	128.94	38.42	98.30	160.37	706.88	146.20	865.25	−1721.23	3290.19	−65.24	34
48	I-卧室2	9918.94	143.27	43.92	102.69	180.50	698.88	149.51	853.44	−1814.73	3518.96	−52.71	41
49	I-厨	3200.99	109.74	11.08	52.17	123.80	630.48	156.18	862.28	−750.96	1189.72	−107.40	18
50	I-卫	533.73	221.37	3.58	42.83	105.12	625.35	155.31	869.88	−308.35	270.03	−114.27	11

6.4 可变住宅9种户型的空间火灾性能评价

1. 建筑空间火灾性能评价的基本流程

如图6.2所示，该流程以建筑师的角度作为切入点，在建筑师进行方案设计并建立Revit模型后，利用明细表功能提取评价所需的房间信息，将房间信息导入Excel可计算得到建筑方案空间火灾性能评价指标，之后再利用Revit的房间填色功能绘制空间火灾性能表现图，建筑师可以直观设计方案的空间火灾性能，进行方案调整，比较选优。

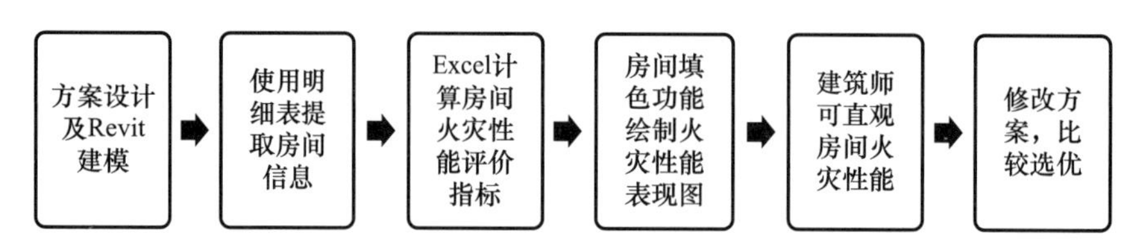

图6.2 建筑空间火灾性能评价流程

2. 建筑空间火灾性能评价的Revit插件二次开发

Revit软件的现有功能还不能完全满足建筑空间火灾性能评价的功能需求，如在对房间进行信息提取以及火灾性能评价指标的计算时仍需手工输入大量信息，只有开发新的Revit插件才能解决上述功能需求。Revit软件提供了良好的API（应用程序接口）来满足各种用户的特殊使用要求，用户可以使用任何与.NET兼容的语言（如C＃语言、C＋＋语言等）对所需的Revit功能进行二次开发。

针对建筑空间火灾性能的评价过程，本研究制定了如图6.3所示的Revit插件二次开发流程：首先需要准确选取待评建筑模型中的全部房间，再使用空间信息提取模块提取房间的尺寸、门窗尺寸、火灾荷载密度及房间围护结构热工信息等，使用空间信息计算模块计算房间面积、门窗面积、房间内表面积及通风因子等，使用空间火灾性能计算模块计算房间火灾荷载、轰燃时间 T_F、起火后1.2m处能见度达到危险状态时间 T_v、烟层降至0.5m的时间 T_h、下层烟气温度达到60℃的时间 T_d、下层烟气最高温度 T_1、上层烟气温度达到180℃的时间 T_u、上层烟气最高温度 T_2 及空间火灾性能综合评价值 T_Z 等评价指标，然后将3个模块所得的信息导入房间明细表中，设置房间填色方案进行房间填色，最后得到建筑空间火灾性能表现图。本研究使用C＃语言对图6.3所示的二次开发流程中房间门窗信息提取的功能进行了初步开发，部分实现了对建筑模型中房间门窗信息的自动提取功能（房间门窗信息提取的Revit二次开发编程代码参见附录D）。

3. 建筑空间火灾性能表现图

使用Revit的房间填色功能绘制建筑空间火灾性能表现图时，房间填色功能的参数需要根据火灾特性指标的大小进行手工设定，以房间火灾荷载填色为例，首先选择Revit“房间和面积”选项卡中的颜色方案，打开编辑颜色方案对话框（图6.4），“类别”下拉框选择房间，然后新建填色方案，“颜色”下拉框选择明细表中的房间火灾荷载项，根据房间火灾荷载的范围（430.49～9918.94MJ），选择1500MJ作为颜色区间，将房间火灾荷载等分为7档，并使用渐变色进行显示，颜色越深表示火灾荷载值越大，火灾危险性越高。

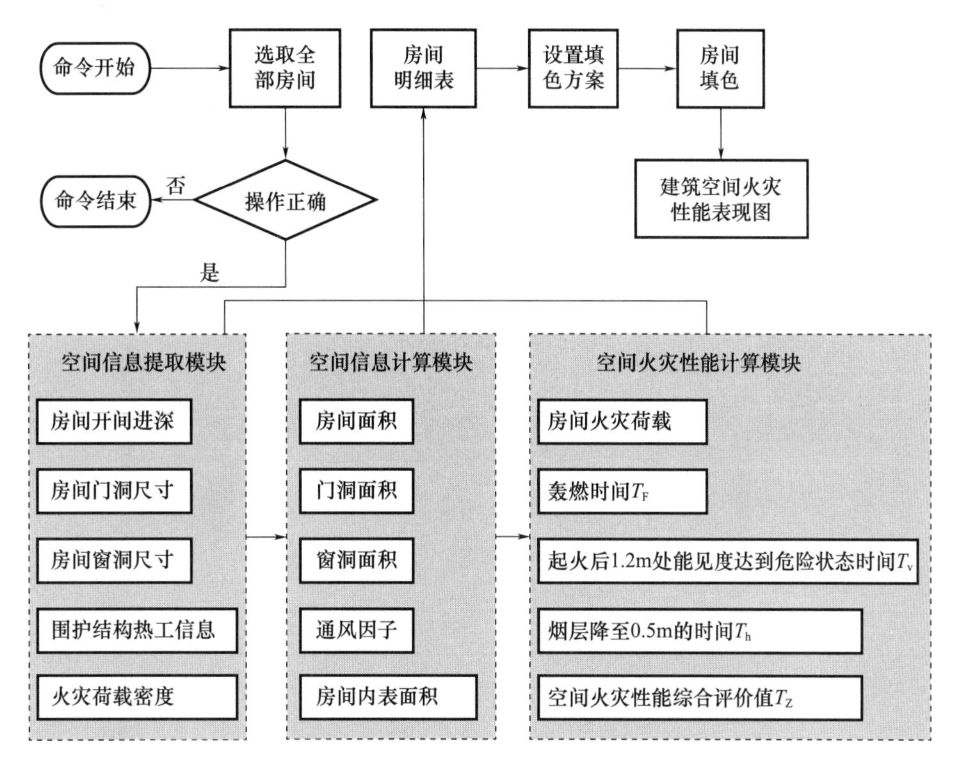

图 6.3 建筑空间火灾性能评价的 Revit 插件二次开发流程

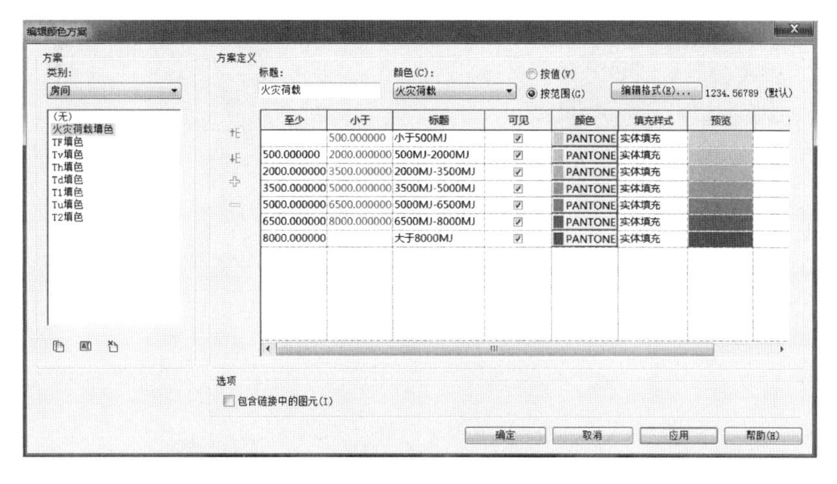

图 6.4 房间火灾荷载填色设置

4. 可变住宅 9 种户型的火灾性能列表

按照图 6.2 所示建筑空间火灾性能评价流程可得到可变住宅 9 种户型的火灾性能表现图，表 6.11～表 6.19 分别列出了可变住宅 9 种户型的火灾荷载、轰燃时间 T_F、起火后 1.2m 处能见度达到危险状态时间 T_v、烟层降至 0.5m 的时间 T_h、下层烟气温度达到 60℃的时间 T_d、下层烟气最高温度 T_1、上层烟气温度达到 180℃的时间 T_u、上层烟气最高温度 T_2 和火灾性能综合评价值 T_Z9 种火灾特性指标的表现图。表现图中颜色区间的大小是将各火灾特性指标的变化范围等分为 7 档而得到的，分别使用 3 套渐变色进行显示，颜色越深表示空间的火灾危险性越高。

表 6.11　可变住宅 9 种户型的火灾荷载分布

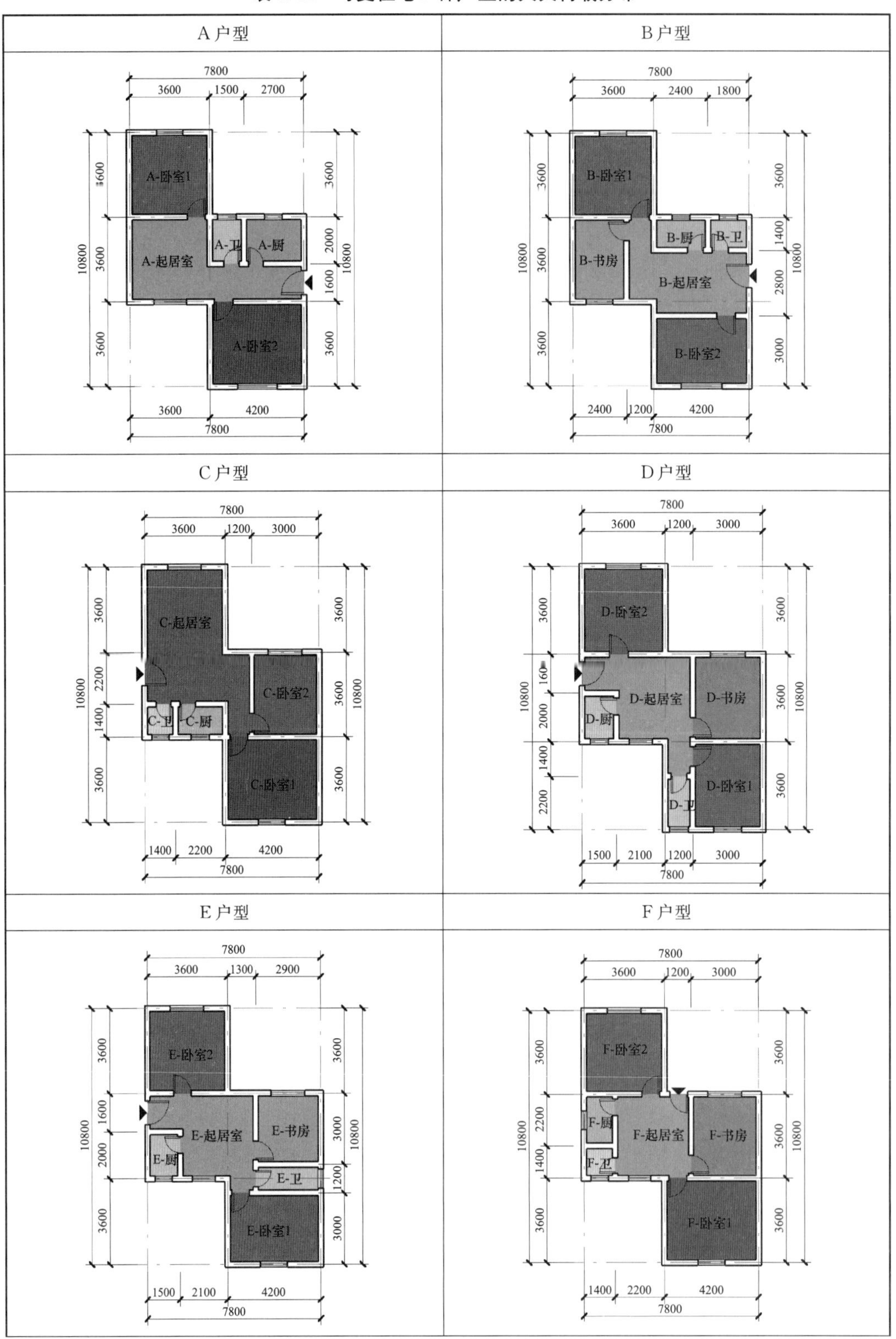

续表

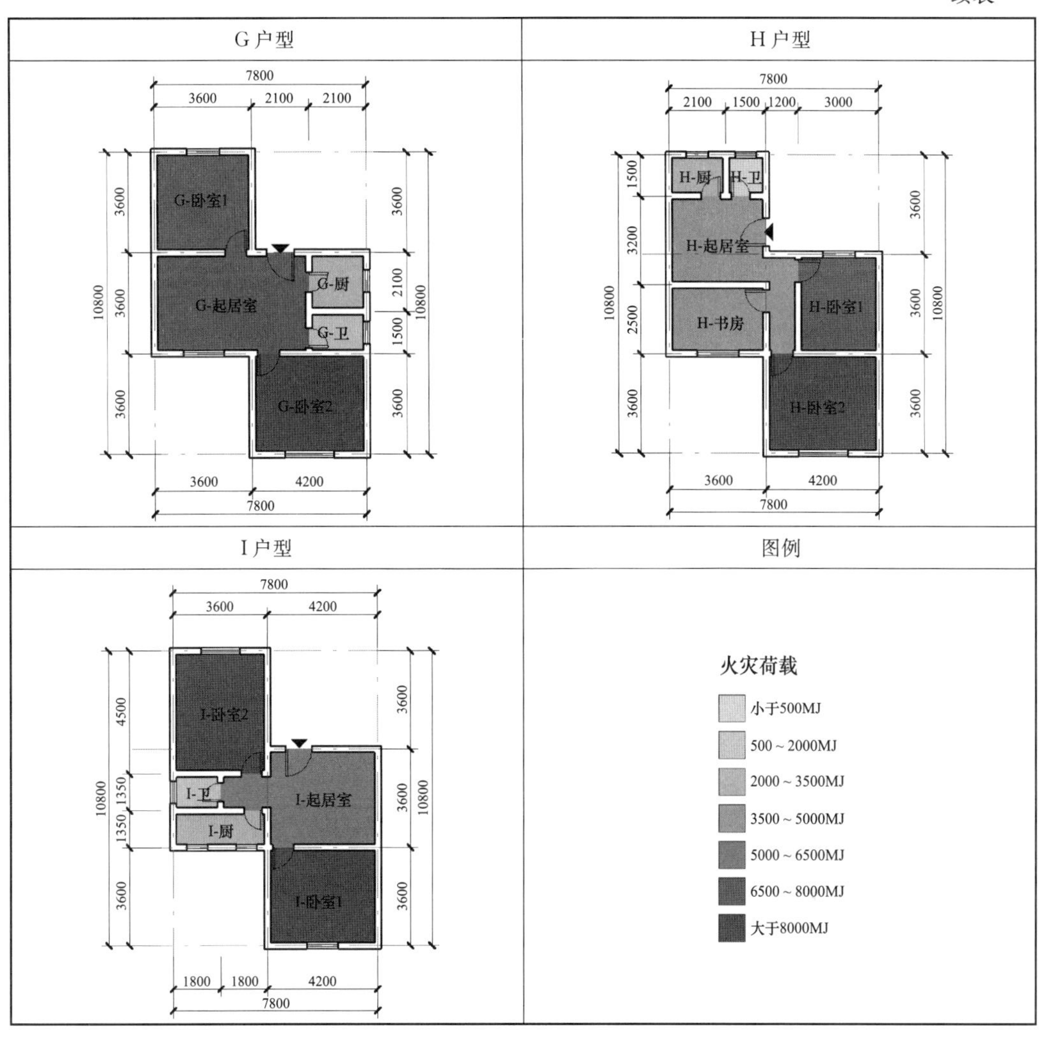

表6.12 可变住宅9种户型的轰燃时间 T_F 分布

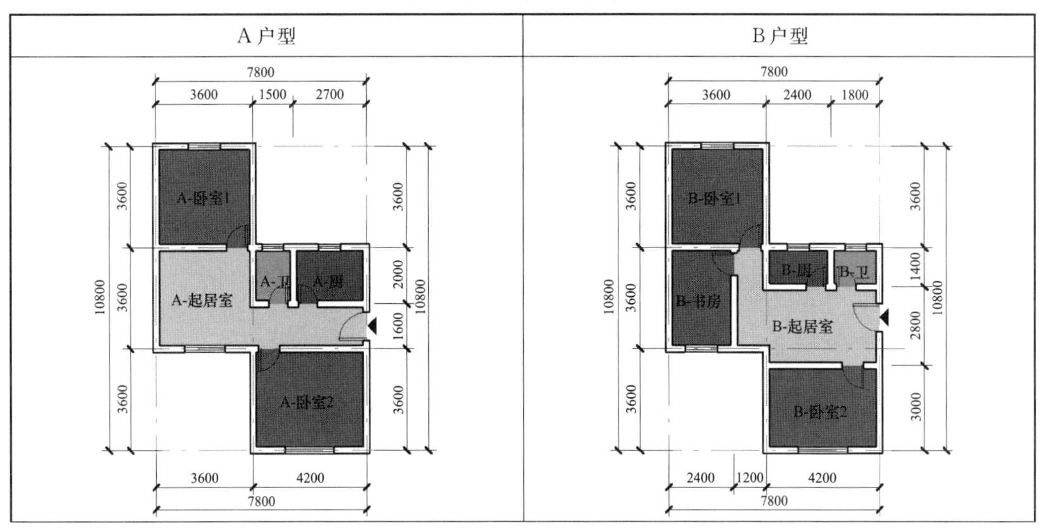

续表

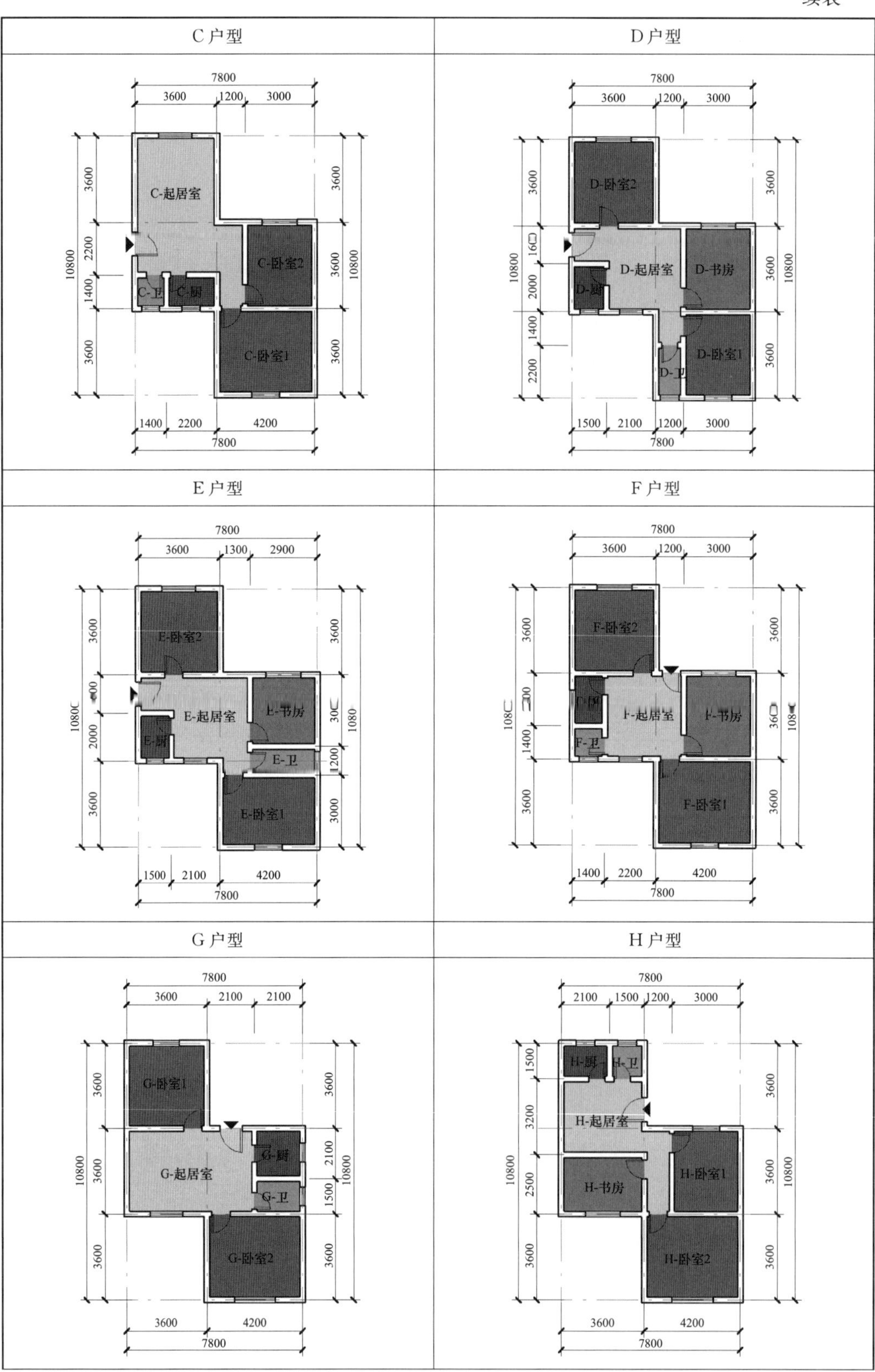
C户型
D户型
C-起居室
C-卧室2
C-卫
C-厨
C-卧室1
D-卧室2
D-起居室
D-书房
D-厨
D-卫
D-卧室1
E户型
F户型
E-卧室2
E-起居室
E-书房
E-厨
E-卫
E-卧室1
F-卧室2
F-起居室
F-书房
F-卫
F-卧室1
G户型
H户型
G-卧室1
G-起居室
G-厨
G-卫
G-卧室2
H-厨
H-卫
H-起居室
H-书房
H-卧室1
H-卧室2

续表

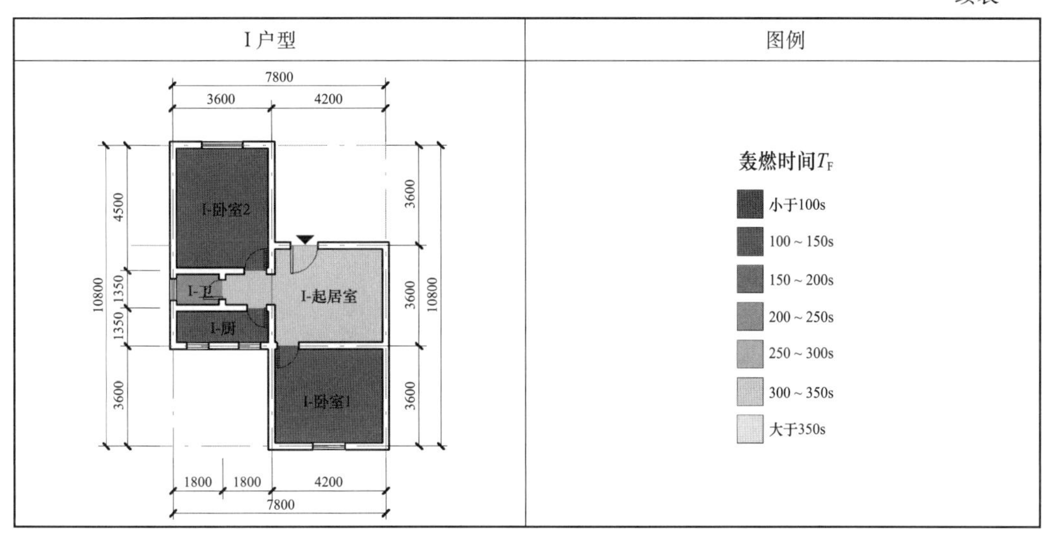

表 6.13　可变住宅 9 种户型起火后 1.2m 处能见度达到危险状态时间 T_v 分布

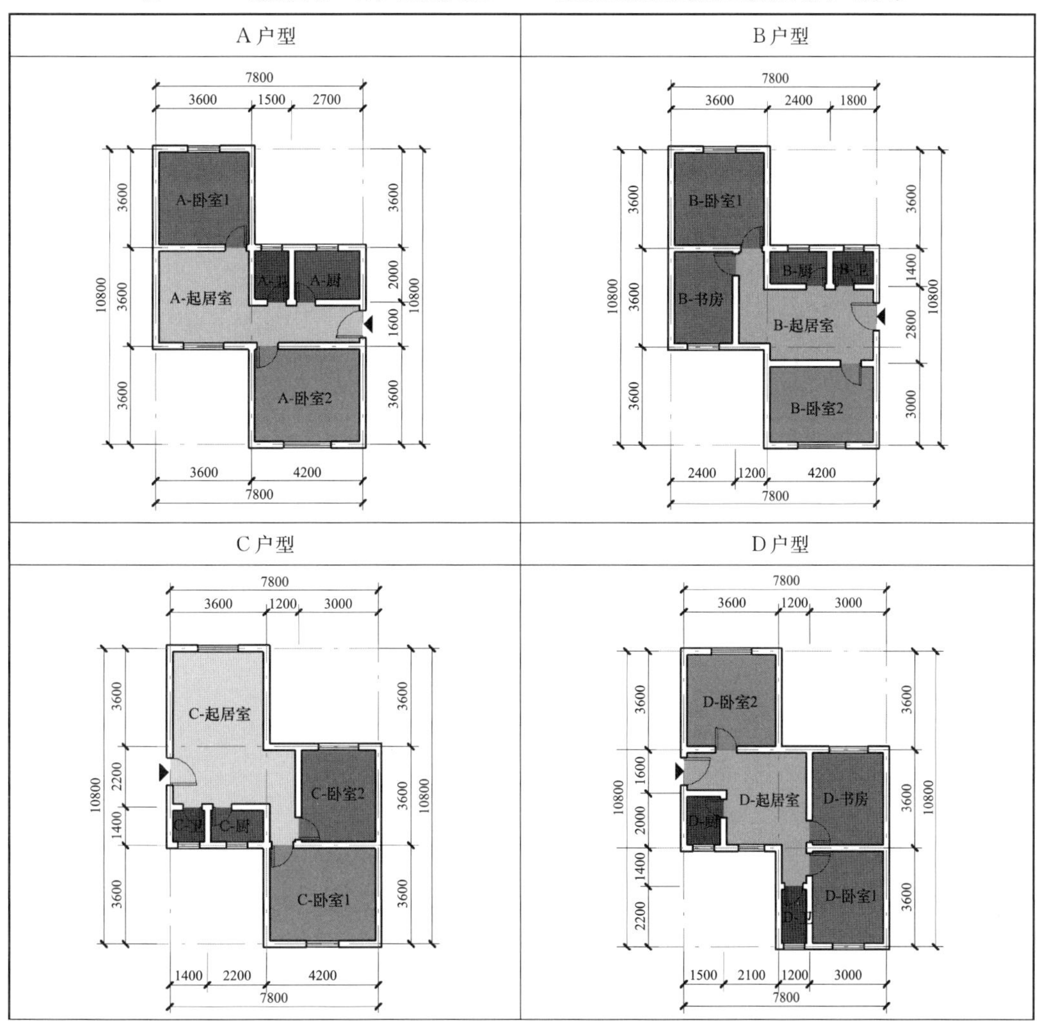

续表

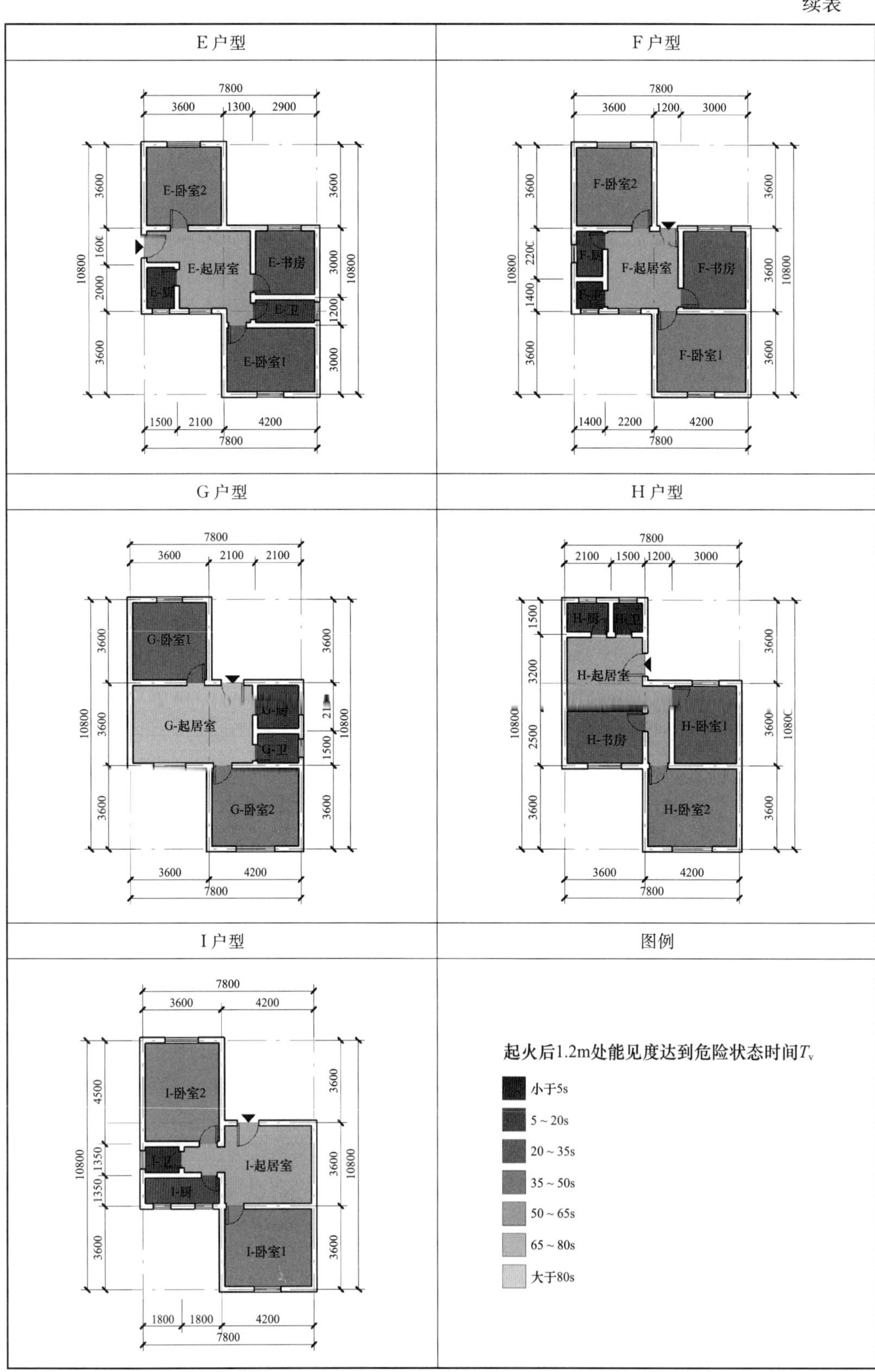
E户型
F户型
E-卧室2
E-起居室
E-书房
E-卧室1
E-卫
F-卧室2
F-起居室
F-书房
F-卧室1
G户型
H户型
G-卧室1
G-起居室
G-卫
G-卧室2
H-厨
H-起居室
H-书房
H-卧室1
H-卧室2
I户型
图例
I-卧室2
I-起居室
I-厨
I-卧室1
起火后1.2m处能见度达到危险状态时间T_v
小于5s
5～20s
20～35s
35～50s
50～65s
65～80s
大于80s

表 6.14　可变住宅 9 种户型起火后烟层降至 0.5m 的时间 T_h 分布

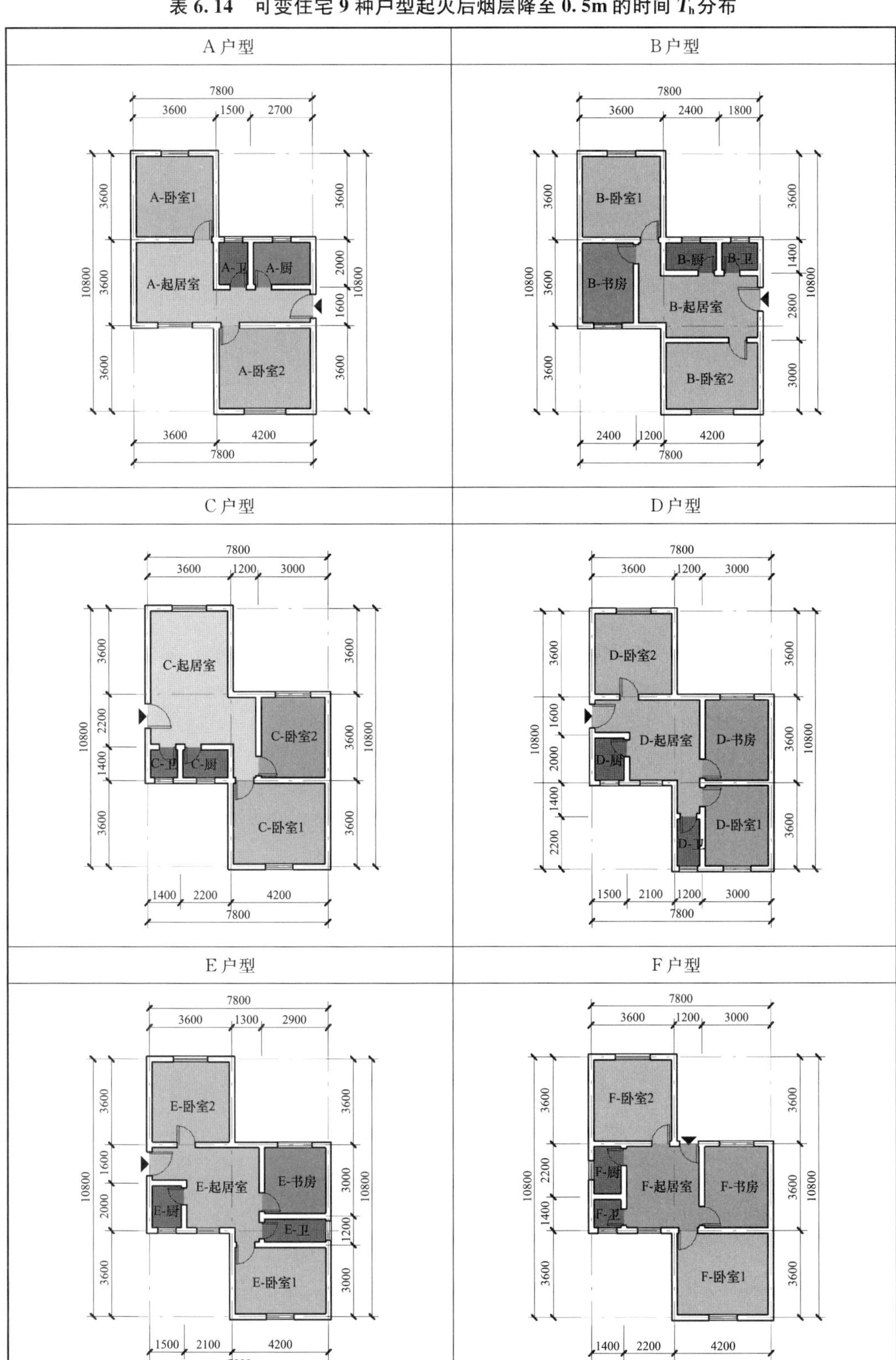

续表

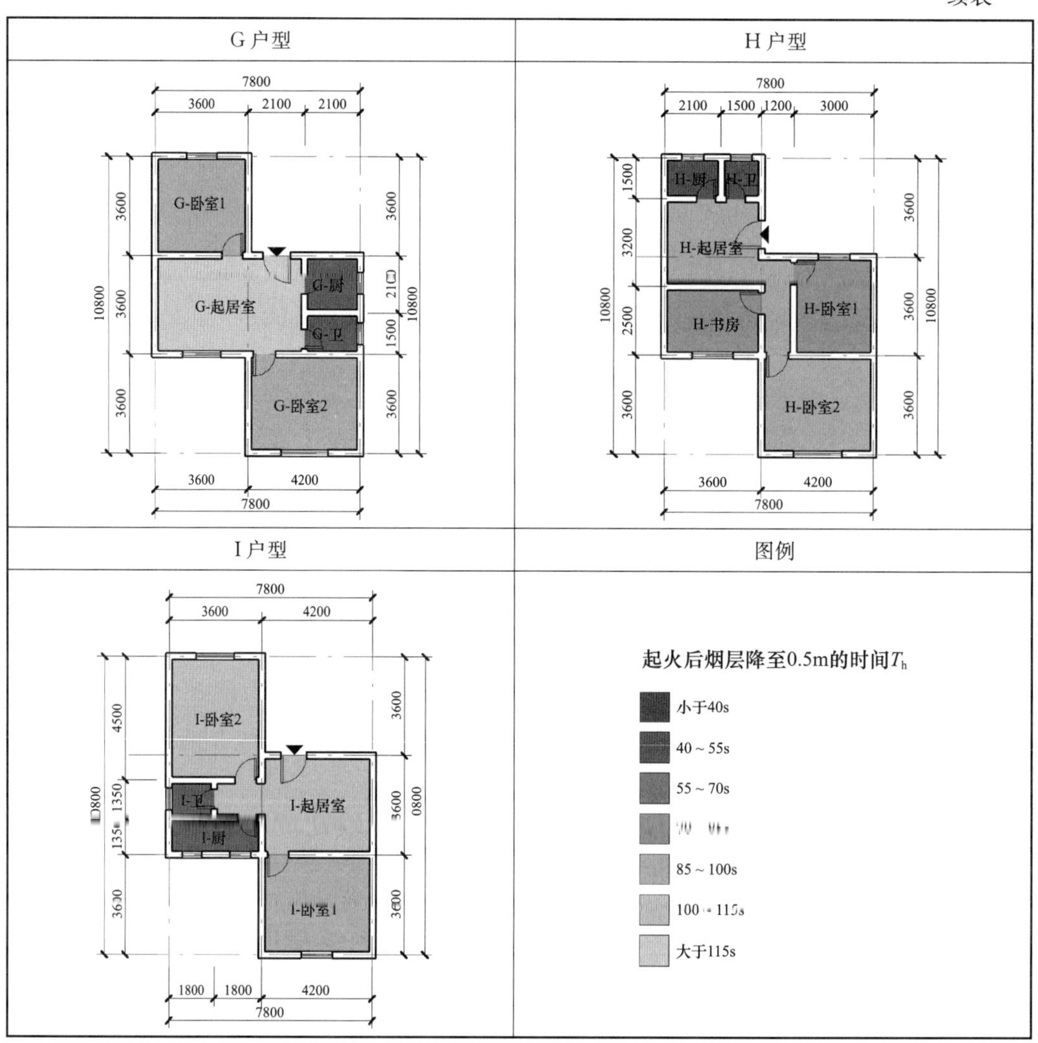

表 6.15　可变住宅 9 种户型起火后下层烟气温度达到 60℃ 的时间 T_d 分布

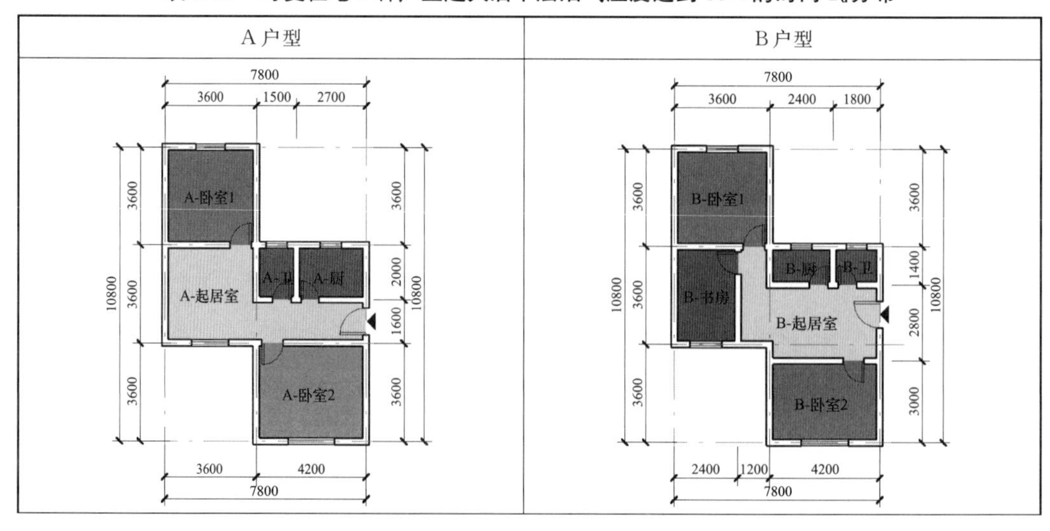

续表

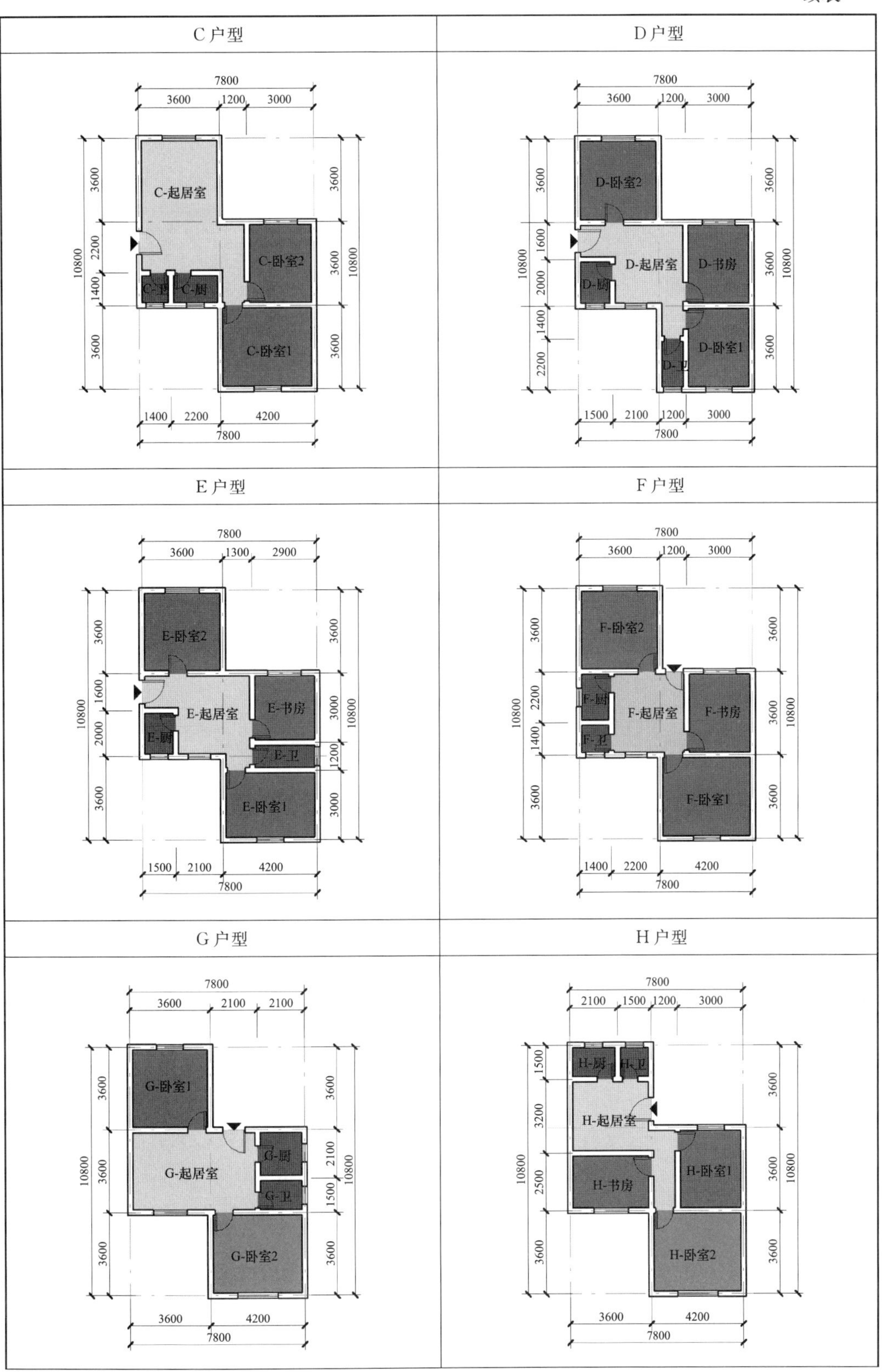
C户型
D户型
C-起居室
C-卧室2
C-卫
C-厨
C-卧室1
D-卧室2
D-起居室
D-书房
D-厨
D-卧室1
D-卫
E户型
F户型
E-卧室2
E-起居室
E-书房
E-厨
E-卫
E-卧室1
F-卧室2
F-厨
F-起居室
F-书房
F-卫
F-卧室1
G户型
H户型
G-卧室1
G-起居室
G-厨
G-卫
G-卧室2
H-厨
H-卫
H-起居室
H-卧室1
H-书房
H-卧室2

续表

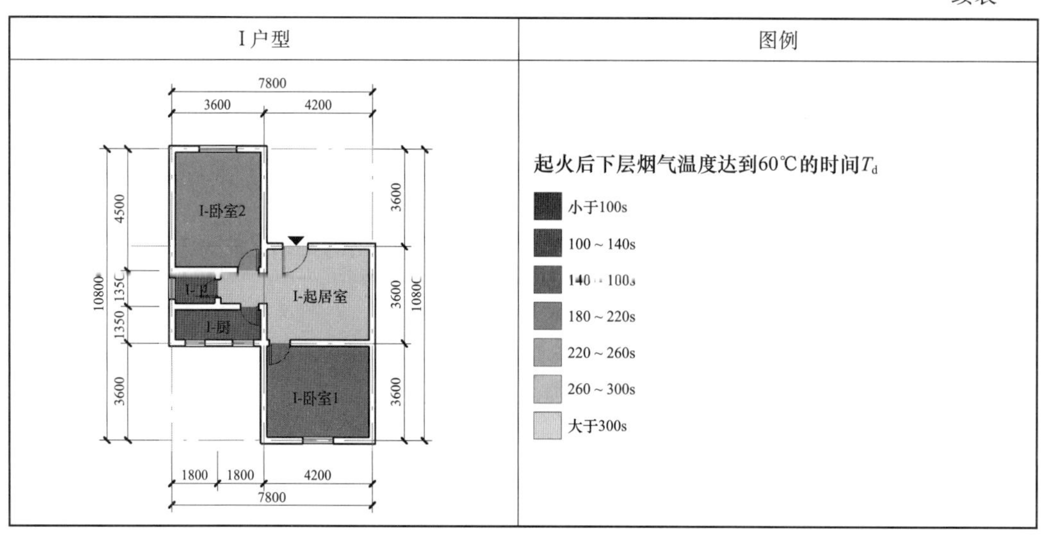

表 6.16　可变住宅 9 种户型起火后下层烟气最高温度 T_1 分布

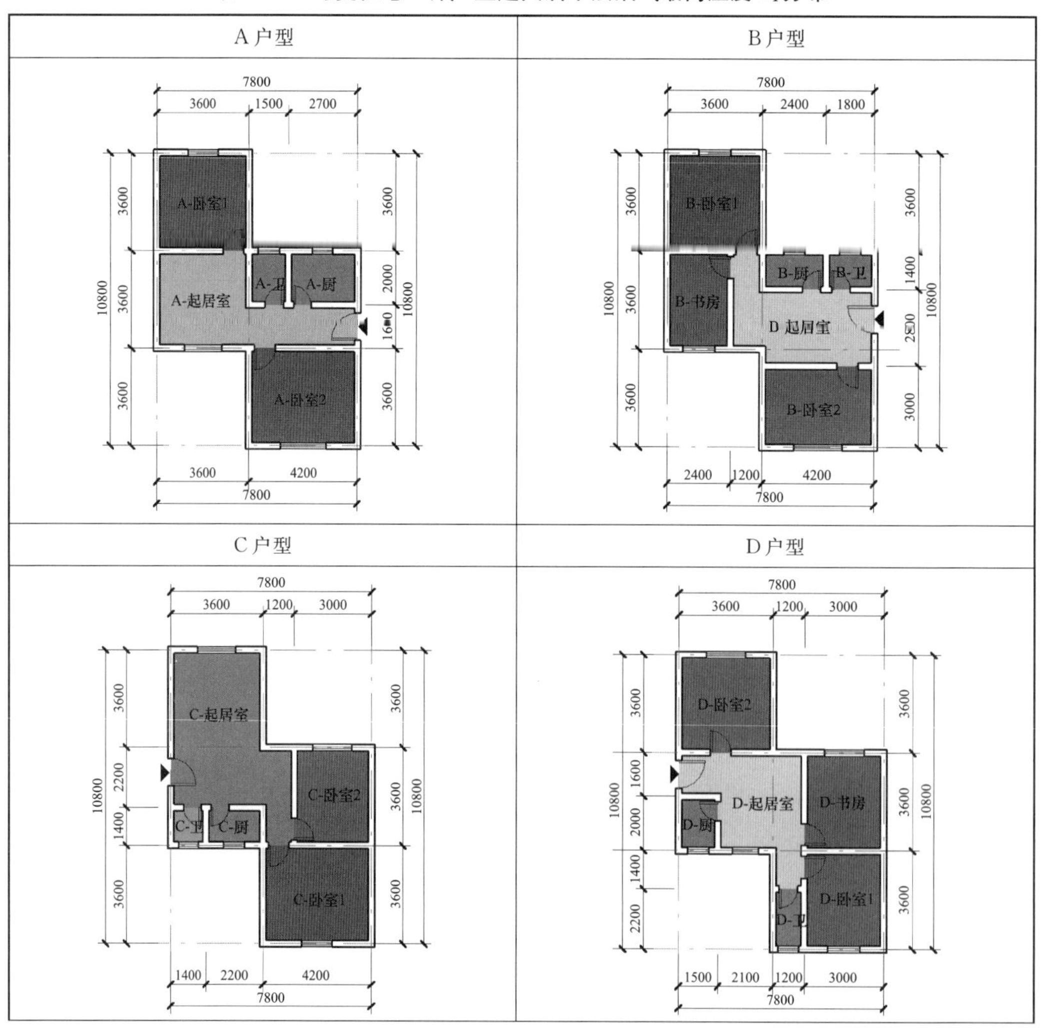

续表

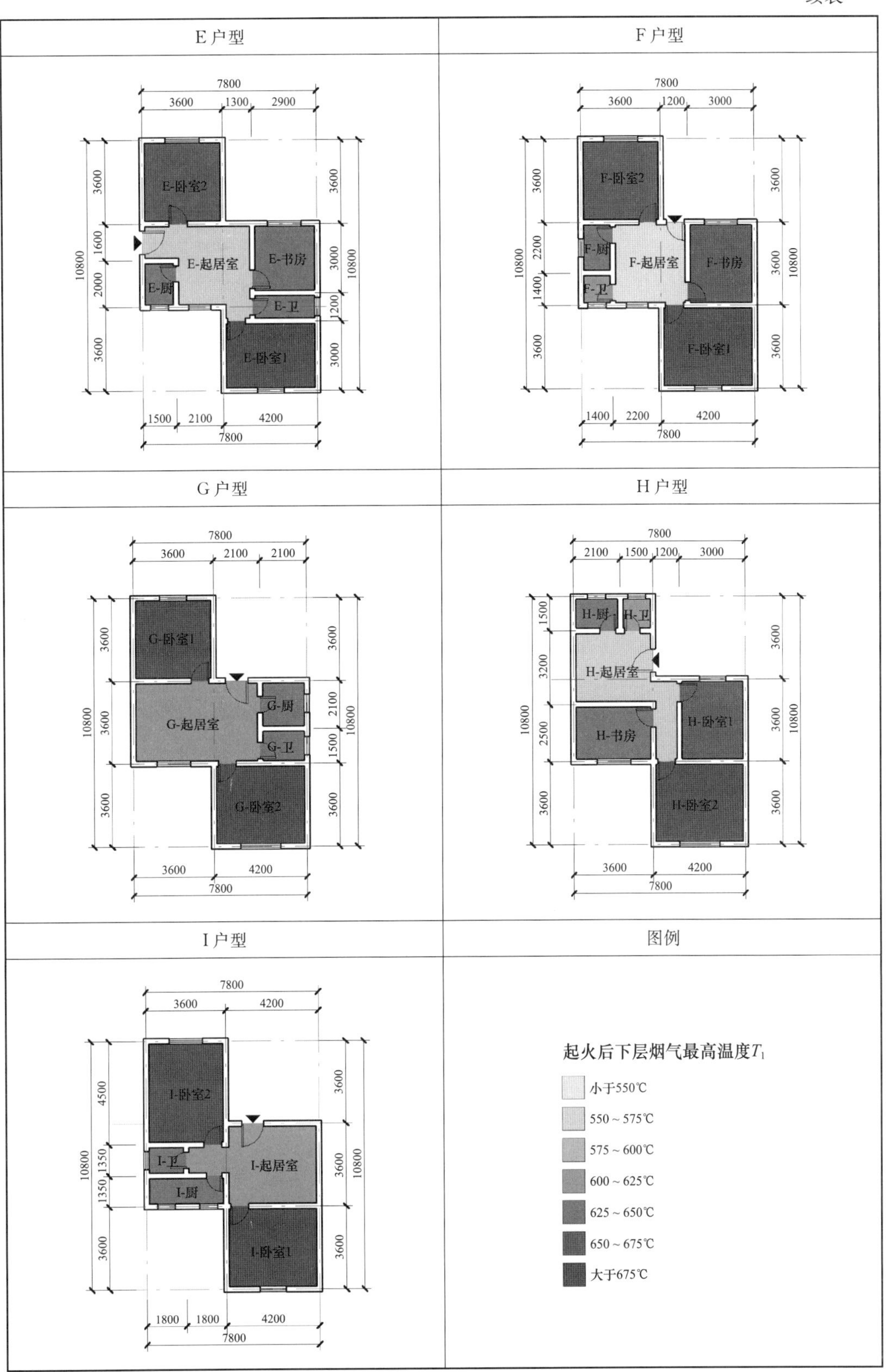
E 户型
F 户型
E-卧室2
E-起居室
E-书房
E-厨
E-卫
E-卧室1
F-卧室2
F-厨
F-起居室
F-书房
F-卫
F-卧室1
G 户型
H 户型
G-卧室1
G-起居室
G-厨
G-卫
G-卧室2
H-厨
H-卫
H-起居室
H-书房
H-卧室1
H-卧室2
I 户型
图例
I-卧室2
I-卫
I-起居室
I-厨
I-卧室1
起火后下层烟气最高温度T_1
小于550℃
550～575℃
575～600℃
600～625℃
625～650℃
650～675℃
大于675℃

表 6.17　可变住宅 9 种户型起火后上层烟气温度达到 180℃的时间 T_u 分布

A 户型	B 户型
A-卧室1 A-卫 A-厨 A-起居室 A-卧室2	B-卧室1 B-厨 B-卫 B-书房 B-起居室 B-卧室2
C 户型	**D 户型**
C-起居室 C-卧室2 C-卫 C-厨 C-卧室1	D-卧室2 D-起居室 D-书房 D-厨 D-卫 D-卧室1
E 户型	**F 户型**
E-卧室2 E-起居室 E-书房 E-厨 E-卫 E-卧室1	F-卧室2 F-厨 F-起居室 F-书房 F-卫 F-卧室1

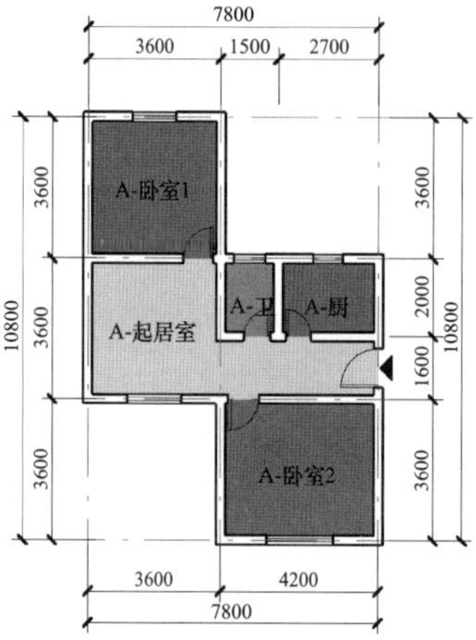

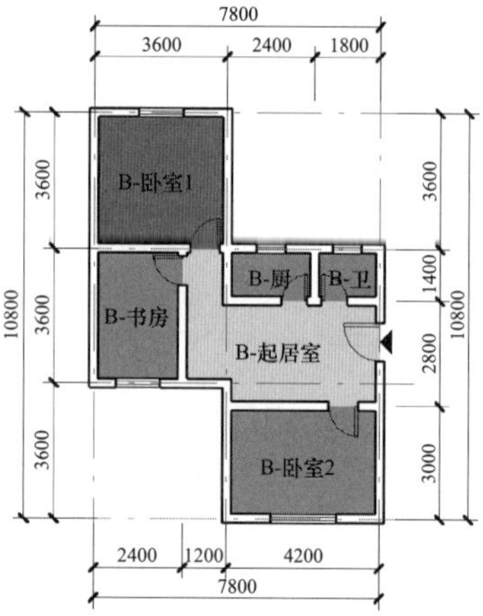

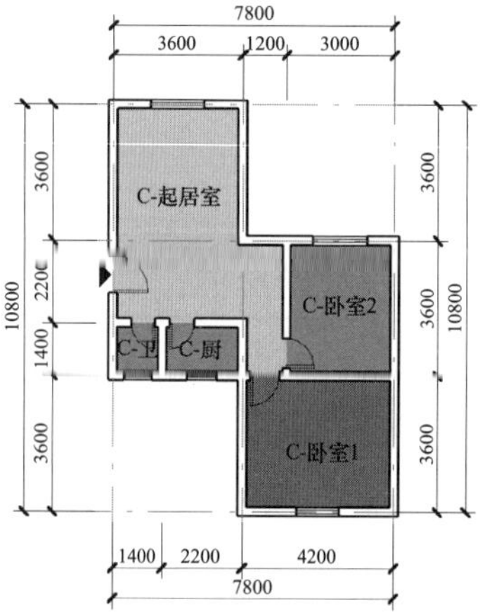

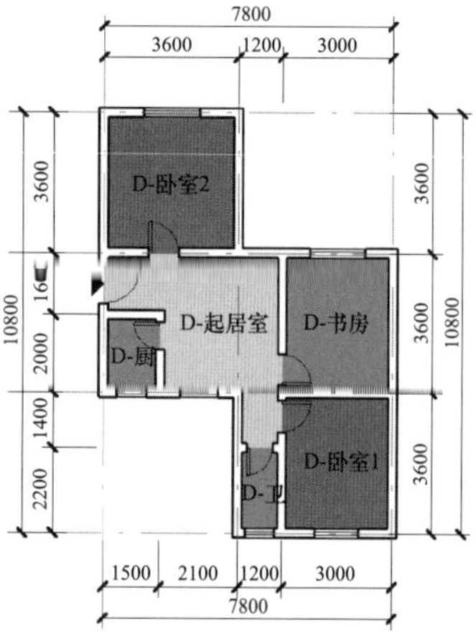

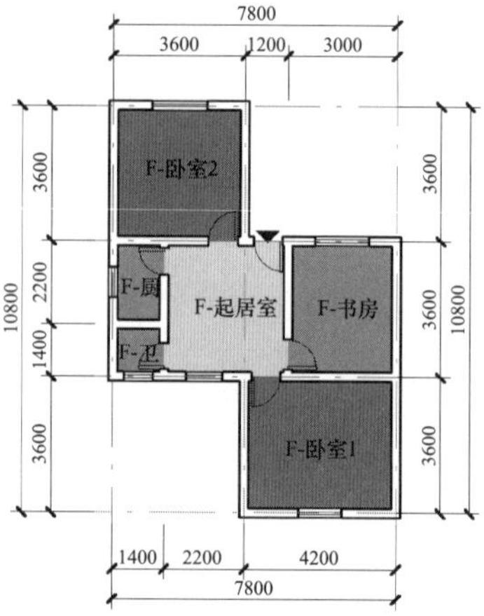

续表

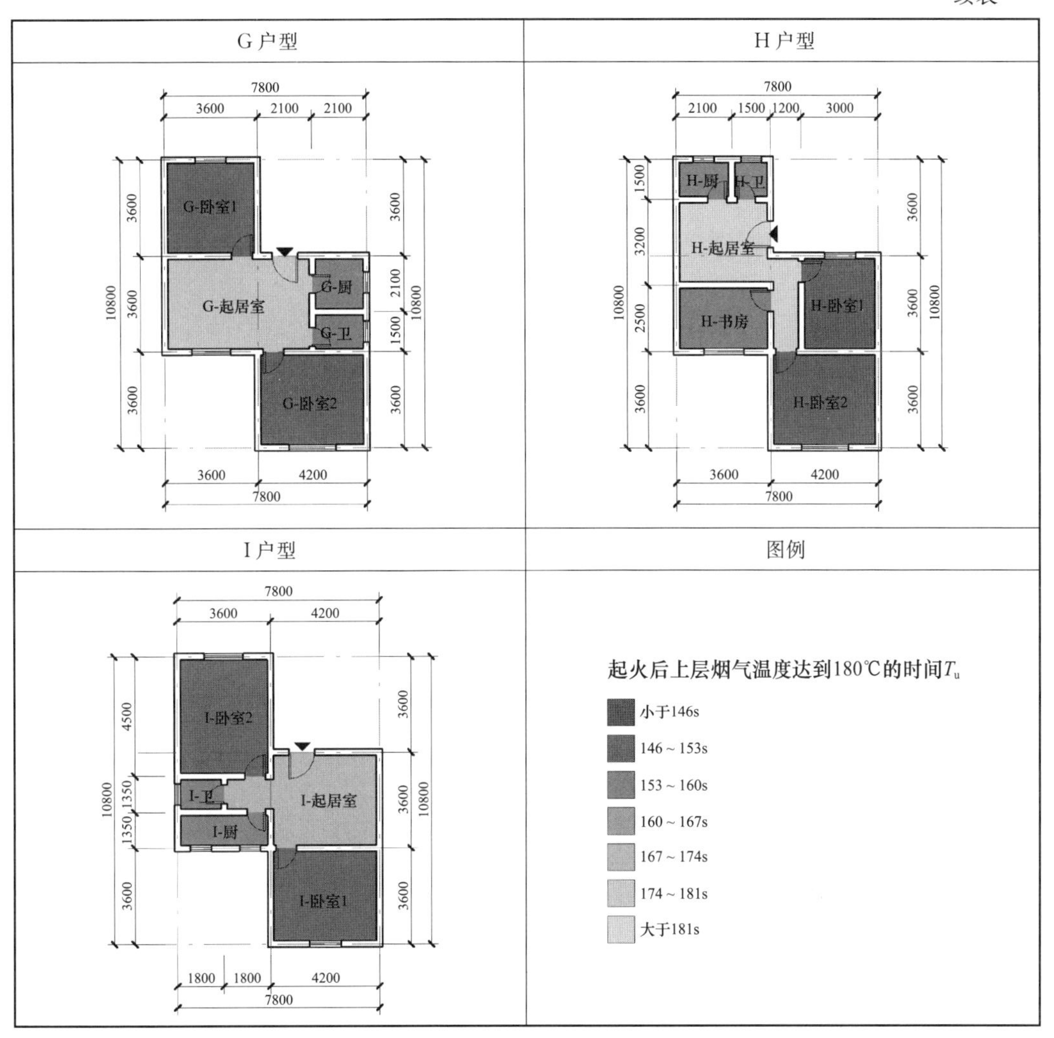

表 6.18　可变住宅 9 种户型起火后上层烟气最高温度 T_2 分布

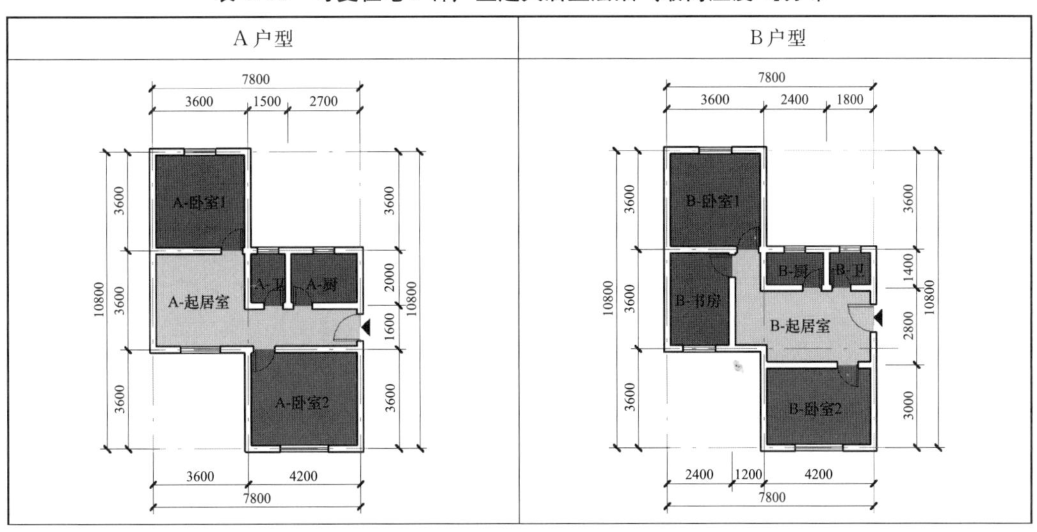

续表

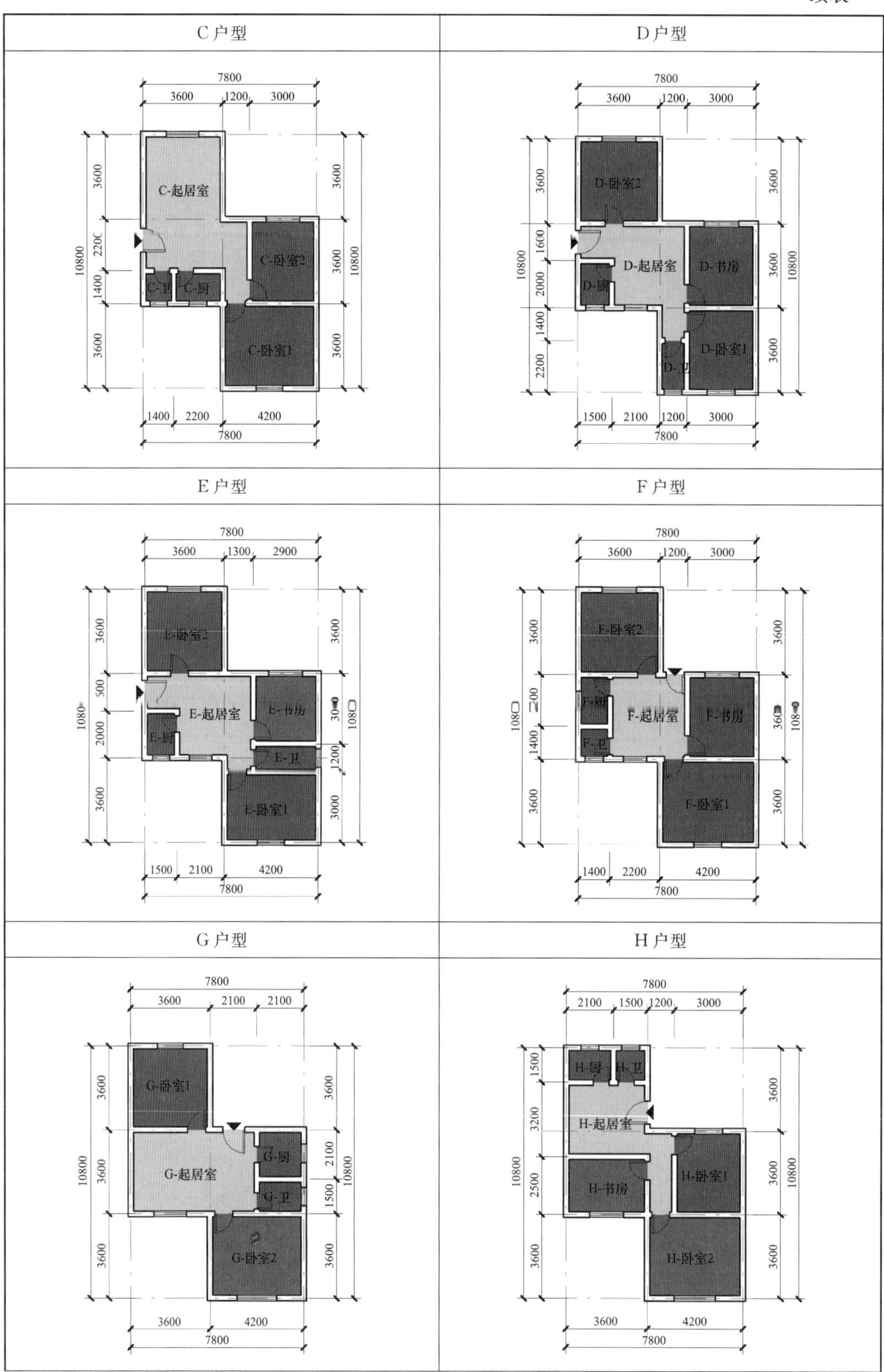
C 户型
D 户型
C-起居室
C-卧室2
C-卫
C-厨
C-卧室1
D-卧室2
D-起居室
D-书房
D-厨
D-卫
D-卧室1
E 户型
F 户型
E-卧室2
E-起居室
E-书房
E-厨
E-卫
E-卧室1
F-卧室2
F-厨
F-起居室
F-书房
F-卫
F-卧室1
G 户型
H 户型
G-卧室1
G-起居室
G-厨
G-卫
G-卧室2
H-厨
H-卫
H-起居室
H-书房
H-卧室1
H-卧室2

续表

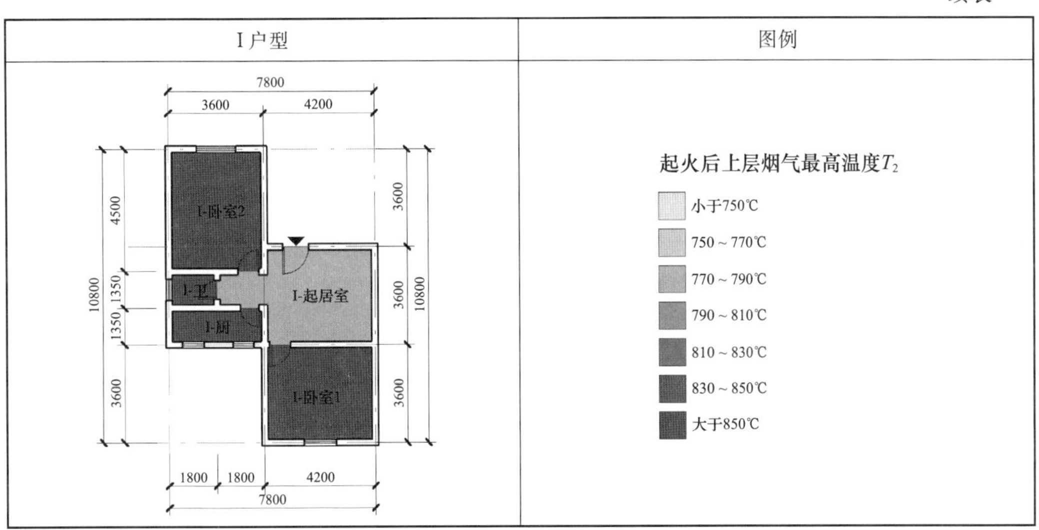

表6.19　可变住宅9种户型空间火灾性能综合评价值T_Z分布

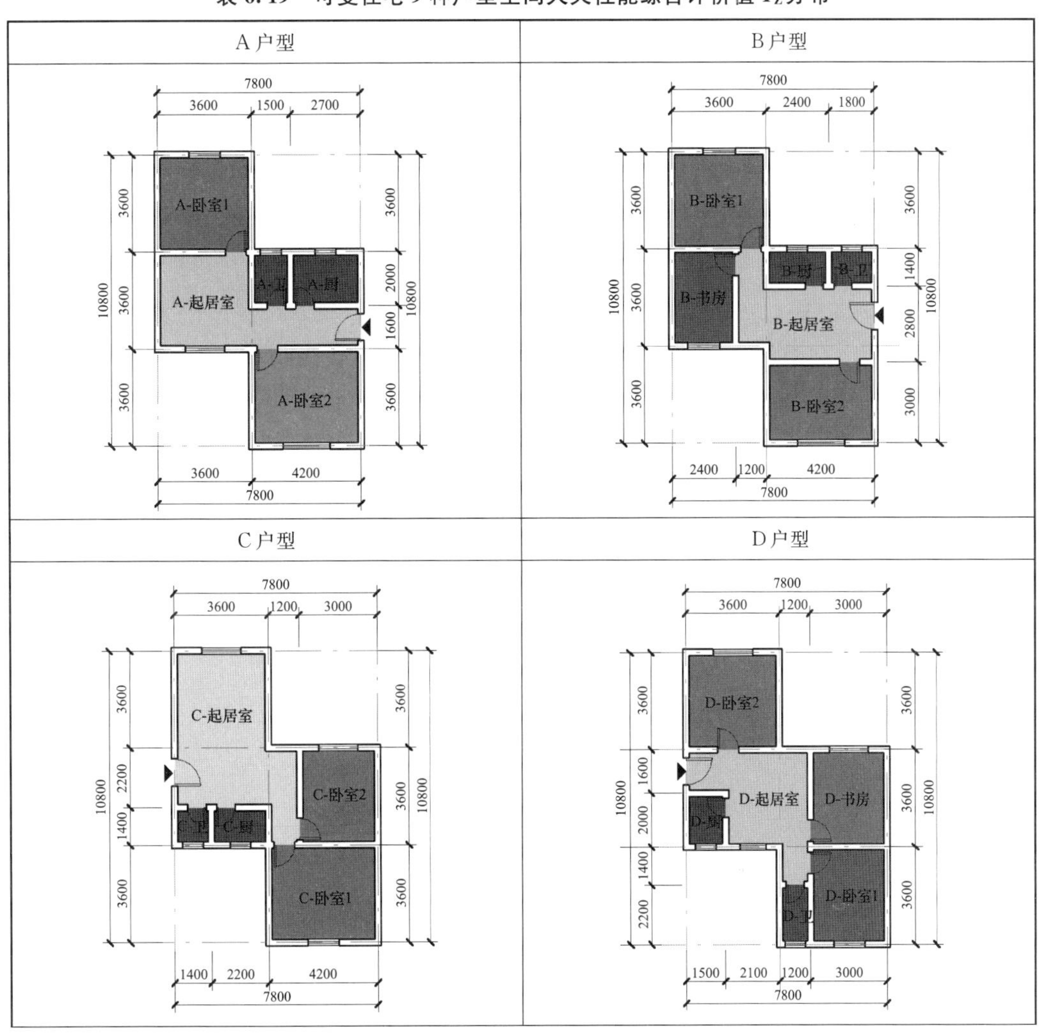

续表

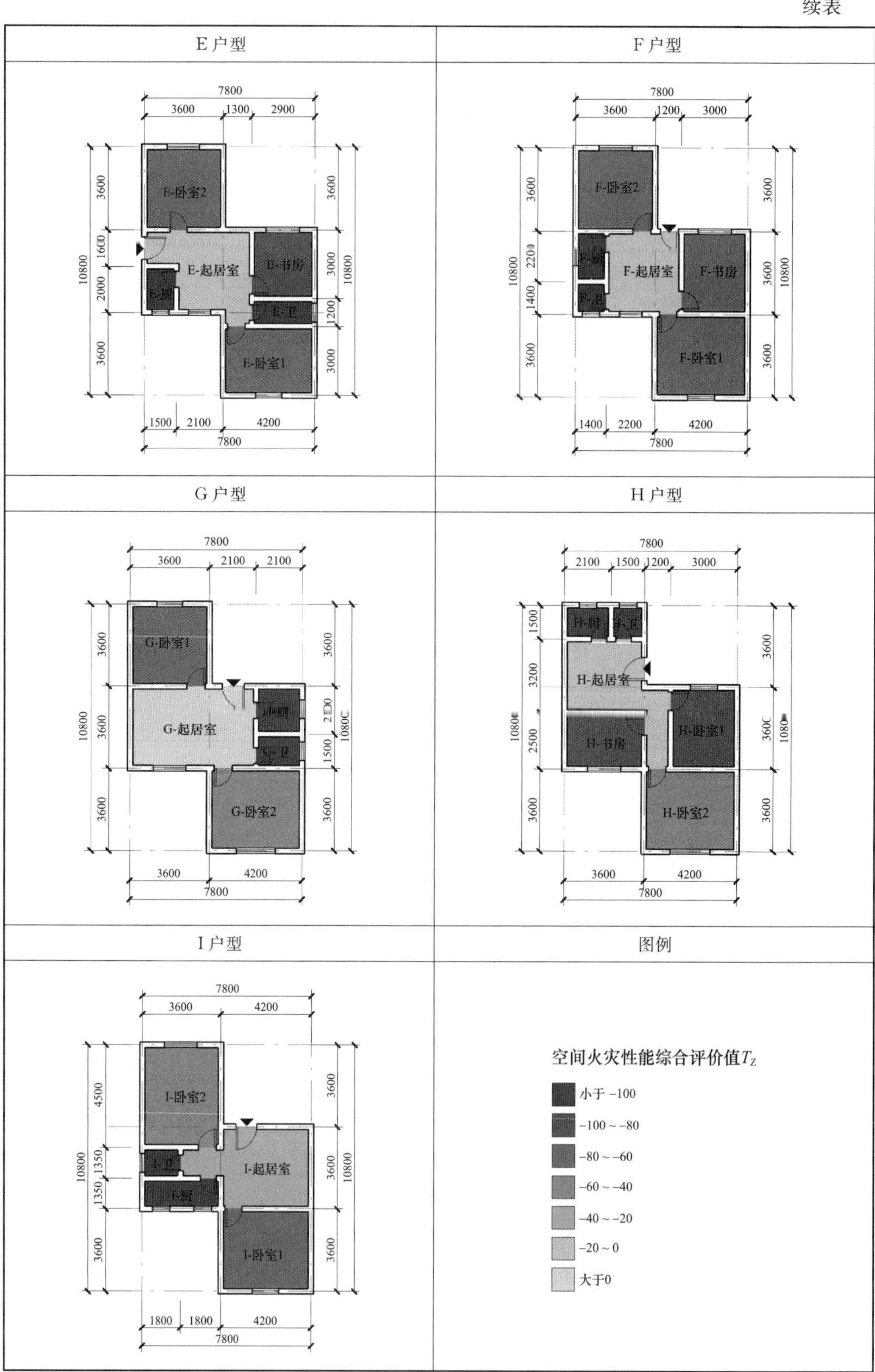
E户型
F户型
G户型
H户型
I户型
图例
E-卧室2
E-起居室
E-书房
E-厨
E-卫
E-卧室1
F-卧室2
F-起居室
F-书房
F-卧室1
G-卧室1
G-起居室
G-卧室2
H-起居室
H-书房
H-卧室1
H-卧室2
I-卧室2
I-起居室
I-卫
I-厨
I-卧室1
空间火灾性能综合评价值T_Z
小于 −100
−100 ~ −80
−80 ~ −60
−60 ~ −40
−40 ~ −20
−20 ~ 0
大于0

5. 可变住宅 9 种户型的火灾性能评价

(1) 由表 6.11 所示火灾荷载的空间分布状态可知：①厨房和卫生间的火灾荷载较小，卧室的火灾荷载较大，而起居室和书房介于中间；②A、B、D、E、F 与 I 户型的中部火灾荷载较低，而将火灾荷载较高的卧室分隔在南北两边，有利于防火控制；③C 户型与 G 户型由于起居室较大，而造成了其所有高火灾荷载的空间连成一体，不利于防火控制，所以 C 户型与 G 户型的卧室隔墙装修应采用不燃或难燃材料；④H 户型西北部空间火灾荷载较低，东南部空间火灾荷载较高，如果卧室部位的内隔墙装修能采用不燃或难燃材料，则可较好地控制火灾蔓延。

(2) 由表 6.12 所示轰燃时间 T_F 的空间分布状态可知：①起居室的轰燃时间较长，危险性较低，主要原因是起居室的空间较大，门窗较多，通风良好且火灾荷载相对不高；②卧室和厨房的轰燃时间较短，危险性较高，主要原因是卧室空间的火灾荷载较高，而厨房的火灾荷载虽然相对较低，但厨房的空间小且通风差。因此，控制卧室空间轰燃时间的主要措施是降低火灾荷载或是使用不燃材料将火灾荷载进行合理划分，如对卧室、橱柜等采取防火处理，而控制厨房轰燃时间的主要措施是尽量增加自然通风效果，避免黑房间等；③书房和卫生间的轰燃时间介于中间，主要原因是空间较小，而火灾荷载相对不高；④A、B、D、E、F、G 与 I 户型轰燃时间较长的空间分布在中部，C 户型与 H 户型西北部空间轰燃时间较长，而东南部空间轰燃时间较短。

(3) 由表 6.13 所示起火后 1.2m 处能见度达到危险状态时间 T_v 的空间分布状态可知：①厨房和卫生间的 T_v 值较小，危险性较高，主要原因是厨房和卫生间的空间较小，且通风较差，烟气容易大量聚积而影响能见度；②起居室的 T_v 值较大，一般在 60～90s，危险性相对较小，主要原因是起居室的空间较大且通风较好；③卧室与书房的 T_v 值介于中间，一般在 25～45s；④D 户型与 E 户型的卫生间距离主入口相对较远，火灾危险性较高，而其他户型 T_v 值较小的空间距离主入口相对较近，火灾危险性低一些；⑤在对 D 户型或 E 户型进行组合设计时，应尽量保证卫生间的自然通风，提高户型的整体安全性；⑥如果以 T_v 作为可变住宅火灾危险性评价指标，则人员的可用疏散时间 (ASET) 较短，一旦出现火情要求室内人员必须快速到达主入口。

(4) 由表 6.14 所示烟层降至 0.5m 的时间 T_h 的空间分布状态可知：①厨房和卫生间的 T_h 值较小，一般在 40～60s，危险性较高，主要原因是厨房和卫生间的空间较小，且通风相对较差；②其他房间的 T_h 值一般在 60～100s，危险性相对较低；③B、D、E、F 和 H 户型的书房空间 T_h 值较低，有较高的火灾危险性，在方案设计时应予以特殊处理，如在书房窗洞上缘设置不燃材料的遮阳板，一方面起遮阳作用，另一方面可起到火灾时阻止烟气和火焰通过窗洞向上层空间的传播等；④起居室的 T_h 值一般在 100～140s，比较有利于人员的安全疏散。

(5) 由表 6.15 所示下层烟气温度达到 60℃时间 T_d 的空间分布状态可知：①厨房和卫生间的 T_d 值较小，一般在 100～110s，危险性相对较高，主要原因是厨房和卫生间的空间较小，且通风相对较差；②书房和卧室的 T_d 值一般在 120～180s；③起居室的 T_d 值一般在 270～340s，危险性较低，主要原因是起居室的空间较大且通风较好，有利于人员的安全疏散；④与 T_v 相比，T_d 值均较大，比较符合住宅空间人员疏散的实际情况，因此，本研究认为对于小空间建筑可以采用 T_d 作为空间火灾危险性的判定依据。

（6）由表6.16所示下层烟气最高温度 T_1 的空间分布状态可知：①起居室的 T_1 值一般在550～600℃，而其他房间的 T_1 值一般在600～700℃，主要原因是起居室的通风较好，烟气对流快，热量聚集相对较慢；②各房间下层烟气的最高温度差别不大，原因是各房间的空间尺度都比较小；③C、G与I户型各房间的 T_1 值普遍较高，说明此3种户型布局对 T_1 值的影响较明显，在进行户型组合时，应考虑对此3种户型与其他户型的间隔布置；④T_1 的空间分布状态与 T_d 的空间分布状态基本一致。

（7）由表6.17所示上层烟气温度达到180℃时间 T_u 的空间分布状态可知：①起居室的 T_u 值一般在170～190s，其他房间的 T_u 值一般在150～160s，与起居室的 T_u 值差别不大，主要原因是各房间的空间高度都是2.8m，上层烟气比较容易积聚在门窗过梁上方空间，而受到房间面积与通风状况的影响相对较小；②主入口与起居室位置对 T_u 值的分布范围有一定影响，在进行方案设计时应进行综合考虑，如起居室面积增大，T_u 值相对安全的区域也会相应增大；③由于各空间 T_u 值差别不大，所以不宜将 T_u 作为小空间建筑火灾危险性的判定依据。

（8）由表6.18所示上层烟气最高温度 T_2 的空间分布状态可知：①起居室的 T_2 值一般在750～780℃，其他房间的 T_2 值一般在830～850℃，与起居室的 T_2 值差别不大，主要原因各房间都属于小空间，上层烟气比较容易积聚在门窗过梁上方空间，而受通风状况的影响相对较小；②T_2 的空间分布状态与 T_u 的空间分布状态基本一致；③各空间 T_2 值与 T_1 值差别不大，主要原因是小空间的对流剧烈，热量分布相对均匀。

（9）由表6.19所示空间火灾性能综合评价值 T_Z 的空间分布状态可知：①厨房和卫生间的 T_Z 值较小，火灾危险性较高，主要原因是厨房和卫生间的空间小且通风差，与卫生间相比，厨房存在明火和较多的电器，所以厨房的火灾危险性最高，而卫生间没有明火，且其装修一般为不燃材料，所以卫生间的火灾危险性相对低很多，由于评价中没有考虑明火等火源的影响因素，所以卫生间的火灾危险性排序仍比较靠前；②起居室的 T_Z 值相对较大，火灾危险性较低，与其他火灾性能指标的评价基本一致；③书房和卧室介于中间；④C户型与G户型的低火灾危险性空间的面积占比较大，以建筑空间火灾性能评价来说C户型与G户型空间布局比较合理，在进行户型组合时，可作为主要户型使用。

附录A
物品热值表

表A1　常用衣物及床上用品热值表

品种或用途	名称	热值（MJ/件）	品种或用途	名称	热值（MJ/件）
羊毛衣物	大衣	23	棉布衣物	睡衣套装	19
	套装	28		儿童套装	8.38
	毛衣	11.30		上衣	13.42
	儿童毛衣	6.90		裤子	8.38
	毛裤	11.50		短袖T恤	4.19
	连衣裙	18	防寒服	长羽绒服	20
	短裙子	10.50		中款棉衣	16.77
涤纶衣物	涤纶套装	16		儿童羽绒服	10
	夹克	18	床上用品	枕头	21.60
	裤子	6		床单	11.74
皮质衣物	夹克	15.07		被套	15.7
	女鞋	4.98		四件套	30.19
	男鞋	5.81		被子	54
	皮带	1.21			

表A2　常用电器热值表

电器名称	热值（MJ/件）	电器名称	热值（MJ/件）
电视（21寸以下）	160	电视（25寸以上）	304
热水器	280	钢琴	2800
冰箱	378	台式电脑	120
洗衣机	180	打印机	80
电话	24	饮水机	560
柜式空调	72	壁式空调	30

表 A3　常用家具热值表

空间	家具名称	热值（MJ/件）	空间	家具名称	热值（MJ/件）
卧室	罗汉床三件套	1518	起居室（客厅）	电视柜	613
	木床带棉垫	450		单人沙发	243
	木床带塑料垫	480		双人沙发	466
	床	1600		三人沙发	738
	床头柜	160		角几	364
	床尾柜	708		茶几	728
	地柜	546		单屉桌	330
	五斗柜	1113		椅子（木）	202
	梳妆台	476		椅子（填充料）	250
	衣柜（双开门）	1164		椅子（金属腿）	60
厨房	餐具柜	506		凳子（金一木）	40
	餐椅	202		凳子（木）	170
	餐桌	708		红木三件套	1174
	桌子（金属腿）	250		红木五件套	2126
	可活动加长餐桌	600		红木十件套	3814
	独腿小圆桌	100		工艺架	506
	方桌	420		门架	205
书房	两头沉书桌（木）	2200		小吧台	1316
	一头沉书桌（木）	1200		壁炉	1216
	金属腿写字台	840		博古架	405
	单人扶手椅	330	商场	货架	1250
	书柜（双开门）	789		试衣间	1500
				营业小柜台	313

表 A4　常用材料热值表

材料名称	热值（MJ/kg）	材料名称	热值（MJ/kg）
白松	17.95	杨木	16.72
竹	17.27	三合板	18.90
混纺布（毛涤）	19.94	纯棉布	18.80
报纸	18.13	面粉	16.29

续表

材料名称	热值（MJ/kg）	材料名称	热值（MJ/kg）
饼干	14.88	面包	10.46
厨房垃圾	14.50	聚氨酯泡沫	24.00
聚氯乙烯	18.00	无烟煤	34
柏油	41	沥青	42
纤维素	17	木炭	35
服装	19	烟煤、焦煤	31
软木	29	棉花	18
谷物	17	黄油	41
厨房垃圾	18	皮革	19
油毡	20	纸和纸板	17
粗石蜡	47	泡沫橡胶	37
异戊二烯橡胶	45	轮胎	32
丝绸	19	稻草	16
木材	18	羊毛	23
微粒板塑料	18	工程塑料	36
环氧树脂	19	三聚氰胺树脂	34
羟基类化合物	18	甲醛	29
聚酯纤维	31	加固材料	21
聚苯乙烯	44	聚异氰酸酯	20
泡沫材料	24	聚碳酸酯	29
聚丙烯	43	聚氨酯	23
聚氨酯泡沫	26	聚氯乙烯	17
脲醛树脂	15	脲醛泡沫	14
汽油	44	柴油	41
亚麻籽油	39	甲醇	20
石蜡油	41	烈酒	29
焦油	38	苯	40
苯甲醇	33	异丙基酒精	31
乙炔	48	丁烷	46

续表

材料名称	热值（MJ/kg）	材料名称	热值（MJ/kg）
一氧化碳	10	氢	120
丙烷	46	甲烷	50
乙醇	27		

备注：①表 A1—A3 所列为单件物品热值，适合单件热值法测量时使用。表 A4 所列为单位质量材料热值，适合质量法测量时使用。

②本附录的物品热值表是参考了几种国内公开发表的物品热值数据资料后整理而成的[①]。

① 物品热值表的数据来源包括：

李引擎．建筑防火性能化设计［M］．北京：化学工业出版社，2005：29-39.

张树平．建筑防火设计［M］．北京：中国建筑工业出版社，2008：17-22.

范维澄，孙金华，陆守香．火灾风险评估方法学［M］．北京：科学出版社，2004：241-243.

刘方．建筑防火性能化设计［M］．重庆：重庆大学出版社，2007：98-100.

霍然，袁宏永．性能化建筑防火分析与设计［M］．合肥：安徽科学技术出版社，2003：137.

杨玲，张靖岩，肖泽南．建筑消防安全与性能化设计［M］．北京：化学工业出版社，2010：267-271.

霍然，胡源，李元洲．建筑火灾安全工程导论［M］．合肥：中国科学技术大学出版社，2009：22，40，44，79.

附录 B
建筑火灾荷载调查资料

表 B1　住宅火灾荷载调查表

姓名		学号		调查日期	
家庭人口		家庭所在地	省　　市　　区/县		
楼层总数		住宅类型	单元式/独立式/联排式/其他（　　）		
所在楼层		户型	一居室/两居室/三居室/四居室/更多		
建筑面积		楼梯数量		楼梯宽度	
建成时间		电梯	无/有	消防器材	有/无
	数量（间）	房间名称	建筑面积（m^2）	火灾荷载（MJ）	火灾荷载密度（MJ/m^2）
起居室（客厅）					
卧室					
餐厅厨房					
书房					
卫生间					
储藏间					
阳台					
其他空间					
总计					

表 B2　客厅（起居室）火灾荷载调查表

	可燃物名称		数量（件）	单位热值（MJ/件）	物品热值（MJ）
客厅（起居室）	家具	三人沙发		738	
		双人沙发		466	
		单人沙发		243	
		沙发靠枕		21.6	
		电视柜		613	
		茶几		350	
		衣架（木）		100	
		鞋架		150	
		椅子（木）		250	
		椅子（其他）		60	
		凳子（木）		170	
		凳子（其他）		40	
		柜子（大）		789	
		柜子（中）		500	
		柜子（小）		300	
		桌子（大）		1200	
		桌子（中）		708	
		桌子（小）		300	
				合计	
	电器	电视		300	
		电脑		120	
		柜式空调		72	
		壁式空调		30	
		饮水机		160	
		冰箱		378	
		打印机		30	
		电话		24	
		钢琴		2800	
		灯具		30	
		音响		60	
		手机/平板电脑		8	
		风扇		30	
		挂钟		15	
				合计	

续表

	可燃物名称		面积（m²）	单位热值（MJ/m²）	物品热值（MJ）
客厅（起居室）	装修	木地板		198	
		吊顶		108	
		壁纸/墙裙		5	
		窗帘		10	
		木门		158	
				合计	
	其他	皮鞋		10	
		布鞋/拖鞋/运动鞋		6	
			重量（kg）	单位热值（MJ/kg）	物品热值（MJ）
		杂物		18	
		酒类		27	
		食品		15	
			厚度（mm）	单位热值（MJ/m）	物品热值（MJ）
		32 开书本		420	
		16 开书本		735	
			数量（件）	单位热值（MJ/件）	物品热值（MJ）
		塑料盆		5	
		热水瓶		5	
		塑料储物箱		30	
		纸盒（鞋盒）		5	
		电脑包/背包/提包		20	
		旅行箱		30	
				合计	
	总计（MJ）				
	建筑面积（m²）				
	火灾荷载密度（MJ/m²）				

表 B3　卧室火灾荷载调查表

	可燃物名称		数量（件）	单位热值（MJ/件）	物品热值（MJ）
卧室	家具	双人床		1518	
		单人床		1000	
		单人沙发		243	
		沙发靠枕		21.6	
		电视柜		613	
		茶几		350	
		衣架		100	
		鞋架		150	
		椅子（木）		250	
		椅子（其他）		60	
		凳子（木）		170	
		凳子（其他）		40	
		柜子（大）		789	
		柜子（中）		500	
		柜子（小）		300	
		桌子（大）		1200	
		桌子（中）		708	
		桌子（小）		300	
				合计	
	电器	电视		300	
		电脑		120	
		柜式空调		72	
		壁式空调		30	
		饮水机		160	
		冰箱		378	
		打印机		30	
		电话		24	
		灯具		30	
		音响		60	
		风扇		30	
				合计	

续表

	可燃物名称		面积（m^2）	单位热值（MJ/件）	物品热值（MJ）
卧室	装修	木地板		198	
		吊顶		108	
		壁纸/墙裙		5	
		窗帘		10	
		木门		158	
				合计	
	可燃物名称		数量（双）	单位热值（MJ/双）	物品热值（MJ）
	鞋类	皮鞋		10	
		布鞋/拖鞋/运动鞋		6	
	衣物				
			数量（件）	单位热值（MJ/件）	物品热值（MJ）
		大衣/棉衣/外套		23	
		西服套装		28	
		羽绒服		20	
		皮衣		15	
			质量（kg）	单位热值（MJ/kg）	物品热值（MJ）
		其他衣物		21	
				合计	
	可燃物名称		数量（件）	单位热值（MJ/件）	物品热值（MJ）
	被褥	被/褥		54	
		毯子/单被/空调被		20	
		床单/被套		13	
		枕头		21.6	
				合计	
	可燃物名称		质量（kg）	单位热值（MJ/kg）	物品热值（MJ）
	其他	杂物		18	
		酒类		27	
		食品		15	
			厚度（mm）	单位热值（MJ/m）	物品热值（MJ）
		32开书本		420	
		16开书本		735	
			数量（件）	单位热值（MJ/件）	物品热值（MJ）
		塑料盆		5	

续表

<table>
<tr><td rowspan="12">卧室</td><td colspan="2">可燃物名称</td><td>数量（件）</td><td>单位热值（MJ/件）</td><td>物品热值（MJ）</td></tr>
<tr><td rowspan="7">其他</td><td>热水瓶</td><td></td><td>5</td><td></td></tr>
<tr><td>塑料储物箱</td><td></td><td>30</td><td></td></tr>
<tr><td>纸盒（鞋盒）</td><td></td><td>5</td><td></td></tr>
<tr><td>电脑包/背包/提包</td><td></td><td>20</td><td></td></tr>
<tr><td>旅行箱</td><td></td><td>30</td><td></td></tr>
<tr><td></td><td></td><td></td><td></td></tr>
<tr><td colspan="4">合计</td></tr>
<tr><td colspan="4">总计（MJ）</td><td></td></tr>
<tr><td colspan="4">建筑面积（m^2）</td><td></td></tr>
<tr><td colspan="4">火灾荷载密度（MJ/m^2）</td><td></td></tr>
</table>

表 B4　书房火灾荷载调查表

<table>
<tr><td rowspan="25">书房</td><td colspan="2">可燃物名称</td><td>数量（件）</td><td>单位热值（MJ/件）</td><td>物品热值（MJ）</td></tr>
<tr><td rowspan="19">家具</td><td>双人沙发</td><td></td><td>466</td><td></td></tr>
<tr><td>单人沙发</td><td></td><td>243</td><td></td></tr>
<tr><td>沙发靠枕</td><td></td><td>21.6</td><td></td></tr>
<tr><td>电视柜</td><td></td><td>613</td><td></td></tr>
<tr><td>茶几</td><td></td><td>350</td><td></td></tr>
<tr><td>衣架（木）</td><td></td><td>100</td><td></td></tr>
<tr><td>鞋架</td><td></td><td>150</td><td></td></tr>
<tr><td>椅子（木）</td><td></td><td>250</td><td></td></tr>
<tr><td>椅子（其他）</td><td></td><td>60</td><td></td></tr>
<tr><td>凳子（木）</td><td></td><td>170</td><td></td></tr>
<tr><td>凳子（其他）</td><td></td><td>40</td><td></td></tr>
<tr><td>柜子（大）</td><td></td><td>789</td><td></td></tr>
<tr><td>柜子（中）</td><td></td><td>500</td><td></td></tr>
<tr><td>柜子（小）</td><td></td><td>300</td><td></td></tr>
<tr><td>桌子（大）</td><td></td><td>1200</td><td></td></tr>
<tr><td>桌子（中）</td><td></td><td>708</td><td></td></tr>
<tr><td>桌子（小）</td><td></td><td>300</td><td></td></tr>
<tr><td></td><td></td><td></td><td></td></tr>
<tr><td></td><td></td><td>合计</td><td></td></tr>
<tr><td colspan="2">可燃物名称</td><td>数量（件）</td><td>单位热值（MJ/件）</td><td>物品热值（MJ）</td></tr>
<tr><td rowspan="3">电器</td><td>电视</td><td></td><td>300</td><td></td></tr>
<tr><td>电脑</td><td></td><td>120</td><td></td></tr>
<tr><td>柜式空调</td><td></td><td>72</td><td></td></tr>
</table>

续表

房间	类别	可燃物名称	数量（件）	单位热值（MJ/件）	物品热值（MJ）
书房	家具	壁式空调		30	
		饮水机		160	
		冰箱		378	
		打印机		30	
		手机/平板电脑		8	
		灯具		30	
		音响		60	
		风扇		30	
		扫描仪		30	
				合计	
	可燃物名称		面积（m^2）	单位热值（MJ/m^2）	物品热值（MJ）
	装修	木地板		198	
		吊顶		108	
		壁纸/墙裙		5	
		窗帘		10	
		木门		158	
				合计	
	可燃物名称		质量（kg）	单位热值（MJ/kg）	物品热值（MJ）
	其它	杂物		18	
		酒类		27	
		食品		15	
			厚度（mm）	单位热值（MJ/m）	物品热值（MJ）
		32 开书本		420	
		16 开书本		735	
			数量（件）	单位热值（MJ/件）	物品热值（MJ）
		塑料盆		5	
		热水瓶		5	
		塑料储物箱		30	
		纸盒（鞋盒）		5	
		电脑包/背包/提包		20	
		旅行箱		30	
				合计	
	总计（MJ）				
	建筑面积（m^2）				
	火灾荷载密度（MJ/m^2）				

表 B5　餐厅厨房火灾荷载调查表

		可燃物名称	数量（件）	单位热值（MJ/件）	物品热值（MJ）
餐厅厨房	家具	橱柜		500	
		椅子（木）		250	
		椅子（其他）		60	
		凳子（木）		170	
		凳子（其他）		40	
		柜子（大）		789	
		柜子（中）		500	
		柜子（小）		300	
		桌子（大）		1200	
		桌子（中）		708	
		桌子（小）		300	
				合计	
		可燃物名称	数量（件）	单位热值（MJ/件）	物品热值（MJ）
	电器	油烟机		280	
		灶具		120	
		洗碗机		300	
		微波炉		200	
		饮水机		40	
		电饭煲		30	
		冰箱		378	
		热水器		280	
		灯具		20	
		壁式空调		30	
		煤气罐（50kg）		2500	
		小电器		20	
		风扇		30	
				合计	
		可燃物名称	面积（m^2）	单位热值（MJ/m^2）	物品热值（MJ）
	装修	木地板		198	
		吊顶		108	
		壁纸/墙裙		5	
		窗帘		10	
		木门		158	
				合计	

续表

餐厅厨房	可燃物名称		质量（kg）	单位热值（MJ/件）	物品热值（MJ）
	其他	杂物		18	
		酒类		27	
		食品		15	
		食用油		30	
		垃圾		18	
			数量（件）	单位热值（MJ/件）	物品热值（MJ）
		塑料盆		5	
		热水瓶		5	
		塑料储物箱		30	
		纸盒（鞋盒）		5	
		电脑包/背包/提包		20	
				合计	
	总计（MJ）				
	建筑面积（m^2）				
	火灾荷载密度（MJ/m^2）				

表 B6　卫生间火灾荷载调查表

卫生间	可燃物名称		数量（件）	单位热值（MJ/件）	物品热值（MJ）
	家具类	柜子		500	
				合计	
	可燃物名称		数量（件）	单位热值（MJ/件）	物品热值（MJ）
	电器	热水器		280	
		灯具		20	
		洗衣机		180	
		小电器		20	
				合计	
	可燃物名称		面积（m^2）	单位热值（MJ/m^2）	物品热值（MJ）
	装修	吊顶		108	
		窗帘		10	
		木门		158	
				合计	

续表

		可燃物名称	质量（kg）	单位热值（MJ/件）	物品热值（MJ）
卫生间	其他	杂物		18	
		垃圾		18	
			数量（件）	单位热值（MJ/件）	物品热值（MJ）
		塑料盆		5	
		毛巾		1	
		盆架		5	
				合计	
	总计（MJ）				
	建筑面积（m^2）				
	火灾荷载密度（MJ/m^2）				

表 B7　储藏间火灾荷载调查表

		可燃物名称	数量（件）	单位热值（MJ/件）	物品热值（MJ）
储藏间	家具	椅子（木）		250	
		椅子（其他）		60	
		凳子（木）		170	
		凳子（其他）		40	
		柜子（大）		789	
		柜子（中）		500	
		柜子（小）		300	
		桌子（大）		1200	
		桌子（中）		708	
		桌子（小）		300	
				合计	
	可燃物名称		数量（件）	单位热值（MJ/件）	物品热值（MJ）
	电器	灯具		20	
		洗衣机		180	
		小电器		20	
				合计	

续表

		可燃物名称	面积（m²）	单位热值（MJ/件）	物品热值（MJ）
储藏间	装修	木地板		198	
		吊顶		108	
		壁纸/墙裙		5	
		窗帘		10	
		木门		158	
				合计	
	可燃物名称		质量（kg）	单位热值（MJ/kg）	物品热值（MJ）
	其他	杂物		18	
			数量（件）	单位热值（MJ/件）	物品热值（MJ）
		塑料盆		5	
		热水瓶		5	
		塑料储物箱		30	
		纸盒（鞋盒）		5	
		电脑包/背包/提包		20	
		旅行箱		30	
			厚度（mm）	单位热值（MJ/m）	物品热值（MJ）
		32 开书本		420	
		16 开书本		735	
			数量（双）	单位热值（MJ/双）	物品热值（MJ）
		皮鞋		10	
		布鞋/拖鞋/运动鞋		6	
				合计	
	总计（MJ）				
	建筑面积（m²）				
	火灾荷载密度（MJ/m²）				

表 B8　阳台火灾荷载调查表

区域	类别	可燃物名称	数量（件）	单位热值（MJ/件）	物品热值（MJ）
阳台	家具	椅子（木）		250	
		椅子（其他）		60	
		凳子（木）		170	
		凳子（其他）		40	
		柜子（大）		789	
		柜子（中）		500	
		柜子（小）		300	
		桌子（大）		1200	
		桌子（中）		708	
		桌子（小）		300	
				合计	
		可燃物名称	数量（件）	单位热值（MJ/件）	物品热值（MJ）
	电器	灯具		20	
		洗衣机		180	
		小电器		20	
				合计	
		可燃物名称	面积（m^2）	单位热值（MJ/m^2）	物品热值（MJ）
	装修	木地板		198	
		吊顶		108	
		壁纸/墙裙		5	
		窗帘		10	
		木门		158	
				合计	
		可燃物名称	质量（kg）	单位热值（MJ/kg）	物品热值（MJ）
	其他	杂物		18	
			数量（件）	单位热值（MJ/件）	物品热值（MJ）
		塑料盆		5	
		热水瓶		5	
		塑料储物箱		30	
		纸盒（鞋盒）		5	
		电脑包/背包/提包		20	

续表

	可燃物名称		数量（件）	单位热值（MJ/件）	物品热值（MJ）
阳台	其他	旅行箱		30	
			厚度（m）	单位热值（MJ/m）	物品热值（MJ）
		32 开书本		420	
		16 开书本		735	
			数量（双）	单位热值（MJ/双）	物品热值（MJ）
		皮鞋		10	
		布鞋/拖鞋/运动鞋		6	
			总计（MJ）	合计	
	建筑面积（m^2）				
	火灾荷载密度（MJ/m^2）				

表 B9 各类房间面积调查原始数据

客厅（m^2）	卧室（m^2）		餐厅厨房（m^2）	书房（m^2）	卫生间（m^2）		储藏间（m^2）	阳台（m^2）	走道（m^2）
9.00	5.40	15.84	5.00	3.50	2.40	7.50	1.37	2.50	3.12
12.00	7.62	16.00	5.04	6.00	2.85	7.52	2.80	3.00	4.00
15.37	8.40	16.00	6.50	6.90	2.90	7.52	3.00	3.00	4.50
15.58	9.00	16.00	7.50	8.20	3.00	7.56	3.00	3.24	6.54
16.32	9.13	16.00	8.00	9.00	3.02	8.00	3.51	4.00	6.60
16.80	10.00	16.08	8.00	10.00	3.10	8.83	4.00	4.50	7.60
17.00	10.00	16.08	9.50	10.00	3.40	9.00	4.34	4.50	7.80
18.20	10.10	16.20	10.50	10.00	3.50	9.00	4.40	4.78	10.00
19.00	10.90	16.20	11.00	10.28	3.51	9.20	4.75	5.00	22.56
19.00	11.00	16.40	12.00	10.32	3.75	9.20	5.00	5.00	24.56
19.35	11.50	16.50	12.00	10.40	3.75	9.70	5.00	5.00	
20.00	11.53	16.50	12.60	10.80	3.84	10.00	5.40	5.00	
20.00	11.60	17.00	12.82	11.00	3.84	10.00	5.70	5.25	

续表

客厅（m^2）	卧室（m^2）		餐厅厨房（m^2）	书房（m^2）	卫生间（m^2）		储藏间（m^2）	阳台（m^2）	走道（m^2）
20.00	11.70	17.00	13.00	12.00	4.00	10.00	6.00	5.40	
20.00	11.90	17.21	13.40	12.16	4.00	15.80	6.75	5.40	
20.00	12.00	17.28	14.28	12.80	4.00	23.40	8.00	5.50	
20.00	12.00	17.65	14.85	12.95	4.00		8.00	5.68	
21.00	12.00	18.00	15.00	12.95	4.19		9.20	5.70	
21.20	12.00	18.00	15.00	15.00	4.49		12.00	6.00	
21.20	12.00	18.00	15.20	15.80	4.50		12.20	6.00	
21.45	12.00	18.00	16.00	16.20	4.50		13.17	6.00	
22.00	12.00	18.00	16.00		4.51		27.00	6.00	
22.20	12.00	18.40	16.00		4.70		35.00	6.04	
22.35	12.87	18.50	16.51		4.75		57.85	6.70	
22.60	12.87	18.55	17.69		4.75			6.75	
22.60	13.00	18.72	19.73		4.75			7.00	
22.66	13.00	19.00	20.00		4.80			7.00	
22.80	13.00	19.00	20.00		4.86			7.20	
22.88	13.00	19.08	20.00		5.00			7.20	
23.16	13.00	19.12	21.00		5.00			7.36	
23.26	13.46	19.32	21.00		5.00			7.36	
24.00	13.70	19.44	21.60		5.00			7.43	
24.00	13.91	19.50	23.00		5.00			7.81	
25.20	13.95	20.00	23.20		5.20			8.00	
26.00	14.00	20.00	23.50		5.40			8.50	
26.00	14.00	20.00	24.07		5.44			9.00	
26.64	14.00	20.00	24.20		5.47			9.00	
28.35	14.00	20.10	25.00		5.47			9.30	
28.45	14.00	20.11	27.20		5.75			9.70	
30.00	14.00	20.16	27.23		5.84			9.74	
30.00	14.04	20.64	28.06		5.98			10.00	

续表

客厅 (m^2)	卧室 (m^2)		餐厅厨房 (m^2)	书房 (m^2)	卫生间 (m^2)		储藏间 (m^2)	阳台 (m^2)	走道 (m^2)
30.00	14.10	21.00	28.80		5.98			15.00	
30.00	14.30	21.00	31.72		6.00			15.90	
30.00	14.40	21.00	40.00		6.00			17.16	
30.00	14.40	22.00			6.00				
30.00	14.49	22.00			6.00				
33.40	14.72	22.00			6.00				
36.60	14.72	22.60			6.16				
40.00	14.72	24.56			6.43				
41.80	15.00	24.64			6.43				
42.00	15.00	25.00			6.60				
50.00	15.00	27.20			6.70				
	15.00	28.50			7.00				
	15.00	30.00			7.00				
	15.00	30.00			7.00				
	15.12	31.30			7.00				
	15.59	33.64			7.02				
	15.60	40.00			7.50				

表 B10 各类房间火灾荷载密度调查原始数据

客厅 (MJ/m^2)	卧室 (MJ/m^2)		餐厅厨房 (MJ/m^2)	书房 (MJ/m^2)	卫生间 (MJ/m^2)		储藏间 (MJ/m^2)	阳台 (MJ/m^2)	走道 (MJ/m^2)
862.46	1141.49	757.21	1243.00	3495.03	441.97	216.85	317.49	424.40	407.03
490.09	1334.89	493.86	749.92	653.00	138.25	259.84	346.79	587.00	65.25
418.27	865.45	716.80	615.46	2615.97	582.07	196.14	616.83	200.00	347.42
296.77	932.11	625.39	1242.27	513.17	287.00	178.17	1010.33	16.67	120.23
299.73	772.70	1055.19	1734.75	1202.28	454.69	105.63	1172.53	162.50	292.80
443.45	575.56	559.29	452.00	311.70	448.32	209.51	884.00	766.13	152.46
596.41	990.30	669.82	733.02	584.10	235.47	311.60	1016.82	135.11	198.00
302.67	499.60	237.47	851.10	702.45	47.82	101.67	592.61	76.78	27.50
149.96	698.32	520.49	466.40	717.48	276.36	244.63	1594.81	209.60	8.07

续表

客厅（MJ/m²）	卧室（MJ/m²）		餐厅厨房（MJ/m²）	书房（MJ/m²）	卫生间（MJ/m²）		储藏间（MJ/m²）	阳台（MJ/m²）	走道（MJ/m²）
551.85	738.25	489.89	522.60	359.11	132.00	227.35	373.80	211.40	254.93
395.65	1020.26	519.48	388.42	1603.48	253.87	272.84	632.40	165.60	
773.10	1053.99	679.12	585.40	1222.81	631.10	169.90	683.96	331.20	
844.40	1126.14	716.07	1031.68	708.07	557.98	29.70	513.37	130.86	
197.05	560.49	403.94	589.90	706.47	195.50	239.50	1050.80	386.93	
356.29	852.78	411.80	618.14	848.43	232.00	381.85	367.41	135.19	
258.50	708.33	714.21	429.27	414.26	215.25	166.48	281.00	226.55	
261.16	778.98	651.96	992.40	494.07	137.00		457.00	166.37	
500.26	697.66	684.98	570.48	382.64	277.33		795.22	6.67	
309.47	579.26	563.07	929.73	443.33	419.51		592.83	650.50	
264.65	835.12	578.12	684.82	254.76	393.96		287.30	43.50	
524.89	634.80	630.99	837.00	589.48	176.89		437.14	179.67	
221.96	707.83	594.01	938.00		431.37		215.74	203.00	
366.44	632.80	727.89	569.94		191.66		264.74	45.67	
683.57	572.54	530.40	1213.46		804.93		44.11	53.73	
100.00	1334.31	455.71	518.21		804.93			256.00	
745.80	516.23	622.11	905.00		804.93			330.29	
280.26	649.69	505.94	836.95		128.13			413.86	
423.27	859.72	872.82	491.50		326.07			361.75	
331.21	463.48	787.56	465.80		253.00			271.94	
219.60	482.25	599.79	578.00		542.20			107.93	
454.63	860.21	532.91	155.10		285.40			181.23	
450.90	696.24	749.08	671.50		214.80			375.36	
409.34	822.83	359.07	188.35		357.88			330.95	
428.35	902.63	554.23	360.00		96.92			52.50	
416.77	617.20	537.36	709.33		185.19			98.59	
179.98	876.34	620.04	574.12		274.96			61.67	
263.96	384.03	467.46	714.89		231.25			165.67	
316.61	804.60	413.21	1377.00		225.70			13.76	
529.10	732.60	646.19	346.25		248.01			33.15	
446.06	799.36	632.97	671.76		218.84			185.65	
234.50	558.33	593.11	218.46		243.19			161.40	

续表

客厅（MJ/m²）	卧室（MJ/m²）		餐厅厨房（MJ/m²）	书房（MJ/m²）	卫生间（MJ/m²）		储藏间（MJ/m²）	阳台（MJ/m²）	走道（MJ/m²）
484.28	538.64	495.78	423.83		288.73			146.20	
709.07	450.14	499.48	659.80		135.67			133.16	
311.49	471.04	504.38	201.33		219.67			101.69	
325.44	112.16	1475.19			250.00				
172.93	1208.58	668.92			140.33				
206.26	463.01	446.66			334.90				
237.21	541.03	442.92			291.21				
201.56	397.87	1283.45			212.17				
500.82	904.77	487.05			198.20				
193.56	610.75	461.73			186.36				
267.53	1439.53	352.24			99.85				
	276.33	359.04			188.29				
	617.94	907.98			120.29				
	445.37	357.61			226.86				
	448.74	301.71			21.02				
	727.43	171.69			195.48				
	382.77	566.61			328.75				

注：表B9与表B10是根据学生所提交的调查表进行汇总整理后得到的各类房间面积和火灾荷载密度的原始调查数据，作为第3章SPSS数据分析的对象。

表 B11　住宅火灾荷载调查数据汇总表

编号	类型	地区	建筑面积（m²）	家庭人口（人）	所在楼层	楼层总数	使用年限（年）	楼梯宽度（m）	消防器材	电梯	省份	火灾荷载密度（MJ/m²）
住宅1	独立式	农村	201.91	5		3	17	1.2	无	无	浙江	369.96
住宅2	联排式	农村	63.70	3		2	15	1.0	无	无	浙江	431.37
住宅3	单元式	城市	101.40	3	6	6	12	1.2	有	无	浙江	518.90
住宅4	单元式	城市	135.30	3	2	6	12	1.1	有	无	浙江	353.32
住宅5	单元式	农村	88.93	3	4	5	17	1.5	有	无	浙江	366.19
住宅6	联排式	城市	92.00	5		1	15	1.0	无	无	河北	418.28
住宅7	单元式	城市	145.25	3	9	21	2	1.2	有	有	浙江	603.57
住宅8	单元式	城市	125.34	4	14	19	8	1.1	有	有	浙江	695.66
住宅9	独立式	城市	147.89	3		2	20	1.1	无	无	浙江	551.38
住宅10	单元式	城市	82.00	4	6	6	15	1.2	无	无	四川	543.14

续表

编号	类型	地区	建筑面积（m^2）	家庭人口（人）	所在楼层	楼层总数	使用年限（年）	楼梯宽度（m）	消防器材	电梯	省份	火灾荷载密度（MJ/m^2）
住宅 11	单元式	城市	76.00	3	6	7	5	1.2	无	无	陕西	539.19
住宅 12	联排式	城市	139.40	4	4	6	15	1.4	有	无	浙江	434.08
住宅 13	单元式	城市	75.00	3	2	16	7	1.2	有	有	浙江	775.28
住宅 14	单元式	城市	124.90	5	9	18	6	1.2	有	有	陕西	601.27
住宅 15	单元式	城市	64.82	3	5	10	12	1.1	有	有	浙江	972.26
住宅 16	独立式	农村	215.90	4	2	3	2	0.9	无	无	浙江	452.21
住宅 17	独立式	城市	173.00	4		4	6	1.3	无	无	浙江	267.42
住宅 18	独立式	农村	123.70	3		2	5	1.2	无	无	浙江	395.01
住宅 19	联排式	城市	158.18	4		4	4	1.0	无	无	浙江	408.00
住宅 20	单元式	城市	122.00	3	8	11	7	1.2	有	有	浙江	306.87
住宅 21	单元式	城市	115.80	3	3	6	10	1.2	无	无	陕西	394.27
住宅 22	单元式	城市	38.34	3	6	7	12	1.2	有	无	浙江	840.78
住宅 23	单元式	城市	75.35	3	6	12	13	1.0	有	有	甘肃	495.50
住宅 24	独立式	农村	143.00	3		2	14	1.0	无	无	浙江	315.85
住宅 25	独立式	城市	126.00	5		3	6	1.0	无	无	浙江	892.73
住宅 26	独立式	农村	117.38	3		2	16	1.0	无	无	浙江	616.68
住宅 27	单元式	城市	111.00	4	6	6	8	1.2	无	无	江苏	515.66
住宅 28	独立式	农村	240.76	4		2	22	1.0	无	无	浙江	312.32
住宅 29	独立式	农村	278.28	5		3	5	1.3	无	无	浙江	353.88
住宅 30	单元式	农村	132.40	5	7	7	6	1.2	无	无	浙江	557.21
住宅 31	联排式	农村	176.22	4		3	25	1.2	无	无	浙江	316.13
住宅 32	单元式	城市	110.00	3	2	5	16	1.3	无	无	甘肃	303.17
住宅 33	独立式	农村	109.80	4		1	16	1.0	无	无	安徽	338.18
住宅 34	联排式	农村	150.00	4		5	15	1.0	无	无	浙江	557.22
住宅 35	单元式	城市	100.00	3	1	4	5	1.0	无	无	浙江	489.80
住宅 36	单元式	城市	59.00	3	3	6	14	1.0	有	无	河北	794.14
住宅 37	单元式	城市	106.83	4	4	5	18	1.2	有	无	浙江	587.06
住宅 38	独立式	城市	95.69	3		1	10	1.2	有	无	浙江	800.13
住宅 39	单元式	城市	74.40	3	4	6	4	1.4	有	有	浙江	586.65

续表

编号	类型	地区	建筑面积（m^2）	家庭人口（人）	所在楼层	楼层总数	使用年限（年）	楼梯宽度（m）	消防器材	电梯	省份	火灾荷载密度（MJ/m^2）
住宅40	单元式	城市	95.40	2	3	6	1	1.0	有	无	浙江	397.24
住宅41	单元式	城市	90.12	3	1	4	5	1.0	有	无	浙江	597.92
住宅42	单元式	城市	94.44	3	5	6	13	1.3	有	无	浙江	381.10
住宅43	单元式	城市	103.50	3	4	6	14	1.1	有	无	浙江	363.91
住宅44	单元式	城市	134.77	4	12	18	5	1.0	有	有	浙江	733.85
住宅45	单元式	城市	85.50	3	4	15	7	1.1	有	有	浙江	481.61
住宅46	单元式	城市	70.00	3	5	7	16	1.0	无	无	浙江	502.37

注：农村独立式和联排式住宅基本都是一户家庭使用，所以其对应的所在楼层数据空缺。

表 B12　高校学生宿舍火灾荷载调查表

个人信息	姓名		学号		男生宿舍/女生宿舍		其他信息	
可燃物名称		统计方法	数量（件）	总重量（kg）	单件热值（MJ/件）	材料热值（MJ/kg）	物品热值（MJ）	备注信息
被褥类	棉质被褥	单件热值法			54.00			
		质量法				18.80		
	床单	单件热值法			11.74			
		质量法				18.80		
	被套	单件热值法			15.70			
		质量法				18.80		
	枕头	单件热值法			21.60			
	空调被/单被	质量法				18.80		
						合计（MJ）		
衣物类	羊毛类衣物	质量法				23.00		
	棉类衣物	质量法				18.80		
	涤纶类衣物	质量法				19.90		
	皮衣	单件热值法			15.00			
		质量法				19.00		
	羽绒服	单件热值法			20.00			
	棉布鞋	质量法				18.80		
	皮鞋	质量法				19.00		
	塑料类鞋	质量法				24.00		
						合计（MJ）		

续表

<table>
<tr><td>个人信息</td><td>姓名</td><td></td><td>学号</td><td></td><td>男生宿舍/女生宿舍</td><td></td><td>其他信息</td><td></td></tr>
<tr><td colspan="2">可燃物名称</td><td>统计方法</td><td>数量（件）</td><td>总重量（kg）</td><td>单件热值（MJ/件）</td><td>材料热值（MJ/kg）</td><td>物品热值（MJ）</td><td>备注信息</td></tr>
<tr><td rowspan="6">家具类</td><td>床板</td><td>质量法</td><td>/</td><td></td><td></td><td>17.95</td><td></td><td rowspan="6">密度
体积</td></tr>
<tr><td>书桌</td><td>质量法</td><td>/</td><td></td><td></td><td>18.90</td><td></td></tr>
<tr><td>椅子</td><td>质量法</td><td>/</td><td></td><td></td><td>18.90</td><td></td></tr>
<tr><td>衣柜</td><td>质量法</td><td>/</td><td></td><td></td><td>18.90</td><td></td></tr>
<tr><td>窗帘</td><td>质量法</td><td>/</td><td></td><td></td><td>21.00</td><td></td></tr>
<tr><td colspan="5"></td><td>合计（MJ）</td><td></td></tr>
<tr><td rowspan="8">电器类</td><td>笔记本电脑</td><td>单件热值法</td><td></td><td>/</td><td>120.00</td><td></td><td></td><td rowspan="8"></td></tr>
<tr><td>台式电脑</td><td>单件热值法</td><td></td><td>/</td><td>250.00</td><td></td><td></td></tr>
<tr><td>壁式空调</td><td>单件热值法</td><td></td><td>/</td><td>30.00</td><td></td><td></td></tr>
<tr><td>饮水机</td><td>单件热值法</td><td></td><td>/</td><td>40.00</td><td></td><td></td></tr>
<tr><td>热水器</td><td>单件热值法</td><td></td><td>/</td><td>280.00</td><td></td><td></td></tr>
<tr><td>打印机</td><td>单件热值法</td><td></td><td>/</td><td>80.00</td><td></td><td></td></tr>
<tr><td>电视机</td><td>单件热值法</td><td></td><td>/</td><td>160.00</td><td></td><td></td></tr>
<tr><td colspan="5"></td><td>合计</td><td></td></tr>
<tr><td rowspan="7">杂类</td><td>书本、纸张</td><td>质量法</td><td>/</td><td></td><td></td><td>21.00</td><td></td><td rowspan="7"></td></tr>
<tr><td>塑料箱子</td><td>质量法</td><td>/</td><td></td><td></td><td>24.00</td><td></td></tr>
<tr><td>装饰品、玩具</td><td>质量法</td><td>/</td><td></td><td></td><td>22.00</td><td></td></tr>
<tr><td>食品</td><td>质量法</td><td>/</td><td></td><td></td><td>14.60</td><td></td></tr>
<tr><td>日用品</td><td>质量法</td><td>/</td><td></td><td></td><td>22.20</td><td></td></tr>
<tr><td>杂物</td><td>质量法</td><td>/</td><td></td><td></td><td>18.00</td><td></td></tr>
<tr><td></td><td></td><td></td><td></td><td></td><td>合计（MJ）</td><td></td></tr>
<tr><td colspan="6"></td><td>火灾荷载总计（MJ）</td><td colspan="2"></td></tr>
<tr><td rowspan="2">宿舍情况</td><td>楼号</td><td></td><td>宿舍人数</td><td></td><td>所在楼层疏散楼梯数量</td><td></td><td>调查日期</td><td></td></tr>
<tr><td>所在楼层</td><td></td><td>可能的起火源</td><td></td><td>宿舍与最近楼梯距离（m）</td><td></td><td>测量工具</td><td>卷尺、弹簧秤</td></tr>
<tr><td>最终成果</td><td colspan="8">调查报告内容：宿舍情况概述（位置图、现状照片、平面和剖面、宿舍 s 模型），调查过程描述，数据整理与分析，可能存在问题及应对措施等</td></tr>
</table>

表 B13　高校学生宿舍火灾荷载调查原始数据

宿舍号	性别	年级	被褥类（MJ）	衣物类（MJ）	家具类（MJ）	电器类（MJ）	杂物类（MJ）	总火灾荷载（MJ）	宿舍面积（m^2）	宿舍人数	所在楼层	最近楼梯距离（m）	火灾荷载密度（MJ/m^2）
55405	1-男生	二年级	778.96	1642.07	6158.16	520.00	2458.30	11557.49	27	4	4	11.50	428.06
13630	2-女生	三年级	899.47	1785.86	10284.38	896.00	2508.93	16374.64	31	4	6	12.34	528.21
62215	2-女生	三年级	1046.95	2186.57	10331.60	544.00	2642.58	16751.70	31	4	2	12.25	540.38
55220	1-男生	三年级	962.06	1630.58	4734.66	520.00	3006.98	10854.28	31	4	2	7.50	350.14
62327	2-女生	二年级	956.87	1174.10	9005.79	964.00	2266.54	14367.30	31	4	3	9.24	431.45
63605	2-女生	二年级	827.30	1087.00	7172.85	520.00	2319.00	11926.15	31	4	6	5.00	384.71
55208	1-男生	三年级	371.11	298.32	5852.74	520.00	1748.00	8790.17	27	3	2	18.00	326.90
62213	2-女生	三年级	802.50	929.86	10673.14	520.00	1901.10	14826.60	31	4	2	26.00	478.28
55221	1-男生	三年级	1121.98	1148.30	4670.48	520.00	1901.39	9362.15	31	4	2	18.15	302.00
71507	2-女生	三年级	963.02	504.00	6491.57	520.00	527.11	9005.70	31	4	5	4.00	290.51
26601	1-男生	三年级	1092.16	1786.40	5612.10	520.00	3917.20	12927.86	31	4	6	15.00	417.03
55116	1-男生	三年级	864.50	594.01	4356.62	520.00	2263.43	8598.56	31	4	1	5.30	277.37
52308	1-男生	一年级	415.20	400.37	10271.60	400.00	242.68	11729.85	27	3	3	4.30	434.44
52219	1-男生	四年级	817.26	1547.31	9015.20	770.00	2060.90	14210.67	27	4	2	11.00	526.32
63607	2-女生	二年级	608.00	596.08	11129.40	520.00	2105.00	14958.48	31	4	6	5.90	482.53
55207	1-男生	三年级	515.42	541.14	7671.93	520.00	2163.72	11412.21	31	4	2	18.00	368.14
55213	1-男生	三年级	605.00	611.10	7790.16	520.00	2262.50	11788.76	31	4	2	22.00	380.28

续表

宿舍号	性别	年级	被褥类（MJ）	衣物类（MJ）	家具类（MJ）	电器类（MJ）	杂物类（MJ）	总火灾荷载（MJ）	宿舍面积（m²）	宿舍人数	所在楼层	最近楼梯距离（m）	火灾荷载密度（MJ/m²）
62117	2-女生	三年级	583.90	459.41	8375.78	520.00	30[illegible]7.40	13016.49	31	4	1	8.00	419.89
62119	2-女生	三年级	614.20	470.91	5616.38	520.00	3[illegible]7.40	10378.89	31	4	1	8.00	334.80
62113	2-女生	三年级	904.36	1687.49	7403.76	520.00	3[illegible]0.60	13706.21	31	4	1	17.50	442.14
62324	2-女生	二年级	548.87	1789.40	3726.90	520.00	3[illegible]8.28	9813.45	31	4	3	12.00	316.56
13629	2-女生	三年级	520.16	1184.92	4947.27	589.00	3[illegible]6.24	10557.59	31	4	6	10.00	340.57
13634	2-女生	三年级	1070.00	1533.76	4930.96	825.00	3[illegible]8.80	11678.52	31	4	6	6.00	376.73
55214	1-男生	三年级	651.36	974.58	4734.30	530.00	3[illegible]9.00	10309.24	27	3	2	12.30	381.82
63609	2-女生	二年级	891.40	338.47	10544.90	520.00	3[illegible]0.54	15725.31	31	4	6	7.00	507.27
62105	2-女生	三年级	1013.74	1789.07	7413.42	520.00	3[illegible]1.71	14187.94	31	4	1	12.00	457.68
71509	2-女生	三年级	703.36	441.00	10088.62	520.00	3[illegible]6.86	15269.84	31	4	5	5.00	492.58
55225	1-男生	三年级	923.12	1356.89	9057.38	520.00	3[illegible]7.35	15444.74	31	4	2	8.85	498.22
55311	1-男生	二年级	678.08	598.83	11242.80	800.00	3[illegible]7.70	16927.41	31	4	3	16.25	546.05
62111	2-女生	三年级	655.76	1341.63	6233.76	520.00	3[illegible]5.92	12667.07	31	4	1	22.80	408.62
55117	1-男生	三年级	821.24	665.11	4255.58	650.00	4[illegible]6.00	10417.93	31	4	1	23.00	336.06
63603	2-女生	二年级	718.79	2695.66	10284.38	616.00	4[illegible]8.25	18383.08	31	4	6	2.00	593.00
63602	2-女生	二年级	994.84	2370.78	6497.85	520.00	4[illegible]3.00	14476.47	31	4	6	5.50	466.98
62208	2-女生	三年级	1078.77	946.14	4707.92	600.00	4[illegible]3.51	11476.34	31	4	2	15.50	370.20

续表

宿舍号	性别	年级	被褥类（MJ）	衣物类（MJ）	家具类（MJ）	电器类（MJ）	杂物类（MJ）	总火灾荷载（MJ）	宿舍面积（m^2）	宿舍人数	所在楼层	最近楼梯距离（m）	火灾荷载密度（MJ/m^2）
62115	2-女生	三年级	709.76	1490.20	7650.06	520.00	4251.40	14621.42	31	4	1	21.50	471.66
52618	1-男生	三年级	703.36	620.40	9016.35	520.00	4508.20	15368.31	31	4	6	3.00	495.75
62112	2-女生	三年级	538.26	1207.02	10271.60	280.00	1169.89	13466.77	31	3	1	33.25	434.41
55209	1-男生	三年级	604.12	697.92	8551.22	520.00	1676.00	12049.26	31	4	2	18.00	365.13
62322	2-女生	二年级	629.92	784.30	5152.00	520.00	1554.40	8640.62	31	4	3	34.00	278.73
55407	1-男生	二年级	784.96	978.18	10560.55	520.00	1796.28	14639.97	27	4	4	10.00	542.22
55119	1-男生	三年级	656.36	451.10	8001.45	520.00	1200.80	10829.71	31	4	1	10.00	349.35
52220	1-男生	四年级	466.12	283.08	7483.70	880.00	1363.00	10475.90	27	4	2	11.00	388.00
62211	2-女生	三年级	728.36	599.01	5214.44	520.00	1414.36	8476.17	31	4	2	19.80	273.42
62217	2-女生	三年级	1778.14	446.56	5043.00	520.00	1421.20	9208.90	31	4	2	16.80	297.06
55423	1-男生	二年级	1003.80	344.41	3726.90	520.00	1920.40	7515.51	31	4	4	14.70	242.44
55217	1-男生	三年级	741.36	524.95	4255.58	520.00	2010.14	8052.03	31	4	2	16.00	259.74
62328	2-女生	二年级	1085.31	1135.27	4395.13	936.00	892.63	8444.34	31	4	3	7.28	272.40
52417	1-男生	四年级	531.12	304.42	10279.21	770.00	1666.00	13550.75	27	4	4	4.80	501.88
52508	2-女生	四年级	928.28	969.52	10271.60	544.00	2462.49	15175.89	27	4	5	13.40	562.07
55125	1-男生	三年级	832.70	769.80	6536.00	520.00	2104.40	10762.90	31	4	1	4.00	347.19

注：表 B13 是根据学生所提交的调查表进行汇总整理后得到的高校学生宿舍火灾荷载调查的原始数据，作为第 3 章 SPSS 数据分析的对象。

表 B14 住宅各类房间火灾荷载密度特性统计

	房间数量	火灾荷载密度最小值（MJ/m²）	火灾荷载密度最大值（MJ/m²）	火灾荷载密度平均值（MJ/m²）	标准差
客厅	48	149.96	709.07	355.75	136.99
卧室	107	171.69	1055.19	612.28	179.97
餐厅厨房	43	155.1	1377	658.64	291.18
书房	16	254.76	848.43	542.66	172.34
卫生间	60	47.82	393.96	219.64	72.92
储藏间	24	44.11	1594.81	606.21	364.83
阳台	40	6.67	413.86	171.74	111.16
走道	10	8.07	407.03	187.37	136.63
所有房间	348	6.67	1594.81	419.29	

表 B15 按面积区间统计的各类房间火灾荷载密度特性

	面积区间（m²）	数量	面积合计（m²）	最小值（MJ/m²）	最大值（MJ/m²）	平均值（MJ/m²）	标准差（MJ/m²）
客厅	A＜20	11	177.62	149.96	862.46	437.03	181.78
	20⩽A＜30	28	640.00	179.98	844.40	400.13	178.96
	30⩽A＜40	9	280.00	172.93	709.07	347.47	162.03
	A⩾40	4	173.80	193.56	500.82	290.87	124.57
卧室	A＜10	5	39.55	772.70	1334.89	1009.33	203.03
	10⩽A＜15	44	565.88	112.16	1324.31	699.90	233.17
	15⩽A＜20	42	714.88	237.47	1439.53	620.04	203.34
	A⩾20	25	607.45	171.69	1475.19	563.02	280.54
餐厅厨房	A＜10	7	49.54	452.00	1734.75	967.20	419.53
	10⩽A＜15	10	126.45	388.42	1031.68	647.53	218.90
	15⩽A＜20	9	147.14	518.21	1213.46	796.29	215.35
	A⩾20	18	449.58	155.10	1377.00	535.78	286.79
书房	A＜10	5	33.60	513.17	3495.03	1695.89	1167.35
	10⩽A＜15	13	145.66	311.70	1603.48	696.54	352.69
	A⩾15	3	47.00	254.76	589.48	429.19	137.02
卫生间	A＜5	28	109.66	47.82	804.93	358.08	212.51
	5⩽A＜10	41	273.41	21.02	542.20	222.91	86.70
	A⩾10	5	69.20	29.70	381.85	197.49	114.57
储藏间	A＜5	9	31.17	317.49	1594.81	839.14	390.13
	5⩽A＜10	9	59.05	281.00	1050.80	572.77	230.40
	A⩾10	6	157.22	44.11	592.83	306.98	172.36

续表

	面积区间（m^2）	数量	面积合计（m^2）	最小值（MJ/m^2）	最大值（MJ/m^2）	平均值（MJ/m^2）	标准差（MJ/m^2）
阳台	$A<5$	8	29.52	16.67	766.13	296.07	250.30
	$5\leqslant A<10$	32	218.02	6.67	650.50	199.59	141.84
	$A\geqslant 10$	4	58.06	101.69	161.40	135.61	21.99
走道	$A<5$	3	11.62	65.25	407.03	273.23	149.07
	$5\leqslant A<10$	4	28.54	120.23	292.80	190.87	65.01
	$A\geqslant 10$	3	57.12	8.07	254.93	96.83	112.07

表 B16　按住宅建筑面积区间统计火灾荷载密度特性

建筑面积区间（m^2）	数量	面积合计（m^2）	最小值（MJ/m^2）	最大值（MJ/m^2）	平均值（MJ/m^2）	标准差（MJ/m^2）
$A<75$	6	369.66	431.37	972.26	687.93	194.08
$75\leqslant A<100$	11	950.43	366.19	800.13	526.87	141.59
$100\leqslant A<125$	12	1346.31	303.17	616.68	452.56	111.09
$125\leqslant A<150$	9	1229.35	315.85	892.73	570.85	175.89
$A\geqslant 150$	8	1404.25	267.42	557.22	379.64	86.26

附录 C
基于 BIM 的建筑防火信息交互平台

一、 概述

(一) 概念界定

当前国内外基于 BIM 的建筑信息交互平台（以下简称 BIM 平台）的研究主要集中在建筑施工、节能和概预算等专业，而 BIM 平台在建筑防火方面的应用研究还较少。本书在参考了当前国内外有关 BIM 平台研究的基础上，针对建筑防火信息的交互问题提出了基于 BIM 的建筑防火信息交互平台（以下简称 BIM 防火平台），并初步制定了体系框架，为建立我国的 BIM 防火平台做一定的基础性研究。本书提出的 BIM 防火平台具有两个层面的含义：①建筑全生命周期 BIM 防火平台，建筑防火问题不仅在设计阶段需要各相关专业协同解决，在使用阶段更是需要重点关注和研究，如建筑物使用过程中火灾荷载的变动情况、用户的状况、使用功能的变化、建筑装修、消防设备的老化等问题直接决定了建筑物的消防安全状态，通过 BIM 防火平台可实现建筑全生命周期中的火灾信息共享，为各相关方（策划、设计、消防审查、施工、消防验收、管理使用及消防监督等）提供信息交互的平台，为实现建筑全生命周期的防火性能评价提供保障；②设计阶段 BIM 防火平台，通过该平台可实现对建筑方案的防火规范检查和防火性能评价，使建筑师在方案设计过程中能够掌握建筑空间的火灾性能情况，及时发现防火设计问题。本书所提出的 BIM 防火平台属于 BIM 平台的子集（图 C-1）。

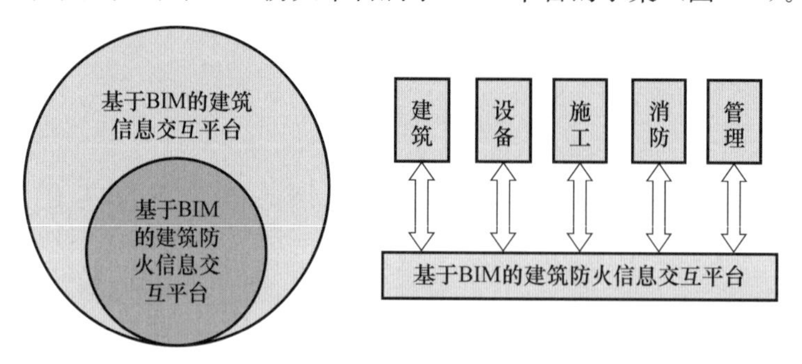

图 C-1　基于 BIM 的建筑防火信息交互平台

(二) 构建 BIM 防火平台的必要性

1. 当前我国对建筑方案的消防审查仍主要以人工审查方式为主，随着我国城镇化进程的加快，这就有必要建立基于 BIM 平台的自动或半自动消防审查系统。

2. 目前建筑防水性能化设计的应用仍局限于超高层或超大规模的特殊类型建筑，对于大量的普通民用建筑仍不适用，其主要原因之一是性能化设计需要进行大量的信息收集、数据转换和计算模拟工作，耗费了大量的人力和物力资源，以当前的消防体制来说，在大量普通民用建筑中全面推广性能化设计的成本是社会无法接受的，如果 BIM 防火平台能够将性能化设计的成本降低，那么对于性能化设计的推广就具有重要的现实意义。

3. 当前我国的消防体制对建设项目前期阶段把控十分严格且投入较大，而在后期使用阶段往往会出现许多问题（如堵塞消防通道、擅自改变房间用途、消防设备老化等），由于管理不到位造成了消防投入不能正常发挥作用，产生了各种火灾隐患。BIM 防火平台可实现建筑全生命周期的防火性能评价，可对存在火灾高风险的建筑进行连续监控和及时整改，达到控制火灾于“未燃”的目标。

4. 目前我国建筑消防工作仍主要侧重于建筑物的安全性和经济性，而对于建筑消防中的节能、环保等问题重视不足，借助 BIM 防火平台则有可能对建筑防火的综合效益进行评价，实现业主、政府和社会三方利益的最大化。

（三）BIM 防火平台的功能

1. 数据转换全部基于 IFC 标准。当前 FDS 已成为性能化模拟的主流工具，但 FDS 的建模和参数设置仍主要依靠人工输入，模拟成本较高，尽管可以通过 PyroSim 等辅助软件进行建模操作或者导入 DXF 等兼容格式文件来加以解决，但仍存在效率低、易出错等问题，使性能化设计在数据转换方面遇到难题。建立基于 IFC 标准的 BIM 防火平台可大大提升数据转换的效率与准确性，对于性能化设计的推广具有重要意义。

2. 自动数据转换。BIM 防火平台可将导入的 BIM 文件格式（如 Revit 软件的 .rvt 或 .ifc 文件）存储在 IFC 数据库中，并能够自动提取下游性能化软件所需的参数，便于建筑师进行性能化模拟，如可以将 IFC 数据自动转换为 FDS 数据进行火灾性能模拟，或者将 IFC 数据自动转换为其他性能化软件数据进行安全疏散模拟、结构防火性能模拟等。

3. 通过 BIM 防火平台，能够对建筑方案进行一般的防火规范检查（如安全疏散距离、疏散口数量和大小、防火间距等），并以颜色显色或文字标注的方式标出设计中不合规范之处。

4. 可根据性能化软件的模拟结果，实现对建筑方案的防火性能评估，并生成评估报告，方便建筑师、业主和消防部门的信息互动，降低防火设计成本，增加防火设计的可靠性和安全储备。

5. 通过 BIM 防火平台，最终实现建筑全生命周期的防火设计与评价，尤其是在建筑物的使用管理阶段，业主和消防部门可以通过 BIM 防火平台及时掌握建筑物的防火状态，提醒对火灾评价风险较高的建筑物进行整改。

二、基于BIM的建筑防火信息交互平台

本研究分别对两个层面的BIM防火平台提出了研究框架，即建筑全生命周期BIM防火平台体系框架与设计阶段BIM防火平台工作流程，并以此为根据初步开发了基于BIM的建筑防火信息交互平台系统功能界面，为今后BIM防火平台系统的深入开发打下基础。

（一）建筑全生命周期BIM防火平台

1. 建筑全生命周期BIM防火平台体系框架

建筑全生命周期BIM防火平台体系框架（图C-2）属于一个概念性的体系描述，其目标是通过BIM防火平台来实现建筑全生命周期中与火灾相关的各方面信息的收集、交互、处理与评价，降低消防成本，提高防火效率。同时，该框架列出了BIM防火平台在不同阶段、不同层次上的一些具体研究问题，作为下一步深入研究的方向指导。

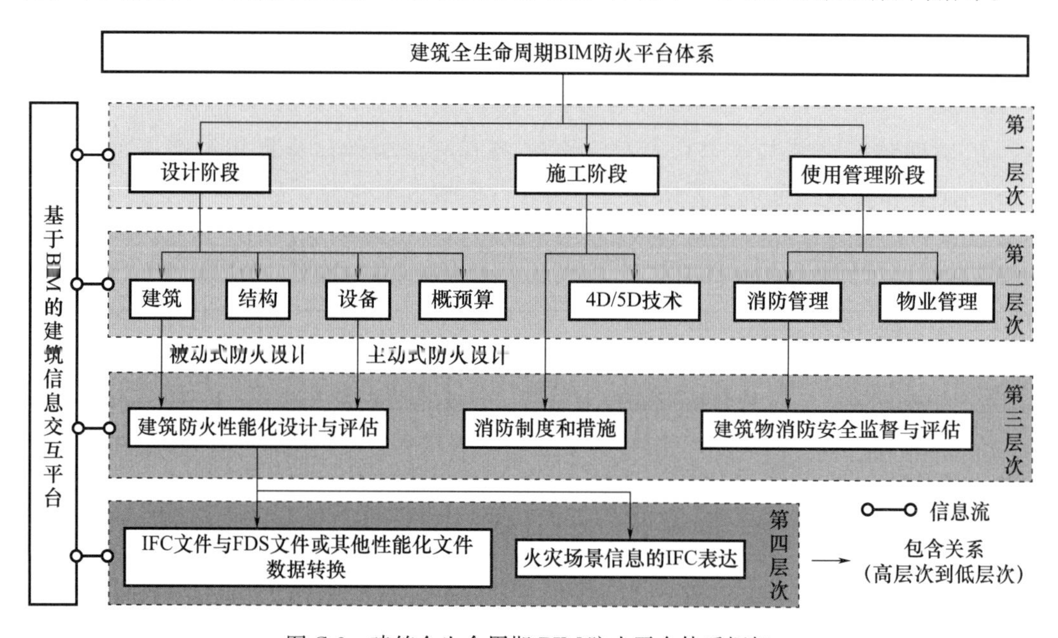

图C-2　建筑全生命周期BIM防火平台体系框架

本研究将建筑全生命周期BIM防火平台体系框架按研究层面由高到低分为4个层次：第一层次，按时间顺序将建筑防火分为设计、施工和使用管理三个阶段，各阶段的信息流可以通过BIM平台共享；第二层次，在设计阶段中建筑防火主要涉及建筑、设备、结构和概预算等专业，各专业之间可通过BIM平台进行信息共享；第三层次，在设计阶段进行建筑防火性能化设计与评估，通过BIM平台可以提取建筑和设备专业的相关设计信息，分别从被动式防火设计和主动式防火设计两方面对设计方案的建筑防火安全性能进行评估和优化；第四层次，由于BIM防火平台数据存储是基于IFC标准的，所以性能化设计研究应包括IFC文件与FDS文件的数据转换，IFC文件与其他性能化文件的数据转换，建筑空间、火灾荷载、人员状态等火灾场景信息的IFC表达等具体研

究问题。在各层次的施工与使用管理阶段也同样包括一些与建筑防火相关的研究问题。

本研究所提出的BIM防火平台在各阶段进行信息交互的同时也进行相应的消防评价研究，这需要各相关方提供各种防火信息，如建筑材料火灾特性信息、室内各类物品的火灾荷载特性信息、建筑设计信息（建筑、结构、设备、消防等）、施工方建设信息、使用和管理过程中的火灾动态信息等，在对所有信息进行处理后，得到建筑物的火灾性能综合评价指标供消防部门进行决策管理，甚至可以影响到消防救援力量的重新评估和布局等。

2. 建筑全生命周期BIM防火平台的数据组织方式

本研究在参考相关BIM协同平台[①]的基础上初步提出了建筑全生命周期BIM防火平台的数据组织方式（图C-3），其中：①数据层存储了建筑全生命周期所有与防火相关的信息，数据信息均使用IFC标准进行存储；②界面层将各阶段建筑物的防火数据信息进行直观显示，便于各阶段向相关各方有效地提供和获取建筑防火信息；③专业应用层可满足各专业针对建筑防火信息的调取、处理、评估与共享，如建筑专业在方案设计阶段需要了解其与设备专业的衔接情况，概预算专业需要计算消防成本，在使用管理阶段，业主会关注消防系统的运行性能和建筑物内火源的可能情况，而消防部门会关注建筑物的实际使用功能是否得到保障（消防通道是否畅通、用户的状况）等。

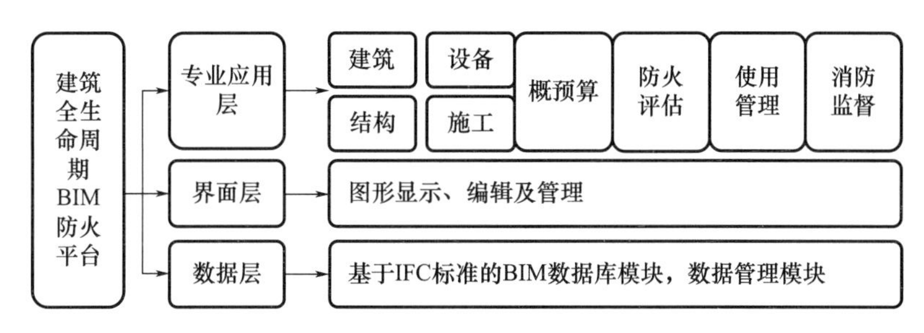

图C-3 建筑全生命周期BIM防火平台数据组织方式

（二）设计阶段BIM防火平台

1. 设计阶段BIM防火平台工作流程

针对当前建筑防火性能化设计方法的不足，本研究在参考了相关基于BIM技术的建筑节能设计软件工作流程[②]的基础上，提出了设计阶段BIM防火平台工作流程（图C-4）。

图C-4所示设计阶段的防火设计分为被动式防火设计与主动式防火设计两方面，被动式防火设计是指建筑的防火等级、防火分区、防火间距、疏散口的距离等，主动式防火设计是指消防探测系统、消防报警系统和自动灭火系统等。设计阶段BIM防火平台的主要功能包括：①通过BIM软件可实现防火设计信息的提取，存储为IFC数据格式，并能够与性能化文件格式进行数据转换；②借助基于IFC数据库的建筑防火规范检查系

① 李犁，邓雪原．基于BIM技术的建筑信息平台的构建［J］．土木建筑工程信息技术，2012，4（2）：25-29.

② 冯妍．基于BIM技术的建筑节能设计软件系统研制［D］．北京：清华大学，2010：45.

统能够进行规范性指标的检查工作；③借助建筑防火性能化软件能够对建筑方案进行性能化评估；④按指定要求生成评估报告书等。

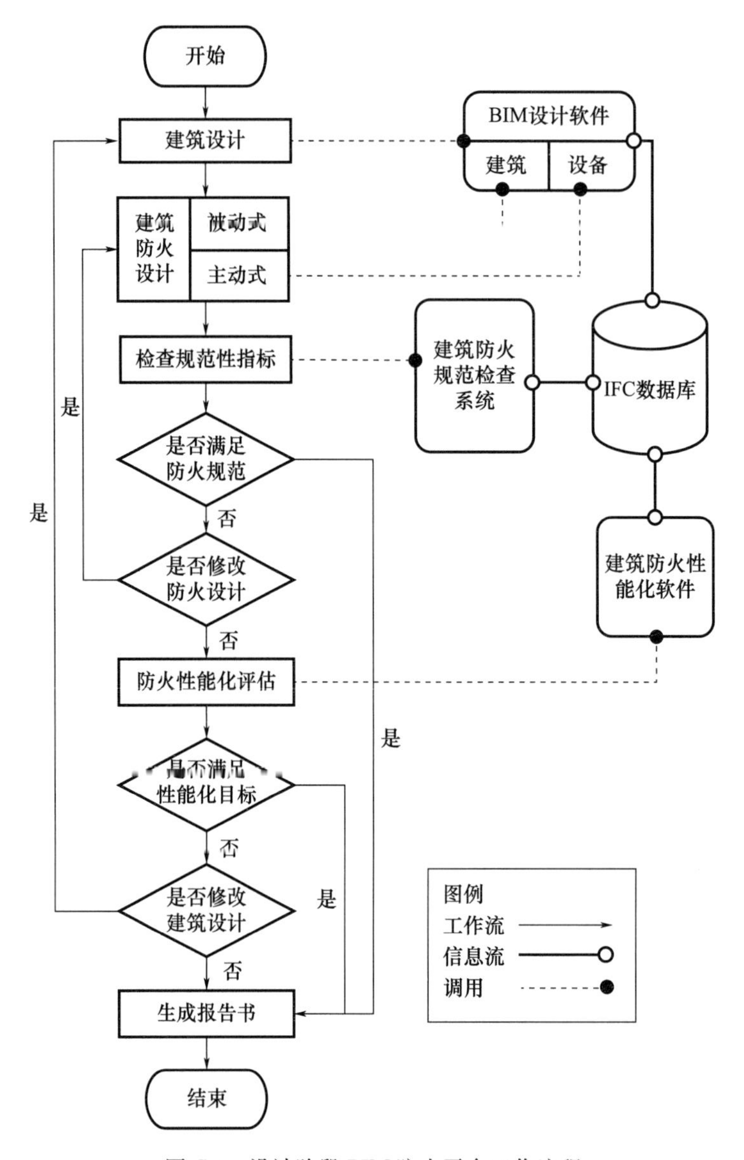

图 C-4　设计阶段 BIM 防火平台工作流程

2. 设计阶段 BIM 防火平台工作流程的优点

图 C-4 所示工作流程的优点包括：①使用唯一的 IFC 数据库，保证了各阶段设计成果的同一性，避免了数据的重复输入，下游软件可以直接利用上游软件的输出成果，提高了工作效率；②可实现数据库的实时更新，使建筑师可以对建筑方案进行及时的模拟评价，提高了“设计—模拟评价—修正设计”这一迭代过程的效率和准确性；③可实现多款 BIM 软件与性能化软件之间的高效转换，方便建筑师、设备工程师、业主与消防主管部门的信息交互。

3. 基于 BIM 的建筑防火性能化设计基本步骤与主要内容

根据图C-4所示设计阶段BIM防火平台工作流程，本研究初步制定了基于BIM的建筑防火性能化设计的基本步骤、主要内容与验证方法（表C-1）。

表C-1重点是将BIM技术与性能化设计各阶段相结合，突出应用BIM技术的高效性、可靠性与科学性。步骤1阶段，在对建筑周边环境进行评估时，可以将BIM平台与GIS系统相结合；建筑的空间信息、火灾荷载与人员信息则可以通过基于BIM的火灾基础数据库获得；通过BIM技术还可以检查核实建筑方案是否符合相关防火规范，以及定量评估当地消防救援水平等。步骤2阶段，通过建立BIM分析评价系统，可以根据各类建筑的实际情况，确定总体安全防护目标。步骤3阶段，通过建立BIM分析评价系统，可明确性能化设计的定量目标。步骤4阶段，通过BIM防火平台可方便高效地实现建筑模型到火灾模型的转换，建立可靠的火灾模拟场景与人员疏散模型。步骤5阶段，利用BIM防火平台可实现多种性能化防火软件的火灾模拟，并可对模拟结果进行比较分析以验证火灾模拟结果的可靠性。步骤6阶段，通过BIM防火平台可按照标准格式生成性能化设计评估报告。

表C-1 基于BIM的建筑防火性能化设计的基本步骤、主要内容与验证方法

建筑防火性能化设计的基本步骤	建筑防火性能化设计的主要内容	BIM技术的应用
1. 确定建筑物的使用功能、设计信息、适用标准规范、人员信息及消防救援力量等	（1）建筑的周边条件，如城市规划要求、场地环境、相邻建筑、消防道路、消防给水与市政设施等； （2）建筑的功能、用途、重要性及重点保护位置等； （3）建筑的规模、高度、平面布局、特色空间及火灾荷载分布等； （4）建筑使用人员的特性、数量及消防培训等； （5）业主要求、建筑投资信息、工程计划及进度等； （6）建筑设计所遵循的标准、规范与法规等； （7）当地消防部门的人员装备、素质、应急响应时间等消防救援水平	（1）通过BIM可以与城市规划的GIS系统共享建筑物的相关规划信息；（2）通过BIM模型提取基本建筑设计信息，尤其是建筑空间火灾荷载及可能起火源的分布状况；（3）与建筑管理信息平台互动，提取业主与使用人员的特征信息；（4）明确建筑所适用的法规规范；（5）通过与公安消防管理平台的互动，定量分析建筑可能的消防救援水平等
2. 确定建筑物的消防安全总体目标及其子目标等	（1）减小火灾发生的可能性； （2）在火灾条件下，保证建筑物内使用人员及救援人员的人身安全； （3）建筑物的结构不会因火灾作用而受到严重破坏或发生垮塌； （4）减少由于火灾而造成商业运营、生产过程的中断； （5）保证建筑物内财产的安全或减少火灾造成的财产损失； （6）建筑物发生火灾后，不会引燃其相邻建筑物	建立BIM分析评价系统，根据建筑物的功能、重要性、业主要求及建筑特点进行综合判断，提出可能的消防总体目标及子目标

续表

建筑防火性能化设计的基本步骤	建筑防火性能化设计的主要内容	BIM技术的应用
3. 明确建筑物的功能目标和性能目标等	(1) 最高人员伤亡程度； (2) 最大财产损失程度； (3) 结构安全程度； (4) 火灾的其他影响； (5) 明确生命安全标准（定量）：热效应、毒性和能见度等； (6) 明确非生命安全标准（定量）：热效应、火灾蔓延、烟气损害、防火分隔物受损、结构的完整性及对暴露于火灾中财产所造成的危害等	根据BIM分析评价系统，明确可接受的火灾损失程度，给出定量的性能分析目标，作为下一步性能化防火设计的依据
4. 建筑防火性能化设计与评估	(1) 明确需要分析的具体问题； (2) 设定合理的火灾场景，确定火灾分析方法； (3) 分析建筑物的平面布局与人员特征，评价其安全疏散性能； (4) 计算并预测火灾的蔓延特性及烟气的流动特性； (5) 分析和验证建筑物的结构耐火性能； (6) 评价火灾探测与报警系统、自动灭火系统、防排烟系统等消防系统的可行性与可靠性； (7) 评估建筑物的火灾风险，综合分析性能化设计过程中的不确定性因素及其处理办法	(1) 将BIM模型直接转换为火灾模拟模型，设定若干火灾场景（火灾位置、起火源、可燃物特性与火灾增长规律、建筑布局、材料、使用情况、门窗及通风情况等）；(2) 通过BIM模型建立人员疏散模型（人员数量、分布、类型、清醒程度及人员素质等）；(3) 通过BIM模型提取消防系统信息，检查消防系统的规范性与可靠性；(4) 通过基于BIM的建筑防火评价系统对建筑物的火灾风险和不确定性因素进行综合评估
5. 修改、完善设计方案以满足消防安全目标，并进一步验证建筑防火性能化设计的合理性与可靠性	性能化防火设计合理性的验证参数包括： (1) 所设定的火灾场景的合理性与典型性； (2) 所设定的火灾性能判定标准的合理性及适用性； (3) 所选用的火灾分析方法和工具的适用性及有效性； (4) 所采用的火灾风险分析和不确定性分析方法的科学性、完整性与可靠性	(1) 利用BIM模型，实现多种性能化防火软件的模拟（FDS、Phoenics、Fluent），并进行比较分析，验证模拟结果的可靠性；(2) 基于BIM的建筑防火评价系统可采用故障树分析、事件树分析和可靠性分析等多种火灾风险分析方法
6. 编制性能化设计说明与分析报告	(1) 设计单位与设计人员信息； (2) 建筑物基本情况描述； (3) 消防安全的目标与性能判定标准； (4) 设定火灾场景； (5) 所采用的分析模型、方法、前提假设与选择依据； (6) 分析模拟结果，并与性能判定标准进行比较； (7) 防火要求、管理要求、使用中的限制条件； (8) 参考文献	(1) 利用BIM模型提取建筑基本信息，生成相关图表；(2) 利用基于BIM的建筑防火评价系统进行建筑物火灾风险评估，表述设计的消防安全目标，满足目标的设计条件，描述设定火灾场景，证明火灾场景选择的正确性等；(3) 按照标准格式生成性能化设计评估报告

（三）基于 BIM 的建筑防火信息交互平台系统功能界面

根据图 C-2 所示的建筑全生命周期 BIM 防火平台体系框架，本研究初步开发了 BIM 防火平台系统的登录界面（图 C-5），该界面可根据项目名称、编号及用户的使用权限分别登录设计阶段、施工阶段和使用管理阶段三个 BIM 防火平台系统的子系统平台，各类用户可以针对不同阶段的建筑防火要求，提供和获取所需的建筑防火信息，并可实现对建筑各阶段防火安全性能的评价等。

图 C-5　BIM 防火平台系统登录界面

三个子系统平台应根据各阶段的防火要求而制定不同的操作界面和功能菜单，本研究根据图 C-4 所示设计阶段 BIM 防火平台工作流程，初步开发了设计阶段 BIM 防火平台的操作界面和功能菜单（图 C-6 和图 C-7），其主要功能包括：①以 IFC 数据存储建筑模型信息，并且实现与其他性能化文件格式的自动转换；②提取设计阶段与建筑防火相关的信息，如建筑空间、火灾荷载、人员状态、消防设备等信息；③检查建筑方案的规范性指标，如建筑防火分区、防火间距、疏散距离、构件的耐火等级、消防设备等；④对建筑方案的火灾性能进行分析计算，如建筑空间火灾性能计算及绘制火灾性能表现图等；⑤调用外部建筑防火性能化模拟软件对建筑方案进行性能模拟，如 FDS 模拟、人员疏散模拟、结构防火性能模拟等；⑥对建筑方案进行防火性能综合评价，并生成报告。

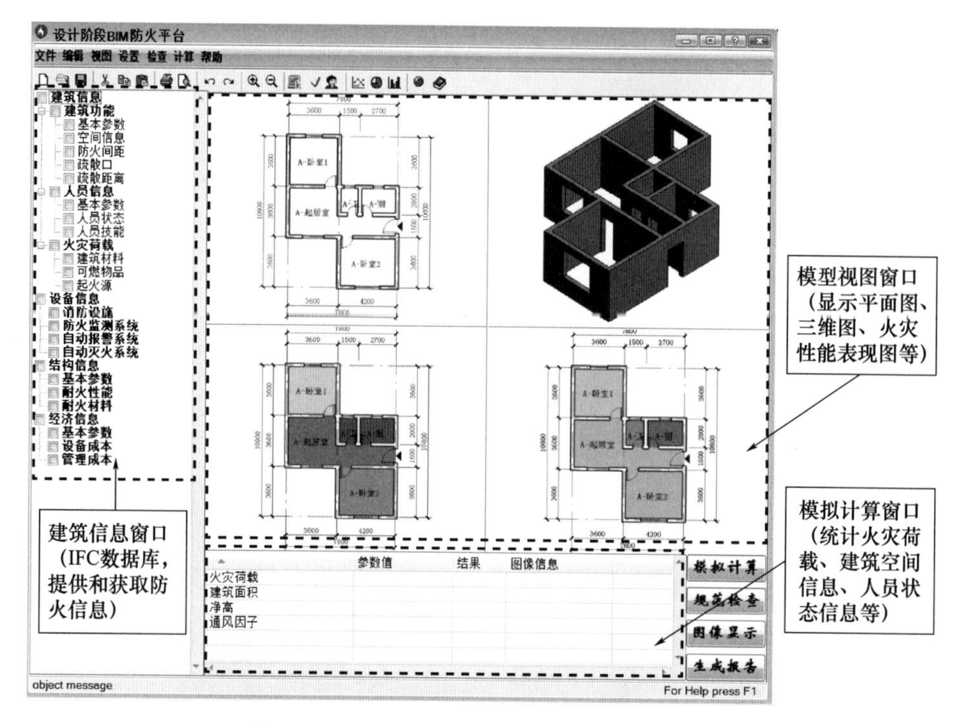

图 C-6　设计阶段 BIM 防火平台系统操作界面

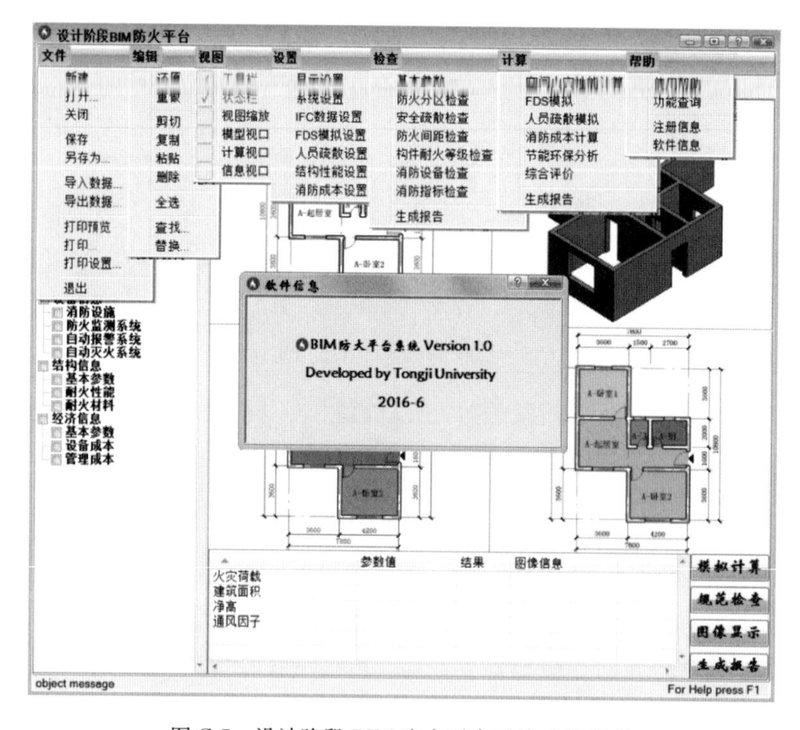

图 C-7　设计阶段 BIM 防火平台系统功能菜单

附录 D
部分 Revit 二次开发编程代码

(房间门窗信息提取)

```
using System;
using System. Collections. Generic;
using System. Linq;
using System. Text;
using System. Threading. Tasks;
using Autodesk. Revit. DB;
using Autodesk. Revit. UI;
using Autodesk. Revit. ApplicationServices;
using Autodesk. Revit. DB. Architecture;
using Autodesk. Revit. Attributes;
using System. Windows. Forms;
using Autodesk. Revit. UI. Selection;
namespace 房间门窗信息提取
{
    [Transaction (TransactionMode. Manual)]
    [Regeneration (RegenerationOption. Manual)]
    public class GetWinandDoor : IExternalCommand
    {
        public Result Execute (ExternalCommandData commandData, ref string mes-
sages, ElementSet elements)
        {
            UIApplication uiApp = commandData. Application;
            Autodesk. Revit. ApplicationServices. Application app = uiApp.
Application;
            Document doc = uiApp. ActiveUIDocument. Document;
            //选择房间
            Selection sel = uiApp. ActiveUIDocument. Selection;
            Reference ref1 = sel. PickObject (ObjectType. Element, " Please
pick a room");
```

```
            Room room = doc. GetElement (ref1) as Room;
            ParameterValueProvider provider = new ParameterValueProvider (new
ElementId (BuiltInParameter. ELEM_ROOM_ID));
            FilterNumericRuleEvaluator evaluator = new FilterNumericEquals ();
            FilterElementIdRule rule = new FilterElementIdRule (provider, evaluator,
room. Id);
            ElementParameterFilter filter = new ElementParameterFilter (rule);
            //获得房间窗户信息
            FilteredElementCollector collector = new FilteredElementCollector
(doc);
            collector. OfClass (typeof (FamilyInstance)). OfCategory (Built-
InCategory. OST_Windows);
            collector. WherePasses (filter);
            Element winPick = null;
            foreach (Element elem in collector. ToElements ())
            {
                winPick = elem;
                string strParamInfo = null;
                ElementType winType = doc. GetElement (winPick. GetTypeId ())
as ElementType;
                Parameter param =
winType. get_Parameter (BuiltInParameter. CASEWORK_WIDTH);
                Parameter param2 =
winType. get_Parameter (BuiltInParameter. CASEWORK_HEIGHT);
                strParamInfo +=param. Element. Name + "" + param. Element.
Id + "" + param. Definition. Name + " :" + param. AsValueString () + " \n"
                                  + param2. Definition. Name + " :" + param2.
AsValueString () + " \n";
                MessageBox. Show (strParamInfo);
            }
            //获得房间门信息
            FilteredElementCollector collector2 = new FilteredElementCollector
(doc);
collector2. OfClass (typeof (FamilyInstance)). OfCategory (BuiltInCategory.
OST_Doors);
            collector2. WherePasses (filter);
            Element doorPick = null;
            foreach (Element elem2 in collector2. ToElements ())
            {
```

```
                    doorPick = elem2;
                    string strParamInfo2 = null;
                    ElementType doorType =
doc. GetElement (doorPick. GetTypeId ()) as ElementType;
                    Parameter param =
doorType. get _ Parameter (BuiltInParameter. CASEWORK _ WIDTH);
                    Parameter param2 =
doorType. get _ Parameter (BuiltInParameter. CASEWORK _ HEIGHT);
                    strParamInfo2 += param. Element. Name + "" + param. Element. Id
+ "" + param. Definition. Name + " :" + param. AsValueString () + " \n"
                                        + param2. Definition. Name + " :" + param2.
AsValueString () + " \n";
                    MessageBox. Show (strParamInfo2);
                }
                return Result. Succeeded;
            }
        }
}
```

参考文献

中文文献

[1] 柏慕中国 . Autodesk Revit Architecture 2012 官方标准教程 [M]. 北京：电子工业出版社，2012.

[2] 鲍家声 . 支撑体住宅 [M]. 南京：江苏科学技术出版社，1988.

[3] 蔡芸，李铁 . 天津地区宾馆类建筑火灾荷载统计与分析 [J]. 消防技术与产品信息，2008 (4)：24-27.

[4] 曹辉 . 建筑综合体防火安全疏散设计策略研究 [D]. 上海：同济大学，2006.

[5] 柴盼 . 高层建筑火灾场景设置研究 [D]. 重庆：重庆大学，2014.

[6] 陈爱平，乔纳森・弗朗西斯 . 室内轰燃预测方法研究 [J]. 爆炸与冲击，2003，23 (4)：368-374.

[7] 陈保胜，周健 . 高层建筑安全疏散设计 [M]. 上海：同济大学出版社，2004.

[8] 陈瑞正 . 物业消防管理 [M]. 天津：天津大学出版社，2003.

[9] 程远平，李增华 . 消防工程学 [M]. 徐州：中国矿业大学出版社，2002.

[10] 邓雪原，张之勇，刘西拉 . 基于 IFC 标准的建筑结构模型的自动生成 [J]. 土木工程学报，2007，40 (2)：6-12.

[11] 丁士昭 . 建设工程信息化导论 [M]. 北京：中国建筑工业出版社，2005.

[12] 杜兰萍 . 火灾风险评估方法与应用案例 [M]. 北京：中国人民公安大学出版社，2011.

[13] 杜兰萍 . 基于性能化的大尺度公共建筑防火策略研究 [D]. 天津：天津大学，2007.

[14] 杜咏 . 大空间建筑网架结构实用抗火设计方法 [D]. 上海：同济大学，2007.

[15] 范维澄，孙金华，陆守香 . 火灾风险评估方法学 [M]. 北京：科学出版社，2004.

[16] 范维澄，王清安，等 . 火灾学简明教程 [M]. 合肥：中国科学技术大学出版社，1995.

[17] 樊湘红 . 超大空间建筑的防火设计研究探讨 [D]. 长沙：湖南大学，2006.

[18] 冯妍 . 基于 BIM 技术的建筑节能设计软件系统研制 [D]. 北京：清华大学，2010.

[19] 葛文兰 . BIM 第二维度——项目不同参与方的 BIM 应用 [M]. 北京：中国建筑工业出版社，2011.

[20] 公安部上海消防研究所 . 上海市建筑防排烟技术规程：DGJ08-88—2006 [S]. 上海：上海市建设和交通委员会，2006.

[21] 公安部四川消防研究所 . 建筑材料及制品燃烧性能分级：GB 8624—2012 [S]. 北京：中国计划出版社，2012.

[22] 古德斯布洛姆 . 火与文明 [M]. 乔修峰，译 . 广州：花城出版社，2006.

[23] 郭树林，关大巍 . 建筑防火设计与审核细节 100 [M]. 北京：化学工业出版社，2009.

[24] 郭子东，徐丰煜，吴立志，等 . 宾馆客房的火灾荷载调查及其数据统计分析 [J]. 安全与环境学报，2011，11 (5)：149-153.

[25] 韩如适，朱国庆，张国维，等．实体建筑轰燃特性大涡模拟可靠性分析［J］．消防科学与技术，2013，32（5）：499-507.
[26] 何大治．建筑火灾疏散三维仿真研究［D］．上海：同济大学，2007.
[27] 何关培．BIM总论［M］．北京：中国建筑工业出版社，2011.
[28] 何建红．建筑中庭的防火设计［J］．节能技术，2009，27（4）：364-367.
[29] 何学超，王经伟，张文华，等．不同城市服装店火灾荷载调查和置信度分析［J］．消防科学与技术，2012，31（11）：1219-1221.
[30] 胡隆华．隧道火灾烟气蔓延的热物理特性研究［D］．合肥：中国科学技术大学，2006.
[31] 胡传平．区域火灾风险评估与灭火救援力量布局优化研究［D］．上海：同济大学，2006.
[32] 黄颖，罗静，崔飞，等．云南省高校学生宿舍火灾荷载的调查与分析［J］．中国安全生产科学技术，2012，8（9）：133-137.
[33] 黄莺．公共建筑火灾风险评估及安全管理方法研究［D］．西安：西安建筑科技大学，2009.
[34] 霍然，胡源，李元洲．建筑火灾安全工程导论［M］．合肥：中国科学技术大学出版社，2009.
[35] 霍然，袁宏永．性能化建筑防火分析与设计［M］．合肥：安徽科学技术出版社，2003.
[36] 建设部住宅产业促进中心，北方工业大学．《住宅性能评定技术标准》图解［M］．北京：中国建筑工业出版社，2007.
[37] 《建筑设计资料集》编委会．建筑设计资料集．3［M］．2版．北京：中国建筑工业出版社，1994.
[38] 理查德·W·布考斯基，经建生，倪照鹏．美国标准正向以性能为基础的规范体系变革［J］．消防科学与技术，1998，17（1）：32-35.
[39] 李犁．基于BIM技术建筑协同平台的初步研究［D］．上海：上海交通大学，2012.
[40] 李犁，邓雪原．基于BIM技术的建筑信息平台的构建［J］．土木建筑工程信息技术，2012，4（2）：25-29.
[41] 李天，张猛，薛亚辉．中原地区住宅卧室活动火灾荷载调查与统计分析［J］．自然灾害学报，2009，19（2）：39-43.
[42] 李建成．数字化建筑设计概论［M］．北京：中国建筑工业出版社，2012.
[43] 李炎锋，李俊梅．建筑火灾安全技术［M］．北京：中国建筑工业出版社，2009.
[44] 李引擎，刘曦娟．建筑防火的性能设计及其规范［J］．消防技术与产品信息，1998（11）：3-6.
[45] 李引擎．建筑防火性能化设计［M］．北京：化学工业出版社，2005.
[46] 梁军．建筑火灾中人员疏散行为探析［J］．消防科学与技术，2009，11：866-869.
[47] 廖曙江，付祥钊，刘方．对某大型商场服装层活动火灾荷载的调查和研究［J］．消防科学与技术，2003，22（1）：14-16.
[48] 廖曙江，罗启才．火灾场景的确定原则和方法［J］．消防科学与技术，2004，03：249-251.
[49] 廖小烽，王君峰．Revit 2013/2014建筑设计火星课堂［M］．北京：人民邮电出版社，2013.
[50] 林良帆．BIM数据存储与集成管理研究［D］．上海：上海交通大学，2013.
[51] 刘方．建筑防火性能化设计［M］．重庆：重庆大学出版社，2007.
[52] 刘方．中庭火灾烟气流动与烟气控制研究［D］．重庆：重庆大学，2002.
[53] 刘天生．国内木构古建筑消防安全策略分析［D］．上海：同济大学，2006.
[54] 刘义祥．火灾调查［M］．北京：机械工业出版社，2012.
[55] 刘永军．钢筋混凝土结构火灾反应数值模拟及软件开发［D］．大连：大连理工大学，2002.
[56] 柳孝图．建筑物理（第二版）［M］．北京：中国建筑工业出版社，2000.
[57] 娄喆．基于BIM技术的建筑成本预算软件系统模型研究［D］．北京：清华大学，2009.
[58] 陆扬．基于BIM的性能化分析手段在建筑防火设计中的研究与实践［J］．土木建筑工程信息技

术，2011，3（4）：63-71.

[59] 吕春杉，翁文国，杨锐，等．基于运动模式和元胞自动机的火灾环境下人员疏散模型［J］．清华大学学报，2007，12：2163-2167.

[60] 吕淑然，杨凯．火灾与逃生模拟仿真——PyroSim＋Pathfinder 中文教程与工程应用［M］．北京：化学工业出版社，2014.

[61] 马骏驰．火灾中人群疏散的仿真研究［D］．上海：同济大学，2007.

[62] 马千里，倪照鹏，黄鑫，等．大型商业建筑室内步行街商铺火灾荷载调查研究［J］．中国安全生产科学技术，2011，7（4）：52-56.

[63] 马伟．易学 C#［M］．北京：人民邮电出版社，2009.

[64] 马智亮，娄喆．IFC 标准在我国建筑工程成本预算中应用的基本问题探讨［J］．土木建筑工程信息技术，2009，1（2）：7-14.

[65] 蒙慧玲．高层宾馆安全疏散的性能化设计研究［D］．西安：西安建筑科技大学，2003.

[66] 孟正夫．中国消防简史［M］．北京：群众出版社，1984.

[67] 欧特克（中国）软件研发有限公司．Autodesk Revit 二次开发基础教程［M］．上海：同济大学出版社，2015.

[68] 欧阳东．BIM 技术——第二次建筑设计革命［M］．北京：中国建筑工业出版社，2013.

[69] 彭一刚．建筑空间组合论［M］．北京：中国建筑工业出版社，2008.

[70] 蒲云．建筑性能化防火设计及场模拟软件的适用性研究［D］．天津：天津理工大学，2007.

[71] 乔纳森·格里斯．研究方法的第一本书［M］．孙冰洁，王亮，译．大连：东北财经大学出版社，2011.

[72] 清华大学 BIM 课题组编著．中国建筑信息模型标准框架研究［M］．北京：中国建筑工业出版社，2011.

[73] 邱奎宁，王磊．IFC 标准的实现方法［J］．建筑科学，2004，20（3）：76-78.

[74] 翟毅．办公楼的火灾荷载调查统计及参数确定［J］．建筑科学，2013，29（7）：122-123.

[75] 上海现代建筑设计（集团）有限公司技术中心．被动式建筑设计技术与应用［M］．上海：上海科学技术出版社，2014.

[76] 史行君，张树平．宾馆火灾逃生调查［J］．消防科学与技术，2004，01：89-91.

[77] 孙金香，高伟译．建筑物综合防火设计［M］．天津：天津科技翻译出版公司，1994.

[78] 孙金华，褚冠全，等．火灾风险与保险［M］．北京：科学出版社，2008.

[79] 唐方勤．基于 GIS 的火灾场景下人员疏散模拟［D］．北京：清华大学，2009.

[80] 汪丽君．建筑类型学［M］．天津：天津大学出版社，2005.

[81] 王金平，朱江，刘红涛，等．北京地区住宅中活动式火灾荷载的调查分析及标准值的确定［J］．建筑科学，2010，26（1）：24-27.

[82] 王楠，苗迪．SPSS 因子分析在企业社会责任评价中的应用［J］．价值工程，2012，33（3）：112-113.

[83] 王能胜．基于火灾荷载的高层建筑性能化设计研究［D］．重庆：重庆大学，2013.

[84] 王学谦．建筑防火设计手册［M］．北京：中国建筑工业出版社，2007.

[85] 王莹．地下公共建筑消防安全评估研究［D］．西安：西安建筑科技大学，2007.

[86] 王烨．大型商业综合体建筑火灾安全策略与方法研究［D］．天津：天津大学，2012.

[87] 王跃强．性能化防火设计中的人员安全疏散研究［D］．杭州：浙江大学，2005.

[88] 王中翔．商业建筑火灾荷载调查和统计分析［J］．武警学院学报，2009，25（4）：57-60.

[89] 吴蕾，程远平，李琳，等．高校学生宿舍火灾荷载调查研究［J］．消防科学与技术，2010，29（1）：83-85.

[90] 吴立志，李莉，孙宽，等．KTV娱乐场所火灾荷载调查与统计分析研究［J］．中国安全生产科学技术，2012，8（7）：123-126.
[91] 吴启鸿，肖学峰．论发展我国以性能为基础的建筑防火设计技术法规体系［J］．消防科学与技术，1999，18（1）：4-8.
[92] 伍作鹏，李书田．建筑材料火灾特性与防火保护［M］．北京：中国建材工业出版社，1999.
[93] 夏智．寒地大型商业建筑防火性能化设计研究［D］．哈尔滨：哈尔滨工业大学，2009.
[94] 肖旻，史毅，胡又咏，等．高校学生宿舍火灾荷载调查研究［J］．北京建筑工程学院学报，2009，25（3）：27-31.
[95] 谢正良．大空间建筑性能化防火设计研究［D］．上海：同济大学，2007.
[96] 邢烨炯．古民居村落的消防对策研究［D］．西安：西安建筑科技大学，2007.
[97] 徐泽晶．火灾后钢筋混凝土结构的材料特性、寿命预估和加固研究［D］．大连：大连理工大学，2006.
[98] 阎卫东．多层多室建筑火灾人员疏散实验研究［M］．成都：西南交通大学出版社，2010.
[99] 杨立兵．建筑火灾人员疏散行为及优化研究［D］．长沙：中南大学，2012.
[100] 杨玲，张靖岩，肖泽南．建筑消防安全与性能化设计［M］．北京：化学工业出版社，2010.
[101] 杨维忠，张甜．SPSS统计分析与行业应用案例详解［M］．北京：清华大学出版社，2013.
[102] 姚斌，刘乃安，李元洲．论性能化防火分析中的安全疏散时间判据［J］．火灾科学，2003，02：79-83+48.
[103] 尹楠．基于性能化防火设计方法的商业综合体典型空间防火优化设计研究［D］．天津：天津大学，2014.
[104] 殷霓．高层综合商业建筑火灾安全疏散研究［D］．西安：西安建筑科技大学，2008.
[105] 袁大顺．空间可变住宅设计研究［D］．天津：天津大学，2008.
[106] 约翰·D·德汉．柯克火灾调查［M］．陈爱平，徐晓楠，译．北京：化学工业出版社，2006.
[107] 曾统华．基于BIM技术的建筑节能设计软件研制及应用［D］．北京：清华大学，2012.
[108] 张建平．基于IFC的建筑工程4D施工管理系统的研究和应用［J］．中国建设信息，2010（4）：52-57.
[109] 张洋．基于BIM的建筑工程信息集成与管理研究［D］．北京：清华大学，2009.
[110] 张晓明．某大型书城消防安全性能化研究［D］．重庆：重庆大学，2005.
[111] 张文辉．转型期城市区域重大火灾风险认知、评估和防范的宏观研究［D］．上海：同济大学，2007.
[112] 张文忠．公共建筑设计原理［M］．北京：中国建筑工业出版社，2005.
[113] 张树平．建筑防火设计［M］．北京：中国建筑工业出版社，2008.
[114] 张毓峰，崔艳．建筑空间形式系统的基本构想［J］．建筑学报，2002（9）：55-57.
[115] 张彤彤．天津市大型公建中庭空间的性能化防火设计研究［J］．建筑学报，2014，（S2）：120-125.
[116] 赵昂，黄传浩，等．GRAPHISOFT ArchiCAD高级应用指南［M］．上海：同济大学出版社，2013.
[117] 赵红红．信息化建筑设计 Autodesk Revit［M］．北京：中国建筑工业出版社，2005.
[118] 赵毅立．下一代建筑节能设计系统建模及BIM数据管理平台研究［D］．北京：清华大学，2008.
[119] 赵新辉．高层建筑性能化防火设计研究［D］．西安：西安建筑科技大学，2011.
[120] 钟委．地铁站火灾烟气流动特性及控制方法研究［D］．合肥：中国科学技术大学，2007.
[121] 周德闯．基于虚拟现实平台的火灾场景计算与仿真研究［D］．合肥：中国科学技术大

学，2009.

[122] 朱昌廉．住宅建筑设计原理 [M]. 北京：中国建筑工业出版社，1999.

[123] 朱春玲，王卫东，季广其，等．实体建筑火灾轰燃条件的计算与验证 [J]. 墙材革新与建筑节能，2012，(3)：38-41.

[124] 朱强．古建筑火灾烟气流动模拟与模型实验研究 [D]. 重庆：重庆大学，2007.

[125] 朱伟，侯建德，廖光煊．论性能化防火分析中的典型火灾场景方法 [J]. 火灾科学，2004，04：251-255+200.

[126] 庄磊，黎昌海，陆守香．我国建筑防火性能化设计的研究和应用现状 [J]. 中国安全科学学报，2007，17 (3)：119-125.

[127] 中华人民共和国公安部．建筑设计防火规范：GB 50016—2014 [S]. 北京：中国计划出版社，2014.

[128] 邹鹤．地下商业建筑性能化设计评估关键技术研究 [D]. 重庆：重庆大学，2007.

英文文献

[129] Australian Building Codes Board, Draft Performance Building Code Australia, Canberr-a, Australia, 1995.

[130] Babrauskas V. Estimating room flashover potential [J]. Fire Technology, 1980, 16 (2): 94-103.

[131] Bazjanac V. Acquisition of building geometry in the simulation of energy performance [J]. Office of Scientific & Technical Information Technical Reports, 2001: 53072.

[132] Bazjanac V, Kiviniemi A. Reduction, simplification, translation and interpretation in the exchange of model data [J]. 2007.

[133] Budnick E K, Klein D B. Mobile home fire studies: summary and recommendations [M]. National Bureau of Standards, 1979: A1-A12.

[134] Canadian Commission on Building and Fire Codes, Draft Strategic Plan, CCBFC Strategic Planning Task Group, National Research Council, Ontario, Canada, September 1994.

[135] Chow W K, Ngan S Y, Lui G C H. Movable Fire Load Survey for Old Residential Highrise Buildings in Hong Kong [J]. Second International Conference on Safety & Security Engineering, 2007.

[136] CIB W14, Sub-Group on Engineering Evaluation of Building Firesafety, Working Commission Documentation, 1994.

[137] Cox, G., Kumar, S. (2002). Modeling enclosure fires using CFD. Section 3 / Chapter 8, The SFPE Handbook of Fire Engineering, 3rd edition (DiNenno ed.), NFPA, Quincy, MA.

[138] Culver C G. Characteristics of fire loads in office buildings [J]. Fire Technology, 1978, 14 (1): 51-60.

[139] Dimyadi J, Spearpoint M, Amor R. Generating FDS fire simulation input using IFC-based building information model [M]. School of Engineering, University of Canterbury, 2007.

[140] E. R. Galea, An analysis of human behavior during evacuation [J]. Journal of FireProtection Engineering 28 (2005) 22-29.

[141] Fang J B. Fire buildup in a room and the role of interior finish materials [M]. US Dept. of Commerce, National Bureau of Standards, 1975.

[142] Faraj I, Alshawi M, Aouad G, et al. An industry foundation classes Web-based collaborative

construction computer environment: WISPER [J]. Automation in construction, 2000, 10 (1): 79-99.

[143] Fitzgerald, R. W., Building Fire Safety Evaluation Method, Worcester Polytechni Institut-e, Worcester, MA, 1993.

[144] Fowell, A. J., "International Standards Organization: Current Activities in Fire Safety Engineering," Extended Abstracts of the SFPE Engineering Seminars, Issues in International Fire Engineering Practice, Orlando, FL, USA, pp. 29-32, 24-26 May 1993.

[145] Gavanski D, Korjenic A, Milanko V. Fire risk assessment in buildings using fire protection software [J]. International Journal of Risk Assessment & Management, 2013, 17 (1): 1-18.

[146] General Services Administration, Building Fire Safety Criteria, Appendix D: Interim Guilde for Goal-Oriented Systems Approach to Building Fire safety, GSA, Washington, DC, 1972.

[147] Green M F. A survey of fire loads in hackney hospital [J]. Fire Technology, 1977, 13 (1): 42-52.

[148] Hadjisophocleous G, Chen Z. A Survey of Fire Loads in Elementary Schools and High Schools [J]. Journal of Fire Protection Engineering, 2010, 20 (1): 55-71.

[149] Halfawy M M, FroeseTM. Component-Based Framework for Implementing Integrated Architectural/Engineering/Construction Project Systems 1 [J]. Journal of Computing in Civil Engineering, 2007, 21 (6): 441-452.

[150] ISO 10303-21-2002. Industrial automation systems and integration product data representation and exchange Part 21: Implementation methods: Clear text encoding of the exchange structure [S]. International Organisation for Standardisation, ISO TC 184/SC4, Geneva.

[151] ISO 10303-28-2007. Industrial automation systems and integration product data representation and exchange Part 28: XML Representation of EXPRESS Schemas and Data using XML Schemas [S]. International Organisation for Standardisation, ISO TC 184/SC4, Geneva.

[152] James O'Donnell, RichardSee, CodyRose, Tobias Mailel, Vladimir Bazjanac, Phil Haves. SimModel: A domain data model for whole building energy simulation. Proceedings of Building Simulation 2011: 12th Conference of International Building Performance Simulation Association, Sydney, 14-16 Nov: 382-389.

[153] Johnson P. Performance based fire safety regulation & building design-the challenges in the 21st century. In: Proceedings of the 4th international conference on performance-based codes and fire safety design methods (Almand K, Coate C, England P and GordonJ, eds.), Melbourne, Australia. Bethesda, MD: Society of Fire Protection Engineers, 20-22 March, 2002, pp. 3-13.

[154] Kathy A. Notarianni. P. E. The Role of Uncertainty in Improving Fire Protection Regu-lation [D]. Carnegie Mellon University. Carnegie Institute of Technology. Pittsburgh, Pennsylvania, 2000.

[155] Kawagoe K, Sekine T. Estimation of fire temperature-time curve in rooms [M]. Building Research Institute, Ministry of Construction, Japanese Government, 1963.

[156] Kumar S, Rao C V S K. Fire Load in Residential Buildings [J]. Building & Environment, 1995, 30 (2): 299-305.

[157] Kumar S, Rao C V S K. Fire Loads in Office Buildings [J]. American Society of Civil Engineers, 1997, 123 (3): 365-368.

[158] Leandro Madrozo, Swiss Federal Institute of Technology. "Durand and the Science of Achitecture". Journal of Architectural Education, Volume 48, NO. 1, Sep 1994.

[159] Liebich T. IFC 2x Edition 3 Model Implementation Guide [S], Version 2.0. buildingSMART

International Modeling Support Group. 2009.

[160] Lucht, D., Ed., Proceedings of the Conference on Fire Safety in the 21st Century, Worcester Polytechnic Institute, Worcester, MA, 8-10 May 1991.

[161] McCaffrey B J, Quintiere J G, Harkleroad M F. Estimating room temperatures and the likelihood of flashover using fire test data correlations [J]. Fire Technology, 1981, 17 (2): 98-119.

[162] McGrattan, K B, editor (2005a), "Fire Dynamics Simulator (Version 4) Technical Reference Guide". NIST Special Publication 1018. National Institute of Standards and Technology, USA.

[163] NFPA 550, Guide to Systems Concepts for Fire Protection, National Fire Protection Association, Quincy, MA, USA, 1973.

[164] NIBS buildingSMART alliance. National Building Information Modeling Standard-United States Version 2, Chapter 3 TERMS AND DEFINITIONS. Quintiere J G, McCaffrey B J. The burning of wood and plastic cribs in an enclosure [M]. US Department of Commerce, National Bureau of Standards, 1980.

[165] Richardson JK, Yung D, Lougheed GD, et al. The technologies required for performance-based fire safety design. In: Proceedings of the 1996 international conference on performance-based codes and fire safety design methods (Peter Lund D, ed.), 24-26 September 1996, Ottawa, Ontario, Canada. Bethesda, MD: Society of Fire Protection Engineers, pp. 191-201, 1997.

[166] SFPE Handbook of Fire Protection Engineering, 1st Edition, Society of Fire Protection Engineers& National Fire Protection Association, Quincy, MA, USA, 1988.

[167] Spearpoint M. Transfer of architectural data from the IFC building product model to a fire simulation software tool [J]. Journal of Fire Protection Engineering, 2007, 17 (4): 271-292.

[168] Sheryl Staub-French, Martin Fischer. Formalisms and Mechanisms Needed to Maintain Cost Estimates based on an IFC Product Model [C]. Stanford, CA, USA. 8thInternational conference on computing in civil and building engineering, 2000, 1-9.

[169] Sheppard D. DXF2FDS Documentation [J]. National Institute of Standards and Technology, 2006.

[170] Shrivastava P R, Sawant P H. Estimation of Fire Loads for an Educational Building - A Case Study [J]. International Journal of Scientific Engineering & Technology, 2013, 2 (5): 388-391.

[171] TC 184/SC 4. Industry Foundation Classes, Release 2x, Platform Specification (IFC2x Platform) [S]. USA: ISO, 2008.

[172] The Building Act 1991, The Building Regulation 1992, New Zealand Government, Wellington, NZ, 1992.

[173] Thomas P H. Design guide: Structure fire safety CIB W14 Workshop report [J]. Fire Safety Journal, 1986, 10 (2): 77-137.

[174] Thomas P H. Testing products and materials for their contribution to flashover in rooms [J]. Fire and Materials, 1981, 5 (3): 103-111.

[175] Wakamatsu, T. "Fire Research in Japan-Development of a Design System for Building Fire Safety," Proceedings of the 6th Joint Panel Meeting, UNJR Panel on Fire Research and Safety, Tokyo, Japan, p. 882, 10-14 May 1982.

电子资源

[176] 百度词条—CFD. [EB/OL]. [2015-6-7]. http://baike.baidu.com/link? url=6Kugi_YJRjx

5puZVCMHeSg9F39ntMjJQLQvFKlTHLWsVUy-FNaanpZlV02 _ CTwGPTZvwMb0wwlF1b9ct HqFWLKYa0mMeVnANSNTYatsPTSC.

[177] 百度词条—FDS，[EB/OL]. [2015-6-7]. http：//baike. baidu. com/link? url=39 _ 75UEBuqbVV NPRWN _ 4rVI3qJN-G1bjeaHnezx0QcRxmiimkoPJ8X1TArsclWmtvNdT0XrahDgCp75YCCI1pa.

[178] 百度文库/专业资料/IT/计算机/GUI Design Studio 使用手册 . [EB/OL]. [2016-6-25]. http://wenku. baidu. com/view/a15693b8fd0a79563c1e729d. html.

[179] BuildingSmart International home of openBIM Home / Specifications / IFC Releases [EB/OL]. [2015-7-12]. http：//www. buildingsmart-tech. org/specifications/ifc-releases.

[180] BuildingSmart International home of openBIM Home / standards/standards-library-tools-services. [EB/OL]. [2015-7-12]. http：//www. buildingsmart-tech. org/ifc/IFC4/final/html/index. htm.

[181] Carettasoftware/Download. [EB/OL]. [2016-6-25]. http：//www. carettasoftware. com/guidesign-studio/gds-trial. html.

[182] C 博客/我爱 Revit—应用与二次开发专栏 . [EB/OL]. [2016-3-5]. http：//blog. csdn. net/JoeXiongjin/article/category/1146442.

[183] Findicons/Search. [EB/OL]. [2016-6-25]. http：//findicons. com/search/fire.

[184] 公安部消防局首页 | 政务公开 | 火灾统计 . [EB/OL]. [2015-6-18]. http：//www. 119. gov. cn/xiaofang/hztj/index. htm.

[185] Thunderhead Engineering Forum/HOME. [EB/OL]. [2016-6-5]. http：//www. thunderheadeng. net/forum/index. php/board，1. 0. html.

[186] 维基百科 | 条目 | 建筑信息模型 . [EB/OL]. [2015-4-25]. http：//zh. wikipedia. org/wiki/建築信息模型 .

[187] 中国 BIM 论坛 . [EB/OL]. [2015-3-5]. http：//www. bim123. com/forum. php.